Michael Munowitz

PHYSIK OHNE FORMELN
ALLES, WAS MAN WISSEN MUSS

Deutsch von Hubert Mania

Rowohlt

Die englische Originalausgabe erschien 2005
unter dem Titel «Knowing: The Nature of Physical Law»
bei Oxford University Press, Inc.

This translation of «Knowing: The Nature of Physical Law»,
originally published in English in 2005,
is published by arrangement with Oxford University Press, Inc.

.

1. Auflage September 2006
Copyright der deutschsprachigen Ausgabe
© 2006 by Rowohlt Verlag GmbH, Reinbek bei Hamburg
«Knowing» Copyright © 2005 by Michael Munowitz
Lektorat Ludwig Moos
Redaktionelle Mitarbeit Alexander Pawlak
Satz aus der Dante PostScript (InDesign)
bei Pinkuin Satz und Datentechnik, Berlin
Druck und Bindung Clausen & Bosse, Leck
Printed in Germany
ISBN 13: 978 3 498 04503 6
ISBN 10: 3 498 04503 2

INHALT

Genauer besehen ...

VORWORT

> Die Philosophie steht in jenem großen
> Buch geschrieben, das uns ständig offen
> vor Augen liegt (ich spreche vom Uni-
> versum) … Es ist in der Sprache der
> Mathematik geschrieben.   *Galileo Galilei*

> Traduttore, Traditore.
> Übersetzung ist Verrat
> *Italienisches Sprichwort*

Falls das Buch der Natur, wie Galilei meint, tatsächlich in der Sprache
der Mathematik geschrieben sein sollte, dann kann der vor Ihnen
liegende Band – in dem statt Gleichungen Worte und Bilder benutzt
werden – kaum den Anspruch darauf erheben, eine Übersetzung zu
sein. Kein Buch der Welt ist dazu imstande. Denn die Mathematik
nimmt unter allen Sprachen eine Sonderstellung ein. Sie ausgenommen, sind alle Sprachen gleichermaßen effektiv, ausdrucksstark und
übersetzbar.

Es gibt Vereinfachungen, Analogien, Umschreibungen und Litera-
risierungen der Mathematik, aber nichts reicht an das Original heran.
Keine Übersetzung der Mathematik erreicht einen akzeptablen Ge-
nauigkeitswert.

Isaac Newton schaffte es nicht. Newton, der das Geheimnis der
Mondumlaufbahn lüftete, machte mit seiner Himmelsmechanik
keine rechten Fortschritte, bis er eine neue Sprache für sie erfand: die
Differenzialrechnung.

Michael Faraday schaffte es nicht. Als einer der größten Experimentalwissenschaftler, die jemals ein Labor betraten, entdeckte der
im neunzehnten Jahrhundert wirkende Faraday viele der elektrischen
und magnetischen Phänomene, die für unsere heutige Zeit so unentbehrlich sind. Er ging weiter als alle seine Vorgänger (und beherrschte

im Übrigen meisterhaft das Denken und Schreiben in einfachem Englisch), aber ihm fehlte die geeignete Mathematik, um darüber hinauszugehen. Einem anderen Genie, James Clerk Maxwell, blieb es vorbehalten, vier majestätisch knappe Gleichungen zu formulieren und damit schließlich alle Bestandteile zusammenzufügen. Die Gleichungen verrieten Maxwell, was kein noch so großer Aufwand an Worten vermochte: Es musste so etwas wie elektromagnetische Wellen geben, die alle bei einer gleich bleibenden Geschwindigkeit von 300 000 Kilometern pro Sekunde in einem Vakuum unterwegs waren. Und genauso war es auch. Zwanzig Jahre später wurden Radiowellen im Labor entdeckt. Kurz darauf folgten die Röntgenstrahlen.

Albert Einstein schaffte es nicht. Viele Jahre lang feilte er an der Formulierung einer neuen Gravitationstheorie und kam einfach nicht voran. Er musste erst den verstaubten Schmöker eines Mathematikers entdecken, in dem es ausschließlich um das intellektuelle Vergnügen abstrakter Argumentationen ging. Hier waren bereits alle Regeln für eine Geometrie im gekrümmten Raum ausgearbeitet. Danach war alles ganz einfach, zumindest im Nachhinein. Einstein eignete sich die Sprache nichteuklidischer Geometrie an und bescherte uns die Allgemeine Relativitätstheorie, aus der schließlich die Vorstellungen vom Urknall und von der Geburt des Universums aus einem Staubkörnchen am Rande des Nichts hervorging.

Niemand schafft es. Weder Newton noch Maxwell. Selbst Einstein und den Erfindern der Quantenmechanik im frühen zwanzigsten Jahrhundert gelang es nicht. Und genauso ergeht es den Schöpfern der Stringtheorie im frühen einundzwanzigsten Jahrhundert – niemand, der ernsthaft auf der Suche nach einem Verständnis der Naturgesetze ist, kommt ohne die Mathematik aus. Sie ist keine reine Zweckmäßigkeit, kein Fachjargon und keine Schönfärberei. Die Mathematik ist eine einzigartig leistungsfähige Sprache, mit deren Hilfe wir das Buch der Natur übersetzen. Und sollte es tatsächlich einen zweiten Königsweg zur Erkenntnis geben, dann müssten ihn die klügsten Köpfe unter uns erst noch finden.

Dennoch muss ein so großartiges Werk wie das Universum kein

Buch mit sieben Siegeln bleiben, das lediglich für Menschen mit der entsprechenden Neigung und den nötigen Mitteln zum Erlernen einer schwierigen Sprache zugänglich ist. Man sollte kein Profimathematiker oder -physiker werden müssen, um einfach nur die wohl größte Freude genießen zu können, die es gibt: zu erkennen (und sei es nur ein Bruchteil), wie alles miteinander zusammenhängt. Wofür sonst lohnt es sich zu leben?

Hier also ist, zu Ihrem Vergnügen, meine eigene kritische Übersetzung des Buches der Natur, die ich für all jene geschrieben habe, die wissen möchten, wie die Welt funktioniert. Es ist eine Welt der Abstoßung und der Anziehung, der Gewissheit und des Zufalls, der Beständigkeit und des Wandels. Wo sich Masse in Energie verwandelt und die Raum-Zeit nie zur Ruhe kommt. Wo zwar Äpfel zu Boden plumpsen, der Mond aber nicht vom Himmel fällt, wo Quarks, Photonen und Elektronen zu Hause sind, wo strenge Regeln herrschen und dennoch der Zufall König ist. Relativität. Die Erhaltungssätze. Gravitation. Newtons Gesetze. Elektrizität und Magnetismus. Quantenmechanik. Wärme und Arbeit. Energie. Entropie. Gleichgewicht. Der Zeitpfeil. Chaos. Der Urknall. Dunkle Materie. Dunkle Energie. Superstrings. Ich verspreche Ihnen, dass ich ganz ohne Formeln auskommen werde. Lediglich in Wort und Bild präsentiere ich hier in zwölf Kapiteln nebst einem Anhang aus Erläuterungen (Sternchen im Text verweisen auf sie) und einem Glossar meine gnadenlos gekürzte Version des heute gesicherten Wissens. Außerdem schildere ich, wie ein Wissenschaftler die intellektuelle Herausforderung annimmt, dieses Wissen zu erwerben.

Dies ist kein Schulkurs. Sie müssen sich keine Formeln merken, Sie müssen keine Probleme lösen, keine Prüfungen fürchten und nicht für gute Noten pauken. Sie werden keinen praktischen Nutzen daraus ziehen können, aber vielleicht lohnt sich die Mühe ja trotzdem.

Ich wünsche Ihnen viel Spaß dabei.

1. GROSSE ERWARTUNGEN

Das heute gesicherte Wissen zu begreifen, ist über die Maßen lohnenswert. Wir wollen verstehen, wie alles im Universum funktioniert, im großen wie im kleinen Maßstab, an jedem Ort und zu jeder Zeit. Genau diese noch nicht verwirklichte stillschweigende Hoffnung treibt unsere gesamte Wissenschaft an.

Eine vergebliche Hoffnung, die niemals in Erfüllung gehen wird? So könnte es zunächst scheinen angesichts eines unvorstellbar großen und gleichzeitig unvorstellbar kleinen Universums, dessen Ausmaß so überwältigend ist, dass es die menschliche Vorstellungskraft sprengt. Schauen Sie einmal genauer hin. Richten Sie Ihren Blick nach draußen, und Sie erkennen eine mit zahllosen Sternen übersäte Ödnis von unendlicher Weite, die jeden Verstand überschreitet. Schauen Sie nach innen, und Sie sehen ein genauso gewaltiges Miniaturuniversum, worin bereits die Menge der Moleküle in einem einzigen Wassertropfen die Zahl der Sterne in einer Galaxie übertrifft*. Wenn Sie noch tiefer nach innen und mitten ins Bewusstsein hineinschauen, erkennen Sie, wie leblose Teilchen sich unbewusst miteinander verbinden, um die komplizierteste Struktur schlechthin zu bilden: fühlende Wesen – wir selbst – mit der Fähigkeit zu staunen. Wo soll man da anfangen?

Wir beginnen mit einem Akt des Glaubens, mit ein wenig Wunschdenken, das später durch Erfahrung gerechtfertigt wird: dass es inmitten des vermeintlichen Chaos und der Komplexität tatsächlich etwas zu erkennen gibt. Nehmen wir zunächst einmal an, dass sich ein solches Universum für eine begrenzte Beschreibung eignet, dass es sich auf Bestandteile und Blaupausen zurückführen lässt, dass zwischen Struktur und Zustand eine Verbindung besteht und dass die Bedingungen sich im Laufe der Zeit in einer nachvollziehbaren Weise verändern.

Betrachten Sie das Gewebe der Welt etwas genauer, und Sie werden wie in einem Teppichmuster eine Schlichtheit und Sparsamkeit erkennen, die sich als Komplexität ausgibt. Gehen Sie über das vollendete Werk hinaus, denn es blendet Sie nur, und finden Sie sein verborgenes Muster. Nehmen Sie den Teppich Faden für Faden, Farbe für Farbe, Stich für Stich auseinander. Suchen Sie die Gesetzmäßigkeit und die Regeln. Es *muss* diese Regeln geben. Nichts ist derart kompliziert, wie das Universum auf den ersten Blick erscheint, und durch nichts anderes lässt sich der Verstand so leicht täuschen wie durch Komplexität.

Schritt für Schritt werden wir alles beobachten und etwas dazulernen. Wir schauen zum Himmel hinauf und fragen uns, *wo* und *wann*. Wo steht der Mond heute? Wo stand er gestern? Wo könnte er morgen aufgehen? Wir werden genauestens lernen, welche Fragen wir stellen müssen, welche Vereinfachungen möglich sind und welchen Weg wir einschlagen sollten.

Auch wenn es um die Erde geht, werden wir beobachten und lernen. Wenn eine Kugel einen Abhang hinunterrollt, stellen wir erneut unsere Fragen. Welche Strecke legt die Kugel in einer Sekunde zurück? In zwei Sekunden? In drei Sekunden? Was geschieht, wenn der Abhang steiler wird? Was passiert mit einem größeren Ball? Haben die Ergebnisse irgendetwas mit Erde und Mond zu tun?*

Mit zunehmender praktischer Erfahrung und den geeigneten Instrumenten lernen wir, in Bereiche zu schauen, in die das Auge nicht vordringen kann. Wir entdecken die Feinkörnigkeit von Energie und Materie, die winzigen Informationseinheiten und Teilchen, die wir Quarks und Gluonen, Photonen, Protonen, Neutronen und Elektronen nennen und die sich zusammenschließen können, um Erde und Mond, Kugel und Abhang, Sie und mich zu bilden. Vorausgesetzt, wir blicken tief genug in das Gewebe hinein, entdecken wir eine aller Materie gemeinsame Struktur. Nach und nach nimmt das sichtbare Universum in seiner ganzen Komplexität Gestalt an, und jeder Bestandteil ergibt einen Sinn.

Was übrigens ein Wunder ist, denn alles ergibt sich ohne einen dahinterstehenden Zweck und Plan wie von selbst, und trotzdem scheint nichts danebenzugehen. So fügt sich die Welt zusammen und bewegt sich angesichts einer offensichtlich blinden, von Zufall und Ungewissheit regierten Natur mit erstaunlicher Sicherheit voran.* Materieteilchen werden von keiner Hand geleitet, dennoch nehmen sie immer wieder ihren richtigen Platz ein. Sie tun dies nicht zuletzt einfach deshalb, weil sie dazu in der Lage sind. Teilchen ziehen sich an und stoßen sich ab. Sie üben Einfluss aus. Sie akzeptieren Einfluss. Sie kommen zusammen, und sie bewegen sich voneinander fort.

Gefangen in einem Netz entgegengesetzter Kräfte, in unterschiedliche Richtungen gestoßen und gezerrt, finden die Teilchen ihr Gleichgewicht*. Quarks fügen sich zu Protonen und Neutronen zusammen. Neutronen, Protonen und Elektronen wiederum gruppieren sich zu Atomen, von denen es insgesamt ein paar Dutzend Arten gibt.

Vereint in elektrischen Umarmungen, schließen sich Zweier- und Dreiergruppen von Atomen – manchmal sind es auch Tausende – zu Molekülen zusammen. In Mengen, die Bilder vom Sand am Meer heraufbeschwören, verschmelzen Atome und Moleküle kaum wahrnehmbar miteinander und bilden sämtliche Gestalten an Land, im Meer und am Himmel.

Und deshalb werden wir nun, mit dem Lineal in der einen und mit der Uhr in der anderen Hand, im übertragenen Sinne aufbrechen, um die Welt zu kartographieren. Wir machen die Inventur von Raum und Zeit. Wo immer ein Teilchen auftaucht, tragen wir es in unser Hauptbuch ein. Wenn eine Kraft abstößt oder anzieht, notieren wir deren Stärke und Richtung. Sollte irgendein Umstand die Qualität des Raumes verändern, registrieren wir die Wirkung von Punkt zu Punkt, von Augenblick zu Augenblick. Und während wir dies tun, erkennen wir ein zwischen Supernovae und Quarks mit Energie erfülltes materielles Universum, das sich beobachtungsgemäß unter dem Einfluss einiger weniger Gesetze von einem Zustand zum nächsten entwickelt. Unsere Aufgabe lautet, die Zustände zu beschreiben, die Gesetze zu entdecken und innerhalb gewisser Grenzen zu erkennen, wie die Welt funktioniert.

Man mag dies als Abstraktion verstehen, aber genau solche Abstraktionen führen zu unseren Marsmissionen, unseren Computern,

Medikamenten, zur Kartierung verschiedenster Genome und letztlich zu unserer gesamten Wissenschaft und Technik. Allmählich enthüllen wir eine Einheit und Geschlossenheit, die ansonsten im Gewebe der Natur verborgen bleibt. Wir beginnen zu begreifen, dass die großen Fragen der Physik, Chemie und Biologie mehr gemeinsam haben, als es auf den ersten Blick erscheinen mag.

Nun bedeutet die Behauptung, es gäbe einen roten Faden, nicht etwa, man dürfe die offensichtlichen Unterschiede zwischen den verschiedenen Feldern ignorieren. Auch die notwendige Aufteilung der wissenschaftlichen Arbeit können wir damit nicht einfach über Bord werfen. Natürlich kommt es auf die Details an. Sie machen den Unterschied aus bei der anstrengenden Arbeit, die Natur zu befragen. Die Details eines sterbenden Sterns unterscheiden sich hinreichend von denen einer sterbenden Zelle, um sicherzustellen, dass Astrophysiker und Zellbiologen in verschiedenen Universitätsinstituten tätig sind, eigene Konferenzen besuchen und für den jeweils anderen unverständliche Dialekte der gleichen universellen Sprache pflegen. Ein Chemiker, der ein enorm großes Eiweißmolekül aus vielen tausend Atomen untersucht, verwendet andere Apparate und Modelle als ein Kollege, der die ultraschnelle Energieübertragung in einem Molekül von lediglich sechs Atomen studiert. Sie arbeiten an unterschiedlichen Problemen. Sie benutzen spezielle Ausrüstungen. Sie lesen andere Fachmagazine.

Auf einem bestimmten Niveau jedoch denken sie alle gleich. So formulieren sie ihre grundlegenden Fragen auf ähnliche Weise. Sie beobachten, wie die Natur den gleichen umfassenden Gesetzen im gesamten Universum Geltung verschafft. Betrachtete man sie als Anwälte der Natur, übten sie ihre Tätigkeit in den verschiedensten Fachbereichen aus und hätten mit jeder Menge Details zu tun – doch die unzähligen speziellen Vorschriften, die den Tod von Sternen und den Tod von Zellen regeln, die für Erde und Mond, Kugel und Abhang (und natürlich auch für Sie und mich) gelten, stimmen ausnahmslos mit weitaus umfassenderen, präziseren globalen Statuten überein.

Als Beobachter träumen wir in globalem Maßstab, dennoch richten wir unsere ungeteilte Aufmerksamkeit auf lokale Vorgänge, da die Notwendigkeiten des Alltags dies erfordern. Wir geben uns mit einem kleinen Ausschnitt des Universums zufrieden, wobei wir hoffen, dass sich uns dessen Beschaffenheit und Verhalten bis ins Detail erschließt. Durch Versuch und Irrtum, durch Beobachtung und Lernen finden wir zufällig die richtigen Zahlen oder andere Eigenschaften, die uns zu der Aussage befähigen: «Genau das ist es. Mit dieser Mindestinformation können wir unser kleines System, wenn auch nur in Gedanken, zusammensetzen und ablaufen lassen. Wir beschränken uns zwar auf diesen speziellen Teil des Ganzen und auf diesen bestimmten Zweck, aber dafür bekommen wir alles, was wir wissen müssen.»

Nehmen wir zum Beispiel Erde und Mond:

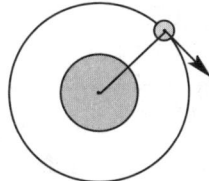

Die Erfahrung lehrt uns, Position, Geschwindigkeit und Masse des einen Körpers im Verhältnis zum anderen zu messen. Bereits die Kenntnis dieser wenigen Zahlen zu jedem beliebigen Zeitpunkt reicht aus, um vorherzusagen, was im nächsten Moment geschehen wird. Und sollten wir uns damit zufrieden geben, die Mondumlaufbahn so zu verfolgen, als stecke eine Maschine dahinter, dann müssen wir nicht unbedingt wissen, dass Erde und Mond selbst aus unzähligen Quarks und Elektronen zusammengesetzt sind, oder die Positionen sämtlicher Sterne in der Milchstraße kennen. Um dieses eine Ziel zu erreichen, was ja an sich schon keine unbedeutende Leistung ist, genügen uns ein paar Zahlen. Sie sagen uns, was wir für jeden beliebigen Zeitpunkt wissen müssen. Wir können sie auf einer Karteikarte notieren und die Information in einem Ablagefach deponieren*. Nehmen wir an, die Zahlen stellten einen möglichen mechanischen Zustand von Erde und Mond dar – einen von unendlich vielen:

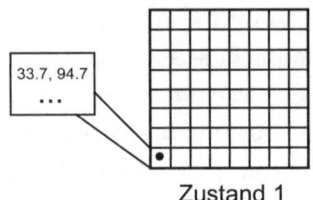

Zustand 1

Eine Sekunde später schauen wir wieder hin und stellen fest, dass sich alles verändert hat. Der Mond hat sich bewegt. Er nimmt jetzt eine andere Position ein, auch seine Geschwindigkeit hat sich verändert, sodass wir neue Zahlen haben. Die werden woanders abgespeichert:

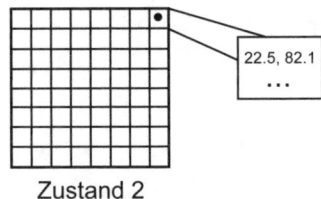

Zustand 2

Dann sagen wir, *irgendetwas* hat die Mondbewegung verursacht. Wenn Sie wollen, können Sie einen Engel dafür verantwortlich machen. Sie können es auch Gravitation oder Raum-Zeit-Krümmung* nennen, aber irgendetwas, ein ganz bestimmter Einfluss, hat das System von Erde und Mond von einem mechanischen Zustand in einen anderen umgewandelt:

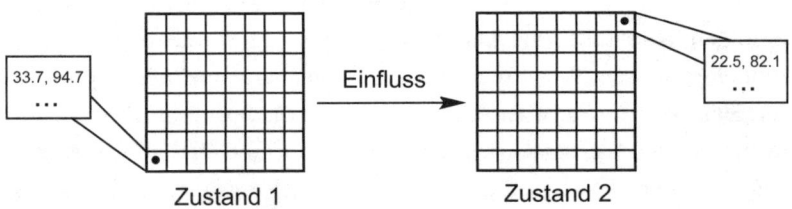

Zustand 1   Einfluss   Zustand 2

Aus Zustand 1 entsteht Zustand 2, und die Welt dreht sich weiter.

Zustand 1. Einflussnahme. Zustand 2. Mit Hilfe dieser allgemein gültigen Schablone können wir die Leerstellen nach Bedarf ausfüllen und damit jeden denkbaren Vorgang im Universum darstellen. In dieses Muster passen nicht nur Erde und Mond, sondern auch Kugel und Abhang, Elektron und Proton sowie der ganze Rest. Knifflig bei der Angelegenheit ist die Auswahl des richtigen Systems, dessen vollständige Beschreibung und die Verfolgung seiner Geschichte unter ganz bestimmten Einflüssen.

Das ist in der Tat kompliziert. Unterschiedliche Systeme verlangen unterschiedliche Beschreibungen, Teilchen einer anderen Kategorie reagieren auf andere Einflüsse. Was bei Erde und Mond funktioniert, scheitert aufs kläglichste bei Elektron und Proton*, und was für Elektron und Proton gilt, muss noch lange nicht auf Gluon und Quark* zutreffen. Und Überraschungen bleiben nicht aus. Ein ungeheuer komplexes System verhält sich oftmals einfach und vorhersehbar, während ein kleines, vermeintlich einfaches System durchaus kompliziert und chaotisch auftreten kann. Es gibt keine Universallösung, keine Zauberformel, keine umfassende Interpretation, kein genaues Rezept, das beschreiben könnte, wie *alles* zugleich funktioniert:

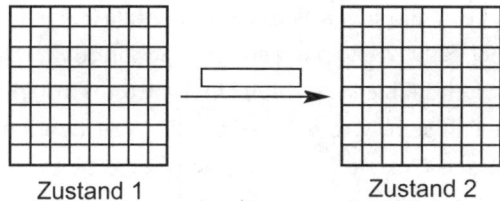

Zustand 1   Zustand 2

Trotzdem lassen wir uns davon nicht abschrecken. Wir müssen zwar für jedes System die Leerstellen neu ausfüllen, aber unsere Universalschablone «Zustand–Beeinflussung–Zustand» bleibt in ihrer wunderbaren Unbestimmtheit und Allgemeingültigkeit stets anwendbar. Für Erde und Mond, für Elektron und Proton sowie für fast alle zur Überprüfung herangezogenen Phänomene bleibt das Paradigma von Zustand und Beeinflussung in der einen oder anderen Form kontinuierlich erhalten.

Auf diese Weise ermutigt, werden wir in den folgenden Kapiteln* unseren Ansatz weiter verfeinern und unsere Fragen etwas zuspitzen:

1) Wie groß ist das System? Besteht es aus lediglich einem Bestandteil oder aus zweien wie Erde und Mond oder sind zehn, Tausende oder gar Billionen oder noch mehr Teilnehmer mit von der Partie? Handeln die Akteure streng genommen als Individuen, wobei jeder für sich bleibt, oder erschaffen sie etwas völlig Neues, das über die Summe ihrer Teile hinausgeht?

2) Welche speziellen, in Zahlen statt in Worten ausgedrückten Werte verleihen den symbolischen Zuständen eine messbare Substanz? Was genau müssen wir zu einem gegebenen Augenblick wissen? Die Höhe eines großen Gebäudes? Die Kraft einer leistungsfähigen Lokomotive? Die Bahn einer beschleunigten Gewehrkugel? Welche heute zur Verfügung stehende Information erlaubt es uns, den morgigen Zustand des Systems zu beschreiben?

3) Wie vollständig ist unsere Kenntnis der jeweiligen Information? Stehen uns exakte, zweifelsfreie Angaben zur Verfügung? Sind wir in der Lage, die Geschwindigkeit eines Elektrons in einem Atom ohne die geringste Abweichung auf genau 1 000 000,000000000 Meter pro Sekunde festzulegen? Müssen wir vielleicht die Wahrscheinlichkeit von 1 000 000,000000001 oder von 999 999,999999999 Metern pro Sekunde berücksichtigen? Kommt letztendlich etwas völlig Unerwartetes ins Spiel? Und sollte dies der Fall sein, wie wäre dann die Welt beschaffen, die vor unseren Augen Gestalt annähme? Wird eine kleine Veränderung zu Beginn des Prozesses am Ende auch nur einen kleinen Wandel bewirken

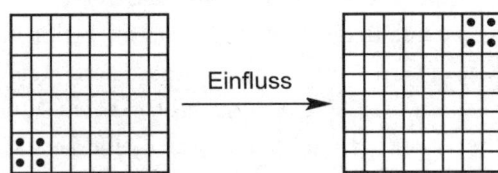

oder wird das Ergebnis bei der kleinsten anfänglichen Störung ins Uferlose abdriften?

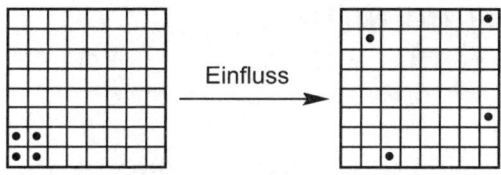

4) Hinzu kommt die Frage, welche Bedeutung wir dem «Einfluss-pfeil» zuschreiben sollen. Welcher Kurs und welche Einschränkung werden die zukünftige Entwicklung unserer kleinen Welt bestimmen? Wird es eine Einbahnstraße sein, die nicht mehr zurückzuverfolgen ist,

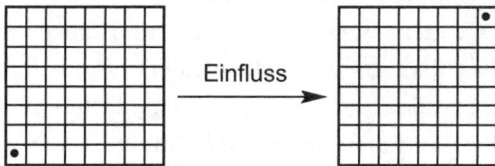

oder ist der Weg aus der Zukunft in die Vergangenheit gleichermaßen möglich?

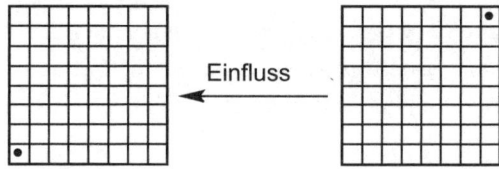

Solche Fragen müssen wir uns stellen.* Denn wären wir jemals in der Lage, sie zu beantworten, wüssten wir alles, was es zu wissen gibt.

2. Feste Bindungen

Nehmen wir einmal an, die Materie verlöre urplötzlich ihre Fähigkeit zur Wechselwirkung und ihre Teilchen wären nicht in der Lage, Einfluss aufeinander zu nehmen. Dann gäbe es weder Anziehungen noch Abstoßungen, weder Anhäufungen und Gruppierungen noch irgendeine Form organisierter Struktur. Keine Erde, keinen Mond, keine Sterne. Weder Atome noch Moleküle, keine Berge, keine Täler. Auch wir selbst könnten nicht existieren.

Eine Welt ohne wechselseitige Einflussnahme ist schwer vorstellbar, denn es gäbe keine Prioritäten, keine Unterschiede und keine *Ursache*. Wenn die Interaktionen verschwinden, hat ein Teilchen keinen Grund mehr, seine Position relativ zu einem Nachbarteilchen zu verändern, da alle Positionen gleich sind. Gibt es keine Interaktionen mehr, fehlen auch die Unterschiede, weil einfach keine Wirkkraft mehr existierte, die eine Veränderung bewirken könnte.

Ohne Interaktionen bleibt ein ruhendes Teilchen in diesem Zustand*. Keine wirkende Kraft zwingt es zur Bewegung. Ein in Gang gesetztes Teilchen bewegt sich in stets gleich bleibender Richtung und Geschwindigkeit ausnahmslos auf einer geraden Linie voran. Es wird durch nichts gezwungen, sich zu verändern oder von seinem Weg abzuweichen.

In einer Welt ohne Interaktionen wird jedes Teilchen zu einer eigenen Welt: ein abgeschiedenes System, auf ewig isoliert und unbeeinflusst von seinem Nachbarn. Wenn Teilchen 1 tatsächlich Teilchen 2 nicht erkennen und nicht auf dessen Gegenwart – ungeachtet dessen Nähe oder Ferne – reagieren kann, dann hat Teilchen 1 effektiv keinen Nachbarn, und die Begriffe «nah» und «fern» haben ebenfalls keine Bedeutung. Wenn die Körper tatsächlich nicht aufeinander einwirken, dann existiert kein Unterschied, ganz gleich, ob sie sich am jeweils anderen Ende des Universums gegenüberstehen oder ob sie sich berühren. Deshalb unterscheidet sich die folgende Anordnung auch nicht von dieser Gruppierung:

Soll eine Welt kompliziertere Strukturen beherbergen als lediglich einzelne Teilchen, muss es eine Unterscheidung zwischen nah und fern geben. Die Teilchen müssen die Gelegenheit haben, aufeinander einzuwirken.

Möge es also Wechselwirkungen geben. Ein Teilchen soll in der Lage sein, ein anderes zu beeinflussen, es abzustoßen oder dicht an sich heranzuziehen. Die Auswirkungen sollen sich, je nach Entfernung, voneinander unterscheiden, sodass die verschiedenen Positionen im Raum einen Sinn ergeben. Möge es vielerlei Arten von Beeinflussung geben, was unterschiedliche Teilchenarten hervorbringen wird, die alle individuell auf spezielle Einwirkungen reagieren. Und ungeachtet der Ergebnisse dieser Einwirkungen, der künftigen Teilcheneigenschaften oder deren Arrangements wird es ein grundlegendes Designelement geben, das sie alle beeinflusst, nämlich das Potenzial, *anders* zu sein*. Ein bestimmtes Arrangement, das unter einem vorgegebenen Einfluss Gestalt annimmt (symbolisiert durch die unterbrochenen Linien),

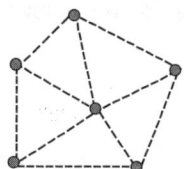

könnte eine längere Lebensdauer haben als irgendeine andere Konstellation, die derselben Einwirkung unterliegt:

Denn sollte eine solche Möglichkeit bestehen, dann kann die Natur aus einem Vorrat individueller Teile ein verknüpftes Universum erschaffen.

Theo und Thea, die für unseren Zweck hier ein Paar wechselwirkender Teilchen sind, kommen aus großer Entfernung und ursprünglich sogar außer Sichtweite aufeinander zu:

Da sie sich noch nicht gesehen haben, setzen sie ihren Weg ohne besondere Beeinflussung fort. Normalerweise sind sie gute Bekannte und verstehen sich prächtig, doch bei dieser großen Entfernung verhalten sie sich wie zwei Individuen, die nichts miteinander zu tun haben.

Einige Augenblicke später erkennen sich Theo und Thea. Sie nehmen eine Veränderung in ihrer Umgebung wahr und reagieren entsprechend. Sie gehen direkt aufeinander zu, weil sie möglicherweise über eine gemeinsame Vorliebe reden möchten. Kaum merklich werden ihre Bewegungen schneller und zielgerichteter. Jeder Partner fühlt sich so zum anderen hingezogen, als ginge er einen Abhang hinunter:

Während die Entfernung zwischen ihnen noch ziemlich groß ist, erscheint die Neigung des Gefälles zunächst noch recht sanft. Dennoch setzt sich allmählich eine potenzielle Annäherung durch. Die Lücke beginnt sich zu schließen.

Theo und Thea setzen ihren Weg fort. Sie kommen einander immer näher, und mit jedem Schritt nimmt auch die Anziehungskraft zu. Der symbolische Abhang wird steiler:

Nun wissen wir ja, dass ein Kontakt an einem bestimmten Punkt unwiderruflich zu eng wird, um noch angenehm zu sein. Deshalb stoßen Theo und Thea an eine unsichtbare, aber fast greifbare Barriere, hinter der jede weitere Annäherung unnatürlich wirkt. Obwohl sie mit ausreichender Motivation die Barriere durchbrechen könnten, käme dies unter den gegebenen Umständen einem steilen Anstieg gleich:

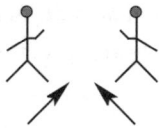

Stattdessen wählen sie den einfachen Weg, treten einen Schritt zurück und distanzieren sich etwas:

War das ein bisschen zu weit weg? Sie kommen sich wieder etwas näher. Eine Spur zu nah? Sie treten noch einmal zurück. Mal näher, mal distanzierter, vor und zurück, angezogen und abgestoßen, so finden

Theo und Thea schließlich einen Abstand, den sie als angenehm empfinden. Es ist eine Position des Gleichgewichts, wobei die Abstoßungskraft der Anziehungskraft genau die Waage hält:

Und damit sind unsere beiden zuvor getrennten Teilchen eins geworden. Ausgestattet mit dem Potenzial zur Wechselwirkung, haben sich Theo und Thea in Theo-Thea verwandelt. Sie bilden eine Einheit, die von entgegengesetzten Kräften stabilisiert und im Gleichgewicht gehalten wird. Dieses Arrangement wird so lange andauern, bis irgendein stärkerer Einfluss auftaucht und die Lage verändert.

Jetzt fassen wir all diese sich verändernden Neigungen in einer einzigen Zeichnung zusammen, die auf einen Blick den vollen Umfang des Wechselwirkungspotenzials von Theo und Thea preisgibt. Von den weit voneinander entfernt stehenden Akteuren (auf der rechten Seite des Diagramms) bis zu den fast Kopf an Kopf stehenden Partnern (ganz oben links) gestaltet sich die Schräge der Anziehungs- und Abstoßungskräfte ihrer Beziehung folgendermaßen*:

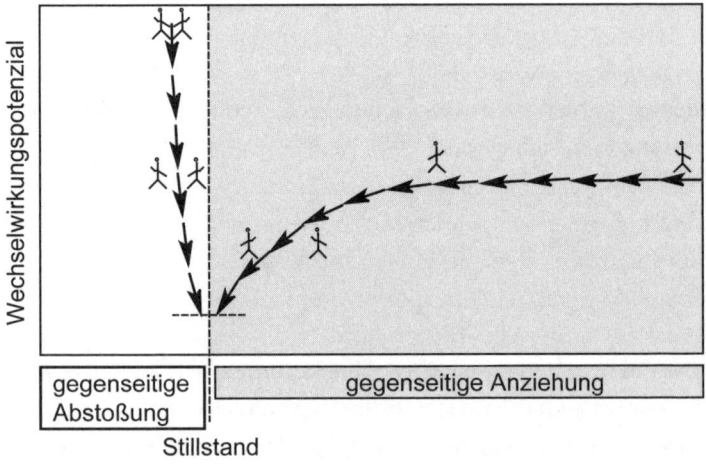

Wird der Raum zwischen Theo und Thea zu eng, bewegen sie sich voneinander fort, während sie wieder zusammenkommen, wenn sie zu weit voneinander getrennt sind. Je steiler das Gefälle wird, desto stärker ist die Anziehung oder Abstoßung.

Wenn wir die Kurve etwas glätten, indem wir auch kleinere Schritte einbeziehen, erhalten wir ein zusammengefasstes Wechselwirkungsprofil, zu dem wir immer wieder zurückkehren werden:

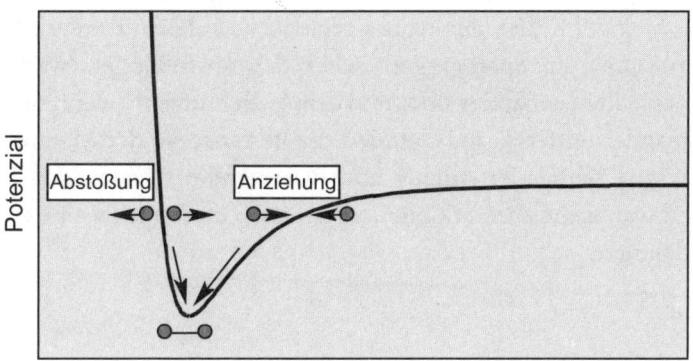

Daraus lernen wir: Wie ein Stein, der in ein Tal hinabrollt, folgt unser Zwei-Teilchen-System einem Einflussgefälle, das sich bei unterschiedlichen Anordnungen entsprechend verändert. Am äußersten rechten Rand, wo der Hügel in eine Ebene übergeht, verändert ein kleiner Schritt voran nur wenig. Hier ist die Tendenz zur gegenseitigen Beeinflussung gering, denn «weit voneinander entfernt sein» ist fast das Gleiche wie «sehr weit voneinander entfernt sein». Allerdings werden Teilchen, die sich näher am Tal befinden, entweder stark angezogen oder stark abgestoßen. Kleine Veränderungen im Trennungszustand machen jetzt einen größeren Potenzialunterschied aus, sodass das System eher geneigt ist, zur Talsohle hinabzurollen. Hier sinkt das Potenzial auf seinen niedrigsten Wert und die Kurve wird flach.

So viel also zu Theo und Thea. Es ist nur eine belanglose Begegnung irgendwo auf der Straße, nichts wirklich Wichtiges, wahrscheinlich nicht einmal für die beiden Beteiligten selbst. Die Schablone hinter diesem Erlebnis zeigt sich allerdings täglich und zu jeder Sekunde im ganzen Universum. Materieteilchen treffen zufällig aufeinander, trennen sich wieder und stabilisieren sich im Gleichgewicht zwischen Anziehung und Abstoßung. Wir können Theo und Thea durch Teilchen verschiedenster Art ersetzen – ein Neutron und ein Proton oder zwei Atome Stickstoff, die DNS-Doppelhelix oder die Umlaufbahn des Mondes um die Erde, um nur einige der möglichen Systeme zu erwähnen – wir werden stets ein ähnliches Muster beobachten, einen Widerstreit der Kräfte, der in unterschiedlichster Form zum Ausdruck kommt. Ohne die Spannung zwischen den Abstoßungen (wenn die Teilchen nah beieinander sind) und den Anziehungen* (wenn sie weit voneinander entfernt sind) würden die Bestandteile der Materie unaufhaltsam ineinander stürzen oder auseinander fliegen. Man kann damit zwar nicht alles erklären, aber es steckt dennoch eine große Idee dahinter.

MATERIE UND IHRE AUSSTATTUNG

Aus welcher Quelle, so mögen wir uns fragen, speisen sich denn diese den Raum unterscheidenden und das Universum gestaltenden Anziehungen und Abstoßungen? Mit welchen Werkzeugen und Tricks arbeitet die Natur, um unverbundene Einheiten in vernetzte Gruppen zu verwandeln? Was könnte es für die Teilchen bedeuten,

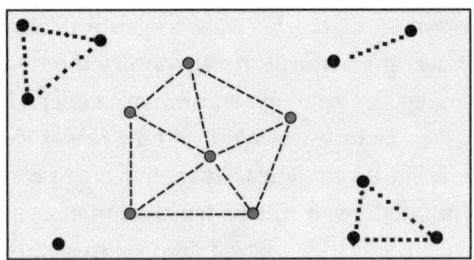

mit einem jeweils eigenen Protokoll zur Herstellung von Verbindungen in verschiedene Klassen unterteilt zu sein? Was hieße es für ein Teilchenpaar, bei einer vorgegebenen Entfernung stärker als ein anderes Paar abstoßend oder anziehend zu wirken? Oder was hieße es für spezielle Teilchenarten, auf ganz bestimmte andere Teilchen überhaupt nicht einwirken zu können?

Es hieße zunächst einmal, dass die potenziellen Akteure mit Sicherheit bestimmte grundsätzliche, in ihrem Wesen verankerte Eigenschaften vorweisen müssen, die einem Körper erlauben, einen anderen zu erkennen und auf ihn als einen geeigneten Partner zu reagieren. Menschen, die mit teilchenähnlicher Einfachheit handeln, tun dies ständig. Sie gründen Familien und Kegelclubs. Sie rufen religiöse Gemeinden ins Leben und gründen Gewerkschaften, politische Parteien, Firmen, raffgierige Kartelle, Kommunen, Städte, Länder und Nationen übergreifende Bündnisse. Sie bilden Vereinigungen, die so grundverschieden sind wie Poloteams und plündernde Armeen, und dennoch haben all diese Netzwerke, so unterschiedlich sie auch sein mögen, ein ähnliches, wenn nicht gar allgemein gültiges Organisationsprinzip gemeinsam. Alle sind sie Vereinigungen grundlegender Elemente, die wegen hinreichend gemeinsamer Interessen zusammenfinden. Es sind Verbände einzelner *Personen*, die blutsverwandt sind, einen gemeinsamen Glauben haben oder sich irgendeiner anderen Idee verpflichtet fühlen, in deren Namen sie ihre Existenz der ganzen Welt kundtun können.

Mit angemessener Ausstattung versehen, müssen die Akteure einen Weg finden, ihr Dasein spürbar zu machen. Sie müssen mit anderen Akteuren kommunizieren, die auf ähnliche Weise auf Einflussnahme bedacht sind. Jedes Element muss die Fähigkeit haben, ein Signal auszusenden und von überall her ein Signal zu empfangen.

Und was ist mit den Menschen? Menschen können genauso unbegrenzt Mechanismen einsetzen, wie es Individuen gibt, die sie anwenden. Menschen sprechen beim Essen miteinander. Sie finanzieren Turniere. Sie nehmen an Gottesdiensten teil. Sie arbeiten in Montagefabriken. Sie begegnen sich in Wien. Sie veröffentlichen Rundschreiben. Sie benutzen das Telefon. Sie versenden E-Mails. Sie marschieren in Reih und Glied.

Und was machen Elektronen? Bei Elektronen und Protonen sowie bei verschiedenen anderen Materiesplittern, die sich zu Kegelvereinen, raffgierigen Kartellen und zum Rest der Welt zusammenschließen, erweist es sich als beruhigende Überraschung, dass sowohl die Anzahl der grundlegenden Eigenschaften (wie Masse und elektrische Ladung, um nur zwei zu nennen) als auch die Anzahl der Kommunikationsmittel (wie Gravitationsfelder und elektromagnetische Felder) so gering ist. Sie sind subtil, nicht greifbar, unwiderstehlich … aber es sind eben nur wenige. Ihnen wollen wir uns jetzt widmen, um allmählich zu erkennen, wie die Natur aus so Wenigem so viel macht.

GRAVITATION UND MASSE

Die Gravitation kennen wir aus eigener Erfahrung. Materie zieht Materie an. Stoff und Stoff gesellt sich gern. Der Apfel fällt vom Baum. Der Mond umkreist die Erde. Unsere Füße bleiben auf dem Boden. Schuld daran ist die Gravitation.

Je mehr Stoff (also je mehr Masse) da ist, desto größer ist die Anziehung. Der Ruck mag hier stark sein und dort schwach, aber die Natur garantiert allem die gleiche Gravitationschance. Alles, was Masse besitzt, vom kaum stofflich zu nennenden Elementarteilchen bis zum kollabierenden Stern, wird von jeder anderen massetragenden Materie angezogen. Sonnen tun es. Monde tun es. Quarks und Elektronen tun es. Jeder tut es. Alles, was man dafür braucht, ist Masse.

Masse zu haben, heißt einfach zu *existieren*. Mit Masse ist man ein Stück Materie, und ein Stück Materie zu sein, bedeutet, verbunden zu sein mit jedem anderen Stück Materie. Ein Quark hat andere Eigenschaften als ein Elektron, während ein Elektron wiederum andere Eigenschaften hat als ein Neutron und die Merkmale des Neutrons sich wiederum von denen eines Protons unterscheiden, aber sie alle haben Masse – genau wie jedes andere Materieteilchen. Jedes Teilchen hat eine bestimmte wesentliche Substanz und trägt eine gewisse Menge Materie zum Universum bei.

Wir erkennen Masse nicht unbedingt daran, was sie ist, sondern daran, was sie tut.* Fragen Sie einmal einen Gewichtheber. Alexej fühlt unmissverständlich, wie die Hantel, die er auf seinem Brustkorb balanciert, von der ganzen Materie angezogen wird, die hinter seinem Rücken liegt. Und das ist nichts weniger als die gesamte Masse der Erde:

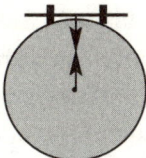

Er lebt gefährlich, denn er ist gefangen im Kreuzfeuer zwischen zwei wechselwirkenden Massen und muss seine ganze Energie aufwenden, um eine entgegengesetzte Kraft zu erzeugen, die ein potenziell zerschmetterndes Bündnis von Eisen und Erde vereitelt. Er muss das Gewicht stützen.

Wird die Masse verdoppelt, verdoppelt sich die Gravitationsanziehung im selben Maße. Eine 200-Pfund-Hantel enthält die doppelte Masse – die doppelte Materiemenge und die doppelte Anzahl von Elementarteilchen – einer 100-Pfund-Hantel. Ihre Wechselwirkung mit der unveränderlichen Masse der Erde ist doppelt so stark, sodass Alexej die doppelte Kraft aufwenden muss, um heile Rippen zu behalten:

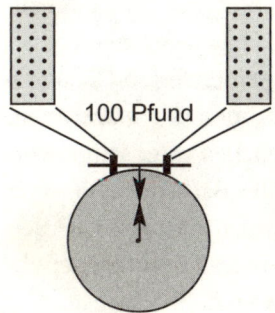

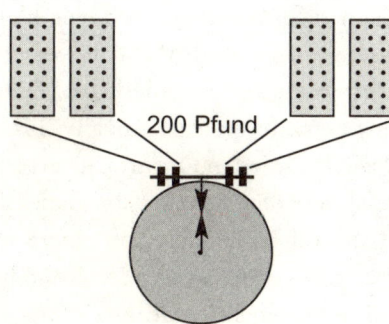

Und weiter geht's. Wir verdreifachen, vervierfachen, verfünffachen die Masse. Wir multiplizieren die Masse der ursprünglichen 100-Pfund-Hantel mit tausend, einer Million, einer Milliarde, einer Billion, einer Billiarde, einer Trillion, einer Sextillion*. Erhöhen wir die Materiemenge um das Äquivalent von 1 620 000 000 000 000 000 000 solcher Hanteln, bis ein völlig überlasteter Alexej schließlich die Masse des Mondes stemmen muss. Könnte Atlas-Alexej dann diese lunare Masse wie eine Hantel gerade so über der Oberfläche der Erde balancieren, müsste er 162 000 Millionen Millionen Millionen Pfund Kraft aufwenden, um die Gravitation in Schach zu halten.

Zweifellos eine titanische Aufgabe, zwischen Erde und Mond zu geraten, aber die arithmetischen Fakten sind einfach und gnadenlos. Je mehr Materie vorhanden ist, desto stärker ist die Gravitationsanziehung. Wenn eine Hantel bei einer bestimmten Entfernung einer bestimmten Anziehung standhält, dann schaffen zwei Hanteln doppelt so viel, drei Hanteln halten dem dreifachen Zug stand, vier Hanteln dem vierfachen, fünf Hanteln dem fünffachen Zug und so weiter, bis wir so viele Hanteln haben, dass sie den Mond und mehr aufwiegen. Die Anziehungskraft nimmt im Verhältnis 1:1 mit dem Betrag der Masse zu. Damit können wir rechnen.

Wir können uns so sicher darauf verlassen, weil sich Erde, Mond, Hanteln und alle anderen Dinge aus den gleichen wenigen Bausteinen zusammensetzen. Es ist der immer gleiche begrenzte Bausatz typischer Teilchen, und die lassen sich grenzenlos neu arrangieren. Große Dinge stammen stets von kleinen Dingen ab, und jedes Elementarteilchen fügt dem Ganzen eine kleine, aber eindeutige Masse hinzu. Solange Erde und Mond unversehrt bleiben, hat jeder der beiden Körper seine unveränderliche Materiemenge, seinen festen Gehalt an *Stoff*, seine festgelegte Anzahl Elektronen, Protonen und Neutronen. Das gilt für jeden Ort im Universum. Jedes Teilchen trägt seinen vorgeschriebenen Anteil zum Ganzen bei wie die Backsteine in einer Mauer oder die Fliesen in einem Mosaik. Stück für Stück erwerben Erde und Mond so ihren vollständigen Massebetrag und machen ihren gesamten Gravitationseinfluss geltend. Masse zieht Masse an. Die

Teilchen der Erde ziehen die Teilchen des Mondes an, während die Mondteilchen die Erdteilchen gleichermaßen anziehen.

Doch die Stärke dieser Anziehung hängt nicht allein von der Masse ab. Wie bei der Begegnung zwischen Theo und Thea wird die Gravitationsanziehung schwächer, wenn sich die Quelle (Erde oder Mond) immer weiter vom Empfänger (Mond oder Erde) entfernt. Bei großen Entfernungen, *sehr* großen Entfernungen,

ist das Potenzial für eine Wechselwirkung nur gering und das Einflussgefälle nahezu flach. Bei einer Annäherung nimmt die Anziehung ständig zu,

bis sich die beiden Körper schließlich berühren:

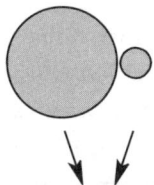

Und irgendwo in der Mitte zwischen den Extremen der gravitativen Gleichgültigkeit und des gravitativen Übermaßes finden Erde und Mond ein stabiles Gleichgewicht. Den Beweis dafür sehen wir Monat für Monat am Nachthimmel. Der Mond umkreist die Erde, immer und immer wieder, wird von ihr angezogen und dennoch irgendwie auf Distanz gehalten.

Zu einem späteren Zeitpunkt werden wir etwas näher auf dieses Gleichgewicht der Kräfte eingehen, doch im Augenblick wollen wir zumindest den Ansatz einer Möglichkeit, nämlich das *Potenzial** für eine auf Masse beruhende Verbindung zwischen diesen beiden Materiehaufen, im Auge behalten. Das Potenzial für die Gravitationsanziehung verändert sich mit jedem Zustand der Trennung. Es ist stark, wenn die Körper nah beieinander sind, und schwach, wenn sie einander fern sind. Die sich entwickelnde Kraft (denken Sie an eine «Neigung», zusammenzukommen) spiegelt sich in der Steilheit der Potenzialveränderung wider:

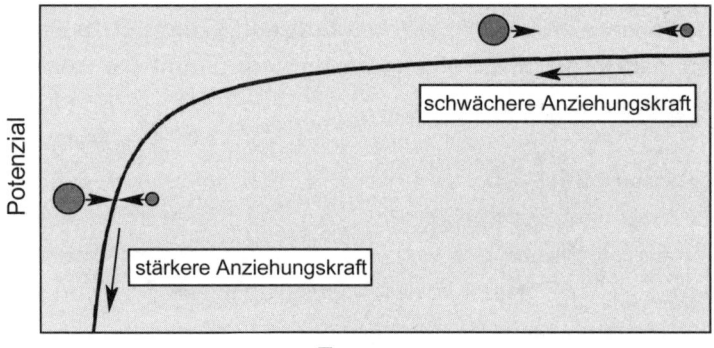

Die Anziehung geht natürlich weit über Erde und Mond hinaus. Die Gravitation ist eine universelle Naturkraft, nämlich die Neigung von Erde, Mond und jedem noch so winzigen Körnchen Materie, einander näher zu rücken, noch ein Stück näher und immer näher, egal, wie weit sie voneinander entfernt sein mögen. Nichts ist davon ausgenommen. Selbst über astronomische Entfernungen hinweg bleibt die Gravitation wirksam und verleiht der Natur das Potenzial, den Kosmos im großen Maßstab zusammenzuhalten. Dass Gaswolken Sterne bilden können, aus Sternen Galaxien werden und aus Galaxien wiederum Galaxienhaufen, ist auf die Gravitation zurückzuführen. In unserer eigenen Umgebung regelt sie die Bewegung der Planeten um die Sonne und ist für die Gezeiten verantwortlich. Sie umhüllt die Erde mit einer schützenden Atmosphäre, wobei sie auf gerade so viel irdische Masse zurückgreift, dass eine lebenserhaltende Hülle aus Sauerstoff und anderen Gasen in der Luft bestehen bleibt.

Der lange Arm der Gravitation kennt keine Grenzen und macht keine Ausnahmen. Zwar schwächt sich das Gravitationspotenzial mit zunehmender Entfernung ab, doch verschwindet es nie ganz und gar, sodass seine allumfassende Reichweite die Gravitation zur dominierenden Gestalterin des Makrokosmos macht. Ausnahmslos alles, egal, wo es sich befindet, wird von der Masse jeder anderen Materie im Universum beeinflusst.

Allerdings wird die großmaßstäbliche Dominanz von ihrer Schwäche auf Teilchenebene ausgeglichen, denn dort erweist sich der Einfluss der Gravitation als so gering, dass er unbedeutend erscheint. Denn obwohl die Gravitation die Form von Sternen und Galaxien bestimmt, stellt sich heraus, dass sie es noch nicht einmal schafft, die grundlegenden Urbestandteile eines Sterns zusammenzufügen: simple Vereinigungen weniger Protonen, Neutronen und Elektronen in Gestalt von Wasserstoff und Helium. Betrachtet man jedes Teilchen für sich, stellt man fest, dass keines von ihnen genügend Masse hat, um ein nennenswertes Gravitationspotenzial aufzubringen.

Kleine Massen bewirken kleine Anziehungen, und die Massen von Protonen, Neutronen und Elektronen sind tatsächlich sehr klein. Um auf die Masse einer Sonne zu kommen, benötigte man beispielsweise mehr als eine Milliarde Billionen Billionen Billionen Billionen Protonen oder Neutronen (eine 1, gefolgt von 57 Nullen). Und selbst ein so mickriger Himmelskörper wie der Mond erreicht die Masse von 44 Billionen Billionen Billionen Billionen solcher Teilchen. Dass Sonne, Mond und Erde mit Hilfe der Gravitation aufeinander einwirken, ist nicht etwa der Kraft geschuldet, die der Gravitation innewohnt – denn die ist ganz und gar nicht stark –, sondern ist vielmehr ein Beweis für die unglaubliche Zahl der Teilchen in jedem Körper. Was ihnen als Individuen mangelt, machen sie als massenhaft auftretende Bestandteile wieder wett. In der Einheit liegt die Stärke.

Mit einem Blick nach innen also wollen wir herausfinden, woraus Erde, Sonne und Mond im Innersten bestehen, und damit anfangen, die Stofflichkeit im kleinsten Maßstab zu betrachten. Ein Proton und ein Elektron, die über die erstaunlich geringe Entfernung von fünf milliardstel Zentimeter aufeinander einwirken, bilden gemeinsam ein Wasserstoffatom, das einfachste chemische Element:

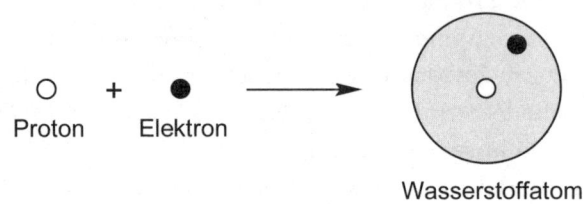

Proton   Elektron

Wasserstoffatom

Die Gravitation hat nichts damit zu tun. Wäre die Masse die einzige Quelle der Wechselwirkung, würden Protonen, Neutronen und Elektronen gleichermaßen weder Anziehung noch Abstoßung spüren. Sie sind Leichtgewichte. Sie sind Federgewichte. Sie sind *leichter* als Federgewichte. Ihr Gehalt an Masse ist zu jämmerlich gering, um etwas mit der Gravitation anfangen zu können. Denn schließlich hat das Elektron eine Masse von weniger als einem Milliardstel eines Milliardstels eines milliardstel Gramms, und selbst die Masse eines Protons ist nur etwa 2000-mal größer. Haben wir genügend davon zur Verfügung, erleben wir vielleicht die Entstehung eines Sterns, aber ein einzelnes Paar für sich genommen ergibt niemals ein Wasserstoffatom – jedenfalls nicht, wenn die Gravitation die einzige Kraftquelle ist.

Nein, die Gravitation versorgt uns nicht mit Wasserstoff. Auch für Helium ist sie nicht verantwortlich. Sie beschert uns weder Kohlenstoff, Stickstoff, Sauerstoff, Silizium oder Phosphor noch irgendeine der anderen mehreren Dutzend Atomarten, aus denen alles besteht, was das Auge erblicken kann. Und auch die Moleküle, die aus diesen Atomen aufgebaut sind – kleine wie H_2O oder große wie die DNS –, verdanken ihre Existenz nicht der Gravitation. Nicht sie ist es, die ein Sauerstoffmolekül mit einem Hämoglobinmolekül im Blut verbindet oder eine Billion Billionen Wassermoleküle zu einem Eiswürfel erfrieren lässt. Für diese Dinge, für die kleinen Dinge nämlich, muss es etwas anderes geben.

Und es gibt tatsächlich etwas. Wir nennen es die elektrische Wechselwirkung oder, allgemeiner formuliert, die elektromagnetische Wechselwirkung*. Sie geht aus einer Eigenschaft der Materie hervor, die als elektrische Ladung bekannt ist. Befindet sich ein elektrisch geladenes Teilchen im Ruhezustand, produziert es ein elektrisches Potenzial, auf das andere geladene Teilchen reagieren können. Bewegt sich das Teilchen, ruft die gleiche Ladung ein magnetisches Potenzial hervor, auf das andere, sich *bewegende* Ladungen antworten können.

Egal, ob es um elektrische oder magnetische Potenziale geht, die Ladung verursacht beides. Ob wir es «elektrisches Potenzial» nennen (weil wir eine Ladung im Ruhezustand wahrnehmen) oder «magnetisches Potenzial» (weil wir eine bewegte Ladung wahrnehmen), es ist allein unser Standpunkt, der den Unterschied ausmacht*. Die Quelle ist die gleiche.

Aus unserer Welt der Masse steigen wir nun im nächsten Schritt hinab in die Sphäre der Ladungen und sind darauf vorbereitet, unsere vertrauteste Umgebung in einem neuen Licht zu sehen. Möge es also elektrische Ladungen geben.

ELEKTRISCHE LADUNG UND ELEKTRISCHES POTENZIAL

Gäbe es nicht den gelegentlichen Zufall, der uns wie ein Blitz aus heiterem Himmel trifft, würden wir es nie vermuten. Wir würden niemals annehmen, dass sich die uns so vertraute Welt der alltäglichen Dinge in einem so sensiblen, aber prekären Gleichgewicht befindet und lediglich als neutralisierte Mischung explosiver Kräfte überlebt. Doch genau diesen Balanceakt vollführt sie. Jeder Wassertropfen im Meer, jedes Sandkorn, jeder Grashalm, alles, was unseren Sinnen zugänglich ist – ausnahmslos alles –, vollführt diesen heiklen Tanz der Gegensätzlichkeiten. Jede makroskopische Atomverbindung bringt riesige Mengen zweier verschiedener Akteure ins Spiel. Ihre Anzahl stimmt überein, doch in einer bestimmten Eigenschaft sind sie entgegengesetzt. Wir könnten die Pärchen Yin und Yang nennen oder Kopf und Zahl, oder was auch immer eine gegensätzliche Beziehung anschaulich auszudrücken vermag, aber wir werden stattdessen eine Tradition weiterführen, die Benjamin Franklin* mit seinem selbst gebauten Drachen im Sturm begründet hat. Wir werden sie «positive» und «negative» elektrische Ladungen nennen.

In einem Lager haben wir die positiven Teilchen, namentlich die Atomkerne*. Jeder elementare Kern enthält eine vorgeschriebene Anzahl Protonen, und jedes Proton trägt eine Ladung von +1. In dem anderen Lager haben wir die negativen Teilchen, das sind die Elektronen außerhalb des Kerns*. Sie tragen die Ladung –1. Auf jedes Proton kommt ein Elektron. Da die Welt und ihre Atome von der gleichen Anzahl Protonen und Elektronen aufgebaut sind, gibt es insgesamt keine zählbare Ladung:

Die Mathematik dahinter $(1-1=0)$ ist grundlegend. Die Auswirkungen sind weit reichend.

Wir entdecken also zunächst, dass die Natur beide Kategorien braucht, positiv und negativ, um die Hunde, Katzen und Meere dieser Welt hervorzubringen. Keines der beiden elektrischen Lager könnte zuverlässig ohne das jeweils andere existieren. Teilchen, die mit derselben Ladung ausgestattet sind, seien sie nun positiv gegen positiv oder negativ gegen negativ, besitzen lediglich das Potenzial, einander abzustoßen. Je näher sie zusammenstehen, desto steiler wird die Tendenz zur Fortbewegung:

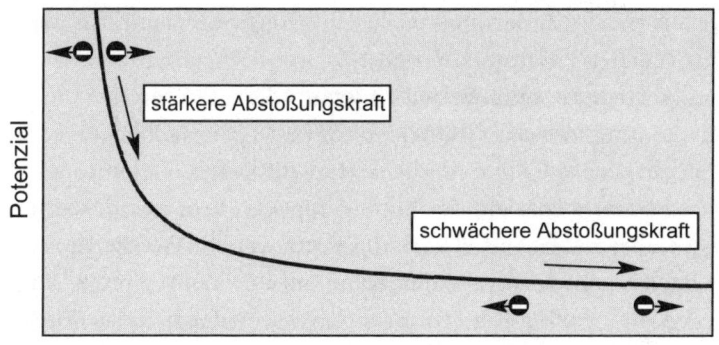

stärkere Abstoßungskraft

schwächere Abstoßungskraft

Potenzial

Trennung

Überließe man die mit gleicher Ladung behafteten Teilchen sich selbst und ließe sie das Gesetz «Gleiches stößt sich ab» in ureigener Verwirklichung ausleben, würden sie auseinander fliegen. Ungeachtet der Größe des Abstands gäbe es immer die Tendenz, sich noch ein bisschen weiter voneinander zu entfernen.

Die andere Seite der Medaille heißt natürlich: «Gegensätze ziehen sich an», und das stimmt in der Tat. Ein negatives und ein positives Teilchen gleiten in einem Spiegelbild des Gleich-und-gleich-Potenzials den Abhang hinunter mit der Tendenz, sich noch weiter anzunähern:

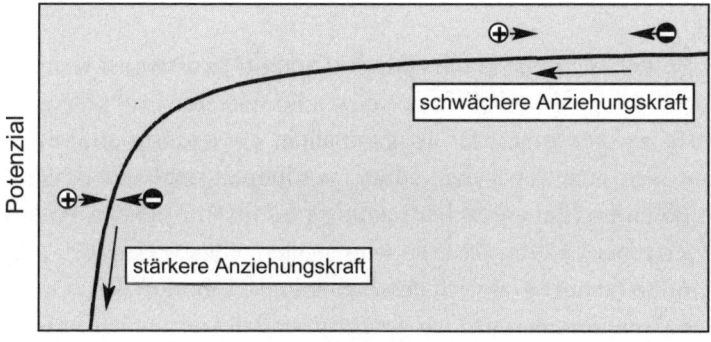

schwächere Anziehungskraft

stärkere Anziehungskraft

Potenzial

Trennung

Sogar aus weiter Entfernung wirkt eine Neigung, eine Kraft, die die beiden Teilchen zusammenbringt.

Vergleichen Sie nun die beiden letzten Diagramme (für die elektrische Ladung) mit der Graphik auf Seite 38 (für die Masse), so werden Sie ein paar auffällige Ähnlichkeiten entdecken. Genauso wie das Gravitationspotenzial mit der Entfernung schwächer wird, so nimmt auch gleichermaßen das elektrische Potenzial ab. Wo die Kurve nahezu flach wird wie am rechten Rand, gibt es kaum Anreiz, sich zu bewegen. Bei großen Entfernungen unterscheidet sich das Potenzial kaum zwischen einer Trennung und der nächsten, sodass die weit verstreuten Teilchen keinen ausreichenden Grund haben, sich aufeinander zu- oder voneinander fortzubewegen. Wird die Kurve jedoch steil, nehmen die Akteure selbst beim kleinsten Positionswechsel eine große Potenzialveränderung wahr. Sie reagieren auf eine angemessen starke Kraft, unabhängig davon, ob es die Schubkraft der Abstoßung oder die Zugkraft der Anziehung ist.

Wie bei der Gravitation hängen auch hier Stoß und Zug von der Stärke der Quelle ab, wenngleich das elektrische Potenzial von der elektrischen Ladung und nicht von der Masse gespeist wird. Gegensätzliche Ladungen ziehen sich an, gleiche Ladungen stoßen sich ab, während größere Ladungen auch einen stärkeren Einfluss ausüben. Im Kontrast dazu erhöht sich das elektrische Potenzial mit der Ladung, genauso wie das Gravitationspotenzial mit der Masse stärker wird.

Ersetzen wir nun «Masse» durch «Ladung» und steigen wir die Leiter hoch. Ob große oder kleine Masse, die Wirkung bleibt die gleiche. Worauf es hier ankommt, ist ganz allein die Ladung und nicht die Masse. Verdoppeln wir die Ladung, verdoppelt sich auch das elektrische Potenzial. Bei dreifacher Ladung verdreifacht sich das Potenzial, bei vierfacher Ladung erhalten wir das vierfache Potenzial.

Und so weiter? Praktisch gesehen nein: Es gibt durchaus Grenzen. Die Stufenleiter der natürlich vorkommenden Ladung hat weit weniger Sprossen als die Leiter der Masse. Gegensätzliche Ladungen ziehen sich an, während sich gleiche Ladungen abstoßen. Positive Ladungen neigen dazu, sich nicht ausschließlich anderen positiven Ladungen anzuschließen, und negative Ladungen verkehren nicht ausschließlich mit anderen negativen Ladungen. So werden wir beispielsweise nie erleben, dass eine Million Milliarden Billionen Myriaden Protonen, die wegen der vielen Abstoßungen auseinander stürmen, einer Million Milliarde Billionen Myriaden Elektronen gegenüberstehen, die ebenfalls bereit sind, zu explodieren:

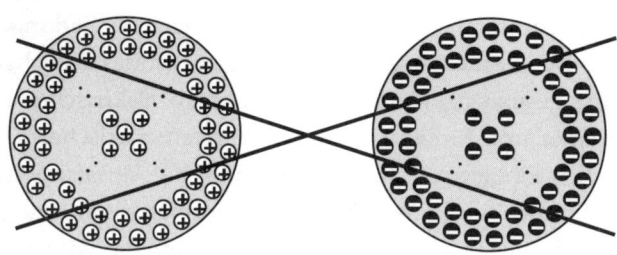

Stattdessen vermischen sich die entgegengesetzten Ladungen. Paarweise wirken positive und negative Teilchen aufeinander ein und bilden zusammengesetzte Strukturen ohne eine tatsächlich messbare Ladung.

Daraus entwickelt sich eine mikroskopische Welt, in der eine positive Ladung nie allzu weit von einer negativen Ladung entfernt ist,

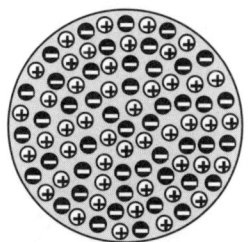

eine Welt, in der es unglaublich viele Ladungsstücke gibt, die unwahrscheinlich klein sind. Dabei erfasst unser Blick das fertige Produkt wie aus der Ferne und lässt die eigentlich vorhandene Feinkörnigkeit zu scheinbar glatter Neutralität verschwimmen:

Unser Auge ist einfach zu grob, um die einzelnen Ladungen auszumachen. Sie werden uns nur bewusst, wenn das Gleichgewicht
geringfügig gestört ist wie beim Aufleuchten elektrischer Energie
zwischen Blitz und Erdboden, wie im Funken «statischer Elektrizität» zwischen Finger und Türgriff in einem mit Teppichboden aus-
gelegten Zimmer oder beim Einsatz von Instrumenten und Experimenten, wenn wir eine Welt erforschen wollen, die wir sonst nicht
sehen könnten.

DAS POTENZIAL, KATZEN UND HUNDE ZU ERSCHAFFEN

Diese neutralisierte elektrische Miniaturwelt – die Welt der Chemie,
der auch *wir selbst* angehören – hat ihren Ursprung in der Vermischung
von nur zwei Teilchen. Die Natur verkuppelt eine einzelne negative
Ladung (ein Elektron) mit einer einzelnen positiven Ladung (ein Proton), sodass wir ein Wasserstoffatom erhalten:

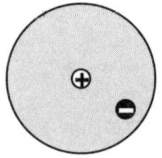

Wasserstoffatom

Als Nächstes bekommen wir aus zwei Elektronen und einem Kern,
der zwei Protonen enthält, ein Heliumatom:

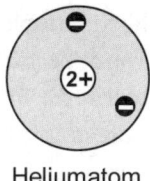

Heliumatom

Es werden noch mehr Atome auftauchen, aber bereits jetzt haben wir einen guten Start erwischt. Denn nahezu die gesamte sichtbare Materie im Universum lässt sich vollständig von Wasserstoff und Helium ableiten,* wobei der Wasserstoff überwiegt.

Und schon jetzt, bei der Betrachtung dieser beiden ersten Atome, verstehen wir, welchen raffinierten grundlegenden Ansatz die Natur verfolgt, wenn es um Materie geht. Kleine Variationen in der Struktur – ein Elektron hier, ein Proton da – haben große Veränderungen im Verhalten zur Folge.* Sosehr sich Wasserstoff und Helium auch in ihrer Grundausstattung ähneln mögen, erweisen sich ihre Funktionen doch als radikal unterschiedlich. Einerseits teilen sich Wasserstoffatompaare bereitwillig ihre Elektronen und Kerne, um Wasserstoffmoleküle zu bilden, die der nächste Schritt hinauf in der Organisationshierarchie der Materie sind:

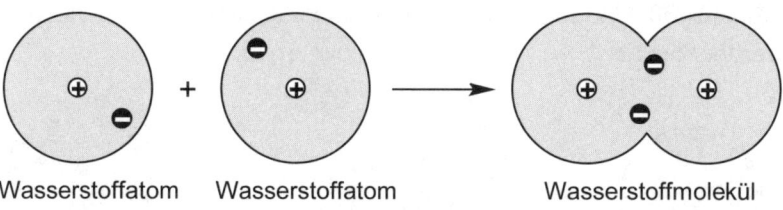

Wasserstoffatom   Wasserstoffatom   Wasserstoffmolekül

Und darüber hinaus verbinden sich Wasserstoffatome ja nicht nur mit ihresgleichen, sondern genauso gern mit Dutzenden anderer Atome. Andererseits reagiert das Heliumatom überhaupt nicht* – weder mit sich selbst noch mit Wasserstoff, Kohlenstoff, Stickstoff oder mit irgendetwas anderem. Das ist ein erheblicher Unterschied.

Das daraus sich ergebende Gesamtbild ist entwaffnend einfach, hingegen sind die Resultate reichlich kompliziert. Wir fügen nun einem Kern ein Proton und ein Elektron außerhalb des Kerns hinzu, und siehe da: Eine neue Art von Atom betritt die Bühne, nämlich ein Atom, das keinem anderen Atom ähnelt und das mit anderen Atom-Kollegen in wechselnde Verbindungen treten wird. Die Natur vermischt und paart diese wenigen austauschbaren Teile (Elektronen und Atomkerne) und gestaltet damit die Elemente des chemischen Universums. Das Ergebnis ist ein Satz Bausteine, die flexibel genug sind, sich zu stofflichen Wirklichkeiten zusammenzufügen, die so kompliziert und wunderbar sind, wie Sie es sich wünschen. Dazu gehören natürlich auch all die zuvor erwähnten Hunde, Katzen, Hanteln und Meere. Es bleibt sogar noch Platz für sechs Milliarden leicht unterschiedlicher Menschen, deren Denken und Fühlen in nicht weniger als sechs Milliarden Variationen zum Ausdruck kommt. Ab einem gewissen Grad der Auflösung ist jeder von ihnen reduziert auf einen Haufen Elektronen und Atomkerne. Was immer sie darstellen und was immer sie tun, geschieht mit Hilfe dieser winzigen geladenen Teilchen.

Jenseits von Wasserstoff und Helium setzt sich der Aufbau kontinuierlich Atom für Atom fort. Das nächste ist das Lithiumatom, in dem drei Elektronen einem Drei-Protonen-Kern die Waage halten. Das vierte Element ist Beryllium, das fünfte heißt Bor, das sechste Kohlenstoff. Und so geht es immer weiter aufwärts bis zum Uran und darüber hinaus:*

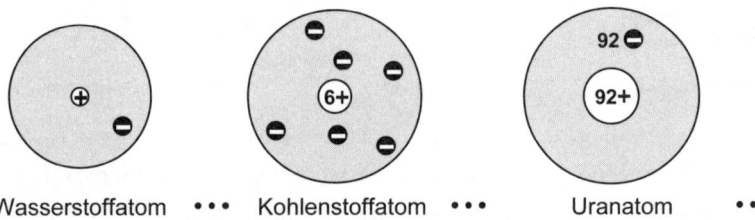

Wasserstoffatom ••• Kohlenstoffatom ••• Uranatom •••

Jedes Atom fügt dem vorangegangenen ein Elektron und ein Proton hinzu, bis schließlich (nach etwa 120 Elementen)* die Anhäufung gleicher Ladung nicht mehr tragbar wird.

Mit jederzeit einsatzbereiten Atomen macht die Natur jetzt Ernst mit der Herstellung komplexer Materialien. Ganz individuell vermischt jedes Atom seine Kerne und Elektronen mit denen anderer Atome, sodass aus diesen Hochzeiten des Positiven und des Negativen die unzähligen Varianten von Molekülen und anderen Mikrostrukturen entstehen, die den Raum einer deutlich größeren Welt ausfüllen. Von den zwei Atomen in einem Wasserstoffmolekül bis zu den Tausenden und Millionen Atomen in Eiweißen und in DNS-Molekülen stellt die Natur aus ursprünglicher Einfachheit ein ungeheuer komplexes Gewebe her. Wenn die Anziehungen und Abstoßungen ins Gleichgewicht geraten, treten elektrisch neutrale Kombinationen wie Atome, Moleküle, Molekülcluster, Gase, Flüssigkeiten, Kristalle, Bakterien, Tulpen, Enten und Elefanten in Erscheinung. Nicht alle Wechselwirkungen sind anziehender Natur, weil die Struktur sonst zerfallen würde. Und nicht alle Wechselwirkungen sind Abstoßungen, sonst würde die Struktur explodieren. Stattdessen aber ereignet sich eine örtliche Abflachung des Potenzials, eine «Theo-und-Thea-Talsohle» der Stabilität, wo weder Anziehungen noch Abstoßungen dominieren:

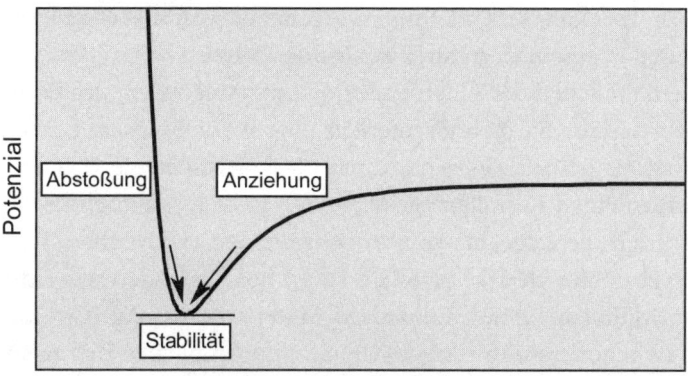

Anordnung (Entfernungen und Winkel)

Wie bei der Begegnung von Theo und Thea, die nicht zu weit voneinander entfernt waren und sich nicht zu nah kamen, gerät eine Kombination von Elektronen und Atomkernen ins Gleichgewicht, sobald ihr Potenzial ein Minimum erreicht. Da hier die Landschaft flach ist, bringt eine kleine Positionsveränderung weder Vor- noch Nachteile. Eingeschränkt von Steigungen zunehmenden Potenzials, können die Teilchen hier eine Weile zusammenbleiben. Es sind diese zerbrechlichen Stabilitätstäler, denen die chemische Welt ihre Existenz verdankt.

DIE STARKE KERNKRAFT

Lassen wir dem elektrischen Potenzial Gerechtigkeit widerfahren. Es verbindet Elektronen und Atomkerne zu Atomen. Es verknüpft Atome zu Molekülen. Es fügt aus Molekülen Meere zusammen. Es ist für die Existenz von Hunden und Katzen verantwortlich. Auf die eine oder andere Weise webt die Wechselwirkung zwischen elektrischen Ladungen all diese Strukturen, und die Endprodukte geben uns Auskunft über Sparsamkeit und Vielseitigkeit der Natur. Trotzdem muss noch etwas anderes an dem Werk beteiligt sein. Da das elektrische Potenzial in den Atomkern, die winzigste Dimension des Universums, hineingezwängt ist, muss es sich einer stärkeren Kraft beugen. Denn der von der elektrischen Ladung ausgehende Einfluss allein kann die Protonen in einem Kern nicht zusammenhalten.

Nein. Teilchen derselben Ladung besitzen lediglich das Potenzial zur Abstoßung. Sie können niemals eine Anziehungskraft ausüben. Je näher sie beieinander sind, umso stärker stoßen sie sich ab; und sind sie in einen Atomkern gestopft, wo sie sich praktisch berühren, stehen sich die schlecht zusammenpassenden elektrischen Teilchen näher, als man sich das vorstellen kann. Bei Abständen von lediglich einem Millionstel eines milliardstel Meters wächst die Abstoßungskraft zwischen zwei Protonen zu einem unglaublichen Betrag an. Da werden Körper, deren Masse kaum größer ist als ein Millionstel eines Milliardstels eines milliardstel Gramms von fünfzig Pfund* Schubkraft auseinander gerissen.

Die nukleare Konstruktion wird umso fragwürdiger, sobald wir entdecken, dass zwischen den Protonen überall *Neutronen* verteilt sind* – mit Protonen vergleichbare Masseteilchen, die allerdings keine elektrische Ladung aufweisen. So kommt etwa ein Heliumkern in mehreren unterschiedlichen Formen vor, die Isotope genannt werden. Die geläufigste Anordnung besteht aus den festgelegten zwei Protonen und zwei zusätzlichen Neutronen:

Helium-4-Kern

Ähnliche Variationen tauchen in sämtlichen Elementen auf. Jeder Kern enthält eine festgelegte Anzahl Protonen – Wasserstoff hat ein Proton, Helium zwei Protonen, Lithium drei und so weiter bis hinauf in die obersten Etagen – und kann mit einer variablen Menge Neutronen verschmelzen. Unter Isotopen desselben Elements bleibt die positive Ladung die gleiche, was aber nicht für die Anzahl der Neutronen gilt.

Diese Neutronen sind keine passiven Zuschauer. Sie tragen im materiellen Sinn zur Struktur und Stärke eines Kerns bei, sodass wir zu der Frage gezwungen sind: Wieso? Wodurch? Denn in einer nur von Masse und elektrischer Ladung regierten Welt dürften Neutronen eigentlich gar nicht auffallen. Da sie keine messbare Ladung haben, üben sie auch keinen elektrischen Einfluss auf Protonen aus, weder durch Anziehung noch durch Abstoßung. Da sie selbst nur winzige Materiekörnchen sind, können sie auch nicht genügend Raum zwischen den positiven Teilchen schaffen, um die enorme Abstoßungskraft zu verringern, die ohnehin schon am Werk ist. Darüber hinaus müssen sich Neutronen mit ihrer im Vergleich zum Subfedergewicht Proton nur um einen Hauch größeren Masse auch noch der Gravitation stellen. Was also, außer Ladung und Masse, hält die Neutronen davon ab, ihre eigene separate Welt zu bewohnen? Was, außer Ladung und Masse, hindert die Protonen daran, bis an die Grenzen des Universums auseinander zu fliegen?

Was immer es sein mag: Es funktioniert, und zwar mit unbezähmbarer Kraft. Allein das Überleben des Atomkerns bezeugt aufs nachdrücklichste, dass eine alte Kraft gebändigt wird und eine neue, stärkere Kraft triumphiert. Angesichts einer enormen elektrischen Abstoßung und einer armseligen Gravitationsanziehung bleiben Neutronen und Protonen in einem Kern dennoch stark miteinander verbunden – oder, um es entschiedener zu formulieren: Sie bleiben *sehr* stark miteinander verbunden. Kerne halten ihre Protonen und Neutronen wesentlich fester zusammen als ihre externen Elektronen. Der Kern wird von der Furcht erregenden Energie der Atombombe und der Wasserstoffbombe zusammengehalten. Diese Energie wird für gute wie für böse Zwecke freigesetzt, wenn bei der Bildung neuer Kerne Protonen und Neutronen andere Positionen einnehmen.

Wir bezeichnen diesen sich behauptenden Einfluss als «starke» nukleare Wechselwirkung*. Es ist das nichtelektrische und nichtgravitative Potenzial, das Protonen und Neutronen eine enge nachbarschaftliche Existenz im Atomkern ermöglicht. Gehen wir der starken Wechselwirkung auf den Grund, kommen wir zu dem Ergebnis, dass sie die Elektronen vollständig ignoriert, Protonen und Neutronen jedoch gleich behandelt. Die Wechselwirkung zwischen Protonen unter sich, zwischen Neutronen und Protonen und zwischen Neutronen unter sich ist bei gleichen Entfernungen gleich groß. Sie alle kommen in derselben Potenzialmulde zur Ruhe – eine Falle, in die zuerst Theo und Thea gerieten:

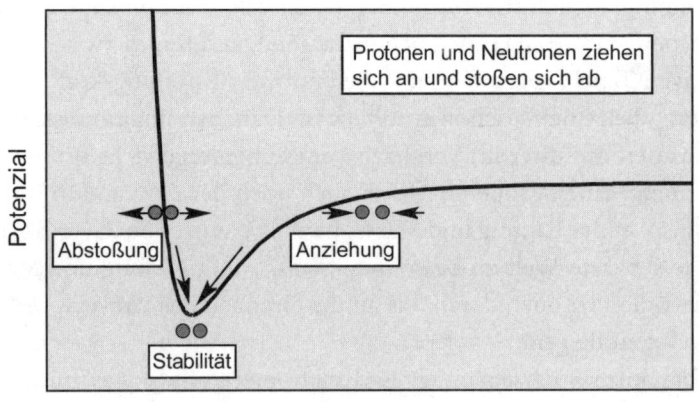

Betrachten Sie es als eine Straße mit Gegenverkehr. Im Gegensatz zu rein elektrischen Teilchen (aber genau wie Theo und Thea) haben Protonen und Neutronen das Potenzial, sich vor- und zurückzubewegen. Sie üben Anziehungskraft aus, sie stoßen einander ab, um schließlich ein Gleichgewicht zu erreichen. Wenn das geschieht, dann passt außerdem kein Sonnenstrahl mehr dazwischen:

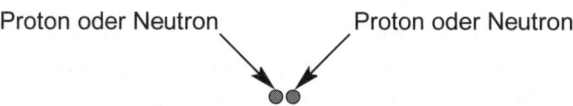

Es ist gemütlich eng. Steilwände anwachsenden Potenzials tauchen auf beiden Seiten auf und schränken die Kernteilchen hundertmal stärker ein als die elektrischen Steigungen, die Atome und Moleküle in die Potenziallandschaft schneiden.

Die starke Wechselwirkung lässt Protonen und Neutronen nicht genügend Raum zum Manövrieren. Schieben wir zwei von ihnen noch ein wenig enger zusammen,

dann wird die starke Wechselwirkung die Teilchen mit beträchtlicher Autorität auseinander zwingen:

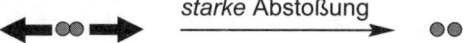

Ziehen wir sie nun ein wenig auseinander, knapp ein Millionstel eines milliardstel Meters, wird dieselbe Wechselwirkung sie sofort zurückschnappen lassen:

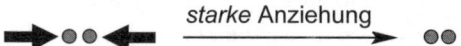

Sind Neutronen und Protonen dort erst einmal gefangen, dann bleiben sie auch in der Falle: tief und steil versunken in Tälern nuklearen Potenzials. In diesen Tälern modelliert die Natur Kerne für alle

Atome, außerhalb dieser Täler übernimmt die elektrische Welt der Atome und Moleküle das Ruder. Außerhalb des Kerns wird die starke Wechselwirkung von der elektrischen Ladung abgelöst, die sich sofort wieder geltend macht.

Die starke Kraft mag zweifellos stark sein, aber sie sticht die elektrische Kraft nur innerhalb der engen Grenzen eines Atomkerns aus. Ein Tal nuklearen Potenzials erweist sich als ebenso eng wie tief, sodass die starke Wechselwirkung jenseits allerkürzester Entfernungen nachlässt und überhaupt nicht mehr stark ist. Das Kernpotenzial flacht ab und macht jede Unterscheidung zwischen «knapp außer Reichweite» und «viel zu weit entfernt» sinnlos:

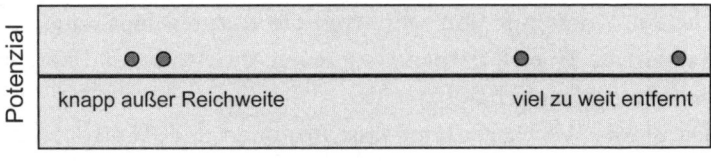

Wenn Protonen mit Protonen (oder Neutronen mit Protonen oder Neutronen mit Neutronen) zusammenbleiben, dann sollten die Abstände tatsächlich so eng wie nur irgend möglich sein. Lassen wir die Kernteilchen sich um nur wenig mehr als ihren eigenen Durchmesser auseinander bewegen, brechen sie aus der starken Wechselwirkung heraus. Jenseits dieser Schwelle, nur einen Nadelstich im Raum entfernt, übernimmt das elektrische Potenzial das Kommando für die atomare und molekulare Welt außerhalb des Kerns.

DIE SCHWACHE KERNKRAFT

Sogar innerhalb des Kerns ist die starke Kraft nicht ohne Konkurrenz. Die elektrische Wechselwirkung hat hier zwar keine Chance, sich durchzusetzen, aber die Protonen behalten dennoch ihre positiven Ladungen. Jedes Proton wird auch weiterhin jedes andere Proton abstoßen, während das elektrische Potenzial seinen Einfluss mit einer Kraft ausübt, die sich bei Entfernungen kaum verringert – und dies gilt nicht nur für benachbarte Teilchen, wie bei der starken Kraft, sondern für alle möglichen Paare. Das Zerstörungspotenzial geht nie verloren.

Manche Kerne sind stabil und halten ewig, aber das trifft nicht auf alle Kerne zu. Wenn der Widerstand zu groß wird, löst sich der Kern in seine Bestandteile auf. Dann setzt der radioaktive Zerfall ein*, sodass sich der Kern entweder in ein anderes Isotop desselben Elements oder in ein völlig anderes Element verwandelt. Ein elektrisch instabiler Kern kann entweder ein Proton oder Neutron hervorschleudern, um seine Last zu erleichtern,

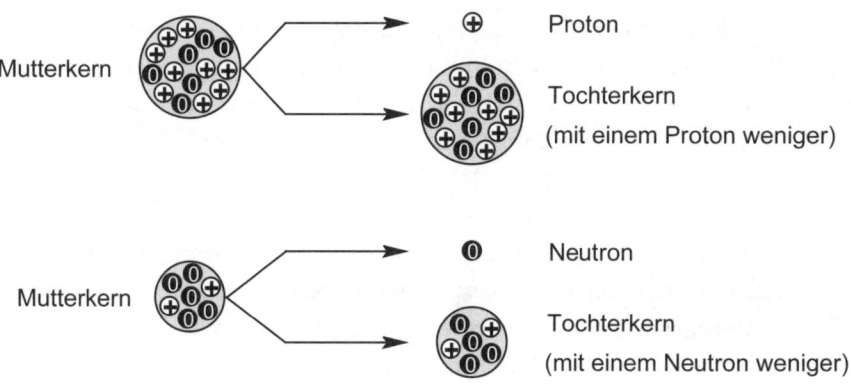

oder einen heliumähnlichen Cluster aus zwei Protonen und zwei Neutronen auswerfen, eine Kombination, die man Alphateilchen nennt:

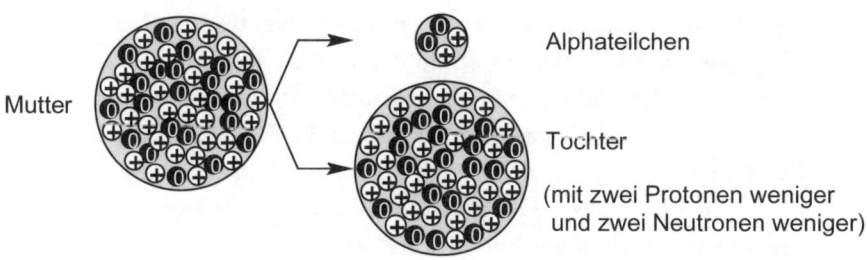

Oder der Kern spaltet sich und teilt sich in zwei neue Kerne von ungefähr gleicher Größe:

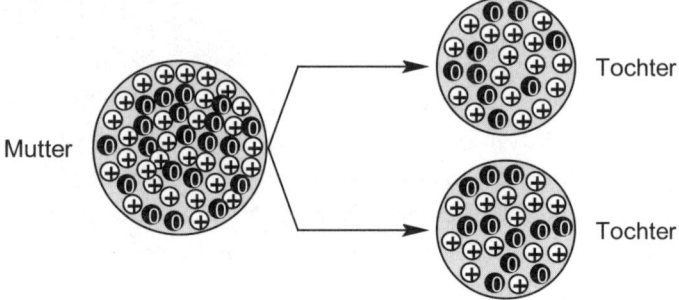

Es gibt auch noch andere Möglichkeiten, aber die Herausforderung für die starke Kraft bleibt immer bestehen. Nukleare Erdbeben können Protonen und Neutronen aus ihren Tälern herausschleudern. Nicht aus jedem Kampf geht der Stärkere als Sieger hervor.

Wo sich die Kraft der elektrischen Abstoßung durchsetzt, gehört der Kern zu den Opfern. Ein Proton oder zwei Protonen kommen abhanden. Ein Neutron oder zwei Neutronen kommen abhanden. Ein schwerer Kern wird gespalten. Allerdings leidet in keiner dieser Spaltungen die Integrität eines einzelnen Protons oder Neutrons irgendeinen Schaden. Hatte ein Mutterkern ein Ausgangsvolumen von 92 Protonen und 143 Neutronen, dann tauchen nicht mehr und nicht weniger als genau diese 92 Protonen und 143 Neutronen in den Tochterkernen wieder auf. Sollten es 84 Protonen und 126 Neutronen als Anfangswerte sein, dann stehen auch am Ende 84 Protonen und 126 Neutronen zu Buche. Gehen 70 Protonen und 85 Neutronen an den Start, laufen auch alle 70 Protonen und 85 Neutronen über die Ziellinie. Bei Wettkämpfen zwischen der starken nuklearen Anziehungskraft und der elektrischen Abstoßungskraft werden Protonen und Neutronen zwar hin- und hergeschoben, bleiben ansonsten aber unverändert.

Was aber sollen wir dann zu einem nuklearen Ereignis wie diesem hier sagen, das den Betazerfall skizziert,

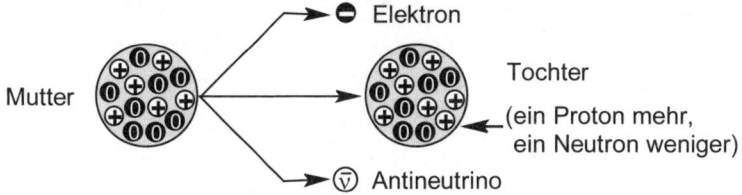

Mutter

Elektron

Tochter
(ein Proton mehr,
ein Neutron weniger)

Antineutrino

bei dem sich ein Neutron in ein Proton verwandelt und obendrein ein Elektron und ein Antineutrino herausgeschossen kommen? Auf welch merkwürdige Weise kommt das heimliche Antineutrino zustande, ein elektrisch neutrales Teilchen, das bisher unseren Blicken verborgen blieb? Und woher, fragen wir uns, taucht plötzlich mitten unter Protonen und Neutronen dieses Elektron auf und warum wird es nicht durch seine starke elektrische Anziehungskraft eingeschränkt, die es auf die Protonen ausübt? Wenn sich die starke Kernkraft nicht auf Elektronen und Antineutrinos anwenden lässt – was in der Tat so ist –, wenn die Gravitation bei wenig Masse belanglos wird und obendrein die elektromagnetische Kraft, wie wir sie uns ursprünglich vorstellen*, nicht dafür verantwortlich sein kann, fragen wir uns natürlich, welche Naturkraft einem Kern erlaubt, einen Betazerfall einzuleiten?

Hier haben wir es offenkundig mit etwas Neuem zu tun, einer vierten grundlegenden Wechselwirkung, die sich zu den dreien gesellt, die wir bereits entdeckt haben: Die «schwache» nukleare Wechselwirkung ist die wohl spezialisierteste von allen. Als Inbegriff der Umwandlung eines Neutrons in ein Proton

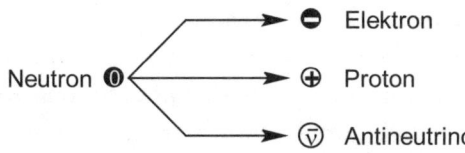

Neutron

Elektron

Proton

Antineutrino

übt die schwache Kernkraft ihren begrenzten Einfluss über verschwindend kleine Entfernungen aus, die mindestens hundertmal kürzer sind als diejenigen Distanzen, die für die starke Wechselwirkung typisch sind. Die dabei ausgeübte Kraft wird zu Recht schwach genannt, denn sie beträgt nur ein Millionstel der Stärke, die von der starken Kernkraft mobilisiert wird, und ein Zehntausendstel der Stärke, die die elektromagnetische Wechselwirkung aufbringt. Nur die Gravitation, eine phänomenal schwache Kraft zwischen den Teilchen, hat bei ihren Kleckergeschäften noch weniger Auswirkungen.

Machen wir uns sogleich bewusst, dass ein Proton, Elektron und ein Antineutrino nicht etwa als Gefangene im Inneren eines Neutrons schmachten und als drei unabhängige Teilchen darauf warten, befreit zu werden:

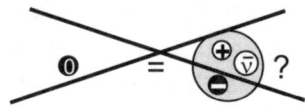

Der Einfluss der schwachen Wechselwirkung ist schon etwas subtiler, und ihre Raffiniertheit weist uns darauf hin, dass Protonen und Neutronen ihre wahre Natur verbergen. Die schwache Wechselwirkung deutet nämlich auf eine noch feinere Strukturschicht hin, ein Substrat, das von noch grundlegenderen Teilchen gebildet wird. Und auf diesem Niveau der einfacheren, fundamentaleren Teilchen, die wir Quarks nennen, sind die Aktivitäten sowohl der schwachen als auch der starken Wechselwirkung durchschaubarer. Und auf genau dieser Ebene beginnen wir die Einheitlichkeit des Designs der Natur* zu erahnen.

Von unten nach oben: Quarks

Schale für Schale lösen wir ab von der Zwiebel der Materie: erst die Moleküle, dann die Atome, danach Elektronen und Kerne und zuletzt Protonen und Neutronen. Wir steigen in immer kleinere Bereiche hinab, die jeweils immer einfacher und umfassender werden; wir entdecken Welten innerhalb von Welten. Jede ist die Grundlage der darüber existierenden und stellt die Bausteine für die Erzeugung zunehmend ausgefeilterer Kombinationen zur Verfügung. Allerdings muss die Unterteilung schließlich einmal an irgendeinem Punkt enden, sodass die bereitgestellten Teilchen nicht mehr von weiteren, noch kleineren Teilchen gebildet werden können. Unsere durch jahrhundertelanges Experimentieren erworbenen Erfahrungen mit der Natur bestätigen dies.

Die Quarks sind womöglich nicht die ultimativ einfachen, nicht weiter teilbaren, endgültigen Bausteine* in dieser tiefsten inneren Welt, aber sie sind wahrscheinlich nur einen oder zwei Schritte davon entfernt. Es gibt sie in einem halben Dutzend Varianten, die für alle vier fundamentalen Wechselwirkungen ausgestattet sind. Ein Quark hat Masse, die es an die Gravitationswechselwirkung bindet. Ein Quark hat eine *elektrische Ladung*, die es an die elektromagnetische Wechselwirkung bindet. Ein Quark hat eine *starke Ladung* (auch Farbladung genannt), die es an die starke Wechselwirkung bindet. Ein Quark hat eine schwache Ladung, die es an die schwache Wechselwirkung bindet. Die starken und schwachen Ladungen sind für die starke und schwache Wechselwirkung das, was die elektrische Ladung für die elektromagnetische Wechselwirkung bedeutet. Sie sind Quelle, Sender und Empfänger des Einflusses. Wir können die Quarks anhand ihrer «Geschmacksrichtungen» erkennen, als da sind: Up, Down, Charm, Strange, Top und Bottom. Die Namen mögen skurril sein, aber die Eigenschaften, die sie darstellen, sind es nicht. Quarks drücken ihren Stempel ganz realen Ereignissen auf, die in Teilchenbeschleunigern stattfinden. Und sie verhalten sich mit einer Konsequenz, die wir mit präzisen mathematischen Begriffen abbilden können. Wir kennen das Verhalten von Quarks sehr gut, obwohl unsere Alltagssprache nicht in der Lage ist, ihr Wesen zu erfassen. Also klauen wir augenzwinkernd Worte wie Flavour (Geschmack) und Charm (Charme) und wenden sie mit ironischer Vertrautheit an, um unseren Sinnen eine äußerst bizarre Welt begreiflich zu machen.

Von den sechs Geschmacksrichtungen spielen nur zwei eine Rolle beim Aufbau von Protonen und Neutronen gewöhnlicher Materie, nämlich das Up- und das Down-Quark. Ein Up-Quark trägt eine elektrische Ladung von $+2/3$, während sich die Ladung eines

Down-Quarks auf –1/3 beläuft. Zwei mit einem Down-Quark verbundene Up-Quarks $(2/3 + 2/3 - 1/3 = 1)$ ergeben ein Proton mit der Endladung von $+1$:

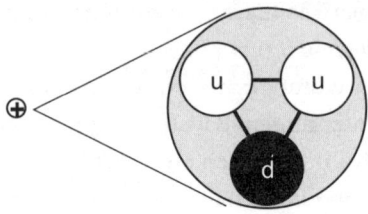

Wenn wir ein Up-Quark mit zwei Down-Quarks verbinden $(2/3 - 1/3 - 1/3 = 0)$, erhalten wir ein Neutron. Dessen drei elektrische Ladungen ergeben zusammen null:

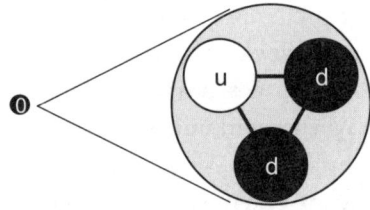

Die Up- und Down-Quarks werden von einer Kraft bestimmt, die aus ihren starken Ladungen und nicht etwa aus ihren elektrischen Ladungen entsteht. Und so bleiben die Quarks streng auf die engen Spielräume von Proton und Neutron beschränkt. Da den Quark-Trios die enorme Energie fehlt, die benötigt wird, um sich aus dieser Bindung zu befreien, präsentieren sie sich der Außenwelt als einzelnes, vermeintlich unteilbares Teilchen. Ein verschlungenes, komplexes Netz aus Wechselwirkungen von Quark zu Quark verleiht dem Dreieinigkeits-Teilchen seine Geschlossenheit.

Diesen Austausch von Beeinflussung nennen wir «Farbwechselwirkung»*, weil wir die rein metaphorisch zu verstehenden Farben Rot, Grün und Blau den Farbladungen (der starken Wechselwirkung) zuschreiben. Dies geschieht in derselben Absicht, wie wir eine elektrische Ladung als positiv oder negativ bezeichnen. Und genauso wie Protonen und Elektronen sich in gleicher Anzahl zusammenschließen, um elektrisch neutrale Atome zu bilden, vereinigen sich Trios roter, grüner und blauer Quarks in entsprechender Weise, um «farblose» Protonen und Neutronen zu bilden.

Doch die Analogie geht noch weiter. Wenn intakte Atome oder Moleküle sich zu noch größeren Verbindungen zusammendrängen,

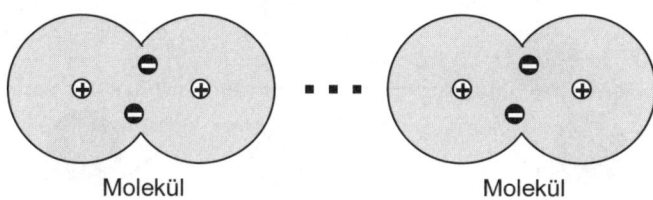

Molekül   Molekül

gewinnen sie die Mittel dazu letztlich aus einem elektrischen Potenzial, das ihre Protonen und Elektronen erzeugt haben. Wenn unversehrte Protonen und Neutronen sich zu Kernen verbinden,

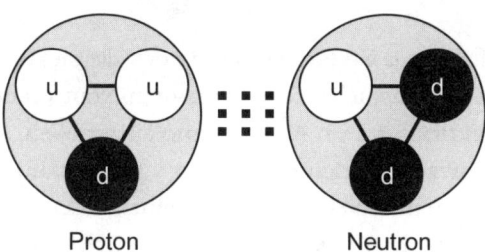

Proton   Neutron

dann verwenden sie dafür ein Potenzial, das durch die starken Ladungen ihrer internen Quarks zustande kommt. Die reine starke Kraft, die zwischen Protonen und Neutronen (oder zwischen Protonen untereinander oder zwischen Neutronen untereinander) beobachtet wird, tritt aus den inneren Verwicklungen hervor.

Auch die schwache Wechselwirkung kommt von innen. Manchmal unterminiert sie die sonst so stark gebundenen Neutronen und Protonen. Das passiert zwar nicht in allen Atomkernen, aber mit Sicherheit in vielen Kernen. Dafür ist lediglich die Änderung einer Geschmacksrichtung erforderlich. Die schwache Kraft verwandelt mit schwachen Ladungen als Quelle ein Down-Quark in ein Up-Quark und demnach ein Neutron in ein Proton. Gleichzeitig werden ein Elektron und ein Antineutrino freigesetzt:

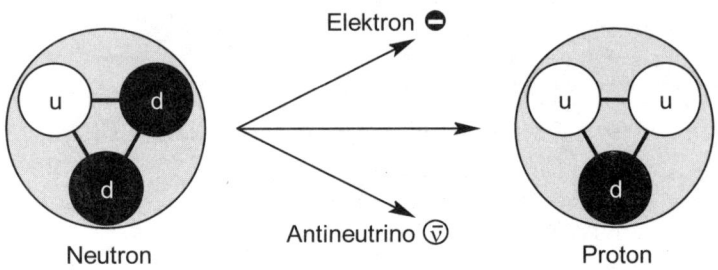

Hier spielt die starke Kraft keine Rolle, da weder Elektron noch Antineutrino eine Farbladung tragen. Und als elektrisch neutrales Teilchen entkommt das Antineutrino auch noch der elektromagnetischen Kraft.

Offensichtlich ist es weder die starke noch die elektromagnetische Kraft, sondern die schwache Kraft, die einem Neutron erlaubt, in ein Proton, ein Elektron und ein Antineutrino zu zerfallen. Alle vier Teilchen tragen schwache Ladungen, und ihre gemeinsame Ausstattung macht sie alle zu Schauspielern in einem einzigen Drama.

AUF DEM SCHAUPLATZ

Damit Teilchen aufeinander einwirken können, akzeptieren wir, … dass die Entfernungen zwischen ihnen eine Rolle spielen … dass wir experimentell Karten für ein Wechselwirkungspotenzial anlegen können. Wir akzeptieren diese Dinge, weil sie mit unseren Beobachtungen übereinstimmen, doch bleibt die bohrende Frage nach dem *Wie* bestehen. Wie etwa können, metaphorisch gesprochen, zwei Teilchen wissen, wie groß genau der Abstand zwischen ihnen ist? Wie können sie augenblicklich eine Potenzialabweichung wahrnehmen? Wie können sie sich durch den leeren Raum miteinander verständigen?

Dabei müssen wir bedenken, dass der Raum letztlich gar nicht so leer ist. Nehmen wir stattdessen an, die vermeintliche Leere sei von einer Körperlichkeit, die trotz ihrer Immaterialiät nicht weniger wirklich ist. Nehmen wir weiterhin an, dass der Raum selbst von Kraft und Potenzial durchdrungen wird, dass er Materie beeinflussen und Energie mit ihr austauschen kann und die Rolle eines Kommunikationsnetzwerks übernimmt. Angenommen, ein Teilchen kann, allein durch seine Existenz, so etwas wie ein «Feld» in der räumlichen Umgebung einrichten: ein *Einflussfeld*, das Botschaften an alle Punkte sendet, die jenseits davon liegen. Irgendwie, so könnten wir sagen, handelt ein Teilchen gleichzeitig als Sender und Empfänger eines Signals, das von diesem postulierten Feld ausgeht. Die Teilchen sind die Computer. Das Feld ist das Netzwerk, das sie miteinander verbindet.

Sollte dies zutreffen, dann muss die Wechselwirkung zwischen zwei Teilchen indirekt sein. Nicht bei Entfernungen wird sie wirksam, sondern vor Ort. Sie setzt nicht augenblicklich ein, sondern verzögert sich. Sie wird greifbar und realistisch und ist ganz und gar nicht unheimlich. Teilchen 1 sendet ständig sein Signal und strahlt damit eine Botschaft aus (in etwa: «Meine elektrische Ladung beträgt +1»). Sie geht zunächst an den ersten Botschafter, dann an einen zweiten, an einen dritten und so weiter, ein Signal nach dem anderen. Die Boten machen sich auf den Weg und errichten über Raum und Zeit hinweg ein Einflussfeld, wobei sie an jedem Punkt einen bestimmten Wert investieren, den Wert einer Kraft, eines Potenzials oder irgendeiner anderen Eigenschaft. Sie reisen so weit, wie der Einfluss anhält, und die Feldstärke verändert sich mit der Entfernung zur Quelle:

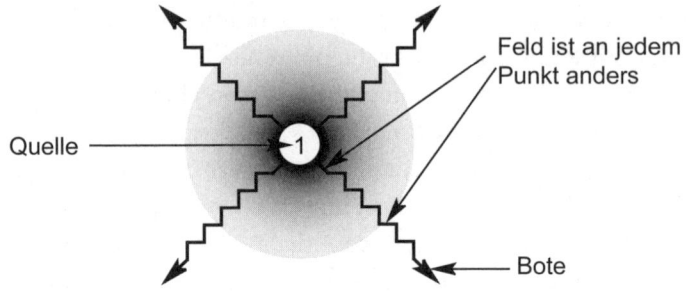

Feld ist an jedem
Punkt anders

Quelle

Bote

Für die Boten von Gravitationsfeldern und elektromagnetischen Feldern ist der Weg unendlich weit, während er für die Boten der nur im Nahbereich wirkenden starken und schwachen Kräfte abrupt endet.

Ist das Feld erst einmal errichtet, bleibt es greifbar und wirklich, auch wenn sein Quellenteilchen sich in den Hintergrund zurückzieht. Womöglich ist der Urheber der Botschaft weit entfernt, die Botschaft aber bleibt in der Obhut des Feldes, das als Bote agiert. Die Botschaft ist *hier*, an Ort und Stelle, an genau diesem bestimmten Punkt in Raum und Zeit. Und sollte sich ausgerechnet *hier* gerade ein geeigneter Empfänger (Teilchen 2) befinden,

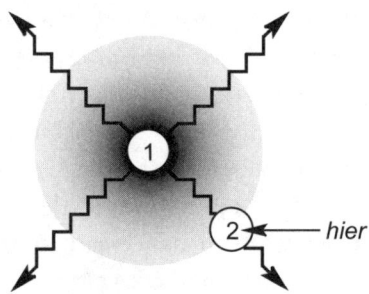

hier

dann kann das Feld die Nachricht überbringen. Es überträgt den übrig gebliebenen Einfluss von Teilchen 1 an Teilchen 2, wobei Entfernung und Zeitaufwand berücksichtigt sind.

Wir sollten die Situation nicht falsch bewerten: Der dem Feld innewohnende Einfluss ist ganz real vorhanden. Wir erkennen ihn in dem

Muster, das sich bildet, wenn ein Magnet neben einem Blatt Papier mit Eisenspänen liegt. Wir sehen ihn in ein Fernsehbild verwandelt, wenn eine Antenne sich ein elektromagnetisches Feld aus der Luft schnappt. Wir sehen den Einfluss in der Beschleunigung, die eine vom Baum fallende Frucht erfährt. Überall, mitten im gar nicht so leeren Raum, finden wir in allen möglichen Feldern das Potenzial integriert, Materie zu bewegen und zu verwandeln.

Die Bühne steht bereit. Teilchen bewegen sich über Einflussfelder hinweg. Sie geben und nehmen, sie senden und empfangen. Gemeinsam gestalten die Felder und ihre Teilchen ein Universum im großen wie im kleinen Maßstab, das sowohl verblüffend einfach als auch verzwickt kompliziert ist. Teilchen 1 hier vorn beeinflusst den Zustand von Teilchen 2 dort hinten, und Teilchen 2 wirkt auf gleiche Weise auf Teilchen 1 ein. Kein Teilchen versagt, wenn es ums Geben und Nehmen geht. Materiesplitter ziehen sich an und bewegen sich voneinander fort, wobei sie von Wirkkräften hin und her gezerrt werden, die das Wesen der Materie selbst berühren: die *Gravitations*wechselwirkung, die aus der Masse entsteht; die *elektromagnetische* Wechselwirkung, die aus der elektrischen Ladung entsteht; die *starke* Wechselwirkung, die aus der Farbladung entsteht, die den Quarks, nicht aber den Elektronen innewohnt; die *schwache* Wechselwirkung, die aus schwachen Ladungen entsteht, die von Quarks und Elektronen gleichermaßen getragen werden.

Um beispielsweise die Eigenschaft einer Masse zu bekommen, müssen wir einen Gravitationseinfluss ausüben und akzeptieren. Ein massetragendes Teilchen bewegt sich auf jedes andere, gleichermaßen ausgestattete Teilchen zu und wird dabei in eine umso größere Wechselwirkung einbezogen, je kürzer die Entfernung und je größer die Masse wird. Wo die Gravitation dominiert, bilden sich Sterne und Galaxien. Wellen brechen sich am Strand. Ein Turner wirbelt durch die Luft und landet auf der Matte.

Um eine elektrische Ladung zu erhalten, muss ein Teilchen dementsprechend einen elektromagnetischen Einfluss aussenden und empfangen, wobei es in Gegenwart des zweiten Teilchens seinen Charakter ändern muss. Ein elektrischer Körper fühlt sich zu einem anderen mit der entgegengesetzten Ladung angezogen und von einem mit der gleichen Ladung abgestoßen. Das gilt für positive und negative Ladungen gleichermaßen. Wo die elektromagnetische Wechselwirkung dominiert, bilden sich Atome und Moleküle. Ganze Meere von Molekülen entstehen. Ein Turner nimmt Gestalt an.

Um irgendeine andere grundlegende Eigenschaft zu haben, wie etwa die Farbe eines Quarks, muss auf einzigartige und grundlegende Art und Weise eine Wechselwirkung stattfinden, die vielleicht noch nicht völlig verstanden wird, aber letzten Endes auf Kommunikation hinausläuft. Ein Materieteilchen muss nicht viel mehr tun, als Einfluss auszuüben; als Teilchen muss man sich in das Feld des Nachbarn begeben und als Gegenleistung etwas anderes bewegen. Das Gewebe der Natur wird endlos von diesen winzigen Einflussverschiebungen in Raum und Zeit immer wieder neu gewebt – hier und dort, gestern, heute und morgen; und immer mit denselben wenigen Stichen.

Ein Astrophysiker entdeckt das Zusammenspiel von Feldern und Teilchen im ganzen Universum. Hier, am Himmel, taucht eine Welt auf, in der die Masse dominiert* und von der Gravitationswechselwirkung zusammengehalten wird. Es ist eine riesig große Welt.

Ein Kernphysiker und ein Teilchenphysiker haben eine andere Sicht der Dinge. In ihrer Welt ist die Masse so gering, dass die Gravitation sich zurückzuziehen scheint. Die Gravitationskraft ist hier nicht gefragt. Vielmehr beherrschen starke und schwache Wechselwirkung die Bindungen und den Zerfall von Protonen und Neutronen innerhalb des Kerns. Es ist eine submikroskopische Welt, eine der kleinsten, die je besucht worden sind.

Schließlich existiert nicht zuletzt die Welt der Atome und Moleküle. Der Molekularphysiker, der Festkörperphysiker, der Chemiker und der Biologe stehen alle zwischen zwei Bereichen und beaufsichtigen eine mittlere Ebene zwischen dem extrem Kleinen und dem extrem Großen. Hier herrscht weder die schwache Kraft noch die Gravitationswechselwirkung. Gewissenhafte Beobachter entdecken stattdessen eine elektromagnetische Welt, ein Gebiet, das sich von einem einzelnen Wasserstoffatom bis zu großen Mengen von Festkörpern erstreckt. Diese elektromagnetische Welt kennen wir am gründlichsten, auch wenn dieses Wissen nur aus der Distanz gewonnen wurde – ein Abstand, aus dem der Materieklumpen auf trügerische Weise zu einer kontinuierlichen Substanz schmilzt und wo die positiven wie die negativen Ladungen zu einer allgemein gültigen Neutralität verschwimmen. Es ist eine vollständige Welt, die allerdings auch Teil eines vereinten Universums ist.

In all diesen Welten innerhalb von Welten ist folglich die Saat des Potenzials gesät. Nun ist es unsere Aufgabe, genau aufzudecken, wie dieses Potenzial Wirklichkeit wird. Wir sind gefordert, zu experimentieren, uns Modelle auszudenken, hinzuschauen und zu lernen, um die Spielregeln zu finden. Wir müssen die Felder besser ausleuchten, die Teilchen unter die Lupe nehmen und festlegen, welche Dinge dem Wandel unterliegen und welche unverändert bleiben. Es bleibt uns selbst überlassen, ob wir die Gesetze von Energie und Gleichgewicht, Ordnung und Unordnung, Zufall und Schicksal begreifen wollen.

3. Im Auge des Betrachters

Das ganze Wissen über das Universum kann sich vor uns entfalten, doch dürfen wir keine großen Fortschritte erwarten, ehe wir nicht zwei der grundlegendsten journalistischen Fragen beantwortet haben: wo und wann. Ungeachtet der Art eines Ereignisses – sei es der Aufprall eines Asteroiden, das Hin und Her eines Elektrons, die Schwingung einer Welle oder sonst irgendetwas – brauchen wir eine Methode, die Position des Ereignisses im Raum zu bestimmen und sein Geschehen in der Zeit in die richtige Reihenfolge zu bringen. Wir müssen ein geistiges Gerüst des *Wo* und des *Wann* errichten, um das *Was* der stofflichen Welt zu stützen. Und als Unterfütterung müssen wir einen Bezugsrahmen ersinnen, in dem wir das Kommen und Gehen unserer Teilchen und Felder verfolgen können.

Manchmal erscheint die Erde als das Zentrum des Universums, beispielsweise bei der Betrachtung des Mondes. In anderen Augenblicken, etwa wenn wir ein Wasserstoffatom untersuchen, kollabiert die Welt zu einer winzigen Sphäre, die von einem einzelnen Proton ausstrahlt. Bei anderen Systemen werden wir etwas anderes finden, und bei wieder anderen System entdecken wir etwas ganz Neues. Und so weiter. Worauf wir uns auch einigen, der von uns ausgesuchte Bezugsrahmen wird und kann nicht der einzig mögliche sein. Er mag der klügste, einfachste und in vielerlei Hinsicht der beste aller Bezugsrahmen sein, aber er ist nur ein einziger aus einer Vielzahl von Möglichkeiten.

Wir sollten daher die erste Einschränkung wissenschaftlicher Erkenntnis akzeptieren: *Jeder Beobachter ist voreingenommen.** Alle physikalischen Beobachtungen, wie gut sie beabsichtigt, wie gewissenhaft sie aufgezeichnet und wie genau sie auch sein mögen, werden aus der Perspektive eines völlig willkürlichen Bezugsrahmens gemacht. Dieser mag leicht zu handhaben und vielleicht auch mathematisch transparent sein, aber er ist dennoch völlig willkürlich. Wie der Kreis mit der Beschriftung «Sie befinden sich hier» auf Stadtplänen und Umgebungskarten ist der Ausgangspunkt willkürlich. Doch wir können ihn verlagern. Die Orientierung ist willkürlich, so wie die Bezeichnungen Nord und Süd oder im Uhrzeigersinn und gegen den Uhrzeigersinn willkürlich sind. Aber wir können sie kippen. Auch unsere Maßeinheiten Meter und Meilen sind willkürlich. Wir können sie verändern. Es steht uns frei, all diese Dinge zu tun, doch die Orientierungspunkte selbst bleiben davon unberührt.

Wenn wir die Wege der Natur einigermaßen objektiv wahrnehmen wollen, dann müssen wir die eingeschränkten Standpunkte einer unbegrenzten Anzahl möglicher Beobachter in Einklang bringen. Jeder erforscht das Territorium aus einer anderen Perspektive. Und keiner hat das Monopol auf die Wahrheit.

Letztendlich läuft alles auf den Raum hinaus. Für einen Sprinter ist die Erde flach, und der kürzeste Weg vom Start zum Ziel folgt einer geraden Linie. Diese Welt beginnt und endet mit einer Dimension:

Für einen Matrosen ist die Erde rund und wird durch zwei Dimensionen begrenzt: Längengrad und Breitengrad:

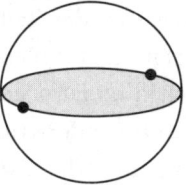

Die kürzeste Strecke zwischen zwei Punkten beschreibt eine Kurve entlang eines großen Kreises.

Für Passagiere in einem sanft dahingleitenden Flugzeug mit heruntergezogenen Jalousien und gedämpftem Außenlärm steht die dreidimensionale Welt im Inneren der Maschine still. Tassen und Untertassen bleiben dort stehen, wo sie sind, genauso sicher und unerschütterlich, wie sie auf der Erde stehen blieben. Nichts beginnt plötzlich zu ruckeln oder zu schubsen, keine Landschaft rauscht am

Fenster vorbei, um einen Anhaltspunkt zu liefern, Auge und Körper können nichts wahrnehmen, was auf eine Bewegung hindeutete. Man spürt keine ungewöhnlichen Empfindungen beim Sitzen, Stehen und Gehen. Wüssten es die Fluggäste nicht besser, könnten sie zu Recht vermuten, dass sie gar nicht flögen. Aber erzählen Sie das mal dem Fluglotsen im Tower, dessen Radarschirm ein mit Tassen, Untertassen und verschiedenen anderen Frachtgütern beladenes Flugzeug anzeigt, das sich mit der unveränderten Geschwindigkeit von 800 Stundenkilometern fortbewegt. Bewegung und Ruhe, müssen wir einräumen, sind nicht etwa absolute Wahrheiten, sondern Ansichtssache.

Das Gleiche gilt für die Zeit: Angenommen, irgendein Teilchen – die Art spielt keine Rolle* – rast mit der enormen Geschwindigkeit von fast 299 000 Kilometern pro Sekunde auf die Erde zu. Es kommt wie der Blitz aus der oberen Atmosphäre heruntergeschossen und verwandelt sich dann in irgendeine andere Form. Zumindest behauptet dies ein auf der Erde stationierter Beobachter. Für einen anderen Beobachter jedoch, der mit gleicher Geschwindigkeit neben dem Teilchen herfliegt, ergibt sich ein völlig anderes Bild. «Nein», sagt dieser gleichermaßen befugte Beobachter, «ich stimme Ihnen zwar zu, dass Ihr Teilchen letztendlich verschwand, aber in jeder anderen Hinsicht liegen Sie falsch. Erstens hat sich das Teilchen überhaupt nicht bewegt. Es blieb die ganze Zeit an der gleichen Stelle. Zweitens war seine Lebenszeit beträchtlich kürzer, als Sie es angaben, nämlich nicht eine *fünfzig*millionstel Sekunde, sondern nur *eine* millionstel Sekunde. Sie sollten mal Ihr Lineal und Ihre Uhr überprüfen!»

Was sollen wir dazu sagen? Wohin wir uns auch wenden, präsentieren uns zwei Beobachter zwei verschiedene, aber scheinbar glaubwürdige Standpunkte. Kann nur einer Recht und muss der andere Unrecht haben? Und falls dem so sein sollte, woran können wir es erkennen? Müssen wir die Hoffnung aufgeben, eine unvoreingenommene Beschreibung der Welt aufzuzeichnen, der alle Beobachter zustimmen können?

Was wäre es wohl sonst für eine Welt? Aber auf die einzige Welt, die wir kennen, trifft es nicht zu. Denn hier, im großen wie im kleinen

Universum, stellen wir fest, dass die Natur überall die gleichen universellen Gesetze anwendet: zu Wasser und an Land, im Zug und in Flugzeugen, auf der Erde und auf dem Mond, mit uns und ohne uns. Die Natur kümmert sich nicht um die menschliche Wahrnehmung und geht, unberührt von unseren selbst gewählten Bezugsrahmen, ihren eigenen Geschäften nach. Unsere Antwort darauf darf folglich nichts Geringeres sein als ein Verständnis der Lehren der physikalischen Gesetze – ein Verständnis, das die Bezeichnung «universell» verdient.

Hier und in den folgenden Kapiteln wollen wir dies tun und werden dabei entdecken, dass weder Zeit noch Raum, noch Bewegung absolute Größen sind. Wir werden Hinweise auf Erhaltung und Symmetrie in den Prozessen mechanischer Systeme finden und erfahren, dass sich manche Dinge niemals ändern, egal, wer sie beobachtet. Aber wir werden auch erfahren, dass sich manche Dinge immer verändern. Unser Ziel wird es sein, diese Größen und Ereignisse, auf die wir uns alle verständigen können, zu identifizieren und jene zu interpretieren und aufeinander abzustimmen, über die wir widersprüchlicher Meinung sein müssen.

Wir beginnen mit der banalsten aller Aufgaben, nämlich mit dem gleichzeitigen Einschränken und Befreien: Zur Kontrolle von Ereignissen in Raum und Zeit werden wir einen Bezugsrahmen konstruieren.

EIN PLATZ FÜR ALLES

Raum scheint es überall zu geben, deshalb halten wir seine Existenz für selbstverständlich. Aber stellen Sie sich einmal als Phantasiegebilde ein Universum vor, in dem der Raum selbst schrumpfte und sich in nichts auflöste und dabei die bescheidene Freiheit des *Ortes* gleich mit zunichte machte. Stellen Sie sich eine Welt vor, in der alles in einem unendlich kleinen Punkt zusammengequetscht wäre*, gefangen im Griff einer beharrlichen, allumfassenden, unwiderstehlich starken

Anziehungskraft. Es wäre eine Welt, in der alles die gleiche Adresse hätte und ein Objekt überall gleichzeitig existierte ... solange «überall» tatsächlich der eine und einzige erreichbare Punkt ist:

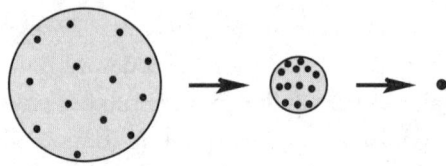

Mit den Alternativen nah und fern, groß und klein, krumm und gerade wäre es vorbei. Auch die Möglichkeit, einfach hier statt dort zu sein, gäbe es nicht mehr. All diese Möglichkeiten würden gewissermaßen in einer Nadelspitze mit der Dimension null verschwinden.

Augenscheinlich wäre nichts wie in unserem gegenwärtigen Universum,* denn hier und heute haben Teilchen und Ereignisse die Freiheit und den Raum, ein Ortsgefühl auszubilden. Zwei Teilchen, die in jeder Hinsicht identisch sind, werden folglich getrennt und werden für einen Beobachter mit einem Maßstab erkennbar:

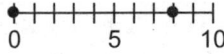

Sie tauchen an verschiedenen Positionen entlang einer geraden Linie auf und bekommen jeweils eine besondere Zahl zugewiesen, durchaus vergleichbar mit dem Straßennamen einer Adresse.

Erweitern wir jetzt diese eindimensionale Straße mit ihrer *einen* Zahl pro Standort in ein zweidimensionales Gitter:

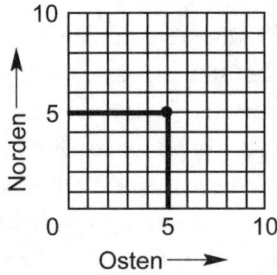

Hier benötigt ein Beobachter ein Zahlenpaar, also den Schnittpunkt zweier Gitterlinien, um irgendeinen Ort in dieser zweidimensionalen Nachbarschaft zu lokalisieren. Nicht einer, sondern *zwei* Wegweiser helfen bei der Orientierung: Soundso viele Schritte nach Osten oder Westen, soundso viele Schritte nach Norden oder Süden ... und da ist er, unser besagter Ort.

Die beiden grundlegenden Richtungen schneiden sich im rechten Winkel und erscheinen unserem Beobachter, der in ost-westlicher und nord-südlicher Richtung quer über das Gitter hüpft, klar und sauber voneinander getrennt. Ein Schritt in Richtung Osten verursacht keine Verschiebung in Richtung Norden oder Süden; ein Schritt in Richtung Süden führt keine Verschiebung in Richtung Osten oder Westen herbei. Keine Richtung kann sich mit der anderen vermischen, aber beide zusammen decken den zweidimensionalen Raum vollständig ab. Um in zwei Dimensionen zu navigieren, benötigt man lediglich zwei senkrechte Verschiebungen. Nicht mehr und nicht weniger als zwei elementare Schritte versehen jeden Ort mit Koordinaten, die er mit keinem anderen teilen muss.

Wir ahnen schon, was jetzt kommt. Eine ebene Oberfläche wird zu einem dreidimensionalen Kasten erweitert, und bei drei Richtungen werden drei Zahlen gebraucht, um den Raum abzudecken. Eine für Ost-West, die zweite für Nord-Süd, die dritte für Oben-Unten:

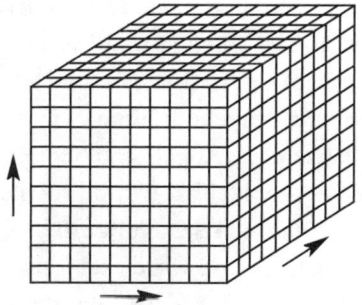

Nennen Sie die Anzahl der Schritte in jede der drei unabhängigen Richtungen, und wir finden jeden Ort innerhalb des dreidimensionalen Kastens.

Aber warum sollten wir an dieser Stelle aufhören? Angenommen, wir haben zwei, drei, vier oder gar eine unendliche Reihe solcher Kästen, und jeder einzelne ist sauber von seinen Nachbarn getrennt. Um jedem Punkt eine unmissverständliche Adresse zu geben, müssen wir nur eine vierte Zahl – eine vierte Dimension – zum Raum hinzufügen, eine Zahl, die uns sagt, in welchem speziellen Kasten wir Richtung Ost-West, Nord-Süd und nach oben oder unten gehen sollen:

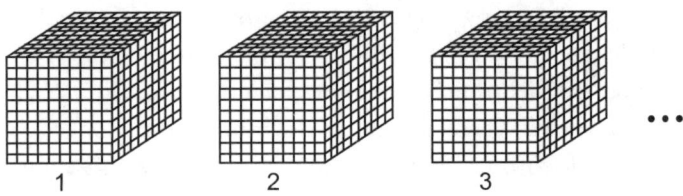

Es wäre eine vierdimensionale Adresse in einem vierdimensionalen Raum, die etwa so lauten könnte. «2. Gebäude, 7. Stockwerk, 1. Flur, 4. Zimmer Nord». Es wäre nur eine Kombination aus vier Zahlen und keineswegs der Eingang zu einer mystischen Welt.

Tatsächlich können wir uns alle möglichen Räume vorstellen,* in denen Dinge existieren und Ereignisse stattfinden. Wir können Adressen in einer Dimension, in zwei, drei, vier und noch mehr Dimensionen angeben. Für Größenordnung und Gestalt jedes nur erdenklichen Raumes gibt es keine Beschränkungen. Der Raum kann flach sein wie die oben skizzierten Linien, Ebenen und Kästen. Er kann aber auch gekrümmt sein, an einem Ort nach außen und an einem anderen Ort nach innen gewölbt sein. Manche Räume, wie das Innere eines Kastens oder die Oberfläche einer Kugel, sind begrenzt und geschlossen, während andere keine Grenzen haben und niemals enden. Für alles gibt es einen Raum, so wie alles seinen Raum hat.

Wer aber entscheidet, wo und wie dieser Raum Gestalt annehmen soll? Wer hat das Recht vorzuschreiben, an welchem Ort genau der Raum beginnen soll? Welcher Kandidat unter allen infrage kommenden Beobachtern soll das Privileg haben, irgendwo mitten im abstrakten Raum – in einem theoretischen Gitternetz, dem jegliche Orientierungspunkte fehlen – einen präzisen «Nullpunkt» festzulegen, aus dem sich alle Dimensionen entfalten? Es sind Sie selbst mit Ihrem eindimensionalen Maßstab, der sagt, dass Teilchen 1 im Nullpunkt sitzt und Teilchen 2 acht Positionen weiter rechts auftaucht:

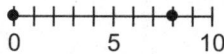

Ich selbst mit *meinem* eindimensionalem Maßstab und meiner eigenen Vorstellung vom vermeintlichen Anfang der Dinge sage, dass Teilchen 1 fünf Positionen links vom Nullpunkt auftaucht, während Teilchen 2 drei Positionen rechts davon erscheint:

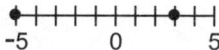

Falls einer von uns beweisen kann, dass wir *hier*, an einem bestimmten Punkt in einem Raum ohne besondere Eigenschaften, genau wüssten, wo wir uns befänden – dass es ein unbestreitbares, festes, unbewegliches Bauwerk gäbe wie etwa den Thron des Zeus, der den Ort kennzeichnete –, dann könnte eine unserer Vorstellungen von null tatsächlich eine absolute Bedeutung haben. Aber leider kann niemand die Priorität seiner Position beanspruchen, niemand unter uns weiß wirklich, wo wir sind. Ihr Nullpunkt ist genauso gut wie meiner.

Was uns jedoch zusammenbringt, ist die Erkenntnis, dass die beiden Punkte trotz der verschiedenen Bezeichnungen, die wir den einzelnen Positionen zuordnen, unbestreitbar acht Einheiten voneinander entfernt sind:

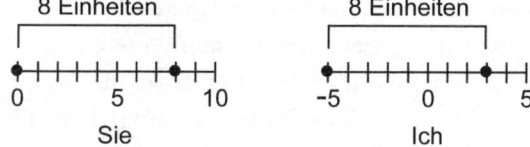

Ferner stellen wir fest, dass sich unsere beiden Berechnungssysteme leicht in Einklang bringen lassen. Sie können in Ihrer Reihenfolge von jedem Punkt fünf Einheiten abziehen und dadurch meine Reihenfolge reproduzieren.

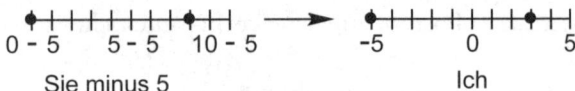

Oder ich kann jedem Punkt in meiner Graphik fünf Einheiten hinzufügen und dadurch Ihre Version wiedergeben:

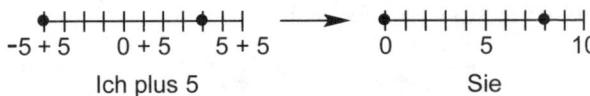

Egal, was wir tun, wir übertragen unseren Standpunkt auf einen anderen, und wir teilen – was uns ermutigen sollte – eine unveränderliche, absolute Ansicht über mindestens eine messbare Größe, nämlich den Abstand zwischen zwei Punkten auf einer Linie. Das ist doch schon mal ein Anfang.

VERLOREN IM RAUM

Die Geschichte von den Maßstäben lehrt uns, dass der leere Raum sich einheitlich in jede Dimension erstreckt und dabei an jedem Ort gleich und ununterscheidbar ist. Wir stießen auf keinen absoluten Nullpunkt der Position, auf keine lenkende Kraft, die jedem infrage kommenden Beobachter eine eindeutige Antwort geben könnte. Alle Punkte auf dem Gitter des Raumes sind gleichberechtigt erschaffen.

Die Substanz eines Gegenstandes – sein Wesen, seine Zusammensetzung, welche Wirkungen er verursachen kann – bleibt unberührt davon, ob er hier existiert oder in einem ansonsten leeren Raum. Egal, was das Objekt auch sein mag, wenn wir es nehmen und an einen anderen Ort versetzen (wobei wir alle seine Wechselwirkungspartner mitnehmen), geschieht eigentlich gar nichts. Wir passen lediglich unsere Vorstellung vom Nullpunkt neu an, während wir die Abstände zwischen den einzelnen Postionen beibehalten.

Machen Sie so weiter. Nehmen Sie zwei Teilchen, lassen Sie sie in den leeren Raum fallen und legen Sie ein Koordinatengitter über ihre Positionen. Wählen Sie beliebige Zahlen. Da ein Ausgangspunkt so gut ist wie der andere, unterscheiden sich auch die Raumgitter nicht voneinander. Die vom Beobachter 1 beschriebene Anordnung (der die «Ost»-Dimension x und die «Nord»-Dimension y nennt), muss demnach identisch mit der von einem Beobachter 2 beschriebenen Anordnung sein (für den Osten u und Norden v ist):

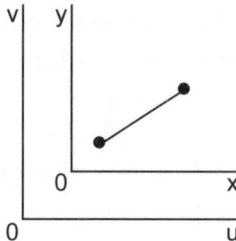

Beide Beobachter geben die gleiche Entfernung an, dargestellt durch die Verbindungslinie, wenngleich sie unterschiedlicher Auffassung über die Ost-West- und die Nord-Süd-Position jedes Teilchens sind.

Nun ist es offenkundig, dass die speziellen Zahlen, die Beobachter 1 x und y nennt, völlig bedeutungslos sind. Das Gleiche gilt für das u und das v von Beobachter 2. Dennoch erhält genau diese Bedeutungslosigkeit einen tiefen Sinn, wenn wir allmählich erkennen, wie diese Teilchen sich auf der Bühne des Raumes verhalten und aufeinander einwirken. Als Beobachter müssen wir mathematische Gleichungen aufstellen, um die Geschehnisse in der Natur nachzubilden – und um unsere unendlich vielfältigen Standpunkte miteinander in Einklang zu bringen, müssen diese Gleichungen wasserdicht gegen jede Verschiebung in räumlicher Hinsicht sein.

Ohne etwas über die Gleichung selbst und die Symbole zu wissen, mit denen sie sich schmückt, und ohne die mathematischen Operationen zu kennen, über die sie verfügt, wissen wir trotzdem, dass wir uns mindestens einer Einschränkung fügen müssen: Falls unsere Gleichung in irgendeiner Form ein x, y, u oder v enthalten sollte (oder irgendeinen anderen Ausdruck für die Position im Raum), muss deren Form unverändert bleiben, beispielsweise wenn wir allen x-Werten die Zahl 5 und allen y-Werten die 3 hinzufügen, allen u-Werten den Betrag 22,7 abziehen oder jede beliebige feste Zahl für irgendeine Koordinatenachse einsetzen würden. Eine Naturgleichung muss, soll sie denn die erste Herausforderung eines allgemein gültigen Gesetzes bestehen, einer Übertragung und Verlegung des gesamten räumlichen Koordinatensystems standhalten können. Keine Position darf benachteiligt sein. Selbst angesichts der willkürlich gewählten Zahlen für die Einrichtung unseres räumlichen Bezugsrahmens muss sie ihre Allgemeingültigkeit bewahren. Sie muss «translationssymmetrisch», also vor und nach einer Verlegung ununterscheidbar sein.

Ohne hinzuschauen und zu lernen, ohne Experimente und Untersuchungen würden wir nie erfahren, wie der Mond um die Erde kreist. Wir würden niemals wissen, wie ein Proton und ein Elektron sich zusammenschließen, um ein Wasserstoffatom zu bilden. Auch die Einsicht, wie ein Atomkern zusammengehalten wird, bliebe uns verschlossen. Dennoch wüssten wir etwas sehr Wichtiges über die zugrunde liegenden Gesetze, die solche Systeme beherrschen. Wir wüssten nämlich, dass diese schließlich enthüllten Gesetze translationssymmetrisch sein müssen.

So ist das mit der Natur. Beobachter 1 und 2, die über die Bezeichnungen ihres räumlichen Koordinatennetzes hinausgehen, beschreiben letzten Endes die gleiche Mondumlaufbahn, dasselbe Wasserstoffatom und denselben Atomkern. Sie entdecken, dass die Urkräfte der Natur nicht von willkürlichen, sinnlosen, sich verschiebenden Positionen, sondern vielmehr von einer Größe abhängig sind, die in allen räumlichen Bezugsrahmen festgelegt ist: dem Abstand zwischen den Punkten. Die Natur erkennt keinen bestimmten Nullpunkt für die Position im Raum an, sodass unsere mathematischen Beschreibungen aller Strukturen und Ereignisse dieser Erkenntnis entsprechen muss.

In einer anderen Art von Universum wären andere Regeln möglich. In unserem eigenen Universum aber offenbar nicht.

WO GEHT'S NACH OBEN?

Mitten im Nichts, umhergetrieben im leeren Raum, gibt es für einen unvoreingenommenen Beobachter keinen Ort, dem er sich zuwenden könnte – und daher kann ihm auch jeder beliebige Ort recht sein. Da keine einzige Richtung eine Besonderheit darstellt, sind alle Richtungen ungewöhnlich. Wenn keine Kompassnadel Richtung Norden zeigt, keine Sonne im Osten aufgeht und keine Vögel in den Süden ziehen, dann ist eine Richtung so gut wie jede andere. Nichts, was Konsequenzen nach sich zöge, und mit Sicherheit kein Naturgesetz kann von einer Größe abhängen, die jeder beliebige Beobachter Norden, Süden, Osten, Westen, oben, unten, hier oder dort nennt.

Zwei Beobachter kartographieren die Orte zweier Teilchen und kommen zunächst überein, dass eines der Objekte im Nullpunkt erscheint. Anschließend platziert Beobachter 1 das zweite Teilchen vier Schritte nach Osten (x) und drei Schritte nach Norden (y). Beobachter 2 benutzt ein gedrehtes Koordinatennetz und platziert sein Teilchen genau fünf Schritte nach Osten (u). Und das sehen sie:

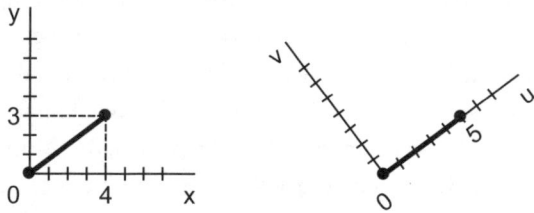

Für Beobachter 1 bedeuten die Richtungen x und y klar und deutlich «Osten» und «Norden». Ein Schritt auf der x-Achse bleibt strikt getrennt von einem Schritt auf der y-Achse, während x und y gemeinsam den Raum vollständig abbilden. Dennoch sind es für den ebenfalls von Klarheit und Vollständigkeit überzeugten Beobachter 2 die Richtungen u und v, die den perfekten Osten und Norden darstellen.

«Da liegst du falsch», sagt der eine zum anderen, «*dein* so genannter Osten ist in Wirklichkeit gar nicht Osten. Du hast es nur mit einem vermurksten Mischmasch des *wahren* Ostens und des *wahren* Nordens zu tun.»

Die beiden sind schlimmstenfalls Opfer eines einfachen Missverständnisses. Die verkrachten Beobachter stellen schon bald fest, dass ihre Positionsunterschiede nicht wirklich existieren, sondern nur einer willkürlichen Definition von Norden und Süden entstammen. Sie räumen ein, dass keiner von ihnen das Privileg besitzt, ein solches Urteil zu fällen, und finden dann, so unglaublich es auch klingen mag, ohne Weiteres eine gemeinsame Basis. Im Rahmen des einen Systems sind x und y eindeutige und vollständige Größen; innerhalb des anderen Systems erfüllen u und v denselben Zweck. Trotz der gedrehten Standpunkte misst jeder Beobachter dieselbe Entfernung zwischen zwei Teilchen, nämlich unveränderte fünf Einheiten – schauen Sie sich dazu bitte noch einmal das Bild an. Und weil sie darüber hinaus den Winkel zwischen den gedrehten Koordinatennetzen kennen, entwickeln sie eine Formel, mit deren Hilfe sie xy-Positionen in uv-Positionen und uv-Positionen in xy-Positionen umwandeln können. Dazu müssen sie nur ein paar trigonometrische Kenntnisse aus der Schulzeit auffrischen*, ganz einfach, wenn man weiß, wie es funktioniert.

Wie also sollen wir dann unsere instinktiven Vorstellungen von Norden und Süden sowie oben und unten deuten? Zeigt denn die Natur nicht ein Richtungsgefühl bei jeder Drehung? Denken wir nur daran, wie unterschiedlich der Wind bläst und der Regen fällt, oder an den Unterschied zwischen dem Ersteigen eines Bergs und dem Abstieg oder an den Unterschied zwischen einer senkrecht stehenden und einer waagerecht liegenden Pendeluhr. Stellen Sie sich eine Kompassnadel vor, die am irdischen Magnetfeld ausgerichtet ist. Sie zeigt in eine scheinbar spezielle Richtung und sonst nirgendwohin. Bedenken Sie all diese grenzenlosen Möglichkeiten (weil es wirklich nötig ist), aber Sie sollten auch erkennen, dass die Natur in keinem dieser Fälle eine spezielle Richtung als absolut bevorzugt. Nirgendwo betrachtet auch nur ein einziger unvoreingenommener Beobachter eine einzelne Richtung als etwas von vornherein Besonderes, die aus sich selbst heraus und ohne jeden äußeren Bezug identifizierbar wäre.

Denn obwohl eine Kompassnadel tatsächlich in eine Richtung weist, existiert diese Richtung nur in Bezug auf etwas anderes, nämlich auf das Magnetfeld der Erde. Rotierten Erde und Kompass (und alles, was dazugehört) durch den Raum, sähen wir noch immer die Nadel in die Richtung des magnetischen Erdfeldes zeigen, egal, welche Richtung das wäre:

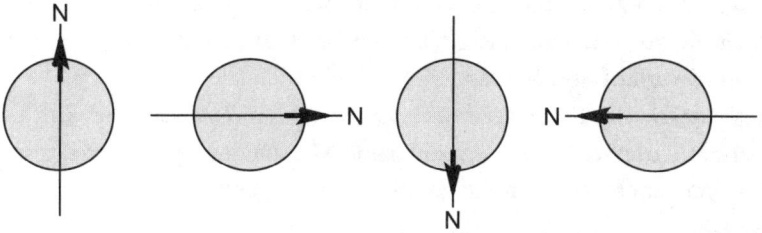

Schauen Sie über die Erde hinaus, und es gibt kein Oben und Unten mehr. Es gibt keine allgemein gültig eingerichtete Achse, auf die sich alles andere beziehen lässt. Die Natur trifft Entscheidungen, und wir beschreiben sie. Will der von jeglicher Vorliebe für Richtungen getilgte Ausdruck eines Naturgesetzes gültig sein, darf er Ausrichtungen nur in Bezug auf eine existierende Achse angeben. Alle Beobachter müssen, ungeachtet des Grades ihrer Rotation, das gleiche Phänomen auf die gleiche Art und Weise in der gleichen mathematischen Form beschreiben. Ihre Beschreibung darf von einer einfachen Drehung des räumlichen Koordinatennetzes nicht beeinflusst werden. Ihre Gleichungen müssen rotationssymmetrisch sein.

DIE UHR TICKT

Was den Raum betrifft, hütet sich die Natur davor, alles am selben Ort zu haben. Was die Zeit betrifft, verhindert sie, dass alles gleichzeitig passiert. So wie der Raum ein Empfinden von «hier» und «dort» erschafft, bringt die Zeit ein Gefühl für das «Vor» und «Danach» mit sich. Mit einer Uhr bleiben wir auf dem Laufenden.

Ticktack. Eine Uhr springt von einem Zustand zum nächsten und kehrt regelmäßig an ihren Ausgangspunkt zurück. Die Regelmäßigkeit kann vom Schwung eines Pendels stammen oder von einem Laserstrahl herrühren, der zwischen Spiegeln hin- und herspringt. Sie kann auch durch die tägliche Erdrotation, die monatliche Bahn des Mondes um die Erde oder durch den jährlichen Kreislauf der Erde um die Sonne bedingt sein. Man kann aus allen möglichen Prozessen eine Uhr gestalten, aber am wichtigsten ist dabei, dass die Zustände an räumlich gleichmäßig eingeteilten Intervallen wieder auftauchen. Jeder Zyklus muss auf die genau gleiche Art und Weise den gleichen Ereignisverlauf absolvieren.

Ticktack. Ein Zyklus. *Ticktack.* Zwei Zyklen. *Ticktack.* Drei Zyklen. Der einheitliche, sich nie verändernde Marsch der Zyklen erklärt uns eine geordnete Reihenfolge genormter Ereignisse:

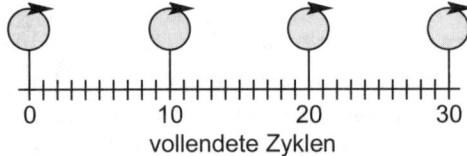

vollendete Zyklen

Betrachten wir ein paar andere, weniger regelmäßige Ereignisfolgen und zählen wir dabei die Anzahl der vom Start bis zum Ziel vollendeten Uhrenzyklen. Diese Zahl (der gleichförmigen Ticktacks) gibt die Dauer des beobachteten Prozesses an. Sie teilt uns mit, wie viele Intervalle zwischen zwei willkürlich bezeichneten Punkten auf einer Zeitskala verstrichen sind, während sein Wert nicht von dem Zyklus abhängt, den wir als Nullpunkt ausgewählt haben. Ein Intervall von, sagen wir, 10 Einheiten bleibt unverändert, ungeachtet des Zeitpunkts, an dem die Uhr zu ticken beginnt:

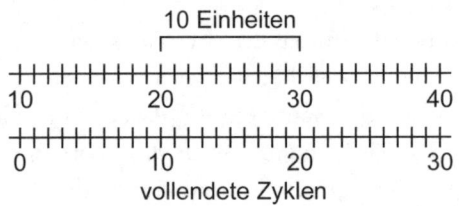

vollendete Zyklen

Falls nun die Naturgesetze zeitunabhängig konstant bleiben – vorausgesetzt, die Regeln und Muster von heute sind dieselben wie die von gestern und morgen –, dann wird eine gültige physikalische Gleichung nur von der verstrichenen Zeit abhängen. Es wird eine Gleichung sein, die von jeglichem Bezug auf einen absoluten Nullpunkt in der Zeit befreit ist und sich auf Intervalle statt auf einzelne Punkte stützt. Ihre mathematische Form bleibt von jeglicher Verlagerung der Zeitachse unberührt. Es wird sich stets um das gleiche Gesetz handeln, und ein Beobachter wird von einem Augenblick zum anderen nie wissen, wie spät es *wirklich* ist. In einer derart gestalteten Welt ist ein Punkt auf der Zeitskala genauso gut wie jeder andere.

Falls sich allerdings die physikalischen Gesetze mit dem Fortschreiten der Zeit verändern sollten – falls etwa die Ursache, die heute eine bestimmte Wirkung auslöst, morgen eine andere hervorruft –, könnte ein Beobachter in der Lage sein, die Zeit in einem absoluten Sinn anzugeben. Angenommen, das Universum dehnte sich aus* (zwingende astronomische Beweise sprechen dafür) und wir könnten diesen Vorgang zurückverfolgen bis zu einer Zeit, als alle Materie und Energie in einem einzigen Punkt komprimiert waren (und auch hierfür gibt es hinreichende Anhaltspunkte), dann hätten wir einen absoluten Ursprung der Zeit entdeckt: den einzigartigen Augenblick, als die Uhr des Universums zu ticken begann. Ein Beobachter, der die relativen Positionen der Galaxien vermisst, könnte dann daraus folgern, wie viel Zeit seit dem Urmoment, als alles begann, vergangen ist. In einer solchen Welt könnten die Gleichungen physikalischer Gesetze nicht nur auf Zeitunterschiede verweisen, sondern auch auf einzelne Punkte.

Worum geht es also hier? Handelt es sich um ein Universum, in dem die Spielregeln ein für alle Mal festgelegt sind, oder variieren sie im Lauf der Zeit? Gelten Newtons Bewegungsgleichungen ewig, oder muss jede neue Physikergeneration selbst entdecken, wie bewegte Objekte auf eine Kraft reagieren? Hat sich das Licht seit dem Anfang der Zeit mit rund 300 000 Kilometern pro Sekunde fortbewegt (falls es tatsächlich einen solchen Anfang gegeben haben sollte)? Oder könnte es sein, dass die Geschwindigkeit allmählich nachlässt oder zunimmt, während wir zusehen?

Niemand kennt die richtige Antwort, aber immerhin verstehen wir allmählich, wie das Universum mehr als nur eine Perspektive präsentiert. So scheinen die Naturgesetze, großmaßstäblich betrachtet, also über unvorstellbar riesige Raum- und Zeitintervalle hinweg, durchaus einen Sinn für Geschichte zu zeigen. Es könnte sein, dass die Dinge heute, in einem bloßen Augenblick der kosmischen Erzählung, tatsächlich anders funktionieren als vor 14 Milliarden Jahren (und dass sie in 14 Milliarden Jahren wiederum anders funktionieren werden).

Selbst unser heutiges Bild einer Welt, die von einer Gravitationskraft, einer elektromagnetischen, einer starken und einer schwachen Kraft zusammengehalten wird, könnte unvollständig sein. Astronomen sind dabei, Beweise für eine zusätzliche grundlegende Wechselwirkung zu sammeln, einen Abstoßungseffekt, der das Gegenteil der Gravitation darstellt*. Diese Kraft könnte über große Entfernungen hinweg wirken und sich womöglich im Lauf der Zeit verändern.

Auch auf der kleinsten Skala, auf einer noch grundlegenderen Ebene als der von Quark und Elektron, schlagen Physiker eine verblüffende fundamentale Struktur für die Mikrowelt vor: eine Architektur, in der alles aus unglaublich winzigen, energetischen «Superstrings»* aufgebaut ist, die in einem hochkomprimierten Raum von zehn oder mehr Dimensionen schwingen, wobei unsere Alltagswelt mit ihren lediglich drei Dimensionen auf der Strecke bleibt. Es wird spekuliert, dass einige dieser Dimensionen, die viel zu klein sind, um sie zu bemerken, seit der Geburt des Universums bis an den Rand des Nichts zusammengeschrumpft sind. Sollte sich diese These bewahrheiten, dann hat die Ausdehnung des Raumes eine eigene Geschichte.

Es gibt jedoch eine andere, vertrautere Erscheinungsform des Universums, die wir angesichts der Aufregung über neuere Entdeckungen nicht vergessen sollten. Beobachten wir die Natur, abgesehen von den entgegengesetzten Enden der Skala – also Quarks und Atomkerne oder Sterne und Galaxien, Zeitintervalle von weniger als einer quintillionstel Sekunde (eine Null, ein Komma, 30 Nullen und eine 1) und mehr als einer Million Jahre –, dann finden wir Muster und Gesetze, die hartnäckig von der Geschichte unbeeinflusst zu sein scheinen. Wir finden keinen Hinweis auf einen absoluten Nullpunkt in der Zeit, wenn wir untersuchen, wie die Gravitation den Mond in seiner Umlaufbahn hält, wie die elektromagnetische Wechselwirkung ein Atom erzeugt, wie die starke Kraft Protonen und Neutronen zusammenfügt oder wie die schwache Kraft ein Neutron aufbricht. Newtons mechanische Gleichungen* geben lediglich Zeitunterschiede an und schreiben den einzelnen Augenblicken keine absolute Bedeutung zu. Das Gleiche gilt für Maxwells elektromagnetische Gleichungen, für Schrödingers quantenmechanische Gleichungen und auch für Einsteins Relativitätsgleichungen. Und es trifft auf so manche andere Gleichungen zu, die einen großen Teil des stofflichen Universums beschreiben.

Für uns aufgeschlossene, aber nichtsdestotrotz den ahistorischen Aspekt der Natur betonende Beobachter werden die Uhren ohne Bezug auf einen absoluten Anfangspunkt ticken. Unsere ähnlich motivierten räumlichen Koordinatennetze nehmen ihrerseits keinen Bezug auf eine absolute Position oder Richtung. Verknüpfen wir Zeit und Raum, steht uns ein gut ausgestatteter Bezugsrahmen zur Verfügung, der geeignet ist, eine stets in Bewegung befindliche und sich ständig verändernde Welt zu besichtigen. Und von diesem Standpunkt aus werden sich unsere auf Objektivität bedachten Beobachter auch vom nächsten Absolutum verabschieden, nämlich von der Vorstellung des absoluten Ruhezustands.

NIEMALS IM RUHEZUSTAND

Stellen Sie sich ein einfacheres Universum vor, in dem nichts mehr existiert außer zwei zusammengehörenden Teilchen und der entsprechenden Wechselwirkung. Suchen Sie sich irgendetwas aus: Erde,

Mond und Gravitation, Proton, Elektron und die elektromagnetische Kraft, oder vielleicht Neutron, Proton und die starke Kraft; oder, noch besser: unsere alten Freunde Teilchen 1 und 2 mit einer symbolischen Linie zwischen ihnen. Einen der beiden Körper fixieren wir auf dem Nullpunkt eines willkürlichen räumlichen Koordinatennetzes, um das der andere Körper in ähnlich willkürlicher Art und Weise kreist. Als schnelles, unkompliziertes, aber keineswegs besonderes Beispiel könnten wir uns eine stetige Kreisbewegung vorstellen:

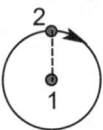

Abgesehen davon, gibt es nichts: keine weiteren Teilchen, kein anderer Einfluss. Nur der Raum. Gestaltloser, positionsloser, richtungsloser, leerer Raum.

Jetzt legen Sie einen Schalter um und stellen damit die Wechselwirkung ab. Eliminieren Sie augenblicklich, gleichmäßig und vollständig jedweden Einfluss, der Teilchen 1 mit Teilchen 2 verknüpft. Unterbrechen Sie die Verbindung und schauen Sie hin.

Wird sich Teilchen 2 mit der gleichen Kreisbewegung und mit gleich bleibender Geschwindigkeit stur fortbewegen oder wird es sofort in seiner Spur stillstehen? Wird es weiter seine Runden drehen und allmählich langsamer werden, bevor es schließlich zur Ruhe kommt? Wird es sich auf einer Spiralbahn nach innen bewegen und auf Teilchen 1 zustürzen?

Teilchen 2 erleidet keines dieser Schicksale. Die Erfahrung und vierhundert Jahre der Beobachtung, die mit Galilei und Newton begannen*, sagen uns genau, was Teilchen 2 tun wird. Es wird in einer geraden Linie und mit konstanter Geschwindigkeit wegfliegen und nicht wieder anhalten. Es wird dem Gesetz der *Trägheit* gehorchen, das von Objekten verlangt, Veränderungen zu widerstehen und ihren augenblicklichen Zustand beizubehalten, bis sie *gezwungen* werden, sich zu verändern. Wird eine zwingende Kraft entfernt, setzt ein

Körper für immer die Tätigkeit fort, mit der er im Augenblick seiner Befreiung gerade beschäftigt war.

Wir erinnern uns, dass Teilchen 2 einem gekrümmten Pfad gefolgt war und sich ein wenig in eine bestimmte Richtung bewegt hatte, bevor es seinen Kurs wechselte. Von der Wechselwirkung angezogen, setzte es seine Kreisbewegung Schritt für Schritt fort:

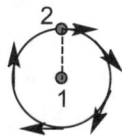

Plötzlich aber fliegt es, von allen einschränkenden Einflüssen befreit, in der gerade eingeschlagenen Richtung davon und bewegt sich unabhängig durch die eigenschaftslose Leere des Raumes:

Teilchen 2 reist mit konstanter Geschwindigkeit entlang einer unendlichen geraden Linie, während Teilchen 1 im Ruhezustand bleibt.

Wer sagt das? Das behauptet ein Beobachter, der einem Koordinatensystem verpflichtet ist, in dem Teilchen 1 an seinem Platz fixiert ist. Doch für einen Beobachter, der auf Teilchen 2 reitet und dort die Dinge von einem Bezugsrahmen betrachtet, der nicht weniger privilegiert ist, erscheint das Bild umgekehrt :

Hier ist es Teilchen 2, das an Ort und Stelle bleibt, während sich Teilchen 1 in entgegengesetzter Richtung entfernt. Keinem der beiden Beobachter gelingt der überzeugende Beweis, der jeweils andere bewege sich oder stehe still, genauso wie Passagiere, die störungsfrei in einem Zug oder Flugzeug unterwegs sind (oder eigentlich bloß auf dem Planeten Erde geparkt sind), nicht das Gefühl haben, sich zu bewegen.

Plötzlich taucht ein neuer Beobachter auf, der ebenfalls geradlinig, aber mit einer anderen Geschwindigkeit in eine andere Richtung fliegt – und schon haben wir einen weiteren Standpunkt. Dieser dritte Beobachter berichtet, die Teilchen 1 und 2 bewegten sich zwar auf geraden Linien, die allerdings nicht mit den Linien übereinstimmten, die seine beiden Vorgänger gesehen hätten. Die Geschwindigkeiten und die Richtungen scheinen abzuweichen. Befragen wir nun noch einen vierten, fünften und sechsten Beobachter, stellen wir bald fest, dass all solche Beobachter in «Inertialsystemen» – alle Beobachter also, deren räumliche Koordinatennetze und Uhren sich mit gleich bleibender Geschwindigkeit geradlinig fortbewegen – das System trotz offenkundiger Unterschiede bei bestimmten Details auf die grundsätzlich gleiche Art beschreiben. Sie werden darin übereinstimmen, dass ein freies, von keiner Zwang ausübenden Kraft eingeschränktes Teilchen nur eine von zwei Möglichkeiten hat: 1) Sollte es sich gerade im Ruhezustand befinden, so verharrt es darin, und es gibt nichts, was es aus seinem Zustand der Trägheit herausholen könnte. 2) Sollte sich ein freies Teilchen nicht bereits im Ruhezustand befinden, dann eilt es mühelos mit gleich bleibender Geschwindigkeit auf einer geraden Linie fort. Ist keinerlei Form von Zwang anwesend, wird es seinen Kurs beibehalten, und zwar vom einen Ende des Universums bis zum anderen.

Über diese beiden Fälle sind sich alle Beobachter einig, wenngleich sie zugegebenermaßen bei allen übrigen Angelegenheiten anderer Meinung sind. Sie registrieren grundverschiedene Werte für Position, Richtung und Zeit und unterscheiden sich sogar bei der Einschätzung, wer sich bewegt und wer stillsteht. In einem Raum, in dem «hier» das Gleiche bedeutet wie «dort», verliert die philosophische Idealvorstellung der absoluten Ruhe jegliche Bedeutung. Die Natur erlaubt keinem Beobachter zu behaupten: «Ich weiß definitiv, dass ich mich nicht bewege, weil ich Zeus absolut still auf seinem Thron sitzen sehe – und wir stimmen doch darin überein, dass der Thron des Zeus sich nie vom Fleck bewegt. All ihr anderen seid in Bewegung, nicht ich.» Ein Beobachter kann lediglich etwas bescheidener sagen: «Wenn Sie *mich* fragen, befinde ich mich im Ruhezustand. Die Wände und die Möbel scheinen am selben Ort zu bleiben. Aber das ist nur meine persönliche Meinung. Vielleicht haben Sie ja eine andere Ansicht.»

Wir ziehen nicht nur die Ansichten von zwei oder drei oder gar einer Million aufgeschlossener Zuschauer in Erwägung, sondern die Perspektive unendlich vieler Beobachter. Jeder dem Trägheitsgesetz gehorchende Beobachter bewegt sich mit einer anderen Geschwindigkeit in eine andere Richtung. Und jeder Umstand einer Beobachtung ist nicht weniger berechtigt als alle anderen. Die Bezugsrahmen sind völlig gleichwertig, da in jedem von ihnen ein freies Teilchen sich auf möglichst einfache Weise fortbewegt. Es gehorcht dem Trägheitsgesetz, das eine Konsequenz der grauen Gleichförmigkeit von Raum und Zeit darstellt.

Einfachheit ist gut. Die Freiheit der Wahl eines Bezugsrahmens verpflichtet uns nicht dazu, einen *dummen* Bezugsrahmen auszuwählen (wie beispielsweise eine Achterbahn*, in der nicht wechselwirkende Teilchen anscheinend grundlos hin und her geschleudert werden). Stattdessen vereinfachen wir unsere Beobachtungen, wann immer es möglich ist, indem wir so genannte Inertialsysteme auszeichnen, in denen das Trägheitsgesetz gilt. Wir akzeptieren einen Rahmen als inertial, wenn wir feststellen, dass freie Teilchen entweder ruhen oder sich gleichförmig und geradlinig fortbewegen. Außerdem stimmen wir darin überein, die in allen solchen Rahmen gewonnenen Beobachtungen als gleichermaßen zulässig zu betrachten.

Unser Heer der infrage kommenden Beobachter muss sich jedoch immer noch mit den unterschiedlichen Zahlen abfinden, die sie von ihren verschiedenen Standpunkten aus sammeln. Beobachter in stillstehenden Bezugsrahmen vergleichen ihre Notizen und finden Möglichkeiten, die verschobenen oder gedrehen Koordinaten des jeweils anderen zu verstehen. Das Gleiche gilt auch für bewegte Beobachter, wie wir als Nächstes sehen werden.

Glauben Sie bloß nicht, dass ein Zustand *örtlicher* Ruhe immer als bedeutungslos aufgegeben werden muss, nur weil wir uns nicht auf einen absoluten, universell akzeptablen Ruhezustand einigen können, der so bombenfest ist wie der Thron des Zeus. Ziehen wir globale Wahrnehmungen einmal nicht in Betracht, dann binden sich alle möglichen Objekte und Ereignisse an einen bevorzugten Bezugsrahmen: Züge fahren auf Schienen, Wellen kräuseln sich im Teich, Winde wehen über die Steppe, Fußballer laufen über das Spielfeld; die Liste ist endlos lang. Stellt man in angemessener Form fest, dass eine bestimmte Handlung auf einer bestimmten Bühne geschieht, muss das nicht heißen, man sei ein voreingenommener Beobachter. Es gibt nun mal einen Unterschied zwischen dem leeren Raum und einem mit unterscheidbaren Merkmalen gefüllten Raum.

Ein Zug fährt auf Gleisen. Relativ zu den Gleisen ist ein am Bahnhof haltender Zug unleugbar im Ruhezustand. Das Gleiche trifft zu für die Passagiere, die auf dem Bahnsteig warten. Sie können es beweisen, da kein Beobachter in irgendeinem anderen Bewegungszustand ein ruhendes Gleis sieht.

Ein im Zugabteil sitzender Passagier, der nicht weiß, ob der Zug hält oder sich mit konstanter Geschwindigkeit bewegt, befindet sich, relativ zur Ausstattung des Waggons, im Ruhezustand. Ein Beobachter im Sitz neben ihm, der diesen speziellen Körper an einem Ort, *im Inneren des Zuges*, ruhen sieht, schließt daraus, dass sich der Passagier vor Ort im Ruhezustand befindet. Niemand schaut aus dem Fenster. Wer im Abteil weiß schon, ob sich der Zug nicht gleichförmig auf dem Gleis entlangbewegt?

Auf dem Bahnsteig hält ein Beobachter bei der Durchfahrt des Zuges Entfernung und Zeit fest: 30 Meter nach einer Sekunde, 60 Meter nach zwei Sekunden, 90 Meter nach drei Sekunden ... also gleich bleibende 30 zurückgelegte Meter pro Sekunde:

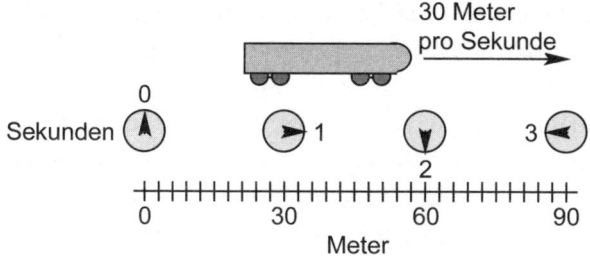

Aus dieser bodengestützten Perspektive betrachtet, bewegen sich der Zug und alle seine sitzenden Passagiere mit 30 Metern pro Sekunde voran. Wir wissen, dass im Zug selbst, wo alle Sitze relativ zu Wänden, Fußboden und Decke befestigt sind, manche Passagiere behaupten, sich überhaupt nicht zu bewegen. Ihre internen Positionen bleiben unverändert, während die Uhr weiter tickt.

Jetzt steht ein Passagier auf und geht nach vorn, während die anderen Passagiere Entfernung und Zeit messen: 30 Zentimeter nach einer Sekunde, 60 Zentimeter nach zwei Sekunden, 90 Zentimeter nach drei Sekunden ... also gleich bleibende 30 zurückgelegte Zentimeter pro Sekunde, die im Inneren des Zuges ermittelt werden. Für unseren Beobachter draußen scheint sich der Passagier im Gang jedoch mit der viel schnelleren Geschwindigkeit von 30,3 Metern pro Sekunde zu bewegen. Relativ zu den Gleisen, beläuft sich die neue Bewegung auf die interne Gehgeschwindigkeit von 30 Zentimetern pro Sekunde *plus* der Gesamtgeschwindigkeit des Zuges von 30 Metern pro Sekunde. Die beiden Geschwindigkeiten addieren sich:

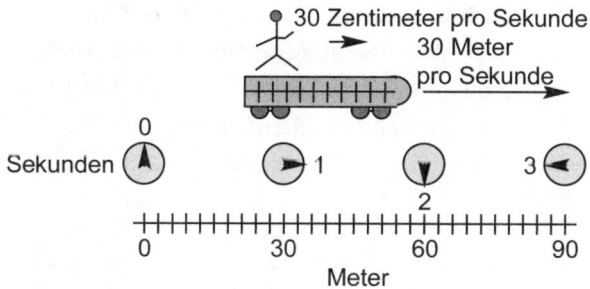

Hier scheint ein verständlicher Wahrnehmungsunterschied vorzuliegen, den wir leicht klären können. Ein Zug bewegt sich auf einem Gleis. Ein Körper bewegt sich im Inneren des Zuges. Dort drinnen misst ein Beobachter einen gewissen Betrag für die Geschwindigkeit des bewegten Körpers. Draußen addiert ein anderer Beobachter genau diesen Betrag zu der Gesamtgeschwindigkeit des Zuges hinzu. Ein simples, genau festgelegtes mathematisches Rezept.

Dies könnte das Ende der Geschichte sein, gäbe es da nicht einen Haken. In einem Universum ohne absoluten Raum, ohne absolute Zeit und ohne absolute Ruhe stolpern wir über eine bemerkenswerte absolute Eigenschaft im Design der Natur, nämlich die Höchstgeschwindigkeit, mit der ein Signal von hier nach dort reist. So legt beispielsweise der elektromagnetische Einfluss im Vakuum des Raumes etwa 300 000 Kilometer pro Sekunde zurück, eine Zahl, von der in keinem einzigen Bezugsrahmen, der der Trägheit gehorcht, abgewichen wird*. Auch wenn wir selbst jemals die Höchstgeschwindigkeit erreichen sollten, werden wir ein elektromagnetisches Signal niemals einholen können und es auch niemals im Ruhezustand sehen. Wir werden seine Geschwindigkeit immer mit gleich bleibenden 300 000 Kilometern pro Sekunde messen, ungeachtet unserer veränderlichen Ansichten über Züge und Passagiere. Diese allgemein gültige Geschwindigkeitsgrenze – und unsere gleichermaßen unveränderliche Wahrnehmung ihres Wertes – gilt nicht nur für elektromagnetische Phänomene (Licht), sondern genauso für die anderen grundlegenden Wechselwirkungen.

Und, wie Einstein richtig erkannte*: Das verändert alles. Da wir nunmehr allen der Trägheit unterliegenden Beobachtern Chancengleichheit zugestehen und obendrein eine unveränderliche Lichtgeschwindigkeit akzeptieren müssen, sollten wir unsere Ansichten über die vom Raum getrennte Zeit neu überdenken.

DIE ZEIT TOTSCHLAGEN

Ein Lichtstrahl kann nicht auf eine Eisenbahnschiene beschränkt, an einem Sitz im Zug angeschnallt oder an einem Astronauten in einem Raumschiff festgebunden werden. Ein Lichtstrahl pflanzt sich als elektromagnetisches Feld fort – eine Manifestation des Einflusses, der von einer elektromagnetischen Ladung erzeugt wird. Das Feld erweist sich als Qualität, die der Leere aufgeprägt wird, geschieden von der Materie, die es erzeugt hat, und unterstützt von buchstäblich nichts. Denn das elektromagnetische Feld*, dem wir zuerst in Kapitel 2 begegneten, benötigt kein spezielles Medium für seine Existenz*.

Kein Bezugsrahmen erhebt Anspruch darauf, einen Lichtstrahl als ihm allein zugehörig zu betrachten, wie etwa ein Gleis seinen Zug für sich beansprucht oder ein Eisenbahnabteil seinen Reisegast. Ein Lichtstrahl spaziert nicht durch den Gang, wird nicht vom Eisenbahnwaggon befördert und nicht am Boden festgehalten. Ein Lichtstrahl pflanzt sich, ganz im Gegenteil, durch den leeren Raum fort. Er bewegt sich weiterhin mit 300000 Kilometern in der Sekunde voran, ob mit oder ohne Eisenbahnwaggon, mit oder ohne Gleise, mit oder ohne Boden unter den Füßen oder dem Himmel darüber. Er bewegt sich stets mit 300000 Kilometern pro Sekunde fort, als gäbe es nichts anderes im Universum.

Stellen Sie sich Folgendes vor: Ein Teilchen ruht in der Mitte eines Eisenbahnwaggons und gibt gleichzeitig zwei Lichtstrahlen ab. Ein Strahl schießt durch den Gang nach vorn, der andere Strahl schießt den Gang hinab nach hinten. Nachdem sie die gleiche Strecke zurückgelegt haben, werden die Signale an den beiden Trennwänden als voneinander getrennte Lichtblitze angezeigt. Welcher Strahl blitzt zuerst auf?

Für einen Beobachter im Inneren des Zuges kommen sie gleichzeitig an. Er sieht zwei Signale, die mit gleicher Geschwindigkeit die gleiche Entfernung zurücklegen, sodass seine Schlussfolgerung lautet, die beiden Lichtstrahlen müssten gleichzeitig aufblitzen. Die zeitliche Trennung zwischen Ereignis 1 und 2 ist null:

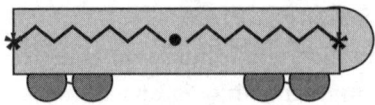

Was sieht ein bodengestützter Beobachter draußen? Um das Beispiel aufzupeppen, könnten wir so tun, als bewege sich der Zug viel schneller, als Züge dies normalerweise tun, sagen wir: in gefährlicher Nähe zu 300 000 Kilometern pro Sekunde. Selbst jetzt noch erwarten wir (zumindest die meisten von uns), dass auch aus dieser Perspektive die Blitze gleichzeitig erscheinen werden, zumal wir daran gewöhnt sind, die Zeit unabhängig vom Raum zu behandeln. Dennoch erweisen sich unsere ungeschulten Instinkte als falsch, weil, vom Erdboden aus betrachtet, in Wirklichkeit der nach hinten (nach links) eilende Lichtimpuls zuerst auf den Detektor trifft. Von einem Bezugsrahmen aus gesehen, der den Zug in schneller Bewegung zeigt, nimmt die zeitliche Trennung einen anderen Wert als null an.

Erinnern wir uns, dass die Strahlen sehr wohl *im* Eisenbahnwaggon abgegeben worden sind, aber nicht vom *Waggon selbst* stammen. Sie sind nicht von dem bevorzugten Bezugsrahmen irgendeiner Person abhängig, sodass konsequenterweise ein auf dem Erdboden stationierter Beobachter sie mit der gleichen Geschwindigkeit davoneilen sieht wie ein im Zug befindlicher Beobachter. Im Inneren des Zuges jedoch sind die lichtempfindlichen Sensoren buchstäblich mit Schrauben und Muttern an den Trennwänden befestigt. Deshalb erkennt ein Beobachter von außen die Bewegung der beiden Sensoren als eine von den Lichtsignalen getrennte Bewegung. Da der Detektor auf der linken Seite dem nach links eilenden Signal entgegenfährt, leuchtet er zuerst auf. Der Detektor auf der rechten Seite, der dem nach rechts eilenden Signal davonfährt, antwortet kurze Zeit später:

Es ist keine andere Schlussfolgerung möglich angesichts der Tatsache, dass die beobachtete Geschwindigkeit des Lichts sich niemals verändert. Die Beobachter können nur darin übereinstimmen, dass die Signale mit der gleichen Geschwindigkeit unterwegs waren, wenn sie die Zeit auf unterschiedliche Weise wahrnehmen und widersprüchlicher Meinung darüber sind, ob die Lichtblitze im selben Augenblick erschienen. Die Reihenfolge der Ereignisse wird so zur Ansichtssache, die vom Bewegungszustand des Beobachters beeinflusst wird. Für einen Beobachter im Zug geschehen die Ereignisse gleichzeitig. Für einen Beobachter außerhalb des Zugs ist dies nicht der Fall.

Im Alltag, wo nicht einmal die schnellen ICE-Züge der Lichtgeschwindigkeit nahe kommen, ereignen sich die Blitze für einen bodengestützten Beobachter nicht ganz gleichzeitig, allerdings erweist sich jeder Zeitunterschied als verschwindend gering. Wer einen Zug mit 30 Metern pro Sekunde dahinzuckeln sieht, übersieht schon mal die Zeitdifferenz – eine Veränderung in der zigsten Stelle hinter dem Komma –, die von einem Lichtstrahl verursacht wird, der mit 300 000 Kilometern in der Sekunde dahineilt. Praktisch gesehen, ist die Zahl 300 000 Kilometer pro Sekunde gleichbedeutend mit der Unendlichkeit, und es ist genau diese menschliche Erfahrung der *langsamen* Fortbewegung, die unsere konventionelle Vorstellung von Zeit geprägt hat. Wir glauben naiverweise, dass die Zeit einzig und allein aufgrund unserer begrenzten Beobachtungen immer gleicht tickt, ohne dabei die langsame oder schnelle Bewegung eines Objekts zu berücksichtigen. Doch Beobachter in Bezugsrahmen, die sich mit annähernder Lichtgeschwindigkeit fortbewegen (die, sagen wir, mit hochenergetischen Elementarteilchen auf die Reise gehen), können die Ausbreitung von Signalen bei endlichen Geschwindigkeiten nicht ignorieren. Wie der Raum, so liegt auch die Zeit im Auge des Betrachters, sodass unvoreingenommene, dem Trägheitsgesetz gehorchende Beobachter eine Möglichkeit finden müssen, sich mit beiden zu arrangieren.

Lassen Sie einen Lichtstrahl zwischen zwei Spiegeln, die bombenfest gesichert sind, hin- und herhüpfen. Da sich das Licht in allen Inertialsystemen mit gleich bleibender Geschwindigkeit bewegt, bleibt die Beziehung zwischen Zeit und Entfernung in jedem Zyklus konstant. Wir haben also eine einfache Uhr:

Mit einem Blitz verlässt der Strahl den ersten Spiegel. Das soll Ereignis 1 sein. Nachdem er sich eine gewisse festgelegte Zeit fortbewegt und eine bestimmte Entfernung zurückgelegt hat, kehrt er zum Spiegel zurück und ruft einen zweiten Blitz hervor: Ereignis 2. Jetzt bitten wir zwei dem Trägheitsgesetz verpflichtete Beobachter, uns zu erzählen, was passiert. Einer bewegt sich relativ zum anderen gleichförmig auf einer geraden Linie. Wir möchten gern den Abstand in Raum und Zeit erfahren, der die beiden Ereignisse voneinander trennt.

Auf und ab. Auf und ab. Ein relativ zur Uhr im Ruhezustand befindlicher Beobachter stellt fest, dass der Strahl an einem einzigen Ort bleibt, wie in dem Diagramm oben veranschaulicht. Der Lichtstrahl bewegt sich in Zyklen vertikal auf und ab, geht aber nicht in die Horizontale über. Beobachter 1 berichtet, die beiden Ereignisse seien lediglich zeitlich, nicht aber räumlich voneinander getrennt.

Für Beobachter 2 bewegt sich die Uhr von links nach rechts. Er sieht, dass der Lichtstrahl einem dreieckigen Pfad folgt. Hier vermischt sich eine horizontale Komponente mit der Vertikalen, sodass die zurückgelegte Gesamtstrecke des Strahls – und folglich auch die Zeit – länger erscheint, als Beobachter 1 dies registriert:

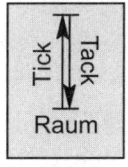
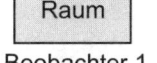
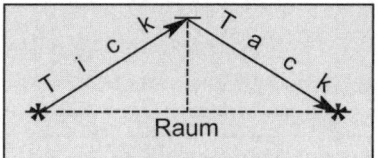

Beobachter 1   Beobachter 2

Mit einem Blick auf das Diagramm überzeugen wir uns selbst, dass das diagonale Ticktack von Beobachter 2 das vertikale Ticktack von Beobachter 1 übertrifft. Eine bewegte Uhr wird als langsamer tickend wahrgenommen als eine Uhr im Ruhezustand.

Um wie viel langsamer? Die Zeitdehnung hängt von der relativen Geschwindigkeit ab. Schnelle Bewegung, die der Lichtgeschwindigkeit nahe kommt, streckt das Dreieck und verzögert das Ticktack in höherem Maße, als es die Zeitlupe vermag. Allerdings sieht Beobachter 2 bei jeder beliebigen Geschwindigkeit die diagonale Zeitdehnung, die von einer horizontalen Raumdehnung begleitet wird, wobei die genaue Proportion zwischen Zeit und Raum von der Dreiecksgeometrie eingeschränkt wird. Angesichts eines bestimmten Zeitintervalls (die diagonale Linie im nächsten Diagramm) und eines bestimmten Raumintervalls (die horizontale Linie) wird die gestrichelte vertikale Linie ein für alle Mal festgelegt. Es bleibt nur eine Möglichkeit, das Dreieck zu vervollständigen:

Beobachter 2 stellt erfreut fest, dass diese vertikale Teilstrecke als Kombination aus zeitlichen und räumlichen Beiträgen identisch mit derjenigen ist, die Beobachter 1 gemessen hat. Darüber hinaus erweist sich diese Länge bei allen anderen, der Trägheit gehorchenden Beobachtern mit ihren unterschiedlichen Geschwindigkeiten als identisch:

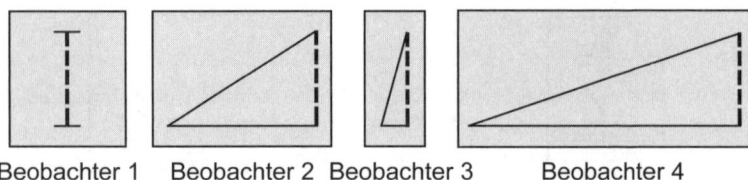

Beobachter 1   Beobachter 2 Beobachter 3   Beobachter 4

Dadurch sind unsere unendlich vielen Beobachter in der Lage, ihre Berichte miteinander in Einklang zu bringen. Sie verfügen über eine einzigartige Zahl, die Synthese aus einem räumlichen und einem zeitlichen Intervall*, die für alle denselben Wert hat. Diese Zahl nennen wir das invariante (unveränderliche) Raum-Zeit-Intervall zwischen zwei Ereignissen. Es verschmilzt den Raum mit der Zeit.

Für bewegte Beobachter werden separate Intervalle in Zeit und Raum genauso bedeutungslos wie die Richtungen Osten und Norden in einem ruhenden Koordinatensystem. Die Zeit ist relativ. Der Raum ist relativ. Deren Werte verändern sich mit dem Bewegungszustand des Beobachters. Ich behaupte etwas, und Sie behaupten etwas anderes. Ich sage, dass zwei Ereignisse am selben Ort im Abstand einer Stunde geschehen, und Sie sagen, sie geschähen zwei Stunden und eine Milliarde Kilometer voneinander entfernt. Uns bleibt nichts anderes übrig, als anderer Meinung zu sein, zumal wir feststellen, dass sich das elektromagnetische Feld mit derselben Geschwindigkeit fortpflanzt.

Was uns verbindet, ist das kombinierte Raum-Zeit-Intervall, diese eine unveränderliche Größe, die allen Standpunkten gemeinsam ist. Sie bleibt von jeglichen wahrgenommenen Raum-Zeit-Verschmelzungen unberührt, so wie eine Punkt-zu-Punkt-Entfernung im Raum eine willkürliche Drehung des Koordinatennetzes überdauert:

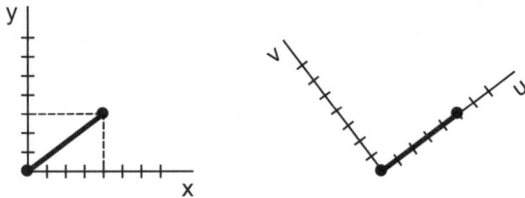

Und genauso, wie die Invarianz der Entfernung die Umwandlung der x- und y-Werte in u- und v-Werte ausschließlich im Raum ermöglicht, so bewirkt die Invarianz des Raum-Zeit-Intervalls eine ähnliche Lösung für Raum und Zeit zugleich. Wenn wir eine Drehung im Raum entwirren, können wir *Ihren* Osten und Norden in den Begriffen *meines* Ostens und Nordens ausdrücken. Dafür müssen wir lediglich den Winkel zwischen unseren Koordinatennetzen kennen. Um eine entsprechende Drehung in der Raum-Zeit zu entwirren, müssen wir nur unseren Geschwindigkeitsunterschied kennen. Liefern Sie mir diese eine Zahl, nämlich die relative Geschwindigkeit meines Bezugsrahmens, und ich kann meine Positions- und Zeitwerte in Ihre Werte umwandeln. Und Sie können das Gleiche tun.

Sind Raum und Zeit miteinander in Einklang gebracht, können wir in jedem beliebigen System arbeiten, das der Trägheit gehorcht, vorausgesetzt, unsere Resultate erweisen sich nach der Umwandlung als deckungsgleich. Spezielle Werte für Position, Zeit, Geschwindigkeit, Kraft, elektrisches Feld, magnetisches Feld und jede Menge anderer Größen können von Rahmen zu Rahmen unterschiedlich sein, nicht aber die vorherrschenden Verhältnisse.

Nehmen wir beispielsweise an, ein wiederbelebter Galileo Galilei beobachtet einen vorbeifahrenden Eisenbahnwaggon, in dem er das System seiner Wahl überwacht: Billardkugeln auf einem Tisch, eine elektromagnetische Turbine, Wasserstoff- und Kohlenstoffatome, einen Uranatomkern; dieses und jenes, keine Ausnahmen, nichts wird ausgeschlossen. Welche entsprechenden Größen es auch sein mögen, Galilei macht sich daran, ihre Werte in Raum und Zeit zu messen. Mit Lineal, Uhr, Voltmeter und Geigerzähler, Teleskop und zahlreichen anderen Instrumenten ermittelt er, dass die Größe A den Wert von 2 Griebel, Größe B den Wert von 3 Zork und Größe C den Wert von 6 Griebelzork hat. Diese drei Zahlen und ihr offensichtliches numerisches Verhältnis ($6 = 2 \times 3$) nimmt er nun zum Anlass, um ein allgemein gültiges Naturgesetz vorzuschlagen: $C = A \times B$. Besitzt Galileis Schlussfolgerung deshalb zwangsläufig Gesetzeskraft?

Auf der Suche nach einer zweiten Meinung bitten wir Albert Einstein*, sich das gleiche System anzuschauen, allerdings im Inneren des Zuges selbst. Einstein bewegt sich, relativ zu den Gleisen, mit konstanter Geschwindigkeit fort, wacht in einem geschlossenen Abteil auf und hat keine Ahnung, ob er sich bewegt oder stillsteht. Er ist ein qualifizierter, der Trägheit verpflichteter Beobachter, nicht besser oder schlechter als Galilei, und er ist berechtigt, seine eigenen Messungen vorzunehmen.

Während er dies tut, gibt er die Werte 4 Griebel für A, 6 Zork für B und 24 Griebelzork für C an. Zwar ist er mit seinen individuellen Zahlen anderer Meinung als Galilei, aber was die vorherrschende Gleichung angeht, stimmt er mit ihm überein. Einstein wie Galilei stellen fest, dass C gleich A mal B ist, nur dass in Einsteins Fall die Gleichung $24 = 4 \times 6$ lautet statt $6 = 2 \times 3$. Es ist eine Unterscheidung ohne Differenz.

Galilei und Einstein sind sich über etwas viel Wichtigeres einig als über bloße Zahlen. Sie stimmen darin überein, wie eine physikalische Größe von einer anderen abhängt, ungeachtet der schnellen oder langsamen Bewegung eines Inertialbeobachters. Selbst wenn der Zug mit annähernd 299 000 Sekundenkilometern vorbeizischen sollte (was ziemlich schnell ist), sodass A, B und C in Raum und Zeit erheblich aufgemischt würden, fänden die beiden Beobachter immer noch ein beständiges Rezept, um die drei Größen zu verknüpfen. Jede Messreihe würde in ihrem eigenen Bezugsrahmen einen Sinn ergeben.

Diese hypothetischen Beobachtungen richten sich folglich nach dem «Relativitätsprinzip», das zuerst bereits von Galilei selbst für geringe Geschwindigkeiten formuliert und später von Einstein abgewandelt wurde, um auch die hohen Geschwindigkeiten zu integrieren. Das Prinzip behauptet, dass jedes Ereignis sich jedem Inertialbeobachter auf die gleiche grundlegende Weise offenbare, ohne dabei die gleichförmige lineare Bewegung des Bezugsrahmens zu gefährden. Damit eine beschreibende Gleichung zu einem gültigen Naturgesetz wird, muss sie dieselbe Form beibehalten, wenn Zeit, Raum und alle anderen zulässigen Größen sich vermischen. Sie muss die Relativität von Raum, Zeit und Bewegung sowie die Invarianz des Raum-Zeit-

Intervalls berücksichtigen. Sollte ihr das nicht gelingen, wird das vorgeschlagene Verhältnis aufgrund der Bevorzugung einer willkürlichen Bewegung zurückgewiesen.

Wären Raum und Zeit absolut … wären Bewegung und Ruhe absolut … strahlte das Licht nur vom Thron des Zeus aus und bewegte es sich fort wie ein Zug auf seinem Gleis – wären die Grundregeln der Natur also anders, als sie es in Wirklichkeit sind, dann würden verschiedene Beobachter unterschiedliche Geschichten erzählen. Aber das können wir uns nicht aussuchen.

4. Dreiteilige Erfindung

Die Gegenwart zu kennen, heißt, die Zukunft vorherzusagen und die Vergangenheit zurückzuverfolgen. So lautet das Versprechen eines mechanischen Universums, das auf der Vorstellung beruht, die Natur könne wie eine gut geölte Maschine laufen.

Denken Sie darüber nach. Wie die Zahnräder und Federn eines präzise abgestimmten Mechanismus würden die einmal in Gang gesetzten Bestandteile eines Uhrwerkuniversums einem festgelegten Kurs folgen. Jeder Schritt wäre vom jeweils vorausgegangenen Schritt vorherbestimmt. Der morgige Zustand der Maschine ergäbe sich zwangsläufig aus ihrem heutigen Zustand, wobei interessante Neuigkeiten auf verschiedensten Messgeräten und Anzeigetafeln erscheinen würden. Und wie bei allen Maschinen wäre auch ihre Funktionsweise letzten Endes in vollem Umfang erfassbar. Mit ausreichender Beobachtung, Analyse und Vertrautheit könnten wir schließlich erfahren, wie alles funktioniert. Allwissenheit heißt das Versprechen, das ein mechanisches Universum anbietet – eine Frucht vom Baum der Erkenntnis.

Was die großen Dinge betrifft, wird dieses Versprechen in Geist und Buchstabe eingelöst. So bewegt sich der Mond, vor Jahrmilliarden in seine Umlaufbahn gelangt, mit eindrucksvoller Gleichmäßigkeit und ohne die geringste Abweichung um die Erde. Wir können nahezu genau berechnen*, in welchem Zyklus sich der Mond vor hundert Jahren befand und wo er in hundert Jahren sein wird. Als ebenfalls großes Objekt rollt eine Kugel in vorhersagbarer Weise einen Hang mit bestimmter Neigung hinunter und kommt stets in der gleichen zeitlichen Folge an den gleichen Orientierungspunkten vorbei. In einer solchen Welt gibt es keine Überraschungen. Die Welt der großen Dinge wird normalerweise von der so genannten klassischen Mechanik des Isaac Newton* beherrscht. Es ist eine Welt ohne Umschweife, in der Planeten und Kometen, Murmeln und Gewehrkugeln ihrem festgelegten Kurs folgen. Sie bewegen sich so, wie sie angezogen oder abgestoßen werden, und deshalb wissen wir auch, wo wir sie finden können.

Wenn es um die kleinen Dinge geht, die winzigen, in kleinen Räumen eingeengten Teilchen*, beugt sich das Universum einer anderen Herrschaftsform, nämlich dem dubiosen Regime der Quantenmechanik*, unter dem das Versprechen der Allwissenheit (schlecht und recht) erfüllt, gleichzeitig aber auch eingeschränkt wird. Fest steht: Die Natur erlaubt uns, mit einer Reihe von Zahlen den mechanischen Zustand eines Atoms, eines Atomkerns, eines Protons oder irgendeines anderen Systems in der Mikrowelt zu beschreiben. Wir dürfen sogar dem Auf und Ab unseres selbst gewählten Zustands folgen und beobachten, wie er sich als Antwort auf eine der grundlegenden Kräfte im Laufe der Zeit verändert. Angesichts des Wissens über die Gegenwart können wir dann auch in die Zukunft und zurück in die Vergangenheit schauen, doch das uns gewährte Wissen bleibt verschwommen. Diese Art des Wissens hat wenig mit Gewissheit zu tun, sondern vielmehr mit Wahrscheinlichkeit und Zufall. Vom erdumkreisenden Mond behaupten wir, er werde heute definitiv hier und morgen definitiv dort auftauchen. Und wir sagen dies (im Prinzip) ohne den leisesten Zweifel. Etwas vorsichtiger behaupten wir vom Elektron im Wasserstoff, es werde *vermutlich* heute hier und morgen dort auftauchen, es werde *wahrscheinlich* heute hier und morgen dort auftauchen, wir möchten *wetten*, es werde heute hier und morgen dort auftauchen. Letzten Endes jedoch können wir nicht sicher sein. Unser Wissen ähnelt eher dem Wissen des Spielers um seine Chancen. Gewissheit und Sicherheit zählen hier nicht mehr.

Eine dritte Form der Herrschaft gibt es auch zwischen Gewissheit und Ungewissheit: eine chaotische Welt*, in der das Versprechen der Mechanik zwar buchstäblich und streng nach Vorschrift eingelöst, der Geist des Gesetzes aber verhöhnt wird. Und wir werden überall fündig. Wir finden das Chaos im Poltern eines arrhythmischen Herzschlags, im turbulenten Fluss schäumenden Wassers um einen Stein herum, in Wettermustern, die frustrierend schwer vorherzusagen sind. Immer wieder treffen wir im gewöhnlichen Alltagsgeschehen auf das Chaos, das sogar häufig in den reichhaltigsten und kompliziertesten Formen auftritt. Wir stellen fest, dass ein mechanisches System wie ein Uhrwerk den einfachsten Regeln folgt und dabei auf einen äußerst schwer vorhersagbaren Endzustand hinausläuft – wobei es die ganze Zeit über ganz und gar nichts Außergewöhnliches tut, sondern lediglich einer einfachen Newton'schen Anweisung gehorcht, nämlich eindeutig von diesem Zustand in jenen Zustand überzugehen. Die Maschinerie ist allerdings so heikel, empfindlich und anfällig, dass die geringsten Abweichungen von ihrem heutigen Zustand morgen ein völlig anderes Resultat hervorbringen. Zum Teufel mit dem Determinismus. Da wir nicht in der Lage sind, den Anfang des Systems genauestens zu ermitteln, verwirken wir jeden Anspruch auf mechanische Allwissenheit in einer chaotischen Welt.

Drei Regimes. Drei Maschinen. Die Natur konfrontiert uns mit drei Maschinenmodellen, die jeweils ein grundsätzlich anderes Konzept der Informationsverarbeitung haben. Die Newton'sche Maschine läuft wie ein perfektes Uhrwerk. Wir geben ihm die aktuelle Zeit ein, drehen es auf, und danach liefert es uns stets die korrekte Uhrzeit. Im Gegensatz dazu funktioniert die chaotische Maschine wie eine unvorstellbar wählerische Uhr. Sollten wir uns nämlich beim Einstellen der gegenwärtigen Zeit auch nur minimal irren, summiert sich die Ungenauigkeit auf so maßlose Weise, dass sie unvorhersagbar wird. Demnach läuft die auf kleine Abweichungen unverhältnismäßig reagierende chaotische Uhr unbeherrschbar schnell oder langsam. Die Quantenmaschine schließlich läuft wie eine Uhr, die die Zeit nach dem Zufallsprinzip anzeigt. Wir wissen nie, wie spät es ist, bis wir nachschauen, und selbst dann kann es eben noch zwölf Uhr sein und im nächsten Augenblick elf Uhr. Dennoch steckt Methode hinter dem vermeintlichen Wahnsinn, denn wir kennen die Chancen mit ziemlicher Sicherheit. Angenommen, wir erkundigen uns zu einem bestimmten Zeitpunkt und finden heraus, dass sich bei zehn Anfragen sechsmal die Antwort zwölf Uhr ergibt, dann wissen wir zwar nicht genau, bei welchen sechs von zehn Versuchen es geschieht, aber diese

Zahl haben wir sicher. Mag sein, dass man so etwas nicht Allwissenheit nennen kann, aber wir haben es dennoch nicht mit hoffnungsloser Unwissenheit zu tun.

Wir werden die meisten der verbleibenden Seiten der Erkenntnis widmen, wie sich diese metaphorischen Maschinen voneinander unterscheiden, denn das tun sie ja tatsächlich. Jede funktioniert in ihrem eigenen Reich. Jede reagiert in eigener Manier auf Beeinflussung. Jede baut ihre eigene Beziehung zwischen Ursache und Wirkung auf. Jenseits ihrer Unterschiede jedoch haben alle drei Maschinen des mechanischen Universums – die klassische, die chaotische und die quantentheoretische Maschine* – ein Funktionsmuster gemeinsam. So befolgen etwa die mechanischen Schicksale so unterschiedlicher Objekte wie Mond und Elektron eine Reihe universeller Regeln: einen allgemeinen Verhaltenskodex, der für alle Teilchenarten gilt, die durch alle möglichen Wechselwirkungen beeinflusst werden. Für alle, die nach einem roten Faden der Einheitlichkeit suchen, ist dies ein guter Ausgangspunkt.

FANGEN WIR AN

Ein System beginnt in einem bestimmten Zustand. Dann bewirkt irgendein durch ein Feld vermittelter Einfluss einen Wandel, sodass das System in einem anderen Zustand endet. Ob die Veränderungen den Gesetzen der klassischen Mechanik oder der Quantenmechanik entsprechen, oder gar einer spontan improvisierten Mechanik – die Aufgabe eines neugierigen Beobachters wird schon bald klar, nämlich die Geschichte der sich entwickelnden Zustände Schritt für Schritt aufzuzeichnen. Der erste Schritt ist die Beschreibung der Anfangsbedingung.

Stellen Sie sich vor, das System sei in jedem Augenblick durch eine Liste von Zahlen repräsentiert, einen Katalog mit Anweisungen, die zur Verwirklichung eines gegebenen Zustands benötigt werden. Die Zahlen entsprechen den Einstellungen an einer Maschine, und ihre Werte verändern sich mit dem Lauf der Zeit. Sie geben uns Auskunft über den Aufenthaltsort und die aktuellen Angelegenheiten der verschiedenen beweglichen Teile. Kennen wir die *mechanischen Variablen*, diese übergeordnete Zahlenreihe, dann können wir die Maschine genauso wieder zusammenbauen, wie sie im Augenblick unseres Interesses existiert.

Die angemessenen Beschreibungskennzeichen werden sich von System zu System in Anzahl und Art unterscheiden. So werden wir uns auf Beobachtungen, Experimente und Analysen verlassen müssen, um sie zu identifizieren. Beispielsweise könnten in dem kompletten Satz von Angaben für ein System die unmittelbaren Positionen und Geschwindigkeiten jedes Teilchens* enthalten sein:

Kugel 1 ist augenblicklich auf der und der Höhe, auf dem und dem Breitengrad und auf dem und dem Längengrad, wobei sie sich mit der und der Geschwindigkeit in die und die Richtung bewegt. Kugel 2 ist augenblicklich auf dieser und jener Höhe, auf diesem und jenem Breitengrad und auf diesem und jenem Längengrad, wobei sie sich mit dieser und jener Geschwindigkeit in diese und jene Richtung bewegt.

Für jemand anderen könnten die Zahlen Anstieg und Niedergang einer Welle* beschreiben:

Der Kamm steigt zu der und der Höhe an und wiederholt sich unzählbar oft über die und die Strecke hinweg.

Für einen weiteren Beobachter könnte die Liste etwas über die Orientierung zweier Magneten aussagen:

Magnet 1 zeigt nach Norden. Magnet 2, der in dem und dem Abstand und in dem und dem Winkel aufgestellt ist, zeigt nach Süden.

Ohne ein bestimmtes System im Sinn zu haben, sollten wir uns die veränderlichen Werte dieser mechanischen Variablen einfach als Einträge in eine erweiterte (in den folgenden Diagrammen hervorgezauberte) Tabelle vorstellen. Die Anfangsbedingung, der «Nullzustand», mit dem die Maschine zu laufen beginnt, füllt die erste Reihe aus:

Mechanische Variablen

Zustand Nr.	1	2	3	4	5	6	
0	〜	〜	〜	〜	〜	〜	
1	〜	〜	〜	〜	〜	〜	
2	〜	〜	〜	〜	〜	〜	
3	〜	〜	〜	〜	〜	〜	

In der ersten waagrechten Reihe sind Bezeichnungen eingetragen, die jede mechanische Variable identifizieren sollen. In der linken, senkrechten Kolumne stehen Kennungen, die die Abfolge eines sich verändernden Zustands feststellen sollen. Jede Reihe enthält eine komplette Liste von zu diesem Zeitpunkt angegebenen Werten – sozusagen ein Schnappschuss von der Maschine an einem bestimmten Punkt des Fortschritts. Mehr brauchen wir nicht. Alles Wissenswerte steht in der Tabelle.

Nehmen wir jetzt einmal an, nur um ein einfaches Beispiel zu nennen, wir untersuchten ein System, das vollständig von nur zwei mechanischen Variablen beschrieben wird. Zum Zeitpunkt 0 (Zustand 0) haben beide Variablen den Zustand 0. Zum Zeitpunkt 1 lautet auch der Wert 1. Zum Zeitpunkt 2 haben wir den Wert 2, zum Zeitpunkt 3 Wert 3 ... und so weiter. Tragen wir diese Zahlen in unsere Tabelle ein, verfolgen wir den Lauf unserer Maschine vom Anfang bis zum Ende:

Zustand Nr.	Mechanische Variablen	
	1	2
0	0	0
1	1	1
2	2	2
3	3	3
4	4	4
5	5	5

Mit den verfügbaren Zahlen könnten wir die Rohdaten auch als Kurvendiagramm darstellen – vielleicht nur eine Spitzfindigkeit, aber es würde alles auf einmal zeigen, sauber und ordentlich in einem einzigen Diagramm konzentriert:

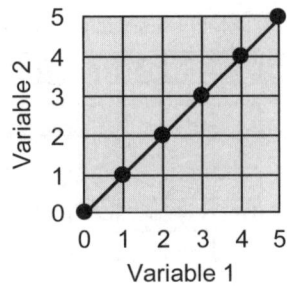

Obwohl Diagramm und Tabelle genau die gleichen Informationen enthalten, ist das Bild möglicherweise eher geeignet, einen allgemeinen Trend zu verdeutlichen. Jedenfalls ist es gut, eine solch nützliche Methode zur Verfügung zu haben.

Warum also sollten wir nicht das gleiche bildhafte Verfahren auf unsere verallgemeinerte Tabelle mit ihrer nicht näher genannten Zahl von Kolumnen anwenden? Um so vorzugehen, stellen wir uns vor, alle Zahlen einer speziellen Reihe seien in einem bestimmten Punkt komprimiert*: ein Punkt, der gegen eine Reihe von Achsen «gezeichnet» ist, die die mechanischen Variablen, ungeachtet ihrer Vielzahl, darstellen. Natürlich sind die Achsen keine wirklichen Achsen, weil Räume von mehr als drei Dimensionen schwierig zu zeichnen sind, aber darauf kommt es kaum an. Die Bedeutung eines jeden Punktes ist über die Tabelle hinweg verteilt. Für jede Variable gibt es eine Achse (deren Visualisierung wir nicht einmal versuchen sollten); für jeden der sich entwickelnden Zustände gibt es einen Punkt, sodass das System, Punkt für Punkt, eine Kurve nachzeichnet, während die Maschineneinstellungen sich im Lauf der Zeit verändern:

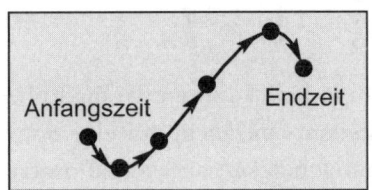

Jetzt haben wir eine symbolische Lösung für eine «Bewegungsgleichung», eine in die Kurve eingeschriebene mechanische Geschichte mit all ihren aufeinander folgenden Zuständen. Sie sagt uns, wo das System sich einst befand und wo es eines Tages einmal hingelangen wird. Die Geister der vergangenen, gegenwärtigen und zukünftigen Zustände sind in den Punkten enthalten.

Deshalb fragen wir: Was kommt jetzt? Welches ist der nächste Schritt einer Maschine, die mit einer Reihe mechanischer Variablen anfing? Welchen Pfad schlägt sie ein und was wird unterwegs geschehen?

Die Antworten variieren. Planeten verhalten sich so, Elektronen anders, Quarks wieder anders. Aber eins tun sie wirklich alle: nämlich *nichts*, bis sie zum Handeln gezwungen werden.

TRÄGHEIT: NICHTSTUN

Ohne Unterbrechungen bleibt die Zeit stehen. Wenn nichts da ist, was einen Unterschied ausmacht, verschmelzen Vergangenheit und Zukunft ununterscheidbar zu einer unveränderlichen endlosen Gegenwart. Ohne einen Ansporn zur Tat gelingt einer Maschine nichts Neues. Sie bleibt in ihrem aktuellen Zustand, gefangen in der Trägheitsfalle, dem der Natur innewohnenden Widerstand gegen eine Zustandsveränderung.

Trägheit. In Kapitel 3 haben wir uns fast im Vorbeigehen auf sie berufen als Kriterium zur Errichtung eines einfachen, vernünftigen Bezugsrahmens. Für Newton hatte die Trägheit allerdings eine viel größere Bedeutung. Sie ist im ersten Bewegungsgesetz verankert als die Forderung der Natur, ein Körper müsse seinen aktuellen Zustand beibehalten, es sei denn, eine äußere Kraft zwinge ihn, etwas anderes zu tun.

Sagen wir, ein Raumschiff kurvt zufällig durch eine Raumregion, in der es keinen äußeren Einfluss gibt. Es bewegt sich geradlinig und mit konstanter Geschwindigkeit fort. Es gibt keine Gravitationsfelder, keine elektromagnetischen Felder, überhaupt keine Felder, die sich irgendwie störend auswirken könnten. Im Inneren des Raumschiffs wird ein kleiner Ball mit Hilfe eines Stangensystems festgehalten, was folgendermaßen aussieht:

Ein im Schiff sitzender Beobachter stellt zunächst fest, dass sich der Ball vor Ort im Ruhezustand befindet, nimmt daraufhin die Stangen weg und erblickt etwas, was durch Abwesenheit glänzt. Der Ball macht nämlich absolut nichts. Keine Kraft treibt ihn voran, zurück, nach links, nach rechts, hinauf oder hinunter. Nichts zieht ihn an, nichts stößt ihn ab. Das Teilchen bleibt in seinem Platz verwurzelt und schwebt frei im leeren Raum innerhalb des Raumschiffs:

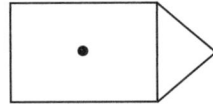

Der Ball befand sich zuvor im Ruhezustand und verweilt jetzt dort. Keine Kraft stört ihn. Das Trägheitsgesetz findet Anwendung.

Ein weiterer, ebenso qualifizierter Inertialbeobachter, wie wir ihn in Kapitel 3 kennen gelernt haben, soll anwesend sein, ein externer Beobachter nämlich, der sich mit gleichmäßiger, aber anderer Geschwindigkeit fortbewegt als der erste Beobachter. Für diesen Beobachter 2 bewegt sich das gleiche unbeeinflusste Teilchen geradlinig und mit gleich bleibender Geschwindigkeit fort, das heißt für immer und unverändert. Es befindet sich nicht im Ruhezustand (und hat sich dort auch nie befunden) und hält einigermaßen stur an seiner Bewegung fest. Dabei ist es im Inneren des fliegenden Raumschiffs aufgehängt wie ein Lotsenfisch, der einen Hai begleitet. Der Ball bewegt sich trotz der Abwesenheit jeglicher stofflicher Verbindung immer weiter mit dem Raumschiff fort. Es ist ein bemerkenswerter Anblick, eine Demonstration des Trägheitsgesetzes:

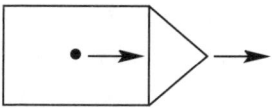

Egal, was das freie Teilchen zuletzt gemacht hat, es wird genau diese Tätigkeit fortsetzen und benötigt keinerlei fortwährende Anregung.

Beobachter 1 und 2 sind sich über die grundlegende Tatsache der Trägheit einig. Ihre unterschiedlichen Meinungen über Ruhe und gleichförmige Bewegung sind lediglich zwei Seiten derselben Medaille und in einem Universum ohne absoluten Raum völlig gleichberechtigt. Wie sähe unsere Welt schließlich aus, wenn ein freies Teilchen ohne Provokation vom Kurs abweichen könnte? Sollte ein Teilchen scheinbar grundlos plötzlich schneller oder langsamer werden oder aber in eine neue Richtung abdrehen, würde der leere Raum an verschiedenen Orten offenbar unterschiedliche Eigenschaften aufweisen. Die Bewegungsgesetze würden sich gemäß dem zufälligen Aufenthaltsort unseres Systems in der weißen oder der grauen Region ändern:

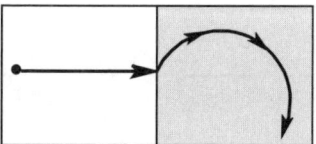

Könnte das passieren? Ja, denn es gibt keine zwingende Notwendigkeit dafür, dass dieselben Naturgesetze unabhängig von der Position im ganzen Kosmos Anwendung finden sollten. Genauso wie verschiedene Nationen unterschiedliche Rechtssysteme haben, könnte es auch im Universum verschiedene, örtlich begrenzte Regierungssysteme geben.

Passiert das tatsächlich? Nein, erstaunlicherweise nicht – jedenfalls nicht in dem Universum, das die Wissenschaftler bis heute erforscht haben. Es scheint nur ein einziges System von Naturgesetzen im uns bekannten Universum zu geben, und die Trägheit ist der erste Artikel einer globalen Verfassung.

Vielfalt mag zwar die Würze des Lebens sein, aber ihre Rolle in der Mechanik geht weit darüber hinaus, weil sie die unentbehrliche Zutat ist, ohne die nichts läuft. Denn um den Zugriff der Trägheit zu lockern (um überhaupt so etwas wie Wandel und den Anfang von Geschichte zu bewirken), dürfen Raum und Zeit für ein mechanisches System nicht undifferenziert sein. Wenn eine Umgebung genauso ist wie die nächste, gibt es weder Vor- noch Nachteile, hier oder dort zu sein. Um etwas Neues zu tun, braucht ein System den Anstoß eines Gravitationsfeldes, eines elektromagnetischen Feldes oder irgendeiner anderen Wirkkraft, die Abwechslung und Vielfalt in Raum und Zeit zu bringen vermag.

In Kapitel 2 sprachen wir vom Wechselwirkungs*potenzial,* vom *Potenzial,* eine Veränderung zu bewirken, vom *Potenzial,* anders zu sein. Wir sprachen im Zusammenhang von Einfluss, Anziehungen, Abstoßungen und optimalem Gleichgewicht von Hügeln und Tälern. Wir hörten von Steinen, die Hänge hinabrollen und an flachen Stellen in Landschaften zur Ruhe kommen, wie sie in der folgenden Graphik dargestellt sind:

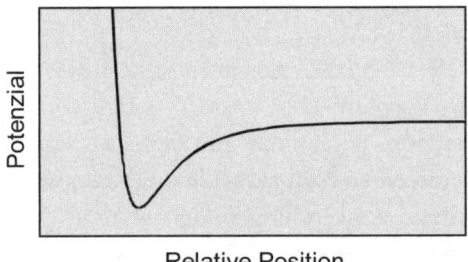

Stellen Sie sich noch einmal vor, was an einem normalen Hang passiert, wie ein Stein auf einem steilen Abhang rasch Fahrt aufnimmt und einen sanften Abhang entsprechend langsamer hinunterrollt. Wie ein schnell rollender Stein höher steigt als ein langsam rollender Stein. Wie ein Stein auf dem Höhepunkt seines Aufstiegs innehält und dann zurückfällt. Stellen Sie sich vor, wie das Objekt eine feste Position gegen seine Bewegung eintauscht und wie es auf gekrümmtes Terrain reagiert.

Ein rollender Stein trägt Energie. Er kann kräftig zustoßen. Er kann gegen einen anderen Gegenstand stoßen und ihn in Bewegung versetzen. Ein schwerer Stein trifft härter auf als ein leichter Stein, und ein schneller Stein stößt härter zu als ein langsamer Stein. Bewegte Materie kann ihre Energie umsetzen. Sie kann Arbeit verrichten.

Aber wenn Bewegung Energie hervorbringt, dann muss selbst ein Stein, der an einem Abhang liegt und sich nicht bewegt, ebenfalls eine bestimmte Form von Energie enthalten: eine latente Energie nämlich, eine Positionsenergie, eine «potenzielle» Energie. Ein ruhender Stein hat das Potenzial, sich zu bewegen. Ihm fehlt nur die Gelegenheit dazu. Geben Sie ihm die Gelegenheit, und er wird in der Tat anfangen hinabzurollen. Der Körper wird sich entsprechend seinem Standort am Hügel bewegen – an manchen Stellen schneller, an anderen Stellen langsamer – und dabei fortwährend den Schuldschein der Potenzialenergie (Positionsenergie) in die Währung der kinetischen Energie (Bewegungsenergie) ummünzen. Er beginnt in einer bestimmten Position mit einer bestimmten Potenzialenergie und endet irgendwo anders. Die Differenz an Potenzialenergie wird in kinetische Energie umgewandelt und vollständig bezahlt*.

Eine Landschaft potenzieller Energie – mit ihren Gipfeln und Tälern, ihren steilen Hängen, Bergpässen und Hochebenen – verleiht auf diese Weise einem leeren und gleichförmigen Raum Struktur. Diese Landschaft besteht aus Feldern, die von grundlegenden Eigenschaften wie Masse und Ladung erzeugt werden, Felder, in denen Energie gespeichert und abgegeben wird. Jedes Ungleichgewicht potenzieller Energie, hier höher, da niedriger, verleiht einem Teilchen die nötigen Mittel, einen Schritt zu tun. Potenzialunterschiede erzeugen die *Kraft*, nämlich den Schub oder den Zug, der benötigt wird, um ein System aus seinem anderenfalls unveränderlichen Trägheitszustand herauszureißen. Potenzialunterschiede erlauben einem System, seinen mechanischen Zustand zu ändern.

Wie auf einer Achterbahn fährt ein Teilchen auf der Kurve der Potenzialenergie entlang. Ein steiler Absturz oder Anstieg ruft eine große Kraft hervor und eine entsprechend drastische Geschwindigkeitsveränderung. Eine geringe Steigung erzeugt dagegen eine kleine Kraft, während eine flache Strecke, auf der es keinen Unterschied zwischen den Punkten gibt, nichts bewirkt. Alles hängt davon ab, wie sich die potenzielle Energie an einem gegebenen Standort verändert:

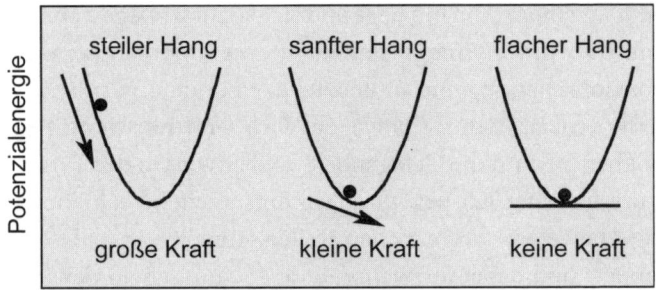

Und deshalb betrachten wir Energie, Potenzial und Bewegung als Kraftstoff für die Maschine. In gewisser Weise und in Übereinstimmung mit gewissen Regeln und Bewegungsgleichungen, die wir noch entdecken müssen, wird es letztendlich Energie sein, die es einem mechanischen System erlaubt, seine Trägheit zu überwinden. Es wird die Energie sein, die in der Position schlummert, sowie die von den grundlegenden Wechselwirkungen erzeugte Potenzialenergie, die die Gleichförmigkeit des leeren Raumes aufhebt und den Anstoß zu einer Veränderung gibt. Auch auf weniger subtile Weise springt ein System oftmals durch den Stoß eines bewegten Teilchens von einem Zustand in einen anderen über. Letztlich aber wird es Energie sein, die mechanische Geschichte schreibt. Energie wird den Unterschied zwischen Zustand 0 und Zustand 1 ausmachen. Und als Urheber des Wandels verleiht Energie auch der Zeit ihren Sinn:

Zustand 0		Zustand 1
Mech. Variablen		Mech. Variablen
8.02 3.28 19.55 ...		9.30 8.21 19.77 ...

Der nächste Schritt ist ein Blick auf das, was unterwegs geschieht.

FORTBEWEGUNG

Falls das erste Gesetz der Mechanik bedeutet, so zu bleiben, «wie man ist», muss es auch ein zweites Gesetz geben, das dem System vorschreibt, was zu tun ist, wenn das Nichtstun nicht länger die Regel ist. Eine Bewegungsgleichung mit ihren Anweisungen zur Umwandlung von Zustand 0 in Zustand 1 und 2 zeigt, wie es funktioniert.

Zuerst geben wir an, um *welche* Bewegungsgleichung es sich handelt. Soll sie wirklich Regeln für die deterministische Makrowelt von Steinen und Planeten enthalten? Nun, dann wenden wir Newtons zweites Bewegungsgesetz an, mit dem wir uns gerade beschäftigen. Wie steht's mit der quantenmechanischen Mikrowelt der Atome und Moleküle, in der zappelige Elektronen ganz andere Dinge tun als rollende Steine und Planeten in ihrer Umlaufbahn? Wenn wir ab Kapitel 7 diese kleine und ganz besondere Welt betreten, können wir uns an ein völlig neues Verfahren halten, das sich die Schrödingergleichung nennt. In einem von Zufall und Ungewissheit regierten Zuständigkeitsbereich hat die Newton'sche Mechanik keine gesetzgebende Wirkung. Dringt man in die noch kleineren Welten des Atomkerns und der subatomaren Teilchen selbst vor*, muss man sich mit wieder anderen quantenmechanischen Gleichungen auseinander setzen.

Da wir es mit einem vielschichtigen Universum zu tun haben, nehmen wir uns eine Perspektive nach der anderen vor, wobei wir unsere Modelle und Gleichungen auf die gerade vorliegenden Fakten abstimmen. Erweist sich ein mechanisches Konzept als angemessen, dann werden wir es auch anwenden. Entdeckt ein praxisorientierter Beobachter neue Welten, wird er sich auf jeden neuen Bereich zu entsprechenden Bedingungen einlassen. Das ist der einzig vernünftige Ansatz.

Darüber hinaus verhindert diese Vorgehensweise die Balkanisierung des Universums, denn wir werden niemals die Hierarchie der Materie aus dem Auge verlieren. Aus Quarks entstehen Protonen und Neutronen. Aus Protonen und Neutronen gehen Atomkerne hervor. Aus Kernen und Elektronen werden Atome gebildet. Atome schließen sich zu Molekülen zusammen. Aus Atomen und Molekülen entstehen Zellen, die sich wiederum zu Organismen verbinden. Eine Anzahl von Bausteinen wird auf einem bestimmten Strukturniveau zusammengesetzt, und dieses Konstrukt dient wiederum als neue Bausteingruppe für die nächste Ebene. Das Gleiche verlangen wir von unseren mechanischen Theorien: Die verschiedenen Modelle sollen geschmeidige Übergänge von einem Bereich zum anderen ermöglichen.

Nehmen wir zum Beispiel den Mond, der mutmaßlich ein aus kleinen Teilchen zusammengesetzter großer Körper ist. Trifft dies zu, dann sollte eine auf eine große Ansammlung von Atomen angewandte und bis an ihre Grenzen ausgereizte quantenmechanische Bewegungsgleichung in der Lage sein, die Mondumlaufbahn nach derselben mathematischen Vorschrift zu beschreiben, wie Newton dies tat. Vielleicht erledigt die Mikroweltgleichung ihren Makroweltjob in nur ungenügender Weise, womöglich gar unter großen Schwierigkeiten und mit entsetzlicher Schwerfälligkeit – dennoch muss die Gleichung dies können. Die Natur geht unmerklich vom Kleinen ins Große über, sodass auch unsere Gleichungen diese Bewegung nachvollziehen müssen.

Es gibt noch weitere Voraussetzungen. Einige davon haben wir bereits in Kapitel 3 kennen gelernt. Eine gültige Bewegungsgleichung darf weder von einem besonderen Nullpunkt im Raum oder in der Zeit abhängig sein noch von einer speziellen Orientierung der Koordinatenachsen. Außerdem muss sie das Relativitätsprinzip berücksichtigen, das allen gleichförmig bewegten Beobachtern die gleiche Ansicht zugesteht. Langsam bewegten Beobachtern werden Zeitintervalle strikt von Raumintervallen getrennt erscheinen. Solche Beobachter werden Zeit und Raum als jeweils eigene Größen betrachten, die nicht miteinander verbunden werden dürfen. Für außerordentlich schnell bewegte Beobachter stellt sich das Bild allerdings völlig anders dar. In diesem Fall werden die Forderungen der Einstein'schen Raum-Zeit in den Vordergrund treten, sodass die dominierenden Gleichungen Raum und Zeit sowie alle anderen von diesen beiden Größen erhaltenen Messwerte miteinander verknüpfen.

Jenseits dieser Grundlagen – und jenseits des nicht verhandelbaren Anspruchs der Natur, Beobachtern in Bezugsrahmen jeder denkbaren Geschwindigkeit, Orientierung und Position entgegenzukommen – haben die verschiedenen Bewegungsgleichungen noch etwas gemeinsam. Denn obwohl jede einzelne sich in der ihr eigenen Weise verhält, verschaffen alle gemeinsam dem gleichen universellen Erhaltungsgesetz Geltung. Sie schreiben vor, dass bestimmte Größen, als Ganzes betrachtet (Energie zum Beispiel), sich nie verändern müssen. Egal, welchem mechanischen Weg ein System folgt, die Gesamtsummen bleiben immer konstant. Die Zahlen bleiben dieselben.

Die Erhaltungsgesetze garantieren mitten im Wandel eine ungetrübte Konstanz und führen die verschiedenen Gesichter des Universums auf verschiedenste Art zusammen, wie dies vielen anderen Gesetzen nicht gelingt. Sie sind auf alle grundlegenden Wechselwirkungen anwendbar, auf alle Felder, Teilchen und Ebenen der Skala. Sie sind zutiefst in der Translations-, Rotations- und Zeitsymmetrie der Naturgesetze verankert ... doch diese Entdeckung werden wir noch rechtzeitig machen.

Bevor wir also die Erhaltungsgesetze selbst kennen lernen, begutachten wir zunächst einmal die Funktionsweise einer eigentlichen Bewegungsgleichung: Newtons zweites Gesetz, die Wechselbeziehungen zwischen Kraft, Beschleunigung, Masse und Impuls im «Land der Großen Maßstäbe und der Langsamkeit».

DIE NEWTON'SCHE KRAFT: EIN SCHLAG FÜR DAS SYSTEM

Da in der Newton'schen Welt sich so vieles im Vergleich zur Lichtgeschwindigkeit langsam bewegt, scheint dies eine Welt zu sein, in der die Zeit nicht mit dem Raum verbunden ist. Unsere vielen Beobachter legen nach eigenem Gutdünken räumliche Bezugsrahmen fest, aber ihre Uhren laufen alle mit demselben Tempo und erzielen die gleichen verstrichenen Zeitintervalle. Eine einzelne Uhr wird von allen benutzt. Sie tickt vor sich hin und bleibt von den vielen unterschiedlichen Positions- und Geschwindigkeitsveränderungen in all den Bezugsrahmen unberührt.

Die *Position* eines Teilchens: wo ein Körper sich zu einem gegebenen Zeitpunkt gerade aufhält. In einem eindimensionalen Raum, wo alle Orte auf einer einzigen Linie liegen, genügt auch eine einzige Zahl. Nennen wir sie x:

In einem zweidimensionalen Raum brauchen wir zwei Zahlen (x und y), um nicht nur eine Entfernung vom Nullpunkt, sondern auch eine Richtung festzulegen:

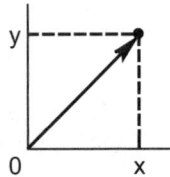

In drei Dimensionen gibt es drei unabhängige Achsen. Also brauchen wir drei Zahlen.

Die *Geschwindigkeit* eines Teilchens: um wie viel und in welche Richtung sich die Position von einem Augenblick zum anderen verändert. Bewegt sich der Körper beispielsweise in einer Sekunde einen Meter nach rechts, dann bewegt er sich mit einer Durchschnittsgeschwindigkeit von einem Meter pro Sekunde in Richtung x:

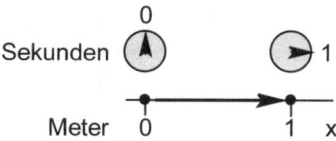

Sekunden 0 ... 1

Meter 0 1 x

Im zweidimensionalen Raum, wo sich die Position in zwei Richtungen verändert, gibt es zwei Geschwindigkeitskomponenten. Im dreidimensionalen Raum gibt es drei Komponenten.

Mit Maßstab und startbereiter Uhr ausgestattet, beobachten wir jetzt ein System, das durch einen Schlag abrupt in Bewegung versetzt wird. Unser zeitweise ungestörtes Teilchen bewegt sich ursprünglich geradlinig und mit konstanter Geschwindigkeit fort. Es gehorcht dem Trägheitsgesetz und legt in jedem Augenblick die gleiche festgelegte Entfernung zurück, als plötzlich von hinten eine Kraft einwirkt. Sie hält, sagen wir, eine Sekunde an, wonach das Teilchen eine größere Distanz zurückgelegt haben wird als in der Sekunde zuvor. Es gewinnt kontinuierlich an Geschwindigkeit und wird immer schneller, solange die Kraft anhält. Erhält das Teilchen einen Schubs nach vorn, beschleunigt es. Es verändert seine Geschwindigkeit und legt eine größere Strecke zurück:

Sekunden 0 ... 1 ... 2

Entfernung ●—Trägheit→●════════Kraft═══════➤●

Dann lässt die Kraft nach, und die Trägheit kehrt zurück. Das in Schwung versetzte Teilchen aber behält jetzt die neu erworbene, höhere Geschwindigkeit bei.

Wir fahren fort, indem wir uns ein weiteres Ereignis vorstellen. Dieses Mal kommt die Kraft aus einer anderen Richtung, nämlich von oben herab statt von rechts nach links:

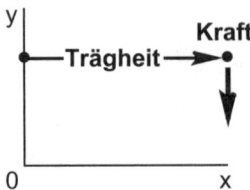

Was geschieht jetzt?

In der *x*-Richtung passiert *gar nichts*, denn die Kraft hat keine horizontal ausgerichtete Komponente. Sie verändert nichts. In der horizontalen Welt behält die Trägheit das Kommando, sodass das Teilchen seinen gleichmäßigen Marsch nach rechts aufrechterhält. Von links nach rechts legt das frei bewegte Objekt mit jedem Ticktack der Uhr die gleiche festgelegte Entfernung zurück. Aber jetzt schauen Sie sich an, was in der vertikalen *y*-Welt geschieht, in einem Bereich, der völlig unabhängig von der neunzig Grad entfernten Links-rechts-Welt ist. Die nur in vertikaler Richtung wirkende kontinuierliche Kraft beschleunigt den Körper nach unten, während sein Fortschritt in der Horizontalen ungestört bleibt. Die Bewegungslinie krümmt sich zu einer Kurve:

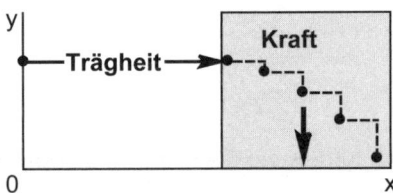

Solange die Kraft anhält, setzt das Teilchen seinen Weg sowohl in die *y*-Richtung als auch in die *x*-Richtung fort. Sein rein horizontaler Kurs verändert sich zu einer Mischung aus horizontaler und vertikaler Bewegung.

Nun mag die Wahrnehmung einer Beschleunigung, die durch eine Kraft bewirkt wurde, relativ einfach sein, während die detaillierte Ausarbeitung einer genauen Beziehung zwischen diesen beiden Größen eine ganz andere Angelegenheit ist. Deshalb wiederholen wir alle unsere Experimente systematisch, zuerst mit doppelter Kraft, dann mit dreifacher und vierfacher Kraft und so weiter. Aus dieser geordneten Serie erschließt sich allmählich eine einfach zu formulierende Verbindung. Mit der doppelt angewandten Kraft ist die Beschleunigung doppelt so groß. Mit dreifacher Kraft ist die Beschleunigung dreimal so groß. Mit vierfacher Kraft ist die Beschleunigung viermal so groß.

Folglich haben wir hier den Ursprung eines mechanischen Modells vorliegen, nämlich ein direktes Verhältnis zwischen Kraft und Beschleunigung. Wird also ein Teilchen dem störenden Einfluss einer Kraft ausgesetzt, verändert es seinen Bewegungszustand. Womöglich verändert sich die Geschwindigkeit oder die Richtung. Vielleicht sogar beide Größen auf einmal. Rückenwind beschleunigt einen Körper, Gegenwind lässt ihn langsamer werden. Je größer die Kraft, desto größer die Wirkung. Wie immer das Ergebnis lautet, das System ist auf dem Weg zu einem neuen mechanischen Zustand. In Gegenwart einer Kraft überlässt die Trägheit der Beschleunigung den Vorrang.

Das geht aber nicht ohne Kampf ab, denn ein Körper widersetzt sich jedem Versuch, ihn aus der Trägheit herauszureißen und in einen neuen Zustand zu zwingen. Die Materie schlägt mit ihrer eigenen Substanz, mit ihrer Masse, zurück.

Trägheit und Masse

Was benötigt mehr Kraft, um vom Boden abzuheben: eine Feuerwerksrakete oder eine Mondrakete? Was lässt sich leichter bewegen: ein einzelner Ziegelstein oder die große Cheopspyramide? Was bewegt sich schneller, wenn man es wirft: ein 150 Gramm schwerer Baseball oder das acht Kilo schwere Wurfgerät eines Kugelstoßers?

Es ist eher eine Frage der Menge als der Qualität. Hier geht es nicht darum, *was* es ist, sondern darum, wie viel davon angesammelt ist. Eine größere Menge Materie, die von allen Bestandteilen mehr zu bieten hat – mehr Elektronen, mehr Protonen und Neutronen sowie noch mehr Teilchen jeglicher Art –, behält ihre Trägheit eher bei und kann einer Kraft mehr entgegensetzen als weniger Materie. «Masse» wird als Summe des Widerstand bietenden Stoffs zum Maßstab der Trägheit.

Suchen wir nach einer Verbindung zwischen Masse und Beschleunigung, beginnen wir mit einem einzelnen Teilchen und setzen es einer gleichförmigen Kraft aus. Die Kraftquelle kann eine Sprungfeder sein, ein Windstoß, ein Gewehrschuss oder eigentlich jede beliebige Kraft mit Ausnahme der Masse selbst, die ein Gravitationsfeld erzeugt. Im Augenblick wollen wir diese Einschränkung akzeptieren. Deshalb üben wir die Kraft aus und beobachten, was passiert. Das Teilchen beschleunigt und verändert dabei, der eingesetzten Kraft entsprechend, in jedem Augenblick seine Geschwindigkeit. War der Körper zuvor im Ruhezustand gewesen, beginnt er jetzt, sich unvermittelt in die Stoßrichtung zu bewegen. Nach einer Sekunde dieses erzwungenen Marsches erreicht unser Standardteilchen eine bestimmte Entfernung (die wir willkürlich auf zwei Meter schätzen):

Jetzt kleben wir zwei dieser Standardteilchen zusammen und wiederholen das Experiment unter genau den gleichen Umständen: mit derselben Kraft, derselben Stärke, derselben Dauer und derselben Anfangsbedingung. Wir stellen fest, dass die Beschleunigung halb so groß ist wie beim vorausgegangenen Experiment. Anstatt in einer Sekunde Beschleunigung zwei zusätzliche Meter zurückzulegen, gewinnt das Standardteilchenpaar nur einen Meter dazu:

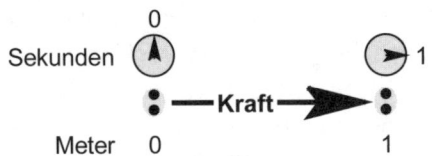

Wird also die Masse verdoppelt, halbiert sich die Beschleunigung.

Die Wirkung ist kumulativ. Bei drei Teilchen reduziert sich die Beschleunigung auf ein Drittel, bei vier Teilchen auf ein Viertel. Die Beschleunigung verhält sich demnach umgekehrt proportional zur Materiemenge, die gegen die Kraft ankämpft. Jedes Teilchen leistet individuellen Widerstand, und gemeinsam sind sie stark. Je mehr Teilchen vorhanden sind, umso mehr Masse existiert. Je größer die Masse ist, desto größer ist auch die Trägheit. Ist mehr Trägheit im Spiel, verringert sich die Beschleunigung.

Fügen wir nun unsere Beobachtungen zusammen, so kommen wir schließlich zu Newtons zweitem Bewegungsgesetz: Kraft verursacht Beschleunigung, Masse verlangsamt sie, und die daraus resultierende Beschleunigung ist das veränderliche Verhältnis zwischen Kraft und Masse. Wir verdoppeln die Kraft? Dann haben wir die doppelte Beschleunigung. Wir verdoppeln die Masse? Dann halbiert sich die Beschleunigung. Wir verdoppeln beide Größen? Dann bleibt die Beschleunigung gleich. Es ist ein Tauziehen zwischen den gleichwertigen Widersachern Kraft und Masse.

Für frei in einem gleichförmigen Gravitationsfeld fallende Körper bleibt der Wettbewerb auf ewig unentschieden. Erinnern wir uns, dass «Masse» die Quelle der Gravitation schlechthin ist*. Wir haben bereits in Kapitel 2 ihre Auswirkungen kennen gelernt. Ein Teilchen mit doppelt so viel Masse überträgt und empfängt doppelt so viel Gravitationskraft. Bei dreifacher Masse verdreifacht sich die Kraft, bei vierfacher Masse haben wir auch die vierfache Kraft. Und so geht es immer weiter, hinauf und hinunter, sodass uns die daraus entstehende Kurve ein direktes Verhältnis zwischen Kraft und Masse anzeigt. Und wie die Natur nun einmal so spielt, erweist sich diese «schwere Masse» – die Eigenschaft der Materie, die ihre Gravitationsanziehung verursacht – als genau dieselbe «träge Masse», die zur immanenten Widerstandskraft der Trägheit führt.

Einerseits bringt Masse die Gravitationskraft hervor, und Kraft begünstigt die Beschleunigung. Andererseits erzeugt Masse auch Trägheit, und Trägheit blockiert die Beschleunigung, und zwar in demselben Ausmaß, wie sie von der Gravitationskraft gefördert wird. Da die Newton'sche Beschleunigung von dem Ergebnis der Division von Kraft und Masse abhängt, hebt die Masse, die zur Gravitationskraft beiträgt (im Zähler ausgedrückt), die Masse auf, die die Trägheit verursacht (im Nenner ausgedrückt). Die Spannung zwischen diesen beiden widersprüchlichen Neigungen, die zwar gleichberechtigt, aber gegensätzlich sind, geht schließlich unentschieden aus. Alle Körper fallen, ungeachtet ihrer Masse, in einem gleichförmigen Gravitationsfeld mit der gleichen Beschleunigung.

Lassen Sie zwei beliebige Objekte gleichzeitig aus derselben Höhe zu Boden fallen. Wenn keine anderen Kräfte außer der Gravitation anwesend sind, werden sie auch gleichzeitig den Boden berühren. Natürlich ist der Aufprall einer Kanonenkugel wuchtiger als der einer Feder, dennoch fallen beide, dank der Gleichberechtigung zwischen Gravitationskraft und Trägheitsmasse, mit demselben Tempo. Jedes Objekt, ob groß oder klein, durchläuft die gleiche Geschwindigkeitsfolge und legt in derselben Zeit dieselbe Entfernung zurück. Selbst wenn ein größerer Körper aufgrund seiner Masse eine zusätzliche Beschleunigung erfahren würde, verlöre er sie gleich wieder wegen der hinzukommenden Trägheit, die eine wuchtigere Ausstattung mit sich bringt:

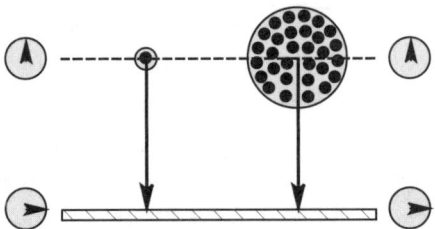

Auf der Erde verschleiern zusätzliche Kräfte wie Luftwiderstand und Wind oftmals die bequeme Beobachtung eines solch wunderbaren Anblicks*. In einer Vakuumkammer jedoch oder nahe der Mondoberfläche oder wo immer es wenig Luft gibt, fallen Feder und Kanonenkugel Seite an Seite und stets im Einklang.

Das kommt Ihnen seltsam vor? Vielleicht. Die Newton'sche Mechanik gibt keine Begründung dafür an, warum die Quelle von Trägheit und Gravitation die gleiche ist, und dennoch verhält es sich so. Und weil dem so ist, wirkt sich das zweite Bewegungsgesetz in einem gleichförmigen Gravitationsfeld so aus, wie wir es beobachten.

Wir müssen es Einstein und einer völlig neuen Weltsicht* überlassen, uns zu zeigen, dass die Äquivalenz von Gravitationsmasse und Trägheitsmasse ganz und gar kein Zufall ist. Dafür werden wir uns jedoch noch bis zum nächsten Kapitel gedulden müsse. Vorerst gibt es noch einiges zu tun in Newtons Welt der Kraft, Masse und Beschleunigung.

AUFZEICHNUNG EINES VERLAUFS
Kraft. Masse. Beschleunigung. Wir liefern die Werte für zwei beliebige Größen, und Newtons Bewegungsgleichung verspricht uns, den dritten Wert bereitzustellen*.

Der Prozess erstreckt sich über irgendein Kraftfeld, in dem die Saat des Wandels wächst. Hier zum Beispiel stößt die Schattierung der potenziellen Energie ein empfängliches Teilchen an, sodass es sich mit einer neuen Geschwindigkeit bewegt:

Dort drüben wiederum wird ein Ball von einer Wand gezwungen, seinen Kurs umzukehren:

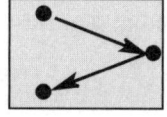

Wo immer im gesamten Bereich des Systems das Potenzial für Veränderung auftritt, veranschlagen wir dessen Stärke und Richtung. Gravitationsfelder, elektromagnetische Felder, bewegungshemmende Wände, Kollisionen – welcher Natur die Quellen auch sein mögen, wir stellen uns der Herausforderung und zeichnen die Endkraft an jedem Punkt auf. Wenn wir die Masse eines jeden Körpers gemessen haben, wenden wir Newtons zweites Gesetz an, um die Beschleunigung anzukurbeln.

Die *Beschleunigung* eines Teilchens bedeutet, um welchen Betrag und in welche Richtung sich seine Geschwindigkeit verändert. Wir kennen bereits die Geschwindigkeit unseres Teilchens (vermutlich weil wir sie messen können), kurz bevor die Kraft zuschlägt. Sind Kraft und Masse korrekt in die Newton'sche Gleichung eingegeben, gibt sie uns etwas, was wir zuvor noch nicht kannten: die Beschleunigung, also die von der Kraft erzeugte Geschwindigkeitsveränderung. Fügen wir diese neue Zahl der alten Zahl hinzu (der Zahl der ursprünglichen Geschwindigkeit), erhalten wir die Geschwindigkeit für genau den nächsten Augenblick.

Im Gegenzug bestimmt die neue Geschwindigkeit, welche Strecke das Teilchen in genau diesem Augenblick zurücklegt. Die mit der ursprünglichen Position kombinierte Entfernungsveränderung teilt uns schließlich mit, wo das Teilchen ankommen wird. Wir haben also eine neue Position und eine neue Geschwindigkeit. Das sind gerade genügend Informationen, um die Kurbel noch einmal zu drehen. Die Arbeit ist getan.

Damit löst die Bewegungsgleichung ihr Versprechen ein. Sie liefert eine neue Reihe mechanischer Variablen im Austausch für die alten Werte und obendrein noch die vollständige Aufdeckung der herrschenden Einflüsse. Wir geben die Kräfte, die Massen, die Ausgangsposition und die Geschwindigkeit eines jeden Teilchen an, und Newtons zweites Gesetz erledigt den Rest:

Alte mechanische Variablen   Neue mechanische Variablen

Position			Geschwin-digkeit		
x	y	z	V_x	V_y	V_z
1	7	6	4	8	2

Kraft / Masse

Position			Geschwin-digkeit		
x	y	z	V_x	V_y	V_z
3	0	2	5	7	9

Es gibt nur eine einzige Lösung. Eine spezielle Anzahl mechanischer Variablen wird exklusiv in eine andere Menge mechanischer Variablen umgewandelt. Es gibt keine zweite Möglichkeit, keine Alternativwege, keine Umwege, keine Abkürzungen, keine Ausnahmen. Das System hat nur ein denkbares Ziel und kennt nur einen einzigen Weg, um dorthin zu gelangen:

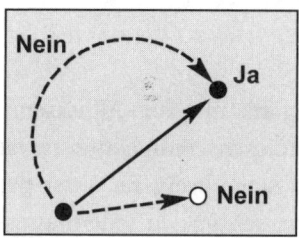

Es ist eine Alles-oder-nichts-Wahl und deshalb eigentlich überhaupt keine Wahl, vergleichbar mit einer Straßenkreuzung, deren Abzweigungen bis auf eine einzige gesperrt sind.

Der freie Wille* ist mit dem zweiten Bewegungsgesetz unvereinbar und spielt in einem Uhrwerkuniversum keine Rolle*. In Newtons Welt* ist das Ende einer Angelegenheit von Anfang an vorherbestimmt. Das Ende eines Schrittes wird zum Anfang des nächsten, auf diesen neuen Anfang folgt ein neues Ende und so weiter. Solange die Kraft anhält, geht ein System von einem Zustand in einen anderen über, folgt dabei seinem vorherbestimmten Kurs in die Zukunft und erinnert sich an seine Vergangenheit. Schritt für Schritt ist nur eine Bewegung möglich:

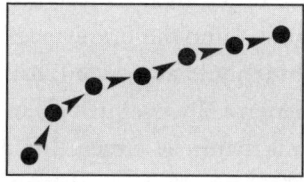

Ob es nur ein Schritt ist oder ob es eine Million Schritte sind, niemals gibt es Zweifel am Ergebnis. Ein Newton'scher Beobachter, der einen separaten Zustand in seiner gegenwärtigen Form beschreibt, wird gleichzeitig zum Zeugen der Vergangenheit und der sich vollziehenden Vergangenheit.

Beständigkeit und Wandel

Wer hätte wohl als Qualifikation für «Allwissenheit» eine einfache Liste mit Positionen und Geschwindigkeiten erwartet? Dennoch ist ein Newton'scher Pfad auf seine ureigene Weise perfekt und vollständig. Newtons Gleichung präsentiert in jedem Augenblick, vom Anfang bis zum Ende, die Aufenthaltsorte und das aktuelle Verhalten eines jeden Teilchens in unserem ausgewählten System. Das zweite Bewegungsgesetz sagt uns, wo das Teilchen war, wohin es geht und wann es dort ankommen wird. Zumindest was dieses eine System betrifft, wird ein informierter Beobachter allwissend. Die Antwort auf alle mechanischen Fragen liegt wie eine Goldader im Erz in diesen Zahlen verborgen. Um das Gold gewinnen zu können, suchen wir nach Methoden, um die Rohdaten zusammenzufassen. Vielleicht können wir neue Kombinationen von Raum, Zeit und Masse einsetzen, um Größen zu identifizieren und zu verfolgen, die uns die Verkehrsregeln mit besonderer Klarheit offenbaren. Denken Sie beispielsweise an den Unterschied zwischen einer Liste, auf der «Apfel, Orange, Pfirsich, Pfirsich, Pfirsich, Orange, Apfel, Apfel, Apfel» steht, und der folgenden Liste: «vier Äpfel, zwei Orangen, drei Pfirsiche» oder gar «neun Früchte». Neu aufbereitet, kann die immer gleiche Information eine neue Bedeutung annehmen und zu neuen Einsichten führen.

Es gibt Zeiten, in denen «Allwissenheit» keine Weisheit garantiert und eine vollständige mechanische Geschichte den Beobachter überfordert, weil die grundlegende Einfachheit eines Prozesses in einem Zahlenmeer zu versinken droht. Es gibt auch Zeiten, in denen ein Arrangement der Kräfte zu kompliziert ist, um es vollständig anzuge-

ben, und wir die Hoffnung aufgeben müssen, Newtons Bewegungsgleichung zu lösen.

Für solche Zeiten, die es reichlich gibt, haben wir andere Pfeile im
Köcher. Die Erhaltungssätze gehören zu den spitzesten Pfeilen.

IMPULSERHALTUNG

Beginnen wir mit dem linearen Impuls, dem Produkt von Masse und
Geschwindigkeit. Wenn sich zwei Körper mit der gleichen Geschwindigkeit bewegen, dann trägt derjenige mit der doppelten Masse den
doppelten Impuls:

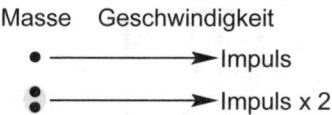

Es ist dieser vom Boxsport bekannte Eins-zwei-Schlag, der gemeinsame Schwung von Masse und Geschwindigkeit und nicht etwa nur
der Beitrag der Geschwindigkeit allein, der den Unterschied zwischen
einer Feder und einer Kanonenkugel ausmacht, die beide mit der
gleichen Geschwindigkeit zu Boden fallen. Je größer sie sind, desto
schneller fallen sie.

Stellen Sie sich jetzt einmal vor, die Geschwindigkeit und folglich
auch der Impuls eines bewegten Objektes veränderten sich plötzlich.
Vielleicht trifft ein Pfeil ins Schwarze, oder ein Ball springt auf, oder
ein Apfel fällt vom Baum, oder eine Kugel verlässt die Gewehrmün-
dung. In jedem Augenblick bringt die Geschwindigkeitsveränderung
auch eine Impulsveränderung mit sich, während das daraus entstehende Produkt von Masse und Beschleunigung auf eine Kraft hin-
deutet. Warum? Weil Newtons zweites Gesetz die Kraft unmittelbar
mit Masse und Beschleunigung verbindet. Die Behauptung «Kraft
ist das Produkt von Masse und Beschleunigung» bedeutet auch,
«dass die Kraft das Tempo ist, mit dem sich der Impuls verändert».
Je größer die Veränderung des Impulses ist, desto mehr Kraft wird

gebraucht, um sie zu bewirken. Je schneller die Abweichung ausfällt, desto größer muss auch die Kraft sein. Eine rasche und erhebliche Veränderung des Impulses verlangt eine vergleichsweise stärkere Kraft.*

Was aber wäre, wenn es gar keine solche Kraft gäbe und unser System, insgesamt gesehen, weder Abstoßung noch Anziehung von außen erführe? Und was geschähe, wenn unser System sowohl Teilchen als auch Wände enthielte und wir dafür garantierten, dass die interne Welt (gekennzeichnet durch das graue Quadrat) von ihrer schraffierten Umgebung unbeeinflusst bliebe?

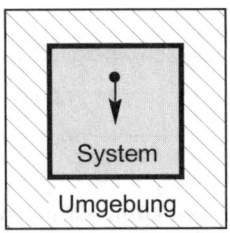

Verhielte es sich tatsächlich so, ohne dass eine störende Kraft von außen einwirkte, hätte der interne Impuls keine Möglichkeit, insgesamt zuzunehmen oder abzunehmen. Und wo es keine Kraft gibt, um einen Wandel zu bewirken, bleibt der Impuls erhalten. Ein Gewinn an einem Ort wird durch einen Verlust anderswo ausgeglichen, sodass der Gesamtimpuls gleich bleibt. Nicht mehr und nicht weniger verlangt Newtons Gesetz.

Machen Sie ein Experiment. Lassen Sie einen Gummiball auf einem harten flachen Boden aufprallen und verfolgen Sie seinen Weg. Jedes Kind weiß, was passiert. Trifft der Ball in einem bestimmten Winkel auf, prallt er im selben Winkel zurück:

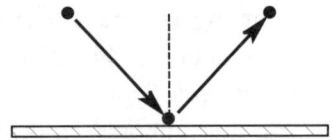

Fällt der Ball gerade hinunter, springt er auch gerade wieder hoch:

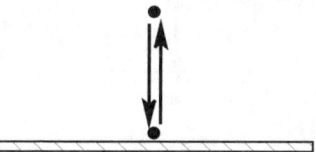

Eine andere Reaktion wäre eine Verletzung der Impulserhaltung, und deshalb gibt es keine andere Reaktion.

Um die Gründe zu verstehen, müssen wir weder die detaillierte mechanische Geschichte des aufprallenden Balls noch das ganze Knäuel der Kräfte kennen, die am Aufprall beteiligt sind. Alles, was wir wissen müssen – einfacher geht es kaum –, ist die eine nackte Tatsache: Das aus Ball und Boden zusammengesetzte System lässt außer ihnen selbst keine weitere Kraft irgendeines anderen Mitwirkenden zu. Alles, was im Augenblick der Kollision geschieht, fügen sie sich ganz allein selbst zu. Im Gesamtimpuls der beiden Partner findet keine Veränderung statt.

Der Ball schlägt in einer bestimmten Richtung auf dem Boden auf – sagen wir: genau senkrecht –, und der Boden schlägt zurück. Der Boden übt eine Gegenkraft derselben Stärke aus, nur in entgegengesetzter Richtung, hinauf statt hinunter:

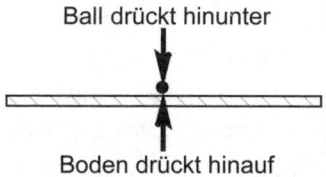

Ball drückt hinunter

Boden drückt hinauf

Der vom Boden hinaufgedrückte Ball verändert seinen Impuls und bewegt sich mit einer bestimmten Geschwindigkeit nach oben. Der mit der gleichen Kraft vom Ball gedrückte Boden bewegt sich geradewegs nach unten – natürlich wesentlich langsamer als der Ball, da er so viel mehr Masse enthält, aber trotzdem bewegt er sich:

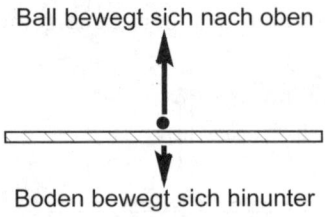

Ball bewegt sich nach oben

Boden bewegt sich hinunter

Der Boden bewegt sich gerade schnell genug, um vom Ball den gleichen Impulsbetrag *aufzunehmen*, den er dem Ball *gibt*. Die eine Veränderung hebt die andere geradewegs auf, sodass die Summe null lautet. Es gibt also keinen Gewinner und keinen Verlierer. Der Gesamtimpuls des Universums bleibt erhalten.

Schauen Sie sich um. Eine Kugel verlässt den Gewehrlauf, und das Gewehr erzeugt einen Rückstoß. *Der Impuls bleibt erhalten.* Eine Rakete stößt Abgase nach links aus und bewegt sich nach rechts. *Der Impuls bleibt erhalten.* Billardkugeln kollidieren, tauschen Kräfte aus und bewegen sich mit neuen Geschwindigkeiten in neue Richtungen davon. *Der Impuls bleibt erhalten.* Newton beobachtete dieses ausgleichende Verhalten überall in der Natur und schlug deshalb ein drittes Bewegungsgesetz vor, um dieses Verhalten festzuschreiben: das Prinzip von Aktion und Reaktion. Ein Körper versetzt einem anderen einen Stoß, und der zweite stößt mit gleichem Maß zurück. Wo immer Kräfte ausgeglichen werden, bleibt der Impuls erhalten. So lautet das Gesetz.

Dieses Gesetz gilt nicht nur im Bereich der klassischen Mechanik, sondern für jede Mechanik. Die Impulserhaltung lässt sich auf schnelle und langsame, große und kleine, starke und schwache Phänomene anwenden. Elektromagnetisch wechselwirkende Elektronen und Atomkerne bewahren den quantenmechanischen Impuls, wenn sie sich zu Atomen zusammenfügen. Ein Neutron erhält den Impuls, wenn es dem Betazerfall, einer schwachen nuklearen Wechselwirkung, unterliegt. Auch die von der starken nuklearen Wechselwirkung betroffenen Quarks erhalten in all ihren quantenmechanischen Aktivitäten den Impuls. Etwas Gegenteiliges wurde nie beobachtet.

Zu Recht ist man erstaunt oder gar überwältigt angesichts dieser

Allgemeingültigkeit: Wie kann eine Buchhalterregel, die ausgerechnet aus Newtons Welt stammt, auf Bereiche ausgedehnt werden, in denen die klassische Mechanik ihre Bedeutung einbüßt? Dennoch setzt sich das Erhaltungsgesetz selbst dort durch, wo die Bewegungsgleichung keine Chance hat, und in der Tat wird jede vernünftige Bewegungsgleichung (für welchen Prozess auch immer) indirekt verlangen, dass der Gesamtimpuls im ganzen Universum erhalten bleibt. Systeme aus Quarks, Elektronen, zerfallenden Neutronen und abstürzende Kometen entwickeln sich auf äußerst unterschiedliche Weise, aber sie alle bewahren den globalen Impuls vom Anfang bis zum Ende.

Dies geschieht, weil Bewegungsgleichungen etwas Besonderes gemeinsam haben, eine transzendente Qualität, die wir bereits in Kapitel 3 gewürdigt haben. Eine gültige Bewegungsgleichung nimmt keinen Bezug auf eine absolute Position. Ihre Form ist translationssymmetrisch, wird also von keiner Verschiebung eines willkürlichen Koordinatensystems beeinflusst. Auch wenn wir eine Achse nach links oder rechts verschieben,

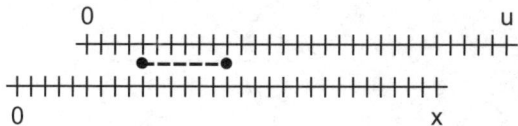

verändert sich die zugrunde liegende Welt der Teilchen und ihrer Wechselwirkungen nicht. Und es ist genau diese Ortssymmetrie, die die Existenz einer standfesten, unveränderlichen, *bewahrten* Größe verlangt, die in enger Beziehung steht zu jeglicher Verschiebung entlang einer geraden Linie. Im Nachhinein erkennen wir diese Größe als den Impuls an.

Der Beweis dafür ist nur schwer zu verstehen, aber die Naturgesetze bieten eine grundlegende Garantie an: dass für das Auftreten jeder Art von Symmetrie* in einer Bewegungsgleichung eine mechanische Größe bewahrt bleibt. Die Invarianz oder Unveränderlichkeit jeder *beliebigen* Größe garantiert die Erhaltung einer anderen Größe, und diese «andere» Größe müssen wir entdecken, definieren und weiter verfolgen. So bestehen wir darauf, dass die Invarianz gegenüber einer absoluten Position die Erhaltung des Impulses gewährleistet. Und das ist kein Zufall. Sowohl in der Quantenmechanik als auch in der klassischen Mechanik bringen wir stets den Impuls mit einer Positionsverschiebung in Verbindung. Ob die Bewegungsgleichung auf den Mond in seiner Umlaufbahn oder auf ein Elektron im Wasserstoff angewandt wird: Die Verbindung lässt sich nicht rückgängig machen.

Eine andere Art von Impuls, nämlich der Drehimpuls*, wird durch Drehbewegungen hervorgerufen und mit der Drehung einer Achse um einen bestimmten Winkel in Verbindung gebracht. Die Invarianz der Natur gegenüber absoluter Orientierung – statt absoluter Position – garantiert die Erhaltung des Drehimpulses:

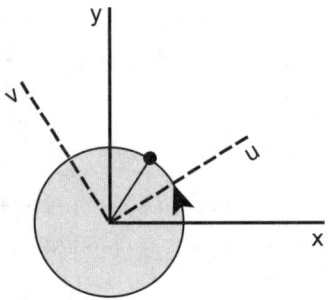

Der lineare Impuls bleibt konstant, wenn keine unsymmetrische lineare Kraft ein System stört und es entlang einer geraden Linie abstößt oder anzieht. Der Drehimpuls bleibt in Abwesenheit jeglicher unsymmetrischer, verdrehender Kraft (eines «Drehmoments») gleichermaßen konstant.

ENERGIEERHALTUNG

Die Unveränderlichkeit gegenüber zeitlicher Veränderung ist eine weitere Symmetrie der Natur und erfordert ein ganz eigenes Erhaltungsgesetz, nämlich die Erhaltung der Energie, eine Größe, von der wir glaubhaft erwarten, dass sie Zeitveränderung hervorruft. Wir haben bereits im weitesten Sinne behauptet, in einem System müsse eine Energieabweichung auftreten, damit es von einem Zustand zum nächsten gelange. Mit unserem gerade erworbenen Verständnis für Symmetrie erkennen wir allmählich, dass es die Homogenität der Zeit selbst ist, die den kosmischen Energiepool gefrieren lässt. Der Gesamtenergiebetrag im Universum bleibt auf ewig konstant. Er ist gestern, heute und morgen immer gleich groß.

Heben Sie einen Ball auf eine bestimmte Höhe, halten Sie ihn dort für einen Augenblick und lassen Sie ihn dann los. Der Ball fällt, von der Erdgravitation beschleunigt, geradewegs zu Boden. Aus dem Ruhezustand heraus nimmt das fallende Objekt mit jedem verstreichenden Moment Geschwindigkeit auf und schlägt schließlich auf dem Boden auf.

Wiederholen Sie das Experiment aus etwas größerer Höhe. Der Ball folgt dem gleichen Beschleunigungsprogramm. Nur ist jetzt der Weg nach unten länger, sodass er mehr Zeit benötigt, um dort anzukommen. Mit jeder Sekunde gewinnt der Ball eine neue Geschwindigkeit und beendet seine Reise schneller als zuvor:

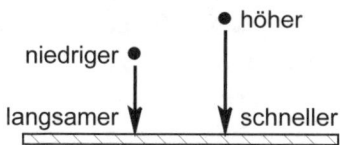

Versuchen Sie es mit einem anderen Experiment. Befestigen Sie einen Ball an einer Feder. Ziehen Sie die Feder über eine bestimmte Distanz in die Länge und lassen Sie sie dann los. Aus dem Gleichgewicht gezogen, kämpft die Feder um die Wiederherstellung ihrer Ausgangsposition. Sie übt selbst eine Kraft aus und beginnt, zwischen Erhöhung des Drucks und Dehnung hin und her zu pendeln. Der von der Kraft beschleunigte Ball startet aus dem Ruhezustand und nimmt ständig an Geschwindigkeit zu. Er bewegt sich schneller und schneller, bis er schließlich an einem gewissen Punkt im Zyklus seine Maximalgeschwindigkeit erreicht. Je größer die ursprüngliche Dehnung ist, umso größer ist auch die Maximalgeschwindigkeit:

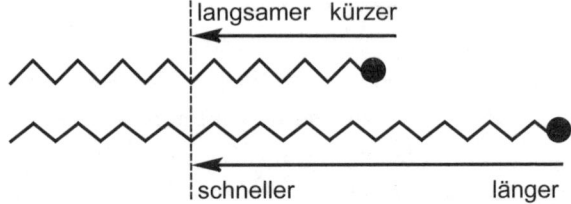

Wir könnten zahllose Experimente dieser Art durchführen und an verschiedenen Positionen in einem Potenzialenergiefeld ein System unterbringen. Es könnte ein Gravitationspotenzialfeld sein, hervorgerufen von einem oder mehreren massiven Objekten (beispielsweise von der Erde). Es könnte ein Feld flexibler Energie, das von einer gedehnten Feder ausgeht, oder ein von elektrischen Ladungen und Strömen erzeugtes elektromagnetisches Feld sein. Auch ein Feld chemischer, nuklearer oder irgendeiner anderen Potenzialenergie wäre denkbar, aber die Unterschiede zeigen sich eigentlich nur in den Namen. Ungeachtet der Quelle, läuft Potenzialenergie immer auf das Gleiche hinaus, nämlich auf das Versprechen größerer oder geringerer Geschwindigkeit an irgendeiner anderen Stelle im Feld, aber nicht hier.

Um einen Potenzialunterschied zu überwinden, steht einem Teilchen Energie zur Verfügung, die es entweder ausgeben oder aufnehmen kann. Eine Möglichkeit, die Rechnung zu begleichen, besteht darin – wie oben illustriert –, die Geschwindigkeit zu verändern. Fällt der Körper von hohem Potenzial auf ein niedrigeres Niveau herunter, erfährt er einen Zugewinn an kinetischer Energie und bewegt sich schneller. Steigt derselbe Körper von einem niedrigen Potenzialenergieniveau auf ein höheres, verliert er kinetische Energie und bewegt sich langsamer. Für eine doppelte Geschwindigkeitsveränderung ist eine vierfache Veränderung der kinetischen Energie erforderlich*. Für eine dreifache Geschwindigkeitsveränderung benötigt man eine neunfache Veränderung der kinetischen Energie, und eine vierfache

Geschwindigkeitsveränderung verlangt eine sechzehnfache Veränderung der kinetischen Energie.

Um das Potenzial eines Objekts zu verändern, muss man *Arbeit* verrichten, nämlich die Arbeit, eine Kraft über eine Entfernung hinweg anzuwenden. Wir verrichten Arbeit an einem Teilchen – indem wir dessen Energiegehalt verändern –, wenn wir entweder seine Geschwindigkeit ändern oder es zwingen, sich zwischen Punkten verschiedenen Potenzials hin und her zu bewegen. Potenzielle wie kinetische Energie lassen sich letztlich in die Fähigkeit übertragen, etwas in Bewegung zu setzen.

Man kann Energie, genau wie Geld, in alle möglichen Mittel investieren: in Bankeinlagen (Gravitationsenergie), Wertpapiere (elektromagnetische Energie), Anleihen (chemische Energie), Immobilien (Kernenergie), Kunst (Strahlungsenergie), Schmuck (flexible Energie), Schweinehälften (Massenenergie) sowie in noch weitere Formen potenzieller Energie. Man kann Energie auch in kinetische Werkzeuge investieren und sie in einem ruhelosen Universum in die verschiedenartigsten Bewegungen von Atomen, Turbinen, Planeten und allen nur denkbaren Objekten umsetzen. Jede Investition bleibt frei verfügbar, und Kapital kann völlig ungehindert von einem Konto zum anderen transferiert werden.

Anders als Geld jedoch kann Energie weder produziert noch zerstört werden. Keine Zentralbank steht bereit, um neues Bargeld ins System einzuspeisen, und keine Behörde hat die Macht, altes Geld einzuziehen und zu entwerten. Die gesamte Energie, die je im Universum existiert hat, ist noch heute präsent. Niemand produziert zusätzliche Energie, und niemand verringert ihren Betrag. Die Energie bleibt streng bewahrt und fließt lediglich von einem Konto zum nächsten. Kein Cent geht je verloren, und nichts wird dazugewonnen.

Jede Energieumwandlung hier wird durch eine entsprechende Energieveränderung anderenorts ausgeglichen. Die aus einem Feld herausgezogene Potenzialenergie wird in die kinetische Energie eines bewegten Teilchens investiert. *Nichts geht verloren.* Teilchen 1 kollidiert mit Teilchen 2, wobei ein festgelegter Energiebetrag umverteilt wird. Nichts geht verloren. Elektrische Energie wird zu mechanischer Energie; aus flexibler Energie wird Gravitationsenergie, chemische Energie wird in elektromagnetische Energie umgewandelt. Eine Energieform verwandelt sich in eine andere, und nichts geht jemals verloren. Dafür sorgt die in den Naturgesetzen verankerte Symmetrie.

AUCH WENN DER HIMMEL HERABFÄLLT

Ein von der Gravitation angezogener Stein fällt eine Weile und schlägt dann auf. Warum passiert das nicht mit dem Mond? Wie wird verhindert, dass der Mond in die Erde stürzt?

Und was hält eigentlich die Erde davon ab, in die Sonne zu stürzen? Die stets anziehend wirkende Gravitationskraft hätte doch eigentlich alle Planeten bis zu ihrem Feuertod zur Sonne hinziehen müssen, und dennoch hat das Sonnensystem Bestand*.

Warum schießen wir Satelliten ins All, wenn die Regel gilt: «Was hochfliegt, muss auch wieder herunterkommen»? Was hält die Internationale Raumstation ISS am Himmel, die die Erde in scheinbarer Missachtung der Gravitation umkreist? Warum besucht uns der Komet Halley alle 76 Jahre in schöner Regelmäßigkeit?

Alle diese Fragen sind im Grunde gleicher Natur, und die Antwort – der erste große Triumph der klassischen Mechanik – klingt trotz vieler komplizierter Details in groben Zügen atemraubend einfach. Eine kurze Erklärung in den allgemeinsten Begriffen wird uns ein krönendes Beispiel dafür geben, wie die Dinge in Newtons Welt funktionieren.

Wir müssen das Rätsel lösen, wie Teilchen 2, das durch die Gravitation von Teilchen 1 angezogen wird, in die Falle einer geschlossenen Umlaufbahn gelangen kann:

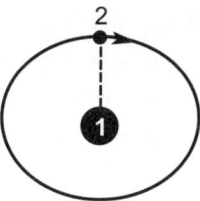

Um unangemessene Komplikationen zu vermeiden, legen wir fest, dass der in der Umlaufbahn kreisende Körper erheblich weniger Masse besitzt als sein Gravitationspartner. Unter diesen Umständen bleibt Teilchen 1 tatsächlich im Ruhezustand, sodass wir zu Recht unsere Aufmerksamkeit der Bewegung von Teilchen 2 widmen können. Denn auch wenn sich beide Körper mit der gleichen Kraft anziehen, ist der schwerere der beiden einer proportional geringeren Beschleunigung unterworfen und scheint an seinem Platz zu verweilen.

Allmählich müssen wir eingestehen, dass die Disney-Figur «Hühnchen junior» (Chicken Little) teilweise Recht hatte. Denn der Himmel und alles, was sich dort befindet, fällt zweifellos auf uns herab. Der Mond fällt auf die Erde zu, die Erde fällt in die Sonne; und es stimmt tatsächlich: Falls Erde und Mond wirklich nichts anderes tun, als zu fallen, müsste ihre mechanische Geschichte früher oder später ein «bestürzendes» Ende finden:

Aber nein, das Ende ist nicht nahe, weil zur Bewegung mehr als nur eine Dimension gehört. Denn Teilchen 2 bewegt sich auch senkrecht zur Gravitation. Es entzieht sich der Anziehung, aber unterwirft sich ihr auch gleichzeitig.

Stellen Sie sich vor, was einmal in ferner Vergangenheit geschehen sein könnte, als Teilchen 2 sich unabhängig durch den Raum fortbewegte und ausschließlich von der Trägheit vorangetrieben wurde. Angenommen, der Körper bewegte sich gleichförmig und geradlinig und würde durch nichts beeinflusst, bis er eines Tages unter den Einfluss von Teilchen 1 geriete. Von der Gravitation abgelenkt, beginnt Teilchen 2, auf Teilchen 1 zuzufallen, wobei es die ganze Zeit seine Trägheitsbewegung senkrecht zur Kraft beibehielte. Dabei kommt ein Kurswechsel zustande. Anstatt nach Punkt A zu gelangen, fällt Teilchen 2 auf einen Punkt B zu, der sich unterhalb der ursprünglichen Bewegungslinie befindet:

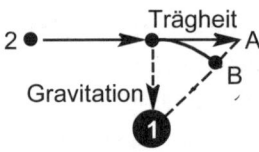

Die jetzt durch die Bewegung in zwei unabhängige Richtungen gestaltete Flugbahn beginnt sich zu krümmen.

Der nächste Schritt wird von der Menge kinetischer Energie bestimmt, die Teilchen 2 zu seinem Treffen mit Teilchen 1 mitbringt. Falls die Bewegung senkrecht zur Gravitation zu langsam ist, wird es für den fallenden Körper bald keinen Raum mehr geben, in dem er fallen könnte. Sein gekrümmter Pfad endet mit einem Aufprall auf der Oberfläche von Teilchen 1 wie eine von einem Berggipfel abgefeuerte Kanonenkugel:

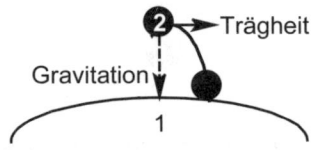

Falls aber Teilchen 2 sich schnell genug bewegt, kann es über den Horizont hinwegrutschen und weiter fallen. Es fällt geradlinig auf den Mittelpunkt von Teilchen 1 zu – «herunter», wenn Sie so wollen –, während es seine aktuelle Trägheitsbewegung senkrecht zur Kraft beibehält:

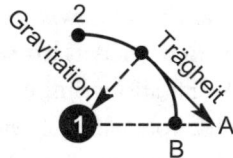

Erneut findet sich Teilchen 2 an einem Punkt B unterhalb von Punkt A wieder, zu dem ihn die Trägheit geführt hätte, wenn sie die allein gegenwärtige Kraft gewesen wäre. So fällt der Mond zum Beispiel schätzungsweise 0,12 Zentimeter pro Sekunde, was eine relativ kurze Strecke ist, verglichen mit einem Trägheitslauf von mehr als 100 000 Zentimetern in der gleichen Zeit – aber immerhin genug, um ihn in einer stabilen Umlaufbahn zu halten.

Und so geht es, Schritt für Schritt, weiter. Das von genügend Energie fortgetragene Teilchen 2 kreist unentwegt auf seiner Umlaufbahn und ist gefangen in der Falle eines immer während freien Falls, ohne jemals abzustürzen. Da die Gravitation den Körper ständig nach innen zieht (zu Teilchen 1 hin) und die Trägheit es auf eine Tangente schiebt, ist der daraus resultierende Pfad normalerweise eine Ellipse, also ein verzerrter Kreis:

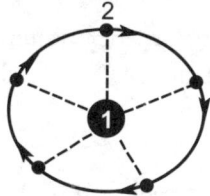

Die Details der Umlaufbahn, zu denen auch die genaue Form gehört,* werden von der Anfangsgeschwindigkeit, der Richtung und der Position von Teilchen 2 zum Zeitpunkt des Eintritts in das Gravitationsfeld von Teilchen 1 bestimmt.

Diese Details führen nun zu einer komplizierten mathematischen Lösung, aber allein aus der Geometrie können wir bereits auf eine entscheidende Eigenschaft schließen: nämlich auf die Geschwindigkeitsabweichung an unterschiedlichen Punkten entlang einer elliptischen

Umlaufbahn. Die trennende Distanz zwischen zwei Körpern nimmt im Laufe eines Zyklus zu und wieder ab (sehen Sie sich das letzte Diagramm an), und der Gravitationseinfluss folgt auf dem Fuß. Die Gravitationskraft wirkt stärker, je näher sie sich befindet, und nimmt mit der Distanz entsprechend ab. Bei doppelter Entfernung sinkt die Gravitationskraft auf ein Viertel, bei dreifacher Distanz auf ein Neuntel und bei vierfacher Distanz auf ein Sechzehntel. Dieses Verhältnis wird «quadratisches Abstandsgesetz» genannt und trifft auch auf die elektrostatische Kraft zu. Dieses Gesetz ist von einiger Bedeutsamkeit, weil es dazu beiträgt, das Universum im großen wie im kleinen Maßstab, von Atomen bis zu Galaxien, zu gestalten.

Folglich bewegt sich Teilchen 2 bei der Annäherung an Teilchen 1 aus unterschiedlichen Entfernungen schneller und langsamer in Reaktion auf eine veränderliche Kraft. In größerer Nähe und einer stärkeren Anziehung ausgesetzt, nimmt der kreisende Körper an Geschwindigkeit zu. Seine kinetische Energie steigt an, während seine Potenzialenergie sinkt. Wird der Körper bei zunehmender Distanz einer schwächeren Anziehung ausgesetzt, dreht sich der Spieß um. Geschwindigkeit und kinetische Energie nehmen ab, und die Potenzialenergie nimmt zu.

Das Teilchen vollendet mit jeder weiteren Sekunde seiner Reise weniger von seinem Kreislauf:

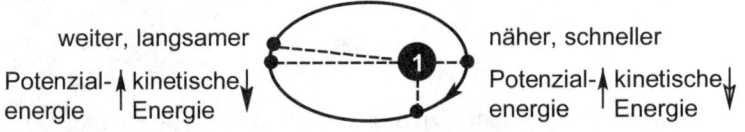

Aber in dem Maße, wie sich die Dinge verändern, bleiben sie auch gleich. Jeder vorübergehende Gewinn oder Verlust kinetischer Energie wird von einer entgegengesetzten Veränderung der Potenzialenergie ausgeglichen. Der Gesamtenergiebetrag, also kinetische Energie und Potenzialenergie zusammengenommen, bleibt gleich, egal, wie schnell oder langsam sich der Körper im Gravitationsfeld bewegt. Bewegung wird auf Kosten der Position erworben, während sowohl die Energie als auch der Drehimpuls erhalten bleiben.

Am Ende gibt es keine Überraschung. Sobald Teilchen 2 unter den Einfluss von Teilchen 1 kommt, legt das Präzisionsuhrwerk eines klassischen Universums die Umlaufbahn fest. Der Rest ist Geschichte, und in einem klassischen Universum sind jene, die sich an die Vergangenheit erinnern, dazu verurteilt, sie zu wiederholen. Spielen Sie das Spiel, sooft Sie wollen – bringen Sie etwa Teilchen 1 dazu, Teilchen 2 in dieselbe Richtung, aus derselben Entfernung und mit derselben Geschwindigkeit abzuschießen –, und die resultierende Umlaufbahn wird stets die gleiche sein. In Newtons Bewegungsgesetzen steht sie von vornherein fest.

5. Masse als Medium

Im frühen zwanzigsten Jahrhundert* wurde vor dem Obersten Gerichtshof des Universums ein Aufsehen erregendes Verfahren eröffnet. Dabei ging es um folgende Materie:

1. Einem typischen Teilchen, das gezwungen wurde, sich mit zunehmend höheren Geschwindigkeiten zu bewegen, gelang es nicht, seinen Impuls zu erhalten. Bei Kollisionen mit Wänden und anderen Teilchen sollte eigentlich die Summe aller einzelnen Impulse (Masse × Geschwindigkeit) konstant bleiben, was jedoch nicht geschah.
2. Als das Teilchen einer noch stärkeren Kraft unterworfen wurde, weigerte es sich, eine endliche Geschwindigkeit zu erreichen oder zu überschreiten, die c (300 000 000 Meter pro Sekunde) genannt wird. Der Körper wurde jedoch gesetzlich dazu verpflichtet, im direkten Verhältnis zur angewandten Kraft zu beschleunigen, ungeachtet der Höhe der Geschwindigkeit, die dafür benötigt würde. Aber das Teilchen fügte sich den Bestimmungen nicht.

Mit dem Vorwurf, das zweite Bewegungsgesetz verletzt zu haben, strengte I. Newton (Kläger) einen Prozess gegen A. Einstein (Angeklagter) an. Er behauptete, der Angeklagte habe ein natürliches System zur Verletzung der Naturgesetze angestachelt. Der Angeklagte beteuerte, dass Newtons Bewegungsgesetze nicht auf Körper anwendbar seien, die sich mit hohen Geschwindigkeiten bewegen, wenngleich sie eine ausgezeichnete Annäherung für die Welt der niedrigen Geschwindigkeiten darstellten, für die sie konzipiert worden seien. Der Angeklagte machte weiterhin geltend, dass Newtons Gesetze im Rahmen eines Relativitätsprinzips formuliert worden seien, das für schnell bewegte Bezugsrahmen äußerst unangemessen sei.

Das Gericht entschied einstimmig zugunsten Einsteins. Als einen ersten Schritt lehnte es Newtons zweites Gesetz für all jene Fälle ab, bei denen annähernde Lichtgeschwindigkeit ins Spiel kam. Als Nächstes erteilte es Einstein, seinen Erben, Amtsnachfolgern und Rechtsnachfolgern die Vollmacht, eine revidierte klassische Mechanik zu entwickeln, die für Beobachter gilt, die dem Trägheitsgesetz gehorchen und sich mit beliebiger Geschwindigkeit fortbewegen.

In seiner Urteilsbegründung hielt das Gericht jedoch Newtons Gesetze für niedrige Geschwindigkeiten aufrecht, wobei es vor allem den überragenden Wert der Erhaltungssätze hervorhob. Es betonte, jeder vernünftige Beobachter müsse Newtons Mechanik nicht nur bei Systemen mit niedrigen Geschwindigkeiten als zutreffend akzeptieren (weil diese eben äußerst genaue Resultate erzielten), sondern Newtons Mechanik sei auch weitaus einfacher anzuwenden als Einsteins Neuformulierung (die bei einem viel höheren Arbeitsaufwand letztendlich zum selben Ergebnis führe).

Dementsprechend ordnete das Gericht an, Einstein möge eine neue, umfassendere Mechanik formulieren, in der

1. alle dem Trägheitsgesetz gehorchenden Beobachter darin übereinstimmen müssen, dass sich das Licht mit der immer gleichen Geschwindigkeit c durch den leeren Raum fortbewegt, komme, was da wolle, nämlich mit festgelegten, unveränderlichen, konstanten, gleich bleibenden, *absoluten* 300 Millionen Metern pro Sekunde. Keine Ausnahmen.
2. kein Ereignis irgendeiner Art (keine tickende Uhr, kein bellender Hund, kein abstürzender Mond) jemals beweisen könne, ein bestimmtes dem Trägheitsgesetz gehorchendes System befinde sich in einem Zustand absoluter Bewegung oder absoluter Ruhe.
3. alle dem Trägheitsgesetz verpflichteten Beobachter ohne Rücksicht auf die Schnelligkeit ihrer relativen Bewegung dieselben mechanischen Gesetze wahrnehmen. Ihre Gleichungen sollen stets die gleiche mathematische Form haben, auch wenn einzelne Messungen des Raumes, der Zeit, der Geschwindigkeit und anderer

Größen abweichen können. Beobachter sollen in der Lage sein, solche Meinungsverschiedenheiten beizulegen und die Werte von einem Rahmen auf den anderen zu übertragen.

4. alle Größen wie Impuls und Energie in allen Bezugsrahmen genauestens erhalten bleiben, sobald sie neu definiert wurden, um den zuvor erwähnten Bedingungen zu genügen.

5. die neuen Gleichungen und Definitionen problemlos in Newtons Ausdrücke für ausreichend niedrige Geschwindigkeiten umgewandelt werden können.

Auf diese Weise bevollmächtigt, machte sich Einstein ans Werk. Zuerst entdeckte er bei der Anwendung seiner Speziellen Relativitätstheorie (siehe Kapitel 3) auf die Newton'sche Mechanik (siehe Kapitel 4) etwas, was niemand zuvor auf der Rechnung gehabt hatte, dass nämlich die Masse ein Energieträger ist und – gleichbedeutend – Energie in Form von Masse erstarrt sein kann. Diese Gleichsetzung von Masse und Energie, das zur Ikone erhobene $E = mc^2$, veränderte für immer unser Denken über Materie an sich.

Es war ein kostbares Geschenk für den Verstand. $E = mc^2$ bescherte uns Materie und Antimaterie, die Vernichtung von Masse und ihre Fortexistenz als Energie. $E = mc^2$ schenkte uns wie durch Zauberei die Wiedergeburt der Masse aus reiner Energie. Schließlich ist die Kernkraft und zwangsläufig auch die Atombombe durch diese Formel möglich gemacht worden.

Zweitens erkannte Einstein mit der Erschaffung der Allgemeinen Relativitätstheorie, dass die Gravitation keine «Kraft» ist, und entdeckte eine weitere Rolle für die Masse, nämlich ihre Funktion, die Raum-Zeit zu krümmen. Es war eine der «größten Ideen aller Zeiten».

Die Allgemeine Relativitätstheorie erschütterte alle früheren Interpretationen großmaßstäblicher kosmischer Strukturen. Vor der allgemeinen Relativität war die Raum-Zeit eine passive Bühne, auf der die Dinge einfach geschahen. Seit der Formulierung der allgemeinen Relativität ist die Raum-Zeit Regisseurin und Schauspielerin zugleich.

Die von der Masse modellierten lokalen Konturen der Raum-Zeit bringen die Ereignisse hervor und reagieren zugleich auch auf alle sich ereignenden Vorgänge.

Die allgemeine Relativität eröffnete uns eine völlig neue Sicht auf die Gravitation und bot uns, was nicht weniger wichtig ist, eine radikal neue (und sich gegenwärtig noch weiter entwickelnde) Perspektive an, das Universum zu interpretieren. Sie schenkte uns Kräuselungen in der Raum-Zeit*, Schwarze Löcher, Wurmlöcher* und schließlich noch den Urknall*.

VON UHREN UND LINEALEN ZU $E = mc^2$

Wenn Sie an etwas glauben möchten, dann glauben Sie bitte Folgendes: Wechselwirkungen geschehen nicht unmittelbar. Ein Signal braucht Zeit, um von hier nach dort zu gelangen. Die Lichtgeschwindigkeit ist endlich und hat für alle Beobachter denselben fixen Wert. Es ist eine wirklich große Zahl, aber sie ist nicht gleichbedeutend mit Unendlichkeit.

Wären die Regeln anders, würde sich die Zeit niemals mit dem Raum verbinden. Eine bewegte Uhr würde im selben Tempo ticken wie eine stillstehende Uhr ohne die g-e-d-e-h-n-t-e-n Ticktacks, denen wir am Ende von Kapitel 3 begegnet sind. Was gleichzeitig in einem Bezugsrahmen geschieht, würde auch in jedem anderen Bezugsrahmen gleichzeitig geschehen, sodass alle Beobachter über die gleiche Ereignisfolge einer Meinung wären. Die Zeit bliebe außerhalb der Kampfzone und strömte in ihrem eigenen Tempo dahin, ohne sich von Bewegung oder Entfernung aus der Ruhe bringen zu lassen. Als Beobachter würden wir unsere Uhren einfach nach der kosmischen Mittelwertzeit stellen und brauchten uns keine Sorgen mehr zu machen.

Und (siehe da!) genau das tun wir mit jeder Anwendung der Mechanik auf die Dinge im «Land der Langsamkeit» – auf Planeten in ihrer Umlaufbahn oder auf Projektile im freien Fall oder auf Billardkugeln auf dem Tisch und sogar auf Heliumatome, die in einem Behälter herumzappeln. Denn so groß ist der Unterschied zwischen der Lichtgeschwindigkeit (mit 300 Millionen Metern pro Sekunde) und der Unendlichkeit eigentlich nicht, verglichen mit Teilchengeschwindigkeiten, die Reichweiten zwischen einigen Metern und einigen tausend Metern pro Sekunde haben.

Nein, im Land der Langsamkeit müssen wir froh sein, dass wir Newtons Mechanik und Galileis Relativitätsprinzip anwenden können. Einfach. Präzise. Vernünftig. Alle Beobachter dieser Welt sehen ein dreidimensional aufgespanntes räumliches Gitternetz, auf dem sich alles im gleichen Rhythmus vollzieht. Eine einzelne Uhr (die die Zeit messen soll) steht in einiger Distanz zu drei Linealen (die den Raum messen sollen), während die Uhr auf dem Armaturenbrett vor sich hin tickt, ohne den Tachometer zurate zu ziehen.

Im «Land der Schnelligkeit» gestaltet sich das Leben etwas anders, dennoch lernen auch hier die Babys erst zu laufen, bevor sie springen können. Bevor wir Einsteins vierdimensionales Universum betreten, wo aus Uhren Lineale werden und aus Linealen Uhren, müssen wir zunächst noch das Gelände in Newtons dreidimensionalem Universum etwas näher erkunden.

Unterwegs sein in drei Dimensionen

Skalare und Vektoren … wir begegneten ihnen in Kapitel 3, ohne sie beim Namen zu nennen. Jetzt kehren wir zu ihnen zurück, um einen neuen Blick auf sie zu werfen. Es ist der erste Schritt auf dem Weg zum Verständnis der Raum-Zeit-Verbindung zwischen Energie und Masse.

Ein *Skalar* hat, genau wie eine Leitersprosse oder ein Punkt auf einer Skala, eine bestimmte Größe, aber keine Richtung. Temperatur, Entfernung und Zeit sind beispielsweise Skalare. Skalare sind einfache Größen und unempfänglich für Umdrehungen. Nur eine einzige Zahl (nennen wir sie *t* zu Ehren der Zeit – *time*) sagt uns alles, was wir wissen müssen:

Zeit, Entfernung und Temperatur bleiben gleich, ungeachtet der Orientierung eines räumlichen Gitternetzes.

Eine andere Größe, *Vektor* genannt, hat sowohl ein Ausmaß als auch eine Richtung. So wird etwa ein Positionsvektor durch eine Entfernung (50 Meilen) und eine Kursrichtung (Nordnordost) festgelegt. Einen Positionsvektor konstruieren wir aus verschieden ausgerichteten Bestandteilen, wobei wir so viele Zahlen brauchen, wie es senkrechte Richtungen im Raum gibt.

Um das Diagramm einfach zu halten, sollten wir uns darauf einigen, lediglich zweidimensional zu zeichnen (*x*, *y*) und dabei im Auge zu behalten, dass ein vollständiger Raum immer aus drei Dimensionen besteht (*x*, *y*, *z*):

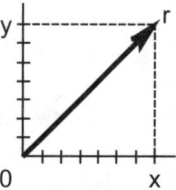

Schauen wir uns also an, was wir da haben. Die *x*-Komponente verändert nichts in den *y*- oder *z*-Richtungen, gemeinsam jedoch bilden die Bestandteile eine skalare Größe (die Länge des Pfeiles *r*) sowie eine Orientierung (das Verhältnis des Pfeiles zu den Achsen). Wir kennen diesen Anblick bereits aus den Kurven in Kapitel 4, als wir entdeckten, wie die Trägheit in einer Richtung, unabhängig von der senkrecht ausgerichteten Kraft, ein Teilchen mit sich führte.

Beachten Sie hier vor allem – denn etwas später, in der vierdimensionalen Raum-Zeit, wird es einen raffinierten Unterschied geben –, dass jede senkrechte Komponente auf jeden Fall zur Gesamtlänge beiträgt. Weder *x* noch *y* vermindern den Effekt des jeweils anderen beim Zustandekommen des Vektors:

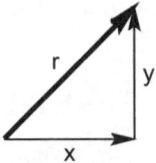

Die Geometrie eines rechtwinkligen Dreiecks* lässt gar kein anderes Ergebnis zu.

Unser nächster Schritt wird darin bestehen, uns daran zu erinnern, wie ein Vektor auf jegliche Rotation seines Koordinatensystems reagiert. Manche Dinge verändern sich. Manche Dinge bleiben, wie sie sind. Die Länge bleibt als skalare Größe festgelegt, während die alten Vektorkomponenten (x und y) sich in neue Komponenten entlang der neuen Achsen (u und v) verwandeln. Diese neuen Komponenten werden zu Mischungen der alten Bestandteile, während das Verhältnis zwischen Alt und Neu vom Rotationsgrad abhängt:

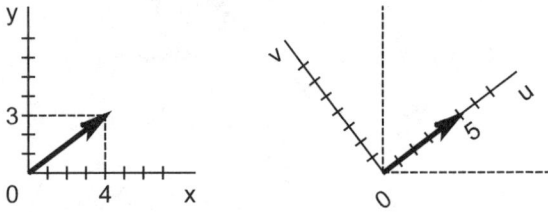

Wenden wir jetzt die Regeln der Trigonometrie an, können wir die alten Bestandteile in neue umwandeln. In drei Dimensionen betrachtet, liefe das allgemeine Rezept auf folgende Regeln hinaus*:

1. u wird irgendeine Kombination aus x, y und z sein, in der die Drehwinkel berücksichtigt sind.
2. v wird eine andere Kombination aus x, y und z sein, in der dieselben Winkel berücksichtigt sind.
3. w wird wieder eine andere Kombination aus x, y und z sein, die ebenfalls dieselben Winkel berücksichtigt.

Eins, zwei, drei. Wenn wir also einen Vektor aus senkrechten Komponenten konstruieren, sichern wir uns selbst eine Größe zu, die in jedem gedrehten Koordinatensystem gültig ist. Jeder Beobachter stellt eine unveränderliche Länge fest,* und jeder weiß, wie er seine eigenen veränderlichen Komponenten in die der anderen umwandeln muss. Das Problem ist also gelöst.

Sie brauchen eine drehunabhängige Geschwindigkeit? Konstruieren Sie sie aus drei senkrechten Komponenten (V_x, V_y, V_z). Wenn Sie dies tun, wird die Größe Ihrer Geschwindigkeit (ein richtungsfreies Tempo von, sagen wir, 80 Kilometern pro Stunde) bei jeder willkürlichen Drehung Ihrer Achsen immer gleich bleiben. Die Komponenten werden sich mit Sicherheit ändern, aber sie werden dies auf dieselbe vorhersagbare Weise tun wie die Koordinaten eines gedrehten Positionsvektors:

1. V_u wird irgendeine Kombination aus V_x, V_y und V_z sein, die die Drehwinkel berücksichtigt.
2. V_v wird eine andere Kombination aus V_x, V_y und V_z sein, die dieselben Winkel berücksichtigt.
3. V_w wird wieder eine andere Kombination aus V_x, V_y und V_z sein, die ebenfalls dieselben Winkel berücksichtigt.

Sie brauchen eine drehunabhängige Beschleunigung? Dann konstruieren Sie einen Vektor. Wie wär's mit einem drehunabhängigen Impuls, einem Drehimpuls, einem elektrischen Feld? Konstruieren Sie einen Vektor. Sie benötigen eine drehunabhängige, gerichtete Größe irgendeiner Art? Dann konstruieren Sie einen Vektor.

Schreiben Sie eine Gleichung, in der sich Vektoren ausschließlich mit anderen Vektoren verbinden (oder Skalare sich nur mit Skalaren vereinen), und alles wird gut. Das Verhältnis wird garantiert von keiner Neigung der Achsen beeinflusst.

Da jetzt Harmonie herrscht unter ruhenden (aber unterschiedlich ausgerichteten) Bezugsrahmen, fahren wir fort und betrachten Newton'sche Systeme in gleichförmiger Bewegung. Unsere Bedingungen – gerade Linie, konstante Geschwindigkeit – sind einfach die eines normalen, dem Trägheitsgesetz unterworfenen Beobachters mit dieser einen Einschränkung: Die relative Bewegung soll langsam sein. Sie soll langsam genug sein, um zu garantieren, dass alle Beobachter die Zeit mit der gleichen Uhr nehmen.

Wir kehren zu unserem Zug aus Kapitel 3 zurück und bewegen uns noch einmal mit der konstanten Geschwindigkeit von 30 Metern pro Sekunde fort. Beobachter 1 ist ein Passagier, der die Entfernung relativ zu den Sitzen misst. Beobachter 2 steht auf dem Bahnsteig und misst die Entfernung relativ zu den Gleisen. Der Zug fährt mit seinem ruhigen, kontinuierlichen Tempo vorbei und legt dabei die gleichen 30 Meter pro Sekunde zurück:

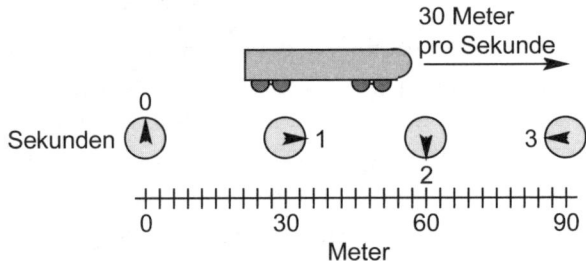

Beobachter 1 sitzt im Sitz mit der Nummer null und behauptet, im Ruhezustand zu sein, während die Uhr tickt. Er sagt: «Mein Standort ändert sich nie. Relativ zu diesem Eisenbahnwaggon bleiben sowohl meine Position als auch meine Geschwindigkeit null. Was sehen Sie, Beobachter 2?»

Beobachter 2 sieht ein ganz anderes Bild. Für ihn legt der Zug pro Sekunde gleich bleibende 30 Meter zurück, sodass sich in seinen Augen die Position von «Sitz Nummer null» nach einer Sekunde 30 Meter, nach 2 Sekunden 60 Meter und nach 3 Sekunden 90 Meter auf dem Gleis entfernt zu haben scheint. Für Beobachter 2 beträgt die

Geschwindigkeit von Beobachter 1 (im Sitz mit der Nummer null) konstante 30 Meter pro Sekunde.

Jetzt willigt Beobachter 1 ein, sich mit einem Tempo von 30 Zentimetern pro Sekunde fortzubewegen. Und während nun diese neue Geschwindigkeit ins Spiel kommt, messen beide die Zeit (t), die Position (x) und die Geschwindigkeit (V). Denken Sie daran, dass die Geschwindigkeit durch die Messung der Positionsveränderung zwischen zwei aufeinander folgenden Zeitpunkten festgestellt wird. Und jetzt schauen Sie sich an, was die beiden wahrnehmen:

Beobachter 1 (innen)			Beobachter 2 (draußen)		
t	x	V	t	x	V
0 s	0 m		0 s	0 m	
1	1	1 m / s	1	30,3	30,3 m / s
2	2	1	2	60,6	30,3
3	3	1	3	90,9	30,3

Das sollte den beiden schließlich genügen, um daraus ein Muster abzuleiten, sodass Beobachter 2 seinem Mitbeobachter 1 Folgendes mitteilen kann:

1. Ich messe die gleiche verstrichene Zeit wie Sie. Was Sie «eine Sekunde» nennen, nenne auch ich eine Sekunde. Darüber gibt es keine Meinungsverschiedenheit.

2. Allerdings ist meine Interpretation Ihrer Position permanent um einen gewissen feststehenden Betrag größer als Ihre Deutung, nämlich um die verstrichene Zeit, multipliziert mit der Geschwindigkeit Ihres Zuges (30 Meter pro Sekunde relativ zu meinen Gleisen).

3. Da wir über Ihre Position verschiedener Ansicht sind, müssen wir uns darauf einigen, über Ihre Gehgeschwindigkeit im Zug anderer Meinung zu sein. Hier stimmt meine Interpretation mit Ihrer überein (30 Zentimeter pro Sekunde), allerdings kommt noch die konstante Geschwindigkeit Ihres Zuges hinzu, die 30 Meter pro Sekunde ausmacht. Sie bewegen sich schneller, als Sie glauben.

Da wir überdies den Impuls als Produkt von Masse und Geschwindigkeit definieren, weicht mein Verständnis Ihres Impulses in konstanter Höhe ab. Es ist das Produkt Ihrer Masse und der konstanten Zuggeschwindigkeit.

4. Ich messe die gleiche Beschleunigung wie Sie (in diesem Fall null). Da sich unsere Geschwindigkeiten von Sekunde zu Sekunde nur durch einen gleich bleibenden Betrag unterscheiden, sind wir beide davon überzeugt, die gleiche Geschwindigkeitsveränderung zu beobachten.

Unsere Beobachter stellen weiterhin fest, dass die Newton'schen Bewegungsgesetze gleichermaßen in jedem der beiden Bezugsrahmen anwendbar sind. Obwohl sie verschiedene Zahlen für Position, Geschwindigkeit, Impulse und Energie erhalten, nehmen sie gleich bleibende Verhältnisse zwischen den unterschiedlichen Größen wahr. So erscheint beispielsweise jede Veränderung des Impulses beiden Beobachtern identisch – einfach weil die jeweiligen Geschwindigkeiten sich immer um einen konstanten Betrag unterscheiden (siehe Punkt 3). Sie treffen auf dieselbe Gleichung, die Kraft, Masse und Beschleunigung verknüpft, und finden dieselben Erhaltungsgesetze vor.

Es war Galilei, der diese Regeln für relative Bewegung begründete und damit die Grundlagen für Newtons Welt legte. Und es ist wahrhaftig eine unkomplizierte Welt, in der die Zeit einfach nur Zeit ist und der Raum einfach nur Raum und beide nie zueinander finden. Skalare gehören zu Skalaren. Vektoren gehören zu Vektoren.

Geben Sie unseren Beobachtern einen Winkel, und sie werden wissen, wie sie Position, Geschwindigkeit, Impuls, Beschleunigung oder jeden anderen Vektor in einem gedrehten Bezugsrahmen neu ausdrücken müssen. Geben Sie ihnen eine relative Geschwindigkeit, und sie werden dasselbe für ein System in gleichförmiger Bewegung tun können.

Wenn jeder Beteiligte auf eine Uhr schaut, sind die Regeln der Mechanik für alle klar. Eine Veränderung des Impulses (Masse × Geschwindigkeit) ruft eine Kraft hervor. Kraft erzeugt Beschleunigung. Impuls und Energie bleiben erhalten.

Und nun kommt Einstein, kurbelt die Geschwindigkeit an und

macht die Zeit mit dem Raum bekannt. Einige der Konsequenzen haben wir bereits am Ende von Kapitel 3 skizziert. Jetzt kehren wir mit dem Verständnis einer revidierten Mechanik zu diesem Thema zurück.

Vier Gleiche: Raum-Zeit

Beobachter 1 befestigt eine Lichtuhr an einer Rakete (oder, etwas geläufiger: an einem Hochgeschwindigkeitsteilchen wie einem Muon*) und macht sich daran, die Zeit zu messen:

Der hüpfende Strahl ist zwar ein äußerst simples Verfahren, erweist sich jedoch als Modell für mechanische Verlässlichkeit. Draußen zischt die Umgebung mit gleich bleibenden 10 000, 100 000, 1 000 000, 10 000 000, 100 000 000 oder gar bis zu annähernd 300 000 000 Metern pro Sekunde vorbei. Im Inneren, also im Bezugsrahmen von Beobachter 1, steht der Raum still. Der Strahl hüpft auf und ab, bewegt sich aber nie vom Fleck. Ticktack. Es ist ein Kommen und Gehen, das ausschließlich in der Zeit stattfindet und keine Veränderungen in der horizontalen Position bewirkt. Von einem Zyklus zum nächsten vollendet der Strahl seine Runde in der gleichen Zeit.

Da die von Beobachter 1 kontrollierte Uhr mit einem bewegten Bezugsrahmen unterwegs ist, genießt sie ein gewisses Privileg. Sie ist *Primus inter Pares*, Erster unter Gleichen. Denn obwohl alle dem Trägheitsgesetz unterworfenen Bezugsrahmen gleich erschaffen wurden, wird das Ticktack in keinem anderen System nur der Zeit angehören und mit dem Raum nichts tun haben. In keinem anderen System wird der Lichtstrahl einen kürzeren Weg haben. In keinem anderen System wird weniger Zeit verstreichen. Beobachter 1 spricht daher auch, nicht ohne einen gewissen Stolz, von der «richtigen Zeit» – der von einer vor Ort im Ruhezustand befindlichen Uhr aufgezeichneten Zeit.* Sie wird zu einem unveränderlichen Intervall zwischen einem Tick und einem Tack in der Raum-Zeit, eine einzelne Zahl (ein Skalar), über die alle Beobachter einer Meinung sein können.

Selbstverständlich stimmen alle darin überein, dass das Licht mit der gleichen fixen Geschwindigkeit unterwegs ist. Deshalb können sich auch alle darauf verständigen, dass die vom Lichtstrahl zurückgelegte Entfernung einem Zeitintervall entspricht. Erinnern Sie sich also an Kapitel 3 und daran, wie die Dinge für Beobachter 2 aussehen müssen, der eine Rakete plus Uhr mit hoher Geschwindigkeit vorbeisausen sieht:

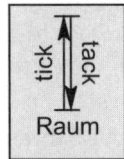

Beobachter 1   Beobachter 2

Beobachter 2 misst einen von der Rakete beschriebenen verlängerten Weg und sieht sowohl die Abreise des Strahls als auch dessen schließliche Ankunft als Ereignisse an, die sowohl in der Zeit als auch im Raum stattfinden. «Mein lieber Beobachter 1, wie können Sie eigentlich sagen, der Lichtstrahl sei nicht horizontal vorangekommen? Ich habe gesehen, wie er sich eindeutig von links nach rechts bewegte, und die Zeit, die für diese Reise erforderlich war, dauerte länger, als Sie behaupten!»

Natürlich wissen wir, dass unsere Beobachter schließlich erkennen werden, dass Zeit- und Rauminterrvalle durch Bewegung miteinander verschmelzen. So wie ein *xy*-Raum in einen *uv*-Raum gedreht wird,

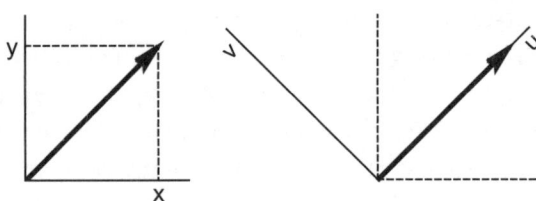

sind auch Raum und Zeit in der Lage, veränderliche Standpunkte zu spiegeln. Die räumlichen und zeitlichen Komponenten des einen Raum-Zeit-Rahmens werden in einen anderen Raum-Zeit-Rahmen «gedreht». Das Ausmaß wird von der relativen Geschwindigkeit bestimmt:

 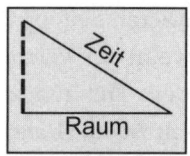

Beobachter 1   Beobachter 2

Manche Dinge verändern sich ständig, während andere Dinge sich niemals verändern. Genau wie alle Beobachter in gekippten Bezugsrahmen dasselbe unveränderliche Raumintervall messen (eine feste *Entfernung*), messen Beobachter in bewegten Bezugsrahmen das gleiche unveränderliche Raum-Zeit-Intervall: eine feste *richtige Zeit* für die Uhr, proportional zu den gepunkteten senkrechten Linien im letzten Diagramm. Je größer die Geschwindigkeit, desto mehr mischt sich diese Zeit mit dem Raum; aber ungeachtet all dessen bleibt das Raum-Zeit-Intervall immer gleich. Wäre dies nicht der Fall, wären Beobachter 1 und 2 unterschiedlicher Meinung über die Lichtgeschwindigkeit.

Es gibt allerdings eine Abweichung, bei der in Raum und Zeit ein Restunterschied übrig bleibt, selbst in einem Raum-Zeit-Universum. Während nämlich zwei räumliche Komponenten einander verstärken und eine unveränderliche Entfernung erzeugen, verringert die räumliche Komponente in einem unveränderlichen Raum-Zeit-Intervall die zeitliche Komponente. Zwei vergleichbare Dreiecke deuten an, warum das so ist:

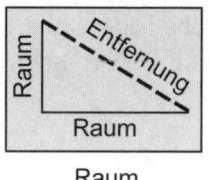 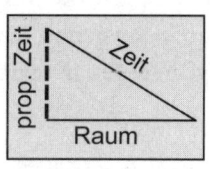

Raum   Raum-Zeit

Für eine Vermischung im Raum allein erweist sich die unveränderliche Größe als die längste Seite eines rechtwinkligen Dreiecks. Jede senkrechte Seite trägt zu etwas Größerem bei, als sie selbst ist, und folglich muss in der Kombination irgendwie ein «Plus»-Zeichen auftauchen. Bei einer Verbindung in der Raum-Zeit ist die unveränderliche Größe eine der beiden kürzeren Seiten. Die Beiträge stehen zueinander im Gegensatz. Irgendwo in der Vermischung tritt ein «Minus»-Zeichen* auf und wird zu einem Trennungsmerkmal.

Beobachter 2 repräsentiert alle dem Trägheitsgesetz unterworfenen Beobachter, für die die Uhr in Bewegung zu sein scheint, und leitet schließlich eine Versöhnung mit Beobachter 1 ein. Und sollten Ihnen die Bedingungen dieser Vereinbarung vertraut vorkommen (siehe unten), dann liegen Sie richtig: Die Sprache entspricht unserer Beschreibung der Vektoren im Raum allein, die wir ein paar Seiten zuvor gelesen haben. Beobachter 2 sagt:

1. Meine Zeit-Koordinate (t') wird eine Kombination aus Ihrer Zeit (t) und Ihren drei räumlichen Koordinaten x, y und z sein. Die spezielle Verbindung wird von unserer relativen Geschwindigkeit abhängen.
2. Meine räumliche Koordinate u wird eine weitere Kombination Ihrer vier Koordinaten t, x, y und z sein. Die Verbindung wird erneut von unserer relativen Geschwindigkeit bestimmt.
3. Auf ähnliche Weise wird auch meine zweite räumliche Koordinate v eine Verbindung aus Ihren t, x, y und z sein.
4. Dasselbe gilt für meine dritte Koordinate w. Wir werden dann gemeinsam mit unseren vier Raum-Zeit-Koordinaten unsere speziellen Zahlen gruppieren und daraus vierdimensionale Vektoren konstruieren. Unsere Vektoren werden zwar verschiedene Komponenten, aber genau die gleiche Größe haben, sofern wir unter «Größe» eine Menge verstehen, in der irgendwie ein Minuszeichen enthalten ist.

Eins, zwei, drei, vier. Wenn wir einen Vektor aus vier verschiedenen Komponenten konstruieren, erhalten wir eine Größe, die garantiert in jedem dem Trägheitsgesetz gehorchenden System gültig ist. Beobachter 2 benutzt ein genau festgelegtes mathematisches Rezept und kann die vier in einem persönlichen Bezugsrahmen gemessenen Komponenten in jedem anderen Rahmen in vier neue Bestandteile umwandeln. Jedermanns Vektor hat dann die gleiche «Länge», sodass alle glücklich und zufrieden sind.

Sie brauchen ein gerichtetes Irgendwas in der Raum-Zeit, die Entsprechung für einen gewöhnlichen Vektor wie Geschwindigkeit oder Impuls? Dann tun Sie Folgendes: Suchen Sie drei Objekte, die sich wie ein Vektor im dreidimensionalen Raum zusammenfügen (eine Reihe wie x, y, z), und verbinden Sie sie mit einem vierten Objekt (der Entsprechung für t). Nicht alle Kombinationen werden funktionieren, aber wenn Sie die geeigneten Objekte wählen, wird diese Viererbande (nämlich die Komponenten A_t, A_x, A_y, A_z) zum vierdimensionalen Raum-Zeit-Vektor werden. Der A-Vektor wird mit A_t, A_x, A_y und A_z all das tun, was der raum-zeitliche Positionsvektor mit seinen Komponenten t, x, y und z tut. Die Verbindungsanweisungen für A_t, A_x, A_y, A_z werden die gleichen sein wie für t, x, y und z, und das unveränderliche Raum-Zeit-Intervall wird (wie die Länge eines Vektors im Raum allein) in allen Bezugsrahmen gleich groß sein. Die Raum-Zeit-Verknüpfung von A_t, A_x, A_y, A_z wird für die Beobachter 1 und 2 genauso akzeptabel sein wie die Raum-Zeit-Verknüpfung von t, x, y, z.

Raum-Zeit-Verknüpfungen kooperieren*, wie Tochtergesellschaften einer großen Firma, ohne dabei völlig ihre individuellen Identitäten aufzugeben*. Die Nähe der Verknüpfungen zwischen zeitlichen Komponenten (t und A_t) und räumlichen Komponenten (x, y, z oder A_x, A_y, A_z) hängt von dem relativen Tempo zwischen zwei Bezugsrahmen ab. Werden annähernd 300 Millionen Meter pro Sekunde erreicht, ist die Fusion so gut wie perfekt. Firma Raum und Firma Zeit fusionieren zur «Raum-Zeit e. G.», und alle Intervalle, die mit Raum und Zeit zu tun haben, werden mit Haut und Haaren vereinigt. Bei niedrigen Geschwindigkeiten jedoch trennen sich Uhr und Lineal, und die Eingliederung des Raumes in die Zeit schrumpft gegen null. Alle zeitlichen Komponenten kristallisieren aus der Verbindung heraus, wobei jedes Trio aus räumlichen Komponenten zu einem gewöhnlichen dreidimensionalen Vektor wird, der sich nur im Raum dreht. Einsteins Welt gefriert zu Galileis Welt.

Nehmen Sie zum Beispiel die Geschwindigkeit, eine gerichtete Größe, die uns mitteilt, welche Strecke ein Objekt im Laufe eines gegebenen Zeitintervalls zurücklegt. In Galileis Welt mit ihrer einen universellen Uhr hat ein Geschwindigkeitsvektor nur drei Bestandteile: einen für jede Richtung im Raum. Da unter verschiedenen Beobachtern nie ein Streit über die verstrichene Zeit ausbricht, müssen sie lediglich ihre verschiedenen Ansichten über Positionen in Einklang bringen.

Durch unsere früheren Diskussionen und aus unseren Alltagserfahrungen wissen wir bereits, was wir hier zu erwarten haben. Im Zug geht ein Passagier mit 30 Zentimetern pro Sekunde durch den Gang. Für den Beobachter am Bahnsteig bewegt sich derselbe Passagier mit 30,3 Metern pro Sekunde, was die Summe zweier Geschwindigkeiten ist: eine lokale Gehgeschwindigkeit (30 Zentimeter pro Sekunde) und die Geschwindigkeit des vorbeifahrenden Zuges (30 Meter pro Sekunde). Die Addition der Geschwindigkeiten suggeriert, dass die Zeit für beide Beobachter mit gleichem Tempo verstreicht, worüber sich niemand wundern wird. In Galileis Welt bewegen sich die Objekte langsam, während sich das Licht schnell fortpflanzt – wirklich so schnell, dass die unveränderliche Lichtgeschwindigkeit c genauso gut Unendlichkeit genannt werden könnte.

Nicht so aber in Einsteins Welt. Im «Land der Schnelligkeit» ist eine Behauptung wie «Das Objekt bewegt sich mit 100 Millionen Metern pro Sekunde» heftig umstritten. Sowohl «100 Millionen Meter» als auch «pro Sekunde» sind Ansichtssache. Verschiedene Beobachter werden bereitwillig verschiedene Entfernungen und unterschiedliche Zeiten angeben. Übereinstimmung gibt es nur hinsichtlich der absoluten Lichtgeschwindigkeit, die mit 300 Millionen Metern pro Sekunde auch nicht mehr so überwältigend schnell zu sein scheint.

Was also müssen gewissenhafte Beobachter tun? Sie müssen sowohl Positions- als auch Zeitveränderungen angeben, allerdings müssen sie es auf eine Weise tun, die in allen Trägheitssystemen verstanden und akzeptiert werden kann. Ein vierdimensionaler Vektor mit seinen Mischkomponenten und seiner unveränderlichen Länge zerstreut alle Bedenken. Um zunächst einmal eine Positionsveränderung zu erreichen, verlassen sich Beobachter 1 und 2 auf vier Koordinaten, denen bereits relativistische Wirksamkeit bescheinigt wurde, nämlich t, x, y, z, die aktiven Bestandteile eines Positionsvektors in der Raum-Zeit. Als Nächstes benutzen sie zur einhergehenden Zeitveränderung eine Größe, die denselben Wert in allen Bezugsrahmen hat: die richtige Zeit, ein unveränderliches Raum-Zeit-Intervall. Anschließend fügen sie den drei räumlichen Komponenten (V_x, V_y, V_z) eine zeitliche Geschwindigkeitskomponente (V_t) hinzu, um einen vierdimensionalen Vektor zu erzeugen, der unempfänglich ist gegen Vorlieben für bestimmte Bewegungen. So verbinden sich die vier Geschwindigkeitsbestandteile untereinander genauso wie t, x, y und z.

Mit dem Aufbau dieser Verbindung schlagen unsere Beobachter eine Brücke vom Land der Langsamkeit zum Land der Schnelligkeit. Bei niedrigen Geschwindigkeiten will es tatsächlich so scheinen, als summierten sich die als vierdimensionale Vektoren ausgedrückten Geschwindigkeiten; und sollte es wirklich Abweichungen geben, so sind sie zu gering, um Aufmerksamkeit zu erregen. Vermutlich wird sich kein vernünftiger Beobachter über den Unterschied zwischen 30,30 Metern pro Sekunde und 30,2999999999999…9 Metern pro Sekunde beschweren. Die Zeit ist vom Raum geschieden, und Galileis Relativitätsprinzip überdauert die Herausforderung der Raum-Zeit.

Bei höheren Geschwindigkeiten jedoch funktioniert die Additionsregel nicht. Nehmen wir an, eine Rakete fliegt über uns mit halber Lichtgeschwindigkeit c hinweg. Beobachter 1 sitzt in der Rakete, lässt ein Teilchen losfliegen und misst seine Geschwindigkeit vor Ort mit einem viertel c. Beobachter 2 schaut von außen ins Raketeninnere hinein und berichtet anschließend, die Teilchengeschwindigkeit betrage beträchtlich weniger als drei viertel c, was ja das Ergebnis einer einfachen Addition gewesen wäre. Wenn Beobachter 1 und 2 eine unveränderliche Lichtgeschwindigkeit messen sollen, dann ist gar keine andere Wahrnehmung möglich.

Im obersten Bereich schließlich gibt es ein weiteres Limit: die Lichtgeschwindigkeit c selbst, eine der wichtigsten Konstanten im Universum. Beschleunigen wir die Rakete annähernd auf Lichtgeschwindigkeit und lassen wir Beobachter 1 ein Teilchen abfeuern, das sich ebenfalls nahezu mit Lichtgeschwindigkeit bewegt. Was sehen unsere beiden Beobachter jetzt?

Dieses Mal sehen beide fast das Gleiche. Jeder registriert eine Teilchengeschwindigkeit von knapp unter 300 Millionen Metern pro Sekunde. Der Unterschied macht kaum eine Haaresbreite aus. Das bis ans Äußerste getriebene bewegte Objekt kommt der fixen Lichtgeschwindigkeit nahe, übersteigt sie allerdings nicht:

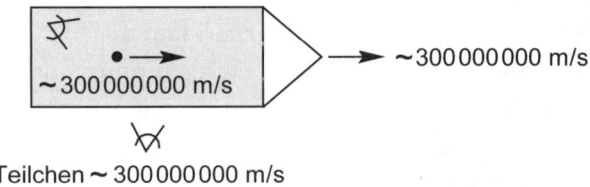

Teilchen ~ 300 000 000 m/s

Dies ist das «Land der absoluten Schnelligkeit», das Ende der Fahnenstange. Weder Züge noch Flugzeuge, Raketen, Muonen oder Lichtwellen bewegen sich schneller als c. Dafür wäre die gesamte Energie im Universum erforderlich und noch ein bisschen mehr.

Um zu verstehen, warum das so ist, müssen wir jetzt erkennen, was mit Impuls und Energie in Einsteins Welt geschieht.

DIE ERHALTUNG DER IMPULS-ENERGIE

Was für die Geschwindigkeit gilt, trifft auch auf den Rest der Mechanik zu. Denn wenn die Natur ein absolutes Geschwindigkeitslimit verhängt, dann muss Newtons Gesetz letztendlich versagen. Wenn kein Objekt über *c* hinaus beschleunigt werden kann, dann wird die Verhältnismäßigkeit von Kraft und Beschleunigung bei hohen Geschwindigkeiten sinnlos, und wir müssen sie aufgeben.

Die schlechten Nachrichten nehmen nicht ab, weil Newtons Erhaltungssätze ebenfalls zu versagen beginnen. Vor allem der Impuls bleibt bei hohen Geschwindigkeiten nicht länger erhalten – jedenfalls nicht, solange wir den Impuls als Produkt von Masse mal Geschwindigkeit definieren und darauf bestehen, dass alle dem Trägheitsgesetz unterworfenen Beobachter die gleiche endliche Lichtgeschwindigkeit messen. Die Verbindung von Raum und Zeit beeinflusst die Wahrnehmung der Geschwindigkeit und zwangsläufig auch die Wahrnehmung des Impulses.

Die Erhaltung des Impulses ist allerdings viel zu schön, um *nicht* wahr zu sein. Sie beeindruckt uns als ein viel zu regelmäßiges, vorhersagbares und strikt durchgesetztes Gesetz, um einfach nur ein glücklicher Zufall in einer Zeitlupenwelt zu sein. Es teilt uns etwas unfehlbar Richtiges über das «Davor» und «Danach» eines Systems mit, selbst wenn wir nichts über die detaillierten Kräfte wissen, die die Bewegung dazwischen kontrollieren. Die Impulserhaltung ist ein Muster, das sich in jedem Winkel der Newton'schen und Galilei'schen Welt durchsetzt. Es ist keine bloße Zahlenspielerei und kein Taschenspielertrick.

Die Impulserhaltung ist wie ein getreuer Freund im Land der Langsamkeit, und auch die Beobachter im Land der Schnelligkeit freuen sich, ihre Bekanntschaft zu machen. Eine revidierte Form des Impulses, die in allen dem Trägheitsgesetz unterworfenen Bezugsrahmen erhalten bleibt, tritt als Teil eines vierdimensionalen Vektors in Erscheinung, wobei die Energieerhaltung obendrein noch zum Schnäppchenpreis zu haben ist.

Unsere Anweisungen sind schlicht und ergreifend. Wir multiplizieren die Teilchenmasse mit den vier Komponenten seiner relativistischen Geschwindigkeit (wie im obigen Abschnitt behandelt) und fügen damit zusammen, was wir brauchen: Impuls und Energie, die beobachterunabhängig sind, was den Bezugsrahmen in allen

Trägheitsbewegungszuständen zugute kommt. Die drei räumlichen Bestandteile dieses «Impuls-Energie-Vektors» stimmen mit dem Impuls überein, und die einsame zeitliche Komponente entspricht der Energie. Es ist die gleiche Verbindung, die wir in Kapitel 4 geltend gemacht haben. Sie gehört zur Grundlage, auf der die Erhaltungsgesetze ruhen. Der Impuls wird mit Verschiebung im Raum und die Energie mit Verschiebung in der Zeit in Zusammenhang gebracht.

Der Impuls-Energie-Vektor teilt uns die Werte für beliebige relative Geschwindigkeiten mit, die Beobachter 2 meldet, der den Bezugsrahmen von Beobachter 1 mit konstanter Geschwindigkeit vorbeieilen sieht. So nimmt Beobachter 2 beispielsweise einen von Beobachter 1 gemessenen Impulsbestandteil und multipliziert diese Zahl mit einer anderen Zahl, die «Gamma» genannt wird. Gamma hängt von der relativen Geschwindigkeit der beiden Bezugsrahmen ab* und hat für jede der unendlich vielen Möglichkeiten einen anderen Wert. Gamma taucht überall in der Relativitätstheorie auf und gestaltet die Landschaft im Land der Schnelligkeit.

Werfen wir also einen Blick auf diese Gestalt. Aus Bequemlichkeit drücken wir die relative Geschwindigkeit als einen Bruchteil der Lichtgeschwindigkeit aus. Ein ruhender Bezugsrahmen hat die relative Geschwindigkeit null. Ein sich mit 150 Millionen Metern pro Sekunde (ein halbes *c*) bewegender Rahmen hat eine relative Geschwindigkeit von 0,5. Ein Rahmen, der sich mit Lichtgeschwindigkeit selbst bewegt, hat die relative Geschwindigkeit 1,0. Hier also ist Gamma:

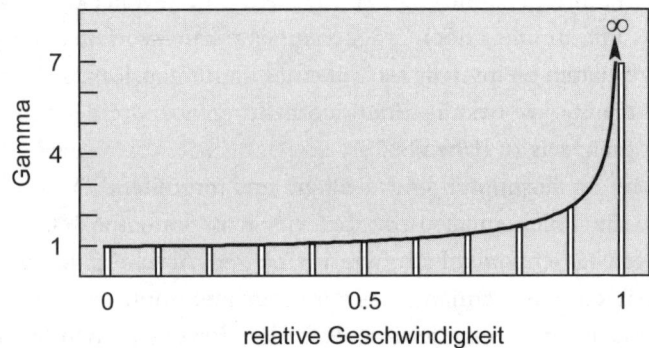

Gamma nimmt den Wert 1 an, wenn die relative Geschwindigkeit null ist. Tatsächlich bleibt dieser Wert über ein breites Geschwindigkeitsspektrum erhalten: Unter diesen Bedingungen im linken Kurvenabschnitt bummeln wir durch die Welt von Galilei und Newton, durch das Land der Langsamkeit. Diese Welt bleibt vom relativistischen Korrekturfaktor unberührt, der sich kaum von 1 unterscheidet – was bedeutet, dass überhaupt keine Korrektur stattfindet. Beobachter 1 behauptet, die Größe (Masse) × (Geschwindigkeit) bleibe erhalten, und Beobachter 2 stimmt zu. Galileis Relativität und Newtons Mechanik üben ihre ganze Autorität aus, obwohl sie Einsteins allgemeineren Verfügungen untergeordnet sind. Bewegte Beobachter bringen ihre unterschiedlichen Ansichten über Geschwindigkeit in Einklang, indem sie die Summenregel anwenden – und alles wird gut.

Selbst bei einem Zehntel der Lichtgeschwindigkeit (schnell!) beläuft sich der Korrekturfaktor auf lediglich 1,005 – ein Anstieg von einem halben Prozent. Bei zwei Zehnteln der Lichtgeschwindigkeit steht Gamma immer noch bei nur 1,02. Aber bei halber Lichtgeschwindigkeit steigt Gamma auf 1,15 an, und bei drei viertel Lichtgeschwindigkeit hat es 1,5 erreicht. Allmählich setzt sich Einsteins Relativität durch, und der Impuls sieht ganz und gar nicht mehr so aus wie Newtons unkorrigiertes Produkt von Masse und Geschwindigkeit. Nein, im Land der Schnelligkeit beträgt die bewahrte Größe nicht (Masse) × (Geschwindigkeit), sondern (Gamma) × (Masse) × (Geschwindigkeit). Und während die Geschwindigkeit auf ihre Höchstgrenze c zusteuert, schießt Gamma rasant hoch in Richtung Unendlichkeit: vom Wert 7 bei einer Relativgeschwindigkeit von 0,99 … auf 70 bei 0,9999 … auf 7000 bei 0,99999999 und immer höher. Es ist ein Grenzwert, der unmöglich erreichbar ist. Um dorthin zu gelangen, müsste ein Teilchen über eine unendliche Menge an Energie und Impuls verfügen.

Inzwischen können alle Beobachter, egal, ob sie schnell oder langsam unterwegs sind, in drei Punkten übereinstimmen: Masse, Impuls und Energie. Verfolgt man diese drei Begründungen zu ihrem Ursprung zurück, stellt man fest, dass sich alle von der Unveränderlichkeit von *c* und vom Fehlen eines jeglichen absoluten Bezugsrahmens ableiten lassen:

1. Impuls und Energie, miteinander verkoppelt als vierdimensionaler Vektor, erfreuen sich einer Beziehung, die derjenigen entspricht, die Raum und Zeit miteinander verbindet. Vergleichen Sie: Wir haben verschiedene Beobachter von unterschiedlichen Raum- und Zeitkomponenten berichten hören. Nun melden sie gleichermaßen verschiedene Impuls- und Energiekomponenten. Ein Polarstern, nach dem alle der Trägheit gehorchenden Navigatoren ihren Kurs richten, der sie über diese Unterschiede hinweghelfen soll, ist die Größe (oder Länge) des vierdimensionalen Vektors. Es ist ein Skalar, eine einzige Zahl, die in allen Bezugsrahmen denselben Wert hat.

   Das ist nun mal die Aufgabe von Vektoren. Sie bewahren ihre Länge, wenn ihre Komponenten vermischt werden. Für eine Uhr in der Raum-Zeit ist das unveränderliche Intervall – die Größe des vierdimensionalen Positionsvektors – die so genannte richtige Zeit. Die Beobachter manipulieren auf gewisse Weise Raum und Zeit und weisen alle dieselbe Zahl vor. Für einen Impuls-Energie-Vektor ist die unveränderliche Größe proportional zur *Masse*. Die Beobachter manipulieren auf gewisse Weise Impuls und Energie und weisen alle die gleiche Masse vor.

2. Der Impuls, der räumliche Beitrag zur Impuls-Energie, bleibt in allen Bezugsrahmen erhalten. Die drei Bestandteile des Impulses stellen einen unabhängigen dreidimensionalen Vektor mit seiner eigenen festgelegten Größe dar.

   Unterschiedliche Beobachter, deren Ansichten durch relative Bewegung beeinflusst werden, geben verschiedene Zahlen für den Gesamtimpuls eines Systems an. Und was bedeutet das? Es genügt, dass sie sich über das Phänomen der Erhaltung einig sind – dass, ungeachtet ihrer individuellen Zahlen, die Werte vor, während und nach den zur Debatte stehenden Ereignissen gleich bleiben.

3. Wo immer und wann immer der Impuls erhalten bleibt, muss auch

die Energie erhalten bleiben. Wäre dem nicht so, dann bliebe die Größe des vierdimensionalen Vektors nicht fix.

Durch eine unveränderliche Masse miteinander verbunden (und in allen Rahmen als gleich bleibend wahrgenommen), werden Impuls und Energie folglich Partner in einem umfassenderen Erhaltungsgesetz. In einem Raum-Zeit-Universum lässt sich das eine nicht ohne das andere erhalten.

ENERGIE UND MASSE

Endlich kommen wir zu $E = mc^2$, zur Äquivalenz von Energie und Masse. «Energie» sagt diese täuschend einfache Gleichung, kann die Form der Masse annehmen. Wählen wir unseren Bezugsrahmen so, dass der Gesamtimpuls null ist, wird unser Impuls-Energie-Vektor ganz und gar aus Energie bestehen. Energie und nur Energie verleiht diesem Vektor seine Größe. Es ist eine Zahl, die proportional zur Masse ist.

Nehmen Sie eine kleine Menge beliebigen Materials. Multiplizieren Sie seine Masse mit c^2 (der mit sich selbst multiplizierten Lichtgeschwindigkeit) und siehe da: Die daraus sich ergebende Zahl ist Energie, echte Energie, die angezapft werden kann, um Arbeit zu verrichten. Es ist in Masse eingeschlossene Energie, die jedem materiellen Teilchen zu Eigen ist.

Einerseits erscheinen Energie und Masse als ein seltsames Pärchen. So fragen wir uns, wie Energie eigentlich genau der Masse entsprechen kann. Wie sollte Energie – diese ätherische, unsichtbare Präsenz, dieser nicht greifbare Ansporn zur Tat – mit Masse selbst gleichgesetzt werden, dieser ureigensten Verkörperung von Substanz und Greifbarkeit?

Andererseits taucht $E = mc^2$ fast wie ein nachträglicher Einfall auf, als notwendige, aber nebensächliche Konsequenz der Raum-Zeit. Hat der räumliche Impulsvektor erst einmal die ihm eigene Form angenommen, dann ist das Schicksal seines zeitlichen Kollegen besiegelt. Wegen der Aufhebung der absoluten Zeit kann die zeitliche

Komponente eines vierdimensionalen Impulsvektors nur eines sein: das Produkt von Masse und der zeitlichen Komponente der vierdimensionalen Geschwindigkeit. Und wenn die mathematische Arbeit schließlich getan ist, haben wir die Größe (Gamma) × (Masse) × (c^2).

Was ist das? Es erscheint auf der Szene mit Einheiten von (Masse) × (Geschwindigkeit)^2, genauso wie die Energie. Es ist eine einzige Zahl wie die Energie. Sie wird, genau wie die Energie, mit der Zeit in Verbindung gebracht. Und es ist in der Tat die Gesamtenergie eines freien Teilchens, das mit der Geschwindigkeit zunimmt und dabei Ähnlichkeiten zum Gammaanstieg beim Impuls aufweist:

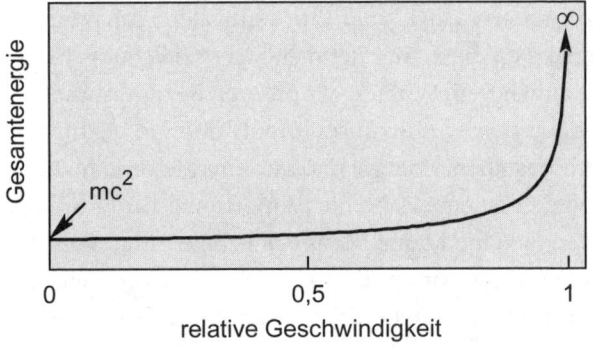

Schauen Sie sich den linken Bereich der Kurve an, wo die relative Geschwindigkeit null und Gamma 1 beträgt. Hier, in einem *ruhenden* Bezugsrahmen, sind Impuls und Bewegungsenergie eines ruhenden Teilchens gleich null, dennoch beträgt seine Gesamtenergie nicht null. Es hat eine Energie mit dem Gegenwert von *mc^2*: eine «Ruheenergie», eine Energie des Stillstands, eine dem Sein innewohnende Energie. Diese Energie wird einem Stück Materie nicht durch Bewegung oder eine Kollision verliehen, auch nicht durch ein Gravitationsfeld oder ein elektromagnetisches Feld, sondern durch nichts anderes als die Masse selbst. Diese Trägheitsenergie *mc^2*, also dieselbe Zahl in allen Trägheitssystemen, ist die Summe, die die Natur bei der Geburt eines Teilchens in der Bank deponiert.

Die Gesamtenergie im Universum bleibt trotz örtlicher Schwankungen immer gleich. Jedem Haben steht ein Soll gegenüber, jedem Gewinn ein Verlust. Falls ein Teilchen, sagen wir, innere Energie verlieren will, muss es buchstäblich etwas von sich selbst geben: einen Teil seiner Masse. So verringert sich die Masse eines Teilchens, während die frei werdende Energie auf ein anderes Konto fließt.

Stellen Sie sich ein Potenzialenergiefeld vor, das die Umrisse eines Tals zwischen zwei Hügeln hat. Auf dem Gipfel des einen Hügels sitzt einsatzbereit ein bewegungsloses Teilchen. Keine Kraft drückt es nach links oder rechts. Auf dem Gipfel ist das Potenzial flach, und hier sitzt das Teilchen. Es bleibt im Ruhestand und tut nichts, bis plötzlich ein sanfter Schubs von außen den Stein ins Rollen bringt:

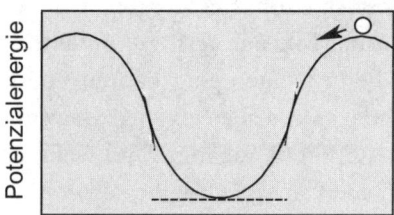

Das Teilchen fällt also vom Niveau hohen Potenzials auf das Niveau niedrigen Potenzials und nimmt im Laufe des Abstiegs Bewegungsenergie auf. Mal schneller, mal langsamer, rollt es zum Fuß des Hügels und beginnt, den anderen Hügel hinaufzusteigen*. Die Bewegungsenergie trägt das Teilchen den Hügel hinauf, höher und höher,

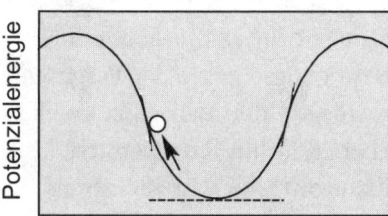

und hier stellt sich die Frage: Wie hoch kann es steigen? Wird das Teilchen im Tal gefangen bleiben oder wird es den ganzen Weg bis zum Gipfel des zweiten Hügels erklimmen?

Soll der Körper im Tal gefangen bleiben, muss er etwas Energie verlieren. Er muss, wie ein lärmendes Kind, ruhiger werden. Denn falls das Teilchen die gesamte Bewegungsenergie aufnimmt, die das Feld liefern kann – wenn es also nichts anderes tut, als die Potenzialenergie, Euro für Euro, in Bewegungsenergie einzutauschen –, dann läuft das Geschäft auf eine Pattsituation hinaus. Wie hoch die Bewegungsenergie auch sein mag, die das Teilchen beim Hinabrollen gewinnt, sie reicht aus, um es erneut auf den Gipfel des Hügels hinaufzutragen. Ist das Objekt schließlich seiner Bewegungsenergie beraubt, kehrt es zu seinem ursprünglichen Ruhezustand zurück: zu einem Punkt maximaler Potenzialenergie, unbelastet durch den etwaigen Kostenaufwand für Bewegung.

Nehmen wir dennoch einmal an, das Teilchen behalte nicht jedes bisschen Energie, die das Feld zur Verfügung stellt. Wir erinnern uns, dass es eine Masse besitzt, einen eingebauten Energiespeicher, eine Ausstattung, die weder von seiner eigenen Bewegung noch von irgendeiner externen Wirkkraft abhängt. Und wenn jetzt das Teilchen einen Teil dieser eigenen Energie abgibt, also tatsächlich *Masse verliert*, kann es den ganzen Aufstieg bis zum Gipfel des Hügels vermeiden. Es kommt im Tal zur Ruhe, findet neue Stabilität mit weniger Masse und weniger Ruheenergie als zuvor. Irgendjemand anders wird die Differenz zahlen.

Ein anderes Beispiel: Der Kern einer bestimmten Uranart spaltet sich in seine Bestandteile auf*, und wenn der Staub sich gelegt hat, enthalten die Splitter weniger Masse und weniger Ruheenergie als das ursprüngliche Atom. Geht Energie dabei verloren? Nein, die Differenz steckt in der Bewegungsenergie der Fragmente, die mit hoher Geschwindigkeit wegfliegen und dabei Explosivkraft und Hitze an die Umgebung abgeben. Kern für Kern betrachtet, scheint die wieder eingesetzte Masse allzu winzig zu sein (kleiner als ein Billionstel eines billionstel Gramms), aber die kleinen Splitter summieren sich. Fügen wir genügend kleine Teilchen zusammen, haben wir eine Atombombe. Das ist eine überzeugende Demonstration, wie ein moralisch gleichgültiges Universum Masse hin und her schiebt, um die Erhaltung der Energie durchzusetzen.

Das mag spektakulär sein, etwas Besonderes ist es allerdings nicht. Die Natur verlangt denselben Preis, nämlich eine örtliche Veränderung der Masse, wenn TNT explodiert, Methan brennt, wenn Atome und Moleküle sich in einem Potenzialenergiefeld aneinander hängen oder auseinander gerissen werden. Kernenergie unterscheidet sich nicht von chemischer Energie, sodass die verlorene oder hinzugewonnene Masse eines Kerns sich in keiner Weise von der verlorenen oder hinzugewonnenen Masse eines Moleküls unterscheidet. Wenn es einen Unterschied gibt, dann betrifft es das Ausmaß, nicht aber die Art und Weise. Atome und Moleküle, die längst nicht so stark zusammengehalten werden wie die Kerne, tauschen Energie und Masse in viel kleineren Dosierungen aus. Sie müssen proportional weniger Masse aufbringen als Kerne (millionenfach weniger), um die Konten auszugleichen.

Wir sehen folglich, dass $E = mc^2$ kein derart seltenes Ereignis ist. Wo immer Teilchen miteinander wechselwirken, können Sie Ausschau nach möglichen wechselseitigen Umwandlungen von Masse und Ruheenergie halten: bei der Bildung eines Moleküls, im Zerfall eines Kerns, im Hexenkessel der Sonne (wo in jeder Sekunde vier Millionen Tonnen Materie in 100 Milliarden Milliarden Kilowattstunden Energie verwandelt werden. Das Unternehmen $E = mc^2$ ist eine Alltagsangelegenheit, ein Routinegeschäft im globalen Auf und Ab der Energie.

RAUM-ZEIT UND GRAVITATION

Dorothy schreckt aus dem Schlaf hoch und sieht es kommen. Ganz oben löst sich plötzlich ein wackliges Regalbrett, und von diesem Augenblick an, da Bowlingkugel und Golfball jeden Halt verloren haben, müssen sie ihr mechanisches Schicksal erfüllen. Der nun folgende Aufprall ist nur eine Frage der Zeit.

Dorothy sieht die beiden Körper fallen und beobachtet, wie sie während des gesamten Trips im Gleichschritt beschleunigen. Seite an Seite fallen sie die ganzen 43 Meter 20 von der Decke bis zum Fußboden in drei Sekunden (die Decke ist offensichtlich ziemlich hoch). Dorothy stellt fest, dass Kugel und Ball in der ersten Sekunde 3 Meter 13 schaffen*, weitere 14 Meter 40 in der zweiten Sekunde und schließlich 24 Meter in der dritten Sekunde. Um Platz auf der Seite zu sparen, ist der Zeit- und Entfernungsplan horizontal dargestellt. Er präsentiert genau das, was man von einem Körper erwartet, der nahe der Erdoberfläche fällt:

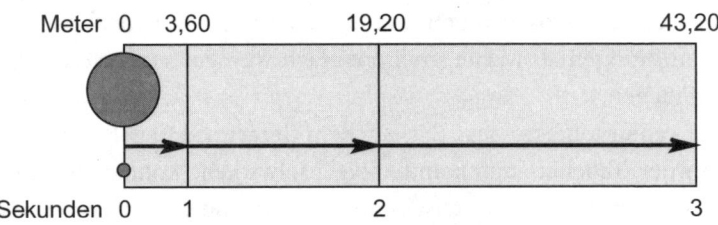

Hier fällt nichts aus dem Rahmen, aber Dorothy erwacht ein wenig orientierungslos aus ihrem langen Schlaf. Immer noch ein wenig benommen, starrt sie mit offenem Mund auf die Kugel und den Ball, die gleichzeitig auf dem Fußboden aufprallen.

«Das ist schon seltsam», wundert sich Dorothy, «die Bowlingkugel ist so viel schwerer als der Golfball, dennoch fallen beide mit derselben Beschleunigung (natürlich nur, wenn ich den Luftwiderstand ausklammere). Schon komisch!»

Glücklicherweise bekommt sie schon bald einen klaren Kopf. «Ach ja», erinnert sich Dorothy mit Genugtuung, «ich habe darüber in Kapitel 4 gelesen. Es ist wie ein Tauziehen, wobei die Masse an beiden Enden des Seiles zerrt. Alle Objekte, egal, ob sie viel oder wenig Masse haben, fallen in einem gleichförmigen Gravitationsfeld mit der gleichen konstanten Beschleunigung. Die Erdmasse zieht die Masse des fallenden Körpers an, aber dessen Masse schlägt zurück.

Jetzt erinnere ich mich wieder ganz genau. Die ‹schwere Masse› eines Körpers, die ihn für die Gravitation empfänglich macht, trägt zu einer Anziehungskraft bei. *Je mehr Masse vorhanden ist, desto größer ist die Kraft. Je größer die Kraft ist, desto größer ist die Beschleunigung.* Dennoch verleiht genau diese Masse in ihrer Eigenschaft als ‹träge Masse› dem Körper die Trägheit und bringt ihn dazu, jedem Beschleunigungsversuch zu widerstehen, Gramm für Gramm. *Je mehr Masse da ist, desto größer ist die Trägheit. Je größer die Trägheit ist, desto geringer ist die Beschleunigung.* So stellt sich heraus – weil Trägheitsmasse und Gravitationsmasse zufällig ein und dasselbe sind –, dass alles mit der gleichen konstanten Beschleunigung fällt. Ich nehme an, dass das ein Zufall ist, aber so ist das nun mal mit der Gravitation.»

Nun stellen Sie sich vor, wie schwer schockiert Dorothy jetzt sein muss, als sie durch das Oberlicht schaut und nur das schwarze Nichts des Weltalls sieht. Die Erde ist verschwunden, Sonne, Mond, Planeten und Sterne ebenfalls. Nicht ein einziges Masseteilchen ist geblieben, das ein Gravitationsfeld bilden könnte. Alles ist einfach verschwunden.

Trotzdem existiert die Gravitation. Objekte fallen, wie auf der Erde, mit der gleichen konstanten Beschleunigung zu Boden. Dorothy und ihr Bett bleiben, wie auf der Erde, am Boden haften. Alles im Haus kommt ihr, wie auf der Erde, ganz normal vor.

Doch als sie dann in die Schwärze hinausspäht, bietet sich Dorothy ein gruseliger Anblick. Irgendein finsteres Wesen reitet auf einem anscheinend düsenbetriebenen Besenstiel und zieht mit Haken und Kette das Haus durchs All. Gleichmäßig beschleunigt der Besenreiter das Haus in genau dem Tempo, mit dem ein Körper im Gravitationsfeld der Erde fiele. In der ersten Sekunde kommt das Haus 3 Meter 60 voran, 14 Meter 40 in der zweiten und 24 Meter in der dritten Sekunde. Das Haus rast immer schneller durchs All und nimmt ständig an Geschwindigkeit zu – wie ein zur Erde fallender Körper.

«Na schön», seufzt Dorothy, «ich schätze, ich bin nicht mehr auf der Erde. Muss passiert sein, als ich schlief. Wirklich schade, dass die ganze Masse nicht mehr da ist. Aber wenn ich's mir recht überlege, sollte ich mich vielleicht gar nicht beschweren, weil ich sowieso keinen Unterschied feststellen kann. Denn schließlich habe ich ja Gravitation.»

Das Äquivalenzprinzip

Was unsere Beobachterin «Gravitation» nennt, ist in Wirklichkeit nur die Auswirkung beschleunigter Bewegung. Im Vakuum des Alls und weit entfernt von jeder großen Masse, ist die Gravitation keine «Kraft», die Bowlingkugel und Golfball von der Zimmerdecke zum Fußboden zieht. Stattdessen ist es der Fußboden des beschleunigten Hauses, der sich aufwärts bewegt und alle Objekte abfängt, die im Wege liegen:

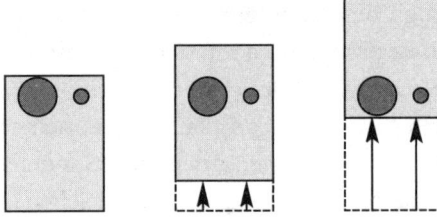

Für einen Beobachter, der auf diesem Fußboden steht, scheinen Kugel und Ball trotz ihrer unterschiedlichen Masse Seite an Seite zu fallen, als beschleunigten sie in einem Gravitationsfeld nach unten. Doch für einen außen stehenden Beobachter, der sieht, wie der Fußboden nach oben eilt, während sich die runden Sportgeräte im Ruhezustand befinden, bietet sich eine andere und womöglich transparentere Sicht der Dinge. Die Massen der beiden Objekte, ob groß oder klein, haben eindeutig nichts mit dem Hochfahren des Fußbodens zu tun. Der Außenbeobachter hat keine Vorstellung einer «häuslichen», Gegenkraft erzeugenden *trägen Masse*, die im Konflikt mit einer ungebundenen, sich der Kraft unterwerfenden *schweren Masse* steht. Denn der Außenbeobachter bringt überhaupt keine Kraft ins Spiel.

Gravitation? Die Gravitation kann genauso einfach ausgeschaltet wie eingeschaltet werden, falls unsere Vorstellung von Gravitation lediglich eine Konsequenz beschleunigter Bewegung ist. Im Inneren eines frei fallenden Fahrstuhls beispielsweise haben die unglücklichen Passagiere kein Gefühl mehr für Gravitation*, nachdem das Kabel gekappt ist. Bezugsrahmen (Fahrstuhl) und Inhalt fallen beide mit derselben Beschleunigung auf die Erde zu: 4 Meter 80 in der ersten Sekunde, 14 Meter 40 in der zweiten und 24 Meter in der dritten Sekunde. Sie fallen unweigerlich immer schneller nach unten, bis sich der Boden einmischt. Der Fahrstuhl nimmt in jedem Moment an Geschwindigkeit zu, und genauso ergeht es den Passagieren. Alles fällt, unabhängig voneinander, mit derselben Beschleunigung.

Ein Außenbeobachter sieht, wie Fahrstuhl und Passagiere Seite an Seite im freien Fall herabsinken, wobei jeder Körper dieselbe Gravitationsbeschleunigung erfährt. Im Inneren des Fahrstuhls jedoch behaupten die Passagiere, sich im Ruhezustand zu befinden. Sie schweben frei in der Kabine umher. Sie fühlen weder die Anziehung der Wände noch die der Decke oder des Fußbodens. Sie stellen fest, dass alle festen Inventarteile an ihrem Platz bleiben. «Gravitation? Welche Gravitation? Welche Beschleunigung?», fragt einer der Fahrgäste die anderen. «Es gibt keine Kraft, die auf uns einwirkt. Wir sind hier vor Ort, in unserem Trägheits-Bezugsrahmen im Ruhezustand, wir sind bewegungslos und werden unseren augenblicklichen Zustand nicht verändern, es sei denn, es passiert etwaaaaaa ...»

Einstein verlieh dieser Situation den Status eines Grundprinzips* und nannte es den Eckstein seiner Allgemeinen Relativitätstheorie:* dass alle gleichförmig beschleunigten Bezugsrahmen in vollem Umfang äquivalent sind; dass keiner im Verhältnis zu jedem beliebigen anderen Rahmen privilegiert sei; dass Beobachter innerhalb eines geschlossenen Zugabteils nicht zwischen der Gravitation oder ihrer Abwesenheit und gewöhnlicher beschleunigter Bewegung unterscheiden können. Das Äquivalenzprinzip läuft auf die Behauptung hinaus, Gravitation und Trägheit seien ein und dasselbe. Obendrein löst es auf einen Streich die geheimnisvolle Gleichberechtigung von schwerer Masse und träger Masse. Es schafft die beiden Massen als separate Einheiten ab und vereint sie stattdessen zu einer einfachen *Masse*.

Die Spezielle Relativitätstheorie (die wir bis jetzt einfach Relativität genannt haben) verleiht allen auf Trägheit beruhenden Bezugsrahmen Gleichberechtigung. Sie besteht darauf, dass mit konstanter Relativgeschwindigkeit reisende Beobachter alle physikalischen Phänomene auf die grundsätzlich gleiche Art und Weise betrachten. Niemand kann den Unterschied zwischen Stillstand und einer geradlinigen Bewegung bei konstanter Geschwindigkeit ausmachen. Jeder muss den Standpunkt jedes anderen verstehen und akzeptieren.

Die allgemeine Theorie erweitert diese Gleichberechtigung der Beobachtung auf Bezugsrahmen, die einer gleichförmigen Beschleunigung unterworfen sind. Sie besteht darauf, dass Beobachter in solchen Rahmen alle physikalischen Phänomene auf die gleiche Art und Weise betrachten müssen, was zwangsläufig zu einer Neuformulierung der Gravitationsgesetze führt. Führen muss. Wenn niemand mehr den Unterschied zwischen gleichförmiger Beschleunigung und einem gleichförmigen Gravitationsfeld erklären kann, was ist dann eigentlich die Gravitation?

Wie können wir beispielsweise den Durchgang eines Lichtstrahls durch einen beschleunigten Bezugsrahmen deuten? Der masselose Strahl bewegt sich im Raum und folgt einer geraden Linie. Er dringt durch ein Fenster unseres im Weltall beschleunigenden Abteils,

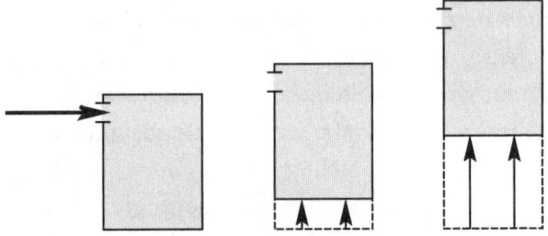

kommt ein wenig weiter voran und trifft dann auf einen Detektor am anderen Ende des Abteils. Nehmen wir an, dass die Aufwärtsbeschleunigung arrangiert worden ist, um die Gravitationsanziehung der Erde zu simulieren. Was passiert mit dem Lichtstrahl?

Das kommt auf den eigenen Standpunkt an. Beobachter 1 befindet sich außerhalb und sieht, wie ein Lichtstrahl geradlinig durch ein aufsteigendes Abteil geht. Die Bewegung des Fußbodens hat nichts zu tun mit der Bewegung des Strahls:

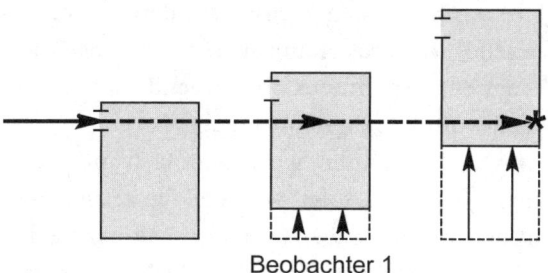

Beobachter 1

«Der Lichtstrahl setzt seinen Weg geradlinig fort», berichtet Beobachter 1. «Keine externe Wirkkraft lenkt ihn von seinem Pfad ab.»

Beobachter 2 ist mitten in den beschleunigten Bezugsrahmen versetzt und behauptet genau das Gegenteil. Er sieht, wie der Strahl eine parabolische Bahn zum Fußboden hin beschreibt, genau wie jedes horizontal im irdischen Gravitationsfeld abgefeuerte Projektil. Der Lichtstrahl fällt, 4 Meter 80 in der ersten Sekunde (während der er 300 000 Kilometer in horizontaler Richtung fliegt!), zusätzliche 14 Meter 40 in der nächsten Sekunde (plus weitere 300 000 Kilometer) und so weiter. Die Zeichnung ist maßlos übertrieben, aber der Lichtpfad scheint tatsächlich gekrümmt zu sein:

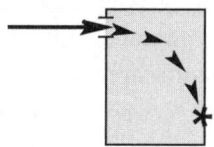

Beobachter 2

«Ich stehe offenbar in einem Gravitationsfeld», sagt Beobachter 2, «da meine Füße fest am Boden bleiben und alle Objekte – dieser Lichtstrahl inbegriffen – mit der gleichen konstanten Beschleunigung fallen.»

«Aber das kann nicht die Gravitation sein», widerspricht Beobachter 1, «weil Sie sich nirgendwo in der Nähe irgendeiner *Masse* befinden. Ich versichere Ihnen, es ist nur Ihr Abteil, das der Beschleunigung ausgesetzt ist, und nicht der Lichtstrahl. Denn der bewegt sich geradlinig durch Ihr Abteil hindurch.»

«Sagen Sie, was Sie wollen», antwortet Beobachter 2, «aber alles, was ich hier sehe, trägt das Kennzeichen irdischer Gravitation. Ich kann mir weder ein Experiment noch irgendeine Beobachtung vorstellen, die mich vom Gegenteil überzeugt.»

Um den Streit zu schlichten, wenden sie sich an Beobachter 3, der dem Weg eines Lichtstrahls folgt, während dieser an einem angemessen massereichen Objekt (sagen wir, der Erde) vorbeifliegt. Dieser dritte Beobachter berichtet aus einem nicht beschleunigten Bezugsrahmen und kommt zu dem Schluss, dass das Licht in Gegenwart einer Masse tatsächlich seinen Pfad verändert. Beobachter 3 sieht die gleiche Krümmung wie Beobachter 2 – hier wieder übertrieben dargestellt, um das Wesentliche zu betonen:

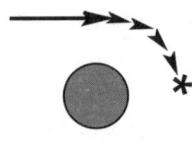

Beobachter 3

Die Ablenkung* in Erdnähe ist gering, aber sie ist real; und in der Nähe der Sonne* und anderer großer Sterne wird sie groß genug, um mit Sicherheit ein Messergebnis zu erzielen.

Jetzt müssen sich alle Beobachter einigen. Sie müssen darin übereinstimmen, dass der Weg *jedes beliebigen* Objektes (ein Lichtstrahl inbegriffen) sich krümmt, wenn er aus einem beschleunigten Bezugsrahmen heraus beobachtet wird. Sie müssen sich darauf verständigen, dass alle diese Standpunkte den gleichen Status genießen, und sie müssen alle dem Faktum zustimmen, dass die Auswirkungen von Beschleunigung und Gravitation ununterscheidbar sind.

Zuerst sollen sie das Äquivalenzprinzip auf die Gravitation des Lichtes anwenden. Beobachter 3 (dessen Beobachtung auf einem großen Stück Masse beruht) ist keinesfalls privilegierter als Beobachter 2 (dessen Beobachtung lediglich auf die Beschleunigung hinausläuft). Denn dem Äquivalenzprinzip entsprechend, äußern beide Beteiligten eine legitime Ansicht. Beide behaupten, Zeugen der Gravitation in Aktion zu sein, und stellen deshalb die Fragen: Wenn die Gravitation aus der gegenseitigen Anziehung zweier Massen entsteht, die durch eine Kraft zusammenkommen, wie kann dann das Licht – als reine elektromagnetische Energie – ebenfalls angezogen werden? Gewinnt ein Lichtstrahl eine gleichwertige Masse aus $E = mc^2$, der Äquivalenz von Energie und Masse?

Ja, es verhält sich tatsächlich so, wie uns die Spezielle Relativitätstheorie erklärt. Aber Einstein fand einen noch umfassenderen, befriedigenderen Ansatz, nämlich die Allgemeine Relativitätstheorie, unter der die Gravitation als «Kraft» gänzlich abgeschafft wird. Unter der Speziellen Relativitätstheorie verzichten alle nichtbeschleunigten Beobachter auf ihre Forderungen nach absoluter Geschwindigkeit. Unter der allgemeinen Relativität geben alle beschleunigten Beobachter ihre Forderungen nach absoluter Beschleunigung auf.

Wir wissen ja, dass jede Art von Bewegung einen Beobachter in seiner Wahrnehmung von Raum und Zeit beeinflusst, beschleunigte Bewegung aber geht noch einen Schritt weiter. Beschleunigte Bewegung verändert die gesamte Wahrnehmung von Geometrie, Form und Proportion. Es kann passieren, dass die Dinge in einer Bewegungsrichtung zusammengezogen erscheinen und in der anderen nicht. Räumliche, aber auch zeitliche Beziehungen können verzerrt sein, flache Oberflächen gekrümmt erscheinen und Uhren langsamer laufen*. Und denken Sie daran: Krümmungen und Verwerfungen, die der eine Beobachter der Beschleunigung zuschreibt, kann ein anderer genauso gut auf das Konto der Gravitation, also der *Masse*, gehen lassen.

Erneut rückt die Masse in den Mittelpunkt des Interesses, dieses Mal jedoch spielt sie auf der Bühne eine spektakulär andere Rolle, die schon bald unsere ganze Vorstellung von der Natur und von der Geometrie des Raumes revolutionieren wird.

MASSE UND DIE KRÜMMUNG DER RAUM-ZEIT

In Newtons Welt ist der Raum ewig und unveränderlich: ein Ort, an dem einfach nur Teilchen existieren und Kräfte walten können, eine Bühne, die unverändert bleibt, während die Schauspieler kommen und gehen. Er ist eine leere Plattform, die sich jedem Regiebuch anpassen lässt, die allerdings keine aktive Rolle in den Dramen spielt, die sich dort entfalten. Teilchen kollidieren, Felder bilden sich und lösen sich wieder auf, Energien und Impulse werden ausgetauscht, und dennoch bleibt das geometrische Gebäude des Raumes unberührt und unbemerkt. Regisseur, Besetzung und Publikum kommt es auf das Schauspiel selbst an. Der Bühne schenken sie nur wenig Beachtung.

Wir stellen uns die Newton'sche Bühne als einen Leerraum vor, der sich endlos in drei senkrecht zueinander angeordneten Richtungen erstreckt. Es ist eine Leere, die darauf wartet, ausgefüllt zu werden. Wir konstruieren diesen Leerraum aus geraden Linien

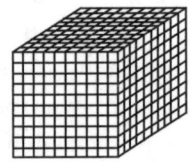

und wenden die Regeln der euklidischen Geometrie an – Regeln wie: *Parallelen schneiden sich nie.* Und: *Die drei Winkel in einem Dreieck ergeben zusammen 180 Grad.* Oder: *Das Verhältnis eines Kreisumfangs zu seinem Durchmesser ist gleich* π *(3,14159 …).* Es sind die Regeln für einen flachen Raum,

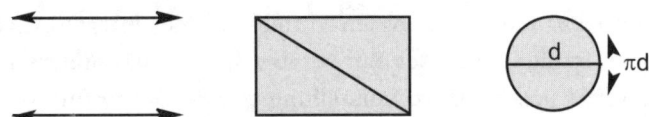

und genau dieser *flache* Raum steht der von Newtons erstem Gesetz beschriebenen geradlinigen Trägheit zu. Ein Teilchen, das sich frei in einem solchen Raum bewegt,

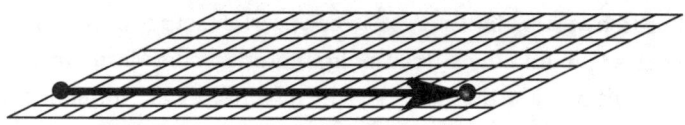

gehorcht der natürlichen Ordnung der Dinge und bleibt auf Kurs, das heißt, es setzt die Tätigkeit fort, die es zuletzt innehatte, etwa mit konstanter Geschwindigkeit und geradlinig unterwegs zu sein. Sich geradlinig fortzubewegen, ist das natürlichste Verhalten und bedeutet lediglich, den Gitterlinien eines flachen Raumes zu folgen. Und falls eine Newton'sche Kraft des Weges kommen sollte, um ein Teilchen vom Pfad der Tugend abzulenken, dann soll es eben so sein. Obwohl sich die Flugbahn des Körpers krümmen kann, bleibt das Gerüst des Raumes flach:

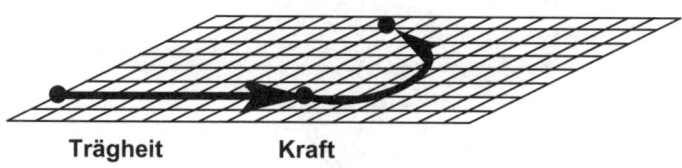

Trägheit   **Kraft**

Der zur Trägheit gehörende Bezugsrahmen spielt den Veranstalter für den Prozess, nimmt aber selbst nicht daran teil. Raum und Zeit ändern sich während der Ereignisse nicht und ebenso wenig davor oder danach.

Ist nun diese seit langem bestehende Vorstellung vom statischen Raum und der statischen Zeit noch länger angemessen für einen beschleunigten Bezugsrahmen und folglich für die Beschreibung der Gravitation? Einstein verneint dies. Er sagt *nein* zu Raum und Zeit als getrennte Größen. *Nein* zu einem durchgängig flachen Raum. *Nein* zum ewigen, unveränderlichen Raum. *Nein* zum Raum als bloßes mentales Konstrukt und Netzwerk imaginärer Gitterlinien. Die Raum-Zeit geht aus der allgemeinen Relativität als etwas Greifbares hervor, als etwas, was man buchstäblich anfassen und formen kann. Die Raum-Zeit ist nicht länger die passive Gastgeberin, sondern verwandelt sich zu einer aktiven Gestalterin. Die unmittelbare Gegenwart von Masse – und ihrer

Zwillingsschwester, der Energie – verwirft das Gefüge der Raum-Zeit. Wie ein Turner auf einem Trampolin hinterlässt die *Masse* Krümmungen und Mulden auf der flachen Schicht (unserer zweidimensionalen Annäherung an die nicht darstellbare vierdimensionale Welt).

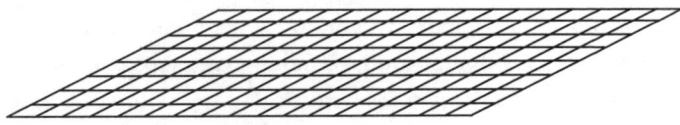

An einem Ort lässt eine Anordnung von Masse die Raum-Zeit wie eine Kugel aussehen, an anderer Stelle wie einen Sattel, irgendwo anders vielleicht wie einen Sombrero:

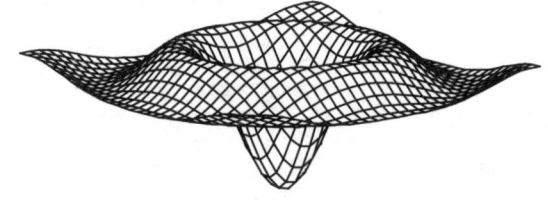

Das Äquivalenzprinzip fordert dies. Da räumliche und zeitliche Beziehungen einem beschleunigten Beobachter als Verwerfung erscheinen, müssen sie demnach auch einem Beobachter in einem Gravitationsfeld verworfen vorkommen. Sie schreiben die Verwerfung der Bewegung zu, während ich die Masse dafür verantwortlich mache. Dennoch sind unsere Ansichten ununterscheidbar. Wir haben beide Recht.

Der allgemeinen Relativität zufolge übt Masse ihren Einfluss nicht durch Kraft, sondern über die Trägheit aus. Die Sonne setzt ihre Masse nicht ein, um die Erde durch ihre Kraft anzuziehen, also die Erde näher an sich heranzuziehen oder sie von ihrer «natürlichen» geradlinigen Trägheitsbahn abzulenken. Nein, die Sonne nutzt ihre Masse stattdessen, um für die Erde einen gekrümmten Pfad zu bereiten und dadurch die flache Raum-Zeit in eine gekrümmte Raum-Zeit zu verwandeln. Wie ein Eisenbahnarbeiter, der einen Hebel umlegt, lenkt die Sonne die Trägheitsbewegung der Erde auf ein anderes Gleis um.

Dabei wird kein Zwang ausgeübt. Die Erde genießt weiterhin ihre kraftfreie, ungezwungene Trägheitsbewegung, nur dass die jetzt auf einer gekrümmten Bahn verläuft. Nicht anders verhält sich ein Lichtstrahl, der auf ein gekrümmtes Gleis ausweicht, wenn er der Sonne zu nahe kommt. Der Lichtstrahl fliegt vorbei und beschreibt für uns die Gitterlinien einer gekrümmten Raum-Zeit. Er führt aus, was ihm natürlich erscheint. Er gehorcht dem Trägheitsgesetz über einem Gelände, das nicht mehr flach ist und hier und da mit Masse gewürzt ist. Mühelos kommt er voran und nimmt dabei den geradlinigsten Weg, der in einer vierdimensionalen Welt möglich ist, in der Euklids gerade Linien aus ihrer Form gebracht und gekrümmt worden sind.

Eine Klarstellung

Gravitation ist Geometrie, sagt uns Einstein, genauer gesagt, die Geometrie eines gekrümmten vierdimensionalen Raums – auch nicht des gewöhnlichen vierdimensionalen Raums, sondern der Raum-Zeit. Es gelten völlig andere Regeln.

Von Anfang an, selbst wenn wir die Länge eines Vektors in der flachen Raum-Zeit messen (die ein nicht beschleunigter Bezugsrahmen ist), stellen wir einen Unterschied fest, der über die bloße Anzahl der Dimensionen hinausgeht. Im einfachen Raum tragen alle Komponenten eines Vektors zu dessen Größe bei. Im Gegensatz dazu ist in der Raum-Zeit ein Minuszeichen verborgen. Diesem Bild begegneten wir bereits bei der speziellen Relativität. Es bedeutet, dass die gekrümmte Raum-Zeit niemals ganz dem gekrümmten Raum allein gleichen wird:

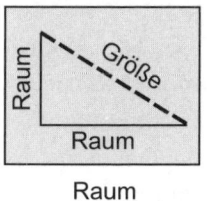

Raum

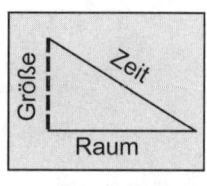

Raum-Zeit

Zwar sind wir uns dieses grundlegenden Unterschieds bewusst, dennoch benutzen wir eine gewöhnliche Kugel (ein Zugeständnis an unseren dreidimensionalen Verstand*) für die noch folgenden Ausführungen. Wir wollen die Kugel als Denkmodell für die Art und Weise benutzen, wie sich die Geometrie in der gekrümmten Raum-Zeit entwickeln könnte, auch wenn diese Veranschaulichung begrenzt und unzureichend erscheinen mag.

Das mathematische Problem hierbei besteht darin, die vierdimensionale Raum-Zeit in einer Form zu krümmen, die das begrenzte Vorkommen und den Fluss der Masse erklärt. Es ist eine Furcht einflößende Herausforderung, die Einstein viele Jahre in Anspruch nahm, doch am Ende strahlt die Theorie Schönheit und Eleganz aus. Nachdem alle Gleichungen aufgeschrieben sind, stellt die Theorie folgende grundlegende Frage und liefert die Antwort dazu:

Frage: Falls die natürlichste Bewegung in der Welt die Trägheitsbewegung ist (auf Kurs bleiben, konstantes Tempo halten, geradlinig bewegen!), was bedeutet dann Trägheitsbewegung in einer Umgebung, in der alle verfügbaren Wege gekrümmt sind?

Antwort: Versuchen Sie Ihr Bestes. Folgen Sie dem Pfad, der unter den gegebenen Umständen am geradesten ist.

Fangen Sie irgendwo am Äquator an mit der Blickrichtung genau nach Norden. Machen Sie einen kleinen Schritt: einen Meter, eine Fußlänge, eine Handbreite, einen Millimeter, einen Mikrometer, einen Nanometer – ganz egal, er muss nur *klein* sein. Machen Sie den Schritt klein genug, sodass die Reiserichtung gerade und die Erde flach zu sein scheint:

Das ist eine Illusion, mit der wir alle vertraut sind.

Machen wir jetzt einen weiteren kleinen Schritt und schauen dabei wieder geradeaus. Nicht nach Osten oder Westen, sondern direkt Richtung Norden:

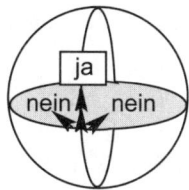

Wiederholen Sie den Vorgang immer wieder. Machen Sie jedes Mal einen Schritt geradeaus und bleiben Sie dann, nach einer langen Reihe kleiner Schritte, in weiter Entfernung stehen und schauen sich den nachgezeichneten Weg an. Er liegt auf einem großen Kreis, einer Kurve, die durch entgegengesetzte Pole führt:

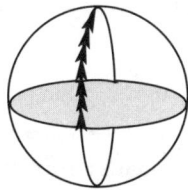

Wir nennen diesen speziellen, potenziell geradesten Pfad auf einer gekrümmten Oberfläche eine Geodäte. Sie ist nur ein Beispiel von vielen, aber sie veranschaulicht uns die allgemeine Bedeutung von Geradheit in einer gekrümmten Umgebung. Die Botschaft ist einfach: Wollen Sie geradeaus gehen, dann folgen Sie einer Geodäte.

Zwei Landvermesser glauben, die Erde sei flach, und entdecken schnell, dass die alten Geometrieregeln auf einer Kugel nicht mehr gelten, auf der die potenziell geradeste Linie eine Geodäte ist.

So stellen sie beispielsweise fest, dass die drei Winkel eines Dreiecks zusammen mehr als 180 Grad betragen. Sie erfahren, dass das Verhältnis eines Kreisumfangs zu seinem Durchmesser geringer als π sein kann. Sollten sie weit genug reisen, werden sie bemerken, dass parallele Linien sich immer weiter annähern und sich schließlich schneiden. Wenn sie im flachen Raum gemeinsam beginnen, geradlinig in die gleiche Richtung zu gehen, und ihren Weg dann fortsetzen, würden sich ihre Wege niemals kreuzen:

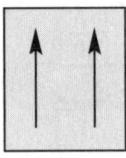

Auf einer Kugeloberfläche jedoch treffen sie am Pol aufeinander:

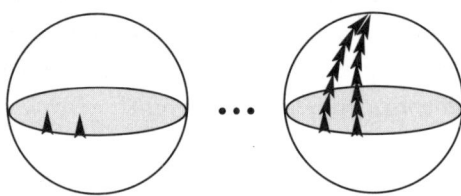

Jeder Landvermesser bricht in die gleiche Richtung auf, nämlich direkt nach Norden, schaut nur geradeaus und macht nichts anderes, als Schritt für Schritt der Geodäte zu folgen. Keiner spricht sich mit dem anderen ab, keiner passt sich dem anderen an. Sie bewegen sich unabhängig voneinander fort und lassen sich nur von der Geometrie ihrer Umgebung leiten. Dennoch bewegen sie sich unaufhaltsam aufeinander zu. Ein Beobachter aus der Vogelperspektive könnte gar eine Anziehungskraft geltend machen. Die Landvermesser aber wissen es besser.

Heutige Vermesser des Kosmos, die sich von Einsteins Allgemeiner Relativitätstheorie leiten lassen, wissen es ebenfalls besser.

Von fallenden Äpfeln bis zu Schwarzen Löchern
Und zuletzt, damit wir es nicht vergessen: Newton hatte Recht. Was Newton über die Mechanik des Himmels und der Erde enthüllte – von der fliegenden Kanonenkugel bis zur Umlaufbahn eines fernen

Planeten –, ist, sowohl vom logischen als auch vom mathematischen Standpunkt aus betrachtet, korrekt. Seine Gravitationsgesetze halten den Mond am Himmel. Sie informieren uns über seine Form und Größe und über die Geschwindigkeit der Umlaufbahn. Sie sagen uns, wann und wo wir die Ankunft eines Meteoriten zu erwarten haben. Sie beschreiben uns die Kurve eines jeden Projektils, das zur Erde fällt. Sie sind für all diese Dinge zuständig und führen sie mit eindrucksvoller Präzision aus. Die Zahlen sind einwandfrei.

Was Newtons Gesetzen jedoch nicht gelingt, ist die Erklärung ihres eigenen Erfolges. Newton beruft sich auf eine überirdische Gravitationskraft, die in der Lage ist, die Entfernungen zwischen den Teilchen wahrzunehmen, über die Herkunft dieser geheimnisvollen Fremden aber schweigt er sich aus. Obwohl er uns ein Rezept überlässt, das nachweislich korrekt ist, bleiben wir in der Zwickmühle stecken wie Schulkinder, die die Arithmetik auswendig lernen, denn wir fragen uns, warum das Rezept so beschaffen ist.

Außerdem fragen wir uns, wie Newtons Gravitationsfeld selbst die grundlegendste Forderung der speziellen Relativität erfüllen kann, dass nämlich ein Signal nicht augenblicklich übermittelt werden kann und erst eine gewisse Zeit verstreichen muss, damit Informationen von hier nach dort gelangen. In einem Newton'schen Kraftfeld findet dieses Phänomen keine Berücksichtigung. Newtons Modell erwähnt keine Verzögerung zwischen Übertragung und Empfang einer Kraft.

Einsteins Theorie füllt diese Lücke. Die allgemeine Relativität liefert einen Mechanismus und gleichzeitig eine plausible Erklärung für die Gravitation, indem sie die Masse mit der Krümmung der Raum-Zeit verknüpft. Jeder Klumpen Masse irgendwo im Universum muss einen Beitrag leisten. Durch die Verzerrung, die die Masse bewirkt, stellt sie einen Gravitationseinfluss dar, der in der Nähe der Quelle am stärksten ist und mit wachsender Entfernung abnimmt. Denken Sie daran, wie ein Körper eine Mulde in der Matratze hinterlässt, wie die Falten sich zu den Rändern hin glätten und die Krümmung mit der Entfernung abnimmt. Stellen Sie sich vor, wie ein kleines Objekt ungezwungen in die Senke am Rand der ruhenden Masse rollen könnte. Und wie ein ruhelos sich im Bett umherwälzender Schläfer die Geometrie der Matratze fortwährend formt und wieder umgestaltet. Vergegenwärtigen Sie sich diese Metaphern, denn sie vermitteln etwas von der Bedeutung, die sich hinter der tiefgründigen Mathematik der allgemeinen Relativität verbirgt.

Die allgemeine Theorie erklärt anhand ihrer gekrümmten Raum-Zeit ganz genau, warum Gravitationseinflüsse mit zunehmender Entfernung schwächer und mit zunehmender Masse stärker werden. Sie zeigt, wie ein Stück Masse, das sich von einem Ort zum anderen bewegt, die es umgebende Raum-Zeit fortwährend formt und wieder umgestaltet, wie es in den Furchen vorankommt, die andere Masseobjekte hinterlassen haben, und dabei ständig neue Furchen pflügt. Sie demonstriert, wie eine bewegte Masse Gravitationswellen aussendet (Kräuselungen in der Raum-Zeit) und dass diese schwachen Störungen sich mit c, der schnellen, aber endlichen Geschwindigkeit des Lichts, fortbewegen. Dadurch eröffnet uns die allgemeine Relativität im großen Maßstab ein Verständnis für die Richtigkeit der Newton'schen Zahlen. Auf diese Weise gerät Einsteins Raum-Zeit zu einem flexiblen Gerüst, mit dessen Hilfe das Universum Gravitationsstrukturen errichtet, die die ganze Skala von Größe und Stärke umfassen. In den Zuständigkeitsbereich der allgemeinen Relativität fällt alles: vom fallenden Apfel und dem Mond bis zu den Neutronensternen und Schwarzen Löchern der Astrophysiker*.

Einstein sagt, Newton hatte Recht, weil die Raum-Zeit sich an Orten, wo Masse selten auftritt und die Gravitationsfelder schwach sind, nahezu flach ausgedehnt – wie beispielsweise hier, in unserem eigenen Sonnensystem, das nach kosmischen Maßstäben keine große Anhäufung von Masse darstellt. Und wo die Raum-Zeit-Krümmung gemäßigt genug ist, beschränken sich die komplizierten Gleichungen der allgemeinen Relativität auf die viel einfacheren Gleichungen der Newton'schen Mechanik. Zwar gibt es ein paar kleine (wirklich nur winzige) Abweichungen, die nur die allgemeine Relativität erklären kann*, trotzdem wenden wir in der Praxis vertrauensvoll Newtons

Gesetze an. Schließlich haben sie den Menschen auf den Mond und wieder zurückgebracht.*

Doch zum Universum gehört mehr als nur Erde, Mond und Sonne, deshalb müssen wir genauer hinsehen und herausfinden, wo die allgemeine Relativität ihre Macht unangefochten ausübt. Also gehen wir über unsere hinsichtlich der Gravitation gemäßigten Nachbarn hinaus und schauen uns die Extreme an: beispielsweise die unglaublich dichte Konzentration von Masse in einem kollabierenden Stern, wo die Krümmung der Raum-Zeit alles andere als gemäßigt ist. Oder blicken wir zurück auf die Geburt des Universums, den Urknall, als jegliche Masse und Energie, die je existiert haben (und vielleicht auch jemals existieren werden), aus einem einzigen Punkt hervorgingen. Möchten Sie sich darüber hinaus der, nach heutigem Wissen, äußersten materiellen Eskalation stellen, dann schauen Sie in ein Schwarzes Loch, ein Objekt, in dem so viel Masse so dicht auf so kleinem Raum konzentriert ist – stellen Sie sich zehn Sonnen vor, die in einer Kugel mit einem Radius von weniger als fünfunddreißig Kilometern komprimiert sind –, dass die dazugehörige Krümmung unendlich groß wird.

Aber seien Sie vorsichtig. Was jemals in ein Schwarzes Loch fällt, bleibt dort. Nichts kann aus diesem unendlich gekrümmten Gravitationslabyrinth entkommen, nicht einmal ein Lichtstrahl.

6. Geballte Ladung

Es vollzieht sich in einem einzigen Augenblick: Ein Streifen am Himmel, ein plötzliches Aufleuchten, und schon ist es wieder dunkel. Doch werfen wir einen Blick auf diesen, wenn auch sehr kurzen Blitzstrahl, nehmen wir eine Welt wahr, die wir sonst nie zu Gesicht bekommen, eine Welt, die genauso abrupt aus dem Gleichgewicht gerät, wie sie wiederhergestellt wird. Es ist die Welt der Elektrizität, die Welt der Elektronen und Kerne, die Arena für Atome und Moleküle, Licht, Wärme und Klang. Es ist die Welt unserer Sinne, in der äußerliche Ruhe die inneren Spannungen verbirgt.

Hier hat die Gravitation nichts zu sagen. Atome treffen aufeinander und gehen ihrer Wege allein auf der Grundlage der elektrischen Ladung. Die Masse spielt keine Rolle. In der Makrowelt der Gravitation, wo die Masse die oberste Herrscherin ist, sind die Kräfte gering und die Entfernungen groß – allerdings ist die Gesamtmasse riesig, sodass alles der Anziehung unterliegt. Ein einzelnes Elektron, Proton, Atom oder Molekül zählt wenig im Gravitationszusammenspiel von Sonne, Erde und Mond. Es ist nur ein Körnchen Masse mit weniger Macht, als sie ein Infanterist in einem Millionenheer hat. Nur eine enorme angehäufte Menge solcher Teilchen kann einen ausreichend großen Einfluss aufbieten, um die Welt im großen Maßstab zu gestalten.

Nicht so in der elektrischen Mikrowelt. Wo Masse durch Ladung ersetzt wird, sind die Kräfte groß (*wie groß? Mindestens eine Milliarde Milliarde Milliarde Milliarde mal größer als die Gravitation – ein Wert, der noch um das Millionenfache übertroffen werden kann*) und die Entfernungen klein (*wie klein? Ein paar hundert Billionstel eines Meters oder weniger*). Die Teilchen stehen sich sozusagen von Angesicht zu Angesicht gegenüber, und alle Geschäfte werden zu Kleinkrämerbedingungen abgewickelt. So winzig einzelne Elektronen und Kerne auch sein mögen, üben sie mit ihren starken elektrischen Ladungen in einer von gegensätzlichen Kräften im Gleichgewicht gehaltenen Welt dennoch

Einfluss aus. Jedem positiven Wert steht ein negativer gegenüber, sodass Gegensätzliches nie lange allein bleibt. Sollten sie sich tatsächlich einmal trennen – wie es beispielsweise geschehen könnte, wenn H_2O-Moleküle in einer Wolke eine große Anzahl von Elektronen emittieren* –, schleudert die Natur einen Blitz und gleicht das Unrecht wieder aus. Negative und positive Ladungen, die zufällig auseinander getrieben werden, kommen wieder eng zusammen. So geht es zu in der elektrischen Welt, in der Welt der Ladungen. Die Gegensätze ziehen sich an, Gleiches stößt sich ab, und eine allgemeine Neutralität hält die Kräfte im Zaum.

Die Natur hat das Elektron mit einer elektrischen Ladung ausgestattet, sodass diese feststehende negative Ladung (mit dem Symbol: $-e$) unveräußerlich und unantastbar mit dem Teilchen verbunden bleibt, wohin es auch gehen mag. Wie die Masse ist auch die elektrische Ladung eine aus einer Hand voll wirklich grundlegender Eigenschaften, die ein Elektron definieren. Ob ein Elektron im Inneren eines Wassermoleküls gebunden bleibt, ob es in einem Kupferdraht von Kern zu Kern schwirrt, ob es sich aus dem Betazerfall eines Neutrons* materialisiert oder durch eine Fernsehröhre saust – bei all diesem Kommen und Gehen behält das Elektron, was immer auch geschehen mag, dieselbe elektrische Ladung. Der Wert $-e$ ist eine Zahl, die mit großer Genauigkeit im Labor gemessen werden kann und über die sich alle Beobachter einig sein können. Die grundlegende Ladung eines Elektrons steht nicht zur Debatte. Sie steht auf ewig für eine unveränderliche Eigenschaft des Teilchens.

Das Gleiche gilt für ein Proton und ein Neutron sowie für jedes Teilchen, das sich wie ein wesentlicher, nicht zusammengesetzter Klumpen Materie verhält. Ein Proton trägt eine positive Ladung $+e$, und diese elementare Ladung bleibt auch $+e$ (als genauer Gegensatz zum Elektron) in jeder Verbindung, die ein Proton eingeht, oder bei jedem Zustand, den es erfährt. Ein Neutron mit der elektrischen Ladung null wird niemals auch nur im geringsten Maße positiv oder negativ, komme, was wolle. So bewahren alle Elementarteilchen ihre elektrischen Ladungen ein Leben lang*, sodass sich die Gesamtsumme aller Ladungen im Universum niemals verändert. Sie bleibt immer null. Es gibt genauso viele elementare positive wie negative Ladungen, und die Natur besteht darauf, dass die Dinge bleiben, wie sie sind. Wie Energie und Impuls bleibt auch die elektrische Ladung genauestens erhalten.

Die elektrische Ladung kann ohne Materie nicht bestehen, und die Materie kann ohne elektrische Ladung nicht bestehen. Wenn wir die inneren Funktionsabläufe der Materie (und insbesondere der kleinen Welt der Atome und Moleküle) verstehen wollen, müssen wir damit anfangen, die elektrische Ladung und ihren Einfluss zu verstehen.

DIE BEIDEN GESICHTER DER ELEKTRISCHEN LADUNG

In dieser Ecke haben wir die statische Elektrizität: den Funken (aua), der manchmal zwischen Finger und Türgriff hin und her fliegt. In der anderen Ecke: den Magnetismus, die zuverlässige Neuanordnung einer Kompassnadel. Zwei verschiedene Kräfte? Nein. Der Unterschied ist nur oberflächlich, weil beide Wechselwirkungen aus derselben Quelle hervorgehen, nämlich aus der elektrischen Ladung. Ein elektrostatisches Feld ereignet sich, wenn Ladungen ruhen, während sich ein magnetisches Feld aus bewegten Ladungen ergibt. Aber da ja sowohl Bewegung als auch Ruhe lediglich Ansichtssache sind, wer kann uns dann sagen, worum es sich gerade handelt?

STILLSTAND: DIE ELEKTROSTATISCHE WECHSELWIRKUNG
Wir machen dort weiter, wo wir in Kapitel 2 aufgehört haben, nämlich mit der Einsicht, dass geladene Teilchen die Möglichkeit haben, miteinander in Wechselwirkung zu treten. Gegensätze ziehen sich an,

und Gleiches stößt sich ab:

Die daraus resultierende Kraft wirkt entlang der Linie, die die beiden Mittelpunkte verbindet.

Je größer die Ladung, desto größer die elektrostatische Kraft. Verdoppeln Sie die Ladung eines Teilchens, und die Kraft verdoppelt sich direkt proportional. Bei dreifacher Ladung ergibt sich die dreifache Kraft. Wenn Sie beide Ladungen verdoppeln, haben Sie die vierfache Kraft:

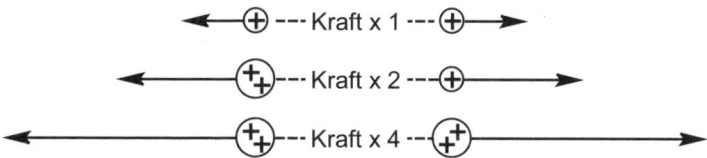

Die elektrostatische Kraft zwischen zwei Teilchen hängt folglich vom Produkt der beiden Ladungen ab. Es ist das gleiche Muster, das wir bei der Newton'schen Gravitation beobachteten, nur dass die Masse jetzt durch die Ladung ersetzt wird. Die elektrostatische Kraft wirkt von Teilchen zu Teilchen und steigt aus der elektrischen Ladung eines jeden Protons und Elektrons im Universum auf. Ihre Wirkung ist kumulativ. Ungeachtet der Komplexität einer Struktur zählen wir stets eine bestimmte Anzahl von Elektronen (eine ganze Zahl) und Atomkernen (noch eine ganze Zahl). Innerhalb dieser Menge spielt jedes Teilchenpaar, Duo für Duo, seine Rolle:

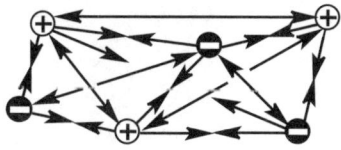

Und jede Wechselwirkung trägt zur Gesamtsumme bei*.

Jetzt wollen wir ein neues Experiment durchführen. Wir lassen die beiden Ladungen konstant bleiben, verdoppeln die Entfernung zwischen ihnen und messen dann die Kraft. Die sinkt auf ein Viertel:

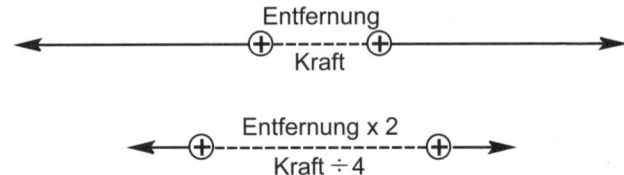

Bei der dreifachen Entfernung verringert sich die Kraft auf ein Neuntel, bei der vierfachen Entfernung auf ein Sechzehntel. Die elektrostatische Kraft, in vollem Umfang durch das Coulomb'sche Gesetz dargelegt*, hängt vom umgekehrten Quadrat der Entfernung ab.

Genauso verhält es sich mit Newtons Gravitationskraft*, mit der Leuchtkraft einer Glühbirne, dem Klang einer Glocke. Ein quadratisches Abstandsgesetz tritt immer dann in Kraft, wenn ein gegebener Einfluss aus einer zentralen Quelle symmetrisch in alle Richtungen ausgestrahlt wird. Der ausgestrahlte Einfluss kann Strahlung oder Gravitation der Sonne sein, die elektrostatische Kraft eines geladenen Teilchens oder eine Vielzahl anderer Dinge. In unserem aktuellen Beispiel soll die spezifische Quelle eine positive Ladung eines einzelnen Teilchens sein, das – ganz allein in einem Vakuum – ein elektrisches Kraftfeld um sich herum errichtet. Bei völliger Abwesenheit anderer Dinge, die einen Unterschied ausmachen könnten, werden alle Richtungen im Raum gleichwertig. Der Einfluss strahlt nun mit gleicher Stärke in die Runde:

Jetzt wollen wir eine Eva in dieses Ein-Teilchen-Universum einführen, das mit Adam wechselwirken soll. Also holen wir behutsam und aus der Distanz ein zweites Teilchen mit einer eigenen minimalen positiven Ladung heran. Wir platzieren Ladung 2 mit dem Abstand r vom Mittelpunkt der Ladung 1 und messen die Kraft:

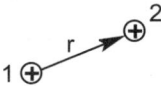

Was beobachten wir?

Einen abstoßenden Effekt, der von Ladung 1 ausgeht und in Pfeilrichtung auf Ladung 2 zielt. Da aber keine Richtung über ein besonderes Privileg verfügt, beobachten wir auch überall genau den gleichen Stoß entlang einer Kugel mit dem Radius r:

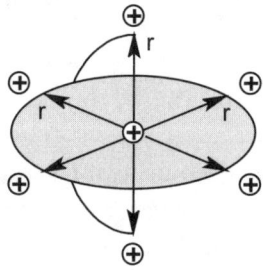

Seien Sie sich allerdings darüber im Klaren, dass die zentrale Quelle nur eine begrenzte Kraft abgeben kann. Sie strahlt in jedem Augenblick ein Fixum aus, einen Betrag, der proportional zum Wert ihrer angestammten Ladung ist. Ob die verfügbare Kraft nun groß oder klein sein mag, auf jeden Fall muss die gesamte Menge durch die imaginäre Kugel fließen, die die Quelle umgibt.

Wenn dies geschieht, dann muss der dem Teilchen auf der Oberfläche dieser Kugel verliehene Stoß immer kleiner sein als das Maximum – weil der größte Teil des Einflusses nämlich das Ziel verfehlt. Fast die gesamte Kraft verströmt sich entlang aller denkbaren Radien, nur eben nicht entlang des Radius, der zu Teilchen 2 führt. Dem bleibt nur der kleine Anteil, den er von der Gesamtoberfläche beansprucht, ein einzelner Pfeil aus dem kugelförmigen Köcher.

Und wie viel ist das? Es ist ein geometrisches Faktum, dass eine Kugel eine Fläche von $4\pi r$ hat (proportional zum Quadrat ihres Radius). Daraus schließen wir, dass die Kraft in dem Maße abnimmt, wie der Wert für r^2 zunimmt. Die Abschwächung kommt in den breiteren Abständen zwischen den «Kraftlinien»* bei größeren Radien zum Ausdruck:

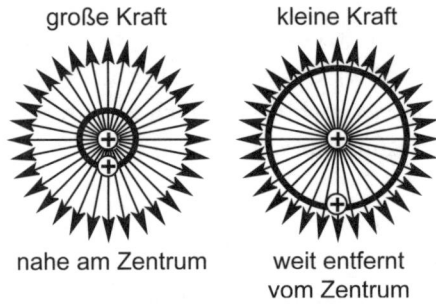

große Kraft   kleine Kraft

nahe am Zentrum   weit entfernt
vom Zentrum

Schauen Sie hin: Das Teilchen nahe am Zentrum sitzt in einem Bereich, in dem die Kraft konzentrierter ist und deshalb stärker wirkt. Schreiben Sie es der Geometrie zu. Das Kraftfeld breitet sich aus und zeigt dabei keine Vorliebe für einen bestimmten Winkel. Es muss bei seiner Ausbreitung einfach keine weite Strecke zurücklegen, bis es auf das nahe gelegene Testteilchen trifft. Die den inneren Ring durchstoßenden Linien sind noch dichter geschlossen, da sie noch nicht allzu weit von der Quelle abgewichen sind. Deshalb fließt auch eine entsprechend große Kraft durch jedes Element. In größerer Entfernung jedoch wird die Dichte der Linien fortschreitend dünner, und der Einfluss nimmt ab. Die gleiche Gesamtmenge an Kraft fließt durch einen größeren Bereich.

Magnetismus: Getrennte Pole

Stabmagneten sind vielleicht nicht so spektakulär wie Blitzschläge, dennoch gestatten auch sie einen Blick auf die normalerweise verborgene Welt der Ladung. Schließlich muss es doch etwas im *Inneren* eines Magneten geben, das seine Nord- und Südpole mit Anziehungs- und Abstoßungskraft ausstattet:

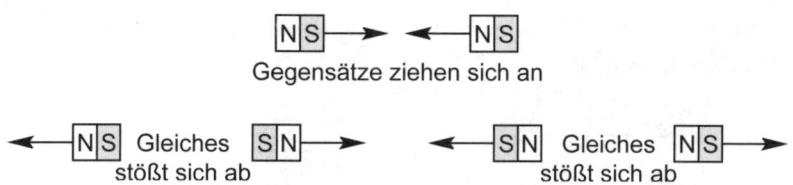

Es muss auch irgendeine Art von Feld geben, da sowohl Stärke als auch Richtung der Kraft an verschiedenen Punkten außerhalb des Magneten schwanken. Wir wissen das, weil wir die Auswirkungen einer Kraft sehen und sogar ihre Abstoßung und Anziehung fühlen können. Wir können einen Spielzeugmagneten unter ein Blatt Papier halten, Eisenspäne daraufstreuen und die Spuren des magnetischen Feldes unmittelbar betrachten: Es sind Kraftlinien, die von den Eisenspänen gebildet werden, wenn diese sich in ihre Position drehen und winden. Ein ähnliches Muster beobachten wir bei der Kompassnadel, die sich um den Globus bewegt. Und ungefähr so sieht es aus:

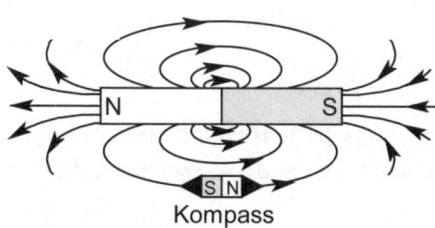

Kompass

Magnetisierte Eisenspäne, Kompassnadeln und andere ähnliche Objekte orientieren sich an den Kraftlinien in den hier gezeigten Richtungen. Der Norden sucht den Süden, bis schließlich alles übereinstimmt.

Wo die Abstände der Feldlinien eng sind, also in Quellnähe, ist die Kraft groß. In weiter Entfernung von der Quelle werden die Abstände zwischen den Linien größer, und die Kraft nimmt entsprechend ab.

Dieses Muster begegnet uns immer wieder. Die Linien sind das Erkennungszeichen eines *magnetischen Dipols* («zwei Pole»), und das dipolare Feld ist keine bloße Kuriosität. Es stellt etwas Neues dar, etwas, zu dem es kein Gegenstück in der analogen Welt der ruhenden Ladung gibt. Beim Vergleich eines magnetischen Dipols mit seinem elektrischen Pendant

elektrischer Dipol   magnetischer Dipol

entdecken wir recht schnell, dass sich die magnetischen Pole grundsätzlich von den entgegengesetzt geladenen Enden eines elektrischen Dipols unterscheiden. Während ein elektrischer Dipol in zwei isolierte Ladungen (Monopole) mit vollständig getrennten Feldern zergliedert werden kann,

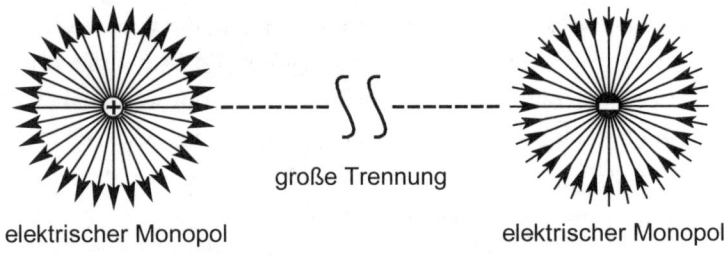

große Trennung

elektrischer Monopol   elektrischer Monopol

ist dies bei einem magnetischen Dipol* nicht möglich. Ihn kann man nicht in separate Nord- und Südpole trennen*, die ihre eigenen Felder erzeugen:

magnetischer Monopol   magnetischer Monopol

Nein, der magnetische Dipol stellt einen Stabmagneten in seiner grundlegendsten, nicht weiter reduzierbaren Form dar, nämlich einen Nordpol und einen Südpol, unteilbar, ein unzertrennliches Duo. Schneiden Sie einen Stabmagneten in zwei Hälften, und er wird sich wie ein Regenwurm regenerieren. Aus einem unversehrten Magneten werden zwei unversehrte Magneten, und jeder hat wieder ein unteilbares Duo aus Nord- und Südpol. Sie erzeugen die gleichen dipolaren Muster wie zuvor:

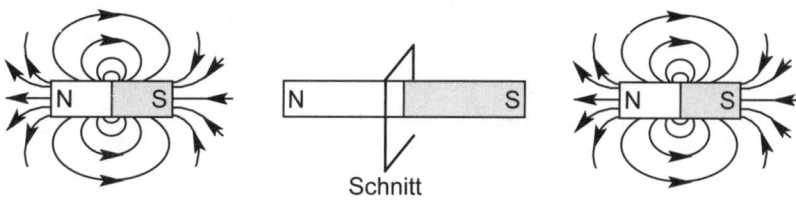

Schnitt

Wir können den Magneten immer wieder in zwei Hälften schneiden, letztlich erreichen wir damit nur dasselbe: immer neue Magneten. Wir erzeugen einen Magneten nach dem anderen. Jeder wird kleiner als sein Vorgänger, bis wir schließlich zum letztmöglichen magnetischen Dipol gelangen. Und das ist ein einzelnes Eisenatom. Und hier endlich, verborgen in diesem einzelnen Eisenatom, finden wir die wahre Quelle eines jeden Magnetismus, nämlich ein geladenes Teilchen, das eine gewisse Form von Bewegung ausübt. Insbesondere haben wir es hier mit einem Elektron zu tun, das sich keineswegs im Ruhezustand befindet. Stillzustehen bedeutet, gegen den Magnetismus immun zu werden. Eine ruhende Ladung erzeugt kein magnetisches Feld und reagiert auch auf keines. Um sich über eine rein elektrostatische Existenz hinaus zu entwickeln, sprich: um sowohl Produzent als auch Konsument von Magnetismus zu werden, muss sich ein geladenes Teilchen in Bewegung setzen. Es muss als elektrischer Strom von Punkt zu Punkt wandern.

Magnetismus und elektrischer Strom

Legen Sie ein stromführendes Kabel in die Nähe eines Kompasses und beobachten Sie, was passiert: Die Nadel wird abgelenkt. Sie reagiert auf ein Magnetfeld. Stecken Sie ein Kabel durch ein Stück Papier, streuen Sie Eisenspäne darauf und schalten Sie den Strom ein. Die Späne arrangieren sich zu einem Muster konzentrischer Kreise:

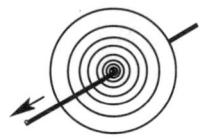

Sie reagieren auf ein Magnetfeld. Lassen Sie Strom durch einen Stromkreis laufen, und die Eisenspäne wiederholen das Dipolmuster eines Stabmagneten:

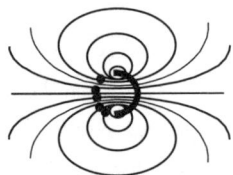

Eine Zirkulation im Uhrzeigersinn verursacht die Ausrichtung der Feldlinien in eine Richtung, während eine Zirkulation gegen den Uhrzeigersinn die Feldlinien dazu bringt, in die entgegengesetzte Richtung zu zeigen:

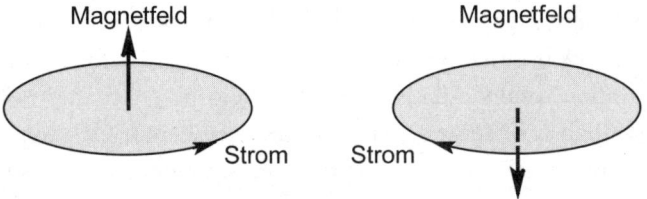

Es ist schlicht und ergreifend Magnetismus. Was ein Stabmagnet vollbringt, kann ein Stromkreis erst recht. Die Eisenteilchen reagieren auf ein Magnetfeld. Ein einzelnes Elektron im Wasserstoff, ein

Elektronenschwarm in einem Stromkreis, ein Strahl positiver Ionen in einem Teilchenbeschleuniger – welcher Art die Teilchen auch sein mögen: Wenn sie elektrisch geladen sind und sich *bewegen*, wird die Bewegung auch von einem Magnetfeld begleitet. Das Feld wird von der Bewegungsrichtung der Teilchen und ihrer Geschwindigkeit abhängen. Es wird von der Geometrie des Kreislaufs und der Stromstärke abhängen. Ein weiterer Faktor besteht darin, ob ein geladenes Teilchen auf ein Atom beschränkt ist oder ob es durch ein Kabel fließt. Von all diesen Faktoren hängt das Magnetfeld ab, und manchmal wird es kompliziert, aber durch Beobachtung und Experimente lernen wir, die Dinge zu klären. Wir lernen, die Stärke und die Richtung des Magnetfeldes an allen Punkten im Raum vorauszusagen.

Was also ist das Geheimnis des magnetischen Feldes, dieser unsichtbaren Kraft, die hinter dem Vorhang Eisenstücke zu dirigieren versteht? Was macht sie? Welchen Einfluss übt sie aus und wem gilt ihre Autorität?

Ihr Einfluss gilt zunächst nur einem elektrisch geladenen, bewegten Teilchen. Die Bewegung einer Ladung lässt ein Magnetfeld entstehen, während die Bewegung einer anderen Ladung dieses Feld dazu veranlasst, sich bemerkbar zu machen. Steht ein geladenes Teilchen stocksteif im Ruhezustand da, wird es selbst in einem Magnetfeld enormer Stärke keinen Einfluss magnetischer Kraft erfahren. Nur wenn sich das Objekt durch ein Magnetfeld *bewegt*, erwirbt es neues Potenzial, seinen mechanischen Zustand zu verändern: Geschwindigkeit, Richtung, Energie, Impuls, Drehimpuls sowie den ganzen Rest.

Fangen wir mit einem geladenen Teilchen an, das sich frei über weite Entfernungen im Raum bewegt. Es ist ganz allein auf sich gestellt, nicht etwa Teil eines Atoms oder irgendwelchen äußeren Einflüssen unterworfen. Uneingeschränkt und unbelastet, gehört das freie Teilchen tatsächlich zum Land des Großmaßstäblichen, wo die klassische Mechanik aus Kapitel 4 herrscht. Bleibt der Körper ungestört, wird er sich immer weiter mit demselben Tempo in dieselbe Richtung bewegen. Trifft er auf eine Kraft, wird er beschleunigen. Er wird seine Geschwindigkeit oder seine Richtung verändern, vielleicht auch beides. So will es das dort geltende Gesetz.

Lassen wir jetzt einmal die Namen beiseite: Eine Kraft ist eine Kraft, und Newtons zweites Gesetz macht keinen Unterschied zwischen einer Gravitationskraft, einer elektrostatischen, magnetischen oder einer Rätseldorf'schen Kraft. Newtons zweites Gesetz sagt einfach nur: «Sag mir, wo du bist, wie schnell du *gerade in diesem Augenblick* unterwegs bist, und dann sag mir noch, mit welcher Kraft du es *gerade eben* zu tun hast, und ich werde dir genau sagen, wo du dich befindest und wie schnell du im nächsten Moment sein wirst.» Bei dieser Frage geht es lediglich darum, herauszufinden, wie viel Kraft vorhanden ist und in welche Richtung sie weist. Auf die Quelle kommt es also überhaupt nicht an.

Lassen wir nun unser freies Newton'sches Teilchen durch ein Magnetfeld fliegen, verliert es kurzerhand seine Freiheit. Der bewegte Körper erfährt eine wohldefinierte, messbare magnetische Kraft, die von drei Faktoren abhängt: 1) der Größe und dem Vorzeichen der Teilchenladung (q für Allgemeingültigkeit), 2) dem Tempo und der Richtung des Teilchens (seine Geschwindigkeit) und 3) der Stärke und Ausrichtung des Magnetfeldes. Bei positiver Ladung wird die erzeugte Kraft in die eine, bei negativer Ladung in die entgegengesetzte Richtung zeigen. Wie alles zusammenkommt, zeigt das folgende Diagramm:

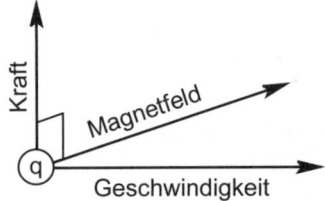

Die abgegebene Kraft ist proportional zur Ladung, Geschwindigkeit und zum Magnetfeld. Wird eine dieser Größen erhöht oder vermindert, vergrößert oder verringert sich die magnetische Kraft für eine gegebene Geometrie direkt proportional zu dieser Veränderung.

Die magnetische Kraft weist allerdings zusätzliche geometrische

Besonderheiten auf, gewisse Details, die sie von der elektrostatischen Kraft unterscheiden. Erstens wirkt die Kraft senkrecht auf die Reiseroute des Teilchens und auf das magnetische Feld ein. Die Abstoßung oder die Anziehung, die sich daraus ergibt, verändert die Bewegungsrichtung. Zweitens hängt die Stärke der Kraft von dem Winkel zwischen der ursprünglichen Geschwindigkeit und dem magnetischen Feld ab. Ein parallel zum Feld sich bewegendes Teilchen erfährt überhaupt keine Kraft,

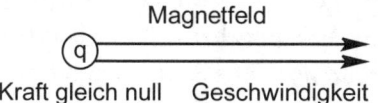

während ein rechtwinklig zum Feld sich bewegendes Teilchen die Maximaldosis empfängt. Deren Stärke wird durch die Gleichung (Ladung) × (Geschwindigkeit) × (Magnetfeld) beschrieben:

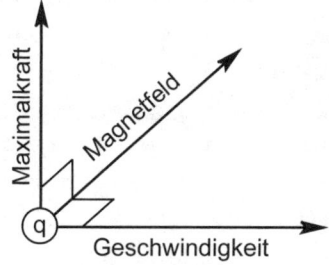

Bei dazwischen liegenden Winkeln kommen entsprechend mittlere Kraftwerte zustande.

Die Regeln für Ladung, Bewegung und Magnetfeld werden für im Atom gebundene Elektronen anders lauten, weil solche Elektronen im Land des Kleinmaßstäblichen wohnen, wo die Quantenmechanik das Verhalten kontrolliert. Wenn wir zu Beginn des nächsten Kapitels dieses Land betreten, werden wir feststellen, dass solche Teilchen die ausgetretenen Pfade der Newton'schen Mechanik nicht mehr benutzen. Wir werden gezwungenermaßen eingestehen müssen, dass die klassischen Vorstellungen von Kraft und Beschleunigung ihre ursprüngliche Bedeutung verlieren, und wir werden feststellen, dass Elektronen in Atomen nicht zirkulieren wie elektrischer Strom in einem geschlossenen Stromkreis. Aber wir werden auch verstehen, dass ein atomares Elektron sich eindeutig in bestimmter Art und Weise bewegt, vielleicht sogar *in Entsprechung* zu elektrischem Strom in einem Regelkreis. Darüber hinaus werden wir beobachten, dass ein atomares Elektron als Resultat dieser Bewegung tatsächlich einen magnetischen Dipol erzeugt.* Und wenn die Bedingungen optimal sind, dann zeigen diese quantenmechanischen magnetischen Dipole bei manchen Elektronen in manchen Atomen in die gleiche Richtung:

Diese Form der Kooperation verleiht, im richtigen Kontext verstanden, einem Stabmagneten die Kraft, Eisen zu bewegen.

WAS DU HEUTE KANNST BESORGEN ... ELEKTROMAGNETISMUS

Nicht einmal eineiige Zwillinge spielen ständig zusammen, und das trifft auch auf elektrische und magnetische Felder zu. Wenn das eine das andere beeinflussen soll – wenn es also ein Zusammenspiel zwischen Magnetfeld und elektrischem Feld geben soll –, dann genügt es nicht, einen steten Kurs beizubehalten. Es muss sich etwas ändern. Elektrisches und magnetisches Feld müssen im Laufe der Zeit Abweichungen zulassen. Die Einflusslandschaft muss in jedem Augenblick neu gestaltet werden. Am gegenwärtigen Zustand festzuhalten, hieße, die beiden Felder zu entzweien und ihnen ihre gemeinsamen Ursprünge zu verweigern.

Denken Sie daran, was es bedeutet, einen kontinuierlichen, nie sich verändernden elektrischen Einfluss auszuüben. Wir beginnen mit einer willkürlichen Sammlung geladener Teilchen und nehmen ferner an, dass ein bestimmter, der Trägheit unterworfener Beobachter die Verteilung als statisch ansieht. Alle Teilchen bleiben in ihrer Position, unberührt vom Lauf der Zeit:

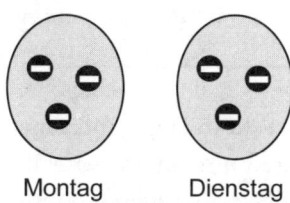

Montag   Dienstag

Wenn es sich so verhält, dann ist das elektrische Feld, das diese statische Verteilung umgibt, ebenfalls statisch. Die Kraft, die es an eine Ladung abgibt, bleibt von einem Moment zum nächsten gleich. Die elektrische Kraft mag zwar, was Stärke und Richtung betrifft, von einem Punkt zum anderen im gesamten Raum unterschiedlich sein (schließlich ist sie ein Vektor), doch in der Zeit bleibt sie konstant. Wenn eine Testladung an einem bestimmten Ort mit einer bestimmten Stärke in eine bestimmte Richtung gezogen wird, wird der Effekt zu jeder beliebigen Beobachtungszeit derselbe sein:

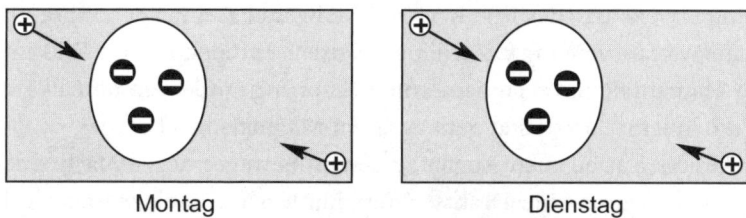

Montag   Dienstag

Mehr kann man nicht tun. Eine ruhende Verteilung elektrischer Ladungen erzeugt ein ruhendes elektrisches Feld und sonst nichts. Es gibt kein damit einhergehendes magnetisches Feld.

Auf ähnliche Weise erzeugt eine gleichmäßige Verteilung bewegter Ladungen (ein konstanter elektrischer Strom) ein stabiles magnetisches Feld. Wenn die gleiche Ladungsmenge im gleichen Zeitintervall durch den gleichen Bereich hindurchgeht,

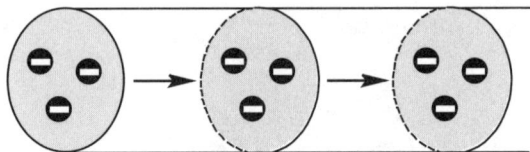

bleibt das magnetische Feld so lange konstant, wie der stetige Strom fließt. Da eine solche Kraft nur auf bewegte Teilchen einwirkt, übt sie auf ruhende Teilchen überhaupt keinen Einfluss aus. Ein gleich bleibendes Magnetfeld kann ein ruhendes Teilchen nicht in Bewegung versetzen.

Ein *gleich bleibendes* Magnetfeld schon, aber wie steht's mit einem unbeständigen Magnetfeld? Jetzt probieren wir etwas anderes aus. Schalten Sie den Strom ein und wieder aus. Verstärken Sie den Strom, reduzieren Sie ihn. Schütteln Sie ein elektrisches Schaltsystem neben einem Draht oder schwingen Sie einen Draht in der Nähe eines elektrischen Schaltsystems hin und her. Schwenken Sie einen Stabmagneten in der Nähe einer elektrischen Spule umher. Schwenken Sie eine Spule in der Nähe eines Stabmagneten umher. Mit jeder Aktion, die ein Magnetfeld in einem Zeitintervall verändert, rufen Sie gleichzeitig ein elektrisches Feld hervor. Wie bei der Geburt getrennte und später wiedervereinigte Zwillinge werden ein elektrisches Feld und ein Magnetfeld ihren gemeinsamen Ursprung entdecken und als Einheit handeln. Elektrizität geht aus dem Magnetismus hervor.

Um es mit eigenen Augen zu sehen, bewegen wir einfach einen Magneten durch eine Drahtschlinge hindurch. Ein elektrisches Feld baut sich auf und erzeugt einen Unterschied in der Potenzialenergie der ganzen Schlinge. An einer Stelle ist sie hoch, an einer anderen niedrig, sodass folglich die geladenen Teilchen zu einer Bewegung angeregt werden. Sie sinken von hoher Potenzialenergie auf ein niedrigeres Niveau, und die Bewegung erweist sich als elektrischer Strom:

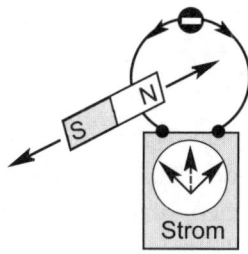

Der elektrische Strom seinerseits erzeugt ein eigenes Magnetfeld, das im Gegensatz zu genau der Veränderung steht, die es hervorrief.

Wir brauchen noch nicht mal einen Draht und auch keinen konkreten Fluss geladener Teilchen. Ebenso wenig brauchen wir einen elektrischen Kreislauf, um uns davon zu überzeugen, dass ein sich veränderndes Magnetfeld ein elektrisches Feld im Schlepptau hat. Wir brauchen lediglich ein im leeren Raum schwankendes Magnetfeld. Das Feld existiert unabhängig von den geladenen Teilchen, die es hervorgerufen haben, und von den geladenen Teilchen, die darauf reagieren.

Gerechtigkeit muss sein. Wenn ein sich wandelndes Magnetfeld ein elektrisches Feld hervorruft, erzeugt dann ein sich wandelndes elektrisches Feld auch ein Magnetfeld? In der Tat ist es so, und nichts anderes erwarten wir auch im Lichte der Gleichberechtigung zwischen allen elektrischen und magnetischen Dingen, ganz zu schweigen von relativer Bewegung. Beide Einflüsse stammen aus der gleichen Quelle, nämlich der elektrischen Ladung, und beide bilden eine natürliche Einheit, die auf Zusammenarbeit ausgelegt ist: ein vereintes elektromagnetisches Feld, das in der Lage ist, Energie an ein geladenes Teilchen in beliebigem Bewegungszustand abzugeben. Nur wenn die Felder statisch bleiben sollten und die Zeit stillsteht, sprechen wir von einem elektrischen Einfluss, der nicht mit einem magnetischen Einfluss verbunden ist. Gestatten Sie einem der Felder, sich im Laufe der Zeit zu verändern, und Sie können mit Sicherheit eine elektromagnetische Vereinigung beobachten.

Es war James Clerk Maxwell, ein Gigant der Wissenschaft des neunzehnten Jahrhunderts*, der den Zusammenschluss der klassischen Elektrizität und des klassischen Magnetismus zu einem einzigen Bündnis arrangierte. Maxwell interpretierte die Arbeit anderer Wissenschaftler, und von ihm selbst stammt auch der entscheidende letzte Schliff. So stellte er die elektrischen und magnetischen Felder auf eine gleiche Basis, die einzige angemessene Beziehung für zwei Phänomene, die in Wirklichkeit eins sind.

Mit diesem Geniestreich legte er unerwartet die Grundlagen für die technologische Gesellschaft mit ihrer Palette der elektromagnetischen Erfindungen: Fernsehen, Computer, Mobiltelefone, Satellitenkommunikation, elektrische Übertragungsleitungen und all die anderen Dinge, die den Transport des elektromagnetischen Einflusses durch Raum und Zeit erfordern. Gehen wir zurück an den Anfang und schauen genauer hin. Es war James Clerk Maxwell, der eine Reihe tiefgründiger mathematischer Gleichungen löste und damit die *elektromagnetische Welle* ans Tageslicht beförderte: die erklärte Botschafterin der Natur in einer Welt, die aus der elektrischen Ladung entsteht.

Entwurf für eine elektromagnetische Welt

Mit vier unnachgiebig präzisen Gleichungen resümierte Maxwell das gesamte notwendige Wissen über elektrische und magnetische Felder in einem deterministischen Newton'schen Universum. Zugegeben, es geht hier nicht um das Quantenuniversum, aber um den großmaßstäblichen Bereich, der nichtsdestoweniger bedeutsam ist.

Der Arm von Maxwells elektromagnetischem Gesetz reicht erstaunlich weit. Seine vier Gleichungen sind auf die ganze klassische Welt anwendbar und beherrschen alle Phänomene vom Radioteleskop über haarfeine optische Fasern bis zu den Magneten, die in der medizinischen Bildgebungstechnik zum Einsatz kommen. Und natürlich gibt es unzählige weitere Anwendungen. Die Gleichungen sind exakt und vollständig, und sie haben mit allen möglichen Verkörperungen des elektromagnetischen Feldes zu tun: unter *statischen* Bedingungen (wo sich im Lauf der Zeit nichts ändert), unter *dynamischen* Bedingungen (wo sich im Laufe der Zeit alles ändert), in einem *Vakuum* (wo die Felder mit einer selbsterhaltenden Kraft und Energie «leeren» Raum auffüllen), in einem *materiellen Medium* (in dem die Felder mit den geladenen Teilchen der Atome, denen sie begegnen, wechselwirken).

Was Newtons drei Bewegungsgesetze für die klassische Mechanik darstellen, verkörpern die vier Maxwell'schen Gleichungen für elektrische und magnetische Felder. Sie sorgen für eine unfehlbare Aufzeichnung aller vergangenen und zukünftigen Ereignisse. Angesichts einer Anfangsbedingung teilen uns die Gleichungen genau mit, wie die Werte der Felder sich von einem Augenblick zum anderen verändern. Sie dulden keine Debatte und erkennen keine Ungewissheit an. Zukunft und Vergangenheit lassen sich unweigerlich aus der Gegenwart ableiten.

Die mathematischen Ausdrücke sind kurz genug, um auf ein T-Shirt zu passen (ein Phänomen, das man gelegentlich auf manchem Universitätsgelände beobachten kann), doch die dazugehörende Detailarbeit füllt dicke Lehrbücher und stellt die Substanz für Jahre fortgeschrittenen Studiums dar. In der anstrengenden Sprache der Vektoranalysis sorgt Maxwells Theorie dafür, dass der vollständige Bauplan der Natur für das klassische elektromagnetische Feld Gestalt annimmt. Die vier Gleichungen decken das gesamte Territorium von Alpha bis Omega ab, und wir haben bereits den Inhalt jeder einzelnen zumindest angesprochen:

1. Das von Coulombs quadratischem Abstandsgesetz abgeleitete Gauß'sche Gesetz der Elektrizität*: wie eine Anordnung geladener Teilchen ein elektrisches Feld erzeugt.
2. Das Gauß'sche Gesetz für Magnetismus: die Behauptung, dass isolierte magnetische Ladungen (Monopole) nicht existieren.

3. Faradays Gesetz der elektromagnetischen Induktion:* wie ein sich veränderndes Magnetfeld ein elektrisches Feld erzeugt.
4. Das Maxwell-Ampère-Gesetz des Magnetfeldes:* die Beziehung zwischen elektrischem Strom und einem Magnetfeld (Ampère-Gesetz) sowie die Herbeiführung eines Magnetfeldes durch ein sich veränderndes elektrisches Feld (Maxwells Verschiebungsstrom).

Es sind vor allem die beiden letzten Gesetze von Faraday und Maxwell-Ampère, die eine elektromagnetische Wechselwirkung und folglich auch elektromagnetische Geschichte möglich machen. Denn die Einführung von Zeit und Wandel in die Gleichungen erlaubt uns die Unterscheidung zwischen einem «Davor» und «Danach» in der Evolution elektrischer und magnetischer Felder.

Gäbe es nicht die Gesetze der wechselseitigen Induktion, blieben das elektrische Feld und das Magnetfeld für immer voneinander getrennt. Keines könnte auf das andere einwirken, selbst wenn die Verteilung von Ladungen und Strömen sich im Laufe der Zeit verändern würde. Stattdessen zieht es die Natur vor, die beiden Felder miteinander zu verkoppeln, sie völlig voneinander abhängig zu machen, sodass sie untrennbar miteinander verbunden werden und eine gemeinsame Anwendung des gleichen grundlegenden Einflusses darstellen. Sie arbeiten Hand in Hand mit einer ungebrochenen Symmetrie von Ursache und Wirkung:

— Ein sich veränderndes Magnetfeld induziert ein elektrisches Feld in seinem Schlepptau, und *ein sich veränderndes elektrisches Feld induziert ein Magnetfeld in seinem Schlepptau.*
— Je schneller sich ein Magnetfeld im Laufe der Zeit verändert, umso stärker ist das induzierte elektrische Feld. *Je schneller sich ein elektrisches Feld im Laufe der Zeit verändert, desto stärker ist das induzierte Magnetfeld.*
— Das induzierte elektrische Feld entwickelt sich senkrecht zum sich wandelnden Magnetfeld. *Das induzierte Magnetfeld entwickelt sich senkrecht zum sich wandelnden elektrischen Feld.*

Tauschen Sie in jeder Behauptung «elektrisch» und «magnetisch» gegeneinander aus, und die Bedeutung bleibt dieselbe.

Maxwells Gleichungen reflektieren zudem eine andere Form elektromagnetischer Symmetrie, nämlich die Relativität von Ruhe und gleichförmiger Bewegung. Nehmen wir an, ich behaupte, eine Ladung befinde sich im Ruhezustand. Sie sagen, sie bewege sich mit konstanter Geschwindigkeit. Ich behaupte, meine Ruheladung produziere ein elektrisches Feld und sonst nichts. Sie behaupten, die gleiche Ladung (sie bewegt sich, nicht wahr?) rufe nicht nur ein elektrisches Feld, sondern auch ein Magnetfeld hervor. Ich mache meine Beobachtungen in einem vollkommen gültigen, dem Trägheitsgesetz unterworfenen Bezugsrahmen – genau wie Sie auch –, und sofort wissen wir, dass wir beide Recht haben müssen, da wir davon überzeugt sind, dass die Natur alle derartigen Bezugsrahmen gleich behandelt.

Und wir haben tatsächlich beide Recht. Mit der Anwendung der Maxwell'schen Gleichungen und ihrer Lösungen bringen wir unsere Beobachtungen elektrischer und magnetischer Felder in Einklang. Wir erkennen, dass unser Bewegungszustand die Wahrnehmung einer ruhenden und einer bewegten Ladung beeinflusst. Wir konstruieren vierdimensionale Vektoren in der Raum-Zeit wie die in Kapitel 5 beschriebenen, die unsere unterschiedlichen Wahrnehmungen erklären sollen. Zum Schluss kommen wir darin überein, dass Beobachter in verschiedenen, dem Trägheitsgesetz unterworfenen Bezugsrahmen unterschiedliche Verbindungen elektrischer und magnetischer Felder sehen, die Unterschiede aber von geringem Belang sind. Stattdessen weisen sie auf eine grundlegende Einheit hin.

Vier Jahrzehnte vor Einsteins Relativitätstheorie veröffentlicht, sind Maxwells Gleichungen, so wie die Dinge liegen, in relativistischer Hinsicht korrekt*. Im Gegensatz zur Newton'schen Mechanik benötigt die Maxwell'sche Elektrodynamik keine Modifizierung, um sich an die unveränderliche Lichtgeschwindigkeit anzupassen. Sie ist bereits berücksichtigt. Eine beobachterunabhängige Geschwindigkeit der Signalübermittlung (c) geht unmittelbar aus der Mathematik hervor, während die Gleichungen ferner zeigen, dass c den unveränderlichen

Wert von 300 Millionen Metern pro Sekunde hat: die Geschwindigkeit des Lichts im Vakuum.

Durch die Verkoppelung eines sich wandelnden elektrischen Feldes mit einem sich wandelnden Magnetfeld verleihen folglich Maxwells Gleichungen der Verfügung ES WERDE LICHT (oder, allgemeiner formuliert: MÖGE ES ELEKTROMAGNETISCHE WELLEN GE-BEN) eine substanzielle, stoffliche Bedeutung. Um eine elektromagnetische Welle ins Dasein rufen zu können, müssen wir allerdings zuerst die von der Trägheit geprägte Monotonie einer ruhenden oder gleichförmig bewegten Ladung unterbrechen. Wir brauchen eine beschleunigte Ladung, die ihre Geschwindigkeit verändert. Wir müssen die Quelle aufmischen.

Wellenquellen

Irgendwo auf der Welt scheint ein geladenes Teilchen im Ruhezustand zu sein. Es sitzt bewegungslos immer am gleichen Ort und erfüllt den ihn umgebenden Raum mit einem gleich bleibenden elektrostatischen Feld. Das Feld ist real. Es hat eine physikalische Bedeutung. Es existiert in der Raum-Zeit und verleiht diesem Bereich, der sonst die reine Leere wäre, Substanz. Von elektrischem Einfluss durchdrungen und angefüllt mit Kraft und Potenzial, nimmt das Vakuum einen materiellen Aspekt an, so handfest und spürbar wie Wasser in einem Teich. Und wie das spiegelglatte Teichwasser sich im Ruhezustand befindet, bleibt auch das Feld einer ruhenden Ladung reglos und still. Die Kraftlinien bleiben beständig und wandeln sich weder im Raum noch in der Zeit:

Ein anderer, der Trägheit unterworfener Beobachter wird einen ganz anderen Teich sehen, obwohl auch der genauso ruhig sein wird. Er wird eine Verbindung aus konstanten elektrischen und magnetischen Feldern sehen, wobei unsere unterschiedlichen Perspektiven kein Grund dafür sind, Alarm zu schlagen. Maxwells als relativistisch korrekt bestätigte Gleichungen gestatten uns die Freiheit, einen beliebigen, die Trägheit berücksichtigenden Bezugsrahmen zu wählen.

Stellen Sie sich nun vor, unser spiegelglatter Teich eines elektrischen Feldes wird plötzlich gestört, so als werfe jemand einen Stein in sein metaphorisches Wasser. In einem echten Teich sähen wir Kräuselungen, kleine Wellen, die sich nach außen in alle Richtungen fortpflanzen:

Genau das sehen wir auch in einem elektrischen Feld. Ziehen wir also einen Vergleich. In einem Teich geht durch die Störung eines bestimmten Materials (Wasser) eine oszillierende Welle hervor, die sich als ein regelmäßiger Zyklus von Wellenberg und Wellental erweist:

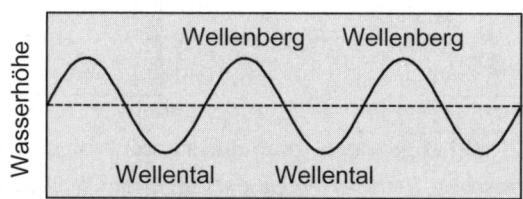

In einem anderen Teich produziert die Störung eines anderen Materials (eines Feldes) ebenfalls eine Welle, die Raum und Zeit durchquert. Hier jedoch beschreibt die Welle nicht das Auf und Ab einer Wasserwand, sondern das Auf und Ab eines elektrischen Feldes:

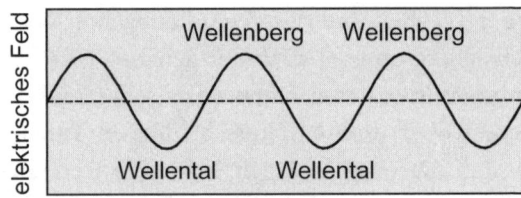

Was verursacht nun eine solche Störung? Woher kommt sie? Auf der Suche nach einer Erklärung schauen wir uns Maxwells Gleichungen an und werden fündig. In einem Wasserkörper wird eine Welle von einem Stein hervorgerufen, der durch die Oberfläche dringt. In einem elektrischen Feld entsteht eine Welle durch ein geladenes Teilchen, das einer beschleunigten Bewegung ausgesetzt wird. Es ist das Gesetz der klassischen Mechanik, das jedes Mal aufs Neue bestätigt wird, wenn wir das Radio einschalten.

Jede Art von Beschleunigung provoziert eine Störung in dem umliegenden Feld und veranlasst das geladene Teilchen, Energie abzustrahlen. Das Objekt könnte in seiner geradlinigen Fortbewegung schneller oder langsamer werden. Es könnte eine Kurve beschreiben oder in eine kreisförmige, elliptische, hyperbolische oder parabolische Umlaufbahn eintreten. Es könnte auch regelmäßig auf- und abprallen, als sei es an einer schwingenden Feder befestigt:

Weggestoßen und angezogen, rauf und runter, vor und zurück: Ein in dieser elastischen Art und Weise oszillierendes geladenes Teilchen könnte sehr wohl die oben veranschaulichte sinusförmige Welle hervorbringen – doch wir wollen an dieser Stelle nicht näher darauf eingehen. Das genaue Abstrahlungsmuster hängt von der Beschleunigung ab, die die Quelle antreibt. Außerdem vertrauen wir Maxwells Gleichungen, dass sie die richtige Beschreibung liefern*. Und die Erfahrung lehrt uns, dass unser Vertrauen wohl begründet ist.

Folgendes können wir mit Gewissheit sagen: Die elektrische Energie wird irgendwie abgestrahlt. Es gibt ein sich veränderndes elektrisches Feld und darüber hinaus noch etwas anderes. Zusätzlich zu einem elektrischen Feld wird es in dessen Schlepptau auch ein Magnetfeld geben. Hier kommt die vierte Maxwell'sche Gleichung ins Spiel, nämlich das Gesetz zur Erklärung des Maxwell'schen «Verschiebungsstroms», genauer gesagt: *Ein sich veränderndes elektrisches Feld ruft ein magnetisches Feld in rechten Winkeln hervor.*

Der Effekt wird erwidert. Ein sich veränderndes Magnetfeld ruft ein elektrisches Feld hervor, und ein sich wandelndes elektrisches Feld erzeugt ein Magnetfeld. Also strahlt nicht nur ein einziges Feld von der beschleunigten Quelle ab, sondern zwei – ein elektrisches und ein magnetisches Feld. Sie arbeiten als Team zusammen. Sie erschaffen einander, und sie unterstützen sich gegenseitig. Das elektrische Feld treibt das Magnetfeld an. Das Gleiche gilt umgekehrt. Die oszillierenden Felder bewegen sich im Gleichschritt, im rechten Winkel zueinander ausgerichtet und stets mit der unveränderlichen Geschwindigkeit c (in einem Vakuum) fort. Sie eilen mit ihrer kombinierten elektrischen und magnetischen Energie immer geradeaus:

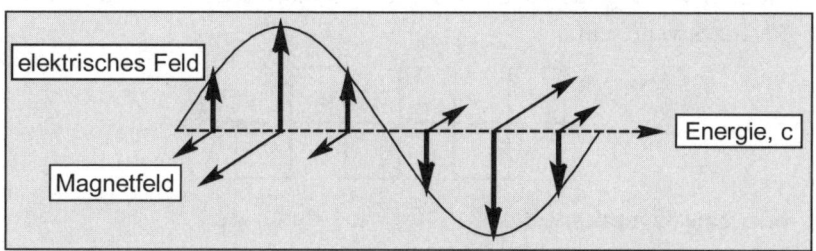

Es sind Wellen, elektromagnetische Wellen, Kräuselungen des Einflusses, die sich mit Lichtgeschwindigkeit durch ein vereintes elektromagnetisches Feld verbreiten. Sie überbringen die Botschaft eines sich wandelnden Feldes an Orte weit jenseits ihrer Quelle und führen ein Eigenleben. Ist eine elektromagnetische Welle erst einmal losgelassen, eilt sie immer weiter voran. Sie existiert selbst dann weiter, wenn es die Quelle, aus der sie stammt, längst nicht mehr gibt.

Wellen im Allgemeinen und elektromagnetische Wellen im Besonderen sind in der klassischen Welt von Newton und Maxwell etwas Spezielles, da sie sich ganz und gar von einem Teilchen unterscheiden. Also müssen wir wissen, was eine Welle ist und was sie tut.

Eine Welle ist ...

Nehmen wir an, ein Kollege vom Planeten Kveldar bittet uns, eine elektromagnetische Welle (oder eigentlich jede beliebige Welle) zu charakterisieren. Die Beschreibung sollte unmissverständlich und exakt sein. Wie könnte unsere Antwort lauten?

Beginnen wir mit dem Material, aus dem die Wellen bestehen. In einer Wasserwelle ist es Wasser, in einer Klangwelle ist es Luft, in einer elektromagnetischen Welle ist es ein elektrisches und ein magnetisches Feld – Vermittler, die im Doppelpack Kräfte auf elektrisch geladene Teilchen ausüben.

Als Nächstes wenden wir eine angemessene mathematische Formel an, um einige der grundlegendsten Wellenformen zu identifizieren, die sich von Zyklus zu Zyklus wiederholen. Vielleicht wird es eine Rechteckwelle sein:

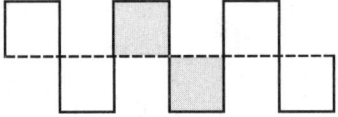

oder eine Sägezahnwelle,

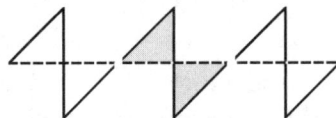

oder irgendeine Menge anderer einfacher Muster, am häufigsten jedoch wird es wohl eine reine Sinuswelle sein, die unsere Aufmerksamkeit erregt:

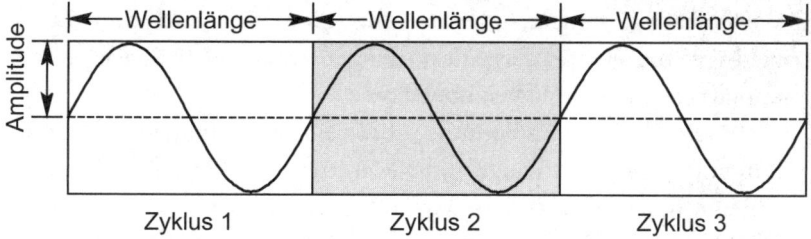

Sie sind allgegenwärtig. Sinus- und Kosinuswellen, elementare Bausteine selbst der kompliziertesten Wellen, tauchen überall in unserer Nähe auf: wenn eine Feder sich dehnt und zusammenzieht, wenn ein Körper sich kreisförmig mit konstanter Geschwindigkeit bewegt, wenn ein Geiger eine Saite zupft, wenn ein Radiosender ein UKW-Signal überträgt, wenn zwischen unterschiedlich warmen Oberflächen Wärme fließt, wenn viele, viele andere natürliche Prozesse stattfinden. Die primitive Sinuskurve ist ein wiederkehrendes Motiv in Schwingungsphänomenen, weshalb wir sie fast ausschließlich als Illustration unserer Wellen benutzen wollen. Was immer wir im Besonderen über eine Sinuswelle sagen, wird auch für jede andere Welle im Allgemeinen gültig sein.

Eine Zahlenreihe sagt alles. Die *Amplitude* (siehe letztes Diagramm) legt den Werdegang der Störung von ihrer Grundlinie bis zu einem Wellenberg oder Wellental dar. Die *Wellenlänge* gibt die Entfernung zwischen zwei beliebigen gleichberechtigten Punkten auf nachfolgenden Zyklen an. Mit der *Periode* ist die Zeit gemeint, die erforderlich ist, um einen Zyklus zu durchlaufen und neu zu beginnen, während die *Frequenz* (als Kehrwert der Periode) die Anzahl der vollendeten Zyklen innerhalb einer gegebenen Zeit kennzeichnet.

Schnell? Langsam? Wenn Sie über die Bedeutung von Wellenlänge und Frequenz nachdenken, können Sie auch auf die Geschwindigkeit einer Welle kommen, das Tempo, mit dem sich die Störung vorwärts bewegt. Sie entspricht (Wellenlänge) × (Frequenz), nämlich der Entfernung, die von einem Zyklus zurückgelegt wird (die Wellenlänge) multipliziert mit der Anzahl der Zyklen pro Zeiteinheit (die Frequenz). Sobald wir zwei von drei Größen kennen – Geschwindigkeit,

Wellenlänge, Frequenz –, kennen wir automatisch auch die dritte. Je niedriger die Frequenz ist, desto länger muss die Wellenlänge sein, um das gleiche Tempo beizubehalten.

Ein Beispiel: Ein Radiosender überträgt elektromagnetische Strahlung mit einer Wellenlänge von 3 Metern pro Zyklus. Die Wellen oszillieren mit einer Frequenz von 100 Millionen Zyklen pro Sekunde und sind folglich in der Lage, sich mit der festgelegten Geschwindigkeit von 300 Millionen Metern pro Sekunde (*c*) fortzupflanzen:

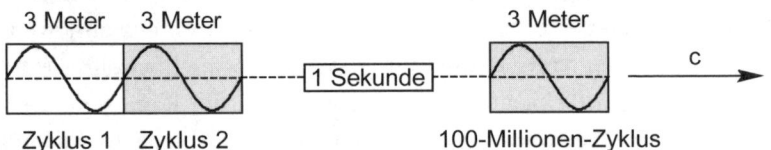

Gliedern wir es auf: 1) Die Wellenform steigt, fällt und kehrt in drei Metern Entfernung an ihren Ausgangspunkt zurück. 2) In jeder Sekunde werden weitere hundert Millionen dieser 3-Meter-Zyklen erzeugt und auf den Weg gebracht. 3) Die fortlaufende Welle legt 3 × 100 Millionen Meter in der Sekunde zurück.

Ein weiteres Beispiel: Eine Lampe emittiert blaugrünes Licht (offizielle Bezeichnung: sichtbare elektromagnetische Strahlung), dessen Wellenlänge einem 500-milliardstel Meter entspricht. Die Wellen oszillieren mit einer Frequenz von 600 Billionen Zyklen pro Sekunde und verbreiten sich mit der entsprechenden Geschwindigkeit von 300 Millionen Metern pro Sekunde:

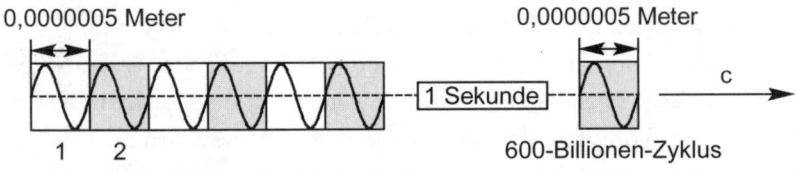

Wir stellen also fest, dass sichtbares Licht offensichtlich millionenfach schneller schwingt als Radiowellen (da es wesentlich mehr Zyklen in demselben Raum und in derselben Zeit unterbringt), aber beide Störungen mit derselben Geschwindigkeit vorankommen. Das sollten sie auch, denn beide entstehen auf die übliche Art und Weise, nämlich aus geladenen Teilchen, die beschleunigter Bewegung unterschiedlichen Ausmaßes ausgesetzt sind. Sie gehören zur gleichen Familie, die «elektromagnetisches Spektrum» genannt wird und in der jedes Mitglied seinen charakteristischen Wellenlängen- und Frequenzbereich hat.

Am einen Ende des Spektrums finden wir Radiowellen mit langen Wellenlängen und niedrigen Frequenzen. Am anderen Ende rangieren Gammastrahlen mit kurzen Wellenlängen und hohen Frequenzen. Im Bereich zwischen niedrigen und hohen Frequenzen durchlaufen wir die Abstufungen der elektromagnetischen Strahlung: Mikrowellenstrahlung, infrarote, sichtbare, ultraviolette Strahlung, Röntgenstrahlung. Zusammengenommen oszillieren sie über einen unendlichen Frequenz- und Wellenlängenbereich, wobei die verschiedenen Wellen die grenzenlosen Möglichkeiten des elektromagnetischen Spektrums darstellen. Sie unterscheiden sich voneinander, und dennoch sind sie alle gleich.

Jetzt noch ein paar Zahlen, dann haben wir es geschafft. Die *Polarisation* einer Welle gibt die Richtung an, in der die Störung hin und her schaukelt. Bei einer elektromagnetischen Welle oszillieren die elektrischen und magnetischen Felder im rechten Winkel zur Bewegungsrichtung. Wenn wir in einen herannahenden Lichtstrahl schauen, erkennen wir zwei Felder – ein elektrisches Feld, das in eine bestimmte Richtung zeigt (hinauf, hinunter, hinauf, hinunter), sowie ein Magnetfeld (von links nach rechts nach links nach rechts) –, die mit einer Geschwindigkeit von 300 Millionen Metern pro Sekunde auf uns zukommen:

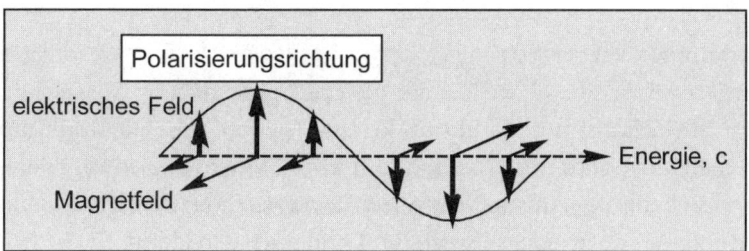

Die kombinierte elektromagnetische Energie, die senkrecht zu den oszillierenden Feldern transportiert wird, trifft uns recht zielsicher. Es gibt einen elektrischen und einen magnetischen Beitrag zur klassischen Energie. Jede Komponente ist proportional zum Quadrat des entsprechenden Feldes, während die Gesamtenergie die Summe beider ist.

Die *Phase* schließlich gibt an, wo genau in ihrem Zyklus eine Welle zu schwingen beginnt: Eine Phase von 90 Grad (von insgesamt 360 Grad) steht für ein Viertel des Zyklus, 180 Grad für einen halben, 270 Grad für drei Viertel und 360 Grad für den ganzen Zyklus:

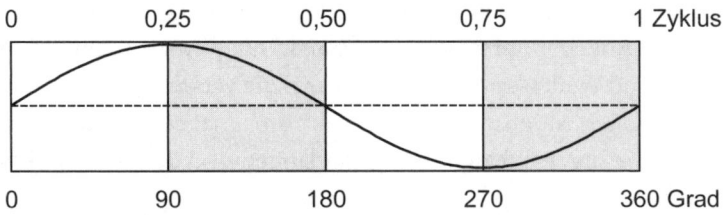

Zwei aus derselben Quelle stammende Wellen haben höchstwahrscheinlich dieselbe Amplitude, dieselbe Wellenlänge, dieselbe Frequenz, dasselbe Tempo, aber nicht zwangsläufig dieselbe Phase. Diese Unterscheidung ist nicht trivial. Erst die Phase macht die Welle zur Welle, und eine Abweichung vom Phasenwert macht den entscheidenden Unterschied aus. Eine über den ganzen Raum ausgebreitete Welle, die im Besitz einer Phase ist, kann Dinge tun, die einem klassischen Teilchen verschlossen bleiben.

... WAS EINE WELLE TUT

Wenn zwei Schwesterwellen die gleiche Phase haben – das heißt, wenn sie sich um null Grad (um keinen Zyklus), um 360 Grad (um einen Zyklus) oder um 720 Grad (um zwei Zyklen) beziehungsweise um jede beliebige Anzahl vollendeter Zyklen unterscheiden –, dann gleichen sie sich in jeder Hinsicht und sind praktisch identisch. Sie halten ihre Geschwindigkeit in genau der gleichen Sequenz, sodass wir sie als «phasengleich» bezeichnen. Sollten sie sich zufällig begegnen, verstärken sie sich gegenseitig Punkt für Punkt. Dabei durchlaufen sie eine «konstruktive Interferenz» und erzeugen eine neue Wellenform mit der doppelten Amplitude:

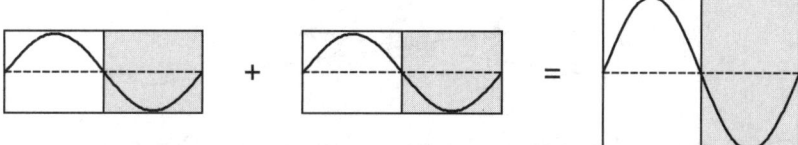

Das kann passieren.

Aber wenn dieselben beiden Wellen verschiedene Phasen haben – etwa wenn sie zu unterschiedlichen Zeiten oder an verschiedenen Punkten ihrer Zyklen in Gang kamen –, dann verhalten sie sich danach wie selbstzerstörerische Feinde. Ein Phasenunterschied von, sagen wir, einem halben Zyklus (jedes beliebige Vielfache von 180 Grad) erzeugt ein Gegensatzpaar. Zeigt eine Welle nach oben, zeigt die andere nach unten; zeigt die eine nach unten, zeigt die andere nach oben. Und wenn sie sich begegnen, dann endet das Treffen tödlich. Sie durchlaufen eine «destruktive Interferenz» und löschen sich gegenseitig aus:

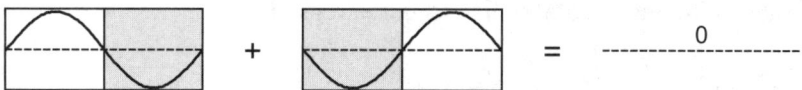

Wellen tun so etwas.

Teilchen sind dazu nicht in der Lage. Sie springen umher und tauschen Energie aus, doch klassische Teilchen sind keiner Interferenz unterworfen. Sie teilen nicht denselben Raum zur selben Zeit, weder konstruktiv noch destruktiv. In übermäßig enge Quartiere gezwängt, sind sie den Abstoßungskräften ausgeliefert und bewegen sich voneinander fort. Im Gegensatz dazu bewohnen Wellen wie in einer Wohngemeinschaft einen gemeinsamen Raum. Wellen vergrößern und vermindern sich gegenseitig, wenn sie sich überlagern, aber sie schließen sich nicht gegenseitig aus.

Manchmal kreuzen sich, wie Schiffe in der Nacht, die Wege zweier Wellen an nur einem einzigen Ort. Danach breiten sie sich weiter aus. Sie begegnen sich, sie überlagern sich und setzen ihren Weg fort:

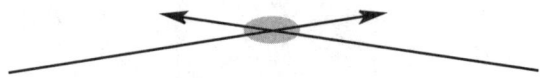

Gelegentlich jedoch teilen sich zwei Wellen eine ausgedehntere Raumregion, die Länge einer Saite beispielsweise, ein Trommelfell oder den Hohlraum in einem Mikrowellenherd. Auch die Lücke zwischen zwei Spiegeln kommt infrage oder, allgemeiner formuliert, jeder beliebige Ort, an dem ein Einschluss stattfindet und es weder einen Weg hinein noch hinaus gibt. Die da drinnen gefangenen Wellen können nur koexistieren, wenn sie zueinander stehen – das heißt, wenn gegensätzlich ausgerichtete identische Wellen sich gegenseitig überlagern, um «stehende» Schwingungsmodi zu erzeugen.

Es geschieht, wann immer eine Violinensaite schwingt, eine Orgelpfeife Resonanz erzeugt oder ein Lichtstrahl zwischen parallelen Spiegeln hin und her springt. Eine zwischen zwei Wänden festgehaltene und sich nach rechts ausbreitende Welle überlagert sich mit ihrer eigenen Reflexion, die nach links unterwegs ist:

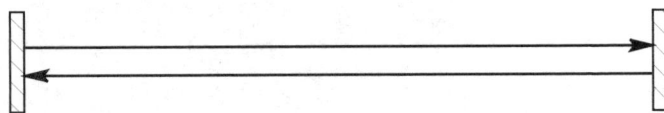

Die beiden Störungen flitzen hin und her, summieren sich hier und vermindern sich da, bis sie schließlich gezwungen werden, eine begrenzte Auswahl an Möglichkeiten zu akzeptieren: eine eigenständige Reihe stehender Wellen als einzige Anordnung, die dem Einschluss standhalten kann. Nicht *alle* Frequenzen und Wellenlängen, sondern nur ein paar auserwählte können sich zwischen den Wänden halten. Das hat folgende Ursache: Außer wenn die Verschiebung an jedem

Hindernis auf null zurückfällt, laufen die forteilenden Wellen an den falschen Stellen ineinander hinein, bis sie schließlich verschwinden. Aber da sie sich genau an den Raum anpassen – indem sie einen Halbzyklus hineinquetschen oder auch zwei, drei oder mehr Halbzyklen –, sind sie in der Lage, an Ort und Stelle stehen zu bleiben. Die kombinierte Störung schwingt auf und ab, ohne sich nach irgendeiner Seite zu bewegen. Wie hier für einen Halbzyklus:

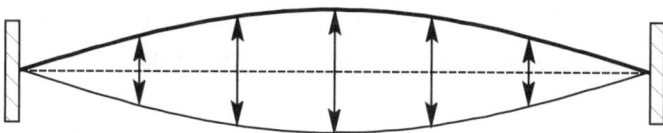

Wie hier für zwei Halbzyklen:

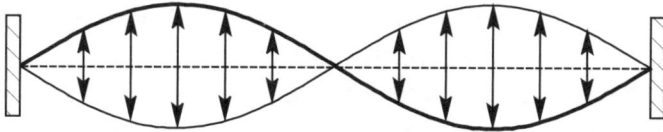

Oder wie hier für drei Halbzyklen:

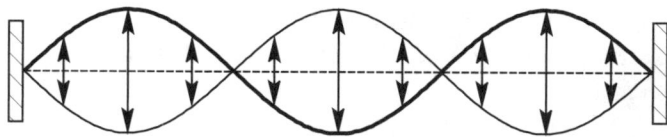

Und auf diese Weise geht die Zählung weiter, eine nach der anderen, immer voran: vier Halbzyklen, fünf, sechs und so weiter. Mit jedem neuen Schwingungsmodus kommt ein neuer «Schwingungsknoten» (an dem die Verschiebung auf null zurückfällt) sowie ein weiteres Maximum hinzu. Die Schwingungsknoten entstehen aus der destruktiven Interferenz, während die Maxima aus konstruktiver Interferenz hervorgehen:

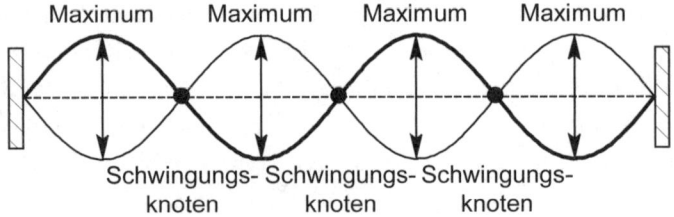

Maximum Maximum Maximum Maximum

Schwingungs- Schwingungs- Schwingungsknoten   knoten   knoten

Eine der gebräuchlichsten Regeln der Natur für die Verbreitung von Wellen lautet: *Der Einschluss führt zur Quantisierung.* Eine kontinuierliche Auswahl an Möglichkeiten (seien Sie mein Gast – schwingen Sie ohne Einschränkungen auf jeder Ihnen zusagenden Frequenz) wird auf einige wenige eigenständige Optionen reduziert (beschränken Sie sich auf eine ganze Zahl von Halbzyklen ohne Zwischenwerte). Eine Quantisierung tritt zwangsläufig auf, wenn zwei Wellen sich über den gleichen begrenzten Ort erstrecken. An verschiedenen Stellen finden dann sowohl konstruktive als auch destruktive Überlagerungen statt. Wellen sind dazu in der Lage, Teilchen allerdings nicht.

Wie Sie sich vielleicht erinnern, kann ein klassisches Teilchen zu einem bestimmten Zeitpunkt an nur einem Ort sein. Eine Welle hingegen kann an vielen Orten zugleich anwesend sein. Ein idealisiertes Teilchen ist in einem winzigen Punkt konzentrierte Masse, Energie und Ladung, während eine reine Welle (eine einzelne Welle mit einer einzelnen Frequenz) als diffuse und von örtlicher Beschränktheit befreite Störung definiert wird. Sie existiert überall zugleich:

Eine einzelne Welle mit festgelegter Frequenz kann örtlich nicht genau bestimmt werden. Ihr Aufenthaltsort bleibt völlig vage.

Eine Mischung reiner Wellen nimmt jedoch einen lokalisierten Aspekt an, der zunehmend teilchenähnlicher wird, je mehr verschiedene Frequenzen sich zusammenschließen. Die unabhängigen Komponenten beanspruchen das gleiche Territorium, überlagern sich an

manchen Stellen konstruktiv, an anderen Stellen destruktiv und vereinigen sich, um eine geschlossenere Ausbreitung im Raum zu erreichen. Vermischen Sie genügend reine Sinus- und Kosinuswellen in
unterschiedlichen Zusammensetzungen,

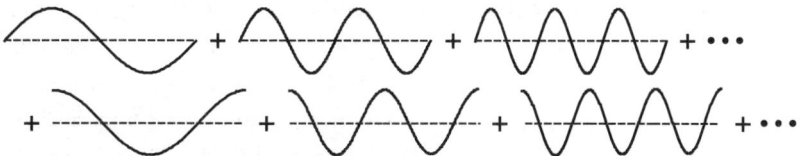

und Sie werden sehen, wie örtlich genau definierte Konzentrationen
von Amplituden auftauchen werden. So können wir etwa ein «klin-
gendes» Muster wahrnehmen,

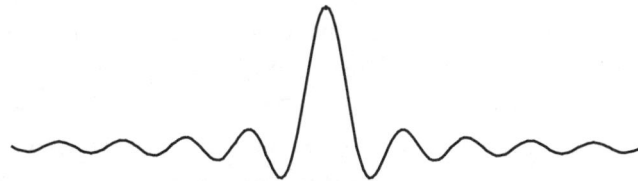

eine stehende Welle, einen rechteckigen Impuls, eine Spitze

oder irgendetwas völlig anderes. Alles ist denkbar. Es hängt nur davon
ab, wie viele reine Wellen zur «Superposition» (Überlagerung) beitragen
und in welchen Proportionen dies geschieht. Je größer die Verbreitung
der Frequenzen ist, desto enger wird die Ausbreitung im Raum.

Treffen Sie Ihre Wahl. Entweder Sie sagen: Ich will genau wissen,
wo sich meine Welle befindet, ohne mich auf dieses schwammige
«Überall» einlassen zu müssen, das mir in Wirklichkeit gar nichts über
ihren Aufenthaltsort verrät. Setzen wir also soundso viel von dieser

Frequenz, soundso viel von jener Frequenz und soundso viel von allen möglichen anderen Frequenzen zusammen, die erforderlich sind, um die Kombination nur in einem ganz bestimmten Bereich zu vergrößern. Oder Sie sagen: Ich möchte ganz genau wissen, um *welche Art* von Welle es sich handelt, ohne mich auf ein schwammiges «Jede Art unter der Sonne» einlassen zu müssen. Ich möchte eine Störung haben, die einfach und rein ist, eine einzelne Komponente, die auf einer einzigen Frequenz schwingt. Treffen Sie also Ihre Wahl, weil Sie nicht beides im selben Maße haben können. Wenn wir die Position einengen, breiten wir den Frequenz- und Wellenlängenbereich aus. So sind Wellen nun mal. Erlangen wir Gewissheit über eine Angelegenheit, so bringt das automatisch eine Ungewissheit über eine andere Angelegenheit mit sich.

Überlagerung und Ungewissheit, Phase und Interferenz, Einschluss und Quantisierung – das sind die Eigenschaften, die Wellen von Teilchen in der klassischen Welt unterscheiden, dem gemeinsamen Imperium von Maxwell und Newton. Es gibt Wellen, und es gibt Teilchen, und jeder Untertan im Reich weiß, wohin er geht und wo er gewesen ist. Es ist eine Welt bequemer Regelmäßigkeit, in der Radiosignale sich mit nicht geringerer Entschlossenheit vom Sender zum Empfänger bewegen, als der Mond dies in seiner Umlaufbahn tut. Maxwells elektromagnetische Gleichungen und Newtons Bewegungsgesetze legen für Wellen und Teilchen im Land des Großmaßstäblichen den gleichen Kurs fest.

Da sonnen wir uns also im Glanz des Elektromagnetismus und der Mechanik und werden ein weiteres Mal dazu verführt, in den klassischen Apfel zu beißen, nämlich vom Makroskopischen aufs Mikroskopische zu schließen und vom Erde-Mond-System auf die Beziehung zwischen Proton und Elektron. Wenn Newtons Gesetze uns dazu befähigen, den Lauf des Mondes vorauszuplanen, fragen wir uns natürlich, ob sie nicht dasselbe für das Elektron im Wasserstoff tun können. Warum sollten wir also nicht Newtons zweites Gesetz (das Kraft, Masse und Beschleunigung miteinander in Beziehung setzt) mit Maxwells Gleichungen kombinieren (die die elektromagnetischen

Kräfte bestimmen, wie sie sich aus elektrischen Ladungen und Strömen ergeben)?

«Natürlich», sagt Newton, «warum nicht? Ein Wasserstoffatom sieht genauso aus wie Erde und Mond oder Erde und Sonne oder wirklich wie jedes Teilchen, das durch eine zentrale Kraft zu jedem beliebigen anderen Teilchen hingezogen wird. Die Anziehungskraft beschleunigt Teilchen 2 in die Richtung von Teilchen 1 (was zufällig meinem zweiten Gesetz entspricht), während die Trägheit (mein erstes Gesetz) das Teilchen 2 davon abhält, sich rechtwinklig dazu fortzubewegen. Mit dem richtigen Gleichgewicht zwischen den konkurrierenden Anziehungskräften kann eine stabile Umlaufbahn beibehalten werden:

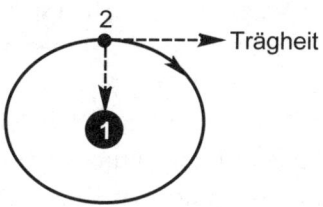

Ersetzen wir doch einfach eine umgekehrt quadratische elektromagnetische Kraft durch eine umgekehrt quadratische Gravitationskraft, und das Problem ist ansonsten das gleiche wie am Ende von Kapitel 4.»

«Nein», erwidert Maxwell. «Tut mir Leid, aber ein Elektron kann keine dauerhafte Umlaufbahn um ein Proton aufrechterhalten. Das ist unmöglich. Dieses geladene Teilchen würde auf seiner gekrümmten Bahn eine Beschleunigung erfahren und folglich Energie abstrahlen:

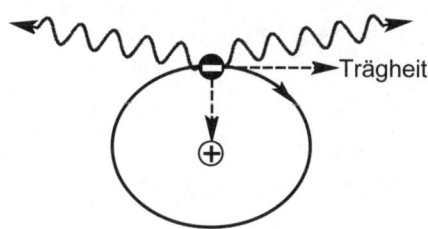

Das ständig Energie verlierende Elektron würde auf seiner Umlaufbahn immer langsamer werden und schließlich in das Proton hineinstürzen (vergleichbar einem Sturz vom Fahrrad, wenn man nicht mehr in die Pedale tritt). Nein, Isaac, wir beide können zwar eine ganze Menge erklären, aber nicht die Existenz von Atomen.»

Nein, es genügt nicht, lediglich mit den klassischen Gesetzen der Mechanik und des Elektromagnetismus herumzupfuschen. Für die Quantenwelt brauchen wir andere Gesetze. Es ist das Land des Kleinmaßstäblichen. Des Mangels und der Diskontinuität. Wir müssen erklären, was Newton und Maxwell nicht erklären können.

Blättern wir also um und steigen hinab in eine neue Welt, wo wir lernen werden, mit dem Unerwarteten zu rechnen. Zunächst werden wir erfahren, dass Wellen und Teilchen sich nicht mehr separaten Lagern zuordnen lassen. Stattdessen werden wir entdecken, dass Quantenteilchen, genau wie Wellen, Phasen haben und der Interferenz unterliegen, dass Quantenteilchen, genau wie Wellen, sich der Lokalisierung und der Quantisierung unterwerfen und, ebenfalls genau wie Wellen, der Überlagerung und der Ungewissheit ausgeliefert sind.

Es ist an der Zeit, kleinmaßstäblich zu denken.

7. Es gibt keine Gewissheit

Denken Sie kleinmaßstäblich, denn es gibt einen erheblichen Unterschied zwischen groß und klein, einen Unterschied, der sich eher in der Qualität bemerkbar macht als in der Quantität. Es ist der Unterschied zwischen Beobachter und Beobachtetem, zwischen dem Akt des Messens und der Messung selbst, zwischen dem umfassenden, gesicherten Wissen der klassischen Mechanik («Ja, definitiv, das weiß ich mit Sicherheit») und dem begrenzten Wahrscheinlichkeitswissen der Quantenmechanik («Höchstwahrscheinlich ist es so, aber es könnte auch sein, dass …»).

Ein Beobachter der klassischen Makrowelt hegt keinen Zweifel. Der klassische, stets mit Objekten ausreichender Masse beschäftigte Beobachter erwartet vertrauensvoll, die Position eines Körpers zu messen, ohne dessen Impuls zu beeinflussen. Kann ein Astronom denn tatsächlich den Kurs des Mondes verändern, indem er einfach passiv durch ein Teleskop blickt? Kann ein Schlagmann beim Baseball einen mit Drall geworfenen und eine unberechenbare Kurve fliegenden Ball durch bloße Beobachtung auf eine gerade Bahn lenken? Kann ein Fahrer die Position eines Autos ändern, indem er einfach das Tachometer anstarrt?

Für Beobachter der Quantenmikrowelt jedoch gibt es keine wirklich passiven Messungen. Ein Quantenbeobachter kann niemals ein unbeteiligter und neutraler Zuschauer sein, der zwar hinsehen, aber nicht mitmachen kann. Jeder Versuch, den Ort eines Elektrons festzulegen (selbst der Versuch, ihn mit dem potenziell schwächsten Licht zu beleuchten), wird unwiderruflich seine unmittelbare Geschwindigkeit und Richtung ändern. Was immer das Leichtgewichtteilchen zuvor getan hat, ist jetzt passé. Ein System zu untersuchen, bedeutet zwangsläufig, es zu stören.

Die Störung geschieht zufällig und unkontrollierbar, was nicht etwa das Resultat einer unzulänglichen Technik ist, sondern eines nicht verhandelbaren «Unbestimmtheitsprinzips», das das Gesetz der mikroskopischen Welt festlegt. Ungewissheit (oder Unbestimmtheit) bedeutet, dass bestimmte Paare physikalischer Größen nicht gleichzeitig mit unbegrenzter Genauigkeit ermittelt werden können. *Jede* Messung der Position, selbst die leichteste Berührung, lässt den Impuls und die Geschwindigkeit in derselben Richtung ungewiss werden. *Jede* Messung des Drehimpulses lässt den Drehwinkel um die entsprechende Achse ungewiss werden. *Jede* Messung der Energie lässt die Lebensdauer des beobachteten Zustands ungewiss werden. Diese besonderen Paarungen – Impuls und Übertragung, Drehimpuls und Rotation, Energie und Zeit – leiten sich, wie wir uns aus Kapitel 4 erinnern, aus der Symmetrie des physikalischen Gesetzes ab, und deshalb bleiben sie sowohl in der klassischen Mechanik als auch in der Quantenmechanik aneinander gekoppelt. Je präziser wir den einen Partner des Paares bestimmen, desto ungenauer können wir im gleichen Augenblick seinen Gefährten ermitteln. Es gibt demnach Grenzen des Messens. Es gibt Grenzen des Wissens.

Die Grenzen sind stets präsent, doch in der makroskopischen Welt der Newton'schen Teilchen und Maxwell'schen Felder bemerken wir sie nicht. Wer würde beispielsweise die klassische Behauptung bestreiten, die Masse eines Objektes könne durch kaum wahrnehmbar winzige Schritte verändert werden? Stellen Sie sich nur einmal vor, Sie wollten dem Atlantischen Ozean Wasser mit einer Pipette hinzufügen. Wir wechseln uns ab, Sie und ich. Jeder versucht, den anderen in der Feinheit der Tropfen zu übertreffen, und nach einer Weile erkennen wir, dass es bei diesem Spiel keinen wirklichen Gewinner gibt. Wie winzig klein das Tröpfchen auch sein mag, das Sie hinzufügen, mir gelingt es immer wieder, einen noch kleineren Tropfen zu erzeugen. Im Gegenzug liefern Sie erneut einen noch kleineren, dann komme ich wieder, darauf Sie und wieder ich, bis wir schließlich, nach unzählbar vielen Unterteilungen, die Grenze der Feinheit erreichen: ein einziges H_2O-Molekül, ein unendlich kleiner Tropfen im sprichwörtlichen Eimer. Mit der Masse von 30 billionen eines billionstel Gramms zählt es praktisch überhaupt nicht.

Schauen Sie sich an, wie klein die Zahl ist (0,000000000000000000 00003 g), und machen Sie sich klar, dass bereits eine Billion Billionen H_2O-Moleküle (eine 1 mit 24 Nullen) in einer einzigen Unze Wasser (ca. 30 Milliliter) enthalten sind, ganz zu schweigen vom Atlantischen Ozean. Und da es allein in einer millionstel Unze eine Million Billionen H_2O-Moleküle gibt und tausend Billionen H_2O-Moleküle in einer milliardstel Unze sowie eine Billion H_2O-Moleküle in einer billionstel Unze – ein für jeden Maßstab ziemlich kleiner Eimer –, können wir vernünftigerweise daraus schließen, dass die Masse in der klassischen Welt kontinuierlich schwankt. Man kann sie immer noch ein wenig verringern und sich dabei immer weiter der Null annähern. Die Natur scheint die Masse in unendlich kleinen Mengen auszuteilen.

Das Gleiche trifft auf Ladung, Energie und Impuls zu. Wann immer in der makroskopischen Welt Newtons Gesetzen und Maxwells Gleichungen Geltung verschafft wird, erscheint das Angesicht der Natur glatt und beständig zu sein, ohne wahrnehmbare Körnungen. Nur wenn wir die mikroskopische Welt unter die Lupe nehmen, entdecken wir, dass es tatsächlich Grenzen der Unterteilung gibt. Verengen wir unseren Brennpunkt und lassen den Eimer ein weiteres Mal schrumpfen, werden wir schließlich feststellen, dass die Beschaffenheit der Natur nicht unendlich fein ist. Wir entdecken, dass weder Materie noch Energie, weder Impuls noch irgendetwas anderes in der Natur so hauchdünn geschnitten werden kann, dass es auf der mikroskopischen Skala verschwindet. Jeder Vorgang wird mit kleinen, aber niemals null erreichenden Mengen abgewickelt. Sie werden «Quanten» genannt und sind gewissermaßen das Kleingeld der mikroskopischen Welt. Und wenn das betroffene System selbst sehr klein ist, kommen die unvermeidlichen Beulen und blauen Flecken zum Vorschein. Was den Mond betrifft, erweist sich das Auftauchen von Gewissheit lediglich als berechtigte Illusion, die durch die minimale Störung eines riesig großen Körpers erzeugt wird. Im Fall des Elektrons aber haben wir es mit den grundlegenderen Gesetzen der Quantenmechanik zu tun. Ungewissheit kann man nicht ignorieren.

Die klassischen Gesetze, die Newton für Teilchen und Maxwell für elektromagnetische Felder formuliert haben, beruhen auf dem Fundament von Gewissheit und Kontinuität. Es ist die Überzeugung, alles für selbstverständlich zu halten, mit der wir glauben, restlos alles mit willkürlicher Genauigkeit messen zu können (wenn wir nur schlau, behutsam und vorsichtig genug sind). Es sei nur eine Frage der Technik und eine Herausforderung für die Ingenieure. Und die auf makroskopischer Ebene reibungslos funktionierende und zusammenhängende Natur werde uns schon keine Hindernisse in unseren klassischen Weg stellen.

Die Quantengesetze, die Newton und Maxwell Lügen strafen, sind stattdessen auf dem Fundament von Ungewissheit und grobkörniger Diskontinuität aufgebaut. Hier herrscht das Verständnis vor, Messgenauigkeit werde letztendlich nicht wegen technischer Schwierigkeiten eingeschränkt, sondern durch die Natur der Dinge selbst. Auf ein Quant können wir nun mal kein Wechselgeld herausgeben, sosehr wir uns auch bemühen mögen. Wir können die Beschaffenheit der Natur nicht feiner machen, als sie ist.

Ungewissheit und Diskontinuität werden zur Grundlage einer nervös pulsierenden Mikrowelt aus Molekülen, Atomen, Elektronen, Atomkernen und noch viel kleineren Dingen*. Allein die Vorstellung eines mechanischen Weges, auf das gesamte klassische Wissen zugreifen zu können, wird unter dem Unbestimmtheitsregime der Quantenmechanik bedeutungslos. Wie sollten wir denn beispielsweise über eine wohldefinierte, präzise Folge von Position und Geschwindigkeit (wie in Kapitel 4) sprechen können, wenn die beiden Größen nicht gleichzeitig verfügbar sind? Es geht eben nicht. Unsere einzige Zuflucht besteht darin, die klassische Bewegungsgleichung aufzugeben, die vergeblich um Informationen bittet, deren Preisgabe die Natur verweigert: die gleichzeitig mit unbeschränkter Genauigkeit gemessenen Anfangswerte inkompatibler Größen wie Position und Geschwindigkeit. Im Quantenuniversum ist dies nicht möglich. Für eine neue Welt brauchen wir neue Gesetze.

Seien Sie auf eine Welt vorbereitet, in der nichts an das geordnete klassische Universum erinnert, wo Teilchen nur Teilchen und Wellen nur Wellen sind (und jeder beim Hinschauen den Unterschied erkennt). Nein, in der vom Zufall geprägten Welt der Quantenmechanik verhalten sich die Dinge nicht so, wie sie zu sein scheinen. Hier verhalten sich Teilchen wie Wellen und Wellen wie Teilchen, während die alten Unterschiede – sogar der Unterschied zwischen Licht und Materie – allmählich zu einer ganz neuen Art von Wirklichkeit verschwimmen.

AUF DEN BARRIKADEN: KLASSISCHES LICHT UND KLASSISCHE MATERIE

In einem makroskopischen Universum scheint Materie eine Sache für sich zu sein und Licht eine andere, sodass wahrscheinlich niemand, nicht einmal der ungeschulteste Beobachter, die beiden verwechseln wird. Die Unterschiede sind einfach zu offensichtlich. Materieklumpen von Staubkörnchen über Billardkugeln bis hin zu den Jupitermonden stellen die buchstäbliche Verkörperung von Substanz dar. Ein klassisches Teilchen zu sein, bedeutet, etwas Spürbares und Massehaltiges zu sein, etwas, was man mit den Fingern greifen kann. Im Gegensatz dazu rinnen einem Röntgen- und Mondstrahlen durch die Finger, stets flüchtig wie Schatten und Gespenster. Es sind elektromagnetische Wellen, ätherisch und unbestimmbar, die sich nicht wie Teilchen verhalten.

Ein Teilchen gibt seine Energie, örtlich und zeitlich genau definiert, in einem Paket ab. Eine Welle hingegen trägt ihre Energie über eine breite Front hinweg. Wenn ein klassisches Teilchen an eine Weggabelung kommt (sagen wir, zwei Löcher in einem Hindernis), nimmt es entweder den einen oder den anderen Weg, aber niemals beide auf einmal:

 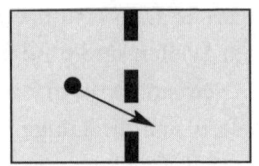

Eine Welle jedoch passiert beide Öffnungen gleichzeitig:

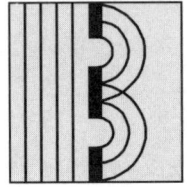

Das ungeteilte Teilchen taucht unversehrt auf der anderen Seite wieder auf. Die Welle regeneriert ihre gestörte Vorderseite an jedem neuen Loch.

Schauen wir nun etwas genauer hin, denn was da am Hindernis geschieht – an den beiden Löchern und jenseits davon –, macht ein Teilchen zum Teilchen und eine Welle zur Welle. Die Öffnungen könnten von Wellenbrechern in einem Hafen stammen, von Löchern in einer Wand oder von Schlitzen in einer Leinwand, von Atomen, die in regelmäßigen Abständen in einem Kristall angeordnet sind, oder auch von allen möglichen anderen Arrangements. Diese Öffnungen werden nun, ganz gleich, welche Form sie annehmen, unsere Fenster zur Welt des Lichts und der Materie sein. Wir werden sie mit Teilchen beschießen und Wellen über sie hinwegspülen. Wir werden verfolgen, was hinein- und hinausgeht, und mit diesen Beobachtungen allmählich den Unterschied kennen lernen: den Unterschied zwischen einer klassischen Makrowelt (in der manche Dinge Teilchen und manche Dinge Wellen sind) und einer Quantenwelt (in der alles Teilchen und Welle zugleich ist).

Zunächst einmal wird's klassisch.

Wir beginnen damit, eines der beiden Löcher zu blockieren, sodass nur eine einzige Öffnung für eine Wolke makroskopischer Teilchen frei bleibt – womöglich Schrotkugeln oder Murmeln oder dergleichen mehr. Es kommt nicht so genau darauf an, woraus sie bestehen. Stellen Sie sich einfach nur vor, dass wir diese typischen Teilchen durch ein zufälliges Winkelspektrum schießen und anschließend die Ankunft jedes einzelnen Schusses auf der anderen Seite aufzeichnen:

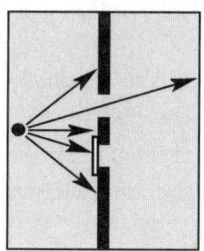

Klick! Ein Teilchen schlägt an der Wand auf. *Klick!* Das nächste. Das Gewehr feuert in zufällige Richtungen, aber Newtons Gesetze legen genau fest, was auf jedem Schritt des Weges geschieht. Viele Teilchen fliegen, eins nach dem anderen, direkt durch das Loch hindurch und folgen einer geraden Linie bis zur Wand auf der anderen Seite. Andere jedoch treffen irgendwo im Abseits auf, was entweder an ihrer ursprünglichen Flugbahn oder an einer Ablenkung liegt. Es stellt sich heraus, dass kleine Abweichungen wahrscheinlicher sind als große, bis sich schließlich das Muster der Treffer herausschält. Die meisten werden im Zentrum gezählt, während der Rest symmetrisch nach beiden Seiten abfällt:

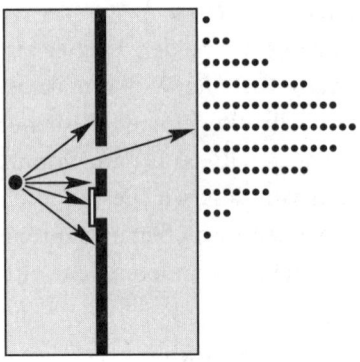

Wenn wir jetzt beide Löcher öffnen und drauflosfeuern, ergibt sich gegenüber jeder Öffnung das gleiche Muster. Die durch das erste Loch fliegenden Teilchen erzeugen ein bestimmtes Profil, und die durch das zweite Loch fliegenden Teilchen rufen ein Spiegelbild des ersten Profils hervor:

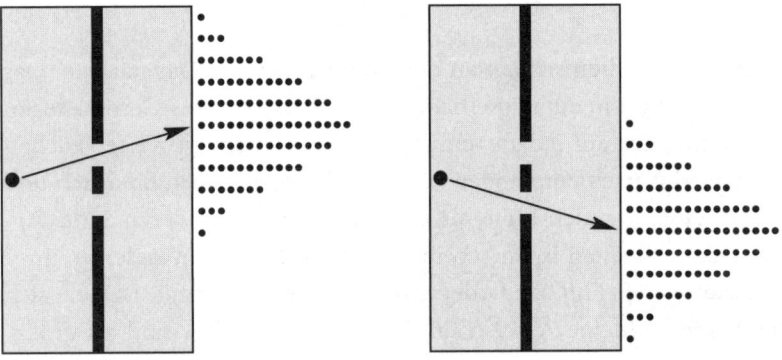

Folglich geht jedes Teilchen seinen eigenen Weg und kommt selbständig aus dem einen oder dem anderen Loch hervor. Da das übergangene Loch keinerlei Auswirkung auf die anschließende Flugbahn hat, ist es so, als stünde das Teilchen lediglich einer einzigen Öffnung gegenüber und nicht zwei Öffnungen. Die Gesamtverteilung entspricht schlicht der Summe der beiden nicht zusammenhängenden Muster, aus deren Mitte ein einzelner Scheitelpunkt herausragt:

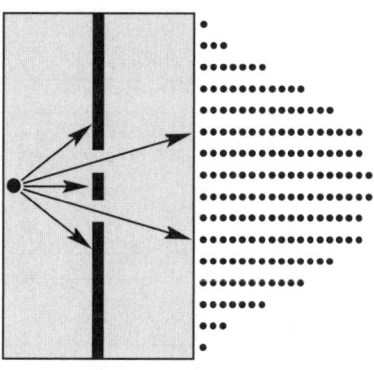

Dies ist das Erkennungszeichen eines klassischen Teilchens. Im Gegensatz zu einer Welle unterliegt das klassische Teilchen nicht der Interferenz. Es kennt keinen Zwiespalt. Es kann zu einem bestimmten Zeitpunkt nur an einem Ort sein und seine Energie nicht zwischen zwei voneinander entfernten Orten aufteilen.

WELLEN SCHLÜPFEN HINDURCH

Sie nähern sich, eine Reihe nach der anderen, wobei jeder Marschierende, wie in einer Parade, die gleiche Folge synchronisierter Schritte absolviert. Es sind Wellen,

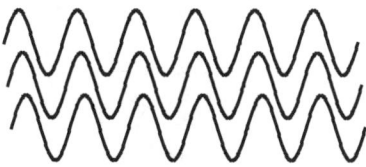

und wir kennen bereits (aus Kapitel 6) einige der Dinge, die Wellen tun können. Wir wissen, dass eine reine Welle eine Frequenz, eine Wellenlänge, eine Amplitude und eine Phase besitzt. Wir wissen, dass die Energie einer Welle mit dem Quadrat ihrer Amplitude variiert. Dies bedeutet, dass eine Welle mit der doppelten Amplitude die vierfache Energiemenge enthält:

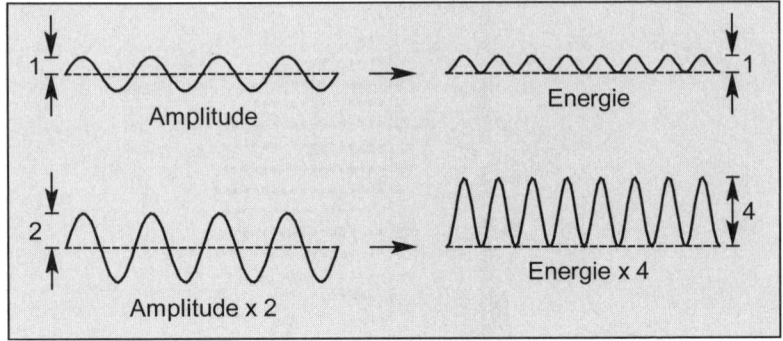

Ebenfalls wissen wir, dass im Bereich des klassischen Gesetzes die an die Amplitude gebundene Variation kontinuierlich ist. Das heißt, jede Veränderung der Amplitude und der Energie kann immer noch ein bisschen verringert werden, bis sie sich null annähert.

Wir wissen, dass reine Wellen (Wasserwellen, Klangwellen, elektromagnetische Wellen, Wellen jeglicher Art) eher verstreut als kompakt sind. Sie breiten sich aus. Sie umgehen Hindernisse. Gelangt sie an ein Hindernis, das in bestimmten Abständen Öffnungen einer bestimmten Größe aufweist, biegt sich eine Welle um die Ränder herum. Die sich nähernde Wellenfront taucht hinter dem Hindernis als ein Tochterwellenpaar wieder auf und strahlt in alle Richtungen aus. Dieser Prozess wird Diffraktion oder Beugung genannt:*

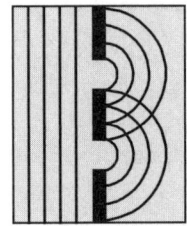

Die kreisförmigen Kräuselungen beginnen bei jedem Loch mit derselben Phase. Genauso wie Marschierende eine Reihe bilden und mit allen Beinen in der gleichen Position eine Linie überqueren, haben die Wellen alle einen gemeinsamen Ausgangspunkt. Es könnte ein Wellenberg oder ein Wellental sein oder irgendein anderer Punkt in dem Zyklus, aber es ist immer *derselbe* Punkt – und die Erinnerung an diese gemeinsame Phase legt fest, was mit den gebeugten Wellen passiert, wo immer sich ihre Wege kreuzen:

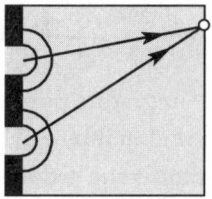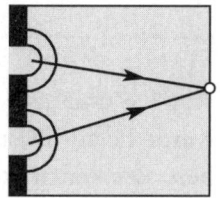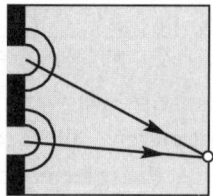

Die Möglichkeiten sind endlos. Ursprünglich im Raum getrennt, breiten sich die Tochterwellen über verschiedene Entfernungen hinweg aus, bis sie schließlich am Treffpunkt anlangen. Und wie es bei Geschwistern üblich ist, verläuft ihr Treffen manchmal harmonisch und manchmal konfliktgeladen. Wenn jede der Wellenfronten mit einer ganzzahligen Summe von Zyklen vorankommt (willkürliches Beispiel: 1000 und 1001),

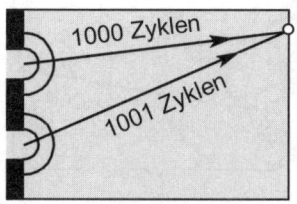

treffen sie sich phasengleich: Berg auf Berg, Tal auf Tal. Sie durchlaufen an diesem Punkt eine konstruktive Interferenz und erzeugen eine neue Störung mit der doppelten Amplitude und der vierfachen Energie:

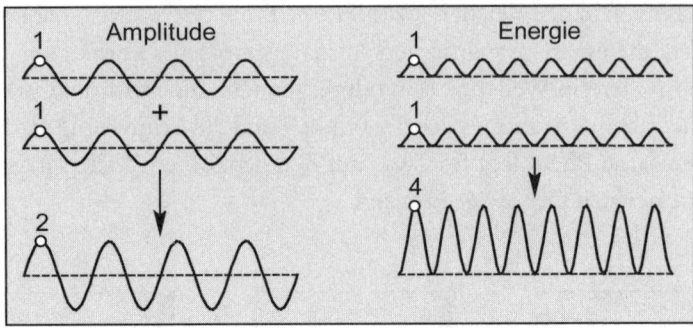

Es ist so, als wären $1 + 1 = 4$.* Würde jede Welle, ungestört durch Interferenz, allein reisen, würde sie auf ihrem Berg und in ihrem Tal eine Energieeinheit abgeben. Bei konstruktiver Interferenz jedoch vereinigen sich die Wellen, um vier Energieeinheiten zu erzeugen. Sie verstärken einander, sodass das Ganze größer wird als die Summe seiner Teile.

Doch bis jetzt kennen wir nur einen Teil der Geschichte, denn irgendwo zwischendrin gibt es mit Sicherheit eine Begegnung, wo $1 + 1 = 0$ ist – wo eine der Wellenfronten einen *Halbzyklus* länger unterwegs ist als die andere (oder drei, fünf oder jede beliebige andere ungerade Anzahl von Halbzyklen):

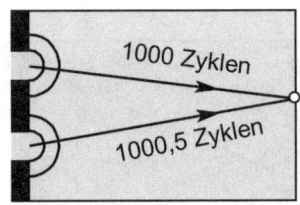

Hier treffen Wellenberge auf Wellentäler mit einer Phasenverschiebung um 180 Grad in destruktiver Interferenz aufeinander und löschen sich gegenseitig vollständig aus. Die vereinigte Amplitude ist gleich null. Die vereinigte Energie ist gleich null:

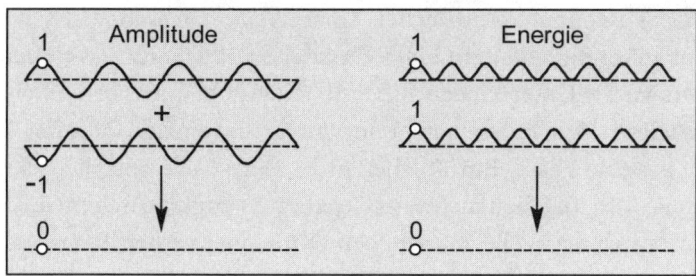

Das Ganze wird weniger als die Summe seiner Teile, sodass die interferierenden Wellen auf diese Weise völlig mit den Erhaltungsgesetzen übereinstimmen. Wie groß die Energie auch sein mag, die bei einer Begegnung von Wellenbergen entsteht (1 + 1 = 4), wenn Wellenberg und Wellental aufeinander treffen (1 + 1 = 0), geht sie wieder verloren. Die Durchschnittsenergie bleibt bei zwei Einheiten, nicht mehr und nicht weniger als das, was die Wellen einzeln enthalten. Die Gesamtenergie bleibt trotz der Verschiebungen von Ort zu Ort konstant. Daran ändert sich nichts.

Die gebeugten Wellen treten demnach an allen möglichen Orten in konstruktive und destruktive Interferenzen ein. An manchen Stellen erzeugt die vereinigte Energie einen Scheitelpunkt. In anderen Bereichen fällt sie auf null zurück. Zwischendrin, wo keine völlige destruktive Interferenz herrscht, erreicht die Energie kontinuierlich Zwischenwerte. Das vollständige Muster setzt sich aus allen möglichen Begegnungen zusammen und entwickelt sich zu einer Anordnung, in der sich Minima und Maxima abwechseln:

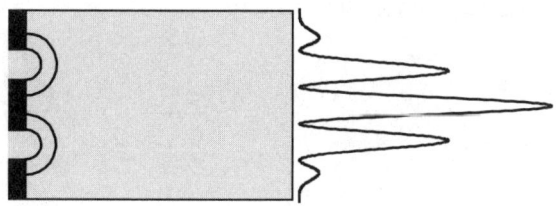

Es ist das Beugungskennzeichen einer Welle, ein Kennzeichen, das sich offenkundig von dem eines klassischen Teilchens unterscheidet. Zählen wir die Unterschiede auf: Eine Welle geht durch beide Öffnungen zugleich. Ein Teilchen geht nur durch eine einzige Öffnung. Eine Welle hat eine Phase. Ein Teilchen nicht. Eine Welle unterliegt der Interferenz. Ein Teilchen nicht. Im Gegensatz zum klassischen Teilchen verstärkt sich die Welle an manchen Orten oder verliert bei manchen Begegnungen an Substanz. Das Energieprofil, das sie erzeugt (siehe letztes Diagramm), entspricht nicht einfach der Summe der beiden Ein-Loch-Muster im nächsten Diagramm:

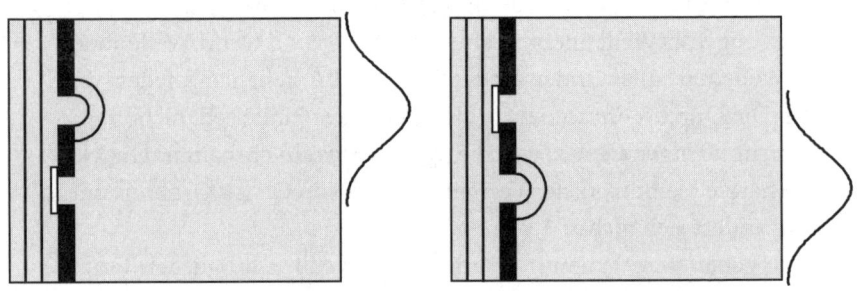

Eine sich ausbreitende Welle passiert die Öffnungen auf eine Art, wie sie das grobkörnige Teilchen nicht nachahmen kann.

Oder doch? Wir wissen, dass Materie auf makroskopischer Ebene glatt und kontinierlich erscheint, in Wirklichkeit aber auf mikroskopischem Niveau rau und grobkörnig ist. Könnte sich nun das Licht – als elektromagnetische Welle – nicht ebenfalls als grobkörnig erweisen, wenn wir nur genau genug hinschauen?

Es ist keine bloße Metapher. Eine Fotografie zu machen, heißt buchstäblich, «mit Licht zu malen», nämlich auf der leeren Fläche eines Filmnegativs (oder irgendeiner anderen geeigneten Oberfläche) ein Abbild der sichtbaren elektromagnetischen Strahlung einzufangen, die von einem Objekt ausgeht. Im Grunde ist uns jedes Motiv willkommen, aber wir wollen jetzt unser spezielles Interesse auf eine Szene richten, in der Licht durch zwei Öffnungen in einer Leinwand gebeugt wird, wie wir es gerade besprochen haben. Denn hier haben wir es zweifellos mit einem Bild zu tun, das mit einem elektromagnetischen Pinsel gemalt wurde und überzeugend auf den wellenähnlichen Charakter des Lichtes hinweist. Die Auswirkungen der Interferenz, die als Licht und Schatten auf dem Film konserviert sind, sprechen dafür, dass sich elektromagnetische Strahlung makroskopisch als eine Welle fortpflanzt, nämlich glatt, kontinuierlich und ohne wahrnehmbare Körnung:

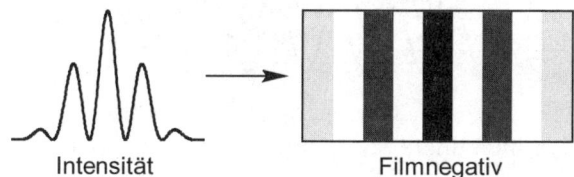

Intensität · Filmnegativ

Dennoch bleibt es ein auf körniger Leinwand gemaltes Bild. Ob die lichtempfindliche Oberfläche nun vom chemischen Granulat eines herkömmlichen Films oder von der elektronischen Matrix einer Digitalkamera stammt, sie hält lediglich die Illusion einer Kontinuität aufrecht. Stellen Sie sich ein fotografisches Medium als eine Matrix einzelner Punkte vor, die darauf warten, ausgefüllt zu werden,

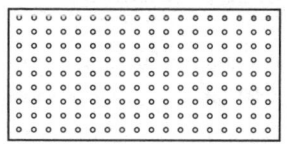

während das erzeugte Bild einem pointillistischen Gemälde ähneln soll:

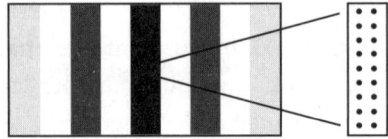

Von weitem betrachtet, wirkt das Bild ebenmäßig, in vergrößertem Zustand jedoch rau und grobkörnig.

Jetzt fragen wir uns: wurde das Bild mit einem breiten Pinsel gemalt, der mit einem einzigen Strich über die ganze Leinwand fahren kann und alle Punkte auf einmal berührt? Sollte dies so sein, würde sich das Licht ausbreiten und die empfängliche Oberfläche, wie eine Welle, überall gleichzeitig überfluten:

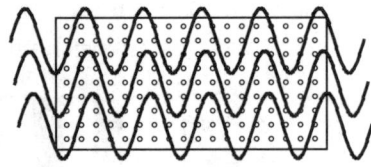

Oder werden die Punkte etwa, einer nach dem anderen, individuell gemalt, vielleicht sogar zufällig, wie mit einem feinen Pinsel? Sollte dies der Fall sein, würde jeder Lichttupfer nur einem einzigen Punkt ein teilchenähnliches *Klick* verleihen:

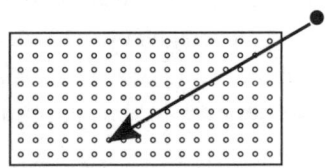

Worum handelt es sich also – Teilchen oder Welle, rau oder glatt, zufällig oder systematisch? Ist das elektromagnetische Feld der Natur auf allen Beobachtungsebenen kontinuierlich oder erweist es sich letztlich als genauso grobkörnig wie die geladenen Teilchen, die es erzeugen?

Es gibt nur eine Möglichkeit, es herauszufinden. Wir müssen hinsehen und lernen. Wir müssen Experimente durchführen.

DOPPELTE BELICHTUNG

Jeder Fotograf wird Ihnen sagen, das Licht sei eine Welle und male ein Bild mit breitem Pinsel. Und der Beweis dafür? Setzen Sie ein Stück Film stetig zunehmendem Licht aus und schauen Sie dabei zu, wie das Bild Gestalt annimmt. Es entwickelt sich gleichmäßig über die gesamte Oberfläche hinweg und füllt die Räume allmählich aus, je weiter die Belichtungszeit voranschreitet:

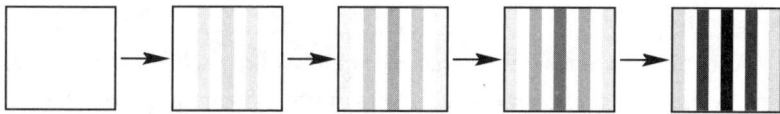

Wenn wir glauben, was wir sehen, dann haben wir auf den ersten Blick gute Gründe zu der Annahme, das Licht unterscheide sich grundlegend von der Materie. Materie ist grobkörnig, während elektromagnetische Wellen glatt zu sein scheinen.

Um sicherzugehen, führen wir eine weitere Reihe von Belichtungen durch, dieses Mal allerdings mit äußerst schwachem Licht. Wir machen uns an die Arbeit und stellen erstaunt fest, dass die Schnappschüsse in einem Zwischenstadium ein völlig anderes Resultat ergeben: Wir haben es nicht mehr mit Wellen zu tun, die gleichmäßig über die Oberfläche fluten, sondern anscheinend mit Gewehrkugeln, die in einem Zufallsmuster in alle Richtungen zerstäuben. Die Körner auf dem Film leuchten vereinzelt hier und da auf, bis schließlich – nach einer ausreichend langen Zeit und vielen einzelnen Treffern – das Bild seine endgültige Gestalt annimmt:

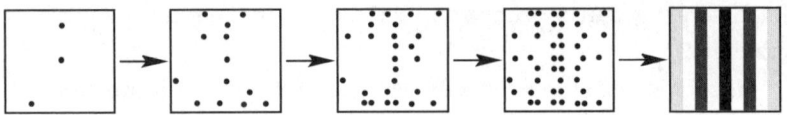

Wir erkennen, dass der Schein trügt, und lernen daraus, unseren Augen nicht zu trauen. Bei niedriger Auflösung und aus der Ferne betrachtet, scheint das elektromagnetische Feld eine Welle zu sein. Bei hoher Auflösung und aus der Nähe betrachtet, erweist sich das Feld als Zusammensetzung separater Klümpchen, wie Moleküle im Meer oder Sandkörner am Strand.

Es handelt sich um «Photonen», die grundlegenden Teilchen des elektromagnetischen Feldes. Sie tragen Energie und haben sowohl einen Impuls als auch einen Drehimpuls*. Betrachtet man sie einzeln, geben sie ihre Werte, wie Teilchen es tun, als örtlich genau definierte Pakete ab.

Aber ein einzelnes Photon hat, wie eine Welle, auch eine Frequenz, eine Wellenlänge und eine Phase. Versammeln Sie genügend einzelne Photonen, und sie werden sich wie eine makroskopische elektromagnetische Welle verhalten. Es kommt nur darauf an, welchen Standpunkt man einnimmt.

DAS PHOTON: ENERGIE UND IMPULS

Die Energie einer klassischen Welle hängt vom Quadrat ihrer Amplitude ab. Um eine energiereichere Welle zu bekommen, müssen wir nur ihre Amplitude erhöhen. So trägt beispielsweise diese Welle

mehr Energie als diese hier:

Energie und Impuls eines einzelnen Photons verändern sich allerdings nicht mit der Amplitude, sondern viel mehr mit der Frequenz. Ein

Photon mit hoher Frequenz (und entsprechend kurzer Wellenlänge) gibt eine größere Energiemenge und einen größeren Impuls ab als ein Photon mit niedriger Frequenz:

niedrige Energie ... niedriger Impuls   hohe Energie ... hoher Impuls

niedrige Frequenz ... lange Wellenlänge   hohe Frequenz ... kurze Wellenlänge

Außerdem werden Impulswert und Energiemenge in einer genau ab-gemessenen Dosis abgegeben: eine immer gleiche, festgelegte Größe, nämlich ein Quant pro Photon.

Und wie viel ist das genau? Um die Größe eines Quants zu messen, können wir auf eine der grundlegendsten Naturkonstanten zurück-greifen, eine unveränderliche Größe mit dem Namen «Planck'sche Konstante»* (ausgedrückt in h). Die Planck'sche Konstante ist eine außerordentlich kleine Zahl und setzt den numerischen Standard für das Quantenuniversum. Ihre Einheiten setzen sich zusammen aus (Energie) × (Zeit) oder entsprechend (Impuls) × (Länge).* Sie ist für die Größe eines jeden Klumpens elektromagnetischer Energie verant-wortlich, der in der Mikrowelt herumgewirbelt wird. Auch die Größe von Impuls und Drehimpuls gehen auf ihr Konto:

Ein Energiequant: h multipliziert mit der Frequenz

Ein Impulsquant: h dividiert durch die Wellenlänge

Ein Drehimpulsquant: h dividiert durch 2π

Klumpen. Örtlich genau definierte Bündel elektromagnetischen Einflusses. So erreicht beispielsweise eine bestimmte Schattierung violetten Lichts unsere Augen als eine Anzahl winziger Energiepake-te. Jedes Photon trägt 500 Sextillionstel (0,0000000000000000005) ei-nes Joule. Nicht 50 Sextillionstel eines Joule. Nicht 5 Sextillionstel und auch nicht 0,5 Sextillionstel. Nein, wenn ein Feld dieser speziellen Far-be um ein klein bisschen mehr Energie anwachsen oder schrumpfen soll, dann muss dieses kleine bisschen 500 Sextillionstel eines Joule ausmachen (ein Photon) oder 1000 Sextillionstel (zwei Photonen) oder 1500 Sextillionstel (drei Photonen). «Zählen Sie Ihr Kleingeld genau ab», sagt die Natur, «wir akzeptieren nur ganze Photonen.»

Bei rotem Licht hat das Quant wieder eine andere Größe. Für Infrarotlicht, ultraviolettes Licht, Röntgenstrahlen und Gammastrahlen gelten ebenfalls andere Werte, aber auch hier ist das Quant jeweils eine feste Größe. Das Universum verteilt elektromagnetische Energie in der Größenordnung eines unteilbaren Klumpens (eines Photons) auf einmal, und die Größe dieses Klumpens hängt allein von der Frequenz ab.*

Je mehr Klumpen, desto mehr Energie. Fügt man einem elektromagnetischen Feld Photonen hinzu, erhöht man dessen Gesamtenergie und vergrößert die Amplitude einer elektromagnetischen Welle, ohne deren Frequenz zu verändern. In Systemen, die nur mit einer Hand voll Photonen wechselwirken, ragt jedes einzelne Photon als einzelnes Körnchen Impuls und Energie heraus. Wenn wir jedoch eine ausreichend große Menge einbeziehen – sagen wir, zehn Quintillionen violette Photonen, um eine makroskopische Energie von 5 Joule zu erzielen –, dann wird es uns nicht gelingen, irgendwelche Lücken in der Energieverteilung zu entdecken. Streng genommen, gibt es zwar Lücken, aber ein Photon mehr oder weniger macht bei 10 Quintillionen etwa so viel aus wie ein Wassermolekül mehr oder weniger im Atlantischen Ozean. Der Unterschied ist selbst für den kritischsten Beobachter nicht wahrnehmbar, und das auf mikroskopischer Ebene grobkörnig wirkende elektromagnetische Feld verschwimmt zu einer makroskopisch ununterbrochenen Welle.

Eine Frage des Zufalls

Auf dem Weg von der Körnigkeit zur Welle setzt ein makroskopisches elektromagnetisches Feld also auf die Beiträge einzelner Photonen. Und mit dieser neuen Einsicht kehren wir noch einmal zu unserem viel sagenden Beugungsexperiment zurück. Denken Sie noch einmal daran, was *nicht* passiert. Genauso wie ein Kind sich nicht wie ein kleiner Erwachsener benimmt, erzeugt ein einzelnes Photon auch kein vollständig ausgebildetes Miniatur-Beugungsmuster auf einmal. Die charakteristische Anordnung heller und dunkler Streifen blüht eben nicht jäh auf, sondern deutet sich mit dem ersten Photon nur schwach an und kommt danach erst ganz allmählich zustande:

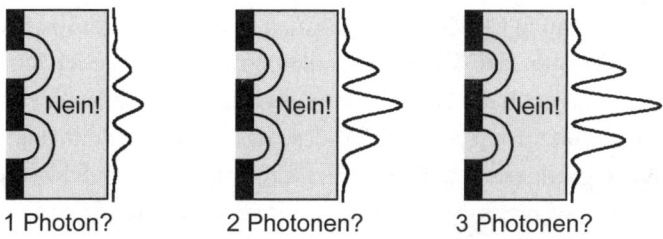

1 Photon?   2 Photonen?   3 Photonen?

Stattdessen nimmt das zweilöchrige Interferenzmuster, mit einem *Klick* nach dem anderen und mit einem Photon nach dem anderen, Gestalt an. Und auch die Maxima und Minima treten erst in Erscheinung, wenn immer mehr Photonen ihre Spuren hinterlassen:

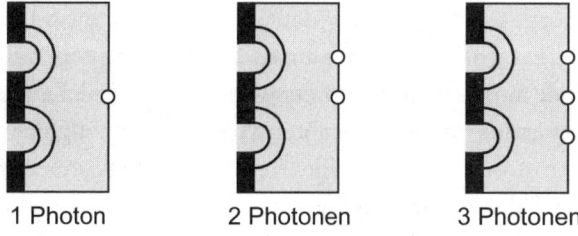

1 Photon   2 Photonen   3 Photonen

Auch dieser Prozess entfaltet sich zufällig, wobei das Ergebnis jedes beliebigen Ereignisses völlig unvorhersehbar ist. *Klick!* Ein Photon trifft auf den Film. Wo genau, können wir nicht mit Gewissheit sagen, bis es tatsächlich passiert. Wir können nur darauf wetten – dass der Aufprall zu 60 Prozent an diesem Ort, zu 30 Prozent an jenem Ort, zu 9 Prozent hier vorn und zu einem Prozent da drüben stattfinden wird –, sodass, nach vielen Treffern und auf lange Sicht betrachtet, unsere Vorhersagen erstaunlich genau und ein Triumph der Statistik sein werden. Allerdings ist es uns nicht vergönnt, das Schicksal eines einzelnen Photons im Voraus zu bestimmen. Als Beobachter der Quantenwelt bleibt man, wie der Spieler mit seinen Würfeln, auf das Wissen um die langfristige Wahrscheinlichkeit der Ereignisse beschränkt. Das Wann und Wo eines speziellen Vorfalls ist stets ungewiss.

So geht es nun mal zu im Quantenuniversum. Nicht nur Photonen, sondern auch Elektronen, Protonen und Neutronen sowie all die anderen Teilchen der Mikrowelt fallen sowohl der wellenähnlichen Interferenz als auch der launischen Wahrscheinlichkeitsregel zum Opfer[*]. Denn sobald wir entdecken, dass das Licht als elektromagnetische Welle greifbarer ist, als wir dachten, stellen wir gleichzeitig fest, dass Materie weniger greifbar ist, als wir vermuteten. Elektronen und ihre Makroteilchen-Cousins verhalten sich nicht deterministisch wie Gewehrkugeln, die immer ein gewünschtes Ziel erreichen und sich niemals überlagern. Ein Elektronenstrahl zum Beispiel wird durch ein mikroskopisches Atomgitter in einem Kristall gebeugt (die praktische Realisierung unseres Hindernisses mit zwei Löchern) und erzeugt ein Interferenzmuster, das dem eines Photonenstrahls entspricht. «Unmöglich!», sagt Isaac Newton. «Massereiche Teilchen sind dazu nicht in der Lage. Ein großes wie ein kleines Teilchen muss entweder durch das eine oder durch das andere Loch gehen. Feste Teilchen haben keinen Mechanismus, um ein Interferenzmuster zu erzeugen.»

Trotzdem tun sie es[*]. Die Elektronen kommen, eines nach dem anderen, auf der gegenüberliegenden Wand als ungeteilte, örtlich definierte *Klumpen* von Makroteilchen an. Und die Klumpen türmen sich, ebenfalls eines nach dem anderen, in einem Zufallsmuster auf, das nur der Interferenz zugeschrieben werden kann – einer Interferenz, die von einem einzelnen Teilchen erzeugt wird, das (irgendwie!) aus zwei Löchern gleichzeitig hervorgeht, als wäre es eine Welle:

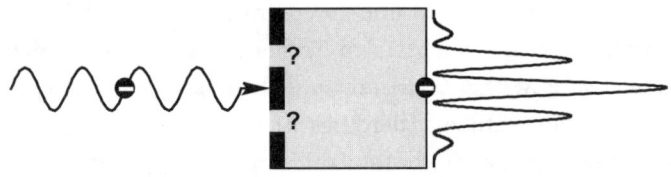

Ginge ein hereinkommendes Elektron entweder durch die eine Öffnung oder durch die andere (und nicht durch beide gleichzeitig), würden wir die Summe zweier unabhängiger Ein-Loch-Muster beobachten:

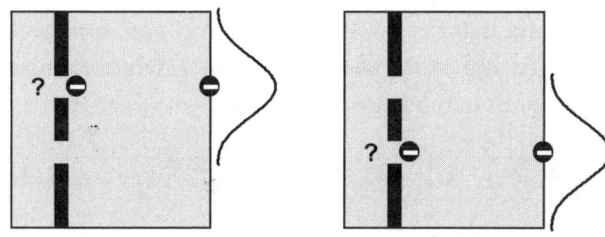

Aber das trifft nicht zu. Elektron für Elektron entwickelt sich das Zwei-Loch-Muster, vorerst noch ziellos, aber unverkennbar. Das Teilchen scheint mit Wellenlänge und Phase ausgestattet zu sein und wirkt auf beide Öffnungen gleichzeitig ein. Dann interferiert es ... und zwar mit sich selbst.

Für einen klassischen Beobachter könnte es nichts Seltsameres geben: Teilchen, die sich wie Wellen verhalten, Wellen, die sich wie Teilchen verhalten, Teilchen, die keinem festgelegten Kurs folgen. Ein vollständiger Zusammenbruch der deterministischen Rechtsordnung.

Für einen Quantenbeobachter ist es lediglich die raue Wirklichkeit in einer Welt, wo kleine Auswirkungen eine große Rolle spielen und das Ergebnis stets fraglich ist. Es ist eine Welt mit anders gearteten Gesetzen.

WELCHEN WEG HAT ES GENOMMEN?

Gerade noch haben Sie es gesehen, und schon ist es wieder weg. Angenommen, wir fingen mit der Absicht an, das Elektron bei seiner Wechselwirkung mit dem Hindernis zu verfolgen, da wir uns mit der Vorstellung nicht zufrieden geben, ein Teilchen könne durch zwei Löcher gleichzeitig gehen. Schauen wir also genauer hin. Unser Plan besteht darin, ein wenig Licht auf die Materie zu werfen (nur so viel, um zu sehen, was passiert, und um die Störung minimal zu halten). Das Werkzeug unserer Wahl ist ein einzelnes Photon. Eine Ein-Photon-Glühbirne ist die schummrigste Beleuchtung, die man sich in einer grobkörnigen Mikrowelt vorstellen kann.

Unsere Lampe hat einen Wirkungsbereich von annähernd einer Wellenlänge (die mit dem griechischen Buchstaben Lambda λ gekennzeichnet wird. Lambda bedeutet Kürze):

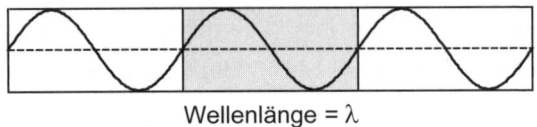

Wellenlänge = λ

Wir müssen λ klein genug wählen, um festzulegen, ob das Elektron aus dem ersten oder aus dem zweiten Loch herauskommt. Um allerdings ein Elektron mit einem Photon zu treffen, müssen wir ihm mit einer Impulsdosis einen Stoß versetzen. Ihr Betrag muss der Planck-Konstante, geteilt durch die Wellenlänge, entsprechen:

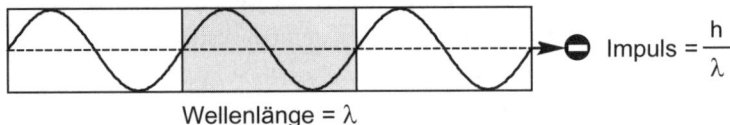

Wellenlänge = λ · Impuls = $\dfrac{h}{\lambda}$

Und nun erleidet das Elektron wie eine Billardkugel, die von einer zweiten angestoßen wird, eine unvermeidliche Impulsveränderung. Es ist demnach genau der Vorgang der Beleuchtung der Teilchenposition innerhalb der Entfernung λ, der den Impuls um den Wert h/λ unbestimmbar werden lässt.

Wir müssen eine Entscheidung treffen. Einerseits ermöglicht uns eine kurze Wellenlänge, den Aufenthaltsort des Elektrons mit großer Präzision zu bestimmen. Die daraus sich ergebende Veränderung des Impulses schränkt jedoch unsere Fähigkeit ein, die ursprüngliche Geschwindigkeit zu ermitteln. Wir erfahren zwar, wo sich das Teilchen befindet, aber nichts darüber, was es tut. Andererseits verschont eine lange Wellenlänge den Impuls, lässt uns aber im Ungewissen über den Aufenthaltsort des Elektrons. Irgendwo in der Mitte finden wir einen Kompromiss: ein Tauschgeschäft, bei dem weder die Unbestimmtheit der Position noch die Unbestimmtheit des Impulses unendlich groß oder verschwindend klein ist.

Es ist das Heisenberg'sche Unbestimmtheitsprinzip,* das den Status eines Naturgesetzes hat. Je genauer man die Position misst, umso größer ist die Unbestimmtheit des Impulses. Je genauer man den Impuls misst, umso größer ist die Unbestimmtheit der Position. Multipliziert man die Unbestimmtheit von Position und Impuls, erhält man (unter günstigen Umständen, bei denen die Störung minimal ist) eine Zahl, die ungefähr der Planck'schen Konstante entspricht*, wie es unser methodisches Beispiel verdeutlicht, in dem λ und h/λ verarbeitet sind.

Bessere Ergebnisse sind nicht möglich. Das Minimalprodukt zweier Unbestimmtheiten, h, ist klein, aber nicht null, und keine noch so aufwendige technische Hexerei kann hier Abhilfe schaffen.

Eingeschränkt durch das Unbestimmtheitsprinzip, führen wir jetzt unseren Plan aus, eindeutig herauszufinden, was mit jedem Elektron an dem Zwei-Loch-Hindernis geschieht. Wir schalten die Lampe ein und schauen zu. Und tatsächlich scheinen die Teilchen – ob sie nun Wellen sind oder nicht – als unteilbare Klumpen zusammenzuhalten. Im Licht unserer Funzel betrachtet, passiert jedes Elektron das eine oder das andere Loch, bevor seine Ankunft auf dem Film registriert wird. Ein Elektron hier, ein zweites da, eines nach dem anderen, bis sich schließlich ein vollständiges Muster herauskristallisiert: ein Muster allerdings, das sich von den früheren, ohne Beleuchtung aufgezeichneten unterscheidet. Da wir dieses Mal jedes beleuchtete Elektron gezwungen haben, aufzustehen und sich zählen zu lassen («Ich gehe durch Loch 1 oder Loch 2»), beobachten wir auch nicht mehr die Interferenz, die typisch für beide Löcher gleichzeitig war. Stattdessen taucht die unabhängige Summe zweier Ein-Loch-Muster auf, was mit Elektronen vereinbar ist, die sich eher wie Gewehrkugeln und nicht wie Wellen verhalten:

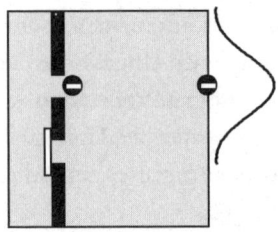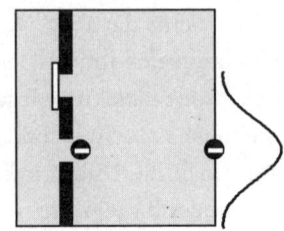

Alle Elektronen, die definitiv aus Loch 1 herauskommen (wir wissen das, weil wir ihnen dabei zusehen), verhalten sich so, als sei Loch 2 versperrt. Ebenfalls verhalten sich alle durch Loch 2 eilenden Elektronen so, als sei Loch 1 blockiert. Die Störung, die ein Teilchen durch die Beleuchtung an einer Öffnung erfährt, genügt, um seine Phasenbeziehung zur anderen Öffnung zu zerstören.

Hinsehen und nicht berühren? Unmöglich. Im Land des Kleinen, wo selbst die Planck-Konstante riesig zu sein scheint, gibt es diese Option für einen Beobachter nicht. Untersucht man ein sich beugendes Elektron oder Photon aus zu großer Nähe, verwandelt man eine Welle in ein Teilchen. Die Kenntnis der Position zieht die Ungewissheit über den Impuls nach sich. Eine Wahl schließt die andere aus.

WEG MIT DEN ALTEN ANSICHTEN

Der Beobachter fragt das Teilchen: *Wo bist du gerade und wohin gehst du jetzt?* Mit anderen Worten, er will die Position und die Geschwindigkeit entlang jeder der drei Achsen wissen:

Position			Geschwindig-keit		
x	y	z	V_x	V_y	V_z
?	?	?	?	?	?

Antwortet das Teilchen einheitlich mit den gleichen sechs Zahlen, dann ist es ein klassisches Teilchen. Weil unser idealisierter Beobachter die denkbar empfindlichsten Instrumente benutzt, wird er in der Lage sein, eine Messung nach der anderen vorzunehmen, ohne dabei auf irgendeinen Widerspruch zu stoßen. Ganz gleich, in welcher Reihenfolge die Messungen durchgeführt werden – ob die Position vor der Geschwindigkeit oder die Geschwindigkeit vor der Position registriert wird –, die sechs Zahlen verändern sich nie.

Und warum? Weil das Objekt ein klassisches Teilchen und als solches ein Klumpen ist und sonst nichts. Ein örtlich genau definierter Materieklumpen. Ein Klumpen, der in keine Interferenzen eintreten kann. Ein Klumpen mit genügend Masse, um Energie und Impuls in scheinbar verschwindend geringen Mengen auszutauschen.

Ein klassisches Teilchen, vom Heisenberg'schen Unbestimmtheitsprinzip nahezu ausgenommen, schüttelt jede auch noch so geringe Störung ab, die mit einer Messung einhergehen könnte. Der mechanische Zustand eines klassischen Teilchens ist unmissverständlich. Seine sechs ursprünglichen Werte sind gesichert und erfahrbar, und sobald wir sie kennen, wissen wir alles, was nötig ist. Position. Geschwindigkeit. Impuls. Energie. Alles, was Sie wollen. Newtons Bewegungsgleichung, die von den bekannten, auf ein System einwirkenden Kräften angetrieben wird, organisiert einen unerschütterlichen Kurs. Dem klassischen Beobachter aus Kapitel 4 wird eine vollständige mechanische Geschichte gewährt, ein Zukunft und Vergangenheit umfassendes Wissen, das aus dem präzisen Wissen des gegenwärtigen Zustands resultiert.

In einem klassischen Universum erzeugt eine bestimmte Ursache auch eine bestimmte, immer gleiche, nie überraschende Wirkung. Alles ist erfahrbar, zumindest im Prinzip, und der Zufall hat keine Chance. Ein «Glückspilz» in einem klassischen Universum zu sein, heißt einfach nur, gut informiert zu sein. Jeder, der sich beispielsweise die Mühe macht, die ursprünglichen Positionen, Geschwindigkeiten und alle Kräfte zu messen, die auf die springenden Bälle im Ziehungsgerät des Mega-Super-Sextillionen-Euro-Lottos einwirken, hat gute

Aussichten, den Jackpot zu gewinnen. Abgesehen natürlich von den enormen praktischen Schwierigkeiten, die erforderlichen Messungen durchzuführen. Ganz zu schweigen von dem hoffnungslos komplizierten Zusammenspiel der Kräfte und der abschreckenden Komplexität der Bewegungsgleichung. Es hat ja niemand behauptet, der Gewinn von 1 000 000 000 000 000 000 000 Euro würde leicht sein, aber in einem klassischen Universum ist es sicher möglich. Arbeiten Sie rund um die Uhr, und Sie kriegen sogar eine Garantie darauf.

Nichts dergleichen aber funktioniert in einem Quantenuniversum, in dem dieselbe Ursache routinemäßig eine andere Wirkung erzielt. Nicht in einem Universum, wo beobachtbare Ereignisse völlig zufällig geschehen und wo wir es mit einer Art von Zufall zu tun haben, zu dessen Zähmung keine noch so eindrucksvolle Anhäufung früheren Wissens genügt. Nicht in einem Universum, in dem man auf eine direkte Frage (*Wo bist du gerade und wohin gehst du jetzt?*) keine direkte Antwort erhält.

In einem Quantenuniversum kann ein Teilchen nicht mit lediglich *einer* Position und *einer* Geschwindigkeit reagieren, weil ein Teilchen in einem Quantenuniversum mehr als ein Klümpchen ist. Es ist ein Klümpchen, das gleichzeitig die Eigenschaften einer Welle zeigt, und eine Welle ist zwangsläufig eine mehrdeutige Konstruktion. Zwischen der Ausbreitung im Raum (Position) und der Ausbreitung in der Wellenlänge oder Frequenz (proportional zum Impuls) besteht stets eine Spannung.

Schauen Sie sich noch einmal unsere Studie über die Wellenüberlagerung am Ende von Kapitel 6 an. Die Bezeichnungen ändern sich, aber die Mathematik bleibt die gleiche.* Quantenmechanische Wellen, elektromagnetische Wellen, Wasserwellen – Wellen jeglicher Art, sogar abstrakte Kurven ohne ausdrücklich physikalische Bedeutung – folgen alle demselben Bauplan. Falls die Oszillation nur eine Komponente mit nur einer einzigen Wellenlänge und Frequenz enthält (ein einzelner, wohldefinierter Impuls), dann breitet sich die Welle über den ganzen Raum aus und ist örtlich überhaupt nicht genau definiert. Die Position der Störung bleibt völlig unbestimmt, unendlich ungewiss:

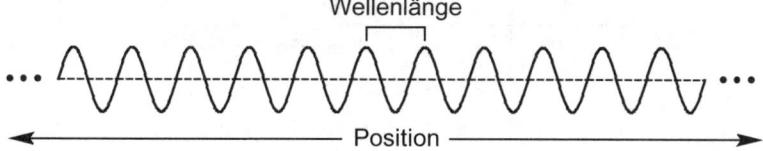

Am anderen Ende sind es jetzt Wellenlänge und Frequenz, die völlig unbestimmbar werden, falls die Oszillationen auf einen einzigen Punkt im Raum beschränkt sind. Eine unendliche Anzahl von Sinus- und Kosinuswellen, die alle ihren eigenen Impuls haben, tragen zur Produktion einer schwer lokalisierbaren Störung bei:

Zwischendrin finden wir genau den gleichen Tauschhandel zwischen Position und Impuls vor, den das Heisenberg'sche Unbestimmtheitsprinzip verlangt: dass die Ausbreitung der Position, multipliziert mit der Ausbreitung des Impulses, einer endlichen Zahl entsprechen oder diese überschreiten muss. Je mehr wir über den einen Aspekt der Welle wissen, umso weniger wissen wir über den anderen. Die Ungewissheit der Position ändert sich umgekehrt proportional zur Ungewissheit des Impulses.

Und so trägt es sich in einem Quantenuniversum zu, dass ein Teilchen keine simple Antwort auf die simple Frage des Beobachters hat. «Meine Position?», sagt das Teilchen, das auch eine Welle ist. «Meine Position ändert sich, wann immer du mich anschaust. Wenn du mich jetzt anstößt, werde ich vielleicht hier, an dieser Stelle, wieder auftauchen. Wenn du mir aber auf genau die gleiche Art und Weise noch einmal einen Stoß versetzen solltest, tauche ich vielleicht da drüben wieder auf:

Test	Ergebnis
1	wahrscheinliche Position 1
2	wahrscheinliche Position 2
3	wahrscheinliche Position 3
⋮	⋮

Du musst dich mit einem statistischen Durchschnittswert all meiner wahrscheinlichen Positionen zufrieden geben, weil jede Messung einen anderen Zufallswert ergeben könnte.»

Das Gleiche gilt auch für den Impuls. Im wellenähnlichen Wesen des Teilchens ist die Ausbreitung wahrscheinlicher Wellenlängen und Frequenzen (Impulse) enthalten, und eine davon wird wahrscheinlich vom Messinstrument eines Beobachters registriert. Da wir nicht voraussagen können, welche Zahl in einem gegebenen Test auftauchen wird, verlassen wir uns erneut auf die Statistik, um einen Durchschnittswert zu ermitteln:

Test	Ergebnis
1	wahrscheinlicher Impuls 1
2	wahrscheinlicher Impuls 2
3	wahrscheinlicher Impuls 3
⋮	⋮

So geht es zu in der Quantenwelt. Wir führen die gleichen Messungen in der gleichen Art und Weise und unter den gleichen Umständen durch und können uns trotz unserer festsitzenden Vorstellung, «es müsste doch irgendeinen Grund dafür geben, warum die Dinge passieren», keinen Reim darauf machen. Eingeschränkt durch die Wahrscheinlichkeitsgesetze, erhalten wir jedes Mal andere Zahlen. Wir haben es mit Durchschnittswerten zu tun, nicht mit festgelegten Werten.

In Kapitel 8 wollen wir uns damit beschäftigen, der Quantenwelt einen Sinn abzuringen: diese unausgereifte Vorstellung einer «Welle-Teilchen-Dualität» auszugestalten, für jedes beliebige System einen angemessenen Zustand und eine passende Bewegungsgleichung zu konstruieren, nach Wahrscheinlichkeitsmittelwerten Ausschau zu halten, statt deterministische Pfade aufzuspüren und zumindest den naturgesetzlichen Rahmen zu skizzieren, in dem es Atomen, Elektronen, Kernen, Protonen und Neutronen gelingt zu existieren.

8. Der nicht eingeschlagene Pfad

Verabschieden Sie sich von der Gewissheit und von einem Uhrwerk-Makrokosmos, in dem der Mond nie von seinem Kurs abweicht, und heißen Sie einen spekulativen Mikrokosmos willkommen, in dem ein Elektron überhaupt keinem vorherbestimmtem Pfad folgt. Machen Sie sich mit einer Welt vertraut, in der die peinlich genauen Werte von Position, Geschwindigkeit, Impuls, Energie und allen anderen Gewissheiten der klassischen Mechanik zu statistischen quantenmechanischen Durchschnittswerten verschwimmen. Und schreiben Sie diese Umstände der Licht und Materie innewohnenden Unbestimmtheit zu.

Denken Sie aber auch trotz der Unterschiede an die Gemeinsamkeiten von Mond und Elektron. Jeder handelt auf seine Art wie ein beweglicher Partner und wie eine Maschine in einem mechanischen System. Während die Zeit vergeht, durchläuft jede Maschine eine Reihe erkennbar unterschiedlicher Zustände, in deren Verlauf sie auf einen Kontrolle ausübenden Einfluss reagiert. Beim Mond ist es die Gravitationswechselwirkung. Beim Elektron ist es die elektromagnetische Wechselwirkung,

Die Dimensionen sind anders. Die Massen ebenso. Die mechanischen Zustände und die Wechselwirkungen könnten unterschiedlicher kaum sein. Aber trotz allem bleibt eine Gemeinsamkeit erhalten. Die sowohl vom Mond als auch vom Elektron durchgemachten Veränderungen richten sich, auch wenn sie sich in mancherlei Hinsicht unterscheiden, nach Regeln, die für jedes System in dessen eigener Welt gültig sind. Ganz egal, ob ein System der klassischen Welt oder der Quantenwelt angehört, es gehorcht immer einer Bewegungsgleichung und entwickelt sich in einer festgelegten Reihenfolge von einem Zustand zum nächsten. Zustand 1 führt zwangsläufig zu Zustand 2, so wie eine Landstraße von einer Stadt zur nächsten führt. Also bewegen sich die mechanischen Systeme in beiden Welten auf die Orte zu, zu denen die Straße sie führt. Dabei absolvieren sie einen Zustand nach dem anderen:

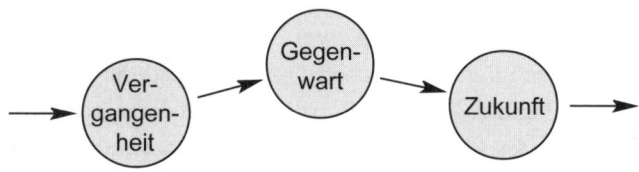

Allerdings gibt es einen nicht zu unterschätzenden Unterschied. Ein klassisches System wickelt nämlich beim Durchlaufen eines bestimmten Zustands seine ewig gleichen mechanischen Geschäfte ab und ähnelt dabei einem Reisenden, der in einer bestimmten Stadt das immer gleiche Programm abspult. Das zur Spontaneität neigende Quantensystem lässt sich bei seinen Besuchen durchaus schon mal etwas anderes einfallen.

Nennen Sie uns den Namen einer Stadt, und wir wissen mit beinahe absoluter Sicherheit, wie ein klassischer Reisender dort seinen Abend verbringen wird: im gleichen Hotel, im gleichen Restaurant, bei jedem Aufenthalt die gleichen Mahlzeiten. Geben Sie uns also im übertragenen Sinn den mechanischen Zustand eines klassischen Systems an (die Positionen und Geschwindigkeiten seiner Teilchen), und wir wissen genau, was wir erwarten können: dieselbe Energie, denselben Impuls, dieselben mechanischen Eigenschaften, die mit diesem speziellen Zustand verbunden sind.

Ein Quantenreisender gehört zu einer anderen Besucherkategorie und lehrt uns, das Unerwartete zu erwarten. Wir kennen zwar alle Hotels und Restaurants in der Stadt, obendrein sind uns die Vorlieben des Reisenden bekannt, dennoch wissen wir nicht, für welche Einrichtungen er sich an einem bestimmten Tag entscheiden wird. Bei zwei von zehn Besuchen wird es Hotel 1 sein, bei drei von zehn Besuchen Hotel 2, bei fünf von zehn Besuchen Hotel 3. Genau das trifft auch auf ein quantenmechanisches System zu, wo der gleiche, unter denselben Bedingungen gemessene Zustand bei jedem neuen Test verschiedene mechanische Werte erzielt: Bei zwei von zehn Messungen haben wir

Energie 1, bei drei von zehn Messungen Energie 2 und bei fünf von zehn Messungen Energie 3.

Unser Programm für den Umgang mit einem quantenmechanischen Universum besteht aus zwei Teilen. Erstens müssen wir für jeden City-Zustand alle möglichen Optionen und die damit verbundenen Wahrscheinlichkeiten festlegen, nämlich die statistische Wahrscheinlichkeit, dass Hotel 1, Energie 3, Restaurant 6 oder Impuls 2 infrage kommen. Zweitens brauchen wir eine Straßenkarte, um die Reihenfolge der an der Reiseroute liegenden Städte zu ermitteln. Der zweite Teil des Plans erfordert außerdem die Konstruktion einer quantenmechanischen Bewegungsgleichung, eine Art Fließband, das die Zustände miteinander verbindet und Newtons zweites Gesetz ablöst. Der erste Teil macht die Angabe eines quantenmechanischen Zustands erforderlich, und genau aus der Gestaltung dieses Zustands – vor allem aus dem Verzicht auf den uneingeschränkten Zugang zu Position und Impuls – wird die voraussagbare Unvorhersagbarkeit der Mikrowelt allmählich hervorgehen.

ZUSTÄNDE UND MESSUNGEN

Die Frage ist nicht so sehr, was ein Elektron *ist*, sondern vielmehr, was ein Elektron *tut*. Und zumindest bei einigen seiner Vorgehensweisen verhält es sich wie eine Welle. Es wird gebeugt. Es interferiert. Es hat eine Wellenlänge und eine Phase. Alles, was eine Welle kann, kann ein Elektron auch.

Es ist ein Teilchen mit den Eigenschaften einer Welle. Ein Elektron tauscht die Reinheit der Wellenlänge gegen die Reinheit der Position ein, sodass es nicht peinlichst genaue Werte für beide Eigenschaften gleichzeitig liefern kann. Einerseits erkauft sich das Teilchen, wie wir in Kapitel 7 gelernt haben, eine präzise Wellenlänge auf Kosten einer extrem ungewissen Position:

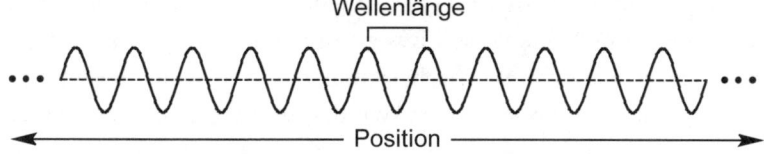

Wellenlänge

Position

Andererseits lässt sich die Entscheidung umkehren. Eine außerordentlich genaue Position bringt eine extreme Ausbreitung der Wellenlänge (und folglich auch des Impulses) mit sich. Die Liste der Sinus- und Kosinuskurven wird endlos lang:

$$
\text{Position} \quad = \quad \underset{\text{Impuls 1}}{\bigwedge} \quad + \quad \underset{\text{Impuls 2}}{\bigwedge} \quad + \quad \underset{\text{Impuls 3}}{\bigwedge} \quad + \quad \cdots
$$

Während ein klassisches Teilchen nur *eine* Position und *einen* Impuls gleichzeitig offenbart, lässt ein Elektron die Möglichkeit vieler Positionen und Impulse zu. Der quantenmechanische Zustand eines Elektrons akzeptiert eine Vielzahl von Optionen, die so zusammengeschnürt sind, als sei das Teilchen eine Welle.

Als sei das Teilchen eine Welle. Unter anderem kann eine Welle, wie Sie sich vielleicht erinnern, vorauseilen oder an einer Stelle stehen bleiben, und auf gleiche Weise verhält sich der wellenähnliche Zustand eines Elektrons. Gesteht man einem Elektron zu, frei umherzustreifen, hat es die freie Auswahl aus einem kontinuierlichen Bereich von Wellenlängen, wobei jeder Wert sich geringfügig vom nächsten unterscheidet. Die Möglichkeiten sind unbegrenzt:

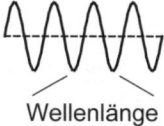

| Wellenlänge | ein kleines bisschen länger | noch ein kleines bisschen länger |

Aber nicht immer. Wahre Freiheit – Freiheit vom Einfluss aller anderen Teilchen und Felder – ist schwer zu finden. Ein Elektron verfängt sich in einem Netz von Wechselwirkungen, sodass seine Bewegungen eingeschränkt werden. Zwischen Wänden aus Potenzialenergie eingeklemmt (sagen wir, in einem Atom oder in einem Molekül), existiert das Teilchen nur in gewissen stabilen Anordnungen. Die damit verbundenen Wellen sind eingeschränkt und auf eine Weise *quantisiert*, dass wir uns an die stehenden Wellen erinnert fühlen, denen wir zuvor in Kapitel 6 begegnet sind. Stellen Sie sich die Störungen schematisch als begrenzt vor, eingeengt auf kleine Regionen mit Maxima, Minima und Schwingungsknoten dazwischen:

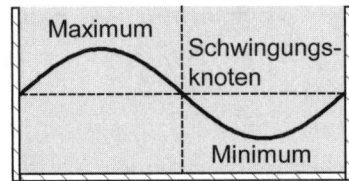

Es ist die raue Wirklichkeit, die in der Mikrowelt nicht geringer ist als in der Makrowelt. Der Einschluss bringt für das Elektron eine Quantisierung mit sich, genauso wie der Einschluss für eine Klaviersaite, für die Luftsäule in einer Orgelpfeife, für den zwischen Spiegeln gefangenen Laserstrahl oder für irgendeine andere Welle eine Quantisierung mit sich bringt. Und eine Welle, wie immer man sie auch nennen will, wird immer noch denselben typischen Gleichungen gehorchen, die alle diese Störungen gemeinsam haben*.

Wenn wir das quantenmechanische Elektron verstehen wollen, sollten wir die Eigenschaften einer klassischen Welle heraufbeschwören. Schließlich gilt: «Eine Welle *ist*, was eine Welle tut», und die Mathematik eines Elektrons ist Wellenmathematik*.

KLASSISCHE QUANTISIERUNG

Nehmen Sie beispielsweise eine Klaviersaite. Befestigt man sie an beiden Enden, kann sie nur als eine Welle oder als mehrere stehende Wellen schwingen, wobei Frequenzen und Wellenlängen durch die Saitenlänge festgelegt werden:

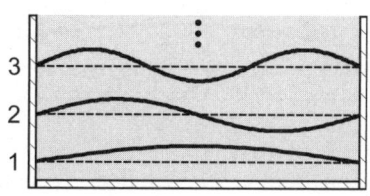

Etwas anderes ist nicht erlaubt, weil die Schwingungen genau hineinpassen müssen. Sie müssen nahtlos in den zugeteilten Raum passen, wobei die Störung an beiden Endpunkten erzwungenermaßen bei null angelangt ist. Am unteren Ende des Diagramms haben wir die niedrigste Energie in der so genannten Grundschwingung, auch «erste Harmonische» genannt: *ein* Halbzyklus, der eine Wölbung einer Sinuskurve umspannt. Als Nächstes kommt die zweite Harmonische, die mit der doppelten Frequenz schwingt, nämlich mit *zwei* Halbzyklen, einer vollständigen Sinuswelle, die mit ihren beiden Wölbungen in denselben Raum hineinpasst. Danach kommt die dritte Harmonische: *drei* Halbzyklen mit drei Wölbungen ... und danach dann vier Halbzyklen, fünf, sechs und so weiter, theoretisch bis ins Unendliche hinein.

Sie sind alle möglich, und sie sind alle eindeutig unabhängig. Die Grundschwingung kann nicht aus jeder beliebigen Kombination von Harmonischen gebildet werden. Auch die zweite, dritte oder irgendeine andere Harmonische kann nicht von den jeweils anderen aufgebaut werden – ebensowenig wie ein Schritt Richtung Norden den Kurs eines Wanderers um einen einzigen Millimeter in Richtung Osten oder Westen verändern kann. Jeder Grundschwingungsmodus leistet, wenn er erregt ist, seinen eigenen Beitrag zu der Gesamtschwingung. An Ort und Stelle stehend, bewegt er sich lediglich auf und ab:

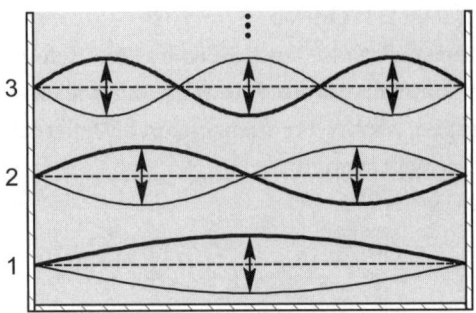

Für einen klassischen Beobachter ist der Pfad gut gekennzeichnet. Jedes Element der Saite hat eine definitive Position und Geschwindigkeit. Nun muss man nur noch zuerst die Form eines jeden Modus* angeben (die Gestalt und die Frequenz der stehenden Welle) und dann den Anteil, den der Modus zur Gesamtschwingung beiträgt* (wie hoch ist der Anteil der Grundschwingung, wie hoch ist der Anteil der zweiten Harmonischen, der dritten Harmonischen, der vierten und so weiter?):

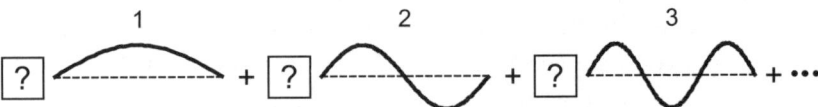

Wenn das erledigt ist, wird unser klassischer Beobachter den notwendigen mechanischen Zustand formuliert haben. Und wenn dann eine Beschreibung der Kräfte vorliegt, die auf die Saite einwirken, steht Newtons Bewegungsgleichung bereit, um den Rest der Arbeit zu tun.

Nun ist ein Elektron aber keine Klaviersaite, sondern gehorcht der Wellenmathematik. Sperren Sie das Teilchen in einer mit Potenzialenergie angefüllten Mulde ein, und Sie werden Beweise für Einschluss und Quantisierung finden. Es entwickelt sich eine Hierarchie zulässiger Quantenwellen, die durch diskrete Energien und einfache ganze Zahlen charakterisiert sind (wie etwa der *eine* Halbzyklus der

Grundfrequenz einer Saite oder die *beiden* Halbzyklen der zweiten Harmonischen oder die *drei* Halbzyklen der dritten Harmonischen). Manchmal lassen sich aber auch die Quantenwellen eines Elektrons unter den genau richtigen Einschlussbedingungen mathematisch nicht mehr von den stehenden Wellen einer Klaviersaite und verschiedener anderer klassischer Oszillatoren unterscheiden. Dieselbe Reihe von Zahlen und dieselben Kurven beschreiben zwei völlig unterschiedliche Phänomene.

Natürlich unterscheiden sich die physikalischen Bedeutungen, die wir den Zahlen zuschreiben. Sie sind unser Verständnis dessen, was die Wellen darstellen. Eine quantenmechanische Interpretation ist daher das am besten geeignete Werkzeug, einen Unterschied auszudrücken.

Quantenwellen und Wahrscheinlichkeit

Was machen wir also mit dieser wellenähnlichen Störung, die mit einem Elektron in Verbindung gebracht wird? Ist sie eine Kraft- oder Potenzialschwankung wie die elektrischen und magnetischen Felder einer elektromagnetischen Welle? Oder ist sie vielleicht schlicht und ergreifend eine materielle Störung wie eine Meereswelle oder eine schwingende Saite? Haben wir es womöglich buchstäblich mit einer *Materiewelle* zu tun,

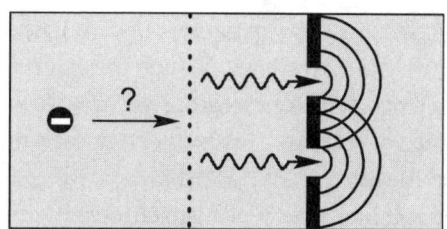

wobei wir uns eine dünn verteilte Paste aus Masse vorstellen, in der jedes kleine Stück irgendwie sowohl Wellenlänge als auch Phase darstellt?

Nein, vergessen Sie's. Die Beugungsexperimente aus Kapitel 7 beweisen, dass ein Elektron oder ein Photon sich nicht so ausbreiten kann wie eine Wasserwelle mit ihrer kontinuierlichen Substanz. Teilchen kommen einzeln am Detektor an. Sie landen als unversehrte Klumpen an einem zufälligen Punkt. Das vollständige Interferenzmuster taucht nur allmählich auf mit immer nur einem Körnchen gleichzeitig und im Widerspruch zu unserer naiven Vorstellung einer «Materiewelle». Also nicht folgendermaßen:

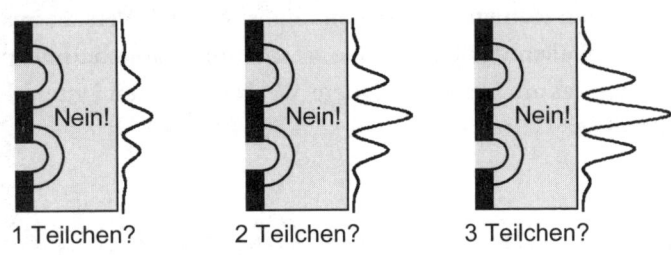

| 1 Teilchen? | 2 Teilchen? | 3 Teilchen? |

Sondern so:

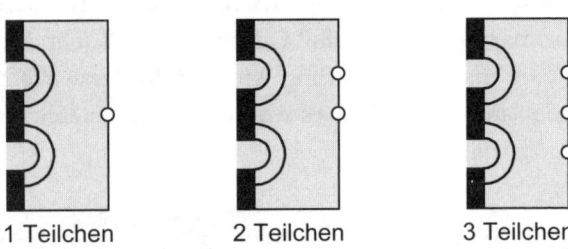

| 1 Teilchen | 2 Teilchen | 3 Teilchen |

Was auch immer die Wellenbewegung verursacht – und auf diese Weise die Interferenz erzeugt –, es ist nicht einfach nur eine Störung von Materie und Masse.

Eine quantenmechanische Welle ist stattdessen etwas seltsam Ungreifbares, etwas, was man nicht sehen, fühlen oder schmecken kann. Sie hat nichts mit Kraft oder Masse zu tun. Man kann sie nicht direkt auf der Anzeige irgendeines Messinstruments ablesen. Eine quantenmechanische Welle ist vielmehr eine Informationswelle. Sie teilt uns etwas mit. Im Beugungsexperiment informiert sie uns über die statistische Wahrscheinlichkeit, das Teilchen an jedem möglichen Ort zu finden*. Aus einer Unmenge von Möglichkeiten teilt uns die quantenmechanische Welle die Aussichten mit, über eine dieser Möglichkeiten zu stolpern, wenn wir eine Messung vornehmen.

Wir bekommen eine Reihe von Zahlen geliefert, wobei jede Zahl einem Punkt im Raum entspricht und mit Wahrscheinlichkeit aufgeladen ist. Denn aus einer quantenmechanischen «Wellenfunktion» lässt sich durchaus eine echte physikalische Bedeutung gewinnen, die nicht unbedingt in den Zahlen selbst zum Ausdruck kommt, sondern, genauer gesagt, in den *quadrierten* Werten. Erinnern Sie sich: Es ist das Quadrat einer Welle, das die Interferenz auslöst; und genauso, wie das Quadrat einer gewöhnlichen Welle der Energie entspricht, stimmt das Quadrat einer Quantenwelle mit der Wahrscheinlichkeit überein.

Nehmen wir zum Beispiel an, irgendeine willkürliche Wellenfunktion sieht aus wie die zweite Harmonische einer schwingenden Saite, und nehmen wir weiterhin an, sie habe an Punkt A den Wert 2 und −1 an Punkt B. Die quadrierten Werte sind dann 4 an Punkt A und 1 an Punkt B, was es viermal wahrscheinlicher macht, das Elektron bei A zu finden:

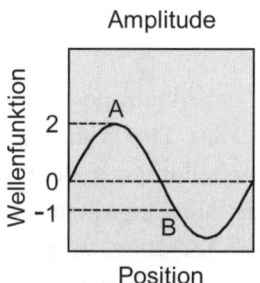
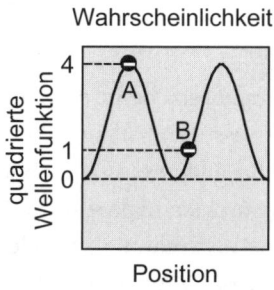

Wir wissen nicht, bei welchen vier von fünf Gelegenheiten das Elektron eher bei A statt bei B auftauchen wird, aber wir kennen die langfristigen Aussichten. Und unter den Regeln der Quantenmechanik spiegeln die Wellenfunktion und ihre dazugehörige Wahrscheinlich-keitsverteilung alles Wissenswerte wider.

Mehr kann ein Quantenbeobachter nicht tun. Wir nehmen eine Messung nach der anderen vor und stellen nach jeder Messung den ursprünglichen Zustand des Systems wieder her. Wir führen die Messungen immer in genau der gleichen Weise und nach genau dem gleichen System aus, und trotzdem ist jedes Resultat anders. In einem Test taucht das Elektron – überdies in seiner Gesamtheit als teilchenähnliches Klümpchen – am Punkt A auf. In einem anderen Test an Punkt B oder C. Bei jedem neuen Versuch gibt es auch einen neuen Aufenthaltsort und ein anderes Klümpchen. Erst wenn wir alle Ergebnisse auflisten (und zusammenzählen, wie oft die Elektronen an jedem Punkt erscheinen), erkennen wir tatsächlich, dass wir es mit einer Welle zu tun haben. Die Verteilung entdeckter Elektronen zeichnet das Quadrat der Wellenfunktion nach:

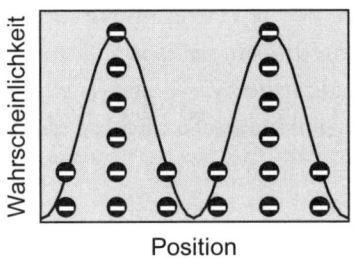

Im Nachhinein erscheint einem alles wie ein Album unverbundener Schnappschüsse und nicht etwa wie ein Film. Die Wahrscheinlich-keitsverteilung bietet uns eine bildliche Darstellung vom potenziellen Aufenthaltsort des Elektrons an. Sie macht allerdings keine Aussage über seine Geschwindigkeit oder über die Richtung, in die es sich bewegen wird. Laut Heisenberg bedeutet Hinsehen zwangsläufig auch berühren, und mit jeder unserer Messungen verändern wir die Wellenfunktion auf eine Art und Weise, die nicht mehr rückgängig gemacht werden kann:

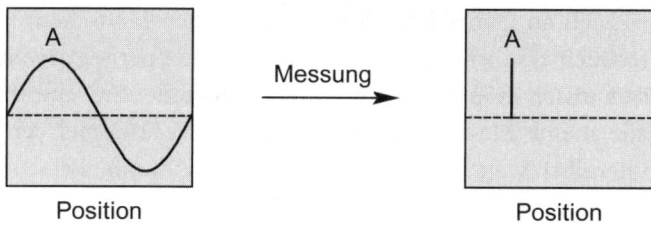

Position	Position

Position oder Impuls: Nur eines von beiden geht. Wenn wir das Elektron in eine eindeutige Position zwingen, lassen wir eine von örtlicher Beschränktheit befreite Wellenfunktion (mit einer engen Verteilung von Wellenlängen und Impulsen) zu einem eindeutigen Scheitelpunkt (mit einer breiten Verteilung von Wellenlängen und Impulsen) kollabieren. Einerseits reduziert die Messung die unendlich vielen räumlichen Möglichkeiten auf die endgültige Entscheide-dich-ein-für-alle-Mal-Verwirklichung einer einzigen Position, zufällig erzeugt in Übereinstimmung mit einer Wahrscheinlichkeitsreihe. Andererseits bleiben Wellenlänge und Impuls des Teilchens wegen genau dieser Störung unbestimmt. Heisenbergs Unbestimmtheitsrelation verbietet sozusagen als Bundesgesetz einem Elektron, uns über seinen Standort und seine Tätigkeit gleichzeitig zu informieren. Das quantenmechanische Teilchen folgt keinem festgelegten Pfad.

EIGENZUSTÄNDE

Ein klassischer Beobachter fände es schockierend, wenn es einem handwerklich perfekten Messinstrument nicht gelänge, jedes Mal dieselbe Zahl zu ermitteln. «In meinem Universum», sagt Newton, «ist das erste Gesetz der Natur der gesunde Menschenverstand. Wenn man mit demselben System auf dieselbe Art und Weise dasselbe tut, sollte man auch wenigstens erwarten, zum selben Ergebnis zu kommen.»

Ein Quantenbeobachter, der sich mit einer anderen Art von Realität abgefunden hat, hegt keinerlei derartige Erwartungen. Makroskopische Intuition bedeutet wenig in einer Welt, in der die Planck'sche Konstante eine große Rolle spielt (und wo, ganz im Gegenteil, ein gewisses Maß an Unbestimmtheit den gesunden Menschenverstand eines Beobachters nicht beleidigt). «Und da Sie es gerade erwähnen», antwortet unser Mikroweltbeobachter, «ich finde, Sie übertreiben. Nicht alle meine Messungen gleichen einem Würfelspiel. Ich kann Ihnen unendlich viele Quantenzustände zeigen, die stets die gleichen Werte erzeugen.»

Man nennt sie *Eigenzustände*, während die fixen Zahlen, die sich bei der Messung ergeben, *Eigenwerte* heißen. Es gibt Eigenzustände der Energie und des Impulses. Es gibt Eigenzustände der Position und für jede beobachtbare Größe. Und es gibt vollständige Reihen von Eigenzuständen – jene, die den gesamten Bereich der möglichen Werte abdecken. Sie werden zu Bausteinen, aus denen wiederum die allgemeineren Quantenzustände gebildet werden können.

Nehmen wir an, wir beobachten beispielsweise, dass ein Teilchen mit dem Quantenzustand 1 immer 10 Energieeinheiten aufweist. Wenn es sich so verhält, dann dient Quantenzustand 1 als Eigenzustand der Energie. Dieses Teilchen nun nimmt einen Anteil des Raumes ein, der mit der vorgeschriebenen Wellenfunktion übereinstimmt.

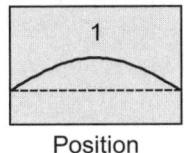

Position

Und wir messen stets die gleichen 10 Energieeinheiten. Bei *diesem* speziellen Zustand ruft eine Messung der Energie keine Zufälligkeit, keine Unbestimmtheit und keine heftige Störung hervor. Der Untersuchung durch einen Beobachter bietet das System nur ein einziges Ergebnis an, so als stünde es auf einer Insel der Gewissheit unter Schutz: nämlich die hundertprozentige Wahrscheinlichkeit, zehn Energieeinheiten zu registrieren. Bei keiner von beliebig vielen Messungen variiert der Eigenwert, und auch der Eigenzustand macht keine wahrnehmbare Veränderung durch:

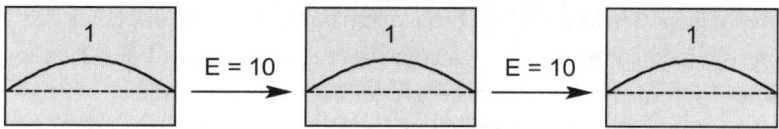

Wir führen unsere Messung durch und erhalten die Zahl, mit der wir gerechnet haben. Wir bekommen unseren Eigenzustand unbeschadet zurück. Zustand 1 ist unempfindlich gegenüber der Messung seiner «eigenen» besonderen Eigenschaft und ist ein Eigenzustand der Energie – wenngleich es *kein* Eigenzustand der Position und *kein* Eigenzustand des Impulses ist, weil die Wellenfunktion mehr als eine mögliche Position und mehr als einen möglichen Impuls berücksichtigt. Zustand 1 ist vielmehr ein Eigenzustand der Energie, nicht mehr und nicht weniger, und verteidigt standfest seinen Eigenwert von 10 Einheiten angesichts der überall sonst herrschenden Unbestimmtheit.

Sollte das System zufällig in einem anderen Eigenzustand der Energie sein (sagen wir, Zustand 2 mit einem Eigenwert von 20 Einheiten), dann erhalten wir zwar eine andere Zahl, aber sie wird uns hundertprozentig garantiert. Energiemessungen des Eigenzustands 2 ergeben jedes Mal dieselben 20 Einheiten:

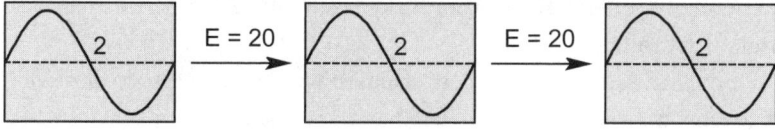

Für Eigenzustand 3 gibt es eine andere fixe Zahl, für Eigenzustand 4 wieder eine andere. Für jeden zulässigen Energiewert können Sie mit einem entsprechenden Eigenzustand und einem Eigenwert rechnen. Wir müssen sie alle berücksichtigen.

Wenn nun ein Quantensystem stets in einem einzigartigen Eigenzustand existierte, der alle möglichen mechanischen Variablen umfasste (Position, Impuls, Drehimpuls, Energie ... alles), dann gäbe es kein Unbestimmtheitsprinzip und kein Zufallselement. Auch die Quantenmechanik wäre überflüssig. Ein extrem behutsamer Beobachter bekäme für jede Messung einen festen Wert garantiert, und der Zustand eines Systems bliebe vor und nach der Messung unberührt.

Aber ein Quantensystem existiert selten als einzigartiger Eigenzustand, denn dieser Umstand würde alle Zweifel hinsichtlich seiner messbaren Eigenschaften auslöschen. Stattdessen hat es der typische Beobachter mit einer zweideutigen Nicht-hier-und-nicht-da-*Überlagerung* von Eigenzuständen zu tun, mit einem Antipastiteller voller Wahrscheinlichkeiten, die alle zum gleichen Zeitpunkt serviert werden:

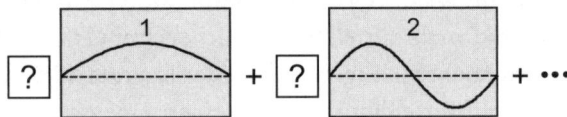

Da gibt es also ein klein wenig hiervon und ein klein wenig davon, sodass sich der Quantenbeobachter mittlerweile fragt, womit er eigentlich rechnen soll. Werden seine Messungen heute Energie 1 und morgen Energie 2 ergeben oder wird es eher Energie 3, 4 oder 5 sein? Vielleicht könnten aber auch alle wahrscheinlichen Werte gleichzeitig miteinander verschmelzen, wie etwa eine schwingende Saite ihre stehenden Wellen harmonisiert und in die satte Klangfarbe eines Klaviers verwandelt.

Um eine Antwort zu finden, schauen wir uns das Prinzip der Überlagerung an.

ÜBERLAGERUNG

Es ist eines der beliebtesten Motive im Design der Natur, das immer wieder auftaucht: die Vorstellung, nicht weiter reduzierbare, einfache und voneinander unabhängige Bausteine zu benutzen, um damit ein willkürlich komplexes Phänomen zusammenzusetzen. Wie unterschiedlich die Ereignisse auch erscheinen mögen – die Klänge einer Symphonie etwa, die Übertragung eines Fernsehsignals oder der

Wärmestrom –, die Methode der Überlagerung bringt sie alle unter einen gemeinsamen mathematischen Hut. Die Konstruktion einer quantenmechanischen Überlagerung ist in diesem Zusammenhang also nur ein Beispiel unter vielen.

Nirgendwo kommt diese Vorstellung einleuchtender und offensichtlicher zum Ausdruck als in der Einteilung des Raumes in zueinander senkrechte Dimensionen. Die zusammengehörende Vorstellung von *Unabhängigkeit* und *Vollständigkeit* ist uns bereits in Kapitel 3 begegnet und hat seitdem immer wieder unser Verständnis der Relativität, der klassischen Mechanik, des Elektromagnetismus und jeglicher Art von Wellen erweitert. Anders formuliert: Osten ist Osten, und Norden ist Norden, und keine Himmelsrichtung kann den Kurs der anderen verändern. Drei Schritte nach Osten und vier Schritte nach Norden bringen einen Wanderer fünf Schritte in Richtung Nordosten,

aber keine einzige Schrittkombination auf der Nord-Süd-Achse kann das Fortschreiten auf der Ost-West-Achse begünstigen oder beeinträchtigen. Solange wir bei Positionen ständig auf dasselbe unveränderliche Gitternetz zurückgreifen, bleiben drei Schritte nach Osten und vier Schritte nach Norden genau das: nämlich eine reine Verschiebung nach Osten (ohne einen nördlichen Beitrag), die mit einer unabhängigen, reinen Verschiebung nach Norden (ohne eine östlichen Beitrag) überlagert wird:

Angesichts einer vollständigen Anzahl von Einheitsschritten, die alle senkrecht zueinander verlaufen, kann ein Beobachter sich darauf verlassen, jeden Punkt auf dem Gitternetz ausfindig zu machen. In einer Dimension brauchen wir nur einen Schritt entlang der einzig möglichen Achse, um die Reihe zu vervollständigen. In zwei Dimensionen zwei Schritte, in drei Dimensionen drei Schritte.

Also setzen wir einen Fuß vor den anderen und gehen drei Schritte nach Osten und vier Schritte nach Norden. Wir können auch, einen Schritt nach dem anderen, im Zickzackmuster Osten-Norden oder Norden-Osten gehen oder erst ganz nach Osten und anschließend ganz nach Norden. Natürlich kann man auch einen Teil des Weges nach Norden und einen anderen Teil nach Osten gehen, wobei die Reihenfolge der Teilstrecken beliebig ist. Das Ergebnis bleibt immer gleich. Drei Schritte nach Osten und vier Schritte nach Norden summieren sich nicht als Skalare, sondern als Vektoren (siehe wieder Kapitel 5). Gemeinschaftlich weisen sie fünf Einheiten um 53 Grad Richtung Nordosten.

Da sich die zueinander senkrechten Komponenten unabhängig verhalten, behalten sie ihre unveränderliche Länge entlang der eigenen Achsen bei und verbinden sich, dem Satz des Pythagoras entsprechend, miteinander. Die dafür infrage kommende gültige Geometrie ist nicht die einer geraden Linie ($3 + 4 = 7$), sondern vielmehr die Geometrie eines rechtwinkligen Dreiecks ($3^2 + 4^2 = 5^2$). Die *Quadrate* werden addiert:

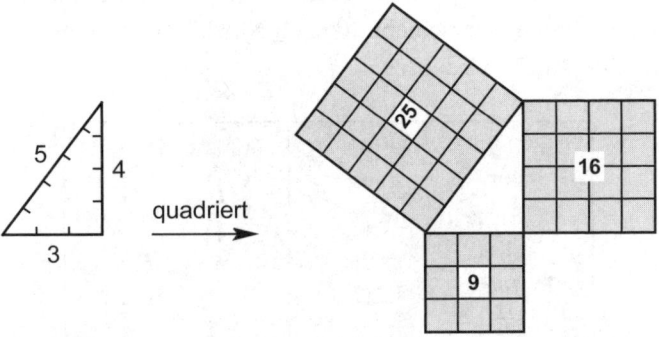

quadriert

Die skalaren Entfernungen erweisen sich ferner als unveränderlich gegenüber jeglicher Gesamtrotation des Gitternetzes, wie wir bereits in Kapitel 3 erfahren haben. Unsere Definitionen des Ostens und Nordens mögen sich zwar verändern, aber eine Entfernung von fünf Einheiten bleibt fünf Einheiten, ob sie nun in einem Koordinatensystem nach Nordosten oder in einem anderen nach Osten zeigt:

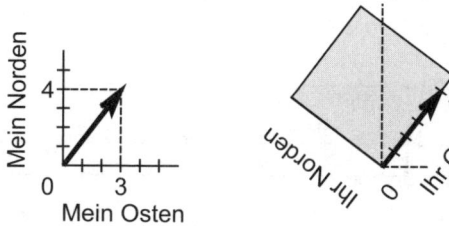

Meinen Achsen zufolge liegt ein Punkt drei Schritte Richtung Osten und vier Schritte Richtung Norden. Ihren Achsen zufolge liegt derselbe Punkt fünf Schritte Richtung Osten. Es gibt keinen Unterschied. Da keiner von uns einen Anspruch auf eine absolute Osten-Norden-Grundlage für die Navigation reklamieren kann, ist Ihre Auswahl der Koordinaten genauso berechtigt wie meine. Ich kann meine Hauptrichtungen in Ihren Begriffen ausdrücken, und Sie können Ihre Hauptrichtungen in meine Begriffe kleiden. Vorausgesetzt, jeder von uns wählt zwei zueinander *senkrechte* Richtungen für «Osten» und «Norden» aus, werden wir anschließend in allen physikalisch bedeutsamen Prozessen übereinstimmen.

Dadurch erwerben wir ein Werkzeug von enormer Leistungsfähigkeit: eine nahezu unbegrenzte Kapazität, Vektoren aus unabhängigen Komponenten aufzubauen, wie auch immer diese Komponenten bezeichnet werden mögen. Denn wir brauchen nur einige der Namen zu verändern – «Punkt» beispielsweise in «Quantenzustand», «Osten und Norden» in «Eigenzustand 1 und 2» –, und schon haben wir eine gebrauchsfertige Schablone zur Manipulation einer Quantenüberlagerung. Zugegeben, die Mathematik für die Quantenmechanik ist ungleich komplizierter als Dreiecksmathematik, und dennoch lassen sich berechtigte Analogien herstellen. Ganz allmählich werden die Verbindungen deutlich.

Erstens sind die Komponenten unabhängig. Jede stehende Welle einer schwingenden Saite steht beispielsweise für sich allein. Genauso wie Osten Osten bleibt und Norden Norden, entspricht der Grundschwingungsmodus dem Grundschwingungsmodus und sonst nichts. Weder die zweite Harmonische noch irgendeine andere Harmonische trägt etwas dazu bei:

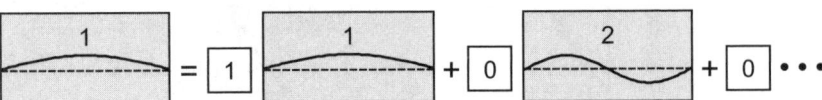

Die zweite Harmonische ist dementsprechend die zweite Harmonische und sonst nichts:

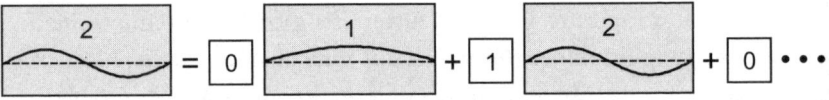

Dasselbe gilt auch für die dritte, vierte und fünfte Harmonische wie für alle anderen. Jeder unabhängige Modus verhält sich so, als gehöre er zu einer völlig eigenen Dimension, die sich rechtwinklig zu allen anderen erstreckt.

Zweitens bietet ein kompletter Satz solcher Modi (*ein* Halbzyklus, *zwei* Halbzyklen, *drei* Halbzyklen und so weiter, bis ins Unendliche fortgesetzt) genügend Flexibilität, um eine Kurve beliebiger Form und Komplexität aufzubauen. Verbinden Sie eine ausreichende Menge Harmonischer in den richtigen Proportionen zueinander, und schon können Sie die Küstenlinie Australiens nachzeichnen. Genauso können Sie jeden Punkt im Land selbst ausfindig machen, indem Sie Einheitsschritte in Richtung Osten-Westen, Norden-Süden und oben-unten miteinander kombinieren. Es ist eine Eigenschaft, die Mathematiker ohne jeden Zweifel garantieren können und die mehr als nur Sinus- und Kosinuswellen umspannt. Die Zwillingstugenden Unabhängigkeit und Vollständigkeit kommen auch bei verschiedenen anderen Spezialkurven zur Anwendung. Viele von ihnen spielen in quantenmechanischen Zuständen eine bedeutende Rolle.

Drittens gehorchen die unabhängigen Modi einem verallgemeinerten Satz des Pythagoras. Sie verbinden sich untereinander als *Quadrate* – was obendrein äußerst praktisch ist, weil das Quadrat einer Wellenfunktion uns die Wahrscheinlichkeit mitteilt, jeden der unausgesprochen darin enthaltenen potenziellen Werte zu messen. Sollten wir also beispielsweise zufällig einer Überlagerung begegnen, die zu drei Teilen Komponente 1 und zu vier Teilen Komponente 2 enthält,

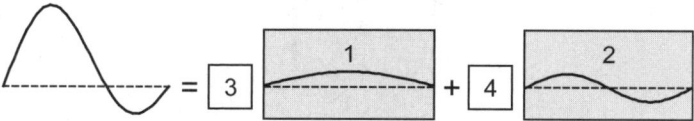

wissen wir sofort, was wir von der quadrierten Wellenfunktion und folglich von den Eigenwerten zu erwarten haben: nämlich dasselbe 9-16-25-Verhältnis, das für das Dreieck gilt, in dem drei Schritte Richtung Osten mit vier Schritten Richtung Norden überlagert sind. Nach 25 Messungen wird es jeweils (durchschnittlich) 9 Tests geben, die den Eigenwert 1 hervorbringen, verglichen mit 16 Tests, die den Eigenwert 2 ergeben. Jede Messung führt zu dem einen oder anderen Eigenwert, aber wiederholte Tests erzielen einen Durchschnittswert irgendwo zwischen den beiden Extremen.

Viertens: Warum sollten wir nicht einfach auf das mühselige Zeichnen von Kurven verzichten, wenn sich unsere unabhängigen Quantenmodi wie rechtwinklig zueinander stehende Komponenten verhalten? Denn wenn wir einmal erkannt haben, dass «Komponente 1» lediglich «die und die» Art von Kurve bedeutet und «Komponente 2» «noch so eine Kurve» repräsentiert, können wir sie auch kurz und bündig als zwei rechtwinklig zueinander stehende Beiträge zu einem Vektor nachvollziehen – entweder symbolisch oder metaphorisch in einem Diagramm,

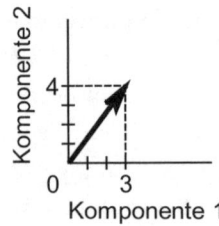

oder in einer entsprechenden Tabelle:

Komponente	Amplitude	Wahrschein-lichkeit
1	3	$9/25$
2	4	$16/25$

Um zusätzliche Komponenten mit einzubeziehen, fügen wir der Tabelle lediglich neue Zeilen hinzu.

Fünftens und letztens ist die Auswahl unabhängiger Komponenten für einen Quantenzustand nicht weniger willkürlich als für einen Punkt auf einer Ebene. Genauso wie ich meine räumlichen Achsen drehen kann, um sie mit Ihren Achsen in Übereinstimmung zu bringen (und währenddessen nichts verändere, was von physikalischer Bedeutung wäre), kann ich analog dazu auf gleiche Weise meine Quantenachsen drehen:

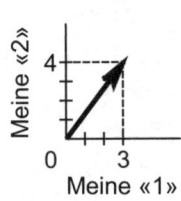 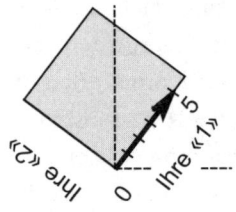

Und da unsere Beobachtungen letzten Endes immun gegen eine sinnlose Drehung der Achsen sein müssen, müssen auch die Gesetze der Quantenmechanik gegen jede Gesamtdrehung des Bezugsrahmens immun sein.*

Verlassen Sie sich darauf. Die quantenmechanischen Bewegungsgleichungen, welche Formen sie auch annehmen mögen, müssen eine flexible Neukombination der Bausteine zulassen, die wir 1 und 2 nennen. Ihr Osten hat die gleiche Berechtigung wie mein Osten.

EINE NEUE MECHANIK

Wo stehen wir? Wir begegnen einer Welt, die anscheinend von der makroskopischen Realität geschieden ist, einer Welt, in der Teilchen durch Kristalle gebeugt werden, wie Wellen interferieren und an zwei Orten zugleich zu sein scheinen. Seien Sie willkommen in einer Welt, in der Teilchen sich zu Kernen, Atomen und Molekülen bündeln und sich weniger wie Billardkugeln, sondern eher wie die eingeschränkten Harmonischen einer schwingenden Saite verhalten. Es ist eine Welt, in der die Parolen *Quantisierung* statt Kontinuität, *Unbestimmtheit* statt Gewissheit, *Überlagerung* statt Einzigartigkeit, *Wahrscheinlichkeit* statt Determinismus lauten. Das sind die Realitäten der quantenmechanischen Mikrowelt, und es sind die Realitäten, wie sie vom gerade beschriebenen quantenmechanischen Vektorzustand angegangen werden.

Wie ein Würfelpaar, das auf den Wurf wartet, bietet ein quantenmechanischer Zustand nicht die Zusicherung eines künftigen Ereignisses an, sondern eine Voraussage dessen, was geschehen *könnte*: bei 36 Würfen einmal eine 2 oder eine 12, zweimal eine 3 oder 11, dreimal eine 4 oder 10, viermal eine 5 oder 9, fünfmal eine 6 oder 8 und schließlich sechsmal eine 7. Die gesamte Anordnung ist als Überlagerung unabhängiger Komponenten verpackt. Für jedes mögliche Ergebnis gibt es eine Komponente, aber anwesend sind alle gleichzeitig.

Ein derart durchdachter quantenmechanischer Zustand ist für den Umgang mit dem Status quo der Mikrowelt maßgeschneidert. Er ermöglicht die Interferenz und die Quantisierung. Er sorgt für die zufällige Störung einer Messung.

Für einen Beobachter der Mikrowelt stellt er alles dar, was man wissen muss.* Der quantenmechanische Vektorzustand nimmt den Platz der ursprünglichen Positionen und Geschwindigkeiten in Newtons Welt ein und wird zum ersten Schritt auf dem Weg zu einer neuen Mechanik.

ZUSTANDSVERÄNDERUNGEN

Für manche Systeme gibt es nur zwei Optionen, beispielsweise das «Oben» und «Unten» der magnetischen Felder eines einzelnen Elektrons oder Protons (worüber wir gleich mehr erfahren werden). Andere Systeme mögen drei, vier, vierundzwanzig oder gar unendlich viele Optionen haben. Für alle quantenmechanischen Systeme gilt jedoch, dass ein Beobachter es mit einer zählbaren Liste aller möglichen Werte zu tun hat, von denen irgendeiner rein zufällig als Ergebnis einer Messung auftaucht. Energie 1, Energie 2, Energie 3. Drehimpuls 1, Drehimpuls 2, Position 1, Position 2, Position 3… Position ∞. Ganz egal, wie viele unabhängige Eigenwerte es gibt, ob zwei oder zigtausend, unsere Mechanik muss berücksichtigen, dass das System Zugang zu allen hat.

Jedem Eigenwert weisen wir entsprechend ein rechtwinkliges Achsensystem in einem abstrakten Raum zu, der groß genug ist, um das gesamte Spektrum der Möglichkeiten unterzubringen. Ein konventionelles zweidimensionales Koordinatensystem ist für eine Veranschaulichung allgemein gehalten genug:

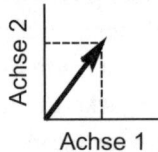

Wie Sie sich vielleicht erinnern, geht es darum, dass ein quantenmechanisches System die Kapazität hat, gleichzeitig in mehr als einem Eigenzustand zu existieren. Wenn der Vektor zwischen die Achsen fällt, verhält sich der Zustand so, als sei er eine Überlagerung von Komponente 1 und 2. Die Länge einer Komponente entlang ihrer eigenen Achse gibt uns die Amplitude dieser Komponente an (die Zahl der Schritte nach «Osten» oder nach «Norden»), während das Quadrat der Amplitude die damit in Verbindung gebrachte Wahrscheinlichkeit des Geschehens beziffert. Die Gesamtwahrscheinlichkeit (dass die eine oder andere Komponente auftauchen wird) ist die Summe der Beiträge 1 und 2:

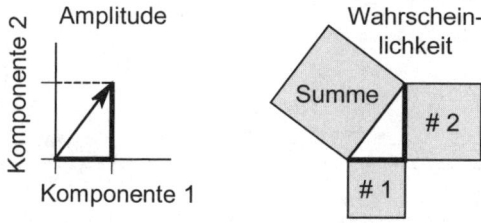

Denken Sie weiterhin daran, dass ein überlagerter Zustand, der sich an ein Elektron erinnert, das unbeobachtet aus zwei Öffnungen gleichzeitig hervorging, eine Amplitude hat, in Komponente 1 *und* 2 gleichzeitig zu sein. Erst später, wenn ein Beobachter sich mit einem Instrument einmischt, muss sich das System entweder für Komponente 1 oder für Komponente 2 entscheiden:*

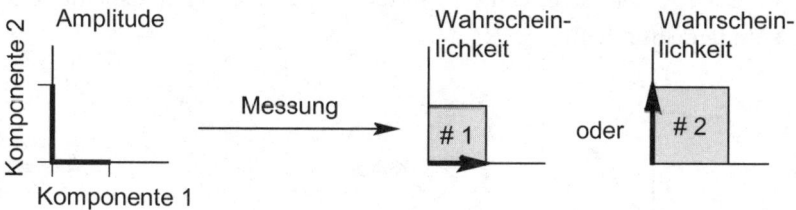

Und jetzt schauen Sie sich an, was die Messung ergeben hat. Der Zustand hat sich verändert und wird nun von einem neuen Vektor mit neuen Komponenten gekennzeichnet. Das System ist von einer Komposition aus Eigenzuständen zu einer anderen übergegangen, sodass unser mechanisches Modell in der Lage sein muss, sich diesem Wandel anzupassen.

Dies ist nur ein Beispiel von vielen. Um mit quantenmechanischem Wandel im Allgemeinen zurechtzukommen, brauchen wir ein Sortiment von Werkzeugen – Reihen mathematischer Instruktionen, die «Operatoren» genannt werden –, um die Zusammensetzung eines Vektors zu verändern. Unter anderem brauchen wir Operatoren, die die Drehbewegung eines Vektors veranlassen können

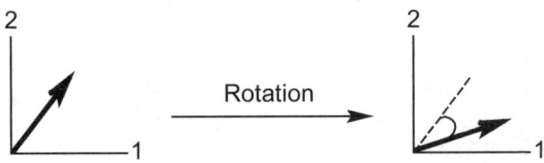

oder seine Länge verändern

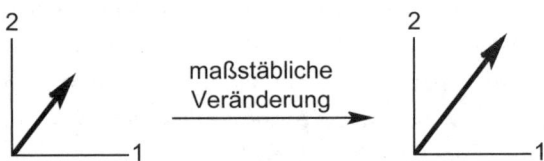

oder jede seiner senkrechten Komponenten (die Eigenzustände) einzeln heraussuchen:

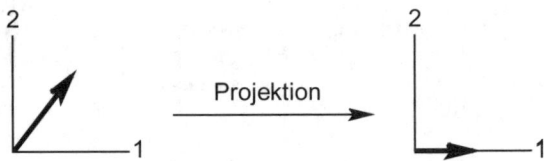

Wir brauchen Operatoren für Position, Impuls, Drehimpuls und für Energie. Wir brauchen Operatoren für jede messbare Eigenschaft, und wir brauchen ebenfalls Operatoren, die die Kapriolen des Messens berücksichtigen: Operatoren, die nicht nur die Eigenzustände und Eigenwerte eines quantisierten Systems hervorbringen, sondern auch das Heisenberg'sche Unbestimmtheitsprinzip respektieren. Speziell dafür brauchen wir Operatoren, die die gleichzeitige Messung komplementärer Größen wie Energie-Zeit, Impuls-Position und Drehimpuls-Winkel unbestimmt werden lassen, wie wir bereits in Kapitel 7 vorausgesehen haben.

So ist beispielsweise der Drehimpuls mit Drehung assoziiert, und folglich bringt eine Messung zweier Komponenten des Drehimpulses (entlang zweier rechtwinklig zueinander stehenden Achsen) zwei aufeinander folgende Drehungen mit sich. Schauen Sie, was jedoch passiert, wenn wir einen Vektor unbedacht um zwei Achsen in Folge rotieren lassen, sagen wir, mit 90 Grad entgegen dem Uhrzeigersinn um die x-Achse, gefolgt von 90 Grad im Uhrzeigersinn um die y-Achse. Ein entlang der y-Achse beginnender Vektor endet entlang der x-Achse, indem er sich zunächst von y nach z dreht und anschließend von z nach x:

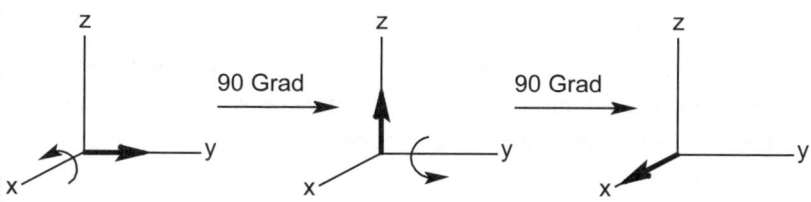

Aber wenn wir jetzt die Reihenfolge umkehren und die Drehung zuerst um y und dann um x vollziehen, wird das Ergebnis völlig anders aussehen. Ein Vektor, der entlang der y-Achse beginnt und unbeeinflusst von der Drehung um die eigene Achse bleibt, endet entlang der z-Achse:

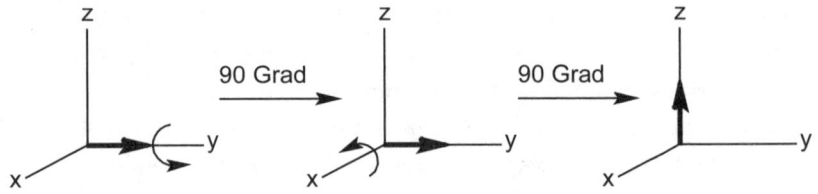

Da die Auswirkung zweier Drehungen von der Reihenfolge abhängt, in der sie ausgeführt werden, schadet jede Messung des Drehmoments in eine Richtung zwangsläufig der Messgenauigkeit in der anderen Richtung. Die Operationen sind nicht austauschbar, und wieder einmal wird ein Beobachter mit der Entscheidung konfrontiert, entweder die eine oder die andere Größe mit beliebiger Genauigkeit zu messen, nicht aber beide gleichzeitig. In diesem Dilemma lässt sich eine Manifestation des Unbestimmtheitsprinzips erkennen. Sie wurzelt in der unvorhersagbaren Störung, die durch die Messung entsteht.

Die Überbrückung zweier Welten

Man sollte dem Quantenbeobachter das leichte Überlegenheitsgefühl gegenüber dem klassischen Beobachter verzeihen. «Meine Wirklichkeit ist umfassender als Ihre Wirklichkeit», sagt Heisenberg zu Newton, «weil Ihre Welt ganz und gar aus Bausteinen zusammengesetzt ist, die aus meiner Welt stammen. Ihre Billardkugeln und Planeten sind nichts weiter als Bündel mikroskopisch kleiner Teilchen auf einem Amoklauf, und deshalb lassen sich Ihre Mechanikgesetze letzten Endes von meinen Gesetzen ableiten.»

Das kann niemand leugnen. Die Quantenmechanik ist ein umfassenderes Modell als die klassische Mechanik, genauso wie Einsteins Relativität ein allgemeineres Modell der Galilei'schen Relativität darstellt. Ein Bild umfasst das andere. Stößt die Quantenmechanik an die Grenzen des Großmaßstäblichen, geht sie nahtlos über in die klassische Mechanik, während die klassische Mechanik hartnäckig klassisch bleibt, auch wenn sie an die Grenzen des Kleinmaßstäblichen stößt.

Betrachten Sie es deshalb als umso bemerkenswerter, dass man bei der Formulierung der Quantenmechanik (die ja die umfassendere Theorie ist) auf die klassische Mechanik zurückgreifen musste*. Galilei, Newton und ihre Nachfolger entwickelten die mechanischen Gleichungen durch Experimentieren und theoretische Überarbeitung. Das Gleiche taten auch Heisenberg, Schrödinger, Dirac und die anderen frühen Quantenmechaniker, aber sie mussten noch etwas mehr tun. Sie mussten einen Blick auf die klassischen Gleichungen werfen, um den Quantengleichungen auf die Spur zu kommen. Sie brauchten einen Hinweis, einen Ansatzpunkt, eine Vorstellung davon, wohin die breitere Theorie schließlich führen würde.

So mussten sie beispielsweise in Erfahrung bringen, wie Impuls und Energie im klassischen Rahmen ausgedrückt werden, bevor sie Operatoren postulieren konnten, die auf quantenmechanischer Ebene deren Platz einnehmen sollten. Allerdings konnten sie später angesichts noch so minimaler Hinweise logische Regeln für die Konstruktion aller notwendigen Formen entwickeln.

Wann immer Ihnen der Begriff «Impuls» in der klassischen Mechanik begegnet, ersetzen Sie ihn durch «den und den» Operator. Wann immer Sie «Position» lesen, ersetzen Sie sie durch «diesen und jenen» Operator. Wann immer «Drehmoment» auftaucht, nehmen Sie als Ersatz diesen speziellen Operator. Und wenn es um «Energie» geht, nehmen Sie als Ersatz jenen speziellen Operator.

Folglich wird der klassische Impuls (Masse × Geschwindigkeit) zu einer Art quantenmechanischem Operator, und der klassische Drehimpuls (Masse × Geschwindigkeit × Radius) wird zu einem anderen Operator, während die klassische kinetische Energie ($1/2 \times [\text{Impuls}]^2 \div$ Masse) ebenfall zu einem Operator wird. Werden die verschiedenen Operatoren richtig konstruiert, weisen sie die Umwandlungseigenschaften auf, die das Unbestimmtheitsprinzip fordert. Darüber hinaus respektieren sie die besonderen Verbindungen zwischen konjugierten, also zusammengehörenden Größen wie Impuls und Position. Was in der klassischen Mechanik der Wahrheit entsprach, erweist sich auch in der Quantenmechanik als leistungsfähige und universelle Wahrheit. Ein Impulsoperator erzeugt eine lineare Verschiebung. Ein Drehimpulsoperator erzeugt eine Verschiebung des Winkels, während ein Energieoperator eine Zeitverschiebung bewirkt.

Von der klassischen Welt ausgeliehen und variiert, wechseln die Operatoren in den quantenmechanischen Bereich über und nehmen dabei das Zeichen der quantenmechanischen Bestie an, der wir bereits in Kapitel 7 begegnet sind. Es ist die Planck'sche Konstante, diese winzig kleine Zahl h mit ihren vielsagenden Dimensionen (Impuls) × (Entfernung) oder – was das Gleiche ist – (Energie) × (Zeit). Operatoren für Impuls, Drehimpuls und Energie enthalten alle die Planck'sche Konstante, eine fundamentale Naturkonstante, die nirgendwo in der klassischen Mechanik oder im Elektromagnetismus existiert.

Die Regeln für Operatoren sind selbst auf Eigenschaften anwendbar, denen unmittelbare klassische Pendants fehlen, was insbesondere für den so genannten «Spin»-Drehimpuls eines Teilchens gilt. Er ist dem Teilchen selbst zu Eigen und stammt also nicht aus irgendeiner eindeutigen Bewegung um einen Punkt (wie etwa am Beispiel des Drehimpulses eines Planeten in seiner Umlaufbahn um die Sonne erläutert):

**Bahndrehimpuls
(orbitaler Drehimpuls)**

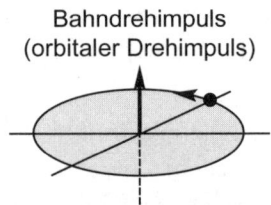

Ein reglos dastehendes Elektron, das sich um nichts herumbewegt, hat einen bereits eingebauten Drehimpuls, der genauso zur grundlegenden Ausstattung gehört wie Ladung und Masse. Das Elektron muss nichts tun, um es sich zu verdienen.

Man könnte annehmen, das Teilchen drehe sich buchstäblich wie ein Kreisel, doch dieser oberflächliche Vergleich taugt nichts. Um sich wie ein Kreisel drehen zu können, benötigt ein Körper eine innere Struktur, und die hat ein Elektron, soweit wir wissen, nun einmal nicht. Stattdessen scheint ein Elektron ein wahrhaft fundamentales Teilchen zu sein ein strukturloses Körnchen aus Masse, Ladung und eigenem Drehimpuls. Und als wolle die Natur den nichtklassischen Charakter des Elektronenspins sogar noch hervorheben, teilt sie den damit verbundenen Drehimpuls nicht in Schritte von $h/2\pi$ (nämlich den für einen drehenden Kreisel erwarteten Wert) ein, sondern greift vielmehr für jede senkrechte Komponente auf Quanten zurück, die nur halb so groß sind: $\frac{1}{2} \times (h/2\pi)$.

Die Kombination aus elektrischer Ladung und einem «Spin-½»-Drehimpuls verleiht dem Elektron (aber auch dem Proton und Neutron)* ein magnetisches Dipolmoment, was entfernt an eine Stromschleife erinnert. Doch im Gegensatz zur klassischen, in Kapitel 6 behandelten Stromschleife besitzt das magnetische Moment eines Elektrons nicht die Freiheit, in einem externen Magnetfeld in jede beliebige Richtung zu zeigen. Der quantisierte Drehimpuls ist auf nur zwei mögliche Orientierungen beschränkt, nämlich «aufwärts» und «abwärts»:

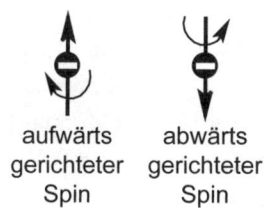

aufwärts   abwärts
gerichteter gerichteter
Spin   Spin

Und dennoch: Obwohl es für den Spin-Drehimpuls keinen entsprechenden klassischen Vorläufer gibt, können wir ihn mit Hilfe von Operatoren darstellen, die den Bahndrehimpuls symbolisierenden Operatoren entsprechen.

An ihren Früchten werden wir sie erkennen. Ungeachtet ihres Ursprungs teilen die Drehimpulsoperatoren die gleichen Umwandlungseigenschaften und die gleichen charakteristischen Drehungen. Die entwicklungsgeschichtliche Beziehung zwischen klassischer Mechanik und Quantenmechanik bleibt weiterhin stark, selbst was die Verstöße betrifft.

Niels Bohr, einer der Begründer der Quantenmechanik,* nannte es das «Korrespondenzprinzip», nämlich die Voraussetzung, dass die statistischen Durchschnittswerte der Quantenmechanik mit den deterministischen Pfaden der klassischen Mechanik identisch werden, wenn sich Kleines in Großes verwandelt. Unter Bedingungen, wo die Planck'sche Konstante eigentlich auf null schrumpft (was geschieht, wenn Teilchenmassen und Systemdimensionen groß genug sind), ist der Übergang geschafft. Die durchschnittliche Bewegung eines Systems im klassischen Limit entspricht den Newton'schen Erwartungen, und rein quantenmechanische Phänomene wie etwa der Spin verschwinden vollständig. Die verschwommene Unbestimmtheit der Mikrowelt verwandelt sich in die kristallklare Gewissheit der Makrowelt.

Auf dem Weg zu einer Bewegungsgleichung

Wie wird ein System angesichts seines heutigen Zustands morgen aussehen? Die große Frage der Mechanik, *Was kommt als Nächstes?*, bleibt die ewig gleiche.

Für ein quantenmechanisches System ist eine alles umfassende Gewissheit das Wichtigste, die Gewissheit nämlich, dass ungeachtet aller Optionen, Wahrscheinlichkeiten und Zufälligkeiten das System für alle Eventualitäten Vorsorge treffen muss. Genauso wie ein Arbeiter täglich aufgefordert ist, über jede Stunde und Minute Rechenschaft abzulegen, muss ein quantenmechanischer Zustand ebenfalls jedes mögliche Ergebnis erklären können, wobei die Wahrscheinlichkeiten insgesamt 100 % ausmachen.

Nehmen wir an, wir legen fest, unser System dürfe nur zwei zulässige Energiewerte haben, wobei jeder eine eindeutige Wahrscheinlichkeit besitzt. So möge es sein, nun aber muss der Zustand garantieren, dass entweder der eine oder andere Wert immer mit Sicherheit ausgewählt wird. Beträgt die Wahrscheinlichkeit der Beobachtungsenergie 1 36%, dann muss die Wahrscheinlichkeit der Beobachtungsenergie 2 64% ausmachen. Wenn die Wahrscheinlichkeit von Energie 2 100% ist, dann muss die Wahrscheinlichkeit von Energie 1 0 sein. Ist die

Wahrscheinlichkeit von Energie 1 50 %, dann muss die Wahrscheinlichkeit von Energie 2 ebenfalls 50 % sein. *Nicht* 50 % Energie 1 und 40 % Energie 2. *Nicht* 50 % Energie 1 und 60 % Energie 2. *Nicht* 50 % Energie 1, 40 % Energie 2 und 10 % «andere Energien». Im Gegensatz zu den Statistiken einer Meinungsumfrage gibt es in der Quantenmechanik keine Unentschiedenheit, keine Überzahl und keine Unterzahl.

Um im Bereich des Möglichen zu bleiben, muss ein sich im Laufe der Zeit entwickelnder und verändernder Zustand einem einzigen Kurs folgen. Während ein Vektor nahtlos von einer Überlagerung zur nächsten voranschreitet und von noch keiner Messung gestört wurde, kann er sich nur in dem vorgesehenen Raum drehen. Dabei bleibt seine Länge festgelegt:

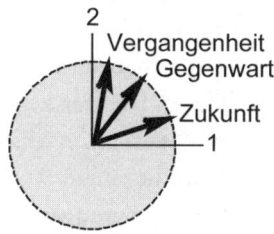

Die Zusammensetzung der Komponenten verändert sich, aber die Summe der Quadrate (die Gesamtmöglichkeit) ändert sich nicht. Bei allen anderen Wegen würde die Hundertprozentmarke der Gesamtwahrscheinlichkeit manchmal über- und manchmal unterschritten werden. Sie sind nicht zulässig:

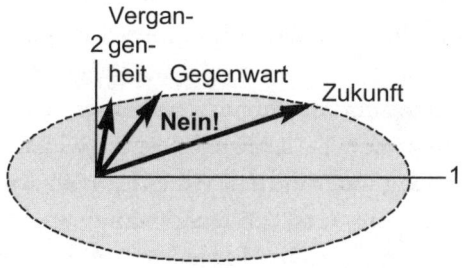

Nein, der Vektorzustand beugt sich einem längenerhaltenden Rotationsoperator, dessen Einfluss von der grundlegenden Beziehung zwischen Energie und Zeit abgeleitet wird. Es ist die Energie, die die klassische Maschine antreibt und – nunmehr einer neuen Reihe von Regeln gehorchend – auch der quantenmechanischen Maschine einheizt. Suchen Sie bei der kinetischen und bei der potenziellen Energie nach der Gesamtenergie des Systems und beobachten Sie, wie sie ihren Weg in den Operator findet, der den Zustand dazu veranlasst, sich mit der Zeit zu verändern. Suchen Sie nach Energie, die in einer geeigneten Bewegungsgleichung (die Schrödinger-Gleichung für Atome)* steckt und einem quantenmechanischen System die Marschbefehle erteilt. Suchen Sie stets nach der Energie, um Zeit und Wandel herbeizuführen.

Sie verursacht auch *deterministischen* Wandel, denn in der Entwicklung eines quantenmechanischen Systems vom Zustand 1 zu Zustand 2 gibt es nichts Zufälliges. Die Reise des Vektorzustands auf der Schrödingerstraße von einer Stadt zur nächsten ohne ein einziges unvorhergesehenes Ziel ist nicht mit einem Würfelspiel vergleichbar. Die Schrödinger-Gleichung legt, Zustand für Zustand, eine mechanische Geschichte für ein Elektron fest, die nicht weniger determiniert ist als der Newton'sche Pfad eines Planeten. Genauso zuverlässig, wie die Sonne im Osten aufgeht, findet, durch alle Zustände hindurch, eine quantenmechanische Überlagerung nach der anderen statt. So skizziert die quantenmechanische Bewegungsgleichung für alle aufeinander folgenden Zustände einen unerschütterlich deterministischen Kurs. Geben Sie Schrödinger die Amplitude eines jeden heute möglichen Ergebnisses, und er wird Ihnen die Amplitude (und somit die Wahrscheinlichkeit) jedes morgen möglichen Ergebnisses mitteilen.

Allerdings kann Schrödinger nicht genau sagen, welches dieser Resultate zutreffen wird, falls Sie die nahtlose Entwicklung des Zustands durch eine Messung unterbrechen sollten. Die Wahrscheinlichkeit jedes Ergebnisses schon. Auch den Durchschnittswert einer Messreihe. Aber *kein* garantiertes Resultat für jeden Test. Hinschauen heißt berühren, und berühren bedeutet, den systematischen Fortschritt eines Vektorzustands von einer Überlagerung zur nächsten mit extremer Beeinflussung zu beenden. Für den aufdringlichen Beobachter bricht eine ganze Welt von Möglichkeiten zusammen und schafft Platz für eine einzige Wirklichkeit.

Wenn Sie Ihr Universum hübsch ordentlich und seine vielseitigen Möglichkeiten unversehrt mögen, dann sollten Sie sich jetzt zurückhalten. Denn mit einer Quantenüberlagerung ist nicht zu spaßen.

9. Erzwungene Symmetrie

Schauen Sie sich ein leeres Blatt Papier an (es sollte ein geometrisch perfektes Quadrat mit makelloser weißer Oberfläche sein). Wenden Sie sich nun für einen Augenblick ab und schauen Sie dann wieder hin. Haben Sie immer noch das gleiche Objekt in der gleichen Position vor sich?

Sind Sie sich sicher? *Können Sie es beweisen?* So könnte ja im Bruchteil eines Lidschlags ein Kobold das Papier um 90 Grad gedreht haben oder um 180, 270 oder 360 Grad:

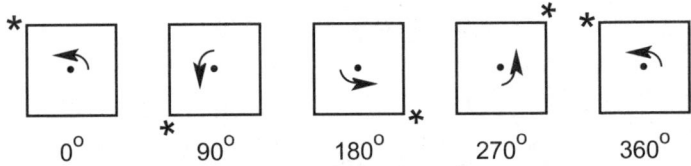

Wüssten Sie überhaupt, dass das Objekt berührt worden ist, wenn dies zuträfe? *Nein, ein Kobold hinterlässt keine Fingerabdrücke.* Wären Sie in der Lage, die Drehung mit einer Gradzahl zu bestimmen, wenn jede unterscheidende Kennzeichnung (wie etwa die Sternchen) fehlte? *Nein, die gedrehten Quadrate finden sich letztlich in gleichberechtigten Positionen wieder.* Könnten Sie den Unterschied zwischen dem Originalblatt und einem Duplikat feststellen, das der Kobold an dessen Stelle gelegt haben könnte? *Nein, wenn Sie ein nicht gekennzeichnetes Blatt weißes Papier gesehen haben, kennen sie alle.*

Natürlich gibt es keinen Unterschied, sodass ein vorurteilsfreier Beobachter lediglich sagen kann: «Für mich sehen alle Blätter gleich aus. Sie können hinter meinem Rücken jede gewünschte Symmetrieoperation ausführen, solange Sie das System in gleichberechtigter Anordnung wiederherstellen. Es gibt keinen Unterschied.»

Allerdings bewirkt Symmetrie schon einen Unterschied. Sie muss es tun, weil Symmetrie das Design diktiert. Symmetrie bringt Einschränkungen mit sich. Wenn ein Gebäude nach einer Drehung von 120 Grad genauso aussehen soll wie zuvor, dann steht dem Architekten nur eine begrenzte Anzahl von Entwürfen zur Verfügung. Eine Welt uneingeschränkter Möglichkeiten schrumpft zu einer Welt zusammen, die von gleichseitigen Dreiecken, Sechsecken, Kreisen und ähnlichen Formen eingegrenzt wird, die einer dreifachen Drehung standhalten:

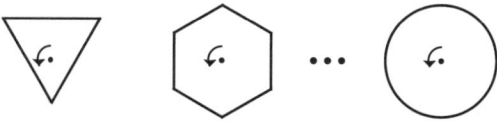

Dasselbe gilt für die Naturgesetze. Mit jeder Symmetrie geht eine Einschränkung einher. Soll die Physik so aussehen wie zuvor, wenn der Ursprung der Zeit um einen festen Betrag verschoben wird – sodass wir mit geschlossenen Augen nicht sagen könnten, ob ein Kobold allen unseren Uhren eine Sekunde hinzugefügt hat –, dann muss ein Angebot unbegrenzter mechanischer Möglichkeiten auf eine kleine Auswahl begrenzt werden. Nur energieerhaltende Prozesse* sind erlaubt. *Eine Einschränkung.* Soll das physikalische Gesetz immun sein gegenüber der willkürlichen Verschiebung unserer räumlichen Achsen, fordert die Natur die Erhaltung des Impulses*. *Eine Einschränkung.* Sollen die Gesetze von der willkürlichen Drehung eines Koordinatensystems unbeeinflusst bleiben, dann muss der Drehimpuls erhalten* bleiben. *Eine Einschränkung.* Sollen die Gesetze für alle der Trägheit gehorchenden Beobachter gleich bleiben, dann muss das Raum-Zeit-Intervall unveränderlich bleiben*. *Eine Einschränkung.*

Und nun kommen wir zu einer weiteren Einschränkung, zu einem Aspekt der Natur, der so wunderbar ist, dass man stumm vor Staunen dasteht: Sowohl die Wechselwirkungen zwischen den Teilchen als auch die Felder, die sie vermitteln, sind nämlich die unvermeidlichen Konsequenzen der Symmetrie – Atome, Atomkerne und elektromagnetische Felder existieren einzig und allein aufgrund der besonderen

Symmetrien, die die Natur den quantenmechanischen Zuständen auferlegt, was, kurz gesagt, heißt: *Symmetrie erzeugt Kraft*.

Wir beginnen mit der Ununterscheidbarkeit identischer Teilchen und mit den Begrenzungen, die den damit verbundenen Wellenfunktionen auferlegt sind.

HALBE SACHEN: IDENTISCHE TEILCHEN

Wären es Kugeln auf einem Billardtisch, könnten wir jeder Kugel eine Nummer verpassen und sie individuell verfolgen:

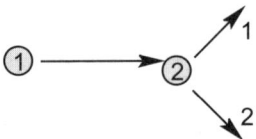

Wir kennen den Weg jeder einzelnen Kugel. Ein klassisches Teilchen folgt einem Pfad.

Nicht so ein quantenmechanisches Teilchen. Wir können keine Nummer auf ein Elektron (oder auf ein Proton, Neutron, Quark, Photon oder auf irgendein anderes Teilchen in der Mikrowelt) pinseln und sein Kommen und Gehen inmitten einer ganzen Horde von Teilchenkollegen verfolgen, die alle wie ein Ei dem anderen gleichen. «Ist Elektron 1 hier bei mir?», fragt der unsichere Beobachter. «Oder ist es Elektron 2? Ich kann die beiden nicht auseinander halten.» Ein unbestimmter Pfad lässt alle Teilchen derselben Klasse völlig ununterscheidbar werden, sodass jeder Versuch, sie als Individuen zu kennzeichnen, zu einer völlig willkürlichen Übung gerät.

Sie sagen, Teilchen 1 befinde sich auf der linken Seite, während ich behaupte, Teilchen 1 sei rechts zu finden. Jeder von uns hat das Recht auf seine eigene Meinung,

Sie   Ich

und unsere Meinungsverschiedenheit scheint sich zunächst einmal gar nicht zu zeigen. Nichts Bedeutsames kann von der Entscheidung eines Beobachters abhängen, welches von zwei identischen Teilchen er als «1» oder «2» kennzeichnen will.

Dennoch muss es einen Unterschied ausmachen, denn wir wissen ja, dass Symmetrie immer Auswirkungen hat. Wo immer Willkür und scheinbare Belanglosigkeit herrschen, gibt es auch eine tiefer liegende Einschränkung, und hier zeigt sie sich in der Form des quantenmechanischen Zustands selbst. Nur bestimmte Wellenfunktionen mit einer ganz eigenen Symmetrie können den willkürlichen Austausch ununterscheidbarer Teilchen unterstützen.

Die Ursache ist subtil, aber die Wirkung ist durchaus dramatisch – nichts weniger als eine Einteilung der Welt in zwei Lager, wie wir noch sehen werden.

Eigendrehung:
Fermionen, Bosonen und das Pauli-Prinzip

Wir bereiten uns nun darauf vor, das quantenmechanische Verhalten zweier identischer Teilchen zu beobachten. Dabei halten wir Ausschau nach einer Wellenfunktion (siehe Kapitel 8), die uns die Wahrscheinlichkeit liefert, Teilchen 2 in einer Position r relativ zu Teilchen 1 zu finden. Es gibt drei mögliche Beziehungen:

1. Wenn r positiv ist, liegt Teilchen 1 näher am Ursprung als Teilchen 2:

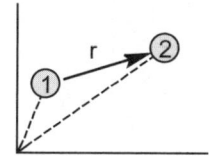

2. Wenn *r* negativ ist (auch wenn es ansonsten dieselbe Zahl ist), tauschen die Teilchen ihre Plätze. Die numerischen Kennzeichen werden ausgetauscht, sodass jetzt Teilchen 2 näher am Ursprung liegt als Teilchen 1. Aber die grundlegende Entfernung *r* bleibt unverändert:

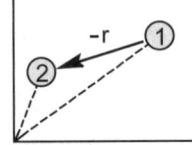

3. Wenn *r* gleich null ist, nehmen beide Teilchen den gleichen Punkt im Raum ein. Sie fallen aufeinander:

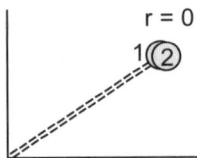

Mit diesen drei Konfigurationen in der Rückhand (es gibt keine weiteren) beginnen wir jetzt, Schritt für Schritt, mit dem Entwurf der Wellenfunktion. Und abgesehen von den Details des Verfahrens, die von den spezifischen Teilchen und Wechselwirkungen abhängen, wird das Ziel im Großen und Ganzen deutlich. Wir suchen für jeden möglichen Wert von *r* eine entsprechende Zahl mit einer besonderen Eigenschaft: eine Wahrscheinlichkeitsamplitude ψ (das griechische «Psi»), die so gewählt ist, dass ihr Quadrat proportional zur Wahrscheinlichkeit ist, die gegebene Anordnung zu beobachten. Wir müssen lediglich für jede Trennung *r* die richtige Amplitude definieren,

r	ψ
⋮	⋮
−1	?
0	?
1	?
⋮	⋮

und wir haben es geschafft. Dann ist die gemeinsame Wellenfunktion für die beiden Teilchen genau festgelegt.

Aber hüten Sie sich vor dem Kobold, der ohne unser Wissen die Identitäten der Teilchen 1 und 2 vertauschen könnte, indem er die 2 an die Stelle von 1 setzt und die 1 an die Stelle von 2. Da wir nicht in der Lage sind, einen Unterschied festzustellen, blieben wir in seliger Unwissenheit über jede stoffliche Veränderung. Schließlich würden wir dieselben Durchschnittswerte für die Position, für den Impuls und für die Energie beobachten. Und deshalb müsste uns zur Rechtfertigung unserer Unwissenheit das Quadrat der Wellenfunktion (ψ^2) sowohl vor als auch nach dem Unfug des Kobolds unverändert erscheinen. Wäre dies nicht der Fall, wüssten wir, dass etwas mit dem System geschehen wäre. Die Wahrscheinlichkeiten sähen dann anders aus.

Es gibt nur zwei sichere Wege, ψ^2 zu erhalten. Entweder können die Werte von ψ genau die gleichen bleiben, wenn die Teilchen ausgetauscht werden (hier sind ein paar erfundene Zahlen, um die dahinter stehende Mathematik zu verdeutlichen),

r	ψ	ψ^2
⋮	⋮	⋮
-1	2	4
0	3	9
1	2	4
⋮	⋮	⋮

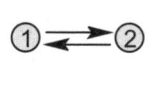

r	ψ	ψ^2
⋮	⋮	⋮
-1	2	4
0	3	9
1	2	4
⋮	⋮	⋮

oder jeder Wert von ψ kann mit –1 multipliziert werden (und für diese Option gibt es hier noch ein paar erfundene Zahlen):

r	ψ	ψ^2
⋮	⋮	⋮
-1	2	4
0	0	0
1	-2	4
⋮	⋮	⋮

r	$-\psi$	ψ^2
⋮	⋮	⋮
-1	-2	4
0	0	0
1	2	4
⋮	⋮	⋮

Um die erste Option umzusetzen (ein Zustand, der *symmetrisch* ist zum Teilchenaustausch), muss jeder Wert ψ sowohl für r als auch für $-r$ gleich sein. Die beiden Hälften einer solchen Welle erscheinen stets so, als seien sie von einem Spiegel in eine linke und rechte Hälfte reflektiert, was etwa so aussieht:

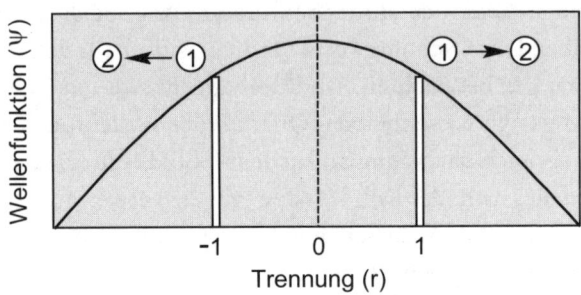

Um die zweite Option (einen *antisymmetrischen* Zustand) zu verwirklichen, müssen die beiden Hälften so aussehen, als seien sie sowohl von oben nach unten als auch von links nach rechts gespiegelt worden – beispielsweise folgendermaßen:

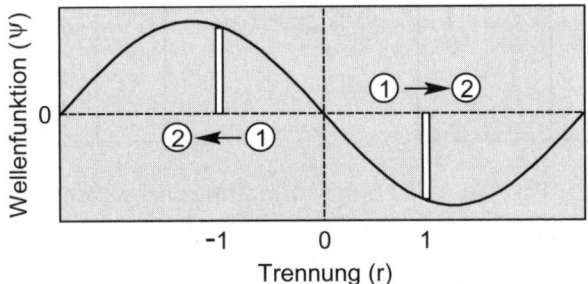

Nichts anderes ist zulässig.

«Entweder ... oder», erklärt das herrschende «Pauli-Prinzip»*. Entweder der Zustand eines Systems ist symmetrisch in Bezug auf den Austausch identischer Teilchen, oder er ist antisymmetrisch. Entweder die Wellenfunktion bleibt, wie sie ist, wenn alle Teilchen ausgetauscht werden, oder sie verlagert sich um 180 Grad. Entweder die Kurve verläuft links und rechts gleich (als sei sie vom Teilchenaustausch unbeeinflusst), oder sie erscheint umgekehrt (als werde sie mit -1 multipliziert). *Entweder ... oder.* Etwas dazwischen gibt es nicht.

Teilchen mit Wellenfunktionen, die symmetrisch in Bezug auf den Austausch sind, werden zu Ehren des Physikers Satyendra Nath Bose* «Bosonen» genannt:

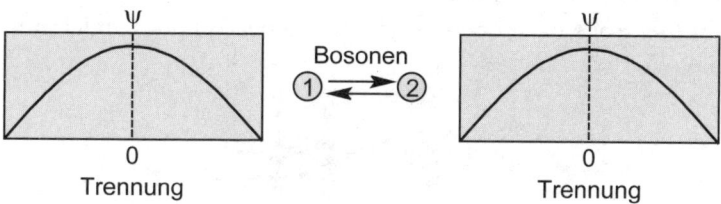

Zu ihnen gehören alle Teilchen, die ganze Vielfache von $h/2\pi$ oder 0 als Spin-Drehimpuls* tragen.

Teilchen mit Wellenfunktionen, die antisymmetrisch in Bezug auf den Austausch sind, werden zu Ehren von Enrico Fermi «Fermionen» genannt:

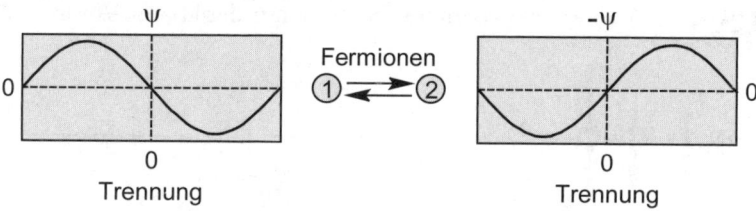

Sie tragen halbzahlige Spins, die in Einheiten von $1/2$, $3/2$ und so weiter auftreten. So gehören beispielsweise Elektronen, Quarks, Protonen und Neutronen zu den Fermionen.

Fermionen haben aufgrund ihrer besonderen Symmetrie die Amplitude 0 am Punkt $r = 0$ (wo die Gesamtwellenfunktion vom Positiven ins Negative übergeht). Da für die Fermionen die Wahrscheinlichkeit, dieselbe Position zur selben Zeit einzunehmen, genau null beträgt, neigen sie dazu, ihren Abstand einzuhalten. Sie «schließen einander aus», als würden sie von einer Kraft auseinander getrieben.* Zwei Fermionen können nicht gleichzeitig denselben Quantenzustand besetzen*, es sei denn, sie haben gegensätzliche Spins.

Falls zum Beispiel vier Elektronen Zugang zu zwei eigenständigen Energieebenen haben, ergibt sich für die Teilchen – etwa für Fermionen – nur eine Möglichkeit, selbst für ihre Verteilung zu sorgen. Sie füllen jeweils zu zweit die Ebenen gleichzeitig, wobei der Spin des einen Elektrons nach oben (↑) weist und der Spin des anderen nach unten (↓):

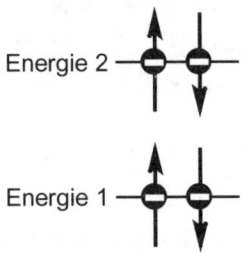

Eine Alternative gibt es nicht. Das Pauli-Prinzip verbietet alle anderen Konfigurationen, nicht nur die in der nächsten Grafik erwogenen (und verworfenen), sondern ebenfalls alle anderen denkbaren Anordnungen:

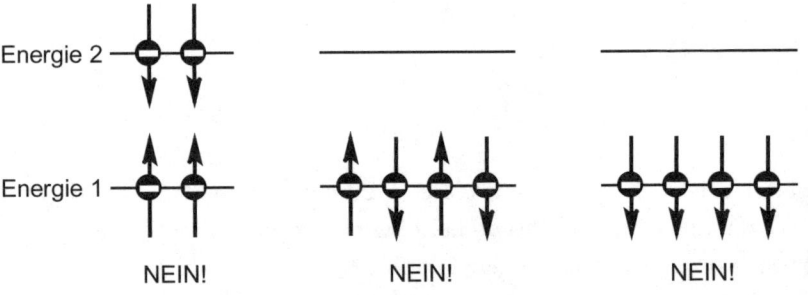

Sie alle würden die grundlegende Symmetrie eines Fermionen-Zustands verletzen und sind daher nicht zulässig.

Bosonen unterliegen nicht solchen Einschränkungen. Nichts hindert eine bosonische Wellenfunktion daran, bei $r = 0$ eine Amplitude zu haben, die nicht gleich null ist. Infolgedessen hindert auch nichts zwei, drei oder sogar drei Billionen Bosonen daran, sich auf derselben Quantenebene anzuhäufen. Für ein Teilchen mehr ist immer genügend Platz. Bosonen sind gesellige Teilchen, die in der Lage sind, Meisterleistungen großartiger Kooperation und Koordination zu vollbringen, was etwa in der Supraleitfähigkeit oder in Laserstrahlen zum Ausdruck kommt. Sie sind einfach deshalb dazu befähigt, weil ihre Austauschsymmetrie positiv statt negativ ist.

Dennoch zwingt die Symmetrie identischer Teilchen, positiv hin, negativ her, die Materie dazu, Flagge zu zeigen, nämlich das eine oder andere zu werden, sich entweder als Fermion oder Boson anzumelden. Bosonen, deren prominentestes Mitglied das Photon ist, tragen die grundlegenden Kräfte, die Fermionen dazu veranlassen, anziehend oder abstoßend zu wirken. Angeführt von Elektronen und Quarks, werden Fermionen zu den Bestandteilen gewöhnlicher Materie. Sie erzeugen die materielle Welt der Kerne und Atome, die auf hierarchischen Strukturen und auf dem Ausschließungsprinzip beruht.

Beide Kategorien sind nötig. So wie Fermionen und Bosonen miteinander verwoben sind, stellen sie Kette und Schuss des quantenmechanischen Universums dar. Ein Minuszeichen macht den ganzen Unterschied aus.

MATERIELLE WELT

Eine Stadt zu entwerfen, ist eine Sache, sie mit Menschen zu bevölkern, eine andere. Worauf es wirklich ankommt, sind nicht in erster Linie die Häuser, Straßen und Wohnviertel. Entscheidend ist das *Leben* der Stadt, wie die Menschen von dem Gebrauch machen, was sie haben. Eine Stadt, in der sich alle Bewohner dicht um den Kern und daher weit entfernt von den Randbezirken scharen, unterscheidet sich enorm von einer, in der die Einwohner gleichmäßiger über die Bezirke verteilt sind. Die erste Stadt bleibt isoliert und von den Gemeinden in der Umgebung abgeschottet,

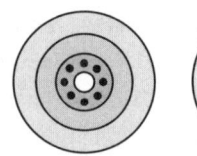
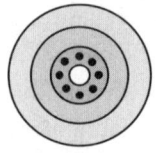

während die Menschen im zweiten Beispiel wahrscheinlich gesellschaftliche und geschäftliche Beziehungen zur Außenwelt knüpfen werden:

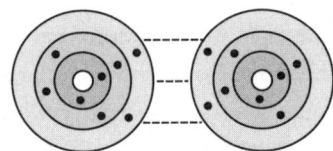

Während die eine Stadt alle ihre Einwohner in citynahen Wohnvierteln konzentriert und es dort mit zunehmender Bevölkerung immer enger wird, expandiert die andere in die Außenbezirke, um neue Einwohner aufzunehmen. Die zur ersten Kategorie gehörende Stadt verhält sich wie ein *Bosonen*system, während die zweite (entsprechend den Elektronen in Atomen und Molekülen) sich wie ein *Fermionen*system verhält. Und wenn andere Regeln herrschten – angenommen, die Elektronen verhielten sich eher wie Bosonen statt wie Fermionen –, dann könnten wir einfach nicht existieren und ebenso wenig alle anderen Phänomene in der chemischen und elektromagnetischen Welt. Das Pauli-Prinzip verleiht, mehr noch als die Schrödinger-Gleichung, Atomen und Molekülen Form und Struktur.

Die Schrödinger-Gleichung wirkt als Stadtplanerin und Architektin. Sie entwirft Straßen und Gebäude, ohne spezielle Vorgaben zu machen, wie die Einrichtungen benutzt werden sollen. Angesichts der schieren Menge der Teilchen, ihrer Ladungen, ihrer Massen, ihrer kinetischen Energie, ihrer Potenzialenergie sowie ihrer Anziehungen und Abstoßungen, stellt die Gleichung lediglich eine Hierarchie quantisierter Energieebenen und der damit verbundenen Wellenfunktionen her:

Schrödinger-Gleichung

Energie

Sie sagt nichts darüber aus, wer wohin geht.

Das Pauli-Prinzip spielt die Rolle der Baubehörde und reguliert das Auffüllen der Energieebenen. Von der Pike auf kommen Elektronen mit entweder nach oben oder nach unten weisenden Spins dazu und sind beschränkt auf ein Maximum von zwei Teilchen pro Quantenzustand:

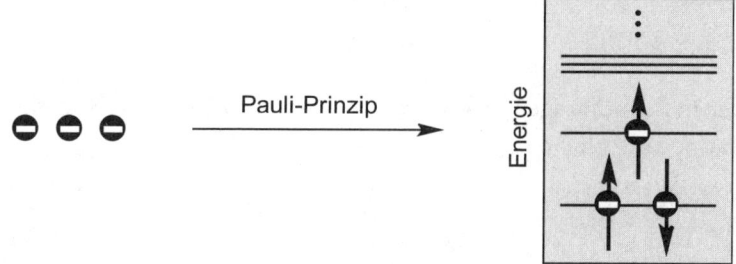

Pauli-Prinzip

Energie

Folglich wächst das Atom schichtweise und expandiert vom Mittelpunkt nach außen. In der Nähe des Kerns befindliche und damit einer nackten positiven Ladung ausgesetzte Elektronen werden stärker angezogen als Elektronen in Randnähe. Die durch einen Schirm negativer Ladung vor der ganzen Kraft des Kerns geschützten äußeren Elektronen hängen lockerer zusammen. Sie sind besser in der Lage, in Kombinationen mit den äußeren Elektronen anderer Atome einzutreten und somit Moleküle zu bilden. Sie verstehen sich besser aufs Kommen und Gehen, können besser chemische Reaktionen eingehen und dazu beitragen, dass die Atomarten sich voneinander unterscheiden.

Verschiedene Atome, unterschiedliche Eigenschaften. Manche Atome (wie das Wasserstoff- oder das Kohlenstoffatom) reagieren bereitwillig, andere (wie Helium und Xenon) reagieren so gut wie gar nicht. *Dabei kommt es auf die Anordnung der Elektronen an.** Manche Atome (wie Natrium und Kalzium) sind Verkäufer mit negativer Ladung, andere (wie Sauerstoff und Fluor) sind Abnehmer. *Dabei kommt es auf die Anordnung der Elektronen an.* Manche Atome (wie Wasserstoff und Eisen) sind magnetisch, andere (wie Helium) sind es nicht. *Dabei kommt es auf die Anordnung der Elektronen an.*

Denken Sie zum Beispiel an den Magnetismus. In Systemen mit aufgefüllten Energieebenen gibt es für jedes «aufwärts» gerichtete magnetische Moment ein «abwärts» gerichtetes magnetisches Moment. Ein Spin hebt den anderen auf, sodass der Gesamtmagnetismus auf null sinkt:

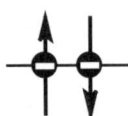

Aber in Anordnungen, in denen ein Elektron oder mehrere Elektronen unpaarig bleiben,

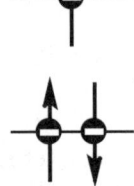

behält jedes Atom ein eigenes magnetisches Endmoment. Wenn der kleine atomare Magnet in ein externes Magnetfeld versetzt wird, nimmt er wie eine quantenmechanische Kompassnadel in beschränktem Maße Orientierungen an. Tatsächlich ist bei einigen Systemen (beispielsweise bei Eisen) das individuelle magnetische Moment eines jeden Atoms stark genug, um über die Orientierung seines Nachbarn zu gebieten. Ein solches Material wird zu einem permanenten Magneten, der sogar ohne den Einfluss eines externen Feldes magnetische Kraft ausübt und auf sie reagiert.

Außerdem ist es schon bemerkenswert, dass die verschiedenen Atome (die allesamt aus den gleichen ununterscheidbaren Teilchen aufgebaut sind) sich letztlich doch als sehr unterschiedlich erweisen. Verschiedene Elemente unterscheiden sich in ihren magnetischen, elektrischen, optischen und thermischen Eigenschaften. Sie haben andere Größen, andere Schmelz- und Siedepunkte und unterschiedliche Reaktionsfähigkeiten. Sie unterscheiden sich in jeder Hinsicht voneinander, was zum größten Teil auf die Symmetrie zurückzuführen ist, die vom Pauli-Prinzip gefordert wird, nämlich die Aussage, dass Elektronen vollständig und hoffnungslos ununterscheidbar sind, dass sie willentlich ausgetauscht werden können und «niemand den Unterschied erkennen kann».

UNWIDERSTEHLICHE KRAFT:
LOKALE SYMMETRIE UND GLOBALE WECHSELWIRKUNG

Stellen Sie sich vor, Sie wachen eines Morgens auf und stellen fest, dass die Preise um 10 Prozent gestiegen sind. Jede Ware. Jede Dienstleistung. Jeder Lohn. Jede Steuer. Gestern kostete eine Busfahrkarte 1 Euro, heute kostet sie 1,10 Euro. Letzten Monat kostete ein Paar Schuhe 100 Euro, in diesem Monat kostet es 110 Euro. Letztes Jahr verdienten Sie 100 000 Euro, dieses Jahr 110 000. Leben wir deshalb in einer anderen und teureren Welt?

Ganz und gar nicht. Ein Paar Schuhe kosten immer noch 100-mal so viel wie eine Fahrt mit dem Bus. Sie konnten sich von Ihrem alten 100 000-Euro-Gehalt 999 Paar Schuhe kaufen und hatten noch genug Geld übrig, um 100-mal mit dem Bus zu fahren. Mit Ihrem neuen Gehalt von 110 000 Euro können Sie die gleichen 999 Paar Schuhe kaufen (zu 110 Euro pro Paar, was 109,890 Euro Gesamtkosten ausmacht) und hätten immer noch genug Geld übrig für genau 100 Busfahrten zu je 1,10 Euro. Was immer Sie mit 1000, 10 000 oder 100 000 Euro ausrichten konnten, können Sie genauso mit 1100, 11 000 oder 110 000 Euro erledigen.

Weder Sie noch sonst irgendjemand wird etwas bemerken. Niemand wird einen Unterschied feststellen, weil unser gesamtes Wirtschaftsleben einer nicht wahrnehmbaren Symmetrietransformation ausgesetzt worden ist. Es ist eine Anpassung, die konsequent über den gesamten Bereich der Waren und Dienstleistungen vorgenommen wurde: bei jedem nur denkbaren Geschäft eine einheitliche Addition von 10 Cent auf jeden Euro. Nichts, was Konsequenzen haben könnte, wurde verändert, und mit Ausnahme der zirkulierenden Gesamtgeldsumme, die eine willkürliche Zahl ist, wird auch die Finanzwelt von heute die gleiche sein wie die von gestern:

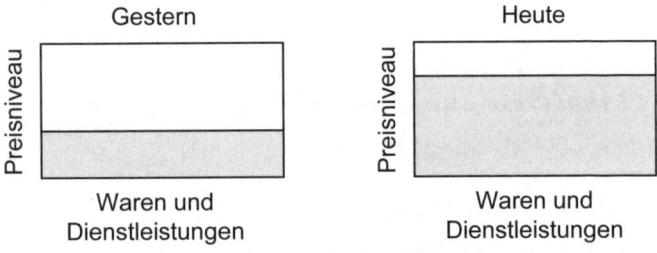

Da wir alle unsere Kontostände um denselben fixen Betrag verschieben, wird kein einziger Käufer oder Verkäufer etwas hinzugewinnen oder verlieren.

Nehmen wir nun an, dass andere Weltregionen genügend Macht haben, um unabhängig zu handeln und ihre Preise zu erhöhen oder zu senken, ohne diesen Vorgang mit allen anderen zu koordinieren. Nehmen wir weiter an, dass die Preise in Nordamerika gleichmäßig um 10 Prozent und in Südamerika um 30 Prozent steigen, in Asien gleichmäßig um 20 Prozent sinken, in Europa um 50 Prozent steigen und in Afrika um 5 Prozent sinken. Kurz gesagt: Wir setzen voraus, dass symmetrische Preisverschiebungen lokal begrenzt und nicht global angepasst sind:

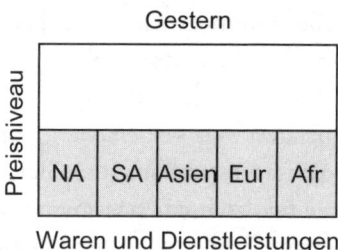

Gestern

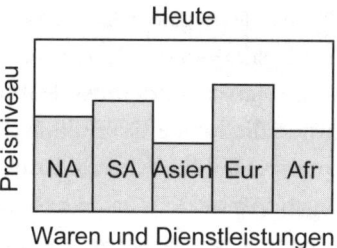

Heute

Deshalb stellt sich die Frage, ob man eine pauschale Veränderung, die in den Vereinigten Staaten unbemerkt stattfände, in Deutschland dennoch als wahrnehmbaren Unterschied registrieren würde. Können wir also feststellen – wenn wir eines schönen Morgens aufwachen, ein jeder von uns in seinem Heimatland –, dass sich das wirtschaftliche Gleichgewicht in irgendeiner Weise verändert hat?

Natürlich ist das möglich, weil die vernetzte kapitalistische Welt eben genauso funktioniert. Preisveränderungen werden niemals global koordiniert, sodass lokal begrenzte Veränderungen mit Sicherheit als das wahrgenommen werden, was sie sind. Die einzige Möglichkeit, sie zu übersehen, wäre die Aktivität einer Schlichtungsbehörde (sagen wir, eine unsichtbare Gnomenarmee), die das Auf und Ab von Region zu Region ausbügeln würde. Die Schlichter würden dann an einem Ort Geld einfließen lassen und anderenorts wieder abziehen, in einer Gegend die Preissteigerungen subventionieren und anderswo unerwartete Einnahmen konfiszieren. Die Gnome übten so eine Art interkontinentale ökonomische «Kraft» aus, einen Austausch von Einfluss, und stellten damit sicher, dass jede lokale symmetrische Umwandlung auch global nicht nachweisbar wäre.

Funktionieren die Dinge tatsächlich so? In der Wirtschaft sicher nicht. Es gibt keine perfekt effiziente Vermittlungsbehörde, die die Unterschiede ausbügelt, und deshalb sind auch – außer in einem weltweiten sozialistischen Paradies – lokale und globale ökonomische Symmetrie nicht miteinander vereinbar.

In der Welt der Physik aber funktionieren die Dinge tatsächlich so. Die Natur verfügt nicht nur, dass lokale Symmetrie zulässig sein soll, sondern dass eine Umwandlung an einem Ort die Symmetrie des physikalischen Gesetzes nirgendwo sonst behindern soll. Ein auf eigene Faust handelnder Kobold in Baden-Württemberg kann willkürlich die lokale Grundlinie der Potenzialenergie verschieben, ohne seinen Koboldkollegen in Brandenburg bitten zu müssen, das Gleiche zu tun. An beiden Orten beschreiben die Beobachter Phänomene auf dieselbe Art und Weise und mit denselben Gleichungen, und keiner von beiden kann erkennen, ob ein Kobold heimlich und selbständig das lokale Tief ausgebügelt hat. Welcher Unfug auch immer geschehen sein mag (und wo immer die willkürliche Grundlinie inzwischen liegen mag), alle Beobachter stimmen beispielsweise darin überein, dass ein Ball, der auf einer ebenen Fläche ruht, unbewegt bleibt:

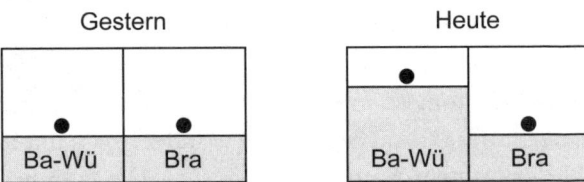

Das Universum hätte auch durchaus anders geordnet werden können, aber offensichtlich trifft das nicht zu. Ein amerikanischer Kongressabgeordneter* bestand einmal darauf: «Jegliche Politik wirkt sich lokal aus.» Die Natur scheint etwas Ähnliches für das physikalische Gesetz zu fordern, nämlich dass sich jede *Symmetrie* lokal auswirken muss, dass begründete Umwandlungen an allen Punkten in der Raum-Zeit zulässig sein müssen und dass ein Beobachter an einem Ort das Recht haben muss, willkürliche Verschiebungen vorzunehmen, ohne sich um Beobachter an anderen Orten kümmern zu müssen.

Um diesem Recht zur Geltung zu verhelfen, muss es einen Schlichter geben, eine Wirkkraft, einen Vermittler, einen Konfliktmanager, der das Auf und Ab ausbügelt und dadurch das Universum für lokale Symmetrie verträglich macht. Denn wenn es lokale Symmetrie gibt, muss es auch eine Möglichkeit geben, Einfluss auszutauschen. Es muss daher ein Netzwerk der *Kraft* geben.

Gravitation. Elektromagnetismus. Die starke Kraft. Die schwache Kraft. Jede grundlegende Wechselwirkung wird von den Erfordernissen einer bestimmten lokalen Symmetrie ins Leben gerufen. Um nun in groben Zügen zu verstehen, wie solche Verbindungen auftreten können, wenden wir uns zunächst Einsteins makroskopischem Gravitationskonzept* zu.

CHANCENGLEICHHEIT HERSTELLEN

Für einen in einem versiegelten Zugabteil eingesperrten Beobachter ist es egal, ob es durch den leeren Raum hindurch beschleunigt oder ob es in einem Gravitationsfeld ruht. Erinnern Sie sich an die Lektion über die allgemeine Relativität (in Kapitel 5): Was immer die Gravitation bewirkt, kann auch ein beschleunigter Bezugsrahmen tun. Deshalb hat ein unvoreingenommener Beobachter ohne einen Anhaltspunkt, mit dem er die eine Umgebung von der anderen unterscheiden könnte, keine andere Wahl, als skeptisch zu bleiben.

Beobachtung: Ein in der Nähe der Decke losgelassenes Objekt fällt zu Boden und wird von einem Augenblick zum anderen schneller. Wird der Fall von der Gravitation verursacht (durch den Einfluss von Masse) oder ist es lediglich eine Illusion, die durch eine externe Beschleunigung erzeugt wurde? Niemand weiß es. Die gleiche vermeintliche Bewegung kann sowohl durch die eine als auch durch die andere Ursache zustande gekommen sein.

Beobachtung: Ein bereits auf dem Boden liegendes, sich selbst überlassenes Objekt bleibt dort liegen, wo es ist. Es bewegt sich weder nach oben noch nach unten, so als werde es von einer Kraft an Ort und Stelle festgehalten. Rührt die vermutete Anziehung von einer Gravitationswechselwirkung her oder wird sie von einer Beschleunigung des Bezugsrahmens verursacht? Niemand kann das mit Sicherheit entscheiden. Wie auch immer, die Wirkung bliebe beide Male dieselbe.

Gäbe es keine Gravitation, könnten wir den Unterschied erkennen. Wir wären in der Lage, zwischen einem Bezugsrahmen, der mit einem bestimmten Tempo beschleunigt, und einem Bezugsrahmen, der mit einem anderen Tempo beschleunigt, zu unterscheiden – und zwar absolut zu unterscheiden. Bei der Beobachtung des Verhaltens fallender Körper wären wir in der Lage, zu bestimmen, dass unser Abteil seine Geschwindigkeit um, sagen wir, 10, 20 oder 30 Meter pro Sekunde von einer Sekunde zur nächsten erhöht. Warum? Weil in einer Welt ohne Gravitation unsere einzige Erklärung darauf hinausliefe, die beschleunigte Bewegung eines frei fallenden Körpers der Gesamtbeschleunigung des Bezugsrahmens zuzuschreiben. Da kämen keine Zweifel auf.

Aber wenn wir in einer Welt leben sollten, in der die Beschleunigung nicht absolut ist – eine Welt, in der die Naturgesetze für alle Beobachter gleich sind, selbst für jene in beschleunigten Bezugsrahmen –, dann muss es zwangsläufig eine Welt sein, in der die Gravitation existiert. Die Natur sorgt für ein Gravitationsfeld und lässt dadurch alle Bezugsrahmen gleichberechtigt und gleichwertig sein. Die bloße Möglichkeit eines Feldes löscht jegliche Unterscheidung zwischen gravitationsbedingten (durch den Einfluss von Masse verursachten) und künstlich hervorgerufenen (durch solche Tricks wie Raketenantriebe und rotierende Räder bewirkten) Beschleunigungen aus. Die Verbindung ist unausweichlich. Wenn es eine Symmetrie beschleunigter Bezugsrahmen geben soll, muss es auch die Gravitation geben.

Eine weitere lokale Symmetrie – ein Recht, das Beobachtern überall in der Raum-Zeit zugestanden wird – ist die Freiheit, jede spezielle Anpassung vorzunehmen, die notwendig ist, um die Auswirkungen der Gravitation am jeweiligen Standort nachzuahmen. Für einen Beobachter hier vorne wird sich die angemessene externe Beschleunigung von dem Wert unterscheiden, den ein Beobachter dort hinten benötigt. So muss es sein. Die Natur gesteht den Beobachtern 1 und 2 die Flexibilität zu, ihre lokalen Koordinatensysteme ohne wechselseitige Rücksprache umzuwandeln. Sie benutzen zwar dieselbe Methode, nicht aber dieselben Zahlen.

Stattdessen haben wir hier eine Neuformulierung des Einstein'-schen Äquivalenzprinzips (Kapitel 5) vorliegen. Es stellt die Grundlage seiner Allgemeinen Relativitätstheorie dar und ist zugleich eine Rechtfertigung der großmaßstäblichen Bedeutung der Gravitation im Universum. Denn falls man sich auf lokale Symmetrie beruft, um Chancengleichheit zu gewährleisten und dabei dem Äquivalenzprinzip Geltung zu verschaffen – damit alle beschleunigten Bezugsrahmen «gleich erschaffen» sind –, dann muss auch ein Gravitationseinfluss ins Spiel kommen. Das ist kein Zufall.

Und nicht nur ein makroskopisches und klassisches Feld wie Einsteins Gravitation scheint auf die Erfordernisse der lokalen Symmetrie abgestimmt zu sein, sondern auch die mikroskopischen und quantenmechanischen (die elektromagnetischen, schwachen, starken) Felder. Es ist eine schrecklich bedeutsame, neue Art von Symmetrie, die ihre Wurzeln in den abstrakten Phasen quantenmechanischer Zustände hat; eine Symmetrie, die die Wechselwirkungen zwischen den Teilchen anregt; eine quantenmechanische Symmetrie, die, in der einen oder anderen Form, den Leim erzeugt, der Neutronen, Protonen, Kerne und Atome zusammenhält. Hier ist, um das Kapitel abzuschließen, ein Hinweis darauf, wie lokale Symmetrie die quantenmechanische Kraft in die Mikrowelt schleust.

PHASENDURCHGANG

Beginnen wir mit dem einfachsten aller Systeme, einem freien Teilchen. Wenn die unten dargestellte Wellenfunktion mit der Phase null eine Lösung der Schrödinger-Gleichung ist,

Phase = 0° (Zyklusbeginn)

dann gilt das auch für diese Phase:

Phase = 90° (Verschiebung eines Viertelzyklus)

Und für diese:

Phase = 180° (Verschiebung
eines Halbzyklus)

Wie auch für diese:

Phase = 270° (Verschiebung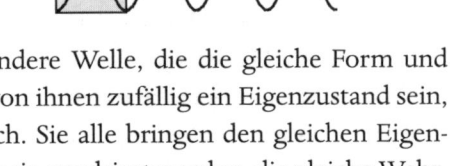
eines Dreiviertelzyklus)

Und das gilt auch für jede andere Welle, die die gleiche Form und Wellenlänge hat. Sollte eine von ihnen zufällig ein Eigenzustand sein, dann sind es alle anderen auch. Sie alle bringen den gleichen Eigenwert hervor und tragen, wenn sie quadriert werden, die gleiche Wahrscheinlichkeitsinformation. Sie unterscheiden sich nur in der absoluten Phase, an dem willkürlichen Punkt also, den man als Beginn eines Zyklus erachtet.

Ein Anfangspunkt ist so gut wie jeder andere. Mit geschlossenen Augen kann ein Beobachter nicht erkennen, ob die Gesamtphase einer Wellenfunktion verschoben worden ist. Diese grundlegende Symmetrie wird allen quantenmechanischen Zuständen als Privileg zugestanden, ob sie nun als einzelne, selbständige Komponenten dargestellt werden oder als Überlagerung vieler Komponenten.

Zwei durch Raum und Zeit getrennte Beobachter konstruieren ihre Überlagerungen auf die Art und Weise, wie sie in Kapitel 8 beschrieben worden ist. Dabei bleibt ihre individuelle Freiheit, eine einheitliche Phasenverschiebung durchzusetzen, vollständig erhalten. Eine Phase zu verschieben, bedeutet lediglich, das, was wir «Zustand 1» und «Zustand 2» nennen, neu zu definieren und neu zu kombinieren,

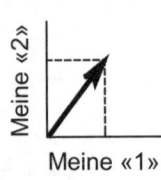

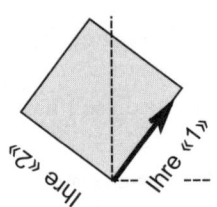

zumal wir schon längst mit der Drehung eines willkürlichen Koordinatensystems vertraut sind. Die Länge des Zustandsvektors bleibt während jeder Drehung konstant, und das gilt für alle messbaren Größen eines Systems.

Nehmen wir an, Beobachter 1 stünde auf dem Hamburger Hauptbahnhof und entschiede sich dafür, diese spezielle quantenmechanische Symmetrie zu seinem Vorteil zu nutzen. Egal, aus welchem Grund er es tut (vielleicht aus reiner Bequemlichkeit), jedenfalls beschließt Beobachter 1, an der Gesamtphase eines quantenmechanischen Zustands herumzufummeln und ihn um einen bestimmten Betrag voranzubringen oder zu bremsen. Nichts scheint sich deswegen in der Welt von Beobachter 1 verändert zu haben. Das System gehorcht denselben Gesetzen, denselben Bewegungsgleichungen, denselben Erhaltungssätzen wie zuvor. Seine Eigenschaften sind unveränderlich.

Aber was ist mit dem anderswo wahrgenommenen Universum? Verstößt das Recht von Beobachter 1, eine Phasenverschiebung am Hamburger Hauptbahnhof vorzunehmen, gegen die Rechte von Beobachter 2 auf dem Planeten Melzmack? Muss Beobachter 1, um nicht die Naturgesetze zu verändern, alle potenziellen Beobachter im ganzen Universum bitten, genau dieselbe Phasenverschiebung zu genau derselben Zeit vorzunehmen?

Wenn dies zuträfe, würden quantenmechanische Phasenverschiebungen eher einer globalen als einer lokalen Symmetrie gehorchen, während die Naturgesetze nur dann unverändert blieben, wenn man solche Veränderungen einheitlich und gleichzeitig in der ganzen Raum-Zeit vornähme. Beobachter 1 möchte gern ein paar Achsen um 45 Grad gegen den Uhrzeigersinn drehen? Schön, das kann er problemlos tun, nur dass der Rest der Menschheit das Gleiche tun muss – falls die Symmetrie nicht lokal wäre.

Aber die Symmetrie *ist* lokal. Im quantenmechanischen Universum hat jeder von uns die Freiheit, die Phase eines Systems selbständig zu verändern, anscheinend ohne dafür mit Beobachtern an anderen Orten Rücksprache halten oder zusammenarbeiten zu müssen. Hänsel kann die Phase um 90 Grad verschieben, Gretel um 76 Grad, und wieder jemand anders kann eine Verschiebung um 150 Grad vornehmen, sodass am Ende trotz der asynchronen Phasen jeder dieselben Gesetze auf dieselbe Art und Weise versteht:

Die verschiedenen Umgebungen können nicht durch Beobachtung voneinander unterschieden werden, und in ihrer mathematischen Beschreibung (wollte sie gültig und vollständig sein) muss eine ähnliche Zweideutigkeit vorgesehen sein. Welche Form die quantenmechanischen Gleichungen auch annehmen werden, sie dürfen durch die Ausübung einer lokalen Phasenverschiebung global nicht beeinflusst werden. Physiker nennen diese Operation eine Eichtransformation,* und es ist speziell diese lokale Eichsymmetrie, die in Verbindung mit der speziellen Relativität* die quantenmechanischen Kräfte der Natur hervorbringt, nämlich das elektromagnetische Feld, das schwache Feld, das starke Feld und vielleicht sogar – wenngleich eine angemessene Theorie erst noch formuliert werden muss – auch das Gravitationsfeld.

Sie tauchen wie durch Zauberei auf. Sobald wir auf lokale Symmetrie und relativistische Übereinstimmung bestehen, zwingt sich ein passendes, vermittelndes Feld einer quantenmechanischen Bewegungsgleichung auf. Ohne solche Felder wäre die Quantenmechanik gegenüber lokalen Phasenverschiebungen nicht unveränderlich.

Sie sind die Vermittler, die physikalische Verwirklichung unserer ökonomischen Gnome, die ein paar Seiten zuvor unserer Phantasie entsprungen waren. Die Quantenfelder mit ihren «Botenteilchen» (siehe unten) überbringen Informationen über die Gepflogenheiten lokaler Phasen zu allen weit entfernten Punkten. Sie sind die Abgesandten, die jedes Teilchen dazu befähigen, mit jedem anderen Teilchen im Universum zu kommunizieren – und als Folge dieser globalen Intervention erzeugen sie auf wunderbare Weise lokale Autonomie für alle.

Die Huhn-und-Ei-Beziehung hat einen ästhetisch angenehmen Aspekt. Globale Wechselwirkung ist der Garant für lokale Symmetrie, und lokale Symmetrie ist die Motivation für globale Wechselwirkung. Die eine dient als Existenzberechtigung für die andere; jede ist Ursache und Wirkung zugleich.

DAS MEDIUM UND DIE BOTSCHAFT

In der makroskopischen Welt entwickeln wir die Vorstellung der «elektrischen Ladung» und des Feldes, das dadurch erzeugt wird, ohne dabei mit der Wimper zu zucken. Und warum auch nicht? Die klassische Theorie des Elektromagnetismus ist ein Paradies für Ingenieure. Mit Maxwells Gleichungen bewaffnet und äußerst selbstbewusst, machen wir eine Voraussage nach der anderen und scheitern nie. Wir können eine mathematisch genaue Beschreibung des makroskopischen elektromagnetischen Feldes liefern. Unsere Zahlen erweisen sich nie als falsch. Wir könnten sogar so weit gehen und – eben weil es wahr ist – behaupten, dass wir innerhalb der Grenzen der Maxwell'schen Welt alles wissen, was es zu wissen gibt.

Wir wissen, dass manche Teilchen negativ und manche Teilchen positiv sind. Wir wissen, dass Gegensätze sich anziehen und Gleiches sich abstößt. Darüber hinaus wissen wir, dass ruhende Ladungen elektrische Felder erzeugen und bewegte Ladungen Magnetfelder hervorrufen. Wir wissen, dass ein fluktuierendes Magnetfeld ein elektrisches Feld verursacht und dass, umgekehrt, ein fluktuierendes elektrisches Feld ein Magnetfeld herbeiführt. Wir können die Kräfte zwischen Ladungen und Strömen berechnen. Wir wissen, wie sich elektromagnetische Wellen in einem Vakuum und wie sie sich in Materie verhalten.

Doch trotz all dieses Wissens (das eigentlich etwas Wunderbares und ein intellektueller Triumph ersten Ranges ist) haben wir keine sinnvollen Antworten auf manche der grundlegendsten Fragen. «Bitte, Herr Maxwell», fragt ein frühreifes Kind, «was genau ist eigentlich eine elektrische Ladung und wie schafft sie es, ein elektromagnetisches Feld zu erzeugen?»

«Das werden wir nie erfahren», erwidert Maxwell, «weder im Land der Großen Maßstäbe noch im Land der Vielen Quanten. Du musst dich damit zufrieden geben, dir die elektrische Ladung aufgrund ihres Verhaltens vorzustellen. Denk nicht darüber nach, was sie im tieferen Sinne *ist*. Stell dir Feld und Ladung in Bezug auf die Anziehung und Abstoßung vor, die du auf deinen Instrumenten registrierst. Sei realistisch. Denke praktisch.»

Tut mir Leid, wenn Sie enttäuscht sind, aber unser makroskopisches Verständnis ist eher empirisch als grundsätzlich und schlecht dafür geeignet, die letzten Ursprünge und Ursachen der Dinge aufzudecken. Durch makroskopische Linsen betrachtet, ist unsere Sicht der Welt einfach zu grob. Uns bleibt nur übrig, die elektrische Ladung als «Ausstattung» der Materie zu beschreiben, die ein Teilchen für die elektromagnetische Kraft empfänglich macht.

Da wir uns jetzt jedoch der mikroskopischen Welt bewusst sind, sehen wir das elektromagnetische Feld in einem neuen Licht und verstehen es in einem materiellen Sinn: körnig und nicht glatt, greifbar und nicht ätherisch, als etwas Teilchenartiges und nicht als etwas Kontinuierliches. Das quantisierte elektromagnetische Feld manifestiert sich als eine Ansammlung individueller Photonen, die jeweils ihre gemessene Energiedosis, ihren Drehimpuls und ihren Spin-Drehimpuls haben, wie wir schon in Kapitel 7 feststellten. Um genau zu sein, sind es masselose *Bosonen*, die mit einer Spin-Drehimpuls-Einheit pro Teilchen ausgestattet sind. Und mit der Ruhemasse null kommt ein Photon unaufhörlich und unermüdlich mit Lichtgeschwindigkeit voran.* Außerdem entstehen Photonen nicht zufällig und ohne Grund, sondern als zwangsläufige Konsequenz lokaler Symmetrie und spezieller Relativität. Sie müssen einen Job erledigen. Sie dienen als Boten des elektromagnetischen Feldes.

Nun stellen Sie sich Folgendes vor: Ein elektrisch geladenes Teilchen verhält sich, aus der Nähe betrachtet, als unerschöpfliche Quelle und Ausguss für Photonen, die ohne Unterlass abgegeben und absorbiert werden. Ein Teilchen überträgt ein Photon, ein anderes empfängt es. So geht es hin und her, einer wirft, der andere fängt. Wie zwei Liebende, die Briefe austauschen, treten geladene Teilchen in Wechselwirkung miteinander. Sie ziehen einander an oder stoßen sich gegenseitig ab. Genauso wie eine bestimmte Form von Korrespondenz die emotionale Distanz zwischen zwei Liebenden verringert, tritt eine entsprechende Anziehungskraft auf, wenn gegensätzlich geladene Teilchen Photonen miteinander austauschen. Im Endeffekt werden die Materieteilchen näher zusammengeführt:

Photonenaustausch

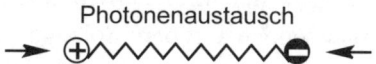

Und genauso wie eine andere Briefform mit völlig anderen Formulierungen die Liebenden potenziell auseinander bringen kann, so geschieht es auch mit Photonen. Werden sie zwischen gleich geladenen Teilchen ausgetauscht, rufen sie eine Abstoßung hervor und zeigen die Tendenz, sich noch weiter zu entfernen:

Photonenaustausch   Photonenaustausch

In beiden Fällen gibt es eine Verbindung zwischen den Teilchen. Ein Boson (ein Photon, ein Quant des elektromagnetischen Feldes) verbindet zwei Fermionen miteinander. Ein Materieteilchen wechselwirkt mit einem Feldteilchen, während ein Feldteilchen mit einem Materieteilchen in Wechselwirkung tritt. Der Austausch eines Photons macht die Verbundenheit möglich.

Merkwürdigerweise ist es ein heimlicher Austausch am Rande der Illegalität, da die Abstrahlung eines Photons – anscheinend aus heiterem Himmel – das globale Energiekonto um ein Quant erhöht. Im klassischen Universum würde ein solcher Vorgang niemals geduldet werden, doch im quantenmechanischen Universum gibt es eine Gesetzeslücke: Heisenbergs Unbestimmtheitsprinzip, das eine vorübergehende Verletzung der Energieerhaltung zulässt.

Erinnern Sie sich, wie wir in Kapitel 7 das Unbestimmtheitsprinzip als Unbestimmtheit des Impulses (nennen wir sie Δp) und als Unbestimmtheit der Position (nennen wir sie Δx) dargelegt haben. Ist die Unbestimmtheit des Impulses groß, dann ist die Unbestimmtheit der Position klein. Ist die Unbestimmtheit des Impulses klein, dann ist die der Position groß. Die Gesetze verlangen, dass das Produkt $\Delta x \, \Delta p$ größer als die Planck'sche Konstante h oder ungefähr so groß* sein soll.

Für Energie und Zeit gilt ein Äquivalenzprinzip. Die Natur lässt zu, dass ein Energiebetrag (ΔE) für die Dauer einer Zeit Δt ausgeliehen wird, entsprechend der immanenten Unbestimmtheit dieser beiden einander ergänzenden Größen. Solange das Produkt $\Delta E \, \Delta t$ geringer bleibt als ungefähr h,* bleibt der Wert von E unbestimmt, sodass ein Entleiher die betreffende Energie neu investieren kann, ohne dafür bestraft zu werden. Niemand wird den Betrag vermissen. Ist der entliehene Betrag klein, verlängert sich die Zeit bis zur Rückzahlung. Ist der entliehene Betrag groß, verkürzt sich die Zeit bis zur Rückzahlung. Außerhalb der bewilligten Zeit setzt die Natur die Energieerhaltung ausnahmslos durch. Innerhalb der bewilligten Zeit ist alles möglich.

Vergangen, aber nicht vergessen. Ein Fermion hier vorne spuckt ein Photon aus, und ein Fermion dort hinten schluckt es runter. Ein Energiequant steigt aus der Leere auf und verschwindet, bevor die Rückzahlung des Kredits fällig wird. «Keine Verletzung, kein Foul», pflegen die Basketballer zu sagen, und folglich findet der Austausch eines Bosonen-Botenteilchens wie unter einem ungewissen Quantennebelschleier statt. Die flüchtigen Photonen werden «virtuelle» Photonen genannt im Gegensatz zu den beständigen «reellen» Photonen der elektromagnetischen Strahlung. Sie (nämlich die virtuellen Photonen) erzeugen die Kraft zwischen zwei Fermionen.

Der Einheit entgegen

Fermion ... Boson ... Fermion. Mit diesem grundlegenden Muster als Prototyp entdecken wir eine Formel, die sich über die elektromagnetische Wechselwirkung hinaus auf Quantenfelder im Allgemeinen erweitert. Sehen Sie es als den Anfang von etwas Kleinem an:

Ein Materieteilchen, ein Fermion, kommuniziert mit einem anderen Materieteilchen (mit einem anderen Fermion) durch die Vermittlung eines verborgenen Botenteilchens. Das ist ein masseloses Boson, ein Abgesandter, der sich aufmacht, um in der gesamten Raum-Zeit die lokale Symmetrie zu bewahren, und dabei in der Energie-Zeit-Beschränkung des Unbestimmtheitsprinzips bleibt. Für jede Mission macht sich ein Bote oder eine Gruppe von Boten auf den Weg. Sie sind für die spezielle Ausstattung der Materie und für die spezielle lokale Symmetrie am besten geeignet. Die elektromagnetische Wechselwirkung, zu der der Austausch von Photonen zwischen elektrisch geladenen Teilchen gehört, erweist sich gerade mal als eine von vielen Cousinen in einer erweiterten Kräftefamilie.

Wir wollen jede einzeln vorstellen und beginnen mit einer komprimierten Zusammenfassung der Quantenelektrodynamik, die als Modell für den Rest dienen soll*.

Die elektromagnetische Wechselwirkung: Die elektrische Ladung ist die Kontrollinstanz, und das Botenteilchen, das sie entsendet, ist das Photon. Quantenmechanisch betrachtet, erteilt die elektrische Ladung dem Fermion die Lizenz, Photonen abzugeben und zu absorbieren. Zu den Kandidaten für die elektromagnetische Wechselwirkung gehören Elektronen und Quarks sowie alle geladenen Teilchen, die aus Quarks aufgebaut werden – wie etwa Protonen. Die dabei hervorgerufene lokale Symmetrie ist eine relativ einfache Phasenrotation, die nur einen einzigen Winkel betrifft. Sie ähnelt dem, was wir uns für unser archetypisches System mit zwei Zuständen vorstellen.

Die schwache Wechselwirkung: Aus Kapitel 2 kennen wir bereits ein Beispiel für den Betazerfall. Ein Down-Quark in einem Neutron verwandelt sich in ein Up-Quark. Folglich wird das Neutron in ein Proton, ein Elektron und ein Antineutrino umgewandelt (ein elektrisch neutrales Fermion mit wenig oder gar keiner Ruhemasse):

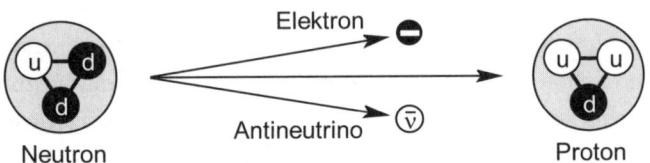

Ein anderes Beispiel einer schwachen Wechselwirkung ist der Zusammenstoß eines Neutrons mit einem Neutrino, bei dem entweder die Teilchen (wie Billardkugeln) unversehrt bleiben

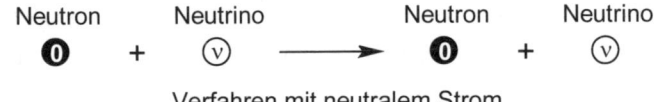

Verfahren mit neutralem Strom

oder bei dem sie in ein Proton und ein Elektron umgewandelt werden:

Verfahren mit geladenem Strom

Während sich also die elektromagnetische Wechselwirkung von der elektrischen Ladung ableiten lässt, stammt die schwache Wechselwirkung von einer «schwachen Ladung». Derart ausgestattete Teilchen sind in der Lage, über drei Bosonen-Botenteilchen zu kommunizieren (W^+, W^- und Z^0 genannt), die für die schwache Wechselwirkung das leisten, was die Photonen für die elektromagnetische Wechselwirkung tun. Sie verbinden die Fermionen untereinander und lassen zu, dass die Umwandlungen stattfinden. So gibt beispielsweise ein Down-Quark ein W-Teilchen ab und verwandelt sich in ein Up-Quark, wobei es ein Neutron in ein Proton verwandelt.* Ein anderes Beispiel: Ein Neutrino gibt ein Z-Teilchen ab und bleibt ein Neutrino, wie im Neutralstrom-Verfahren oben dargestellt. Oder auch: Ein Neutrino und ein Neutron tauschen ein W-Teilchen aus und verwandeln sich in ein Elektron beziehungsweise in ein Proton, wie es im damit verbundenen Verfahren mit geladenem Strom zum Ausdruck kommt:*

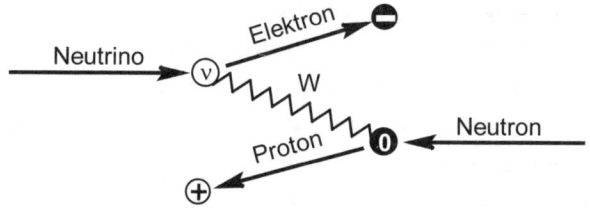

Und so weiter. Die lokale Symmetrie, die die W- und Z-Bosonen erzeugt, lässt sich bis zu der willkürlichen Aufspaltung eines Zustands in beispielsweise eine «Elektron»- und eine «Neutrino»-Komponente zurückverfolgen:

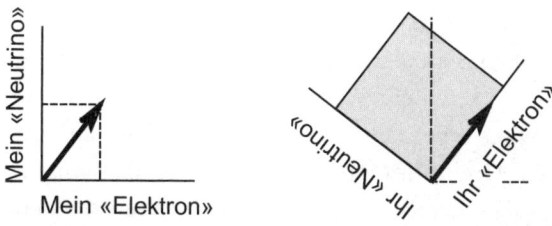

Was Sie ein Elektron nennen, kann ich mit gleicher Berechtigung als Überlagerung eines Elektrons und eines Neutrinos bezeichnen. Was unser Korrespondent in London ein Up-Quark nennt, ist für unseren Korrespondenten in Rom ein Down-Quark. Andreas behauptet, es mit einer 50:50-Mischung aus diesem und jenem Teilchen zu tun zu haben, während Laura sagt, es sei eine 75:25-Mischung. Und alle haben wir Recht. Jeder hat das Recht auf eine eigene Meinung, und die Natur schenkt uns die W- und Z-Bosonen, um uns die lokale Entscheidungsfreiheit zu garantieren. Die Kraft ist auf eine Symmetrie zugeschnitten, die die ganze Fülle möglicher Umwandlungen mit einbezieht.

Hätten wir es mit einer perfekten Symmetrie zu tun, wären die Boten-Bosonen masselos, wie es die Photonen sind, und folglich in der Lage, große Entfernungen zurückzulegen, bevor sie mit der Energieerhaltung in Konflikt gerieten. Allerdings ist die Symmetrie nicht perfekt. Ihre Unzulänglichkeit kommt in den Massen der schwachen Bosonen zum Ausdruck. Die W- und Z-Bosonen sind tatsächlich schwere Teilchen* und ähneln eher Bowlingkugeln als Tischtennisbällen und legen, gemessen an ihrer Eigenschaft als Boten, geradezu lächerlich kurze Entfernungen zurück. Da sie sich enorme Energiebeträge ausleihen müssen, um sich ihre beträchtlichen Massen anzueignen – wie $E = mc^2$ es erfordert – bleibt ihnen nur eine kurze Zeitspanne, um von Fermion zu Fermion zu hüpfen*, bevor die Rückzahlung des Kredits fällig wird. Folglich wirkt sich die schwache Wechselwirkung über Längen aus, die mindestens um das Hundertfache kürzer sind als das ohnehin schon absurd kurze Millionstel eines milliardstel Meters, das von der starken Wechselwirkung in Anspruch genommen wird.

Aber bedenken Sie Folgendes: Die W- und Z-Teilchen haben, ungeachtet ihrer kurzen Reichweite, etwas mit Photonen gemeinsam. Denn genau wie sie besitzen alle schwachen Bosonen eine einzelne Einheit des Spin-Drehmoments, und zumindest eines von ihnen (nämlich das neutrale Z-Teilchen) ändert, wie ein Photon, die Identität eines Fermions nicht, wenn es abgegeben oder absorbiert wird. Ein Elektron, das ein Photon abgibt, bleibt ein Elektron. Ein Neutrino, das ein Z-Teilchen absorbiert, bleibt ein Neutrino. Könnte dies ein Anzeichen für Verwandtschaft sein, ein Beweis für gemeinsame Vorfahren?

Mag sein, aber denken Sie noch einmal an all die Unterschiede. Photonen sind masselos, nicht so die W- und Z-Teilchen. Photonen können vom einen Ende des Universums zum anderen reisen; die W- und Z-Teilchen müssen schon kämpfen, um nur vor die Tür zu kommen. Photonen sind die Vermittler der elektromagnetischen Wechselwirkung und zeichnen sich durch extreme Schlichtheit aus. Die W- und Z-Teilchen sind im Wesentlichen für den Betazerfall verantwortlich, das sind obskure radioaktive Prozesse, die wir kaum wahrnehmen. Die daran beteiligte Energie geht weit weniger auf das Konto der schwachen Wechselwirkungen als auf das der elektromagnetischen Phänomene.

Es sind also die Unterschiede, die zählen? Natürlich; und dennoch sind die elektromagnetischen und schwachen Wechselwirkungen, genauer betrachtet, in Wirklichkeit einander so nahe, wie die Elektrizität dem Magnetismus nahe steht. Sie sind veränderliche Äußerungen einer einzigen Kraft, die aus einer breiteren, umfassenderen, perfekteren Symmetrie entsteht – auch wenn es eine Symmetrie ist, die wir normalerweise nicht sehen können. Sie ist offensichtlich nur bei sehr hohen Energien präsent, eine Ursymmetrie, von der angenommen wird, sie habe nur für kurze Zeit während des Urknalls existiert und sei seitdem gebrochen. Um sie neu zu erschaffen, müssen Experimentalphysiker in ihren Teilchenbeschleunigern Zusammenstöße außerordentlicher Heftigkeit zustande bringen.

Symmetrien sind dazu da, gebrochen zu werden. In einem weniger perfekten Universum geschieht dies jederzeit und gehört zu den unvermeidbaren und nüchternen Kosten des Geschäftemachens. Denken Sie daran, wie Gravitation und Masse in einem Raum, der jeder Richtung entbehrt, ein ansonsten irreführendes Gefühl für «oben» und «unten» erzeugen. Erinnern Sie sich, wie ein Magnetfeld eine zufällige Symmetrie in die Welt der Kompassnadel einführt. Denken Sie an all die Umstände, unter denen eine tiefere Symmetrie verborgen werden kann, und seien Sie dann auf ein ähnliches Schicksal für die elektromagnetischen und schwachen Wechselwirkungen gefasst. Ihre scheinbare Abweichung kommt nicht durch irgendeinen grundlegenden Unterschied zustande, sondern lediglich durch eine gebrochene Symmetrie.* Es ist reiner Zufall.

Denn wenn die wahre, zugrunde liegende Symmetrie der elektromagnetischen und schwachen Felder verwirklicht ist, dann verschmelzen das Proton und das Trio schwacher Bosonen zu einem Quartett masseloser Botenteilchen, die alle Abgesandte einer einzigen, vereinigten Kraft sind, nämlich der «elektroschwachen» Wechselwirkung*. Die schwache Wechselwirkung ist jetzt keine eigene Kategorie mehr, sondern erweist sich einfach nur als ein anderer Aspekt der elektromagnetischen Wechselwirkung, genauso wie die magnetische Wechselwirkung ein gleichberechtigter Aspekt der elektrischen Wechselwirkung ist. Anstatt Elektrizität, Magnetismus und Betazerfall als drei getrennte Kräfte zu behandeln, können wir sie von jetzt an als eine Kraft ansehen. Es ist ein Schritt auf die Einheit zu.

Die starke Wechselwirkung: Quarks* haben sie, Elektronen hingegen nicht: die phantasievoll mit «Farbe» bezeichnete Eigenschaft*, die die Quelle der starken Wechselwirkung ist.

Sie macht das Quark zum Quark. Mit Farbe ausgestattet, ist das Quark unmittelbar an der starken Kraft beteiligt, was sonst kein anderes elementares Fermion von sich behaupten kann. Teilchen ohne Farbe wie das Photon und das Neutrino sind dafür unempfänglich.

Wir haben bereits am Ende von Kapitel 2 die starke Wechselwirkung gestreift. Nun kehren wir im Kontext von Quantenfeldern und ihren Boten zu ihr zurück. Dabei soll uns das quantisierte elektromagnetische Feld als Vergleichsstandard dienen:

1. Bei elektromagnetischen Wechselwirkungen taucht die Ladung in einer grundlegenden Variante (positiv) und einer entsprechenden «Anti»variante (negativ) auf. Bei starken Wechselwirkungen kommt die Ladung in drei wesentlichen Varianten vor (in den nicht wörtlich zu verstehenden Farben Rot, Grün und Blau)* und in drei entsprechenden Antivarianten (den Antifarben Antirot, Antigrün und Antiblau).

2. Bei elektromagnetischen Wechselwirkungen ziehen sich gegensätzliche Ladungen an, während sich gleiche Ladungen abstoßen. *Bei starken Wechselwirkungen ziehen sich unterschiedliche Farben an, während gleiche Farben sich abstoßen.*

3. Bei elektromagnetischen Wechselwirkungen heben sich negative und positive Ladungen gegenseitig auf, sodass das System nicht geladen ist und folglich elektrisch neutral bleibt. *Bei starken Wechselwirkungen heben sich Antifarben und Farben gegenseitig auf, sodass das System farblos oder farbneutral ist. Positivblau plus Antiblau ergibt null.*

4. Bei elektromagnetischen Wechselwirkungen erzeugen gleiche Maße roter, grüner und blauer Wellenlängen farblich neutrales weißes Licht. *Bei starken Wechselwirkungen erzeugen gleiche Mengen roter, grüner und blauer Quarks farblich neutrale (farblose) Protonen und Neutronen*.*

5. Bei elektromagnetischen Wechselwirkungen hat eine absolute Phase keine Bedeutung. Ohne Nachteil für einen Beobachter kann ein Zyklus um jeden beliebigen Betrag vorangebracht oder verzögert werden. *Bei starken Wechselwirkungen hat die absolute Farbe keine Bedeutung. Ohne Nachteil für einen Beobachter können Quarkfarben einheitlich von Rot-Grün-Blau zu Cyanblau-Magenta-Gelb oder zu irgendwelchen anderen Mischungen verschoben werden.*

6. Bei elektromagnetischen Wechselwirkungen ruft eine eindimensionale Phasenrotation ein Photonenfeld hervor.* Das sind masselose Bosonen, Träger der Kraft, ein jedes ausgestattet mit einer Spin-Drehimpuls-Einheit. *Bei starken Wechselwirkungen ruft eine symmetrische Rotation durch alle drei Farben ein «Gluonen»feld* hervor. Das sind masselose Bosonen, Träger der Kraft, ein jedes ausgestattet mit einer Spin-Drehimpuls-Einheit.*

7. Bei elektromagnetischen Wechselwirkungen versetzt die elektrische Ladung ein Quark oder ein Elektron in die Lage, mit Photonen zu handeln. *Bei starken Wechselwirkungen versetzt die Farbladung ein Quark in die Lage, mit Photonen zu handeln.*

8. Bei elektromagnetischen Wechselwirkungen verbinden Photonen

gegensätzlich geladene Kerne und Elektronen zu elektrisch neutralen Atomen und Molekülen. *Bei starken Wechselwirkungen verbinden die Gluonen Quarks unterschiedlicher Farben zu farblich neutralen Protonen und Neutronen.*

9. Bei elektromagnetischen Wechselwirkungen existieren Photonen in nur einer einzigen Form und sind nicht elektrisch geladen. Sie vermitteln die elektromagnetische Wechselwirkung, durchlaufen sie allerdings nicht selbst. *Bei starken Wechselwirkungen existieren Gluonen in insgesamt acht Formen und besitzen außerdem flimmernde Farbladungen. Sie brechen aus der Rolle des bloßen Vermittlers aus und nehmen unmittelbar an den Wechselwirkungen teil.*

Die Quantenelektrodynamik, die seit langem bestehende Theorie des quantisierten elektromagnetischen Feldes, zeichnet ein Bild von Photonen, die zwischen elektrisch geladenen Quarks und Elektronen hindurchgehen. Die «Quantenchromodynamik» hingegen, unsere sich gerade entwickelnde Theorie des starken Feldes,* zeichnet das Bild von Gluonen, die zwischen farbgeladenen Quarks hindurchgehen. Es ist ein reicheres, komplexeres Quantenfeld, das aus einer komplexeren Symmetrie heraus entsteht.*

Die Gluonen genannten farbgeladenen Botenteilchen verschaffen der Symmetrie Geltung. Vielleicht erinnern Sie sich daran, was wir bereits in Kapitel 2 behandelt haben, nämlich dass Quarks in sechs «Flavors» (Geschmacksrichtungen) vorkommen, die über drei Familien verteilt sind (Up-Down, Charm-Strange, Top-Bottom). Nun wird es zur Aufgabe der Gluonen, die Farben zu verändern und ihre Flavors beizubehalten. Im Gegensatz dazu bewahren *W*-Teilchen die Farbe eines Quarks, verändern aber seinen Flavor – sagen wir, von Down nach Up, etwa wenn ein Neutron einen Betazerfall durchmacht und zu einem Proton wird. Und das ist, in aller Kürze, der Unterschied zwischen der schwachen und der starken Kraft: eine Manipulation des Flavors gegenüber einer Manipulation der Farbe.

Von den sechs Flavors, die die Natur auf ihrer Speisekarte führt, tragen lediglich die Up-Down-Quarks zu den Protonen und Neutronen gewöhnlicher Materie bei. Dennoch gibt es, selbst mit dieser Einschränkung, noch genügend Anlässe für Unannehmlichkeiten. Sie müssen sich nur vor Augen führen, auf welch vielfältige Art und Weise ein Kobold Symmetriespielchen mit Farben anstellen könnte. Ein *rotes* Up-Quark emittiert oder absorbiert ein farbiges Gluon und wird zu einem *blauen* oder *grünen* Up-Quark. Ein *blaues* Down-Quark emittiert oder absorbiert ein farbiges Gluon und wird zu einem *roten* oder *grünen* Down-Quark. Ein *grünes* Up-Quark emittiert oder absorbiert ein farbiges Gluon und wird zu einem *roten* oder *blauen* Up-Quark. Vielleicht ziehen Sie aber ein cyanblaues Quark vor, das zu einem magentafarbenen Quark, das zu einem gelben Quark, das wieder zu einem cyanblauen Quark wird (und so weiter bis ins Unendliche; Sie können sich für ein Quark jeden beliebigen Farbmix ausdenken – es wird seine chromatischen Schritte durchführen).

Die Möglichkeiten sind alle gleichermaßen akzeptabel. Wie Beobachter 1 die Grundfarben definiert, unterscheidet sich nur geringfügig von der Definition des Beobachters 2, vorausgesetzt, es entsteht ein Feld von acht Gluonen, das für beide Parteien die gleichen Gesetze garantiert. Da die Gluonen selbst fortwährend von Rot nach Grün und Blau umschalten, sorgen sie für die farbliche Neutralität eines Protons oder Neutrons, selbst wenn sie die drei Quark-Bestandteile durch alle ihre Farben rotieren lassen. Die starke Kraft zwischen Quark und Quark schimmert hindurch.

Hinzu kommt eine überraschende Wendung, weil die Farbeigenschaften auch noch Wechselwirkungen zwischen Gluonen herbeiführen und dieser zusätzliche Austausch der starken Kraft ein seltsames Profil verleiht. Im Gegensatz zu elektromagnetischen Anziehungen und Abstoßungen nehmen die Quark-Quark-Wechselwirkungen mit der Entfernung an Stärke zu.* Quarks, die relativ weit entfernt sind, werden stärker angezogen als nahe Quarks. Wie aneinander gekettete Sträflinge bewegen sich die Teilchen frei umher, wenn sie nahe bei einander bleiben (und die Ketten locker sind). Aber sobald sie versuchen, sich weiter hinwegzubewegen, müssen sie mit erheblichen Einschränkungen rechnen:

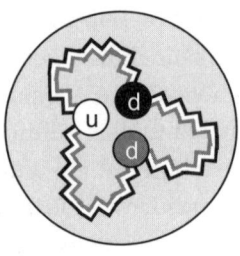

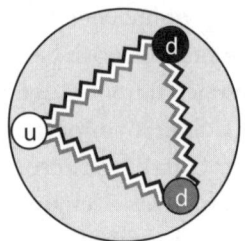

Freiheit   Einschluss

Jenseits eines gewissen Punktes straffen sich die Ketten, sodass die Quarks nicht mehr entkommen können*. So existieren sie nur als untrennbare Duo- und Trio-Bündel – als *drei* Quarks unterschiedlicher Farben in Protonen und Neutronen:

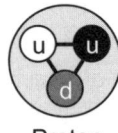

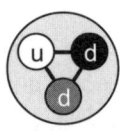

Proton   Neutron

Und als *Quark-Antiquark-Paare* in einer Teilchenklasse mit der Bezeichnung «Mesonen»:

Flavor 1
Antiflavor 2

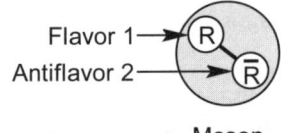

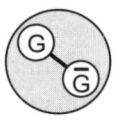

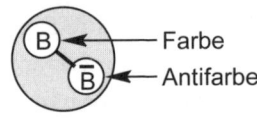

Farbe
Antifarbe

Meson   Meson   Meson

Mesonen, die in verschiedensten Abwandlungen vorkommen, sind zufällig Bosonen mit Massen, die nicht gleich null sind. Und manchmal werden sie auch als Kurzstreckenboten aktiv. Bestimmte Mesonenarten*, die beispielsweise zwischen Protonen und Neutronen ausgetauscht werden, sorgen für den Klebstoff, der einen Kern zusammenhält*. Ein Proton tritt mit einem anderen Proton in Wechselwirkung. Ein Neutron wirkt auf ein Proton ein. Ein Neutron beeinflusst ein anderes Neutron:

Mesonenaustausch   Mesonenaustausch   Mesonenaustausch

Jedes Quarktrio ist quasi sein eigener Trupp aneinander geketteter Sträflinge, und gemeinsam spielen Neutronen und Protonen im Kern – indem sie Mesonen hin und her schleudern – das vertraute Spiel «Komm mir nicht zu nah, lauf mir nicht zu weit weg». In unmittelbarer Nähe stoßen sie sich ab, aus weiter Ferne ziehen sie sich an. Und irgendwo in der Mitte, in ausreichender Entfernung dazwischen, finden die wechselwirkenden Kettensträflinge Stabilität:

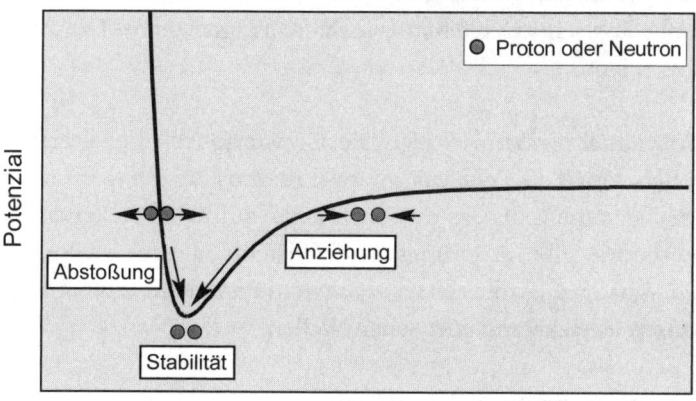

Aber glauben Sie jetzt nicht etwa, wir hätten es hier mit einer neuen Form der Wechselwirkung zu tun. Das Meson spielt nämlich nur eine zweitrangige Rolle bei der Umsetzung der starken Kernkraft. Die wahre Aktion findet auf der Ebene von Quarks und Gluonen und nicht auf der Ebene von Protonen und Neutronen statt. Der Mesonenaustausch, ein täuschend leichtes Spiel des Werfens und Fangens, lässt sich letztlich auf die zugrunde liegenden Farbwechselwirkungen zurückführen. Es ist ein Spitzen*effekt* der starken Kraft, aber nicht etwa eine Hauptursache.

Schließlich stellt sich die Frage, was es mit der «Großen Vereinigung» der Quantenfelder* auf sich hat, von der die Physiker sprechen.

Steht die starke Kraft (die Farbkraft) allein da oder ist sie Bestandteil einer größeren Familie? Könnten die starke Kraft und die kürzlich vereinigte elektroschwache Kraft verschiedene Aspekte eines allgemeineren und umfassenderen Feldes sein? Gibt es Umstände, unter denen das Photon, die W- und Z-Bosonen sowie die Gluonen allesamt ununterscheidbare Mitglieder desselben Teams werden, etwa so, wie es Photon, W und Z bereits demonstriert haben?

Die Antwort ist in Übereinstimmung mit unserem heutigen Wissen ein klares *Vielleicht* (mancher würde sogar *wahrscheinlich* sagen), aber Theoretiker und Experimentalphysiker müssen noch die vollständige Symmetrie eines großen vereinigten Feldes erklären. Trotz enormer Fortschritte bleiben ernsthafte Fragen offen. Die Zukunft wird es zeigen.

Die Gravitationswechselwirkung: Die Gravitation bleibt vorerst noch außen vor als ein Feld, das wir zwar makroskopisch (ganz wunderbar) verstehen, für das es jedoch keine zufrieden stellende Quantentheorie gibt. Allerdings lässt Einsteins allgemeine Relativität die Existenz oszillierender «Gravitationswellen» zu, analog zu Maxwells elektromagnetischen Wellen.

Wie ihr elektromagnetisches Gegenstück würde eine Gravitationswelle aus einer Störung ihrer Quelle (Masse) hervorgehen; und wie eine elektromagnetische Welle würde sie sich mit Lichtgeschwindigkeit durch den Raum ausbreiten. Sollte dies zutreffen, könnten wir damit rechnen, dass jeder sich bewegende Klumpen Masse – wie ein in einen Teich fallender Stein – Wellen durch die Struktur der Raum-Zeit schickt.

Ja? Nein? *Vielleicht*. Gravitationswellen könnten uns tatsächlich allgegenwärtig umgeben (und viele Experten glauben fest daran, dass es so ist), aber sie sind so extrem schwach, dass sie sich jeder direkten Entdeckung entziehen ... zumindest mit unserer augenblicklichen Technologie. Immerhin gibt es indirekte Beweise ihrer Existenz*, und vielleicht werden wir eines Tages, womöglich schon bald, Gewissheit haben.

Inzwischen erwarten wir, dass das Gravitationsfeld, genauso wie das elektromagnetische Feld, auf mikroskopischer Ebene aus Teilchen zusammengesetzt ist, die die Rolle von Photonen spielen, wenngleich es interessanterweise Teilchen mit mindestens einer abweichenden Eigenschaft sind. Das hypothetische Botenteilchen eines quantisierten Gravitationsfeldes wurde «Graviton» getauft und wäre ein masseloses Boson mit zwei Spin-Einheiten statt der üblichen einen Einheit. Vielleicht ist dies ja ein subtiles Zeichen für Besonderheit.

Noch einmal: Es könnte durchaus so sein. Kaum nennenswerte Energien erschweren allerdings die Entdeckung des Gravitons. Doch nur weil wir es bisher nicht gefunden haben, muss es nicht zwangsläufig zur Nichtexistenz verdammt sein.

Letzten Endes aber könnte die Antwort anderswo zu finden sein, in einem ganz anderen Bereich als in einem konventionell formulierten quantenmechanischen Feld. Schwer wiegende theoretische Hindernisse stehen im Weg. Erstens muss eine Quantentheorie der Gravitation konstruiert und zweitens die Vereinigung eines quantisierten Gravitationsfeldes mit dem elektroschwachen und dem starken Feld bewerkstelligt werden. Wir brauchen einen neuen Ansatz, und etliche Physiker arbeiten weltweit ernsthaft an einer Lösung.

Wird die Rettung in einer Form der Stringtheorie* oder einer ihrer Ableitungen kommen? Wird unsere traditionelle Vorstellung punktförmiger Teilchen durch das Bild ultra-ultra-ultra-winziger Raum-Zeit-Fäden ersetzt werden, die in einer Welt mit mehr als vier Dimensionen schwingen? Werden all die Felder, die Gravitation eingeschlossen, einen Sinn ergeben? Und – selbst wenn es so kommen sollte – werden ein paar neue, noch zu entdeckende grundlegende Wechselwirkungen auftreten und die Szene aufmischen?

Im Augenblick weiß das noch niemand. Die Zukunft wird es zeigen.

10. DIES UND DAS

Platsch! Ein Tropfen Tinte fällt in ein Glas Wasser, und sofort breitet die Farbe sich aus. Zuerst ist die Verfärbung dunkel und auf einen kleinen Fleck beschränkt, doch dann dehnt sie sich aus, bis sie schließlich – einige Zeit *später* – die ganze Flüssigkeit mit einem einheitlichen Farbton ausfüllt.

jetzt   später

Und danach scheint nichts mehr zu passieren. Wann immer wir hinschauen, sehen wir stets denselben unveränderlichen Farbton:

Was wir nicht sehen (und auch in einer Million Milliarden Jahren nicht sehen werden), ist ein rückwärts laufender Film. Hat sich die Tinte erst einmal ausgebreitet, werden wir nie zu sehen bekommen, wie sich die Farbe etwa spontan von einem einheitlich blassen Ton zu einem dunklen Fleck in der Mitte verändert. Sollte uns jemand einen Film zeigen, der angeblich einen solchen Vorgang darstellt,

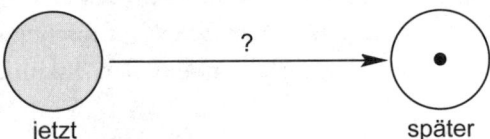

jetzt   später

wüssten wir sofort, dass etwas nicht stimmt. Es wäre so, als sähen wir, wie Lewis Carrolls Humpty Dumpty (jene eiförmige Figur mit

menschlichen Zügen, die – irreparabel – von einer Mauer herunter-
fällt) sich selbst wieder zusammensetzt. Es würde die natürliche Ordnung der Dinge verletzen. Es käme einem Anschwimmen gegen den
Lauf der Zeit gleich.

Man sagt, die Zeit eile voran. Die Zeit fließt makroskopisch in
nur eine einzige Richtung: von *jetzt* (wenn die Tinte noch in einem
Punkt konzentriert ist) nach *später* (wenn die Tinte sich gleichmäßig
im Wasser ausgebreitet hat) … von *jetzt* (wenn sich die Luft an der
Öffnung des Ballons zusammendrängt) nach *später* (wenn der Ballon
gleichmäßig mit Luft gefüllt ist) … von *jetzt* (wenn ein Zuckerwürfel
im Kaffee treibt) nach *später* (wenn der Zuckerwürfel sich aufgelöst
hat und der Kaffee gleichmäßig süß schmeckt). Die Welt bewegt sich
unaufhörlich weiter, und im makroskopischen Universum gibt es kein
Zurück.

Aber wie kann das geschehen? Wie kann ein makroskopischer
Prozess irreversibel sein, wenn es bei den mikroskopischen Bewegungsgesetzen – die die makroskopische Welt schließlich auch regeln
sollten – keinen zeitlichen Unterschied zwischen vorwärts und rückwärts gibt? Verfolgen Sie nur einmal ein einziges Molekül in einem
großen System

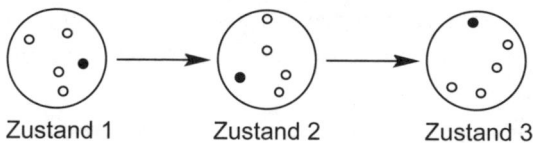

Zustand 1   Zustand 2   Zustand 3

und versuchen Sie herauszufinden, ob sich die Szenerie in «Echtzeit»
(vermutlich wie oben dargestellt) oder in rückwärts verlaufender Zeit
(siehe unten) entwickelt:

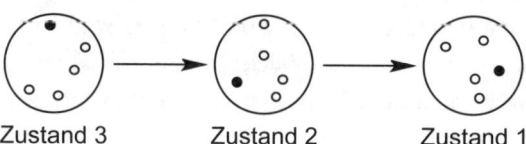

Zustand 3   Zustand 2   Zustand 1

Gibt es irgendetwas besonders Ungewöhnliches, sagen wir, in Bezug auf die Positionen der schwarzen Punkte in der Reihenfolge 3-2-1 verglichen mit der Reihenfolge 1-2-3? Ist die eine Reihe «natürlicher» als die andere in der Hinsicht, dass eine gleichmäßig blasse Mischung aus Tinte und Wasser einen natürlicheren Endzustand darstellt als jede andere?

Nein. Für alle mikroskopischen Teilchen in einem makroskopischen System ist die Zeit eine Straße mit Gegenverkehr. Weder Newtons zweites Bewegungsgesetz (klassische Mechanik) noch Schrödingers Gleichung (Quantenmechanik) unterscheiden zwischen vorwärts und rückwärts fließender Zeit. Wenn die Bewegungsgleichungen von einem Teilchen verlangen, Hamburg am Montag zu verlassen und am Dienstag in Rom anzukommen, dann lassen dieselben Gleichungen zu, dass es Rom am Dienstag verlässt und am Montag in Hamburg ankommt.

Wie kann das funktionieren? Ungeachtet makroskopischer Erfahrungen weisen die Naturgesetze der Zeitrichtung keine Bedeutung zu. Und dennoch gibt es in der makroskopischen Welt, wenn schon kein absichtliches, so doch ein unmissverständliches Gefühl für die Vergangenheit, die Gegenwart und die Zukunft. Um dies begreifen zu können – um also das Makroskopische mit dem Mikroskopischen in Übereinstimmung zu bringen –, müsste uns ein enormer Schritt voran gelingen im Verständnis eines von blindem Zufall regierten Universums.

Für den Anfang beschränken wir uns auf eine wichtige, aber besondere Klasse von Ereignissen, nämlich auf Prozesse, wie etwa die Auflösung eines Tintenkleckses, die ein voraussagbares und stabiles Ende haben. Wie immer sich ihr Auf und Ab auch gestalten mag, derart stabile Systeme enden in einem einzigartigen und endgültigen Zustand des Gleichgewichts, in dem keine äußerlichen Zeichen des Wandels mehr feststellbar sind. Solche Systeme sind isoliert, selbsterhaltend und in der Lage, ihr Gleichgewicht zu halten, ohne dafür Energie und Materie aufnehmen oder abgeben zu müssen. Sie kommen mit dem aus, was sie haben.

Systeme im stabilen Gleichgewicht sind keinesfalls die einzigen, die uns interessieren – zu leben bedeutet beispielsweise, entschieden *aus* dem Gleichgewicht zu sein –, sodass wir auch noch die Themen Chaos und Komplexität im nächsten Kapitel behandeln werden. Im Augenblick wollen wir uns jedoch auf das Große, die Vielen und das Einfache konzentrieren: komplizierte Systeme, deren Verhalten letztendlich doch einfach ist.

STRATEGIEN FÜR DAS GROSSE, DIE VIELEN UND DAS EINFACHE

Denken Sie großzügig und stellen Sie sich ein makroskopisches System vor, ein Stück Materie, das groß genug ist, um bei Manipulationen grobe Veränderungen zu durchlaufen, ein System also, das dem äußeren Anschein nach keinen Anhaltspunkt für irgendeinen mikroskopischen Unterbau erkennen lässt. Keine Moleküle. Keine Atome. Keine Elektronen. Keine Protonen. Stellen Sie sich das Material einfach als kontinuierliche Struktur ohne wahrnehmbare Körnung vor,

und seien Sie darauf vorbereitet, auf streng makroskopischer Grundlage damit umzugehen, denn wir können es sehen und anfassen.

Es könnte beispielsweise eine bestimmte Menge Gas sein, die in einem flaschenähnlichen Behälter eingeschlossen ist, ein Zustand also, den wir mühelos kontrollieren können. Wir bringen Ventile an, um Material herein- und herauslassen zu können. Außerdem installieren wir einen beschwerten Kolben, um Druck ausüben zu können, und setzen das Ganze in ein heißes Wasserbad (vorstellbar ist eine große Badewanne), um Wärme hinzufügen zu können:

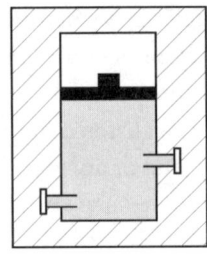

Was lässt sich nun mit diesem System anfangen und wie könnten die Ergebnisse aussehen?

Mit dem Kolben drücken wir das Gas zusammen oder lassen es sich ausdehnen. Mit unterschiedlichen Gewichten von oben verändern wir den Druck. Durch Variieren der Wassertemperatur in der Badewanne können wir das Gas erwärmen oder abkühlen. Eine weitere Option wäre das Hinzufügen oder das Herauslassen von Gas, und warum sollten wir nicht auch andere Substanzen hinzufügen können? Diese groben makroskopischen Variablen – Volumen, Druck, Temperatur, Materialmenge, chemische Zusammensetzung – stehen uns alle zur Verfügung. Sie eröffnen uns die Möglichkeit, anhand weniger Zahlen den größten Teil des Systems mathematisch präzise zu beschreiben und die Veränderungen, die es durchmacht, zu charakterisieren. Wir messen die Variablen einfach, als gäbe es keine Atome und Moleküle, und benutzen die Zahlen, um Fragen wie die nun folgenden zu beantworten, die zum «großen Gesamteindruck» beitragen:

Frage: Wie viel Raum nimmt das Gas ein?
Antwort: Wir messen das Volumen (Länge × Breite × Höhe).
Frage: Wie stark drückt das Gas gegen den Kolben?
Antwort: Wir messen den Druck, das Verhältnis von insgesamt aus-
         geübter Kraft zur Fläche.
Frage: Wie heiß ist das Gas?
Antwort: Wir messen die Temperatur mit einem Thermometer.
Frage: Wie viel Material ist vorhanden?
Frage: Wir messen die Masse.

Bevor wir allerdings irgendetwas messen, warten wir darauf, dass die Variablen konstante Werte annehmen. Darauf können wir uns letztlich verlassen, denn ein solches System entscheidet sich immer für einen Gleichgewichtszustand, wenn die beteiligten gegensätzlichen Kräfte bis zum Unentschieden gegeneinander kämpfen. Danach verändert sich nichts mehr. Der Druck bleibt konstant, Temperatur und Materieverteilung ebenfalls. Um jede Variable findet sozusagen ein makroskopisches Tauziehen statt, bei dem es keinen Gewinner gibt.

Erstens: der Druck. Da das Gas und seine Umgebung über eine bewegliche Wand (nämlich den Kolben) aufeinander einwirken können, üben sie gegenseitig so lange Druck aufeinander aus, bis keiner der Kontrahenten sich mehr durchsetzen kann:

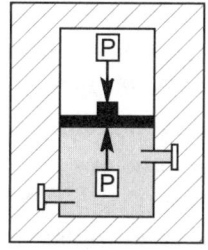

Der vom Gas ausgeübte Gleichgewichtsdruck entspricht anschließend genau dem Druck, den der beschwerte Kolben zustande bringt. Das Gewicht drückt herunter, während das Gas nach oben drückt, aber der Kolben rührt sich dennoch nicht vom Fleck. Es entsteht ein Stillstand zwischen System und Umgebung, ein andauerndes Patt, bei dem Druck und Volumen des Gases unverändert bleiben.

Zweitens: die Temperatur. Das Gas und seine Umgebung haben schließlich eine gemeinsame Temperatur, weil sie in der Lage sind, Wärme über eine leitende Wand (den flaschenähnlichen Behälter) auszutauschen. Die Wärme strömt aus Bereichen mit hoher Temperatur hinüber in Bereiche mit niedriger Temperatur.

Unterschiedliche Wärmemengen werden so lange ausgetauscht, bis die Temperatur überall dieselbe ist:

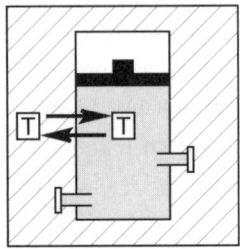

Ein weiterer anhaltender Stillstand setzt ein, der dieses Mal eine kontinuierliche Temperaturgleichheit ist, die durch den freien Austausch von Wärme zustande kam.

Drittens: die Materieverteilung. Frei strömende Gasanteile bewegen sich in Zufallsmustern durch den Behälter, bis alle Konzentrationsunterschiede beseitigt sind. Die zufälligen Strömungen hören nie auf, dennoch bleibt die einheitliche Verteilung im Gleichgewichtszustand. Wieder einmal führt Freiheit zur Gleichheit: Freiheit der Position, Gleichheit der Verteilung.

Aus Freiheit und Zeit geht offensichtlich ein Gleichgewichtszustand hervor, ein scheinbar natürlicher Ruhezustand für ein System. Die Freiheit, gegen eine bewegliche Wand anzukämpfen, die Freiheit, Wärme auszutauschen, die Freiheit, sich innerhalb des Systems zu bewegen – schließlich, ganz allgemein, die Freiheit, Einfluss auszuüben, und die dafür erforderliche Zeit sind die Garanten für das Zustandekommen eines Gleichgewichts.

Wir fangen an, eine Strategie zu entwickeln. Als erstes Modell nehmen wir unser ins Gleichgewicht gebrachtes Gas und stellen uns vor, die Variablen vollständig unter unsere Kontrolle zu bringen. Was passiert mit dem Druck, wenn wir das Volumen erhöhen, während Temperatur und Masse konstant bleiben? Wie verändert sich die Temperatur, wenn der Druck leicht verändert wird? Inwieweit beeinflusst die Menge des Materials das Volumen? Wie muss das Verhältnis zwischen Druck und Temperatur beschaffen sein, damit das Gas zu einer Flüssigkeit kondensiert? Gelten die gleichen Beziehungen zwischen den Variablen für alle Gase oder muss man jedes System individuell betrachten? Gibt es womöglich bestimmte Umstände, unter denen alle Gase das gleiche Verhalten zeigen*?

Von Experimenten geleitet, nehmen wir uns vor, die makroskopischen Veränderungen aufzuzeichnen, die bei einer solchen Manipulation verursacht werden. Wir wollen demnach, so gut wir können, große Datenmengen komprimieren, dass sie in eine leicht handhabbare Reihe von Gleichungen passen. Das daraus sich ergebende, «Gleichgewichtsthermodynamik» genannte, mathematische Bild ist außerordentlich robust und leistungsstark, umso mehr, als es keiner mikroskopischen Rechtfertigung bedarf. Die Gleichungen beschreiben verlässlich und akkurat den *augenblicklichen* Zustand und sagen den künftigen Zustand voraus. Und dennoch stellen sie das Hauptvolumen der Materie als strukturlos und kontinuierlich dar, ohne Elektronen, Atome, Moleküle und die entsprechenden Wechselwirkungen zu berücksichtigen. Das Modell spricht für sich, denn es ist mathematisch in sich konsistent, fest auf Beobachtungen gegründet und schwer zu bestreiten. Für Materie einer bestimmten Größe und eines bestimmten Maßstabes teilt uns die thermodynamische Sicht alles mit, was wir über ein System im Gleichgewicht wissen müssen.

Natürlich werden wir viel mehr fordern müssen, weil uns kein makroskopisches Modell grundlegend erklären kann, wie oder warum die Materie sich gerade so verhält, wie wir es beobachten. Um beispielsweise herauszufinden, warum sich ein Material unter Druck zusammenzieht, müssen wir eine interne Struktur freilegen, die ein Beobachter auf makroskopischer Ebene nicht erkennen kann. Wir müssen uns daran erinnern, dass Materie in großen Mengen an der Oberfläche glatt wirkt, bei näherer Betrachtung aber körnig ist und in Teilchen auftritt. Gase, Flüssigkeiten und Feststoffe werden aus Molekülen und Atomen gebildet, die, für sich genommen, kleine Teilchen sind, wobei jedes Atom aus noch kleineren Teilchen aufgebaut ist. Manche dieser kleinen Teilchen werden wiederum aus noch kleineren Teilchen aufgebaut. Nur aus der Distanz betrachtet, scheinen diese winzigen Körnchen – wie Sand am Meer – zu einem glatten Kontinuum zu verschmelzen. Die Materieteilchen sind zwar klein, treten dafür aber in großen Mengen auf, und jede Eigenschaft eines umfassenden Systems stammt letztlich aus dem Bereich des Kleinen.

Wir kehren nun zu unserem Gas zurück. Mikroskopisch verstanden, entsteht der Gasdruck durch den Aufprall einzelner Moleküle* gegen die Wände eines Behälters. Jeder einzelne Aufprall ist geringfügig, und doch liegt die Stärke in der Vielzahl der Zusammenstöße. Die Kollisionen finden schnell und in enormer Menge statt, sodass sie gemeinsam durchschnittlich einen steten makroskopischen Druck erzeugen, der zum Gleichgewicht führt: ein statistischer Mittelwert, der klar und eindeutig aus dem mikroskopischen Durcheinander hervorgeht. Mikroskopische Zufälligkeit wird von makroskopischer Verlässlichkeit abgelöst.

Temperatur, auch so eine statistische Größe, wird von der Durchschnittsgeschwindigkeit der Teilchen abgeleitet – auch in diesem Fall klar und eindeutig. Lässt sich die Geschwindigkeit eines einzelnen Teilchens nennen? Es existiert ein ganzes Spektrum an Wahrscheinlichkeiten. Manche Teilchen sind langsam unterwegs, manche sind schneller; andere (die meisten) bewegen sich mit Geschwindigkeiten fort, die zwischen diesen Werten liegen:

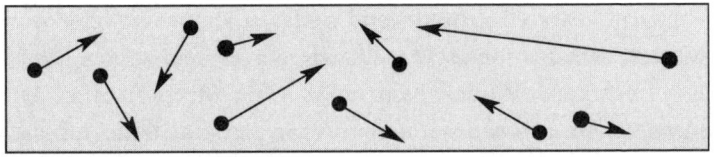

Lässt sich stattdessen die Durchschnittsgeschwindigkeit einer großen Teilchenmenge im Gleichgewichtszustand nennen? Das erweist sich als eine statistische Gewissheit, die durch die enorme Zahl individueller Spieler im System garantiert wird. Jede Kollision, das heißt jede Wechselwirkung, führt einen kleinen Energieaustausch herbei, woraus dann letzten Endes ein großmaßstäblicher Gleichgewichtszustand entsteht. Mikroskopische Zufälligkeit wird von makroskopischer Verlässlichkeit abgelöst.

Täglich erkennen wir direkt vor unseren Augen die Macht kleiner Teilchen, das Erscheinungsbild von Materie in großen Mengen umzugestalten. Die zusammengedrückten Gasmoleküle nähern sich einander an, wenn der Druck erhöht wird. Abgekühlt auf eine niedrigere Temperatur, bewegen sie sich auch langsamer. Indem sie sich immer näher kommen und zunehmend langsamer werden, beeinflussen sie sich gegenseitig mit gesteigerter Wirksamkeit. Die Position eines einzelnen Teilchens beeinflusst die Position eines anderen, sodass sich die Moleküle anziehen und abstoßen:

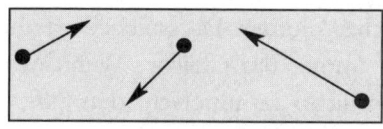 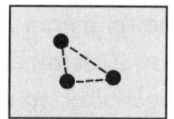

weiter entfernt, schneller   näher, langsamer

Werden die Teilchen ausreichend stark zusammengedrückt, zeigen sie kollektives Verhalten. Sie beginnen zusammenzuhalten. Das Gas kondensiert zu einer Flüssigkeit, und die Flüssigkeit gefriert zu einem Festkörper. Das Makroskopische geht aus dem Mikroskopischen hervor.

Die stets in Bewegung befindlichen mikroskopischen Teilchen tauschen Energie aus und üben aufeinander Einfluss aus, wenn sie in den Gleichgewichtszustand übergehen. Sie bewegen sich, sie stoßen miteinander zusammen. Jedes Teilchen wirkt auf jedes andere Teilchen ein. Sie treten sowohl in kleinen Grüppchen als auch in großen Versammlungen miteinander in Wechselwirkung. Wir müssen Teilchen als Massenphänomen, als Individualisten und als Kleingruppen begreifen lernen. Für die Vielen brauchen wir Statistiken, für die Wenigen haben wir die Gesetze der klassischen Mechanik und der Quantenmechanik: Gleichungen, die Energie und Struktur eines mikroskopischen Systems bestimmen, Gleichungen, die dessen mechanische Vergangenheit und Zukunft vorhersagen und eine mikroskopische Grundlage für eine makroskopische Statistik bereitstellen.

Wir beginnen nicht am Anfangspunkt der Reise, sondern an ihrem Ende: im Gleichgewichtszustand, wo Systeme sich zum Sterben begeben ... um später vielleicht wiedergeboren zu werden.

DAS ENDE DER GESCHICHTE

Im Gleichgewicht zu sein, bedeutet, die Zeit aus dem Auge zu verlieren und in der grauen Gleichförmigkeit eines unveränderlichen makroskopischen Zustands zu verschwinden. Der immer gleiche Druck. Die gleiche Temperatur. Das gleiche Volumen. Die gleiche Verteilung. Die gleiche Zusammensetzung. Immer das Gleiche. Wenn es von einem Augenblick zum nächsten nichts zu unterscheiden gibt, verschwimmen Vergangenheit und Zukunft zu einer unveränderlichen Gegenwart, zu einem ewigen *Jetzt*, das durch kein Gefühl für früher oder später gelindert wird. Ohne Veränderung verschwindet die Zeit. Die Uhr hört auf zu ticken.

Das war nicht immer so. Vor langer Zeit machte unser einfaches System auf dem Weg zum letztendlichen Gleichgewicht wahrscheinlich alle möglichen Veränderungen durch. Vermutlich gab es Ungleichgewichte beim Druck, bei der Temperatur, bei der Verteilung oder anderswo. Es mag hier eine Materialsättigung und da einen Mangel gegeben haben, einen heißen Flecken hier vorn und einen kalten Flecken dort drüben sowie einen wirbelnden Material- und Energiestrom, der durch das ganze System tobte. Vielleicht gab es durchgängig ein makroskopisches Potenzial für Veränderungen, eine treibende Kraft, die dem System einen immer wieder neuen Zustand aufnötigte.

Es könnte die (durch ein Ungleichgewicht in der Temperatur erforderliche) Tendenz zum Fließen von Wärme sein, die (wegen eines Ungleichgewichts in der Verteilung erzwungene) Tendenz zum Fließen von Materie oder auch die (aufgrund eines Ungleichgewichts in der chemischen Zusammensetzung nachweisliche) Tendenz einer

Substanz, sich in eine andere Substanz zu verwandeln. Aber was immer die Quelle auch sein mag und welchen Weg auch immer ein System einschlagen mag, seine thermodynamische Antriebskraft ist stark, wenn die Potenzialdifferenz groß ist. Und sie ist schwach, wenn die Differenz klein ist. Je steiler der Hang, desto größer die Kraft:

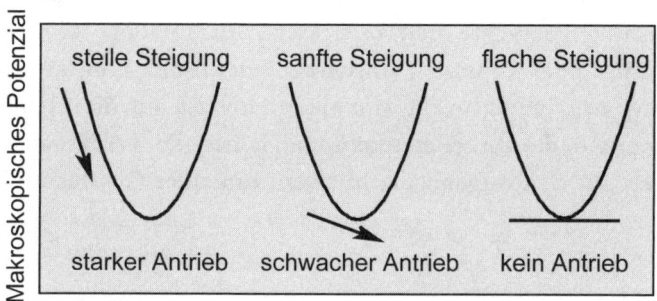

Weit vom Gleichgewicht entfernt (oben links), wo die Veränderung des makroskopischen Potenzials groß ist, verstärkt sich auch der Antrieb. Nah am Gleichgewicht, wo es nur eine kleine Abweichung gibt, ist der Antrieb schwach. Im Gleichgewicht selbst (oben rechts), wo das Potenzial flach ist, sinkt der Antrieb auf null. Es ist ein Balancepunkt, eine Position, die keinen Anreiz bietet, weitere Veränderungen zu durchlaufen. Und hier steht das System still. Sein Antrieb ist aufgebraucht. Ob gemütlich in einem Tal eingebettet oder gefährlich auf einer Hügelspitze balancierend: Das ins Gleichgewicht gebrachte System kommt zur Ruhe,

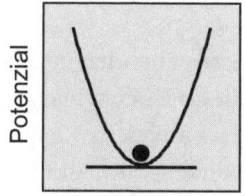 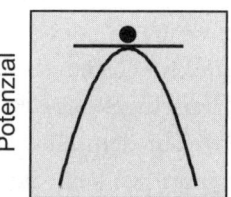

das Spiel ist aus. Das System hat alles getan, was in seiner Macht stand. Es hat keine Zukunft und keine Vergangenheit.

Denn wenn ein System erst einmal das Gleichgewicht erreicht hat, ist die ganze Erinnerung an die Vergangenheit ausgelöscht. Wer nur die Gegenwart sieht, weiß nicht, *wann, wie* und *warum* das System dort hinkam. Womöglich führen viele verschiedene Wege zum selben Endstadium, sodass ein zu spät kommender Beobachter nicht mehr herausfinden kann, welcher spezielle Weg gewählt wurde. Die in Erfahrung gebrachte makroskopische Information (konstanter Druck, konstantes Volumen, konstante Temperatur, konstante dies, konstanter das) genügt nicht, um einen Hinweis auf die Ereignisse zu bekommen, die vorher stattgefunden haben. So werden wir hier, zumindest für den Augenblick, mit dem Ende der Geschichte konfrontiert.

Renaissance

Ein in einem Tal ins Gleichgewicht gekommener Zustand ist von Wänden wachsenden Potenzials umgeben und behält seine Balance angesichts kleiner Fluktuationen. Wie ein Ball, der sanft einen Hügel hinaufgeschubst wird, findet das System zu seinem Gleichgewicht zurück, wenn es nur flüchtig gestört wird:

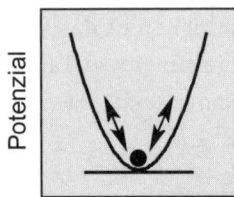

Hier genießt es im Gegensatz zu dem bestehenden instabilen Gleichgewicht auf der Hügelspitze ein «stabiles» Gleichgewicht, bei dem das Potenzial eher auf dem Höchststand als auf dem Tiefpunkt ist. Auf dem Gipfelpunkt, wo keine korrigierenden Kräfte ein fluktuierendes System wieder ins Gleichgewicht stoßen können,

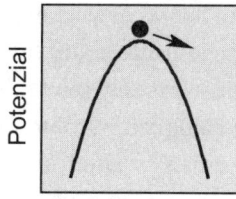

genügt der kleinste Schubs, um den Ball ins Rollen zu bringen. Ein instabiles Gleichgewicht hält sich nur so lange, bis etwas kommt und es stört. Es gibt keine Alternative zum Runterrollen.

Aber selbst ein stabiles Gleichgewicht muss nicht ewig dauern, weil es bei der Stabilität immer darauf ankommt, wo man sich in Bezug auf einen anderen möglichen Zustand gerade befindet. Ein in einem Tal ruhender Ball findet tatsächlich ein gewisses Maß an Stabilität, aber bei einem ausreichend kräftigen Tritt springt er über die benachbarte Hügelspitze hinweg und landet irgendwo anders. Und nicht nur ein Ball in einem Tal, sondern alle möglichen Gleichgewichtszustände dauern nur so lange an, wie sie kein besseres Angebot erhalten. Sie ähneln treulosen Liebhabern. Statten Sie ein System mit angemessenen Mitteln aus und sorgen Sie für ein Motiv und eine Gelegenheit, so wird es seinen Gleichgewichtszustand für einen anderen verlassen.

Sehen Sie selbst. Erhitzen Sie einen Topf mit Wasser stark genug, und die Flüssigkeit wird Blasen werfen und anfangen zu kochen. Lassen Sie genügend Wasser aus einer Zuckerlösung verdampfen, und die Zuckerkörnchen werden sich aus der Mischung herauskristallisieren. Zünden Sie ein Streichholz an. Bringen Sie einen Luftballon zum Platzen. Laden Sie eine Batterie auf. Stören Sie ein beliebiges System im Gleichgewichtszustand hartnäckig genug,

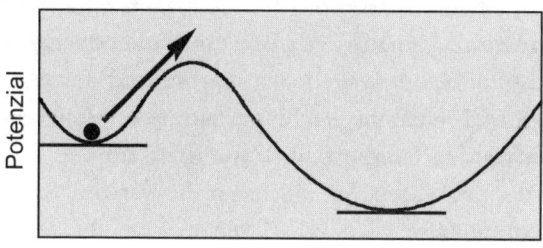

und es wird wie aus einem Schlaf erwachen. Während sich das revitalisierte System auf die Suche nach einem neuen, tieferen Potenzialtal macht, durchbricht es die Grenzen seines früheren Gleichgewichts und offenbart die latente Fähigkeit zur Veränderung.

Offensichtlich gibt es einen zweiten Akt nach dem Gleichgewicht und sogar noch mehr als das: Es muss auch *während* des Gleichgewichts Aktivität geben. Wie könnte ein ruhiges System, das in der makroskopischen Zeitlosigkeit des Gleichgewichts versunken ist, sonst in der Lage sein, ein besseres Angebot zu akzeptieren, und sich auf ein neues Abenteuer einlassen*? Um das tun zu können, muss es eine Kraft aus sich selbst heraus anzapfen. Es muss auf eine Kraft zurückgreifen, die unter einer allgemeinen makroskopischen Stille verborgen liegt.

Um diese Kraft in Aktion zu erleben, müssen wir jetzt unter die Oberfläche schauen. Wir müssen direkt in die turbulenten mikroskopischen Tiefen des Gleichgewichts blicken.

Bis zum Unentschieden kämpfen

Für Mack, unseren makroskopischen Beobachter, ist das Gleichgewicht eine statische Angelegenheit, ein zeitloses und unveränderliches Gemälde, eher ein Standfoto als ein Film. Mit Ausnahme gelegentlicher Fluktuationen, die kurz aufflackern und dann verschwinden, gibt es nichts zu berichten, außer vielleicht von einer Reihe makroskopischer Werte. Mack skizziert seine Beobachtungen auf nur einem Blatt Papier und fasst damit alles zusammen, was man über diesen besonders hartnäckigen, einzigartigen makroskopischen Zustand (kurz: «Makrozustand») wissen muss.

Für Mike, einen mikroskopischen Beobachter, stellt das Gleichgewicht ein ruheloses dynamisches Bild einer unendlichen Vielfalt dar. Atome und Moleküle bewegen sich hierhin und dorthin. Sie stoßen mit Wänden und mit ihresgleichen zusammen. Manche beschleunigen, andere werden langsam. Sie rasseln zusammen und erwerben dadurch neue Strukturen. Sie wechseln die Partner. Sie bilden neue Gemeinschaften. Hier vorn umschwärmt eine Bande von Wassermolekülen ein Zuckermolekül; dort drüben entwischt ein Zuckermolekül und kristallisiert aus der Flüssigkeit heraus. Dinge geschehen. Dinge verändern sich. Mikroskopisches Gleichgewicht ist ein Film mit Zigtausenden von Darstellern, und jedes Einzelbild ist anders. Mikroskopisches Gleichgewicht entfaltet sich als eine stets wandelbare, kaleidoskopische Sequenz unterschiedlicher «Mikrozustände», von denen jeder einzelne seine spezielle Teilchen- und Energieverteilung hat.

Doch obwohl Mikes feinkörniger Film abläuft und ein unerschöpflich detailreiches Bild nach dem anderen zeigt, sieht Mack noch immer die gleiche, zeitlich eingefrorene Szene. Aus seiner Sicht ändert sich überhaupt nichts. Jeder Mikrozustand ergibt die gleiche Zahlenreihe makroskopischer Werte. So unterschiedlich die Gleichgewichtsmikrozustände auch sein mögen, letztlich stimmt jeder von ihnen mit nur *einem* makroskopischen Druck, mit *einer* makroskopischen Temperatur, mit *einer* makroskopischen Verteilung überein – Größen, die sich zu *einem einzigen* makroskopischen Zustand addieren:

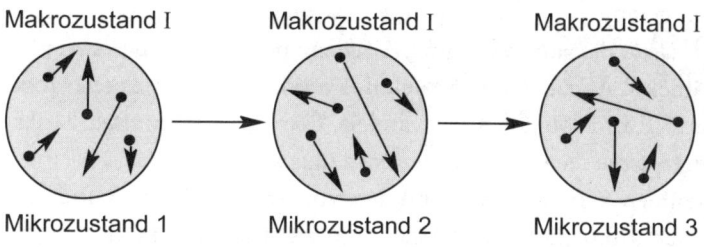

Es spielt keine Rolle, ob Sie den Film vorwärts, rückwärts, in zufälliger Reihenfolge oder wie auch immer abspielen – es macht keinen Unterschied aus. Die makroskopischen Variablen bleiben davon unberührt.

Unterdessen arbeiten die mikroskopischen Schauspieler wie wild, nur um das System auf dem aktuellen Stand halten zu können. Atome und Moleküle stoßen unaufhörlich zusammen, tauschen Energie aus und wandeln sie in unzähligen kleinen Schritten in Arbeit um. Sie bewegen sich durch den Raum, sie schwingen, sie rotieren. Sie treten mit Feldern in Wechselwirkung. Sie ordnen ihre Elektronen neu an. Sie zerbrechen in kleinste Teile. Sie reagieren chemisch miteinander. Das Geben und Nehmen von Energie hört nie auf, doch im Gleichgewicht bleibt nur der Makrozustand erhalten. Die Mikrozustände teilen die Gesamtenergie unterschiedlich zwischen den einzelnen Teilchen auf, doch der Gleichgewichtsmakrozustand bleibt der gleiche. Ist der Gleichgewichtszustand erst einmal erreicht, wird er aktiv von innen aufrechterhalten.

Sie können es als ein Unentschieden bezeichnen. Die mikroskopische Raserei des Gleichgewichts hat nur mit der Aufrechterhaltung des Status quo Erfolg. Für jedes hart gegen die Wand stoßende Molekül prallt ein anderes umso sanfter ab. *Über die Zeit gemittelt, bleibt der makroskopische Druck konstant.* Für jedes Molekül, das bei einer Kollision Energie gewinnt und sich allmählich schneller bewegt, verliert ein anderes Molekül an Energie und wird langsamer. *Über die Zeit gemittelt, bleibt die makroskopische Temperatur (ein Maß für die Teilchengeschwindigkeit) konstant.* Für jedes Molekül, das in eine bestimmte Region gelangt, wandert ein anderes Molekül heraus. *Über die Zeit gemittelt, bleibt die makroskopische Verteilung von Materie konstant.* Für jedes Molekül A, das sich in Molekül B verwandelt, gibt es ein Molekül B, das sich in Molekül A verwandelt. *Über die Zeit gemittelt, bleibt die makroskopische chemische Zusammensetzung konstant.*

Erzählen Sie das Mack, und der wird sich zu Recht wundern. Er bittet den Mikroskopischen Mike, ihm die spezielle Kraft zu beschreiben, die ein System unfehlbar (und auf beinahe unheimliche Weise) zum Gleichgewicht führt und anschließend den stabilen Zustand so stur gegen kleine Fluktuationen verteidigt. «Mike», sagt er, «du siehst etwas, was ich nicht sehe. Erklär mir das große Geheimnis.»

«Was meinst du überhaupt?», sagt Mike. «Welches Geheimnis? Welche spezielle Kraft? Ich sehe nur eine Menge kleiner Moleküle, die den gewöhnlichen Gesetzen der Mechanik genauso gehorchen, wie sie es sollten. Glaub mir, hier passiert nichts Außergewöhnliches.»

Nein, überhaupt nichts Außergewöhnliches geschieht hier, außer vielleicht: *dummer Zufall*, einer der stärksten, unwiderstehlichsten, zwingendsten Einflüsse in der Natur. Nennen Sie es «das Gesetz des Durchschnitts» oder «das Gesetz der großen Zahl» oder (wie wir es später noch in diesem Kapitel tun werden) «den Zweiten Satz der Thermodynamik» – wichtig ist nur, dass Sie es als das herrschende Gesetz im Land des Großmaßstäblichen, der Vielen und des Einfachen anerkennen.

Es ist das Gesetz des Zufalls: nämlich die Erkenntnis, dass die Art und Weise, wie sich die Dinge arrangieren, auf reinem Zufall beruht und nicht etwa auf das Eingreifen irgendeines Meisterstrategen zurückzuführen ist. So rechnet beispielsweise ein Patience-Spieler niemals damit, aus einem gemischten Kartenspiel 52 Karten, vom Ass bis zum König, in jeder der vier Farben, in genauer numerischer Reihenfolge zu ziehen. Toleriert der Gott des Patiencespiels etwa ein solches Ausmaß an Perfektion nicht oder liegt es daran, dass es mehr als 80 000 000 000 000 000 000 000 000 000 000 000 000 000 000 000 000 000 000 000 000 andere Arten gibt, 52 unterschiedliche Objekte neu zu arrangieren?

Wenn Sie zehnmal eine Münze werfen, kann es durchaus passieren, dass das Ergebnis jedes Mal Kopf ist. Obwohl ein solches Resultat bei tausend Versuchen nur einmal vorkommt, liegt es nicht jenseits des Wahrscheinlichkeitsbereichs. Sollten Sie die Münze jedoch 100 Milliarden Mal werfen, werden Sie mit Haaresbreite 50 Milliarden Mal Kopf und 50 Milliarden Mal Zahl bekommen, aber mit Sicherheit niemals 100 Milliarden Mal Kopf. Ist es so, weil der Gott der Münzwerfer an Fairplay glaubt oder weil es nur eine einzige Möglichkeit gibt, 100 Milliarden Mal Kopf zu werfen, und unzählig viele Möglichkeiten*, eine Fünfzig-zu-fünfzig-Verteilung zu realisieren?

Breiten sich die Billion Billionen Moleküle in einer kleinen, mit Luft gefüllten Schachtel gleichmäßig über das ganze Volumen aus, weil eine glückliche Hand ihre Bewegungen zweckmäßig lenkt, oder breiten sie sich einfach nur deshalb aus, weil es so viel mehr Möglichkeiten gibt – deren Anzahl unseren Verstand übersteigt –, den gesamten Raum einzunehmen, statt nur einen Anteil davon zu besetzen?

Sie können beliebig viele solcher Fragen stellen, und die Antwort wird stets die gleiche sein. In der Mikrowelt schwanken die Zahlen, was der gesunde Menschenverstand nicht begreifen kann. Die schiere Größe dieser Zahlen treibt das Universum voran und erzeugt die Illusion einer Absicht, die es in Wirklichkeit gar nicht gibt. Wenn es um Prozesse geht, die in einem stabilen Gleichgewicht enden, sollten Sie nach der Rasierschneide der Statistik Ausschau halten, um den Zeitpfeil anzuspitzen.

Der Zeitpfeil lenkt das Universum in Richtung zunehmender Unordnung und schreibt ein «Später» vor, einen Zeitraum, in dem ein fester Betrag globaler Energie* (deren Gesamtmenge sich nie ändert) an eine große Zahl von Empfängern verteilt wird. Vergangenheit, Gegenwart und Zukunft der Materie erzählen eine Geschichte, in der es um die Umverteilung von Energie unter Teilchen und Feldern geht. Sobald makroskopische und mikroskopische Beobachter der Spur der Energie folgen, werden sie zu Zeugen eines Universums, das zufällig von einer Konfiguration in die nächste stolpert.

ENERGIE, ENTROPIE UND DER ZEITPFEIL

Atome und Moleküle kommen und gehen, doch die Energie bleibt ewig bestehen. Energie stattet die Natur mit der Fähigkeit aus, Arbeit zu verrichten, ganz gleich, ob diese Energie nun in einem Feld gespeichert ist oder von einem bewegten Körper getragen wird. Energie bewegt Materie. Sie ordnet die Teilchen neu an. Sie baut auf und reißt ab.

Wenn wir also Atome und Moleküle als die materiellen Güter des Universums betrachten, dann stellt die Energie das in sie investierte Kapital dar. Energie ist vergleichbar mit Geld, das für unterschiedlichste Zwecke von verschiedenen Konten abgebucht wird und auf andere Konten fließt. Energie fließt in den Flug eines Heliumatoms, in die Rotation eines Wasserstoffmoleküls, in die Schwingung eines Wassermoleküls, in den Elektronenfluss in metallischem Gold. Energie fließt in den Wind und in den Regen, in die Umlaufbahn des Jupiter, in die kosmoserschütternde Explosion einer Supernova. Gemeinsam schwinden und strömen Potenzialenergie und Bewegungsenergie von einer Struktur zur anderen, vom Teilchen zum Feld und vom Feld zum Teilchen.

Wo eine Veränderung in der Materie stattfindet, gibt es auch einen Energiefluss; und inmitten dieses niemals endenden globalen Wandels gibt es diese große Konstante: Der Gesamtenergiebetrag bleibt immer gleich, er bleibt genau erhalten und ist gezwungen, weder anzuwachsen noch zu schrumpfen. Keine Macht und keine Maschine kann neue Energie erzeugen oder existierende Energie vernichten. Wir müssen mit dem vorlieb nehmen, was wir haben, und die Energie erhalten, ob wir es nun wissentlich tun oder nicht. Die Natur lässt keine andere Lösung zu.

Der Energiekuchen ist aufgeteilt und wird immer wieder neu verteilt, aber kein einziger Krümel geht jemals verloren. Was ein Teilchen verlieren mag, gewinnt ein anderes hinzu, und so kommt es, dass das Universum Schritt für Schritt weiter voranschlingert.

Es geht also letztlich nicht um den Gesamtenergiebetrag, den das Universum zur Verfügung hat – denn das ist eine fixe Summe –, sondern stattdessen darum, wie das Universum seine Energie loswird. Wir fragen uns, wohin die ganze Energie geht und welcher Zweck dahintersteht. Warum scheint die thermodynamische Zeit in nur eine Richtung zu fließen?

Der Erste Satz: Arbeit und Wärme

Makroskopische Beobachter denken gern großzügig. Sie sehen, wie sich große Dinge in geordneter Art und Weise bewegen – ein rotierendes Schwungrad, ein stoßender Kolben, ein fallendes Gewicht –, und sprechen von verrichteter «Arbeit». Sie sprechen in mathematischer Sprache von der Arbeit, die von einer Kraft ausgeführt wird, wenn sie ein Objekt von Punkt A nach Punkt B bewegt:

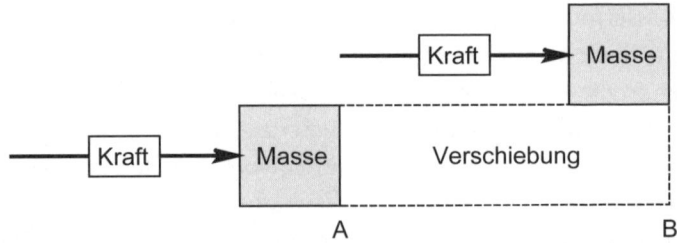

Je größer die Kraft und je größer die Verschiebung, desto größer die Arbeit. Es kostet einen Arbeiter mehr Anstrengung, einen Fünfzigpfundsack zu tragen als einen Fünfpfundsack, genauso wie mehr Anstrengung erforderlich ist, ein Objekt zehn Meter statt nur einen Meter zu verschieben. Dafür benötigt der Arbeiter Energie, weil die Verrichtung von Arbeit Energie verbraucht. Energie ist also die Währung, mit der man Arbeit kauft.

Wenn nun Energie erhalten bleibt (was ja tatsächlich geschieht), sollten wir eigentlich erwarten können, dass sich mit dem Energiebetrag, der einen Euro kostet, auch stets Arbeit im Gegenwert von einem Euro verrichten lässt. Wenn also von einem Energiebetrag behauptet wird, er sei in der Lage, eine Masse von A nach B zu bewegen, rechnen wir in einer perfekten Welt damit, genau das zu bekommen: nämlich die vollständige Verschiebung bis auf den letzten Zentimeter, einen fairen Austausch von Energie für Arbeit. In der wirklichen Welt, in der die Dinge sich reiben, Widerstand leisten und mit Ach und Krach durchkommen, erreicht die Verschiebung ausnahmslos nie das gesetzte Ziel:

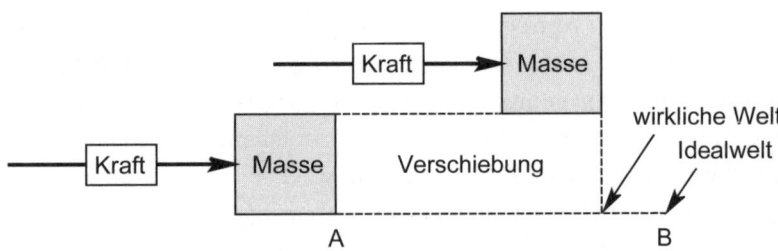

Manchmal geht's ein bisschen mehr daneben, und manchmal wird das Ziel nur knapp verpasst, aber die Masse schafft es eben nie bis Punkt B. Es bleibt immer ein Defizit übrig.

Ein Teil der Energie* steht einfach nicht für die Arbeit, die zur Bewegung des Objekts verrichtet wird, zur Verfügung. Diese Situation ist vergleichbar mit dem Geld, das von den Verwaltungskosten einer Wohltätigkeitsorganisation verschlungen wird. Stattdessen taucht dieser Energiebetrag in Form von Wärme auf*, eine Tatsache, die der Makroskopische Mack als Temperaturanstieg registriert. Er führt diese kontraproduktive Umlenkung der Energie auf ein Phänomen zurück, das «Reibung» genannt wird (wobei man sich buchstäblich das Aneinanderreiben zweier Objekte vorstellen kann). Nach langwierigen Experimenten und sehr vielen Beobachtungen stellt er eine erstaunliche Regelmäßigkeit fest. Er findet heraus, dass die Summe der gesamten geleisteten Arbeit und der erzeugten Hitze stets genau der verbrauchten Gesamtenergie entspricht:

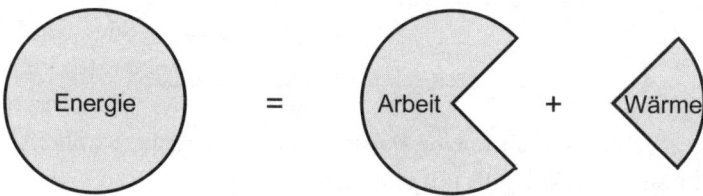

Dies ist der Erste Satz der Thermodynamik, eine Neuformulierung des Energieerhaltungssatzes*, über dessen Verletzung noch nie jemand berichtet hat. Vorausgesetzt, wir verstehen Wärme als eine Form von Energie, die mechanischer Arbeit entspricht, dann verändert sich der Betrag der Gesamtenergie niemals. Energie, die es nicht schafft, sich in «nützliche» Arbeit einzubringen, wird zur «Abwärme». Nichts geht verloren, nichts wird hinzugewonnen. Zieht man Energie von einem Konto ab, taucht sie auf einem anderen wieder auf. Die Bilanz ist stets ausgeglichen.

Was bekommen wir für unser Geld? Die Dienstleistung, die wir im Austausch für Energie erwerben, ist die Arbeit, die nötig ist, um

Masse in großen Mengen zu bewegen. Die daraus sich ergebende Verschiebung messen wir mit einem Lineal. Die gekaufte Dienstleistung Wärme wärmt oder kühlt einen Körper. Sie geht nicht in die äußere Verschiebung der Materie ein, sondern entspricht einer Temperaturveränderung, die durch einen internen Energiestrom herbeigeführt wird. Den messen wir mit einem Thermometer.

So viel erst einmal zum makroskopischen, thermodynamischen Aspekt von Wärme und Arbeit. Für einen mikroskopischen Beobachter, der Sandkörner sieht, wenn ein makroskopischer Beobachter vom Strand spricht, verhält sich jedes Teilchen im Universum als Abnehmer und Anbieter von Energie im kleinen Maßstab. Was Mack als Pauschaleinsatz von Energie in Arbeit und Wärme versteht, betrachtet Mike als Kleininvestitionen in die Bewegungen einzelner Atome und Moleküle.

Mike sieht, wie mikroskopische Energie in eine geradlinige Verschiebung (Translationsbewegung) eines Teilchens übergeht*:

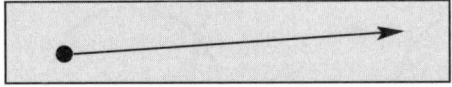

Er beobachtet, wie sie in eine *Dreh*bewegung übergeht, nämlich in die Drehung eines Moleküls um eine Achse:

Daraufhin geht die Energie in die Schwingungsbewegung über, die Dehnung und Krümmung eines Moleküls:

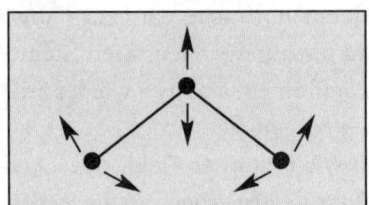

Mike sieht, wie sie danach in elektronische Bewegung übergeht, das
Auf und Ab von Elektronen von einem Quantenniveau zum anderen:

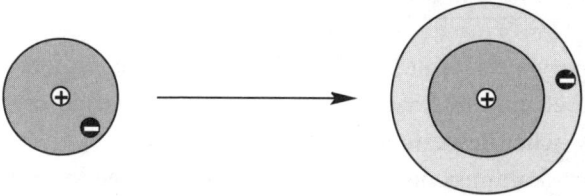

So folgt unser mikroskopischer Beobachter dem Energiefluss durch
die vier grundlegenden Modi, die den unzähligen Elektronen, Kernen, Atomen und Molekülen eines großen Systems jeweils zur Verfügung stehen.

«Was du Wärme nennst», sagt Mike zu Mack, «schreibe ich den
zufälligen, einander nicht entsprechenden Einzahlungen von Energie
auf eine Billion Billionen verschiedene Konten zu. Du siehst, wie ein
unbewegtes, massereiches Objekt immer heißer wird, während ich
eine aufrührerische Menge kleiner Teilchen in völlig chaotischer Bewegung betrachte. Als Individuen bewegen sie sich in alle möglichen
Richtungen, sodass die Bewegung von Teilchen 1 keine Beziehung
zur Bewegung von Teilchen 2 hat:

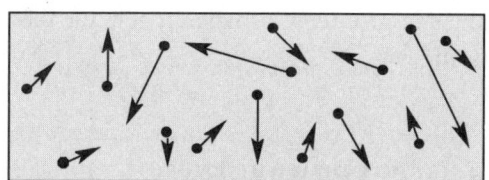

Was du Arbeit nennst, ist in meinen Augen stattdessen die Gemein-
schaftsanstrengung einer gewaltigen Teilchenversammlung. Die
einzelnen Teilchen bewegen sich als vereinte Formation in dieselbe
Richtung:

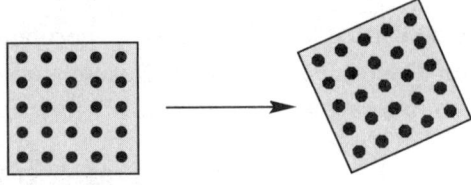

Aus meiner Sicht», schließt Mike, «beläuft sich der Unterschied zwischen Arbeit und Wärme auf die Differenz zwischen organisierter und chaotischer Bewegung.»

Folglich kommen unsere beiden Beobachter, ob aus mikroskopischer oder makroskopischer Sicht, ob mit statistischem oder thermodynamischem Ansatz, jeweils zu einem praktischen Verständnis über Energie, Arbeit und Wärme. Sie stimmen darin überein, Energie nicht nur aufgrund ihrer Menge, sondern auch aufgrund ihrer Qualität zu beurteilen. Sie verständigen sich darauf, dass ein Energiebetrag entweder qualitativ nützliche Arbeit leistet (indem Materie in großen Mengen bewegt wird) oder sich als Wärme verflüchtigt. Außerdem einigen sie sich darauf, dass Bewegung organisiert oder chaotisch, in sich geschlossen oder zufällig sein kann.

Und letztlich vereinbaren sie, ihre Beobachtungen fortzusetzen. Da Mack und Mike einen Unterschied zwischen der Qualität von Arbeit und der Qualität von Wärme anerkennen, sind sie sich darüber im Klaren, dass es einen zweiten Satz geben muss, der den ersten vervollständigt, ein Gesetz nämlich, das weitgehend den Energietransfer zwischen den beiden größten Guthaben regelt, die die Natur besitzt: Arbeit und Wärme.

Der Zweite Satz: Abnehmende Energie

Manche Dinge geschehen einfach nie. Ein warmes Haus wird nicht wärmer, wenn man an einem kalten Tag die Haustür öffnet. Ein ruhendes Pendel, das von keiner äußeren Kraft angeregt wird, gerät auch nie von selbst in Schwung. Völlig ausgeschlossen, dass sich eine zufällig zusammengewürfelte Menge spontan zur geordneten Formation einer Marschkapelle organisiert.

So etwas passiert einfach nicht. Es ist – mit an Unmöglichkeit grenzender Unwahrscheinlichkeit – unvorstellbar, dass in einer Gruppe befindliche Individuen, die sich frei in jede Richtung bewegen können, plötzlich in perfekten Gleichschritt verfielen. Schließlich können wir nicht erwarten, dass eine Menschenmenge zufällig ausgerechnet in eine bestimmte organisierte Anordnung hineinstolpert,

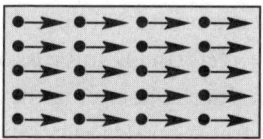

wenn so viele andere unorganisierte Möglichkeiten zur Verfügung stehen. Zum Beispiel diese hier:

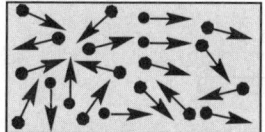 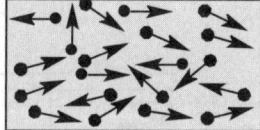 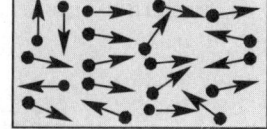

Oder diese:

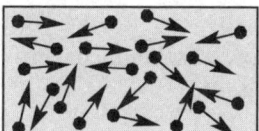 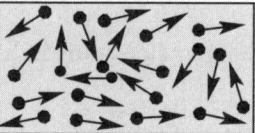 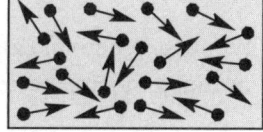

Und viele andere mehr. Ganz im Gegenteil. Um eine chaotische Menschenmenge zu einer Marschkapelle umzugestalten, benötigt man die disziplinierenden Anordnungen eines Anführers und die Kooperation aller Anhänger. Es ist machbar, aber es kostet eine Menge Schweiß. Der umgekehrte Weg jedoch, eine Marschkapelle in eine Menschenmenge zu verwandeln, erfordert keinerlei Anstrengung, sondern lediglich Geduld. Wenn Sie lange genug eine Parade beobachten, stellen

Sie unweigerlich fest, dass die organisierte Bewegung in eine schlecht organisierte Bewegung übergeht. Es ereignen sich Zufälligkeiten. Der eine oder andere Marschierende kommt aus dem Takt. Ein anderer rutscht auf einer Bananenschale aus, und schließlich geben alle dem Hunger und der Müdigkeit nach. Auf lange Sicht weicht die Ordnung der Unordnung. So ist das nun mal.

Ein Pendel schwingt einige Zeit und kommt dann zur Ruhe. Zwangsläufig geht das organisierte Hin und Her des makroskopischen Rhythmus in die chaotische mikroskopische Bewegung von Atomen und Molekülen über. Die anfangs in Arbeit investierte Energie wird in Wärme zerstreut, und danach gibt es kein Zurück mehr. Ein Beobachter müsste (unzumutbar lange) warten, bis die Teilchen in einer Menge sich durch einen glücklichen Zufall dazu herabließen, das Pendel in die gleiche Richtung zu stoßen. Die Luft in der Umgebung des Pendels müsste aus einer statistisch wahrscheinlichen, unorganisierten Anordnung

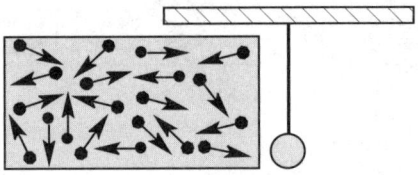

herausströmen und zufällig in eine statistisch unwahrscheinliche Anordnung hineingeraten:

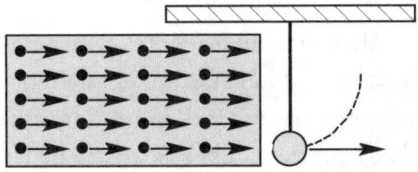

Das funktioniert einfach nicht. Der natürliche Rhythmus eines Pendels besteht darin, die Schwingungen allmählich einzustellen, und nicht etwa, sie in Gang zu setzen. Auf lange Sicht weicht die Ordnung der Unordnung. So ist das nun mal.

Ein warmer Körper überträgt spontan Wärme auf einen kalten Körper und nicht etwa umgekehrt. Einem bereits kalten Körper Wärme zu entziehen, wäre damit vergleichbar, die Armen auszurauben und die Reichen zu beschenken. Dafür müsste ein geordnetes System im stabilen Gleichgewicht (der kalte Körper) einen Zustand noch höherer Ordnung einnehmen, ein unwahrscheinlich steiler Aufstieg am Berg der Statistik. Wenn dies geschehen soll, müssen wir ein wenig Kapital in das Verfahren investieren; wir müssen eine Wärmepumpe konstruieren und sie mit Hilfe einer Energiequelle von außen betreiben. Der natürliche Lauf der Dinge für ein warmes Haus besteht darin, seine Wärme an die kalte Luft draußen abzugeben, sodass die Ordnung der Unordnung weichen kann. So ist das nun mal.

Ist stabiles Gleichgewicht als Ziel vorgesehen, dann ist es ganz natürlich, dass Arbeit zu Wärme abgebaut wird, dass organisierte Bewegung in nicht organisierte Bewegung umschlägt, dass Energie sich auf immer mehr individuelle Guthaben verströmt. Systeme fahren nun einmal herunter und halten schließlich an, womit der Erste Satz der Thermodynamik nichts zu tun hat. Der Erste Satz verlangt lediglich, dass die in Form von Arbeit und Wärme fließende Energie von Anfang bis Ende erhalten bleibe. Der Erste Satz unterscheidet nicht zwischen der Umwandlung von Arbeit in Wärme und der Umwandlung von Wärme in Arbeit. Bei einer vollständigen Verwandlung von Wärme in einen entsprechenden Betrag Arbeit bleibt die Energie genauso erhalten wie bei einer vollständigen Umwandlung von Arbeit in Wärme. Der Zweite Satz stellt jedoch einen himmelweiten Unterschied zwischen den beiden Prozessen fest. Der Zweite Satz der Thermodynamik prognostiziert* nämlich im Kontrast zum Ersten Satz, dass Arbeit ohne weiteres in Wärme übergeht, aber Wärme nicht zwangsläufig wieder zurück in Arbeit umgewandelt wird*.

Um Arbeit in Wärme zu verwandeln, bedarf es keiner Zaubertricks. Man kann es mit hundertprozentiger Wirksamkeit und ohne spezielle Ausrüstung erledigen. Um allerdings den umgekehrten Weg einzuschlagen und aus Wärme Arbeit zu gewinnen und damit ungeordnete Energie in geordnete Energie umzuwandeln, müssen wir einen Preis zahlen. Im Namen des Zweiten Satzes verlangt die Natur, dass es keiner Maschine erlaubt sei, die gesamte, in einem System vorhandene Energie zur Umwandlung in Arbeit zu verwenden:

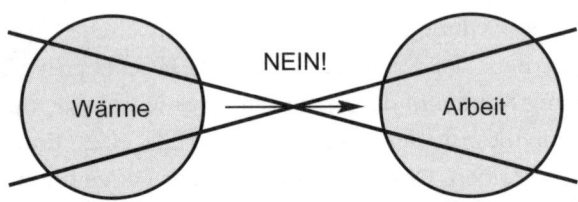

Stattdessen muss ein Anteil der Wärme an die Umgebung abgegeben werden, ohne jemals in den Dienst der makroskopischen Arbeit gestellt werden zu dürfen. Der Betrag, der auf das Konto der Reibung und anderer verlustbehafteter Kanäle geht, mag ansehnlich oder gering sein (was von der Struktur der Maschine abhängt), aber er kann nicht gleich null sein. Die Umwandlung von Wärme in Arbeit wird nie mit hundertprozentiger Wirksamkeit erreicht:

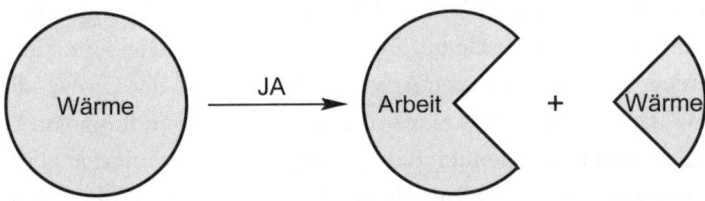

Nach dem Zweiten Satz ist Energieverschwendung also ganz normal.

Wie bedauerlich, so scheint es, dass dabei ein Teil der Wärme vergeudet wird, aber so ist das nun mal. Denn nur durch die Abgabe von Wärme können wir einen widernatürlichen Akt gegen einen Gleichgewichtszustand begehen – nämlich die Erzeugung von Ordnung aus

Unordnung –, wobei wir allerdings dafür sorgen, dass überall sonst die Unordnung in einem noch größeren Ausmaß zunimmt. Im Allgemeinen fordert die Natur von einem System, seine *äußere* Umgebung als Ausgleich für innen erzeugte Ordnung aufzumischen. Falls ein Teil des Universums in einen geordneteren Zustand versetzt werden soll (wie beispielsweise beim Gefrieren von Wasser), dann ist der Preis, den wir dafür zahlen müssen, ein bestimmter Wärmebetrag:

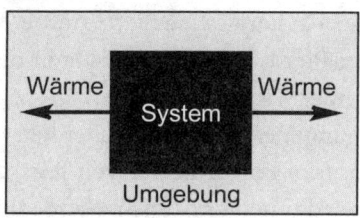

Sobald das Verfahren in Gang kommt, wird ein größeres Stück des globalen Energiekuchens der unorganisierten Bewegung zugewiesen. Zur Verrichtung organisierter Arbeit steht weniger Energie zur Verfügung, etwa so wie ein Schwamm weniger saugfähig wird, wenn die Feuchtigkeit allmählich in seine Poren hineinsickert.

Je mehr Wärme vorhanden ist, desto größer wird auch die Unordnung in der Außenwelt. Der Unordnungseffekt steigert sich ebenfalls mit dem Fallen der Temperatur, weil selbst eine kleine Wärmemenge in einem kalten System – vergleichbar mit einem großen Fisch in einem kleinen Teich – für ziemlichen Aufruhr sorgt. Insgesamt gesehen, erzeugt die Kombination aus Wärme und Temperatur in einer Größe, die Entropie genannt wird*, eine Veränderung (Entropie kommt aus dem Griechischen und bedeutet etwa «innere Wendung»). Und letztendlich bewegt sich das Universum in Richtung der ständig zunehmenden Entropie.

Freut euch, ihr Pessimisten! Die vom Zweiten Satz der Thermodynamik beherrschte makroskopische Welt schleppt sich unermüdlich auf einer Einbahnstraße voran, die zu noch größerer Entropie führt. Die Zeit läuft ab und hält an, und die Uhr wird nie wieder von selbst zu ticken beginnen. Das Ei fällt von der Mauer herunter und zerbricht und wird sich nie wieder spontan neu zusammenfügen. Alles Lebendige stirbt und verfällt und wird nie wieder zu leben beginnen. Die Zeit eilt voran, und niemand kann den Zeiger zurückdrehen.

In der makroskopischen Welt ist jeder Prozess, der aus eigenem Antrieb (nicht zwangsläufig schnell, sondern nach und nach) geschieht, vom Zweiten Satz dazu verurteilt, irreversibel zu sein – eine Reise ohne Rückfahrkarte. Passiert ist passiert, und es gibt kein Zurück. Selbst wenn es allen Pferden und Bediensteten des Königs gelingen sollte, Humpty Dumpty wieder zusammenzusetzen, stellen sie damit nicht den vorausgegangenen Zustand wieder her. Sie können die Uhr nicht zurückdrehen. Ihre konstruierte Welt lässt die Welt, die zuvor existiert hat, nicht wieder neu entstehen. Pferde und Männer müssen Energie aufwenden, um aus einem ungeordneten Haufen zerbrochener Eierschalen wieder einen wohl geordneten Humpty Dumpty herzustellen. Im Laufe dieses Prozesses geben sie, schnaufend und keuchend, einen gewissen Wärmebetrag an ihre Umgebung ab. Die Abwärme mischt die Umgebungsluft auf und führt im Endeffekt zu einer Zunahme der globalen Entropie. So kann Humpty Dumpty zwar seine wiedergefundene Ordnung genießen, das Universum insgesamt aber erleidet eine unwiderrufliche Zunahme der Unordnung. Ziemlich schräg, aber so läuft's nun mal. Wenn das Gleichgewicht wiederhergestellt ist, steht weniger Energie zur Verfügung als zuvor. Es ist später, als Sie denken.

Später bedeutet nach dem Zweiten Satz der Thermodynamik, dass wir dann in einer Welt leben werden, in der die Entropie zugenommen haben wird. *Später* ist ein Zeitpunkt in einer Welt, in der sich eine fixe Größe globaler Energie auf eine größere Anzahl von Empfängern ausgebreitet hat. *Später* heißt auch, dass es wieder ein klein wenig schwieriger geworden ist, nützliche Energie zu finden (die zur Verrichtung von Arbeit eingesetzt werden kann), und dass diese Welt wieder ein bisschen mehr dem unaufhörlichen Sog und Einfluss der Statistik nachgegeben hat.

STATISTISCHES SCHICKSAL

Hier, am Ende, stellt sich die Frage, die die verbissene Unnachgiebigkeit des Zweiten Satzes der Thermodynamik plagt: Wann wird eine berechtigte Folge mikroskopischer Ereignisse in völliger Übereinstimmung mit allen mechanischen Gesetzen so unwahrscheinlich, dass sie sich als makroskopisch unmöglich erweist? Welcher statistische Zwang verwandelt einen umkehrbaren mikroskopischen Prozess in eine makroskopische Einbahnstraße? Wenn die Gesetze der Mechanik keinen Unterschied zwischen dem Energiefluss von A nach B und dem Energiefluss von B nach A kennen … und auch nicht unterscheiden zwischen einem Teilchen, das sich von links nach rechts bewegt, und einem Teilchen, das sich von rechts nach links bewegt … und wenn die Gesetze der Mechanik den Unterschied zwischen einem sich im Uhrzeigersinn drehenden Sekundenzeiger und einem sich gegen den Uhrzeigersinn drehenden Sekundenzeiger ignorieren – kurz gesagt, wenn die Gesetze der Mechanik einem einzelnen Teilchen gestatten, sich in beliebigen Richtungen durch Raum und Zeit zu bewegen, warum gilt dies dann nicht auch für eine Menge?

Um dies zu beantworten, kehren wir zu einem System zurück, das bei weitem nicht so kompliziert ist wie zerbrochene Eier. Es ist das gleiche einfache System, das wir routinemäßig als Versuchsanordnung für die Gleichgewichts-Thermodynamik anwenden: ein Gas, das in einem Behälter eingeschlossen ist. Wenngleich wir dieses Mal anerkennen müssen, dass das Gas in Wirklichkeit aus Teilchen in zufälliger Bewegung besteht (beispielsweise Heliumatome) und wir den Teilchen zugestehen, überall dort hinzugehen, wohin die Bewegungsgleichungen sie führen.

Wir wollen das Material anfangs auf die linke Seite des Behälters beschränken, während auf der rechten Seite ein abgetrenntes Vakuum herrscht:

L   R

Nachdem wir darauf gewartet haben, dass sich der Gleichgewichtszustand des Gases einstellt, entfernen wir unvermittelt die Trennscheibe und schicken das System auf den Weg zu einem neuen Gleichgewicht.

Das Gas expandiert. Stürmisch breitet es sich in alle Richtungen aus und füllt den Behälter. Wenn sich das Gleichgewicht wieder eingestellt hat, sind auch Temperatur, Druck und Verteilung der Teilchen überall im nunmehr größeren Volumen einheitlich. Und ist dieser Punkt erreicht, gibt es kein Zurück mehr. Das Gas zieht sich nie spontan auf das Niveau seines früheren Gleichgewichtszustands zusammen. Es kann nicht wieder nach Hause gehen*. Es kann nicht noch einmal zurück in die Vergangenheit.

Inzwischen bewegen sich die Teilchen kontinuierlich fort, wobei sie zufällig in alle möglichen Richtungen dahinschießen. Jedes Atom hat dabei den ganzen Behälter zur Verfügung, und keine Position wird in irgendeiner Weise bevorzugt. Ein einzelnes Atom (Teilchen 1) hat – ob allein oder in der Menge – die gleiche Chance, irgendwo auf der linken oder der rechten Seite des Behälters zu sein. Es gibt zwei Mikrozustände:

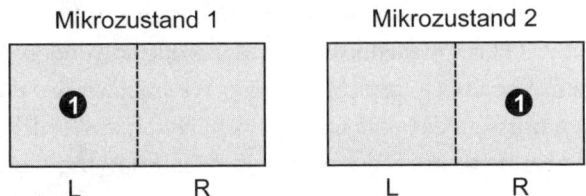

Da jeder Mikrozustand mit der gleichen Wahrscheinlichkeit auftaucht, stehen die Chancen fünfzig zu fünfzig: links oder rechts, eine von zwei Möglichkeiten. Das ist unsere Annahme.

Wir fügen jetzt ein Atom hinzu, was zusammen zwei macht. Hier sinkt mit jedem der vier gleichermaßen zulässigen mikroskopischen Arrangements (LL, LR, RL, RR) die Wahrscheinlichkeit, beide Teilchen auf der linken Seite (LL) anzutreffen, auf eins zu vier:

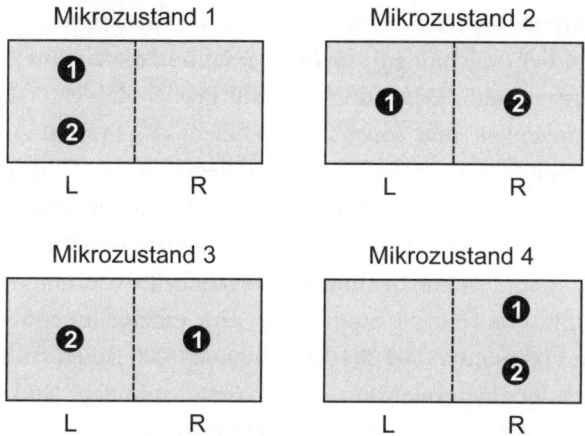

Mikrozustand 1   Mikrozustand 2

L   R   L   R

Mikrozustand 3   Mikrozustand 4

L   R   L   R

Als anderes Extrem trifft auf RR die gleiche niedrige Wahrscheinlichkeit zu, während der wahrscheinlichste Makrozustand erneut eine Verteilung im Verhältnis fünfzig zu fünfzig ist, nämlich eine gleichberechtigte Kombination der Mikrozustände LR und RL, zwei von vier Möglichkeiten, um dasselbe makroskopische Ergebnis zu erzielen.

Jetzt müssen wir nur noch zählen, aber schauen Sie, was mit den Links-rechts-Verteilungen passiert, während die Population wächst. Bei drei Atomen und acht möglichen Mikrozuständen (LLL, LLR, LRL, RLL, LRR, RLR, RRL, RRR) ordnet nur ein einziger Mikrozustand alle Teilchen auf der linken Seite (LLL) an. Und alle Teilchen auf der rechten Seite (RRR) sind ebenfalls nur bei einem einzigen Mikrozustand angeordnet. Für jedes Extrem beträgt die Wahrscheinlichkeit eins zu acht. Bei vier Atomen sinkt die Wahrscheinlichkeit, entweder LLLL oder RRRR zu erhalten, auf eins zu sechzehn. Bei fünf Atomen wird die Wahrscheinlichkeit für LLLLL und RRRRR erneut halbiert auf eins zu zweiunddreißig. Und so setzt sich das Muster fort, wobei die Wahrscheinlichkeit einer Konfiguration von Mikrozuständen ausschließlich rechts oder ausschließlich links fortschreitend kleiner wird, sobald mehr Teilchen hinzukommen.

Tatsächlich verringert sich die Wahrscheinlichkeit einer ungleichen Verteilung so sehr, dass das System bald nur noch eine einzige echte

Option hat, nämlich einen Makrozustand zu akzeptieren, in dem die eine Hälfte der Teilchen auf die linke Seite und die andere Hälfte auf die rechte Seite fällt. Das bloße Gewicht großer Zahlen – statistische Wahrscheinlichkeit und sonst nichts – zieht das System zum wahrscheinlichsten Makrozustand hin und besiegelt dessen Schicksal, lange bevor die Population an die Marke der Billion Billionen Teilchen herankommt, die selbst für eine bescheidene makroskopische Einheit das Mindestmaß sind. Schon bei hundert Teilchen, also bei einem wirklich winzigen System, lässt die Statistik nur eine einzige, unendlich kleine Chance in 1 000 000 000 000 000 000 000 000 000 000 Fällen zu, sämtliche Atome auf der einen oder der anderen Seite zu finden. Und wenn die Population erst auf Tausende und Millionen anwächst, um schließlich die Billion-Billionen-Grenze zu überschreiten, dann übersteigen auch die Zahlen die Vorstellungskraft und halten das System in seinem allerwahrscheinlichsten Zustand an, nämlich mit der einen Hälfte der Teilchen auf der einen Seite und mit der anderen Hälfte der Teilchen auf der anderen Seite, die in zahllosen gleichberechtigten Möglichkeiten mikroskopisch arrangiert und neu arrangiert werden können. Eine Konkurrenz gibt es nicht. Die Fünfzig-zu-fünfzig-Verteilung im Gleichgewichtszustand, die von einer ungeheuren Mehrzahl aller Mikrozustände unterstützt wird, stellt den Rest in den Schatten. Hat sie sich erst einmal durchgesetzt, bleibt sie auch bestehen.

Sie verstehen, dass die strenge Regel hier lautet: «Ein Mikrozustand – eine Wählerstimme», vorausgesetzt, die Natur setzt auf keinen Favoriten. Der extreme, einzigartige Mikrozustand namens «Alle Mann auf die linke Seite»

LLLLLLLLLLLLLLLLLLLLLLLLLLLLL … L

ist daher genauso wahrscheinlich wie jeder spezielle der Fünfzig-zu-fünfzig-Mikrozustände (wie etwa die folgende Anordnung):

LLLLLLLLLLLLLLL … RRRRRRRRRRRRRRR …

Doch die Exklusivarrangements für links lassen sich nur auf eine einzige, demonstrierte Art und Weise verwirklichen. Der Fünfzig-zu-fünfzig-Mikrozustand hat im Gegensatz dazu den Nutzen, auf makroskopischer Ebene ununterscheidbar zu sein von

LRLRLRLRLRLRLRLRLRLRLRLRLRLR ...
LLRRLLRRLLRRLLRRLLRRLLRRLLRRLL ...
LLLRRRLLLRRRLLLRRRLLLRRRLLLRRR ...

und von all den anderen Fünfzig-zu-fünfzig-Mikrozuständen. Jeder wird mit gleichberechtigter Wahrscheinlichkeit auftreten, während die Teilchen zufällig umherspringen.

So haben wir also in der Statistik der großen Zahlen eine plausible Erklärung dafür, dass das Gas spontan expandiert und nie wieder kehrtmacht. Das System schwankt blindlings von einer Anordnung zur nächsten, wobei es vom am wenigsten wahrscheinlichen Arrangement (alle Teilchen sind auf der linken Seite) zum wahrscheinlichsten (alle Teilchen sind gleichmäßig verteilt) übergeht. Fast jedes Schlingern versetzt die Teilchen in einen fortschreitend wahrscheinlichen Makrozustand und erlaubt ihnen den Zugang zu einer noch größeren Zahl gleichberechtigter Mikrozustände. Schritt für Schritt und von einem Mikrozustand zum nächsten nähert sich die Verteilung der Fünfzig-zu-fünfzig-Marke. Und wenn sie sie schließlich erreicht, können die Teilchen die Statistik nicht länger überbieten. Das System verfällt in das Wahrscheinlichkeitsnirvana des Gleichgewichtszustands und bleibt dort stehen*. Das Gas zittert in Zufallsbewegungen durch eine unendliche Reihe mikroskopischer Arrangements, die jeweils das gleiche makroskopische Aussehen präsentieren: überall die gleiche Verteilung, alle Teilchen zufällig gemischt, sodass in keiner Region zu viele oder zu wenige Teilchen vorhanden sind. Jedes andere Arrangement bedeutete weniger und nicht etwa mehr mikroskopische Freiheit. Jeder andere Makrozustand bliebe von weniger Mikrozuständen unterstützt, was ihn zu einer schwächeren Alternative prädestinierte. Das System veranstaltet eine Lotterie, und der Makrozustand mit der größten Anzahl der Lose erweist sich als Sieger. Die Aussichten sind unschlagbar.

Mit dieser nüchternen, aber verblüffenden Erkenntnis haben wir endlich unsere statistische Interpretation des Zweiten Satzes der Thermodynamik gefunden. Im Gleichgewichtszustand neigt die Natur dazu, sich auszubreiten, zu entspannen und sowohl Energie als auch Materie in die größtmögliche Anzahl von Mikrozuständen zu verströmen. Der statistische Imperativ lautet, die im Universum vorhandene mikroskopische Unordnung zu erhöhen und folglich die globale Entropie* (die mit der Anzahl verfügbarer Mikrozustände steigt und fällt) zu maximieren*. Ein fixer Energiebetrag arbeitet sich – nicht von Absicht, sondern vom Zufall geleitet – durch Teilchen und Felder hindurch, bis eine optimale Verteilung erreicht ist.

Im Spielerjargon ist das «ein sicheres Ding». Ein System, das so komplex ist, dass es *einfach* erscheint, muss ein statistisches Schicksal erfüllen.

11. Überraschender Ausgang

Manche Systeme sind entgegenkommend einfach. Sie bestehen aus wenigen Teilen, bewegen sich auf gut ausgeschilderten Wegen fort und sind nicht besonders wählerisch, was den Ausgangspunkt ihrer Reise betrifft. Sie lassen genaue Messungen ihres Anfangszustands zu und enden (mit der Präzision eines Uhrwerks) in einem stabilen, ohne weiteres voraussagbaren Endzustand.

Wir können ihnen vertrauen. Schließlich sind es ja einfache Systeme, die keine Überraschungen bieten. Sie eignen sich für eine gepflegte mathematische Behandlung, selbst wenn sie manchmal bis an den Rand der Abstraktion idealisiert werden müssen. Sie sind Musterbeispiele für Ordnung und Verlässlichkeit. Sie zieren die Seiten der Lehrbücher.

Der in der Umlaufbahn um die Erde eingeschlossene Mond. Ein Elektron, das an einen Atomkern gefesselt ist. Ein sanft schwingendes Pendel. Sowohl die Lehrbuchsysteme der klassischen Mechanik als auch die der Quantenmechanik haben etwas gemeinsam. Sie erhalten ihre Marschbefehle von einer deterministischen Bewegungsgleichung und entwickeln sich in voraussagbarer Weise in einer Welt, wo im gegenwärtigen Wissen der Schlüssel zum Wissen von Zukunft und Vergangenheit verborgen ist. Angesichts dessen, was Sie augenblicklich sind (Ihr Anfangszustand), und angesichts der Einflüsse, denen Sie unterworfen sind, bestimmt die Bewegungsgleichung, was Sie im nächsten Augenblick sein werden. Sie legt den genauen Kurs fest, der befolgt werden muss, eine Straße mit Gegenverkehr, der ein Ziel mit dem nächsten verbindet:

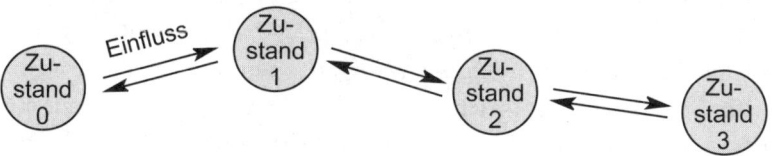

Für ein klassisches System wird der ursprüngliche Entwurf aus einer Reihe von Teilchenpositionen und Geschwindigkeiten bestehen, während es bei einem quantenmechanischen System die Werte einer der Wahrscheinlichkeit verpflichteten Wellenfunktion sein werden, aber hüten Sie sich vor einem Irrtum: Das Endergebnis bietet keine Überraschung, ob es nun von Newtons Gesetzen (Kapitel 4) oder von der Schrödinger-Gleichung (Kapitel 8) bestimmt wird. Ein Zustand folgt so unausweichlich auf den nächsten, wie der Tag die Nacht ablöst. Es sind einfache, deterministische Systeme, die ihrem Kurs folgen und die unterwegs nicht verloren gehen.

Manchmal erweisen sich aber auch die kompliziertesten Systeme – Strukturen also, die so überwältigend komplex sind, dass sie sich der ordentlichen Entwicklung einer Bewegungsgleichung widersetzen – als nicht weniger entgegenkommend. Diese Beobachtung hatten wir bereits in Kapitel 10 gemacht. Die Billion Billionen Atome in einem Kubikfuß (0,3 m³) gasförmigen Heliums können beispielsweise ihre Begegnung mit dem statistischen Schicksal nicht ewig aufschieben. Sie stoßen wohl oder übel zusammen und verfallen vorhersagbar in ein Gleichgewichtsstadium, aus dem es kein Zurück mehr gibt. Das große System findet seinen Weg zum wahrscheinlichsten makroskopischen Zustand, angetrieben von wenig mehr als blindem Zufall. Schwindel erregende, überwältigende, unschlagbare Vorteile begünstigen das Endresultat. Es ist eine Einbahnstraße zum einzig wahren Ziel. Die Teilchen demonstrieren als Individuen eine eindrucksvolle mikroskopische Komplexität, als Menge verhalten sie sich auf makroskopischer Ebene einfach.

Falls sich am Ende dennoch das «Komplexe» (zumindest unter gewissen Umständen) als «einfach» erweist, dann stellt sich recht häufig heraus, dass das Einfache komplex ist. Tatsächlich finden wir in der ganzen Natur Systeme in jeder Hinsicht einfach, die sich nichtsdestotrotz chaotisch und unvorhersagbar verhalten: kleine Systeme, solche mit wenigen Wechselwirkungen oder solche, die deterministischen Bewegungsgleichungen gehorchen ... *einfache* Systeme, gewissermaßen, die aber außerordentlich empfindlich gegenüber leichten Veränderungen des Anfangszustands sind. Eine winzige Verschiebung am Ausgangspunkt macht am Ende einen großen Unterschied aus.

Ein zufälliger Beobachter würde sie als trivial und gesetzwidrig bezeichnen, was sie allerdings nicht sind. Chaotische Systeme gehorchen den Spielregeln genauso entschieden wie Sonne und Mond*, und dennoch wirkt ihr Verhalten überraschend. Mit ihrer außerordentlichen Empfindlichkeit gegenüber den Anfangsbedingungen, wenn ein kleiner Schritt ausreicht, um die Welt zu verändern, verweigern uns chaotische Systeme effektiv das Wissen über die Gegenwart, ohne das es kein Wissen über die Zukunft gibt.

Wohin wird uns die Straße des Chaos führen? Niemand weiß es. Und glauben Sie bloß nicht, dass eine Karte hilfreich sein könnte.

TROTZ LANDKARTE VERLAUFEN

Wir beginnen mit zwei beispielhaften Geschichten. Die erste erzählt von drei Wanderern, die andere von zwei unterschiedlichen Banken.

FREMDES TERRAIN

Drei Wanderer machen sich, unabhängig voneinander, auf dieselbe Wandertour. Es soll ein langer Marsch mit vielen Kurven und Biegungen werden, aber jeder ist mit genügend Anweisungen versorgt. Sie lauten für alle gleich und sollen jeden Schritt des Weges festlegen. «Gehen Sie soundso viele Schritte in diese Richtung», lesen sie, «und anschließend soundso viele Schritte in jene Richtung und noch einmal soundso viele Schritte in eine andere Richtung», und so weiter. Dabei sollen sie, vom ersten bis zum letzten Schritt, einen Fuß vor den anderen setzen. Nichts wird dem Zufall überlassen.

Zu Beginn noch Seite an Seite, führen die Wanderer ihre Anweisungen aufs Wort aus – und denken Sie daran: Abgesehen von den verschiedenen Startpunkten, sind die drei Pläne identisch. Schritt für Schritt handeln sie als selbständige Individuen, die alle dem gleichen Pfad folgen:

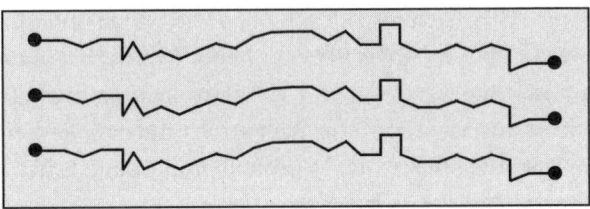

Betrachtet man die Spuren aus der Vogelperspektive, bietet sich kein überraschender Anblick. Die drei Wanderer gehen gemeinsam los und bleiben zusammen. Von Anfang bis Ende absolvieren sie die gleiche Anzahl von Schritten und folgen den gleichen Abbiegungen. Wenn ihr Abstand zueinander am Anfang eineinhalb Meter beträgt, werden sie auch am Ende der Wanderung – ganz gleich, was zwischendurch passieren mag – eineinhalb Meter voneinander entfernt sein.

Nun stellen Sie sich vor, wie überrascht wir wären, wenn dieselben drei Wanderer, die noch immer denselben Anweisungen folgten, drei völlig voneinander abweichende Pfade nachzeichneten – vielleicht wie die hier illustrierten:

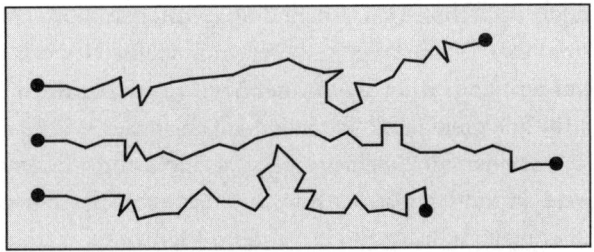

Unvorstellbar? Nicht unbedingt, denn wenn die Individuen in ausreichender Entfernung voneinander gestartet wären (womöglich 5

Kilometer statt nur eineinhalb Meter), könnten wir die Ergebnisse vernünftigerweise auf Geländeunterschiede zurückführen. Vielleicht wird Wanderer 1 mit Hügeln und Schluchten konfrontiert, während Wanderer 2 die ganze Zeit auf flachem Terrain unterwegs ist und Wanderer 3 von einem Baum gestoppt worden oder in ein Loch gefallen sein könnte. Wenn dem so wäre, könnten wir kaum erwarten, dass die Mitglieder unseres Trios auf parallelen Fährten bleiben.

Aber nehmen wir einmal an, die Wanderer seien nicht im Abstand von fünf Kilometern zueinander aufgebrochen, sondern tatsächlich nur eineinhalb oder fünf Meter nebeneinander gestartet. Angenommen, sie beendeten die Wanderung (anscheinend zufällig) am Ende einer langen, kompliziert aufgezeichneten Route immer entweder weiter voneinander entfernt oder näher beieinander, unabhängig davon, wie nahe sie sich am Ausgangspunkt waren. Träfe dies zu, wüssten wir, dass sie kein normales Gelände überwinden müssen. Stattdessen wüssten wir, dass sie durch eine chaotische Landschaft wanderten, ein Terrain nämlich, das uns mit der Wirklichkeit in ihrer ganzen Komplexität konfrontiert und uns gleich von Anfang an lehrt, mit dem Unerwarteten zu rechnen.

RECHTMÄSSIGE ANARCHIE?

«Etwas auf der hohen Kante haben», dieser Ausspruch steht für Stabilität und Verlässlichkeit, für Sicherheit ohne Überraschungen. Legen Sie tausend Euro für 10 Prozent Zinsen jährlich an, lehnen Sie sich zurück und sehen Sie zu, wie sich das Geld vermehrt: 1100 Euro nach einem Jahr, 1210 Euro nach zwei Jahren, 1331 Euro nach drei Jahren, 1464 Euro nach vier Jahren, 1611 Euro nach fünf Jahren. Jahr für Jahr gelten die gleichen Regeln: Sie nehmen den verfügbaren Betrag und vermehren ihn um 10 Prozent. Es gibt kein verrücktes Hoch und kein unerwartetes Tief, sondern nur ein ständiges Wachstum von einem Jahr zum anderen. Der Plan mag zwar nicht besonders aufregend sein, doch diesen Mangel macht er durch Regelmäßigkeit wett:

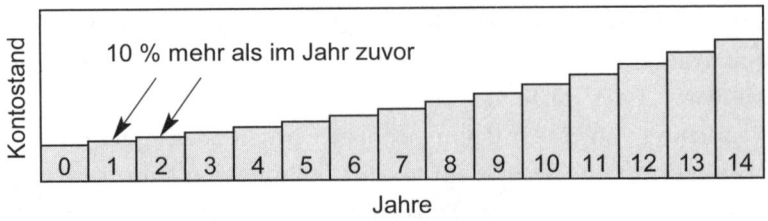

1000-Euro-Einlage

Es ist egal, ob Sie mit 1000 Euro oder mit zehn Cent, mit einer Million oder einer Milliarde Euro anfangen – das Anfangskapital hat keinen Effekt auf das nachfolgende Anstiegsmuster. Die Gesamtsumme wächst weiterhin um 10 Prozent jährlich und baut dabei auf dem bereits vorhandenen Betrag auf. Und selbst wenn Steuern, Bankgebühren oder andere Ausgaben die Hälfte der Zinsen verschlingen sollten, bleibt die lineare Beziehung (die direkte Proportionalität) zwischen dem heutigen und dem morgigen Kontostand unverändert. Die Beträge nach Abzug der Kosten sind geringer, weil die Wachstumsrate auf 5 Prozent sinkt, doch das Geld erhöht sich auf dieselbe gleichmäßige Art und Weise: 1050 Euro nach einem Jahr, 1103 Euro nach zwei Jahren, 1158 Euro nach drei Jahren, 1216 Euro nach vier Jahren, 1276 Euro nach fünf Jahren, also in jedem Jahr 5 Prozent mehr als im Jahr zuvor. Damit können wir rechnen.

Stellen wir uns jetzt eine andere Art von Konto vor, das womöglich die Deutsche Chaos Bank anbietet, wo eine Anfangseinlage von 1000 Euro einige Jahre lang einem bestimmten Kurs folgt,

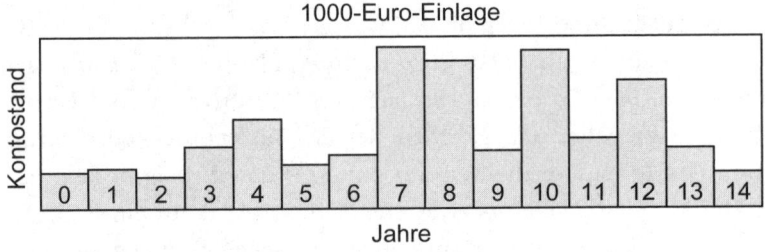

1000-Euro-Einlage

während eine Anfangseinlage von 999 Euro (die sich ja kaum von 1000 Euro unterscheidet) einem ganz anderen Kurs folgt:

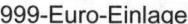

999-Euro-Einlage

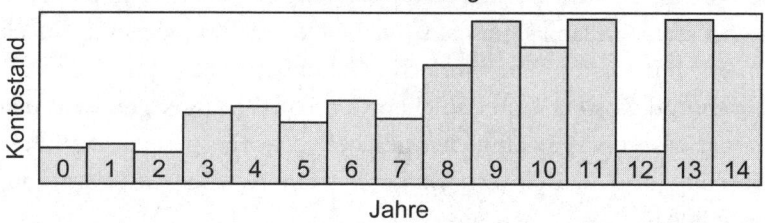

Jahre

Die Beträge steigen, die Beträge fallen. Ein kleiner Unterschied zu Beginn macht am Ende eine große Differenz aus, und dennoch haben beide Konten die gleichen Laufzeiten. «Was ist das nur für eine Bank?», beschwert sich der Anleger. «Würfeln Sie etwa, um herauszufinden, wie viel Geld Sie uns Jahr für Jahr gutschreiben wollen? Wie sollen wir unsere finanzielle Zukunft planen, wenn wir nicht wissen, mit welcher Rendite wir rechnen können?»

Worauf der Bankdirektor etwas zusammenhanglos erwidert: «Eigentlich nicht, Sie können tatsächlich keine Pläne machen. Eigentlich ja, alles ist wunderbar in Ordnung. Ob wir würfeln? Nein, die Deutsche Chaos Bank ist stolz darauf, ganz strengen Regeln zu folgen. Ihre Konten verhalten sich völlig den Erwartungen entsprechend, sodass Sie mit genau der versprochenen Rendite rechnen können. Zur Berechnung des Guthabens wenden wir für beide Konten die gleichen Formeln und die gleichen Zinssätze an.»

So seltsam es klingen mag, aber alles, was der Bankdirektor sagt, ist völlig korrekt. Die Deutsche Chaos Bank ist eine rechtmäßige, ehrliche Institution, die ihre Kontoverträge in einfachen und klaren Worten formuliert, sodass weder Kontoinhaber 1 noch Kontoinhaber 2 einen Grund haben, zu jubeln oder sich zu beschweren. Die grundverschiedenen Schicksale ihrer beiden Konten sind nicht etwa die Folgen eines Schwindels, sondern vielmehr die Konsequenz einer «nichtlinearen Rückkopplung» im Verfahren zur Erzeugung des Zinseszinses.

Vergleichen Sie: In der Bank für Linearität, einem konventionellen Geldinstitut, werden die Kontostände jährlich im direkten linearen Verhältnis zum verfügbaren Betrag angepasst. Die doppelte

Geldmenge im fünften Jahr erzeugt doppelt so viel Zinsen und Kosten im sechsten Jahr. Dreimal so viel Geld erzeugt das Dreifache an Zinsen und Kosten. Die vierfache Geldmenge führt zu vierfachen Zinsen und Kosten. Unter solchen Geschäftsbedingungen wird niemals etwas Außergewöhnliches geschehen, vorausgesetzt, die Rückkopplung (also die Reinvestition des Systemertrags in die Investition) bleibt linear.

In der Deutschen Chaos Bank jedoch wird die Anpassung im Verhältnis zu einer höheren Potenz kalkuliert. Die doppelte Geldmenge in einem Jahr könnte im nächsten Jahr die vierfachen Zinsen und die dreifachen, fünffachen, sechsfachen oder neunfachen Kosten erzeugen. Und wann immer die Rückkopplung in einem System nichtlinear wird – wie es häufig in der Wirklichkeit geschieht, wenn Reibung und Turbulenz die Lehrbuchbeispiele Lügen strafen –, dann sind auch keine Vorhersagen möglich. Eine kleine Veränderung in der Anfangsbedingung, wie ein einziger Euro auf unserem fiktiven Bankkonto, macht am Ende der Laufzeit einen gewaltigen Unterschied aus. Darüber hinaus kann ein nichtlinearer Prozess jede Vorstellung einer vorhersagbaren Ursache und Wirkung zunichte machen, selbst wenn eine unmissverständliche Regel die Entwicklung von Zustand 1 in Zustand 2 auf Schritt und Tritt bestimmt.

Unmöglich, sagen Sie? Sie bezweifeln, dass eine deterministische Bewegungsgleichung jemals zu einem vermeintlich zufälligen Ergebnis führen kann? Dann achten Sie darauf, was jetzt geschieht, wenn wir einen typischen nichtlinearen Prozess zeigen lassen, was er kann. Es ist ein aufschlussreiches Beispiel, wenn auch nur eines von vielen, aber es steckt auch etwas mehr dahinter. Diese im folgenden Absatz untersuchte «logistische Differenzengleichung» wird zum Paradigma* für einen neuen Blick auf eine komplex gewordene einfache Welt.

Ein Zahlenspiel

Wählen Sie zwei Zahlen x_0 und A und wenden Sie folgende einfache Regeln an:

1. Beginnen Sie, indem Sie x_0 irgendwo zwischen 0 und 1 wählen.
   Zum Beispiel: $x_0 = 0{,}5$.
2. Subtrahieren Sie x_0 von 1, um die Zahl $1 - x_0$ zu erhalten.
   Wie zum Beispiel: $1 - 0{,}5 = 0{,}5$.
3. Multiplizieren Sie $(1 - x_0)$ mit x_0, um die Zahl $x_0(1 - x_0)$ zu erhalten.
   Wie zum Beispiel: $0{,}5 \times 0{,}5 = 0{,}25$.
4. Multiplizieren Sie $x_0(1 - x_0)$ mit A, um die Zahl $Ax_0(1 - x_0)$ zu erhalten. Nennen Sie sie x_1.
   Mit $A = 1$, beispielsweise: $x_1 = 1 \times 0{,}25 = 0{,}25$.
5. Benutzen Sie x_1 statt x_0 und wenden Sie erneut die Regeln 2 bis 4 an, um x_2, die nächste Zahl in der Reihe, zu erhalten: $x_2 = Ax_1(1 - x_1)$.
   Wie zum Beispiel: $x_2 = 1 \times 0{,}25 \times (1 - 0{,}25) = 0{,}1875$.
6. Setzen Sie das Spiel so lange fort, wie es Ihnen beliebt. Setzen Sie x_2 ein, um x_3 zu erhalten, und dann x_3, um x_4 zu erhalten, anschließend x_4, um x_5 zu erhalten … und, nun ja, Sie verstehen sicher, worauf es hinausläuft.

Sie brauchen lediglich einen Taschenrechner und enorm viel Geduld.

Die gewonnene Erkenntnis macht die rechnerische Langeweile allemal wett, weil dieses Zahlenspiel ein einfaches, aber aufschlussreiches Modell für nichtlineare Rückkopplung bietet. Zunächst einmal haben wir es deshalb mit *Rückkopplung* zu tun, weil das Ergebnis einer Kalkulation zur Eingabe für die nächste Berechnung verwendet wird (Regel 5). Und *nichtlinear* ist die Rückkopplung, weil ein Teil der Antwort proportional zum *Produkt von x mit sich selbst* ist (Regel 3), und nicht etwa zum augenblicklichen Wert von *x* allein.

Aber der Unterschied ist gewaltig. Gäbe es keine Nichtlinearität – wenn also Regel 3 darin bestünde, einfach nur *x* mit 1 zu multiplizieren statt mit $(1 - x)$ –, ergäbe sich als einziger Effekt die Berechnung der Zinseszinsen. Wir würden x_0 mit A multiplizieren, um x_1 zu erhalten, und dann x_1 mit A multiplizieren, um x_2 zu erhalten, dann x_2 mit A multiplizieren, um x_3 zu erhalten, und so weiter. Für jeden

Wert von *A* (die Entsprechung eines Zinssatzes) würde der Wert von *x* (die Entsprechung eines aktuellen Kontostands) direkt und ohne Einschränkung anwachsen und ständig zunehmen. Beziehen wir jedoch eine nichtlineare Antwort mit ein, schaffen wir einen Mechanismus, mit dessen Hilfe x auf vielfältige und manchmal wunderbar unerwartete Weise steigen und fallen kann. Die Details sind sowohl von der Anfangsbedingung (x_0) als auch von der Stärke (*A*) der Nichtlinearität abhängig, die das System antreibt.

Versuchen Sie es. Beachten Sie zunächst, dass unter bestimmten Umständen die nichtlineare Rückkopplung den Wert *x* schließlich bis auf null heruntertreibt, wo er für immer eingeschlossen bleibt. Das folgende Diagramm zeigt zum Beispiel, was passiert, wenn *A* gleich 1 und x_0 gleich 0,5 ist:

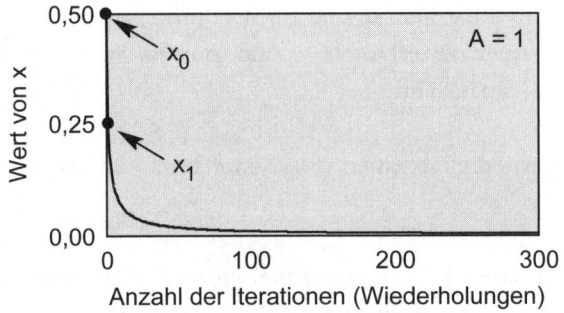

Wenn *x* ein Bankkonto darstellt, dann ist das Pendant zum langfristigen Ergebnis der finanzielle Ruin. Wenn *x* eine Wolfspopulation darstellt, dann ist das Pendant zum langfristigen Ergebnis das Aussterben. Welchen Wert *x* am Anfang auch annimmt, nach ausreichend vielen Iterationen sinkt er auf null.

Eine andere Möglichkeit, die über einen anderen Bereich von *A* verwirklicht wird, besteht darin, dass *x* sich an einen konstanten Wert «gewöhnt», der nicht null beträgt, indem er entweder eine «monotone» (gleich bleibende) oder eine «oszillatorische» (schwingende) Annäherung ans Gleichgewicht verfolgt. Während einer gleich bleibenden Annäherung steigen die Zahlen in nur eine Richtung an oder gehen zurück, bis sie an einem bestimmten Punkt auf dem gleichen Stand bleiben:

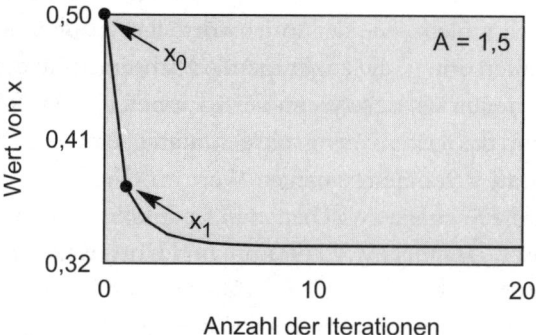

Während einer oszillatorischen Annäherung schwingt die Sequenz rhythmisch um ihren Gleichgewichtswert herum, bis sie schließlich zur Ruhe kommt. Die Oszillationen sind anfangs hoch, dann niedrig, werden allmählich immer geringer und verschwinden schließlich ganz und gar:

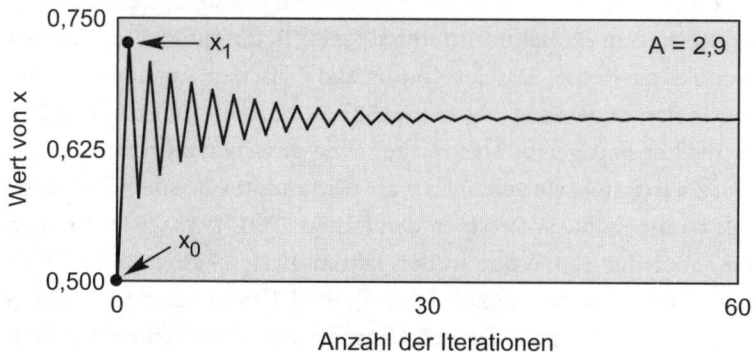

Allerdings endet das Spiel, ob der Kurs nun oszillatorisch oder gleich bleibend ist, mit einem einzigen fixen Wert für x – solange A einen bestimmten Punkt nicht überschreitet.

Und was geschieht danach? Was passiert, wenn A größer wird? Bis jetzt haben wir zugegebenermaßen noch kein besonders ungewöhnliches Verhalten beobachtet, jedenfalls nichts, was unseren Glauben an die deterministische Bewegungsgleichung erschüttern könnte. Aber plötzlich schiebt, wie der sprichwörtliche Tropfen, der das Fass zum Überlaufen bringt, die zunehmende Nichtlinearität die Zahlen in einen völlig neuen Bereich. Wenn der Parameter A den Wert 3 überschreitet, wird das System unvermittelt unfähig, eine Entscheidung zu treffen. Anstatt sich einem einzigen Wert im Gleichgewicht anzunähern, hüpft die Sequenz zwischen *zwei* Endpunkten hin und her – so wie Persephone ständig zwischen Erde und Unterwelt unterwegs ist:

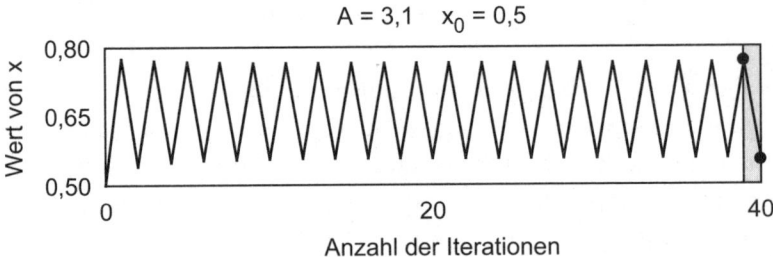

Denken Sie an die Implikationen. Wäre jemand so unglücklich (oder so dumm), ein Bankkonto unter solchen Bedingungen zu eröffnen, könnte es passieren, dass der Kontostand zwischen, sagen wir, 1264,32 Euro in den ungeraden Jahren und 881,97 Euro in den geraden Jahren hin und her springen würde und auf ewig zwischen zwei fixen Größen ohne Zwischenwerte gefangen wäre. Ein anderes Beispiel: Ein Förster zählt womöglich 654 Wölfe in den Jahren 1930, 1932, 1934, 1936 und 1938, aber nur 376 Wölfe in den Jahren 1931, 1933, 1935, 1937 und 1939. Oder ein Meteorologe verzeichnet vielleicht Windgeschwindigkeiten von 10 Knoten am ersten, dritten, fünften, siebenten und neunten Tag des Monats sowie 15 Knoten am zweiten, vierten, sechsten, achten und zehnten Tag. Ein Beobachter würde glauben, dass zwei unabhängige Gleichgewichtszustände um die Kontrolle über das gleiche System kämpften, wobei sich beide mit schönster Regelmäßigkeit mit der Führung abwechselten.

Aber jetzt wird es erst richtig lustig. Wird das System nämlich ein bisschen energischer vorangetrieben, verdoppelt sich die Länge des sich wiederholenden Zyklus von zwei auf vier,*

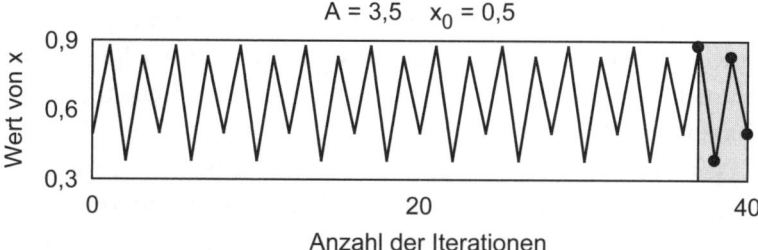

dann von vier auf acht, von acht auf sechzehn, von sechzehn auf zweiunddreißig und so weiter, bis schließlich etwas einrastet. Jenseits einer bestimmten Schwelle für den Wert von A verwandelt sich das nichtlineare System in ein «chaotisches» System. Sein Zyklus wird unendlich lang und wiederholt sich nie wieder, wie im folgenden Beispiel dargestellt:

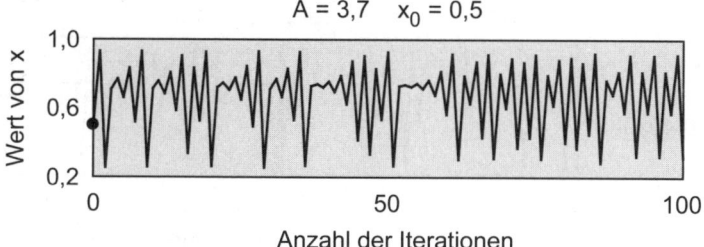

Es schienen Zufallszahlen zu sein, aber natürlich sind sie es nicht. Jeder Wert wird genau von den vorausgegangenen Werten bestimmt. Wenn die Sequenz ins Chaos geraten ist, ist es offensichtlich ein deterministisches Chaos, ein Chaos, das Regeln befolgt, und nicht etwa die Art von Chaos, in der als höchste Instanz der Zufall regiert.

Denn auch wenn ein nicht in Kenntnis gesetzter Beobachter womöglich keine Regelmäßigkeiten in der Zahlenliste (0,5000, 0,9250,

0,2567, 0,7060, 0,7681, 0,6591, 0,8313, 0,5189 ...) erkennt, wissen es diejenigen von uns, die in das Geheimnis eingeweiht sind, besser, denn wir lassen uns vom äußeren Anschein nicht täuschen. Wir wissen, dass unsere einfachen Regeln genau die gleiche Sequenz unter genau den gleichen Anfangsbedingungen erzeugen, auch wenn sie so willkürlich erscheint, dass die Zahlen auch aus einer Lottoziehung hätten stammen können. Wir wissen trotz des äußeren Anscheins, dass es Ordnung im Chaos gibt.

Dennoch können wir im praktischen Sinn wenig mit der deterministischen Gewissheit anfangen, die in der Gleichung steckt, weil das Endergebnis (selbst wenn es vorgezeichnet ist) mit äußerster Empfindlichkeit vom Ausgangspunkt x_0 abhängt. Wenn wir nur die winzigste Veränderung an x_0 vornehmen (sagen wir, von 0,500000 auf 0,499999),

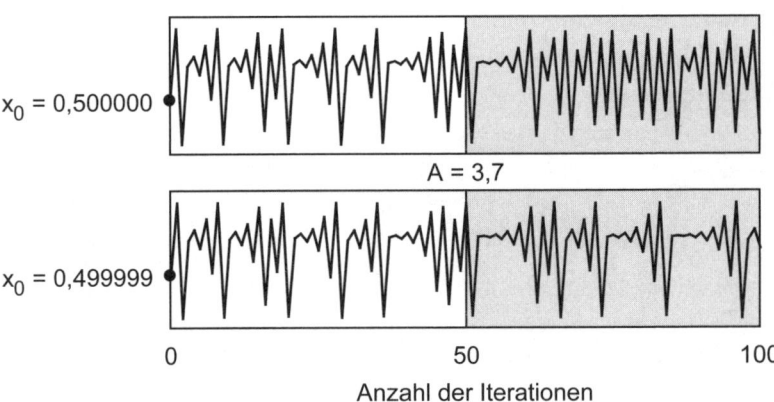

wird das chaotische Resultat ein Missverhältnis aufweisen*. In diesem Beispiel, wo der Ausgangspunkt um lediglich ein Fünfhunderttausendstel verschoben wurde, beginnt die Abweichung zwischen den beiden Sequenzen nach nur fünfzig Iterationen – bis zu dem Punkt, an dem sie bald überhaupt nichts mehr gemeinsam haben. Wenn wir also nicht mit absoluter Sicherheit wissen, dass die Sequenz mit $x_0 = 0,500000$ beginnt (nicht 0,500001, nicht 0,49999, nicht 0,499998, nicht 0,500002, sondern *genau 0,500000*), dann haben wir auch keine Vorstellung über die spätere Entwicklung.

Eine höhere Anfangsgenauigkeit wird die Schwierigkeit nur aufschieben, aber nicht beheben, weil wir irgendwo entlang der Strecke unweigerlich auf Abwege geraten werden. Nach einer begrenzten Anzahl großer oder auch kleinerer Iterationen unterscheidet sich die chaotische Sequenz allmählich immer deutlicher, selbst wenn der Ausgangspunkt nur um den lächerlichsten Betrag verschoben wurde. Sollten wir es deshalb vielleicht lieber mit einem Fünfmillionstel statt mit einem Fünfhunderttausendstel versuchen? Auch das würde nicht ausreichen. Nach einer gewissen Zahl von Schritten hat die beim Ausgangspunkt $x_0 = 0{,}5000000$ erzeugte Sequenz keine Beziehung mehr zu derjenigen mit dem Ausgangspunkt $x_0 = 0{,}4999999$ (was einen Unterschied von nur einer einzigen Einheit an der siebenten Stelle hinter dem Komma ausmacht). Wie wär's mit einem Fünfmilliardstel? Auch das würde nicht klappen. Ein Fünfbillionstel? Ein Fünfquadrillionstel? Ein Fünfquintillionstel (mit 30 Stellen hinter dem Komma)? Nein. Keiner dieser Vorschläge reicht aus. Wie winzig die Anfangsverschiebung auch sein mag, sie sät die Saat der Instabilität, die unaufhaltsam in ein chaotisches Geflecht auswächst. Und in einer chaotischen Welt zählt das Wort «fast» nicht. Entweder wir treffen die Zahl ganz genau, oder wir geben jeden Anspruch auf die Vorhersage eines deterministischen Resultats jenseits einer begrenzten Anzahl von Schritten auf. Genauso gut könnten wir auch würfeln.

Lasst alle Hoffnung fahren, die ihr durch die Tore des Chaos schreitet, denn das Versprechen des mechanischen Determinismus wird von Anfang an nicht gehalten. Ganz gleich, wie fein wir unsere Instrumente bauen und einstellen, ganz gleich, wie behutsam wir unsere Messungen vornehmen oder wie ausführlich wir unsere Umgebung kontrollieren – wie groß unsere Anstrengungen auch sein werden, letztendlich werden wir die extreme Empfindlichkeit eines chaotischen Prozesses gegenüber seinen Anfangsbedingungen nicht in den Griff bekommen. Ist das System lange genug in Fahrt, kommt es sozusagen vom Wege ab. Ein Flipperspieler tickt den Ball mit etwas weniger Kraft an, sodass am Ende eines langen Spiels mit außerordentlich vielen Abprallern nicht 1000, sondern 10 000 000 Punkte zu Buche stehen. Die Temperatur einer turbulenten Flüssigkeit fluktuiert unerwarteterweise mit einem Bruchteil eines Grades, sodass der Fluss unwiderruflich verändert wird. In Tokio schlägt ein Schmetterling mit den Flügeln, und zwei Wochen später regnet es in Madrid.

Dies wird in der gar nicht mal so skurrilen Sprache der Chaostheorie als «Schmetterlingseffekt»* bezeichnet: die Kaskaden der Unwissenheit, die ein chaotisches System befähigen, sich über die deterministischen Gleichungen lustig zu machen, von denen sie beeinflusst werden. Wir bringen die Gesetze eines Prozesses in Erfahrung, nur um festzustellen, dass die Regeln nicht anwendbar sind oder, anders formuliert, dass die Regeln lediglich eine systematische Form der Anarchie legitimieren.

Das müssen wir akzeptieren und in unser Weltbild integrieren. Das Chaos ist genauso sehr ein Teil der mechanischen Landschaft wie die Erhaltung von Energie und Impuls. Es ist eine wechselhafte Eigenschaft des Gesetzes, die unserer Erkenntnisfähigkeit Grenzen setzt. Es gibt Ereignisse in dieser Welt, die so empfindlich und heikel sind, dass ein Beobachter nur raten kann, was als Nächstes geschieht, und außerstande ist, sichere Angaben zu machen.

Sie brauchen nur einen Meteorologen zu fragen.

ENTFESSELTES CHAOS

«Hätte ich doch bloß Andrea heute Morgen nicht angerufen, dann hätte sie den Bus nicht verpasst und wäre nicht eine Stunde zu spät zur Arbeit gekommen. Dann hätte sie ihre Verabredung mit Christina zum Mittagessen nicht abgesagt, und Christina wäre nicht auf der Hauptstraße bummeln gegangen, hätte sich keine Zeitung gekauft und, ach, Christina, arme Christina, dann hätte sie auch nicht um halb eins, zeitunglesend, die Straße betreten und wäre nicht vom heranrasenden Gemüsetransporter platt gemacht worden. *Es ist allein meine Schuld.*»

Wir geben uns, fälschlicherweise, die Schuld für alle möglichen Ereignisse im Alltag, wenn der Fehler in Wirklichkeit in der chaotischen Unvorhersagbarkeit des Schmetterlingseffekts liegt. Das ist vermutlich ein schwacher Trost für Christina und alle, die um sie trauern, aber die nichtlineare Dynamik und das dadurch erzeugte Chaos sind untrennbar in die Struktur der Welt eingewoben. Suchet und ihr werdet finden, nämlich das Chaos in … langfristigen Wettermustern, die sich jeder Vorhersage widersetzen, … tropfenden Wasserhähnen … Flippergeräten … Tierpopulationen … Flussströmungen … unregelmäßigen Herzschlägen … Rauchwirbeln … Gehirnwellen … Ölpipelines … Epidemien … Laserstrahlen … Getrieben … Stromkreisen … chemischen Reaktionen … Fußballspielen … flatternden Fahnen … den Saturnringen … der Umlaufbahn des Pluto … dem Großen Roten Fleck auf dem Jupiter – eigentlich überall, wo Sie hinschauen. Die Liste wird ständig länger. Nahezu alles im Universum, von kollidierenden Molekülen bis zu sich zusammenballenden Galaxien, ist unter geeigneten Umständen empfänglich für chaotisches Verhalten. Wir müssen nur unsere Augen öffnen.

Einfachheit ist schön. Wenn ein einfaches System innerhalb seiner linearen Grenzen bleibt, offenbart sein Verhalten mathematische Anmut und Eleganz. Wir können beim Niederschreiben der Gleichungen sparsam mit den Symbolen umgehen. Wir können die Gleichungen ein für alle Mal genau lösen. Bemerkenswerterweise können wir mit denselben Gleichungen die verschiedenartigsten Phänomene beschreiben, von Wasserwellen über elektromagnetische Wellen zu Wärme- und Quantenwellen. Lineare Systeme ähneln sich in ihrer Einfachheit, und haben wir sie erst einmal verstanden, neigen wir zu der freudestrahlenden Selbsttäuschung*, wir wüssten nun alles, was es zu wissen gäbe. Beglückt reden wir uns ein, ein lineares System sei eher die Regel als die Ausnahme.

Aber es gibt eben auch die Welt der Komplexität, und die strahlt ihre eigene Schönheit aus, vor allem, wenn die Komplexität aus Einfachheit entsteht. Komplexe Systeme, nichtlineare Systeme, chaotische Systeme – wo immer wir sie finden, betrachten wir sie nicht als

Lehrbuchbeispiele, sondern als unterschiedliche Individuen. Jedes hat seine eigenen Gleichungen, seinen eigenen Parameterbereich und seine Eigentümlichkeiten. Im Gegensatz zu linearen Systemen gibt es hier kein Etikett mit dem Aufdruck «Passend für alle Größen». Ähnlich wie bei den unglücklichen Familien in Tolstois Romanen ist jedes chaotische System auf seine ureigene Weise chaotisch.

Zwischen heute und der Ewigkeit

«Langfristig gesehen», bemerkte einmal der Wirtschaftswissenschaftler John Maynard Keynes, «sind wir alle tot.» Auf lange Sicht betrachtet, brauchen die Systeme ihr Veränderungspotenzial vollständig auf. Sie kommen ins Gleichgewicht. Die Ordnung weicht der Unordnung, und die Entropie im Universum nimmt zu. Der Zweite Satz der Thermodynamik bekommt seinen Willen.

Nun mag das Ende noch weit entfernt sein, aber dass es kommen wird, ist über jeden Zweifel erhaben: Die Aussichten dafür sind unschlagbar. Früher oder später setzt die Zeitlosigkeit des Gleichgewichtszustands ein. Im Spielkasino der Natur gewinnt immer die Bank. Es ist nur eine Frage der Zeit.

Bis dahin ist jedoch alles möglich. Es gibt Fluktuationen und Überraschungen. Statistisch unwahrscheinliche Zustände treten ins Leben; ein kurzes Aufflackern, und schon sind sie wieder verglüht. Aus ungeordneten Strukturen ergeben sich plötzlich geordnete Gebilde, die manchmal bestehen bleiben. Vergessen Sie nicht: Zu leben heißt, aufsässig in einem Nichtgleichgewichtszustand zu verweilen und dabei den Zweiten Satz der Thermodynamik, zumindest für eine Weile, in Schach zu halten.

Nobelpreisträger Ilya Prigogine*, der sich jahrzehntelang dem Verständnis nichtlinearer Prozesse widmete, spricht von dem Unterschied zwischen *Sein* und *Werden**. Es ist der Unterschied zwischen

Gleichgewicht und Evolution, zwischen Ziel und Reise, zwischen dem Ende einer Angelegenheit und ihrer Mitte. Diese Einsicht stimmt überein mit einer neu aufkommenden Würdigung der Komplexität auf vielen unterschiedlichen Gebieten, eine Anerkennung, dass Systeme mehr sein könnten als die Summe ihrer Bestandteile. Komplizierte Ansammlungen können sich auf kooperativer Basis zu Strukturen entwickeln, die zu außerordentlichen Leistungen fähig sind und sich permanent der natürlichen Tendenz widersetzen, in die Unordnung hineinzurutschen.

Ein System braucht Ressourcen, um gegen den Strom zu schwimmen. Um einen gleich bleibenden Zustand fern vom Gleichgewicht beizubehalten – um Ordnung zu bewahren, wo es sonst Unordnung gäbe –, muss ein System Energie und Materie von außen importieren. Es muss selbst aktiv werden, statt sich passiv dem Zweiten Satz zu unterwerfen. Es muss seine Abfallprodukte loswerden. Es muss verbrauchten Brennstoff wieder auffüllen. Es muss seinen Lebensunterhalt verdienen. Wenn ein System dies schafft, dann kann es auf unbestimmte Zeit in einem Nichtgleichgewichtszustand bleiben.

Und sollte das System nichtlinear (und genau richtig angeordnet) sein, dann wird es uns gelegentlich auf völlig unerwartete Weise überraschen. Ein nichtlineares System, das Energie und Materie aus der Umgebung zieht, wird sich manchmal zu einer geordneteren und komplexeren Struktur mit unvorhersehbaren neuen Eigenschaften organisieren – wie es beispielsweise geschieht, wenn ein klumpiges, strukturiertes Universum mit Sternen und Galaxien aus der unausgereiften Saat des Urknalls hervorgeht oder wenn das irdische Leben aus einer Ansammlung unbelebter Moleküle entsteht. Um allerdings eine solche Meisterleistung zu vollbringen, benötigt ein nichtlineares System etwas mehr als nur die Versorgung mit Energie und Materie von außen. Ein bisschen Glück gehört eben auch dazu. Eine zufällige Fluktuation ist nötig, um eine Folge von Ereignissen auszulösen, die eine immanente Instabilität in eine vorläufige Stabilität verwandelt.

So wird der Zufall zu einem wesentlichen Bestandteil des Naturgesetzes*, ein unvermeidliches Würfelspiel, das nötig wird, um aus einer ganzen Reihe von Möglichkeiten nur ein einziges, besonders komplexes Resultat auszuwählen. Welches es dann wirklich sein wird, wissen wir nie ganz genau. Wir können uns nur auf die statistische Wahrscheinlichkeit verlassen und sollten auf Überraschungen gefasst sein, was das Ergebnis betrifft. Wenn die Roulettescheibe sich nicht mehr dreht, könnten wir erkennen, wie ein System mit neuen und unerwarteten Eigenschaften entsteht, ein System, das als ein Ganzes betrachtet werden muss, statt als Ansammlung unabhängiger Bestandteile.

Hiermit haben wir alle Voraussetzungen für eine neue Wissenschaft, nämlich die Wissenschaft der Komplexität, des Chaos und der «emergenten» Phänomene; mit anderen Worten: die Wissenschaft der Überraschung. Diese Wissenschaft entwächst gerade ihren Kinderschuhen. Rechnen Sie also mit dem Unerwarteten.

12. LOSE ENDEN

Der Physiknobelpreisträger Isidor Isaac Rabi* reagierte auf die Entdeckung eines neuen und unerwarteten Teilchens (nämlich des Muons) im Jahr 1937 mit der Frage «Wer hat das denn bestellt?» Halb scherzhaft und halb ernst gemeint, erinnert uns dieser Ausspruch daran, dass unser Verständnis der Naturgesetze immer nur ein Provisorium sein kann: Die Theorie muss an die Fakten angepasst werden und nicht umgekehrt. Intellektuelle Ehrlichkeit verlangt, dass ein Modell angesichts neu gewonnener Erkenntnisse auf den Prüfstand gebracht, überarbeitet und kontinuierlich erweitert werden muss.

In den ersten Jahren des einundzwanzigsten Jahrhunderts wissen wir Dinge, die vor vierzig, zwanzig, zehn oder fünf Jahren, ja, sogar letztes Jahr oder vorletzte Woche, noch niemand vermutet hätte. Tag für Tag untersuchen wir Materie bei immer niedrigeren Temperaturen, höheren Drücken und kleineren Abständen. Monat für Monat schauen unsere Instrumente und Apparate immer tiefer in den Weltraum hinein und immer weiter zurück in die Zeit. Jahr für Jahr befragen wir die Natur mit Hilfe immer höherer Energiemengen. Je mehr Rohdaten wir entdecken, desto mehr wollen wir auch verstehen.

Wir wollen nichts Geringeres begreifen als Ursprung und Schicksal des Universums selbst und fragen uns sogar, ob unser einzig wahres Universum (dessen Einzigartigkeit wir bisher nie so richtig in Abrede stellten) in Wirklichkeit nur eines von vielen Universen sein könnte. Sollte dies zutreffen, müssten dann etwa die «universellen» Naturgesetze in den Status eines lokalen Kodex zurückgestuft werden, der nur für einen bestimmten Zuständigkeitsbereich gilt und nirgendwo sonst? Haben physikalische Konstanten heutzutage den gleichen Wert wie in all den Zeitaltern zuvor?

Wir möchten die Beschaffenheit und die Rolle der *dunklen Materie* im Universum verstehen. Sie ist der Stoff, von dessen Existenz wir überzeugt sind (da er sozusagen einen Gravitationsabdruck seiner Identität hinterlässt), den wir aber elektromagnetisch nicht nachweisen können. Besteht die dunkle Materie aus Teilchen, mit denen wir bereits in anderen Zusammenhängen vertraut sind, oder ist sie eine gänzlich neue Form der Materie? Der neugierige Mensch möchte es wissen. Die dunkle Materie ist die bei weitem größte Quelle von Masse im Universum und kann deshalb nicht ignoriert werden.

Auch die *dunkle Energie*, die das Universum durchdringt, wollen wir verstehen. Nachgewiesen wird sie durch einen offensichtlich gegen die Gravitation gerichteten Abstoßungseffekt, der über kosmologische Entfernungen hinweg zunehmend stärker wird. Entsteht das Phänomen aus einer der vier bereits bekannten grundlegenden Wechselwirkungen oder kündet die dunkle Energie von einer völlig neuen Kraft? Ist unser kosmisches Quartett in Wirklichkeit ein Quintett?

Wir möchten nachhaltig die zugrunde liegende Struktur und Einheit der Natur im allerkleinsten Maßstab verstehen. Ist die Mauer, die Bosonen von Fermionen trennt, ein undurchdringliches Hindernis oder könnten «Kraft»-Teilchen und «Materie»-Teilchen in der Lage sein, sich im Rahmen einer höheren Symmetrie (einer Supersymmetrie), die erst noch entdeckt werden müsste, ineinander zu verwandeln? Werden Quarks, Elektronen und Neutrinos aus Bestandteilen gebildet, die noch feinteiliger abgestuft und vielseitiger sind, als das bisher für möglich gehalten wurde? Gibt es letztlich eine Grenze für die Unterteilung der Materie? Liegen wir falsch mit der Einteilung des Raumes in unendlich kleine Punkte ohne Ausdehnung? Sind wir auf der falschen Fährte mit der Vermutung, dass die bereitwillig von uns wahrgenommene Raum-Zeit mit ihren drei Raumdimensionen und ihrer einen Zeitdimension die einzig existierende Raum-Zeit ist? Werden die verschiedenen grundlegenden Kräfte jemals zu einer begrifflichen Einheit in einer einzigen, allumfassenden Wechselwirkung zusammengefasst werden können?

Allein die Fähigkeit, solche Fragen überhaupt zu stellen, ist aufregend genug, und manche Antworten (ganz zu schweigen von vielen neuen Fragen) könnten schneller auftauchen, als wir uns das hätten

träumen lassen. Und selbst wenn die Suche kein Ende nimmt, kön-
nen wir wenigstens einen provisorischen, zaghaften Blick über den
Horizont hinaus wagen. Das soll das Ziel dieses zwölften und letzten
Kapitels sein, aber keinesfalls das letzte Wort.

ÜBERBRÜCKBARE DIFFERENZEN?

Was uns die Geschichte lehrt, ist eindeutig: Wenn Sie glauben, Sie
wüssten bereits alles, denken Sie noch einmal nach. Wann immer
Physiker verkünden, das Ende sei nahe – das heißt, unser Verständnis
der grundlegenden Gesetze sei fast vervollständigt –, bricht normalerweise eine Revolution aus. Irgendeine radikale neue Entdeckung steht
unmittelbar bevor.

Denken Sie an das späte siebzehnte Jahrhundert. Newtons Gesetze der Mechanik waren für die damalige Zeit gleichbedeutend mit
einer Weltformel*, ein Benutzerhandbuch für das gesamte bekannte
Universum. Hier lag also eine umwerfend präzise Erklärung vor für
das, was die Welt in Schwung bringt, gleichermaßen anwendbar auf
Himmel und Erde. Für Beobachter, die keine andere Kraft kannten
als die Gravitation (und sich außerdem keiner stärkeren Gravitations-
kräfte als derjenigen in unserem Sonnensystem bewusst waren), war
dies ein Modell, das kaum etwas zu wünschen übrig ließ. Es zog alles
in Betracht, was man damals wissen konnte.

Dann folgte die Entdeckung der Elektrizität und des Magnetismus,
sodass sich das klassische Königreich gegen Ende des neunzehnten
Jahrhunderts in eine Doppelherrschaft gespalten hatte: in das Reich
der Mechanik, das von Newtons Bewegungsgesetzen beherrscht
wird, und in das Reich des Elektromagnetismus, das von Maxwells
Gleichungen beherrscht wird. Aber dennoch umfasste, nach bestem
damaligem Wissen, die Kombination von klassischer Mechanik und
Elektromagnetismus das gesamte damals bekannte Universum. Zu-

sammen stellten die beiden Zweige der Physik eine neue Weltformel dar, genauer gesagt: die zweite überarbeitete Ausgabe.

Zählt man jetzt noch die drastischen Abänderungen hinzu, die Einstein mit seiner Relativitätstheorie bewirkte, dann besaß die Physik um 1920 eine noch ausgefeiltere Weltformel, die alles umfasste – das heißt «alles» in einem klassischen Universum, das von nur zwei grundlegenden Kräften regiert wird. Erstens verwarf die Spezielle Relativitätstheorie die absolute Zeit und setzte neue Maßstäbe für das Newton'sche Gesetz bei hohen Geschwindigkeiten, wobei Masse mit Energie gleichgesetzt wurde. Zweitens ersetzte die Allgemeine Relativitätstheorie Newtons Gravitationskraft durch eine von der Masse verursachte Krümmung der Raum-Zeit. Es war bis zu diesem Zeitpunkt die vollständigste Beschreibung des Universums, das letzte Wort in einer Welt ohne Atome und ohne das Unbestimmtheitsprinzip. Was könnte ein klassischer Beobachter mehr verlangen?

Dann kam die Quantenmechanik und mit ihr ein Paar neuer Wechselwirkungen, nämlich die schwache und die starke Wechselwirkung. Sie sollten sich die Bühne mit der Gravitation und dem Elektromagnetismus teilen. Auch sie waren ein phänomenaler Erfolg und gelten für Systeme mit Molekülen als Obergrenze und Quarks als Untergrenze. Der quantenmechanische Blick auf die Mikrowelt mit den Prinzipien der Überlagerung und der Unbestimmtheit umfasst nunmehr eine Theorie der elektromagnetischen Wechselwirkung (Atome und Moleküle, Photonen, das elektromagnetische Feld), der vereinigten elektroschwachen Wechselwirkung (Betazerfall, Photonen, die W- und Z-Bosonen) und der starken Wechselwirkung (Protonen und Neutronen, Quarks und Gluonen). Die Quantenmechanik erklärt alle grundlegenden Wechselwirkungen mit Ausnahme der Gravitation, die für die Art von Eichfeldtheorie unzugänglich bleibt, die für die drei anderen Kräfte konzipiert wurde.

Nun sind drei von vier kein schlechtes Ergebnis, aber auch nicht so zufrieden stellend, wie vier von vier es wären; und das Fehlen einer quantenmechanischen Theorie der Gravitation gibt uns Zeit zum Durchatmen. Denn falls große Dinge letztlich aus kleinen Dingen entstehen (was zutrifft) und falls kleine Dinge den Gesetzen der Quantenmechanik gehorchen (was zutrifft), warum sollte dann Einsteins makroskopische Beschreibung der Gravitation nicht ebenfalls von einer mikroskopischen Quantentheorie ableitbar sein? Das ist die große Herausforderung, der sich die Physiker heute stellen müssen: Wie lässt sich ein Reich der Kräfte zusammenschließen, das noch nicht vollständig vereinigt ist? Wo sich die elektromagnetischen, schwachen und starken Wechselwirkungen auf der einen Seite und die Gravitation auf der anderen Seite gegenüberstehen? Mikroskopisch gegen makroskopisch. Quantenmechanik gegen allgemeine Relativität.

Auf der Suche nach einer Verbindung achtet man auf Umstände, unter denen die Gravitationswechselwirkung (die normalerweise äußerst schwach ist) mit den anderen Kräften konkurrieren kann. Wo könnten wir, vor allen Dingen, einen angemessenen Prüfstand finden? *In einem Atom* womöglich? Nein. Die elektromagnetische Wechselwirkung zwischen Elektronen und Protonen innerhalb des Atoms ist etwa 1 000 000 000 000 000 000 000 000 000 000 000 000 000-mal stärker als die Gravitation. *In einem Kern?* Nein. Selbst bei Abständen, die hunderttausendmal kürzer sind als die zwischen Elektronen und Kernen, ist die Gravitationskraft zwischen Protonen im Kern verschwindend gering, verglichen mit den elektromagnetischen und starken Kräften.

In einem Teilchenbeschleuniger? Vielleicht, vorausgesetzt, wir haben einen unvorstellbar riesigen Energiebetrag zur Verfügung, um die Teilchen unvorstellbar eng zusammenquetschen zu können. Etwa hundert Milliarden Milliarden Mal enger als in einem Kern. Ist das machbar? Augenblicklich und in naher Zukunft nicht. Alle Ingenieure und alles Geld der Welt reichten nicht aus, um eine solche Maschine zu bauen.

In einem Schwarzen Loch? Vermutlich, denn da hier die Teilchen bereits bei außerordentlich hohen Dichten zusammengedrängt sind, kann auf künstliche Vorrichtungen verzichtet werden. Wenn die Abstände klein genug werden, hat die Gravitation zumindest eine Chance. Ein Schwarzes Loch ist zugegebenermaßen ein Extremfall, aber hier brauchen wir ja nichts Geringeres als einen Extremfall, um unser Ziel zu erreichen.

In einem kleinen Punkt, der alle Energie und Substanz des Universums enthält? Ja. Und es ist genau dieser extremste aller Extremfälle – der Urknall nämlich, der Zeitpunkt, der nach Meinung der Kosmologen die Geburt unseres Universums markiert –, der der Natur die beste Möglichkeit geboten hätte, das volle Programm vereinter Quantenkräfte einzusetzen, in der die Gravitation enthalten gewesen wäre. Richten wir also unseren Blick auf das Unbekannte und fragen wir uns zunächst, ob es einen Anfang von Zeit und Raum gegeben hat.

Es war einmal

Die Kampflinien wurden bereits im Altertum gezogen, als sich Griechen und Hebräer gegenüberstanden. Die griechische Philosophie behauptete, das Universum sei schon immer da gewesen und werde auch ewig existieren, Materie sei ewig und unveränderlich und seit jeher gegenwärtig. Im Gegensatz dazu glaubten die Hebräer*, das Universum sei ex nihilo, aus dem Nichts, hervorgegangen, und zwar in einem kreativen Moment (in einem Urknall, wie wir sagen würden), der den Anfang von Raum und Zeit markierte.

Allerdings hatten weder die Griechen noch die Hebräer irgendeinen objektiven Beweis für ihren Glauben, ganz im Gegensatz zu zeitgenössischen Kosmologen, die mit zunehmendem Selbstvertrauen auf das Urknallmodell setzen. Die Philosophen des Altertums wussten nichts von der Ausdehnung des Weltalls oder von der kosmischen Hintergrundstrahlung, die den ganzen Raum durchdringt, geschweige denn von der aufschlussreichen Verteilung der Elemente Wasserstoff und Helium. Heute jedoch wissen wir darüber Bescheid, sodass für uns – die wir um diese Dinge wissen und immer weitere Fragen stellen – die Geschichte des Universums in den Sternen geschrieben steht.

Wir hören es im Heulton der Sirene, wenn der Krankenwagen an uns vorbeifährt. Während er sich uns nähert, ist es eine höhere Tonlage, und sobald er an uns vorbeigefahren ist, klingt die Sirene tiefer. Das ist der «Dopplereffekt», die Frequenzveränderung, die von einem Beobachter relativ zu einer bewegten Welle registriert wird. Er teilt uns nüchtern und sachlich mit, dass ein Zug oder ein Krankenwagen kommt, aber er lässt uns auch an etwas viel Großartigerem teilhaben. Der Dopplereffekt ist eine einfache Welleneigenschaft* und sagt uns die Expansion des Universums an.

Stellen Sie sich einen Reisenden vor (sein Name sei Hubble)*, der regelmäßig einmal in der Woche seinem Freund Doppler eine Postkarte nach Hause schickt. Ganz gleich, ob Hubble nah oder fern ist, er hält sich an den gleichen strengen Zeitplan, einmal pro Woche eine Karte zu schicken, ohne im Geringsten davon abzuweichen. Doppler empfängt die Post jedoch mit unterschiedlicher Frequenz, manchmal mehr und manchmal weniger als einmal wöchentlich. Die Karten, die Hubble abschickt, wenn er sich von Doppler entfernt, müssen nacheinander größere Entfernungen zurücklegen und brauchen länger, um bei Doppler anzukommen. Die Grüße, die Hubble schickt, wenn er sich auf Doppler zubewegt, legen kürzere Entfernungen zurück und kommen deshalb häufiger an.

Das Gleiche trifft auf Wellen zu. Wellenberge einer Quelle, die sich auf einen Beobachter zubewegt, kommen mit höherer Frequenz an als die Wellenberge einer Quelle, die sich von einem Beobachter entfernt:

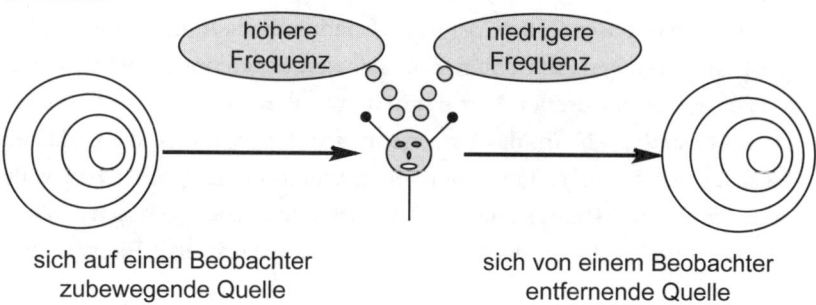

| sich auf einen Beobachter zubewegende Quelle | sich von einem Beobachter entfernende Quelle |

Wasserwellen tun es. Klangwellen tun es. Lichtwellen tun es. Die elektromagnetische Strahlung, die wir von einer fernen Galaxie empfangen, scheint zu einer niedrigeren Frequenz und zu einer längeren Wellenlänge hin verschoben zu sein, was auf eine aus dem Sichtfeld verschwindende Quelle schließen lässt. Anstatt etwa blaues Licht von einem ruhenden Stern zu sehen (jedes chemische Element hat seine eigene charakteristische Wellenlänge), beobachten wir eine Verzerrung der Strahlung zum roten Ende des Spektrums hin. Hier liegt eine längere Wellenlänge vor. Der Stern entfernt sich von uns, und wir entfernen uns von dem Stern:

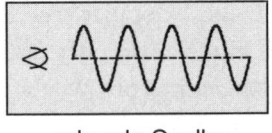 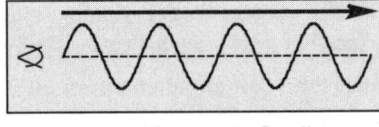

ruhende Quelle   sich entfernende Quelle

Je weiter die Galaxie entfernt ist, desto größer ist die Verschiebung im Wellenlängenbereich. Alle Galaxien, unsere Milchstraße inklusive, entfernen sich mit Geschwindigkeiten voneinander, die proportional zu ihren gegenwärtigen Abständen zueinander sind. Je weiter sie entfernt sind, desto schneller bewegen sie sich. Das Phänomen wird intergalaktische Rotverschiebung genannt und wurde 1929 von dem Astronomen Edwin Hubble entdeckt.

Dieses Erkennungszeichen eines dynamischen, sich entwickelnden Universums ist eine ziemliche Überraschung. Der Kosmos ist offensichtlich nicht statisch und beständig, wie man lange glaubte, sondern die Raum-Zeit selbst ist vielmehr ständig in Entwicklung begriffen. Verstehen Sie richtig: Die Galaxien expandieren nicht einfach in zuvor leer gewesenen Raum hinein, wie illegale Siedler unbesetztes Land besiedeln. Nein, das Universum ist viel subtiler – die Galaxien werden, ob Sie es mögen oder nicht, wie in einer großen Flutwelle von frisch hergestelltem Raum fortgeschleppt. Stellen Sie sich das Geschehen nicht so vor, als werde ein Gefäß (Raum) mit Energie und Masse aufgefüllt,

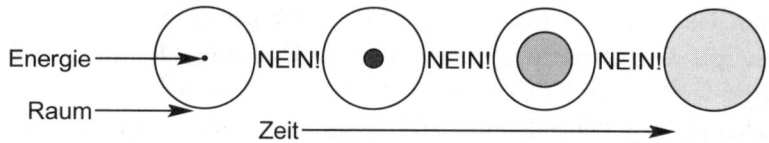

sondern vielmehr als gemeinsame Expansion von Gefäß und Inhalt:

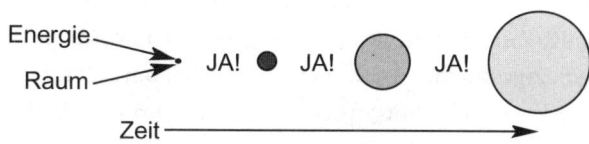

Die Gesamtstruktur des Universums dehnt sich aus, wobei in jedem Augenblick neuer Raum erzeugt und bisher nicht existierendes Territorium erschlossen und eingenommen wird.

Die allgemeine Relativität verlangt dies.* Das Zusammenspiel von Masseenergie und Raum-Zeit führt zu einem ruhelosen Universum, zu einem Spielfeld, das in alle Ewigkeit gestaltet und wieder umgestaltet wird. Masse und Energie krümmen die Struktur des Raumes und der Zeit, was im Gegenzug die Bewegung jedes nahen Objektes beeinflusst. Genau die gleichen Körper, die, der Trägheit gehorchend, in den Spalten und Gräben einer gekrümmten Raum-Zeit dahingleiten, erzeugen noch mehr Krümmung, die im Gegenzug deren Bewegung erneut beeinflusst, wieder und wieder ... und so weiter, hin und zurück in nie endender Wechselseitigkeit.

Das Ergebnis ist laut Einstein eine aktive Raum-Zeit, die einfach nicht stillstehen kann. Der Raum mag wachsen oder schrumpfen, aber in Gegenwart von Masse und Energie muss er etwas tun. Jedenfalls kann er nicht so bleiben, wie er ist.

Angesichts dieser Erfordernis denken Sie bitte über die folgende Aussage nach. Falls heute die Raum-Zeit in ihrer Ausdehnung größer ist als gestern und gestern größer als am Tag zuvor, wie war sie dann wohl zu der Zeit, als das Universum wirklich außerordentlich klein war? Hätte es tatsächlich eine Zeit null geben können, als die ganze Energie des Universums in einem unendlich kleinen Raum konzentriert war? Hätte das Universum ganz plötzlich in einem Urknall der Schöpfung in Erscheinung treten, seine angestammte Energie ausbreiten und nebenbei auch noch die Raum-Zeit ins Leben rufen können?

Die Allgemeine Relativitätstheorie lässt diese Vorstellung plausibel werden. Unterstützt wird sie außerdem von der Beobachtungstatsache der Rotverschiebung. Aber es gibt noch weiteres Beweismaterial, zwei zusätzliche Andenken an die Geburt des Universums, nämlich die kosmische Hintergrundstrahlung und die Verteilung der chemischen Elemente. Bitte hören Sie mir zu.

ZEUGE DER SCHÖPFUNG

Es war eine zufällige, aber erstaunliche Entdeckung, für die die Astrophysiker Arno Penzias und Robert Wilson 1978 mit dem Physiknobelpreis ausgezeichnet wurden*. Sie beobachteten, dass unser sich ausdehnendes Universum überall einen gleichförmigen Hintergrund hat. Es ist eine geringe Mikrowellenstrahlung, das sind schwache elektromagnetische Wellen, die von einer urzeitlichen Störung riesigen Ausmaßes herrühren*. Wie die Kräuselungen in einem Teich dauern die Schwingungen noch in weiter Ferne und lange nach dem ursprünglichen Schock an, der sie erzeugte:

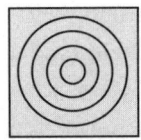

Klick! Ein Stein fällt ins Wasser. *Klick!* Die Tür eines Hochofens springt auf. *Klick!* Ein unvermittelter Ausbruch von Energie aus dem Nichts. Die Störung am Anfang verblasst und ist schon bald Vergangenheit, aber die sich kräuselnden Hitzewellen bleiben bestehen. Immer weiter vom Ursprung entfernt und immer schwächer werdend, stellen sie eine bleibende Erinnerung an vergangene Ereignisse dar.

Die kosmische Hintergrundstrahlung legt Zeugnis ab für ein Universum, das einst viel kleiner und viel heißer war, ein winziger Dampfdrucktopf, auf eine Milliarde Grad erhitzt, auf eine Billion Grad, auf eine Billion Billionen Grad – je weiter man in der Zeit zurückgeht, desto heißer und kleiner muss der Kosmos gewesen sein, bis zurück zu jenem einzigartigen Augenblick, als der Deckel vom Topf flog. Die entwichene Hitze hat sich seitdem abgekühlt. Mittlerweile ist sie bei 2,7 Grad über dem absoluten Nullpunkt (– 273 Grad Celsius) angelangt und mit Abweichungen von lediglich 0,001 Prozent gleichmäßig im Universum verteilt*.

Wohin Sie auch schauen: Die Temperatur des kosmischen Mikrowellenherds schwankt nirgendwo mehr als ein paar Hunderttausendstel eines Grads. Wenn wir sie messen, messen wir die Restwärme der Schöpfung, das Abendrot des Urknalls.

Und hier kommt ein weiterer Hinweis darauf, wie alles begann: der heutige Überschuss leichtester Elemente, insbesondere Wasserstoff und Helium. Halten Sie nicht auf der Erde Ausschau nach ihnen. Unser Heimatplanet ist nur ein winziger und untypischer Flecken im Universum. Schauen Sie lieber tiefer ins Weltall hinein und machen Sie eine Bestandsaufnahme. Wo wir normale Materie finden, nimmt der Großteil der Masse die Form von Wasserstoff (ein Proton) und Helium (zwei Protonen) an, wobei die Menge des Wasserstoffs die des Heliums um etwa das Dreifache übertrifft. Es ist ein uraltes Erbe, eine zum Zeitpunkt der Geburt finanzierte chemische Ausstattung, denn der gesamte Wasserstoffvorrat sowie der größte Teil der Heliumkerne im Universum wurden zu Beginn geschaffen. Sie sind uns bis auf den heutigen Tag erhalten geblieben und sind das Rohmaterial, aus dem die Natur die chemischen Elemente herstellt.

Es geschieht in den Sternen. Leichte Kerne, die unter außerordentlich hohen Temperaturen und Drücken zusammenkommen, verschmelzen zu schwereren Kernen und bauen sich allmählich auf, zunächst von Wasserstoff zu Deuterium («schwerer Wasserstoff», der nur ein Proton und ein Neutron enthält),

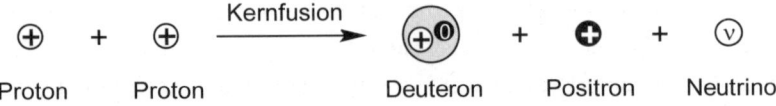

das dann verbraucht wird, um unterschiedliche Isotope von Helium, Beryllium, Kohlenstoff und höheren Elementen zu erzeugen. Die Reaktionen sind kompliziert und produzieren Nebenprodukte wie Neutrinos, Antineutrinos, Elektronen und Positronen (positive Elektronen oder «Antielektronen»). Einige der gebildeten Kerne sind stabil, andere sind es nicht. Manche sind dem radioaktiven Zerfall in leichtere Elemente unterworfen, während andere in schwerere Elemente umgewandelt werden. Viele Kerne werden in der verheerenden Explosion einer «Supernova»* geboren, die stattfindet, wenn ein ausgebrannter Stern schließlich unter seinem eigenen Gewicht zusammenbricht und dabei noch schwerere Elemente erzeugt. Die frisch geschmiedeten Atome fliegen wie Funken aus dem explodierenden Stern und regnen als neue chemische Möglichkeiten im ganzen Universum herab.

Egal jedoch, wie es passiert – mit welcher Methode die chemischen Kerne ins Leben treten –, das Verfahren der «Kernsynthese» lässt sich bis zum urzeitlichen Wasserstoff zurückverfolgen, der zu Beginn gebildet wurde. Schaut man also durch ein Teleskop und erkennt eine Wasserstoffwolke, sieht man das ursprüngliche Baumaterial der Natur, vergleichbar mit Ziegelsteinen, die gestapelt auf einem Bauplatz liegen.

Der Urknall in der Nussschale

Aus kleinen Eicheln wachsen große Eichen, und die «urzeitliche Eichel der Urknalltheorie» war so winzig klein und riesig zugleich, dass man es nur schwer begreifen kann. Das gesamte Universum, also die Summe jeglicher vorhandener Substanz – inklusive vollständig finanziertem Energiekonto, aller vier eingeschalteten grundlegenden Wechselwirkungen und einsatzbereiter Fähigkeit zur Erzeugung von Raum-Zeit –, begann als ein unheimlich kleiner, unheimlich dichter und unheimlich heißer Fleck mitten im Nichts. Wie ein befruchtetes Ei brachte dieser in sich abgeschlossene Keim eines Universums alles mit, was noch kommen sollte, sowohl in gegenwärtiger als auch in latenter Form. Es war ein Kosmos im Mikrokosmos, unendlich klein und grenzenlos zugleich.

Aber *wo* passierte es? Nirgendwo ... und überall. Am Anfang gab es weder Dimensionen noch Raum. Ein Koordinatennetz anzulegen und den Ort mit X zu kennzeichnen, war nicht möglich.

Wann geschah es? Der Rotverschiebung nach zu urteilen, vor ungefähr 13,5 Milliarden Jahren*.

Was geschah *davor*? Bitte fragen Sie nicht. Die Chronologie des Urknalls beginnt nicht unmittelbar am Anfang, nicht am «Nullzeitpunkt», sondern vielmehr mit dem winzigsten Bruchteil einer Sekunde danach. Am abgeleiteten Nullzeitpunkt, als das Universum vermutlich in einen winzig kleinen und unendlich heißen Punkt* zusammengequetscht war (was man eine mathematische «Singularität» nennt), konnten die bekannten Naturgesetze nicht in Kraft gewesen sein. Wir können nicht mit Sicherheit sagen, was genau im Augenblick des Knalls existierte, geschweige denn, was davor geschehen sein mag.

Dennoch wissen wir mit Sicherheit – aufgrund der Rotverschiebung, der kosmischen Hintergrundstrahlung, der Verteilung der leichten Elemente und aufgrund der erfolgreichen Allgemeinen Relativitätstheorie –, dass das Universum als sehr kleine, äußerst komprimierte und extrem heiße Energiekonzentration angefangen haben muss, vergleichbar mit dem heißen Gas in einem frisch aufgepumpten Reifen. Und aus diesem winzigen, aber potenten Ursprung brach es hervor und wuchs an. Es expandierte. Es kühlte ab. Ein Teil der Energie erstarrte zu Masse, sodass allmählich die ersten Elementarteilchen auftauchten. Es waren Photonen. Dann kamen Quarks und Gluonen. Es waren Materieteilchen (wie die Elektronen) und «Antimaterie»-Teilchen (wie Positronen), sozusagen «böse Zwillingsteilchen»*. Beide

Teilchenarten materialisierten sich gleichzeitig aus einem immateriellen Energievorrat*. Auch wenn man die frühe Phase berücksichtigt, war es wohl trotzdem ein ziemlich dürftiger Anfang für ein materielles Universum, was daran lag, dass Materie und Antimaterie nicht so ohne weiteres gemeinsam existieren können. Stehen sich ein Teilchen und sein Antiteilchen mit identischer Masse gegenüber, sind aber in allen anderen Eigenschaften diametral entgegengesetzt, löschen sie sich beim Kontakt gegenseitig aus und kehren zu der Energie zurück, von der sie ihren Ausgang nahmen. Hätte es am Anfang nicht diesen leichten Überschuss von Materie gegenüber der Antimaterie gegeben,* hätte sich das Universum wohl nie über einen Ausbruch reiner Energie hinaus entwickelt.

Aber genau das geschah. Als sich der Staub legte und die Temperaturen fielen, setzten sich Verbindungen zwischen den überlebenden Materieteilchen durch. Quarks ballten sich zusammen und bildeten Protonen und Neutronen. Wasserstoffkerne (einzelne Protonen) verschmolzen und bildeten sowohl stabile Deuteriumkerne (ein Proton und ein Neutron) als auch kurzlebige, radioaktive Tritiumkerne (ein Proton und zwei Neutronen):

Wasserstoff (H-1)   Deuterium (H-2)   Tritium (H-3)

Andere Fusionsreaktionen erzeugten Helium-3 und Helium-4 zusammen mit kleinen Mengen von Lithium-7:

Helium-3   Helium-4   Lithium-7

Und so geschah es, dass das Universum gleich am Anfang sein chemisches Erbe zugesichert bekam. Fast alle diese Kerne sind Produkte des Urknalls und existieren noch heute in den ungefähr gleichen Proportionen, die sich kurz nach Beginn des Universums durchsetzten.

Alternativmodelle zum Urknall können nicht erklären, warum das Universum etwa 75 Prozent Wasserstoff und 23 Prozent Helium enthält, ergänzt durch kleine Mengen Lithium und Deuterium.

Wir beschäftigen uns noch immer mit den Geburtswehen der Kosmogenese, ungefähr drei Minuten nach dem Urknall. Zu diesem Zeitpunkt hatten die frisch erzeugten Elektronen und Kerne zu viel eigene Energie, um aneinander haften zu bleiben. Sie schossen aneinander vorbei, unfähig zur Kontaktaufnahme. Sollte es elektromagnetische Anziehungen gegeben haben, dann waren sie sehr leicht zu überwinden, sodass das frühkindliche Universum ein dicker Kleister (ein «Plasma») geladener Teilchen blieb, von denen jedes einzelne ein freier Akteur war, der seiner eigenen Wege ging:

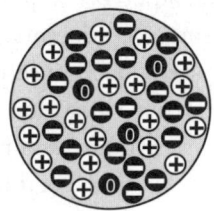

Hier drang kein Licht durch. Photonen, die zwischen elektrisch geladenen Teilchen vermittelten, tappten in die Falle des heißen Plasmas. Hin und her hüpfend, von einem Teilchen zum anderen getrieben, gelang es ihnen nicht, die Kettenreaktion positiver und negativer Ladungen in Gang zu bringen. Es dauerte fast vierhunderttausend Jahre*, bis die Suppe so weit abgekühlt war, dass neutrale Atome zusammenhalten konnten. Und dann erst konnten sich die gefangen gehaltenen Photonen befreien. Es ward Licht:

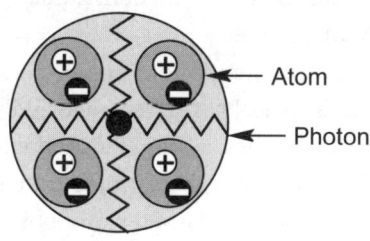

Atom

Photon

Das Universum wurde durchlässig für elektromagnetische Strahlung,* als ob plötzlich ein kosmischer Hebel umgelegt worden wäre. Nun schlüpften die Photonen durch den Sperrgürtel der elektrisch neutralen Atome hindurch und flogen isotrop (überall gleiche Eigenschaften aufweisend) in alle Richtungen davon, wobei sie im gleichförmig expandierenden Raum keinerlei spezielle Orientierung bevorzugten:

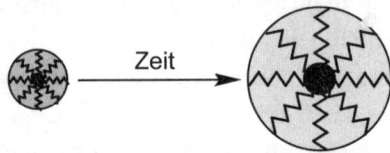

Und sie sind noch immer unterwegs. Fortgetragen von der Ausdehnung der Raum-Zeit, durchlaufen diese uralten elektromagnetischen Flüchtlinge eine permanente Dopplerverschiebung, sind ansonsten aber dieselben alten Photonen. Nach unseren heutigen Beobachtungen reichen ihre Wellenlängen bis hinab auf Mikrowellenfrequenzen, genau wie die isotrope Hintergrundstrahlung, die zuerst von Penzias und Wilson entdeckt wurde. Sie sind Überbleibsel der ursprünglichen Hitze des Urknalls.

Inzwischen fiel in der Welt der Materie die Temperatur weiter, sodass sich Atome allmählich zu Gaswolken verdichteten. Als die Gravitation ihren weit reichenden Einfluss durchsetzte, entstand allmählich eine großmaßstäbliche Struktur im Universum, die kleine Unregelmäßigkeiten wie Klöße in der Suppe zurückließ. Wasserstoffwolken (und ein wenig Helium) scharten sich zu Sternen zusammen, während die Sterne sich wiederum zu Galaxien zusammenfanden. Dabei vergingen viele hundert Millionen Jahre, aber schließlich befand sich das Universum auf dem Weg zu dem kühlen, spärlich besiedelten Ort, wie wir ihn heute kennen.

Und von *unserem* Standpunkt aus betrachtet, ist diese Welt doch wunderbar: Sie ist perfekt, die beste aller Welten, die einzig mögliche für die Entwicklung bewusster Beobachter, wie wir es sind. Denn hätten sich die Dinge nur geringfügig anders entwickelt – falls also ein paar Zahlen, einige Parameter und physikalische Konstanten andere Werte angenommen hätten –, wäre das Universum, wie wir es heute kennen, nie in Erscheinung getreten. Wäre die Gravitation nur ein wenig stärker gewesen ... oder die elektromagnetische Kraft ein wenig schwächer ... die Menge der Masse ein wenig größer ... oder die Planck-Konstante ein wenig größer gewesen ... oder falls eines der Energieniveaus eines Kohlenstoffkerns ein wenig niedriger gewesen wäre ... oder eines der Energieniveaus eines Sauerstoffkerns ein wenig höher ... oder falls irgendeine beliebige Anzahl winziger Details nur ein klein wenig anders gewesen wäre, dann säße keiner von uns heute hier und versuchte, die Welt zu rekonstruieren. Dann gäbe es keine Sterne, keine Planeten, kein Wasser und kein Leben.

Die Unwahrscheinlichkeit all dieser Aspekte bringt uns ins Grübeln, während der Urknall zusätzliche Fragen aufwirft. Wie lässt sich zum Beispiel die scheinbare Homogenität der kosmischen Hintergrundstrahlung erklären? Wir erinnern uns, dass eine gleichförmige Temperatur aus einem dynamischen Gleichgewicht entsteht, das von einer großen Teilchenmenge in fortwährender Kommunikation beibehalten wird (siehe Kapitel 10). Sie stürzen ineinander und prallen gegen die sie umgebenden Wände. Sie tauschen Energie und Informationen aus:

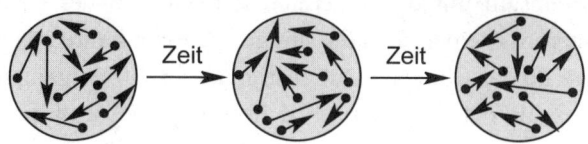

Die Relativität schränkt jedoch das Tempo der Informationsübertragung auf die Geschwindigkeit des Lichts ein, sodass es im frühen, vom Urknall ins Leben gerufenen Universum nicht einmal genügend Zeit für Kommunikation mit 300 000 Sekundenkilometern gegeben hätte (das so genannte «Horizontproblem» der Kosmologie). Die Berechnungen zeigen, dass die Teilchen zwar nah, aber nicht nah genug beieinander gewesen wären.

Wie gelingt es dann dem Universum, ohne irgendeine geheime Absprache zu Beginn seine heutige gleichförmige Temperatur zu bewahren? Und falls es am Anfang tatsächlich eine derart perfekte

Homogenität gegeben haben sollte, was rief dann all die kleinen Klümpchen und Unebenheiten in Materie und Energie hervor – Unregelmäßigkeiten, die sich heute als Sterne, Galaxien und als die kleinen (aber nicht null erreichenden) Abweichungen in der kosmischen Hintergrundstrahlung zeigen?

Obwohl die allgemeine Relativität die unendlich dichte und heiße Singularität des Urknalls verlangt, erklärt sie nicht, warum schließlich alles so kam, wie wir es heute vorfinden. Zur Beantwortung dieser Fragen brauchen wir noch etwas anderes, und die Kosmologen sind zunehmend davon überzeugt, dass sie es gefunden haben: das Modell der kosmologischen Inflation,* das Alan Guth 1980 vorstellte und das seitdem beträchtlich abgewandelt wurde. Heute gibt es viele verschiedene Versionen der Inflationstheorie, aber sie haben alle eines gemeinsam. Sie erklären Eigenschaften des beobachtbaren Universums in einer Form, wie sie die traditionelle Urknallkosmologie nicht deuten kann. Zudem beschreiben sie die Frühgeschichte des Kosmos ausdrücklich mit quantenmechanischen Begriffen.

Zu Beginn der Zeit verbindet die Quantenmechanik der Symmetriebrechung und der Inflation (die im folgenden Abschnitt behandelt wird) gemeinsam mit der allgemeinen Relativität des Urknalls das Große mit dem Kleinen. Um die riesige Welt von heute zu verstehen, müssen wir zu der winzigen Dimension der fernen Vergangenheit zurückkehren, als sich Symmetriebrüche ereigneten und die Inflation ungezügelt grassierte.

Kosmisches Altertum:
Symmetriebrechung und galoppierende Inflation

Es wäre wohl eine grobe kosmische Untertreibung, wollte man behaupten, der Urknall habe nicht länger gedauert als ein Augenzwinkern, denn die Würfel fielen innerhalb einer Zeitspanne, die so kurz war, dass sie sich jedem menschlichen Ermessen und Verständnis entzieht. Der erste Meilenstein, Planck-Zeit genannt, wurde bereits nach einem Zehnmillionstel eines Billionstels eines Billionstels einer billionstel Sekunde nach dem Urknall erreicht. (Das sind eine Null, ein Komma und 42 Nullen dahinter, gefolgt von einer 1.) Die zweite Ära, nämlich die Zeit der «großen Vereinheitlichung», endete ein Billionstel eines Billionstels einer billionstel Sekunde danach.

Das sind Welten, die weit jenseits alles Kleinen existieren, Welten, in denen ein Augenzwinkern eine Ewigkeit bedeutet. Da ein Signal, das sich mit Lichtgeschwindigkeit fortpflanzt, während der Planck-Zeit lediglich etwa ein Milliardstel eines Billionstels eines billionstel Zentimeters vorankommt (was wir die «Planck-Länge» nennen), kann der menschliche Geist kaum begreifen, was solche Zahlen eigentlich wirklich bedeuten. So ist beispielsweise der Durchmesser eines Protons einhundert Milliarden Milliarden Mal größer als die Planck-Länge. Der Durchmesser eines Wasserstoffatoms ist zehn Billionen Billionen Mal größer, die Breite eines Fingernagels eine Milliarde Billionen Billionen Mal größer.

Folglich steckten Zeit und Raum noch in den Kinderschuhen, als die großen Veränderungen einsetzten. Bedeutsame Ereignisse fanden mit atemberaubendem Tempo statt. Während der ersten Zeitspanne, der Planck-Ära, sind alle vier Kräfte – die Gravitation, der Elektromagnetismus, die starke und die schwache Kraft – in einem «supervereinigten» Quantenfeld einer perfekten, aber heute noch unbekannten Symmetrie verschmolzen gewesen. Jede einzelne Kraft sollte sich später noch von den anderen unterscheiden, aber in diesem unvorstellbar kurzen Augenblick nach dem Urknall, in dem das Universum seine kleinsten Ausmaße hatte und am heißesten war, schienen die vier Naturkräfte alle wie aus einem Guss zu sein. Genauso wie die Blätter eines Propellers bei hoher Geschwindigkeit ununterscheidbar ineinander verschwimmen,

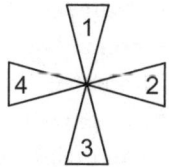 

im Ruhezustand   mit hoher Geschwindigkeit

waren auch die Gravitation, die elektromagnetische, die starke und schwache Kraft in dem aufgewühlten Ultra-Ullta-Ultra-Miniaturuniversum der Planck-Ära nicht voneinander zu unterscheiden. Aus welcher Perspektive man sie auch betrachtete, sie erschienen alle gleich.

Die Ära einer einzelnen Kraft endete genauso schnell, wie sie begann. Als das Universum so weit abkühlte, dass die ursprüngliche perfekte Symmetrie beeinträchtigt (aber nicht vollständig gebrochen) wurde, kristallisierten sich unvermittelt zwei Kräfte heraus, wo zuvor nur eine einzige gewesen war, nämlich eine noch vereinte stark-elektroschwache Kraft, die nun getrennt war von der Gravitationskraft. Die Auswirkung entspricht etwa unserem Propeller, der so langsam wird, dass die einzelnen Blätter erkennbar werden, obwohl jedes für sich weiterhin einen vollständigen Kreis beschreibt. Es bleibt eine Vorstellung von Symmetrie erhalten:

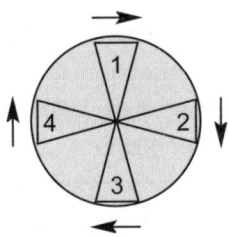

Doch sollte dieser Zustand nicht andauern. Diese kurze Periode der «großen Vereinheitlichung», in deren Verlauf die starken und elektroschwachen Kräfte vereint blieben, endete ein knappes Billionstel eines Billionstels einer billionstel Sekunde nach der Planck-Ära. Die elektromagnetische und die schwache Kraft trennten sich etwas später, vielleicht eine billionstel Sekunde nach dem Urknall.

Und plötzlich waren es vier. Später hinzukommende Beobachter unterschieden dann vier grundlegende Wechselwirkungen mit jeweils eigener Quelle, Stärke, Reichweite und Botenteilchen. Die Einheit der Geschichte des kosmischen Altertums, die inzwischen längst vergessen ist, wurde demnach in einem Sperrfeuer dicht aufeinander folgender spontaner Symmetriebrechung ausgelöscht.

Sie mag vergessen sein, ging aber nicht verloren – so lautet die Theorie. In unserem heutigen eisigen und trostlosen Universum bleibt eine tiefer liegende Symmetrie verborgen, die bereit ist, wiederaufzutauchen, falls jemals der heiße und dichte Zustand des Urknalls wiederhergestellt werden sollte. Außerdem muss in diesen ersten Augenblicken, auf der Spur der «großen Vereinheitlichung», etwas wirklich Großes *und* Quantenmechanisches passiert sein, nämlich ein urplötzlicher, erstaunlich rascher Expansionsschub, in dessen Verlauf das neugeborene Universum ein exponentielles Wachstum durchmachte, ein unglaublicher Sprint, der in den nachfolgenden knapp vierzehn Milliarden Jahren nie wieder passierte. In regelmäßigen Intervallen, die jeweils kürzer waren als ein Billionstel eines Billionstels einer billionstel Sekunde, nahm der kosmische Radius zunächst um den Faktor zwei zu, dann um den Faktor vier, acht,* sechzehn und so weiter, bis etwa einhundert dieser Verdopplungen stattgefunden hatten und die Inflationsphase vorüber war. Der Urknall selbst entstand vermutlich in einem speziellen Quantenfeld, das häufig «Inflaton-Feld» genannt wird und über das wir später noch sprechen werden.

Das ist, kurz gefasst, das Szenario, das zum Inflationsmodell gehört. Sollte es stimmen, dann müssen die Grundlagen eines riesigen Universums in den allerersten Augenblicken festgelegt worden sein. Danach hätte sich der Raum weitaus schneller ausgedehnt, als es das Standard-Urknallszenario (allein unter der Regie der allgemeinen Relativität) zulässt. Der Raum hätte sich* in dieser Schwindel erregenden, aber kurzen Inflationsspirale um einen Faktor von 10^{30} bis 10^{40}* (also mindestens um den Faktor einer Million Billionen Billionen) ausgedehnt. Statt schwächer zu werden und, wie ein zurückgeworfener Ball, allmählich der Anziehungskraft der Gravitation nachzugeben, habe sich die Expansion explosionsartig beschleunigt, bevor sie ihren Inflationstreibstoff erschöpfte.

Der ursprüngliche, von der Inflation ermöglichte Schwung ist seither unerbittlich von der Gravitation bekämpft worden,* doch seine Auswirkungen sind noch immer spürbar. Was auch sonst noch zwischen Urknall und heute geschehen sein mag, ein früher Inflationsausbruch hätte dem Universum einen enormen Vorsprung verschafft und uns einen Kosmos hinterlassen, der in Wirklichkeit weit über unsere Beobachtungsmöglichkeiten hinausgegangen wäre. Unsere Teleskope, die nur bis zu dem Zeitpunkt zurückschauen, als die Photonen sich erstmals befreiten (fast vierhunderttausend Jahre nach dem Anfang), könnten nur einen kleinen Bruchteil davon heute sehen. Der große Flächenerzeugungsboom der inflationären Periode bliebe hinter einem undurchlässigen Vorhang verborgen, während deren ursprüngliche Grenzen in den Jahrmilliarden kontinuierlicher Expansion ungeheuer anschwollen:

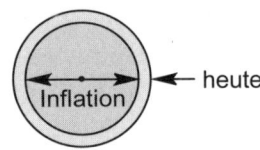

Darüber hinaus wäre die kosmische Hintergrundstrahlung in allen Richtungen gleich (wie sie es auch in Wirklichkeit mit einer Abweichung von eins zu hunderttausend ist), zumal Teilchen in einem präinflationären Universum ausreichend nah beieinander gewesen wären, um ein Wärmegleichgewicht zu erzeugen. Gleichzeitig wären kleine Fluktuationen in der quantenmechanischen Suppe von der Inflation unverhältnismäßig vergrößert worden und hätten sich später zu den klumpigen Galaxien und Galaxienhaufen von heute entwickelt. Demnach löst die Inflation das ärgerliche Horizontproblem* der konventionellen Urknalltheorie und erklärt außerdem sowohl die großmaßstäbliche Homogenität als auch die lokale *Unregelmäßigkeit* des beobachtbaren Universums*.

Das Inflationsmodell hat noch eine weitere konkrete Voraussage anzubieten, die mit gegenwärtigen und künftigen Beobachtungsdaten überprüft werden kann, dass nämlich das sichtbare Universum in Übereinstimmung mit den Gesetzen der euklidischen Geometrie im großen Maßstab zum Rand hin geometrisch flacher erscheinen sollte. Im Gegensatz dazu lässt die allgemeine Relativität sowohl euklidische als auch nichteuklidische Geometrien zu und bevorzugt in der Tat derartige Möglichkeiten wie kugelförmige Räume (wo ursprünglich parallele Linien sich schließlich annähern)

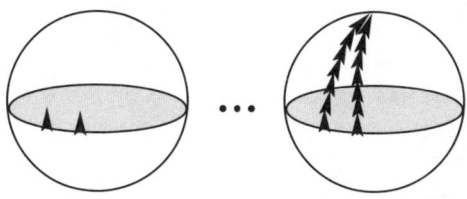

sowie sattelförmige Räume (wo ursprünglich parallele Linien schließlich auseinander laufen). Die Inflation sagt nein: Der Raum des Universums sei im Allgemeinen geometrisch flach. Parallele Lichtstrahlen sollten parallel bleiben und sich niemals berühren. Die drei Winkel in einem Dreieck sollten sich zu 180 Grad addieren. Das Verhältnis zwischen Umfang und Durchmesser eines Kreises sollte π entsprechen:

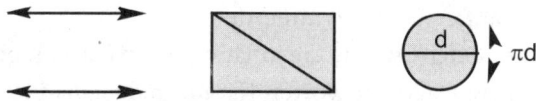

Warum? Weil die Siebenmeilenstiefel-Expansion einer Inflationsperiode mit dem Aufblasen eines riesigen Luftballons vergleichbar ist. Ungeachtet aller am Anfang im Universum vorhandenen Falten oder Runzeln würde ein kleiner Bereich einem Beobachter, der hinaus in den weiten, endlos erscheinenden Raum schaut, flach vorkommen. Ohne Inflation entwickelt sich eine flache Geometrie nur dann, wenn die ursprüngliche Dichte der Masse zufällig *exakt* einem ganz speziellen Wert entspricht, bei dem es so gut wie keinen Spielraum für Fehler gibt*. Im Rahmen einer inflationären Ausdehnung führt eine breite Palette von Anfangsbedingungen zu demselben flachen Ergebnis. Obwohl beide Mechanismen möglich sind, erscheint die großzügigere der beiden (nämlich die Inflation) die wahrscheinlichere – selbstverständlich nur, wenn das sichtbare Universum wirklich flach ist.

Das endgültige Urteil steht noch aus, aber die ersten Untersuchungen unterstützen die Inflationsvoraussage des flachen Raumes da draußen. Bitte bleiben Sie dran.

Existenz im Nichts

Peng! Ein Energieausbruch geschieht aus dem Nichts heraus. *Krach!* Eine Symmetrie wird gebrochen. *Zisssssch!* Ein phänomenaler Ausdehnungsrausch verhilft dem kleinkindlichen Universum zu einem fliegenden Start.

Die Kosmologen sagen, drei große Ereignisse hätten während dieser ersten unsagbar kurzen Augenblicke stattgefunden und jedes einzelne werfe Fragen der grundlegendsten Art auf. Wie entstand die anfängliche Energie des Urknalls? Welcher Mechanismus verursachte den Bruch der anfänglichen Symmetrie?

Aus welcher Quelle wurde die inflationäre Expansion gespeist?

Niemand kennt alle Antworten darauf, jedenfalls bis jetzt noch nicht, aber es gibt Anzeichen für ein Verständnis dieser Dinge. Die ersten Hinweise liefert die seltsam rege Vorstellung, die die Quantenmechanik über einen Ort pflegt, der sonst mit buchstäblich nichts in Verbindung gebracht wird, nämlich das Vakuum.

Halb leer oder halb voll?

Vakanz. Vakuum. Beide Wörter leiten sich von der lateinischen Wurzel ab, die «leer» bedeutet, aber das Vakuum der Quantenmechanik ist alles andere als leer. Der vermeintlich leere Raum des Vakuums ist angefüllt mit Energie, Potenzial und mit *Feldern*. Es herrscht ein geschäftiges Treiben. Es ist ein Ort voller Überraschungen, in dem sich von einem Augenblick zum anderen vieles ändern kann. Dinge tauchen auf und verschwinden wieder. Es gibt Fluktuationen. Welle und Teilchen verschwimmen. Ohne Vorwarnung materialisieren sich ein Teilchen und sein Antiteilchen (sagen wir ein Elektron und ein Positron) aus dem «Nichts» – dem Vakuum – und verschwinden genauso plötzlich wieder:

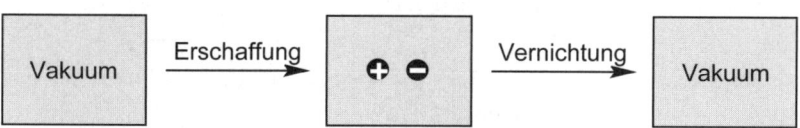

Ein Teilchen, das Positron, hat eine positive Ladung $+e$. Das andere, nämlich das Elektron, hat eine negative Ladung $-e$. Wenn sie zusammenkommen, vernichten sie sich gegenseitig. Sie kommen und vergehen in einem Aufblitzen von $E = mc^2$ und haben sich davongestohlen, bevor Heisenberg (Kapitel 9) die Zeit hat, den Wert von E festzulegen. Keine Erhaltungssätze werden verletzt. Die Energie bleibt erhalten, zumindest innerhalb der Grenzen des Unbestimmtheitsprinzips, das den Komplex Energie-Zeit regelt. Die Ladung bleibt erhalten, da die Kombination der Werte $(e - e)$ durchweg null ergibt. Auch der Impuls bleibt erhalten. $E = mc^2$ gibt, und $E = mc^2$ nimmt weg.

Wäre das Vakuum wirklich ein leerer Raum, ein absolutes Nichts, fehlten auch die nötigen Mittel, um Pärchen von Teilchen und Antiteilchen zu erzeugen. Es wäre ungeeignet, als Quelle und als Abfluss für Photonen zu dienen. Es wäre unfähig, sich zu wandeln. Dabei ist das quantenmechanische Vakuum weit davon entfernt, der Archetyp der Leere zu sein. Es entsteht als physikalischer Zustand für sich genommen, ist von allen möglichen quantisierten Feldern durchdrungen und der Evolution ausgesetzt, die von einer Bewegungsgleichung gesteuert wird.

Was wir beiläufig als Vakuum bezeichnen – bloße Leere –, erweist sich ganz und gar nicht als leerer Raum, sondern vielmehr als quantenmechanisches System, das in seinem Zustand der niedrigstmöglichen Energie ruht. Vom Standpunkt der Energie aus betrachtet, gibt es nur den Weg nach *oben*. Die Anregung eines Feldes, sei sie nun direkter Wechselwirkung oder zufälliger Fluktuation geschuldet, reißt das Vakuum aus seinem normalerweise stillen Zustand heraus und bringt das Energie- und Impulspaket (das Quant) hervor, das wir mit einem Teilchen in Verbindung bringen. So entsteht beispielsweise das Photon aus der Anregung eines elektromagnetischen Feldes, das in einem nominellen Vakuum existiert:

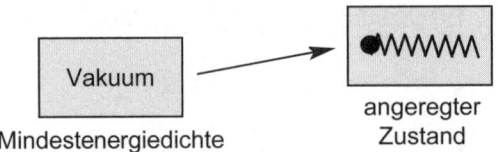

Dasselbe gilt für alle anderen Teilchen. Für jedes Teilchen gibt es ein entsprechendes quantenmechanisches Feld. Ein Feld für Elektronen. Ein Feld für Protonen, für Quarks, Gluonen sowie ein Feld für jedwedes Teilchen und jedweden Einfluss, den die Natur anzubieten hat. Mit jedem Feld sind etliche Energieniveaus und Wahrscheinlichkeiten verbunden, und so ist es das materielle Verhalten dieser Felder, das buchstäblich aus dem Nichts etwas erschafft. Jedes Teilchen in dem Repertoire stammt aus der Anregung eines quantisierten Feldes in seinem niedrigsten «Vakuum»-Zustand.

Nun sind die meisten Felder entgegenkommend genug, um das Vakuum nicht noch mit zusätzlicher Energie zu belasten, wenn ihre Quellenwerte null betragen. Nehmen Sie das nahe liegende Beispiel elektromagnetischer Energie (die wir auf klassische Weise in Kapitel 6 besprochen haben), die auf makroskopischer Ebene als Quadrat des elektrischen und magnetischen Feldes in ihren Werten schwankt. Die Energiemenge ist groß, wenn die Stärke des Feldes groß ist. Sie fällt klein aus, wenn die Stärke klein ist, und sie beträgt null, wenn die Feldstärke null ist. Folglich trägt kein Punkt, an dem das elektromagnetische Feld auf den Wert null sinkt (im folgenden Diagramm als Punkte gekennzeichnet), Energie zum Vakuum bei:

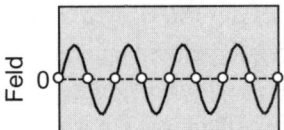 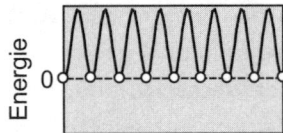

Es stellt die intuitiv vernünftigste Art der Natur dar, Geschäfte zu machen: kein Feld, keine Energie.

Dennoch ist es nicht der einzig mögliche Weg. Nehmen wir stattdessen an, die Natur fülle das Vakuum mit Feldern verschiedenster Art aus, Felder, deren Entdeckung womöglich schwierig ist, die aber dennoch eine entscheidende Rolle bei der Gestaltung des Gleichgewichts der Kräfte spielen könnten und die im Gegensatz zu den üblichen Feldern *Energie* beitragen, deren Wert nicht null beträgt, selbst wenn die Feldstärke auf null zurückfällt. Denn wenn wir die Existenz solcher untypischen Felder postulieren (die Physiker nennen sie «Higgsfelder»)*, dann können wir uns sowohl eine Quelle für die inflationäre Expansion als auch einen Mechanismus vorstellen, mit dessen Hilfe die Ursymmetrie gebrochen wurde. Die ganze Schuld fällt also auf die Higgsfelder zurück, die quantenmechanischen Schlangen im Garten der Symmetrie.

Bevor wir also den ganzen Weg bis zum Zeitpunkt null und zu den Higgsfeldern zurücklegen, wärmen wir uns zunächst einmal mit einem vertrauten Beispiel für Symmetrie und deren Verlust auf, nämlich mit dem alltäglichen Prozess der Kondensation eines Gases und dem Gefrieren einer Flüssigkeit.

Verlorene und wiedergefundene Symmetrie

Einem winzig kleinen Beobachter erscheint der Raum in einem Gas sowohl homogen als auch isotrop. Das heißt, die Teilchen sind überall gleichmäßig und zufällig verteilt. Sie sind an jedem Punkt und in allen Richtungen gleich. Niemand kann einen Unterschied zwischen oben oder unten, links oder rechts, nah oder fern feststellen. Kein bestimmtes Koordinatensystem beansprucht irgendeine Priorität. Ein Gas ist ein Paradies räumlicher Symmetrie, ein Ort, an dem die Idee der Richtung keine Bedeutung hat.

Unternehmen wir also etwas, um Ärger im Paradies anzuzetteln. Wir kühlen das Gas ab und quetschen es. Wir saugen einen Teil der kinetischen Energie des Systems ab, zwängen die Teilchen in engere

Räume und bringen sie dazu, sich langsamer zu bewegen. Führen wir diese Dinge mit genügend Nachdruck aus, dann wird schließlich auch etwas passieren. Das räumlich symmetrische Gas wird einen «Phasenübergang» durchmachen, eine Zustandsveränderung, die mit einer Symmetriebrechung einhergeht. Die in jeder Hinsicht zutreffende Ununterscheidbarkeit von Teilchen in extrem zufälliger Bewegung wird zunächst zur Teilordnung einer Flüssigkeit und anschließend zur komplexeren Ordnung eines Festkörpers abgebaut werden:

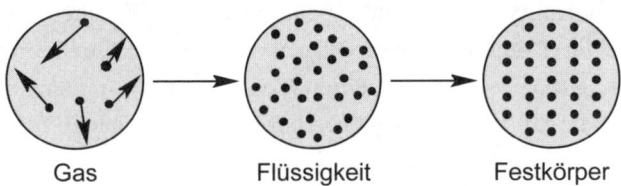

Gas   Flüssigkeit   Festkörper

Die Rotationssymmetrie des Gases wird buchstäblich aus dem Festkörper «herausgeekelt», wo der Raum entlang verschiedener Achsen deutlich anders aussieht. Es ist eine neue Welt, in der Richtungen tatsächlich eine Bedeutung haben. Jedes Teilchen hat jetzt seine eigene Adresse und verlässt sein Zuhause kaum noch für weite Wanderungen.

Müssen wir noch erwähnen, dass die Gesetze, die für ein Gas gelten, sich grundlegend von denen unterscheiden, die für einen Festkörper zuständig sind? Sind die relevanten Gleichungen für das eine System symmetrisch und für das andere nicht? Trennt ein unüberwindliches Hindernis die beiden Zustände? Ist das unterschiedliche Aussehen so grundlegend, dass die Bewohner des geordneten Eislands nicht einmal hoffen dürfen, jemals die isotrope Welt des ungeordneten Dampflands zu verstehen? Nein, natürlich nicht, sagt jeder, der schon einmal Wasser gekocht hat oder einen Eiswürfel schmelzen sah. Was ein Gas in einen Festkörper verwandelt, ist lediglich ein umweltbedingter und geschichtlicher Zufall und eher eine Geschichte deplazierter als verloren gegangener Symmetrie. Teilchen in Festkörpern bleiben nicht deshalb lieber zu Hause, weil sie anderen Gesetzen gehorchen, sondern einfach, weil sie nicht genügend Energie haben, um etwas anderes zu tun. Sollten wir jetzt die ursprüngliche Symmetrie des Gases wiederhaben wollen, müssen wir nur Wärme zuführen. Der Festkörper wird schmelzen, die Flüssigkeit wird kochen, und alle räumlichen Unterschiede werden ausgelöscht.

Stellen wir uns trotzdem vor, wir wollten im Voraus wissen, welche bestimmte Richtung sich beim Übergang des Gases zu einem Festkörper als eine besondere Richtung erweisen wird. Wir entschließen uns vorherzusagen, welche bestimmte Achse des Kristalls nach Norden, Osten, Südosten

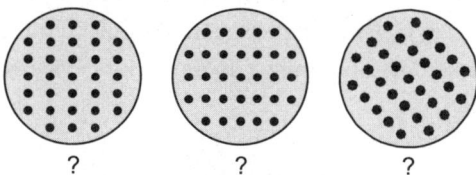

oder in irgendeine andere einer unendlich großen Anzahl möglicher Richtungen zeigen wird. Sind wir dazu in der Lage?

Nein. Genauso gut könnten wir eine Roulettescheibe mit einer unendlich großen Anzahl von Zahlenfächern drehen und darauf warten, dass die hereinspringende Kugel zur Ruhe kommt, weil die allgemeine Orientierung sich ganz und gar zufällig entwickelt. Ein sich bildender Kristall mit einer gegebenen, nach Norden weisenden Achse ist einem anderen gegenüber, der mit der gleichen Achse nach Osten zeigt, weder im Vorteil noch im Nachteil. Ein Staubkörnchen, eine winzige Schwingung oder eine Temperaturfluktuation kann den Kristall dazu veranlassen, in genau die eine und nicht in eine andere Richtung zu wachsen. Wer könnte das vorhersagen? Jedenfalls stellen sich ein paar Teilchen, aus welchen Gründen auch immer, in einer bestimmten Orientierung auf, und die Nachbarn spielen «Folge dem Anführer». Die unzähligen makroskopischen Resultate sind alle gleichwertig, also zucken wir mit den Achseln und überlassen die Angelegenheit dem Zufall. Wir lösen das Problem, indem wir die Roulettescheibe drehen.

Quantenmechanische Symmetrien, also die «Eich»-Eigenschaften, denen wir in Kapitel 9 begegneten, vollziehen entsprechende Übergänge, und hier könnte auch das vorgeschlagene (bereits erwähnte) Higgsfeld ins Spiel kommen, nämlich als eine welterschütternde, symmetriebrechende, alles dem Zufall überlassende Roulettescheibe. Stellen wir uns nun also vor, wie ein solches Spiel wohl abliefe.

Die Drehung des Rades: Das Higgsfeld

Solange die Kugel im Spiel ist, ist alles möglich. Später dann wird eine Auswahl getroffen – vielleicht die 2, vielleicht die 15 oder die 32 –, aber im Moment gibt es gleiche Chancen für alle, eine Symmetrie der möglichen Ergebnisse. Die hüpfende Kugel probiert jede einzelne aus:

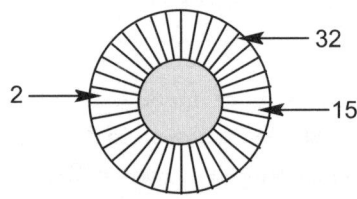

Schließlich wird die Scheibe langsamer, und die Kugel fällt entschlossen in nur ein einziges Fach, wobei sie die Symmetrie der möglichen Resultate bricht. Die leicht konvexe Form der Scheibe garantiert, dass es früher oder später einen Sieger gibt, weil die Kugel weder im oberen Bereich der Scheibe noch auf einer der Schrägen zur Ruhe kommen kann. Was zuvor eine Symmetrie der Möglichkeiten war, erweist sich zum Schluss als eine Asymmetrie der Wirklichkeit. Sie müssen nur einen der Verlierer fragen.

Verschiedene Zahlen haben verschiedene Konsequenzen für unterschiedliche Spieler. Für Nadja, die 100 Euro für die Nummer 15 riskiert hatte, bedeutet das glückliche Auftauchen der 15 einen Gewinn von 3500 Euro. Für Stefanie, die auf die 2 gesetzt hatte, bedeutet dasselbe Ergebnis einen Verlust von 100 Euro. Für Dirk, der jeweils 100 Euro auf die 2, die 15 und die 32 gesetzt hatte, bedeutet das Erscheinen der 15 einen Nettogewinn von 3300 Euro. Jeder bekommt etwas anderes.

Stellen Sie sich nun eine andere Art Roulettescheibe vor, eine, in der jede Rille (von denen es unendlich viele gibt) den Wert einer bestimmten Reihe von Higgsfeldern angibt. Eine Rille könnte bedeuten, das Higgsfeld A habe den Wert 12,2, Higgsfeld B habe den Wert 17,4 und Higgsfeld C sei auf –46,2 festgelegt. Eine andere Rille könnte bedeuten, das Higgsfeld A habe den Wert 15,1, Higgsfeld B habe den Wert von –0,7 und Higgsfeld C sei 6,3 groß. Eine weitere Rille soll etwas anderes bedeuten und die nächste Rille wieder etwas anderes, und so soll es für alle notwendigen Felder und Kombinationen sein. Aber an einem einzigen besonderen Punkt – an der leicht gerundeten Spitze der Scheibe – werden alle Feldwerte gleich null sein. Zwar werden die Felder dort gleich null sein, aber die Potenzialenergie wird ihr Maximum erreichen. Nur zum Beispiel:

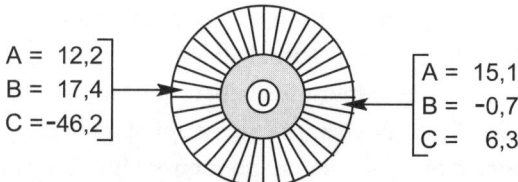

Und dies ist der Zweck des Spiels: Masse anzusammeln. Für Spieler des Higgs-Roulettes entscheiden die Feldwerte nicht darüber, wie viel Geld der Sieger kassiert, sondern vielmehr, wie viel Masse ein gegebenes Teilchen haben soll. Wir erinnern uns, dass Teilchen ihre Eigenschaften durch Wechselwirkung mit Feldern erwerben, und deshalb sorgen wir dafür, dass unsere diversen Teilchen auch mit Higgsfeldern in Verbindung treten.

Stellen Sie die Analogie her. Ein Elektron tritt mit einem elektromagnetischen Feld in Wechselwirkung und erwirbt eine bestimmte elektromagnetische Potenzialenergie; ein Elektron, das mit einem angemessenen Higgsfeld in Wechselwirkung tritt, erwirbt eine bestimmte Masse. Beim elektromagnetischen Feld wird die Botschaft von einem Photon übertragen. Bei einem Higgsfeld ist dafür ein Higgsboson zuständig. Eine Menge von Higgswerten (A, B, C ...) bewirkt, dass ein Elektron 1836-mal leichter ist als ein Proton; eine andere Menge von Higgswerten lässt ein Elektron 1836-mal schwerer sein als ein Proton. Eine Reihe von Higgswerten lässt ein Proton geringfügig leichter als ein Neutron sein, während andere Werte es dreimal schwerer machen. Bestimmte Higgswerte bewirken, dass die Photonen masselos, W- und Z-Bosonen jedoch massetragend sind und die elektromagnetische Wechselwirkung sich dadurch von der schwachen Wechselwirkung unterscheidet. Wieder andere Higgswerte lassen alle vier Botenteilchen (das Photon, W^+, W^-, Z^0) masselos sein und erreichen, dass die schwache Wechselwirkung nicht von der elektromagnetischen unterschieden werden kann.

Jedes Fach der Scheibe erzielt eine andere Kombination von Massen, aber nur in einem Fall – wenn nämlich alle Higgsfelder null betragen – werden alle Teilchen die Masse null haben und alle Wechselwirkungen in einer einzigen zusammengefasst und vereint sein.

Drehen Sie die Scheibe. Wirbeln Sie sie herum. Lassen Sie den Tisch vibrieren wie bei einem Erdbeben. Lassen Sie die Kugel über alle möglichen Werte der Higgsfelder hüpfen, lassen Sie sie ab und zu über die Spitze hinausspringen; gönnen Sie ihr den Genuss der ungebrochenen Symmetrie der Möglichkeiten, die ein Zustand hoher Energie zu bieten hat (der der angeregten, hochenergetischen Welt des Urknalls ähnelt). Die Higgsfelder sondieren alle Möglichkeiten gleichermaßen und kommen dabei auf einen Durchschnittswert von null, sodass alle Teilchen in jener Welt (die Botenteilchen eingeschlossen) masselos sind. Die grundlegenden Wechselwirkungen sind vereinigt und ununterscheidbar, solange die Higgskugel weiterhin symmetrisch um die Scheibe herumspringt.

Allerdings verliert die Kugel nach einiger Zeit an Energie und kommt zur Ruhe. Die Scheibe wird langsamer, und die Schaukelei hört auf. Das Universum kühlt ab. Bei einem normalen Roulettespiel kommt die Kugel per Zufall in einem der Fächer am Rand der Scheibe zur Ruhe, ein Punkt, an dem die Gravitationspotenzialenergie auf ihrem Minimalwert angelangt ist (nennen wir ihn null). Reibung, Luftwiderstand und all die anderen, verlustbehafteten Vorgänge der wirklichen Welt fordern schließlich ihren Tribut. Bei einem Spiel Higgs-Roulette kommen die sich entwickelnden Felder in einem Zustand zur Ruhe, in dem die Potenzialenergie (das Higgspotenzial) gleich null ist, nun aber sieht alles ganz anders aus: Obwohl die Potenzialenergie null beträgt, sind die Higgsfelder nicht gleich null. An welchem Punkt das abkühlende Universum auch immer zur Ruhe kommen mag, der Wert bleibt irgendwo am unteren Ende des Energiebuckels erhalten:

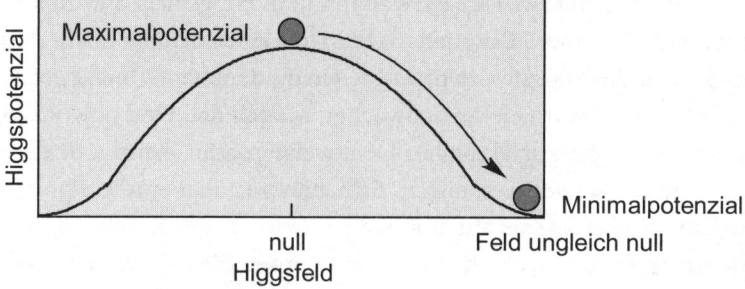

Die Higgsfelder bleiben an Ort und Stelle im ganzen Universum gefroren und hinterlassen einen permanenten Riss in der Symmetrie der Kräfte. Seitdem ist das Vakuum gleichmäßig mit Higgsfeldern angefüllt, die ungleich null sind und überall die gleiche Menge an Werten aufweisen.

Auf diese Weise ermächtigt, ordnen die Higgsfelder jedem Teilchen, das zufällig vorbeikommt, eine festgelegte Masse zu. Teilchen mit unterschiedlichen Massen schleppen sich durch ein konstantes Higgsfeld*, wobei ihre Bewegung auf verschiedenste Weise verzögert wird – so als würden ein Hai und ein Tintenfisch durch die gleiche Wassermasse schwimmen. Die gefrorenen Higgsfelder handeln mit Hilfe des Higgsbosons (das – was Sie bitte bedenken sollten – noch nicht experimentell nachgewiesen wurde) und unterscheiden dabei sowohl Teilchen als auch Wechselwirkungen. Sie teilen jedem Teilchen eine andere Botschaft mit, als wollten sie sagen:

Du, Photon, sollst masselos sein und die elektromagnetische Wechselwirkung über weite Entfernungen hinweg übermitteln. Ihr, W- und Z-Bosonen, sollt die 86fache beziehungsweise 97fache Masse eines Protons haben und die schwache Wechselwirkung über unglaublich kurze Distanzen übertragen.

Du, Down-Quark, sollst dich vom Up-Quark durch eine größere Masse unterscheiden, während du, Neutrino, nahezu masselos sein sollst, was dich von deinem Bruder, dem Elektron, unterscheidet.

So läuft der Hase.

Derzeit lässt sich nicht schlüssig beurteilen, ob der Higgs-Bericht über die deplatzierte Symmetrie verifizierbare Geschichte ist oder lediglich eine Legende. Zwar lässt sich mit dem Higgsmechanismus ein Reim auf die W- und Z-Bosonen machen (die ja tatsächlich existieren), doch stellen die Higgsfelder nicht die einzig denkbare Quelle gebrochener Symmetrie im elektroschwachen Modell dar. Und obwohl die Vorstellungen gut zur aktuellen Denkweise passen, kann sich diese auch ziemlich schnell verändern. Schieben wir also eine endgültige Beurteilung noch etwas auf und warten wir auf die Ergebnisse von Experimenten mit ausreichend hoher Energie, die die Existenz oder Nichtexistenz der Higgsbosonen beweisen werden.

Falsches Vakuum: Etwas Grosses entsteht

Wirtschaftswissenschaftler erzählen uns, die Inflation einer Währung schreite voran, wenn zu viel Geld hinter zu wenigen Waren und Dienstleistungen herjagt. Kosmologen berichten, dass sich die Inflation der Raum-Zeit entfalte, wenn zu viel Energie zu wenig Platz habe. Schuld hat wieder einmal ein nicht ganz leeres Vakuum, ein nominell zwar leerer Raum, der aber (bestimmten Modellen zufolge) von etwas Greifbarem mit ganz eigenem Charakter durchdrungen ist, nämlich einem quantisierten «Inflatonfeld».

Wir zaubern also ein Higgsfeld mit einem Knick hervor. Statt ein Maximum zu erreichen, wenn das dazugehörige Feld gleich null ist, sinkt das Inflatonpotenzial auf ein lokales Minimum. Stellen Sie sich eine Gebirgskette vor, die von einem Tal durchbrochen wird, in dem manchmal eine springende Kugel landet (alternativ dazu können Sie auch an eine Roulettescheibe mit einem Knick in der Mitte denken):

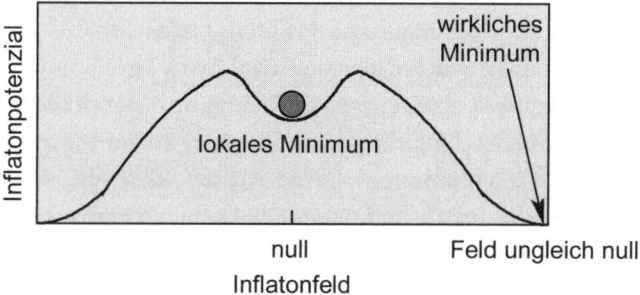

Das lokale Minimum bietet zwar nicht die niedrigstmögliche Energie an, stellt dafür aber einen Ruhepunkt dar, der unter günstigen Bedingungen beibehalten werden kann. Sollte das überhitzte System beispielsweise schnell genug abgekühlt werden, könnte eine in den Knick gerollte Kugel dort liegen bleiben und nicht mehr in der Lage sein, die umgebenden Gipfel zu erklimmen. Die Kugel (das Inflatonfeld) bleibt über dem wirklichen Minimum, bis es die erforderliche Energie zur Flucht aufbringt. Und bis zu diesem Zeitpunkt hat das Vakuum eine Energie, die die eines echten Vakuums übersteigt. Der Raum existiert wohl als «falsches» Vakuum, und früher oder später wird dieses falsche Vakuum seine überschüssige Energie ausstoßen und wahre Ruhe zu Füßen der Berge finden. Die von Wahrscheinlichkeiten geprägte Quantenwelt sorgt für einen Weg bergab. Es wird ganz zufällig passieren. Warten Sie es nur ab.

Doch im Laufe seiner Existenz zeigt ein von einem higgsähnlichen Feld geschaffenes falsches Vakuum Verhaltensweisen, die unsere Alltagsintuition infrage stellen. In mancher Hinsicht scheint es einfach eine Energiekonzentration in einem begrenzten Raum zu sein, etwa wie Luft in einem Ballon oder wie Farbe in einer Sprühdose. Aus anderer Perspektive verhält sich ein falsches Vakuum so, wie es kein anderer unter Druck stehender Behälter vermag. Denken Sie über die folgenden Unterschiede nach:

1. Die Gesamtmasse (oder Massenenergie mc^2), die in einem gewöhnlichen Raum enthalten ist, bleibt selbst dann konstant, wenn das Volumen zu- oder abnimmt. Halbieren wir beispielsweise das Volumen, zwingen wir die gleiche Anzahl von Teilchen dazu, die Hälfte des Raumes einzunehmen und somit die Energiedichte (die in einer Volumeneinheit enthaltene Energie) zu verdoppeln. Verdoppeln wir das Volumen, gestatten wir den Teilchen, sich über den doppelten Raum auszubreiten. Die Dichte verringert sich dabei um die Hälfte:

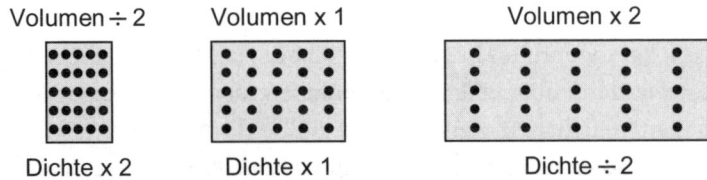

Die im falschen Vakuum enthaltene Energie entsteht nicht aus einer festgelegten Menge an Masse, sondern vielmehr aus einem fixen Wert des Inflatonfeldes. Da die Feldstärke an keinem Punkt vom Volumen abhängt, trifft dasselbe auch auf die Energiedichte zu. Sie bleibt immer gleich, egal, wie groß oder wie klein der Raum ist:

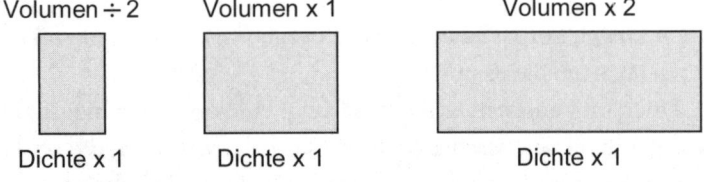

2. Die in einem gewöhnlichen materiellen Raum enthaltene Massenenergie übt einen positiven Druck aus. Die Teilchen drücken nach draußen gegen die Wände des Behälters:

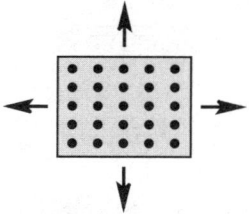

Die in einem falschen Vakuum enthaltene Energie übt im Gegensatz dazu einen negativen Druck aus. Das Inflatonfeld erzeugt eine ansaugende Kraft, die nach innen zieht:

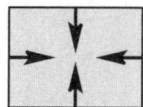

Der keineswegs offensichtliche Effekt wird von den komplizierten Gleichungen der allgemeinen Relativität vorausgesagt, aber wir können ihn in einer Art und Weise deuten, die ihm zumindest eine Aura der Plausibilität verleiht. Nehmen wir an, dass Zeus, der bei der Schöpfung anwesend ist, den vom negativen Vakuum eingenommenen Raum ausdehnen möchte. Um dies zu erreichen, muss er Energie in das System investieren. Er muss also genügend eigene Energie zur Verfügung stellen, um die Saugwirkung des falschen Vakuums zu überwinden. Ohne diese Saugwirkung (und ohne Zeus' kompensierende Energie) gelänge es dem System nicht, eine konstante Energiedichte in dem größeren Raum beizubehalten. Die saugende Kraft des falschen Vakuums stellt sicher, dass jede Veränderung des Volumens von einer Veränderung der in ihm enthaltenen Gesamtenergie begleitet wird.

3. Die Gravitation ist Geometrie, sagt Einstein, eine lokale Krümmung der Raum-Zeit, verursacht durch die Gegenwart von Massenenergie. Der normalerweise von Materie ausgeübte positive Druck krümmt den nahe gelegenen Raum nach außen. Die Teilchen folgen den verzerrten Bahnen und scheinen aufeinander zuzulaufen, als würden sie von einem Gravitationsfeld angezogen werden:

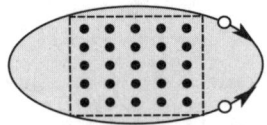

Der saugende, negative Druck eines falschen Vakuums krümmt den Raum nach innen. Die Teilchen folgen den verzerrten Bahnen und scheinen auseinander zu streben, als würden sie von einem «Antigravitationsfeld» abgestoßen:

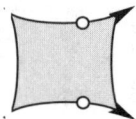

Und hierin liegt der Unterschied. Ein falsches Vakuum, das erzeugt wird, wenn die Energie des leeren Raumes höher ist, als sie letzten Endes sein sollte, erzeugt im Endeffekt eher eine Gravitationsabstoßung als eine Gravitationsanziehung. Einerseits ruft die Energiekonzentration in einem Raum – und das gilt für jeden Raum – eine positive Krümmung hervor, die proportional zur Energiedichte ist. Es liegt also der Einfluss einer Anziehungskraft vor. Andererseits bewirkt die Saugkraft eines falschen Vakuums eine negative Krümmung, die proportional zum dreifachen Energiedruck ist, sodass wir vom Einfluss einer Abstoßungskraft sprechen können. Zwei konkurrierende Effekte reißen den Raum demnach in entgegengesetzte Richtungen, und die Abstoßungskraft geht als Siegerin aus diesem Kampf hervor. Die Raum-Zeit-Geometrie des falschen Vakuums wird von der negativen Krümmung dominiert, die durch seinen negativen Druck hervorgerufen wird.

Das falsche Vakuum lebt aus sich selbst heraus. Je mehr Raum ihm zur Verfügung steht, umso schneller wächst es. Das von einem stets anwachsenden negativen Druck angetriebene inflationäre Universum erweitert den Maßstab des Raumes mit einem Schwindel erregenden exponentiellen Tempo. *Tick.* Innerhalb eines unbeschreiblich kurzen Augenblicks wächst das Universum zum Doppelten seiner ursprünglichen Größe an. *Tick.* Um das Vierfache. *Tick.* Um das Achtfache. *Tick. Tick. Tick.* Nach zehn Ticks haben alle Entfernungen, bevor Sie es überhaupt bemerken, um das Tausendfache zugenommen. Nach zwanzig Ticks um das Millionenfache. Nach dreißig Ticks haben wir eine milliardenfache Zunahme. Vom falschen Vakuum aufgebauscht, beschleunigt der Raum ohne jede Einschränkung immer schneller, bis die Expansion schließlich zum Stillstand kommt. Das falsche Vakuum pfeift dann nur noch aus dem letzten Loch.

Wann löst sich das falsche Vakuum auf, *wie* löst sich das falsche Vakuum auf? *Ob* sich das falsche Vakuum überhaupt auflöst, wie das falsche Vakuum *beginnt* – alle diese Fragen erzeugen fortwährend starkes Interesse, und Lösungsvorschläge gibt es reichlich. Das zentrale Thema der Inflation scheint jedoch durch alle Variationen hindurch. Da gibt es die «alte» Inflation, die ein tiefes lokales Minimum des Inflationspotenzials postuliert und eine quantenmechanische Route vorschlägt, um ihm zu entkommen*. Dann gibt es die «neue» Inflation, die mit einem seichteren lokalen Minimum (sogar mit einem Plateau) beginnt und einen weniger steilen Ausgang verursacht. Die «chaotische» Inflation wiederum lässt Abweichungen von den lokalen Minima und eine Vielzahl etwaiger Universen zu. Dann gibt es noch die «ewige» Inflation, die die Vorstellung vertritt, das inflationäre falsche Vakuum entkomme seinem eigenen Zerfall und hinterlasse eine Kette nicht miteinander verbundener «Westentaschenuniversen». Denn selbst wenn das falsche Vakuum sich an einem Ort teilweise aufgelöst haben mag, könnte sein Überbleibsel das Wachstum an anderen Stellen fortgesetzt haben:

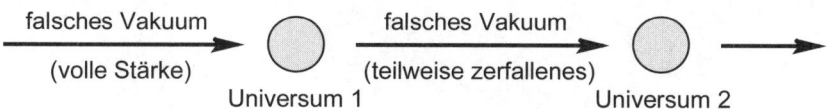

Ein falsches Vakuum, das zu Staub zerfällt und verschwindet, erwacht vielleicht schon morgen wieder zum Leben.

Die Liste wird länger, denn da gibt es noch die «erweiterte» und die «übernatürliche» Inflation (nicht das, was Sie glauben)*. Im Inflationsmodell mit dem Titel «Bestes kostenloses Mittagessen» wird angenommen, dass der Gesamtenergiegehalt des Universums von Anfang an genau null betragen habe, nämlich eine Menge algebraisch positiver Massenenergie, vermindert durch die gleiche Menge algebraisch negativer Gravitationsenergie (die das Anziehungspotenzial darstellt, das im kosmischen Gravitationsfeld gespeichert wird). «Etwas minus etwas ist gleich nichts», behauptet die Gleichung für das beste kostenlose Mittagessen, «und aus dem Nichts entsteht alles.»

Modelle wie die chaotische und die ewige Inflation setzen ein Universum aus Universen voraus – manche nennen es «Multiversum» –, dessen unterschiedliche Welten womöglich von unterschiedlichen Gesetzen und physikalischen Konstanten beherrscht werden. Doch selbst wenn es sich so verhielte, lebten wir als Teil eines Multiversums in unserem eigenen kleinen Universum noch immer isoliert wie auf einer Insel in der Mitte eines weiten Meeres. Getrennt von unseren Multiversumsgefährten, müssten wir dennoch im Rahmen unserer eigenen Gesetze leben und Energie aus unserem eigenen Vorrat an Feldern und Teilchen ziehen.

Es gibt also eine Vielzahl an Modellen. Manche sind ein wenig spekulativer als andere, aber alle weisen sie auf ein Universum hin, dessen prägende Augenblicke von einer inflationären Expansion gestaltet wurden. Sie alle betrachten die Quantenmechanik als eine Erklärung für den Ursprung der Materie. Und sie alle treiben das grundlegende Gestaltungsprinzip der Natur an die äußersten Grenzen, dass nämlich die großen Dinge letztendlich aus kleinen Dingen entstehen.

Nun sind wir also nach vierzehn Milliarden Jahren kosmischer Evolution hier angekommen und stellen uns nunmehr die Frage, die jedes fühlende Wesen eigentlich interessieren müsste. Wie wird alles einmal enden?

Mit einem Knall? Oder mit einem Wimmern? Werden die während einer Ära galoppierender Inflation ins Leben gerufenen Kräfte der kosmischen Ausdehnung über die Kräfte der kosmischen Kontraktion siegen? Oder wird die Gravitationsanziehung, die jedes Stück Massenenergie im Universum zusammenzieht, ausreichen, um die Bewegung zu verlangsamen und schließlich die Ausdehnung umzukehren? Wird sich das Universum schließlich gegen sich selbst wenden und sich allmählich zusammenziehen, so wie ein geworfener Ball wieder zur Erde zurückkehrt? Oder wird es sich auf ewig so weiterbewegen wie eine Rakete, die ins All geschossen wird? Wird die Expansion langsamer werden und schließlich ganz zum Stillstand kommen wie ein Hockeypuck, der sich letztlich der Reibung beugt? Oder wird es der Expansion irgendwie gelingen, zu beschleunigen und dabei von einer Energiequelle zu profitieren, die wir erst noch erklären müssen?

Seit dem Anfang der Zeit ist der Kampf im Gange und wird auch so bald nicht entschieden sein. Doch schon jetzt können wir danach streben, das Ergebnis zu erfahren, vorausgesetzt, wir sind in der Lage, eine akkurate Bestandsaufnahme jeglicher verfügbarer Energie und Masse zu machen. Denn wenn wir sowohl das Schlusstempo der Galaxien (das Maß der kosmischen Expansion) als auch die kosmische Massendichte (das Maß der gravitationsbedingten Kontraktion) kennen, sollte es uns gelingen, die eine gegen die andere Kraft aufzurechnen und eines der drei möglichen Endergebnisse vorauszusagen:

1. *Die Gravitation gewinnt.* Das Universum enthält genügend Masse, um die Expansion umzukehren und eines Tages mit einem Großen Kollaps («Big Crunch») enden. *Autsch.* Für Kosmologen ist dies

ein «geschlossenes» Universum, dessen großmaßstäbliche Geometrie der einer Kugel entspricht. Parallele Lichtstrahlen werden sich schließlich begegnen.

2. *Die Expansion gewinnt.* Es gibt genügend Masse, um das Expansionstempo zu verlangsamen. Allerdings reicht die Masse nicht aus, um die Expansion aufzuhalten. Das Universum ist «offen» und dazu bestimmt, sich grenzenlos auszudehnen. Der Gravitationskollaps steht nicht in den Karten und ist auch für die ferne Zukunft nicht in Sicht, und die Geometrie des offenen Universums ist die eines Sattels. Parallele Lichtstrahlen entfernen sich fortschreitend voneinander.

3. *Keine von beiden gewinnt.* Mit der genau richtigen Menge an Masse gleicht die Anziehungskraft der Gravitation die abstoßende Kraft der Expansion aus, sodass das Expansionstempo allmählich – auf sehr lange Zeit betrachtet – immer näher an null heranrückt, obwohl es diesen Wert nie erreichen wird. Hier haben wir es mit dem «flachen» euklidischen Universum zu tun, das von der Inflation vorhergesagt und von den neuesten Beobachtungen unterstützt wird. Parallele Lichtstrahlen bleiben parallel. Die Abstände zwischen ihnen ändern sich nicht.

Astronomen, die die Herausforderung annehmen, entwickeln fortwährend immer genauere Methoden, um ihre Messungen zu verfeinern. Äußerst sorgfältig zeichnen sie die Rotverschiebungen weit entfernter Sterne auf. Sie suchen nach gravitationsbedingten Verzerrungen und ungewöhnlichen Bewegungen, die die Anwesenheit von Masse signalisieren. Sie machen eine systematische Bestandsaufnahme sämtlicher Materie im bekannten Universum, wo immer und was immer sie auch sein mag. Und je mehr sie dies tun, umso unvollständiger scheint das Bild zu werden. Aufgrund detaillierten Beweismaterials wird eines immer deutlicher: Es gibt mehr im Universum, als mit bloßem Auge zu erkennen ist. Es gibt mehr Energie, als man ursprünglich annahm, und es gibt mehr Materie, als wir sehen können.

DUNKLE MATERIE

Zählen Sie alle Protonen, Neutronen und Elektronen zusammen, aus denen die gewöhnliche Materie unseres kalten Universums besteht (die chemischen Elemente), und zählen Sie dann noch einmal durch. Irgendetwas fehlt. Ganz offensichtlich gibt es nicht genügend gewöhnliche Materie, um die Existenz und die Bewegung der Galaxien zu erklären. Die funkelnden Sterne, die glühenden Nebel*, Quasare, die Radiowellen senden* – alle elektromagnetischen Quellen im sichtbaren Universum haben zusammengenommen nicht genügend Masse, um den Erfordernissen der Gravitation Genüge zu tun. Da draußen muss also noch etwas anderes, irgendeine große Menge nichtleuchtender «dunkler» Materie, einen gravitativen Einfluss ausüben. Die Protonen und Neutronen gewöhnlicher Materie stellen eine Minderheit (vielleicht 5 %) der Masse eines größtenteils dunklen Universums dar.

Ja, es gibt eine Menge gewöhnlicher Materie, die an Orten lauert, die Astronomen noch entdecken müssen: in fernen Gaswolken, in unentdeckten Galaxien, vielleicht sogar in Schwarzen Löchern. Natürlich können wir nicht erwarten, jedes einzelne Proton und Neutron im Universum aufzuspüren und zu verifizieren. Nein, die dunkle Materie besteht offensichtlich nicht aus Protonen und Neutronen (die gemeinsam Baryonen genannt werden, was «schwere» Teilchen bedeutet). Wäre dem so, wäre die chemische Zusammensetzung des Universums anders, zumal die Einschränkungen der Urknall-Kernsynthese der Gesamtzahl der uns hinterlassenen Baryonen ziemlich enge Grenzen setzen. Lassen wir das Universum mit zu vielen Protonen oder Neutronen beginnen, wird die endgültige Mischung nicht das Verhältnis zwischen Wasserstoff, Deuterium, Helium und Lithium aufweisen, das wir heute beobachten. Selbst wenn man jedes einzelne Proton und Neutron fände und in der Zählung festhielte, reichte die gemeinsame Masse nicht aus.

Woraus könnte die dunkle Materie also bestehen? Welche Variation nichtelektromagnetischer Materie könnte dort draußen lauern, verborgen unter dem Deckmantel der Dunkelheit? Ein Teil der dunklen Materie, wenn auch eindeutig nicht alles, könnte von den

Neutrinos stammen. Denn erstens gibt es sie im Universum in rauen Mengen, und Experimente lassen mittlerweile die Vermutung zu, dass ein Neutrino tatsächlich eine kleine (von null verschiedene) Masse hat. Zweitens sind die Teilchen elektrisch neutral und auffallend zurückhaltend, wenn es um Wechselwirkungen geht. Neutrinos hinterlassen kein elektromagnetisches Kennzeichen und wechselwirken auf mikroskopischer Ebene nur über die schwache Kraft, was ihre Entdeckung erschwert. Ihre vermutete Masse ist jedoch zu klein, um mehr als ein paar Prozent der kosmischen Gesamtmenge auszumachen. Außerdem haben Horden nahezu masseloser, hochenergetischer, vom Urknall befreiter Neutrinos eine weitere disqualifizierende Eigenschaft: Sie würden sich zu schnell bewegen. Mit annähernder Lichtgeschwindigkeit unterwegs, wären sie nicht in der Lage, sich zu Strukturen zusammenzufügen, die nötig sind, um die ganze Bandbreite der Gravitationswirkungen zu erzeugen.

Nein. Beim Sichten der Liste offenkundiger Kandidaten streichen wir ein Teilchen nach dem anderen. Keines eignet sich als Hauptquelle für die dunkle Materie:

Protonen und Neutronen nicht. Siehe oben. Die Verteilung leichter Elemente hält die Gesamtpopulation der Baryonen niedrig. Jeder unentdeckte Überschuss von Protonen und Neutronen würde durch dessen Effekt auf die kosmische Mischung von Wasserstoff, Deuterium, Helium und Lithium aufgedeckt werden.

Elektronen nicht. Es gibt nur so viele Elektronen, wie es Protonen gibt, und Elektronen sind fast zweitausendmal schwerer. Wenn Baryonen das Defizit nicht wettmachen können, dann gelingt das Elektronen auch nicht.

Photonen nicht. Die Massenenergie, die die kosmische Hintergrundstrahlung beisteuert, beträgt nur einen winzigen Teil der Gesamtmenge, etwa 0,005 Prozent.

Neutrinos nicht.[*] Auch ihre Masse ist zu gering und ihre Bewegung zu schnell, um einen nennenswerten Anteil der dunklen Materie auszumachen. Aktuelle Schätzungen zeigen, dass Neutrinos nur zwischen 0,1 und 5 Prozent zur Gesamtmasse beitragen.

Keine der uns definitiv bekannten Kandidaten. Insgesamt machen die üblichen Verdächtigen nicht mehr als einen kleinen Bruchteil der kosmischen Masse aus. Offensichtlich entsteht dunkle Materie aus etwas, was wir noch nicht kennen; etwas, was kalt und träge genug ist, um sich zu ausgedehnten Strukturen zusammenzufinden … etwas, was schwer genug ist, um den Verbleib der ganzen fehlenden Masse zu erklären … etwas, was so gut verborgen ist, dass es der elektromagnetischen Erkennung entwischen kann … etwas, was zurückhaltend genug ist, um mit gewöhnlicher Materie in schwache oder überhaupt in irgendeine Wechselwirkung zu treten.

Was immer es also sein mag, die dunkle Materie wird wahrscheinlich nicht auf der aktuellen Liste bekannter Teilchen auftauchen. Wir müssen anderswohin schauen, in der Hoffnung, die Suche mit Hilfe der richtigen Fragen einzuengen. Wird die fehlende Masse beispielsweise durch hypothetische Teilchen erklärt, die womöglich in einer Quantenwelt höherer Symmetrie entstehen? Die großen vereinheitlichten Theorien (die die starke und die elektroschwache Kraft auf die gleiche Grundlage stellen) oder die «supersymmetrischen» Theorien (die Fermionen und Bosonen ineinander umwandeln)* fordern ja genau dies. Wird die Existenz des leichtgewichtigen, aber allgegenwärtigen «Axions» aus einigen Szenarios der großen Vereinheitlichung tatsächlich bewiesen, und wenn ja, wird das Axion einen bedeutenden Beitrag zur dunklen Materie leisten? Oder wird das supersymmetrische «Neutralino», eine weitere theoretische Möglichkeit, genau das Teilchen sein, das schließlich die Lösung des Problems liefert?

Und warum sollte man hier aufhören? Vielleicht wird sich der erfolgreiche Kandidat als ein wahrer «Erlkönig» erweisen, eine exotische Spezies, die augenblicklich noch niemand auf dem Schirm hat. Oder – und hier kommt ein weiterer vernünftiger Vorschlag – vielleicht gibt es überhaupt gar keine dunkle Materie. Vielleicht beruht ja das anomale Verhalten der Galaxien nicht auf irgendeiner exotischen neuen Materieform, sondern vielmehr auf einem exotischen neuen Bewegungsgesetz. Sollte dies zutreffen, dann brauchen wir neue Gleichungen und nicht etwa neue Teilchen.*

Wir müssen abwarten. Es gibt noch keine eindeutigen Antworten, und keine der vorgeschlagenen Erklärungen ist frei von Problemen. Augenblicklich können Physiker lediglich spekulieren und sich bemühen, Experimente zu ersinnen, die die dunkle Materie ans Licht bringen.

Dunkle Energie

Es genügt, um selbst den stolzesten Menschen dazu zu bringen, bescheiden zu sein: die Erkenntnis nämlich, dass die Protonen, Neutronen und Elektronen, die wir so hoch schätzen – die Bausteine für Erde, Sonne, Mond, Planeten, Sterne und, denken Sie daran, die Bausteine für uns selbst –, sich auf eine ziemlich geringe Menge in dem großen Entwurf belaufen, ein paar belanglose Prozent des kosmischen Materievorrats.

Machen Sie sich ans Werk und listen Sie die gesamte Energie im Universum auf. Halten Sie den in Masse und Gravitationsfeld jedes Stücks Materie vorhandenen Energiebetrag fest, und wieder wird die Addition der Zahlen nicht genügen. «Gewöhnliche» Energie, wie sie die gravitative Anziehung verursacht, macht nur etwa ein Drittel der kosmischen Gesamtmenge aus. Der Rest ist «dunkle» Energie, und niemand weiß mit Sicherheit, was das ist. Wir wissen nur, was sie bewirkt. Sie verursacht eine gravitationsbedingte Abstoßung. Vergleichen Sie:

Gewöhnliche, also anziehende Energie bringt Materie zusammen. Die Gravitationsanziehung verursacht die Zusammenballung von Atomen zu Sternen, Galaxien und anderen großen Strukturen des Universums. Sie macht das Universum kleiner und komprimierter und wirkt der Ausdehnung des Raumes entgegen, der mit dem Urknall begann.

Dunkle, abstoßende Energie reißt den Raum auseinander und nimmt die Materie dabei mit. Die Antigravitationsabstoßung hemmt die Bildung von Sternen und Galaxien. Sie vergrößert das Universum und beschleunigt die Ausdehnung des Raumes, die mit dem Urknall ihren Anfang nahm.

Die schockierende Schlüsselentdeckung wurde erst 1998 gemacht.* Die Beobachtung ferner Supernovae* ließ darauf schließen, dass das Universum sich nicht wie eine in die Luft geschossene Kanonenkugel verhält, die nur während eines anfänglichen Aufwärtsschubs beschleunigt (analog zum inflationären Urknall) und danach einer unablässigen Verlangsamung unterliegt, die der Gravitation geschuldet ist. Das Universum verhält sich vielmehr wie eine Rakete, die ständig ihre Triebwerke zündet und dabei trotz der kompensierenden Gravitationsanziehung ihre Geschwindigkeit vergrößert. Während die Kanonenkugel einen Aufwärtsstoß bekommt und dann nur noch von der Trägheit in dieselbe Richtung vorangetrieben wird, erfährt die Rakete (unten rechts) eine andauernde Zunahme von Kraft und Beschleunigung:

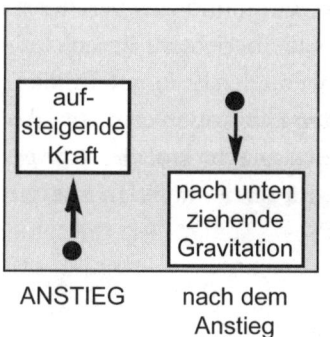

ANSTIEG   nach dem Anstieg

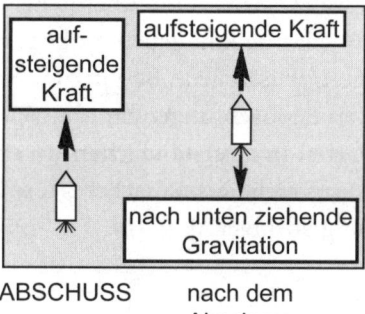

ABSCHUSS   nach dem Abschuss

Die Kanonenkugel bewegt sich nie schneller als mit ihrer Mündungsgeschwindigkeit, sobald die Gravitation das Kommando übernimmt. Die auf den Schub ihrer Triebwerke vertrauende Rakete hat ihr eigenes Schicksal im Griff. Sie kann ihre Bewegung verlangsamen, kann die Geschwindigkeit konstant halten und kann beschleunigen.

Falls sich die Supernovae-Erkenntnisse sowie andere Anzeichen als stichhaltig erweisen sollten, dann ist das Universum (wie die Rakete) mit einer eigenen Bewegungskraft ausgestattet, um gegen die Gravitation beschleunigen zu können – nicht um die Expansion des

Raumes zu verlangsamen, sondern um deren Geschwindigkeit zu erhöhen. Der Antrieb dafür käme wahrscheinlich von der so genannten dunklen Energie des Raumes, einer Vakuumenergie, die dem falschen Vakuum der Inflationsära gleichkommt, die einen negativen Druck erzeugt und mit Gravitationsabstoßung einhergeht. Bleibt eine zunehmende Beschleunigung dieser Art unkontrolliert, könnte sie eines Tages das Universum in einem endgültigen erschütternden «Großen Schnipp» zerreißen.

Das Urteil steht noch aus, was Quelle, Stärke, Eigenschaften und Geschichte der dunklen Energie betrifft. Manche Forscher ordnen den negativen Druck einer gleichförmigen Energiedichte zu, die das ganze All durchdringt – ein Effekt, den Einstein mit einer Größe einführte, die er kosmologische Konstante nannte.* Andere schlagen eine andere Art von Quantenfeld mit der Bezeichnung «Quintessenz»* vor, deren Energiedichte sich in Raum und Zeit verändert. Wieder andere geben zu bedenken, dass die berichtete Beschleunigung zusätzliche Bestätigung verlangt, wenngleich sie auf fundierten Beobachtungen beruht. Wir fühlenden Lebewesen erwarten das Urteil mit verständlichem Interesse, weil das Schicksal des Universums nicht auszumachen ist, solange das Rätsel der dunklen Energie ungelöst bleibt*.

HÖHERE STANDARDS

Das Rezept verlangt nur ein paar einfache Zutaten, aber sie reichen aus, um den Verbleib nahezu jeder Struktur und Wechselwirkung im uns bekannten Universum zu erklären. Drei Gruppen von Fermionen* (insgesamt zwölf Elementarteilchen) sorgen dafür, dass es Materie gibt, während eine Kollektion aus Bosonen* die Kräfte überträgt:

		1	2	3
FERMIONEN	Quarks	Up Down	Charm Strange	Top Bottom
	Leptonen	Elektron Elektron-Neutrino	Muon Muon-Neutrino	Tauon Tau-Neutrino
BOSONEN	W^+, W^-, Z^0 (schwache Wechselwirkung) Photon (elektromagnetische Wechselwirkung) 8 Gluonen (starke Wechselwirkung)		Higgs (Masse)	
BOSONEN	W^+, W^-, Z^0 (schwache Wechselwirkung) Photon (elektromagnetische Wechselwirkung) 8 Gluonen (starke Wechselwirkung)		Higgs (Masse)	

Die meisten Namen dürften Ihnen bereits aus den Kapiteln 2 und 9 bekannt sein, wobei das Neutrino hier in «Elektron-Neutrino» umgetauft wurde, um es von entsprechenden neutralen Teilchen in anderen Gruppen oder «Generationen» zu unterscheiden. Mit Ausnahme der Masse, deren Werte in der Tabelle von links nach rechts ansteigen, sind die Eigenschaften der Fermionen in der zweiten und dritten Generation mit denen in der ersten Generation identisch.

Was die grundlegenden Zutaten betrifft, so bedenken Sie zunächst, dass jede Materiegeneration zwei Quarks und zwei Leptonen (griechisch für «leicht») enthält. Quarks und Leptonen sind elementar im strengsten Sinne und werden als einfache, nicht weiter reduzierbare Teilchen ohne eigene Struktur betrachtet. Sie unterscheiden sich in ihren grundlegenden Eigenschaften und in der Art ihrer Wechselwirkungen:

Die Quarks. Jedes Quark trägt drei metaphorisch zu verstehende Farben (Rot, Grün und Blau) sowie eine von sechs metaphorischen Geschmacksrichtungen (Up, Down, Charm, Strange, Top, Bottom). Quarks nehmen an allen vier grundlegenden Wechselwirkungen teil.

Die Leptonen. In jeder Generation steht einem negativ geladenen Elektron, Muon oder Tauon ein nichtgeladenes Neutrino gegenüber.

Leptonen sind, im Gegensatz zu Quarks, immun gegen starke Wechselwirkung. Sie haben alle verschiedene Massen.

Fügen Sie dieser Mischung für jedes Fermion ein Antiteilchen (einen Doppelgänger mit der gleichen Masse, aber diametral entgegengesetzter Ladung und magnetischem Moment) hinzu, und schon ist unser Rezept vollständig. Wir haben die Welt auf eine engere Auswahl von Zutaten und Anleitungen begrenzt, die kompakt genug sind, um auf eine Registerkarte zu passen.

Theoretiker nennen es stolz das Standardmodell der Teilchenphysik, und sie haben auch allen Grund, stolz darauf zu sein. Es funktioniert, und es funktioniert sogar ausgezeichnet. Das Standardmodell greift sowohl auf die Quantenchromodynamik (die Regeln der Farbkraft, wie sie in Kapitel 9 skizziert wurden) als auch auf die vereinigte elektroschwache Theorie (siehe ebenfalls Kapitel 9) zurück. Mit einer bemerkenswert sparsamen Menge von Fermionen und Bosonen erklärt das Standardmodell die elektromagnetische, schwache und starke Wechselwirkung. Die erste Fermionengeneration reicht aus, um alle Neutronen, Protonen, Atome und Moleküle der gewöhnlichen Materie zu bilden. Die zweite und dritte Generation ist für die exotischen, aber flüchtigen Überreste verantwortlich, die produziert werden, wenn die Teilchen in Hochenergie-Teilchenbeschleunigern zusammenstoßen.

Es sind nachprüfbar reale Teilchen, nicht einfach nur Hirngespinste einer lebhaften mathematischen Phantasie. Sie existieren tatsächlich. Mit Ausnahme des Higgsbosons sind alle direkt oder indirekt aufgespürt worden, und ihre Eigenschaften entsprechen den Vorhersagen des Standardmodells. Es ist erstaunlich, dass dieses kurze Rezept schon fast ausreicht, um als Bauplan für ein ganzes Universum zu dienen.

Fast, aber nicht ganz.

UNTER DEM TEPPICH

Trotz aller Erfolge leidet das Standardmodell an Schwächen und Widersprüchlichkeiten, die nicht einfach ignoriert werden können. Wo bleibt zum Beispiel die Gravitation? Was ist mit der Vereinigung der starken und der elektroschwachen Kraft? Wo sind die dunkle Materie und die dunkle Energie? Wo ist das Inflatonfeld?

Warum gibt es nicht die gleiche Menge Materie und Antimaterie im Universum? Warum gibt es drei komplette Fermionengenerationen, wenn die Natur offensichtlich nur die erste Generation benötigt, um jedes einzelne Proton, Neutron und Elektron zu bilden, das sie zurzeit auf Lager hat? Warum haben Teilchen genau ihre spezielle Masse und keine andere? Und falls ein Higgsfeld tatsächlich Masse verleiht, wie groß ist dann wohl die Masse des Higgsbosons selbst? Apropos Bosonen, warum sind sie so anders als Fermionen?

Warum verlässt sich das Standardmodell, wo es doch sonst so leistungsfähig ist, auf einen «Renormalisierung» genannten Taschenspielertrick, damit die Gleichungen funktionieren? Ein quantisiertes Feld wirkt auf den ersten Blick wie ein Ungetüm, eine mathematische Absurdität, die überhaupt keinen Sinn macht. Es stellt sich den Raum angefüllt mit einer unendlichen Zahl unsagbar kleiner Vibratoren vor. Jeder von ihnen bringt laufend virtuelle Feldquanten hervor, wie zum Beispiel Photonen:

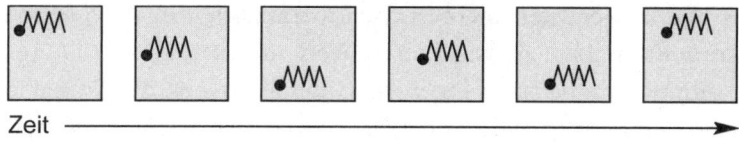

Zeit

Die virtuellen Quanten, eben noch hier und im nächsten Moment schon wieder verschwunden, werden mit Genehmigung des Unbestimmtheitsprinzips, das die Beziehung zwischen Energie und Zeit beschreibt (siehe Kapitel 9), erschaffen und vernichtet. Ihr zufälliges Kommen und Gehen verletzt keine Erhaltungssätze, aber dennoch läuft das nie endende Filtern des quantisierten Feldes auf eine große Peinlichkeit hinaus, genauer gesagt, auf eine *Unendlichkeit*. Da die Anzahl potenzieller Oszillatoren selbst in den winzigsten Raumregionen unendlich groß ist, trifft dies auch auf die errechnete Energie zu. Das

Elektron hat als eine Quelle des elektromagnetischen Feldes theoretisch sowohl unendliche Energie als auch unendliche Masse, da es von einer Wolke virtueller Photonen umgeben ist. Die experimentell gemessene elektronische Masse ist allerdings ausgesprochen endlich, sie beträgt annähernd ein Milliardstel eines Milliardstels eines milliardstel Gramms.

Lernen Sie die Renormalisierung kennen. Wir definieren die (im Labor gemessene) Masse und Ladung des nackten Teilchens neu, um das fortwährende Versprühen virtueller Teilchen zu integrieren und damit zu schmälern, so als existierte die problematische Unendlichkeit gar nicht. Der Effekt ist vergleichbar mit dem Ausgleichen des Gewichtes auf einer Waage durch Gegengewichte oder mit dem Zurückstellen eines Kilometerzählers auf null. Und selbst wenn die Angelegenheit heikel erscheint, so hat ein renormalisiertes Feld doch einen großen praktischen Nutzen. Es liefert uns nämlich die richtigen Zahlen. Obwohl manche Physiker behaupten, das Verfahren kehre die Unendlichkeiten lediglich unter den Teppich, sind die auf diese Weise erhaltenen Ergebnisse endlich, fügsam und oftmals erstaunlich genau. Schauen Sie sich als Beispiel nur die Quantenelektrodynamik an. Dieser Eckstein des Standardmodells liefert eine der überzeugendsten theoretischen Voraussagen in der gesamten Naturwissenschaft: ein kalkulierter Wert von 1,00115965214 für eine bestimmte magnetische Eigenschaft des Elektrons, verglichen mit einem gemessenen Wert von 1,001159652188. (*Und dennoch*, fragen Sie, *wie viele Joker müssen wir uns noch aus dem Ärmel ziehen, damit die Theorie funktioniert?*)

Haben Sie Mut. Die versammelten Fragen und Beschwerden zielen nicht unbedingt auf Irrtümer ab, sondern heben eher die Unvollständigkeit hervor. Zu viele Aspekte des Standardmodells sind nachweisbar korrekt, folgerichtig und logisch zu gut aufeinander abgestimmt, als dass die Struktur plötzlich wie ein Kartenhaus zusammenfallen könnte. Dieses Modell sollte nicht ganz und gar fallen gelassen werden, was es allerdings benötigt, ist eine Luxusversion. Es muss seinen Platz als Teil eines vielseitigeren und umfassenderen Bildes finden, das sowohl in seinem eigenen Bereich Gültigkeit besitzt als auch mit Phänomenen in anderen Sphären kompatibel ist.

Die These von der Supersymmetrie in der Natur, also die These vom Einsturz der Wand, die Fermionen von Bosonen trennt, ist ein viel versprechender Ausgangspunkt.

SUPERSYMMETRIE

Ist das ein Elektron, was Sie da sehen, oder ist es ein Neutrino? Ein Up-Quark oder ein Down-Quark? Ein W-Boson oder ein Photon? In einer higgslosen Welt ungebrochener Symmetrie könnten gewissenhafte Beobachter genauso gut anderer Meinung sein. Sie sähen lediglich die masselosen, ununterscheidbaren Teilchen, die im Auge des Betrachters unterschiedliche Rollen auslebten. Die Teilchen würden ihre Identitäten austauschen und dabei so mehrdeutig erscheinen wie die vier Ecken eines Quadrats, die sechs Eckpunkte eines Sechsecks oder die unendliche Menge von Punkten auf einem Kreis:

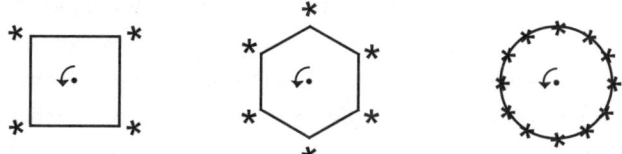

Die verständlicherweise verwirrten Beobachter wären nicht in der Lage, einen Unterschied zu erkennen.

Niemand jedoch wäre jemals so verwirrt, ein Elektron mit einem Photon zu verwechseln, ein Neutrino mit einem Z-Boson oder ein Quark mit einem Gluon, weil Fermionen und Bosonen sich nicht vermischen. Laut Standardmodell existieren sie in verschiedenen Lagern mit all den Unterschieden, die wir in Kapitel 9 bereits aufgezählt haben:

1. *Fermionische Wellenfunktionen vertauschen die Vorzeichen, wenn identische Teilchen ausgetauscht werden. Bosonische Wellenfunktionen verändern sich nicht.*

2. *Fermionen haben entweder eine halbe Spin-Einheit oder ein ungerades Vielfaches davon (1/2, 3/2, 5/2 ...).* Bosonen haben entweder ganzzahlige Spin-Einheiten oder den Spin null.

3. *Fermionen sind Einzelgänger. Jedes Fermion füllt seinen eigenen Quantenzustand aus.* Bosonen sind gesellig. Sie können sich alle in einem einzigen Zustand anhäufen.

4. *Fermionen (Elektronen, Neutrinos, Quarks) sind Materie.* Bosonen (Photonen, W, Z) sind Kraft.

Unter bestimmten Umständen könnte man einem Beobachter die Verwechslung eines Elektrons mit einem Neutrino nachsehen, niemals aber die Verwechslung eines Neutrinos mit einem Photon. Schließlich vermischen sich Fermionen und Bosonen nicht.

Aber vermuten wir einmal, sie tun es dennoch. Angenommen, Bosonen und Fermionen sind tatsächlich Zwillinge, die durch den Zufall einer Symmetriebrechung bei der Geburt getrennt wurden. Nehmen wir weiterhin an, dass sich Fermionen unter den richtigen Bedingungen genau so natürlich in Bosonen verwandeln konnten wie Up-Quarks in Down-Quarks. Stellen wir also die These auf, das gegenwärtige Universum verberge eine höhere, umfassendere Symmetrie, eine *Supersymmetrie* nämlich, die Fermionen und Bosonen zu einer wahren Bruderschaft der Materie und Kraft zusammenschweißt.

Es wäre eine Welt, die doppelt so viele Teilchen enthielte, wie wir augenblicklich wahrnehmen, eine Welt, in der jedes Fermion und jedes Boson einen bisher nicht erkannten Kumpel im entgegengesetzten Lager hätte, nämlich einen «Superpartner». Für das Elektron (ein Fermion mit einer halben Spin-Einheit) gäbe es ein passendes Gegenstück in Gestalt eines supersymmetrischen Elektrons oder *Selektrons* (ein Boson mit dem Spin null). Der entsprechende Partner des Neutrinos wäre das Sneutrino. Dem Quark wäre das Squark zugeordnet.

Dem Photon entspräche das Photino, ein Fermion mit einem halben Spin, das ein Boson mit einem Spin von 1 ergänzt. Für das W-Boson gäbe es ein Wino, für das Z-Boson ein Zino, für das Gluon ein Gluino. Jedes Teilchen bekäme also einen Superpartner mit einem

Spin, der um eine halbe Einheit geringer ist. So gäbe es für jedes Paar eine Ehe, die im supersymmetrischen Himmel geschlossen wäre.

Kein einziges Experiment hat bisher je einen dieser Superpartner hervorgebracht, und vielleicht existieren sie auch gar nicht, oder sie sind vielleicht, wie viele Physiker vermuten, so enorm schwer, dass ihre Materialisierung riesige Mengen von $E = mc^2$ erforderte. Die Supersymmetrie ist jedoch eine viel versprechende Aussicht, und ihre Auswirkungen auf das Standardmodell sind weit reichend. Einer der Vorteile, supersymmetrische Partner zu haben, besteht beispielsweise darin, dass die Unendlichkeiten aufgehoben werden, die sonst den Quantenfeldern so zu schaffen machen. Fermionen und Bosonen neigen dazu, gegenläufige Beiträge zu dem Quantenzittern zu leisten, und die supersymmetrische «Garantie eines Fermions für jedes Boson und eines Bosons für jedes Fermion» ist ein großer Schritt hin zur Ausgleichung der Fluktuationen. Ist der Echoimpuls einer Teilchenart positiv, ist der Echoimpuls der anderen Teilchenart negativ. Die Mikrowelt wird zu einem ruhigeren Ort. Darüber hinaus wären in einem supersymmetrischen Universum die Gravitation und die drei anderen Kräfte in der Lage, sich zu einer einzigen Kraft zu vereinigen. Die allgemeine Relativität beschwört die Gravitation als ein Mittel, das sicherstellen soll, dass alle Beobachter, ungeachtet ihrer eigenen Beschleunigung, die gleichen Naturgesetze beschreiben. Die Supersymmetrie bewirkt das Gleiche. Sie wandelt die Raum-Zeit-Koordinaten so um, dass die Bedeutungsgleichheit aller Bezugsrahmen garantiert ist.

Folglich präsentiert sich die Supersymmetrie selbst als einen wichtigen Schlüssel auf der Suche nach einer umfassenden Theorie, aber sie stellt nur ein Teil des Puzzles und nicht das ganze Bild dar. Der nächste Schritt liefe auf ein noch radikaleres Überdenken lange gehegter Vorstellungen hinaus. Und das erste Opfer ist eine Idealisierung, die auf die alten Griechen zurückgeht.* Am Ende könnten wir gezwungen sein, die Vorstellung eines Elementarteilchens als eines dimensionslosen Punktes aufzugeben.

DER FLUCHTPUNKT

Die letzte Bastion der klassischen Physik könnte hier fallen: die Wahrnehmung der Raum-Zeit als ein reibungsloses Kontinuum, grenzenlos in immer kleinere Teile teilbar. Alles andere in der Welt (wie Energie, Impuls, Drehimpuls, Masse, Ladung und so weiter) tritt, in getrennten Paketen gebündelt, in Erscheinung, und dennoch konstruieren wir wissentlich Modelle, in denen die Grenzen des Raumes und der Zeit auf so gut wie nichts zusammenschrumpfen. Ganz egal, wie eng die Grenzen gezogen werden, wir vermuten, dass sie immer noch ein klein wenig enger gezogen werden können:

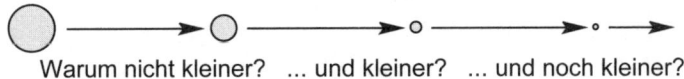

Warum nicht kleiner?   ... und kleiner?   ... und noch kleiner?

Oder ist es tatsächlich möglich? Können endliche Mengen Energie, Masse, Impuls, Ladung und die verschiedenen anderen Teilcheneigenschaften wirklich in einen dimensionslosen Punkt gepackt werden? Was hat es zu bedeuten, in einer mathematischen Abstraktion zu verschwinden, die weder Länge noch Höhe oder Breite hat? Können wir die Raum-Zeit tatsächlich in willkürlich winzige Stücke zerhacken?

Ein Beobachter der Makrowelt bejaht diese Frage. Für Einstein erstreckt sich der leere Raum der allgemeinen Relativität beständig wie ein elastisches Tuch, ein Trampolin, auf dem niemand springt. Aus klassischer Sicht sieht ein kleines Stück des leeren Raumes qualitativ nicht anders aus als ein großes Stück. Das Trampolin mag das gesamte Universum umspannen oder nur einen winzig kleinen Flecken, aber in Abwesenheit von Masse ist dessen elastische Struktur überall glatt und kontinuierlich.

Ein Beobachter der Mikrowelt hat ein anderes Bild vor Augen. Im quantenmechanischen Universum ist der Raum niemals wirklich leer und niemals wirklich ganz still. Zufällig sprudelt eine Fluktuation aus dem Vakuum hervor, dauert so lange an, wie die Unschärferelation es erlaubt, und verschwindet dann wieder, nur um von einer anderen Fluktuation irgendwo anders ersetzt zu werden. «Tun Sie, was immer

Sie wollen», sagt Heisenberg, «vorausgesetzt, Sie erledigen es schnell und dringen dabei nicht in eine kleine Raumregion ein. Wenn Sie innerhalb der Grenzen der Unschärferelation bleiben, werde ich so tun, als hätte ich nichts bemerkt.»

Puff! Ein schwacher Energieknall, das Knistern eines Feldes, wieder ein *Puff!*, und es ist vorbei. Wenn die Zeit kurz ist, ist die Ungewissheit, was die Energie betrifft (siehe Kapitel 9), groß. Ist der Raum klein, ist die Ungewissheit bezüglich des Impulses (siehe Kapitel 7) groß. Vorausgesetzt, Zeit und Raum sind ausreichend vorhanden, pendelt sich das Knallen und Knistern auf einen Durchschnittswert von null ein, sodass sich das quantenmechanische Vakuum so tadellos zu benehmen scheint wie das klassische Vakuum – aber *nur dann*, wenn es eine Chance hat, die endlosen Fluktuationen auszugleichen. Untersuchen wir das Vakuum zu sorgfältig, zeigt die Unbestimmtheit der Mikrowelt ihr wechselhaftes Gesicht.

Da die Gravitation, laut Einstein, nun einmal Geometrie ist, wird es die Raum-Zeit selbst sein, die den Preis dafür zahlt, wenn ein Gravitationsfeld das Quantenzittern kriegt. Wird leerer Raum an die Grenzen der Kleinheit zusammengestaucht, verwandelt er sich in einen schäumenden Kessel voller Quantenfluktuationen, ein heilloses Durcheinander, das «Quantenschaum» genannt wird*. Aus dem Ruder laufende Abweichungen im Gravitationsfeld verzerren und zerreißen die Raum-Zeit-Krümmung ohne eine Chance auf Wiederherstellung. Aus der Ferne sehen wir eine glatte Struktur. Nähern wir uns dem Maßstab der Planck-Länge, erkennen wir, dass die Struktur völlig zerfetzt ist.

Wäre die Raum-Zeit tatsächlich glatt und wären die Teilchen wirkliche mathematische Punkte, könnte das Dogma der allgemeinen Relativität (*Gravitation ist Geometrie*) niemals mit dem Dogma der Quantenmechanik (*Gravitation ist ein Feld aus Botschafter-Bosonen*) in Einklang gebracht werden. Die makroskopisch-mikroskopische Harmonie verschwindet unwiederbringlich, wenn die Abstände unangemessen kurz werden und die Massen zu unvernünftiger Größe anwachsen, wie es genau unter Bedingungen geschieht, die der

Quantengravitation unterliegen. Die Quantengravitation spielt sich über fast unvorstellbar kurze Abstände ab und wirft Probleme auf, die bei eher gemäßigten Phänomenen wie Wasserwellen und elektromagnetischen Wellen unbemerkt bleiben. Bedenken Sie folgende Unterschiede:

1. *Wasserwellen.* Wenn Sie einen Stein in das stille Wasser eines Teichs werfen, erzeugt dies eine Störung. Eine schwingende Materiewelle breitet sich in alle Richtungen aus, während unterschiedliche Beobachter das Ereignis mit gegensätzlichen, aber einander ergänzenden Begriffen beschreiben. Während ein makroskopischer Beobachter eine kontinuierlich sich verändernde Wasserwand sieht, erkennt ein mikroskopischer Beobachter ein klumpiges Gemisch aus H_2O-Molekülen. Beide Beschreibungen ergeben einen Sinn. Es kommt zu keinem internen Konflikt.

2. *Elektromagnetische Wellen.* Schleudern Sie eine elektrische Ladung ins Vakuum, sodass eine Störung erzeugt wird. Die schwingende Welle eines elektromagnetischen Feldes pflanzt sich mit Lichtgeschwindigkeit fort, und erneut schreiben unsere Beobachter ihre Berichte. Der makroskopische Beobachter sieht ein kontinuierlich sich veränderndes, glattes und unbeschädigtes Feld. Der mikroskopische Beobachter sieht ein klumpiges Mosaik masseloser Teilchen (Photonen). Jedes Teilchen ist ein separates Quant des elektromagnetisches Feldes. Wie zuvor ergeben auch hier beide Beschreibungen einen Sinn. Es kommt zu keinem internen Konflikt.

3. *Gravitationswellen.* Feuern Sie einen Stern in das Vakuum der allgemeinen Relativität, und es wird eine Störung erzeugt werden. Eine schwingende Welle gravitativen Einflusses pflanzt sich mit Lichtgeschwindigkeit fort. Noch einmal bitten wir Herrn Makrobeobachter und Frau Mikrobeobachterin um ihren Bericht. Herr Makrobeobachter sollte, laut allgemeiner Relativität, ein sich kontinuierlich veränderndes Wellenmuster in der Raum-Zeit-Struktur beobachten. Frau Mikrobeobachterin sollte, laut Quantenmechanik, ein klumpiges Teilchengemisch (Gravitonen) sehen. Jedes

Graviton ist ein separates Bündel eines quantisierten Gravitationsfeldes. Die quantenmechanischen Regeln geben genau an, wie das
hypothetische Gravitationsbotenteilchen aussehen muss: nämlich
ein masseloses Boson mit einem Spindrehimpuls von zwei Einheiten, das Doppelte eines Photonenspins.

Hier jedoch bricht unsere traditionelle Quantenmechanik zusammen und wächst sich zu einer Absurdität aus, denn wo immer die
Quantenmechanik auf die allgemeine Relativität trifft – nämlich
bei Abständen, die einhundert Milliarden Milliarden Milliarden
Mal kürzer sind als in einem Atomkern –, krankt jede Feldtheorie,
die auf punktähnlichen Teilchen gegründet ist, an unheilbaren
Unendlichkeiten. Bäten wir die Natur nun um ein renormalisier-
bares Quantenfeld, das ein angemessenes Graviton hervorbrächte,
träten leider keine Freiwilligen vor. Die Mechanik der Punktteilchen bricht in der unsagbar kleinen Welt der Quantengravitation
zusammen, und das alternative Bild der allgemeinen Relativität
versagt ebenfalls*. Das Durcheinander des Quantenschaums zerstört die glatte Struktur der Raum-Zeit, die als eine Grundvoraus-
setzung für die allgemeine Relativität gilt.

Um den gordischen Knoten zu zerschlagen, brauchen wir ein paar
neue Annahmen. Wir müssen uns vorstellen, dass die Raum-Zeit in
separaten Paketen gebündelt daherkommt, die nur bis zu einem bestimmten Punkt und nicht darüber hinaus kleiner und feiner geschnitten werden können. Wir müssen uns vorstellen, dass Elementarteilchen nicht wirklich bis zum Fluchtpunkt hinab zusammenschrumpfen.
Wir müssen sie uns nicht ausschließlich als winzige Billardkugeln vergegenwärtigen, sondern eher als dehnbare Strukturen, die fähig sind,
sich in unterschiedlichen Formen zu zeigen. Denn wenn sich unsere
neuen Vermutungen als stichhaltig erweisen sollten, dann haben wir
die Chance zu verstehen, wie sich alles in der Natur, auf Materie und
Kraft in gleicher Weise zutreffend, von derselben grundlegenden Einheit ableiten lässt.

Die neuen Vermutungen laufen alle auf die «Stringtheorie» hinaus (die, allgemeiner betrachtet, als M-Theorie bezeichnet wird)*. Die Aufregung ist spürbar. Sollte die Stringtheorie funktionieren, werden wir ein unendlich viel einfacheres und gleichzeitig unsagbar komplexeres Universum haben, als sich das jemals jemand vorgestellt hat.

STRINGS ATTACHED – NUR UNTER GEWISSEN BEDINGUNGEN

Stellen Sie sich vor, es sei die wirtschaftlich bestmögliche Lösung, nämlich die Reduzierung aller Quarks, Elektronen, Neutrinos und Botschafter-Bosonen auf einen einzigen Baustein, einen winzig kleinen Energiefaden, der in einer elfdimensionalen Welt schwingt* – eine Welt, in der das, was man bekommt, nicht immer das ist, was man sieht.

Winzig klein, aber noch nicht verschwunden. Die Schleifen und Membranen der Stringtheorie sollen sich über ein Milliardstel eines Billionstels eines billionstel Zentimeters erstrecken, ein Abstand (Planck-Länge genannt), der so kurz ist, dass er vermutlich niemals direkt nachgewiesen werden kann, aber dennoch größer als null ist. Diese geringe Abweichung reicht aus, um das Zittern der Raum-Zeit bis zu dem Punkt zu beruhigen, an dem Quantenmechanik und allgemeine Relativität koexistieren können. Die Unendlichkeiten verschwinden.

Es ist eine nahezu unbegreiflich kleine Welt. Der Durchmesser eines Wasserstoffkerns ist bereits einhundert Milliarden Milliarden Mal größer als die Planck-Länge, während der Durchmesser eines Wasserstoffatoms einhunderttausendmal größer als jener ist. Vergrößerte man einen hypothetischen String auf die Breite eines Fingernagels, müsste sich der Fingernagel selbst auf mehr als tausend Billionen Billionen Kilometer ausdehnen. Das entspräche zehn Milliarden Milliarden Rückflügen zwischen Sonne und Erde. Das mit einer Geschwindigkeit von 300 000 Kilometern pro Sekunde dahineilende Licht benötigte eine Million Milliarden Jahre, um die Strecke zurückzulegen. Ein Flugzeug könnte es in einer Milliarde Billionen Jahren schaffen. Und ein Mensch mit mittelmäßigem Wandertempo wäre zweihundert Milliarden Billionen Jahre unterwegs. Ein String ist so klein, wie diese Zahlen groß sind.

Dennoch ist er groß genug, um eigene innere Dimensionen zu haben und Dinge zu tun, die einem Billardball nicht gelängen. Eine Violinensaite oder ein Trommelfell, die auf unterschiedliche Weise schwingen, erzeugen eine Ansammlung von Noten; ein elementarer String oder eine Membran, die ähnlich unterschiedlich schwingen, erzeugen eine Teilchensammlung. Ein bestimmter Schwingungsmodus bringt ein Quark hervor, ein anderer ist für ein Elektron verantwortlich. Zwei wiederum andere erzeugen ein Photon oder ein Gluon, ein dritter (*kaum zu glauben*) ein Graviton. Alles, was die Natur braucht, um ein Universum zusammenzustellen, stammt von unterschiedlichen Facetten einer einzigen Quelle. So lautet zumindest die These, und ihr Versprechen, die letzten Probleme zu lösen, ist erstaunlich genug, um sie ernsthaft in Erwägung zu ziehen.

Darüber hinaus muss diese neue Harmonie nicht gegen bereits existierende Modelle der Quantenmechanik und der allgemeinen Relativität verstoßen. Die elementaren Regeln der früheren, weniger grundlegenden Theorien werden, ganz im Gegenteil, zu einem wesentlichen Bestandteil jeder mikrokosmischen Stringsymphonie. Die Quarks, Leptonen und Gravitonen der Quantenmechanik werden von der neuen Theorie geradezu *verlangt* und nicht bloß toleriert. Selbst wenn Elementarteilchen sich letztlich nicht als strukturlose Punkte erweisen sollten, wie sich allmählich deutlich abzeichnet, könnten wir deshalb immer noch in der Lage sein, die alten theoretischen Strukturen neu zu interpretieren, ohne diese ganz und gar niederreißen zu müssen.

Natürlich gibt es dabei einen Haken, weil die vermuteten Strings und Membranen eben keine gewöhnlichen Violinensaiten und Trommelfelle sind, die in vier Raum-Zeit-Dimensionen schwingen. Ach, wenn es doch nur so einfach wäre! Stattdessen treten die Schwingungen der M-Theorie in einer supersymmetrischen elfdimensionalen Welt auf mit zehn Raumdimensionen und einer Zeitdimension. Der Preis, den wir für die enorme Sparsamkeit und Vielseitigkeit bezahlen müssen, um aus einem einzigen Stück Stoff buchstäblich alles zu erzeugen, ist die Erfüllung beider Bedingungen: Supersymmetrie und zusätzliche Dimensionen. Das ist dann der «Superstring» mit der Einheitsgröße, in die alle anderen Teilchen hineinpassen.

Diese Vorstellung scheint direkt aus der Science-Fiction zu stammen (stellen Sie sich den Nobelpreisträger Isidor Isaac Rabi vor, wie er sagt: «Was? Drei Raumdimensionen reichen Ihnen noch nicht?»), aber ohne diese zusätzlichen Dimensionen bricht die Stringtheorie zusammen. Genau wie ein Molekül mit drei Atomen auf vielfältigere Art schwingen kann als ein Molekül mit nur zwei Atomen,

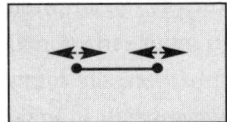

so verhält es sich auch mit den Superstrings. Sie brauchen die zusätzlichen «Freiheitsgrade», die die zusätzlichen Dimensionen gewähren. Ob man sich die hypothetischen Superstrings nun als Fäden, Schleifen oder membranähnliche Oberflächen vorstellt, ist egal. Sie müssen jedenfalls in mehr als drei Raumdimensionen schwingen. Trifft dies nicht zu, können sie auch nicht das komplette Arrangement von Materie und Kraft liefern, das wir im Universum finden.

Niemand soll sich verunsichert fühlen, wenn er sich eine Welt mit mehr als drei Raumdimensionen nicht vorstellen kann. Mathematiker haben kein Problem damit, in abstrakten Räumen von vier, fünf, sechs oder gar sechshundert Dimensionen zu arbeiten. Sie wenden einfach für alle die gleichen Regeln an. Aber mit einem stofflichen Raum von mehr als drei Dimensionen ist der erdgebundene menschliche Geist schlicht überfordert. Weder in unseren Gehirnen noch in unserer Evolutionsgeschichte oder in unserem Alltagsleben gibt es einen Anhaltspunkt für eine Welt, die andere Dimensionen als Norden-Süden, Osten-Westen, Oben-Unten umfasst. Wir leben als große Geschöpfe in einer großen Welt, und bis wir nicht in einer Schachtel leben, die die Größe der Planck-Länge hat, können wir nicht mit Verständnis rechnen.

Aber vielleicht können wir ja manches davon verstehen oder zumindest die Vorstellung einer Dimension akzeptieren, die so klein ist, dass sie unbemerkt bleibt. Wie viele Dimensionen würden wir beispielsweise aus einer Entfernung von dreißig Metern einem Hochspannungskabel zuschreiben? Eine, würden Sie vermutlich antworten, da das Kabel nur eine Länge zu haben scheint. Und Sie hätten auch Recht, weil eine einzige Zahl mit Sicherheit genügt, um jede beliebige Position des Kabels anzugeben:

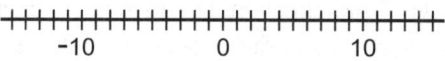

Und so scheint es also zu sein: eine Dimension, Akte geschlossen ... Aber ist das wirklich schon alles? Denn wenn wir etwas sorgfältiger hinsehen, enthüllt sich allmählich auf der ganzen Linie die eigene neue Welt einer verborgenen zweiten Dimension. Treten Sie näher. Untersuchen Sie das Kabel aus der Entfernung von einem Meter, dreißig Zentimetern oder zwei Zentimetern. Versetzen Sie sich in die Lage einer Ameise, die auf dem Kabel entlangkrabbelt, und Sie werden erkennen, dass es neben der Länge auch eine Breite gibt. Für jede Position auf der Linie brauchen wir eine zweite Zahl, um einen Winkel des Kabeldurchmessers angeben zu können:

Treten Sie noch näher heran. Untersuchen Sie das Kabel mit einem Vergrößerungsglas oder mit einem Mikroskop, und plötzlich wird sich Ihnen eine Welt der Ausbeulungen und Vertiefungen auftun. Diejenigen, deren Augen klein genug sind, können sogar eine winzige Oben-unten-Dimension erkennen. Weder wir noch die Ameise wären jemals auf diese Idee gekommen.

Mittlerweile hält sich die Ameise, die vom Raum außerhalb des Kabels abgeschnitten ist, für die Bewohnerin einer zweidimensionalen Welt. Ihre Bewegungen sind auf vorwärts und rückwärts sowie auf einen Spielraum im und gegen den Uhrzeigersinn begrenzt. Während ein großer Beobachter Schwierigkeiten hat, eine allzu kleine Dimension zu akzeptieren, fällt es einem kleinen Beobachter genauso schwer, eine allzu große Dimension zu akzeptieren. Für die Ameise fällt alles außerhalb der zwei Kabeldimensionen entweder in den Bereich der Science-Fiction oder kühner physikalischer Spekulationen. Selbst wenn das Geschöpf vermuten sollte, dass der Raum mehr Geheimnisse bereithält als vorwärts und rückwärts sowie im Uhrzeigersinn und gegen den Uhrzeigersinn, fällt es ihr schwer, mit den Dingen in Wechselwirkung zu treten, die jenseits davon liegen.

Nun soll aber dieser ganze Vortrag über schwer zu erkennende Dimensionen nicht im Entferntesten den verrückten Hyperraum* der Stringtheorie verdeutlichen. Es ist lediglich beabsichtigt, das «Unmögliche» möglich erscheinen zu lassen, dass es nämlich *möglich* sein kann, dass der Raum, in einem anderen Maßstab betrachtet, auch anders aussehen kann; dass es einer Dimension *möglich* ist, sich entweder so eng aufzurollen oder sich so sehr auszudehnen, dass sie unbemerkt bleibt; dass – kurzum – Teile unseres Universums *möglicherweise* so groß oder so klein sind, dass sie aus unserem Blickwinkel verschwinden.

Wäre die Stringtheorie weniger elegant oder der höchste Preis nicht so verführerisch, wären die Wissenschaftler womöglich geneigt, die Stringtheorie als eine rein mathematische Entspannungsübung zu betrachten, die nichts mit der Wirklichkeit zu tun hat. Aber die Stringtheorie ist sehr wohl von seltener, nahezu unübertroffener intellektueller Schönheit, und ihre potenziellen Einsichten reichen aus, um Begeisterungsstürme auszulösen. Sie verspricht, eine «Weltformel» zu sein, in der alles berücksichtigt wird (wenn man mit «alles» die Reduzierung aller Kräfte und aller Materie auf eine einzige Einheit versteht). Sie spielt auf ein tieferes Verständnis des Urknalls und des inflationären Universums an. Sie stellt andere Universen in Aussicht, die in anderen Dimensionen existieren.

Es ist sehr wahrscheinlich, dass die Stringtheorie niemals direkt überprüft werden kann. Und es könnte sich herausstellen, dass die Maßstäbe der Länge (unvorstellbar klein) und der Energie (unvorstellbar hoch) für immer außerhalb der Reichweite der Experimentalphysiker bleiben. Vermutlich werden wir auch niemals ein Instrument entwickeln, das uns einen Superstring so zeigt, wie ein gewöhnliches Mikroskop eine biologische Zelle oder ein Rastertunnelmikroskop ein Atom zeigt. Bestenfalls müssten wir uns mit Indizienbeweisen zufrieden geben, wie sie sich womöglich aus der Entdeckung von Gravitonen oder Superteilchen ergäben. Im schlimmsten Fall müssen wir uns lediglich mit der Schönheit und mathematischen Folgerichtigkeit einer endgültigen und ausgefeilten Weltformel begnügen.

Manchen mag dies genug erscheinen. Der theoretische Physiker Eugene Wigner sprach von der «unvernünftigen Wirksamkeit» der Mathematik*, wenn es um die Beschreibung der Natur geht, und jedem, der einmal als Physiker gearbeitet hat, fiele es schwer, dem nicht zuzustimmen. Dirac war so fasziniert von einem Minuszeichen in seinen Gleichungen, dass er sich gefährlich weit aus dem Fenster lehnte und die Existenz eines Teilchens voraussagte, das niemand wirklich suchte, nämlich das Positron. Er hatte Recht. Ein paar Jahre später wurde das Positron entdeckt und eine mathematische Ahnung bestätigt. Auch Einstein wagte sich sehr weit vor, als er einen Kommentar zu der Möglichkeit abgab, die allgemeine Relativität könne sich experimentell als falsch erweisen. «Dann täte mir der liebe Herrgott Leid*, weil die Theorie nämlich stimmt.» Einsteins Gefühl für Wahrheit, Schönheit und Mathematik war so stark, dass in seinen Augen ein Universum, das es wert ist, verstanden zu werden, eben auch ein ästhetisches Meisterwerk sein und Regeln befolgen müsse, die so grandios und bezwingend sind wie die in der allgemeinen Relativität festgelegten Gesetze.

Vielen Physikern sagt ihr Gefühl heute das Gleiche. Sie freuen sich auf eine endgültige Stringtheorie, die alles umfasst und nichts auslässt. Sie stellen sich eine verflochtene Struktur vor, die so schön ... so folgerichtig ... und so perfekt ist, dass sie einfach stimmen *muss*.

Wie schön wäre es doch, wenn wir es wirklich wüssten.

ANMERKUNGEN

Bedeutungen und Bearbeitungen, Erläuterungen, historische und biographische Notizen, Querverweise, hier und da eine mathematische Formel, bemerkenswerte, weiterverfolgte oder ignorierte Kleinigkeiten – dem Ermessen des Lesers überlassen.

VORWORT

13 Galileo Galilei: Aus dem Buch «Prüfer mit der Goldwaage, 1623.

KAPITEL 1

Zwei entscheidende Kriterien sollten Sie durchgängig im Auge behalten: Sie sollten erstens die scheinbare Bereitschaft der Natur, dem Verstand nachzugeben, nicht für selbstverständlich halten (es ist eine höchst angenehme Überraschung, dass es so ist) und rechnen Sie zweitens nicht damit, eine einzige universelle Erklärung für alle Phänomene unter der Sonne zu finden. Verschiedene Phänomene erfordern unterschiedliche Modelle, und das Geheimnis des wissenschaftlichen Erfolgs liegt in der Entwicklung eines Gefühls für Plausibilität und für Beziehungen – eine Fähigkeit, Maßstäbe und Rahmen richtig einzuschätzen, die geeigneten Fragen zu stellen und angemessene Vereinfachungen vorzunehmen.

17 *worin bereits die Menge der Moleküle in einem einzigen Wassertropfen die Zahl der Sterne in einer Galaxie übertrifft:* Eine große Galaxie kann einige hundert Milliarden Sterne enthalten, eine wesentlich geringere Zahl als die tausend Milliarden Milliarden H_2O-Moleküle in einem üblichen Wassertropfen (eine 1 gefolgt von 21 Nullen).

18 *Haben die Ergebnisse irgendetwas mit Erde und Mond zu tun?:* Newtons klassische Mechanik (Kapitel 4) bewies, dass Himmel und Erde den gleichen Naturgesetzen gehorchen, was zur Widerlegung der aristotelischen Philosophie führte.

19 a *Welt … bewegt sich angesichts einer offensichtlich blinden, von Zufall und Ungewissheit regierten Natur mit erstaunlicher Sicherheit voran:* Eine Anspielung auf Entropie und den Zweiten Satz der Thermodynamik, der in Kapitel 10 behandelt wird.

19 b *finden die Teilchen ihr Gleichgewicht:* Ein immer wiederkehrendes Thema, das zunächst in Kapitel 2 aufgenommen wird und auf das wir uns später dann wiederholt berufen werden.

21 *Ablagefach … Nehmen wir an, die Zahlen stellten einen möglichen mechanischen Zustand … dar:* Das Bild sollte so interpretiert werden, wie der Text es beschreibt, nämlich als ein Speichersystem für bestimmte Zwischendaten (die augenblicklich nicht näher erläutert werden). Die symbolischen Gitterpunkte und Kästchen stellen, im Gegensatz zu denen einer normalen Karte, nicht unbedingt Positionen im Raum dar.

22a *Gravitation:* Dies betrifft die Newton'sche Gravitation, ein Beispiel für eine «Feldtheorie» in der klassischen Mechanik (Kapitel 2 und 4).

22b *Raum-Zeit-Krümmung:* Bezieht sich auf Einsteins Allgemeine Relativitätstheorie, die eine geometrische Interpretation der Gravitation ist (Kapitel 5, zweite Hälfte).

23a *Was bei Erde und Mond funktioniert …:* Klassische Mechanik (Kapitel 4).

23b *… scheitert aufs kläglichste bei Elektron und Proton:* Für Atome und Moleküle ist die Quantenmechanik mit ihrer nichtrelativistischen Annäherung das angemessene Modell.

23c *Gluon und Quark:* Das Standardmodell der Teilchenphysik wendet die relativistische Quantenmechanik an (Kapitel 9, zweite Hälfte), um den Atomkern und seine inneren Bestandteile zu beschreiben. In einem zukünftigen Modell könnte auch die Stringtheorie berücksichtigt sein (Kapitel 12, letzter Abschnitt).

23d *in den folgenden Kapiteln:* Die hier noch absichtlich vage formulierten Fragen wurzeln alle in bestimmten Vorstellungen. *Frage 1:* Der Unterschied zwischen einem kleinen, von einer Bewegungsgleichung beherrschten System (Kapitel 4) und einem großen, von der Thermodynamik und statistischer Wahrscheinlichkeit beherrschten System (Kapitel 10). *Frage 2:* Der Unterschied zwischen klassischer Mechanik (Kapitel 4) und Quantenmechanik (Kapitel 7 bis 9), der in der Beschreibung der relevanten Zustände deutlich wird. *Frage 3:* Die Möglichkeit äußerster Empfindlichkeit gegenüber Anfangsbedingungen oder deterministisches Chaos (Kapitel 11). *Frage 4:* Die Bedeutung des Zeitpfeils oder das Paradoxon der mikroskopischen Umkehrbarkeit (Kapitel 10).

25 *Solche Fragen müssen wir uns stellen:* Wie zum Beispiel … *Kapitel 2:* Wie ist Materie zusammengesetzt? Warum gibt es stabile Strukturen? *Kapitel 3 und 5:* Wie gelingt es den Naturgesetzen, die durch das Relativitätsprinzip eingeschränkt sind, den willkürlichen Standpunkt jedes denkbaren Beobachters zu tolerieren? Warum verändern sich manche Dinge *ständig,* während andere Dinge sich wiederum *nie* verändern? *Kapitel 6:* Wie hinterlässt die elektrische Ladung im großen und im kleinen Universum ihre Spuren? *Kapitel 12:* Wie fing alles an? Gibt es mehr, als wir sehen können? Was ist die Wurzel allen Seins?

KAPITEL 2

Unter anderem lernen wir folgende Lektionen: Große Dinge stammen von kleinen Dingen ab. Kein Teilchen ist eine Insel. Teilchen üben Anziehung und Abstoßung aus, damit die Welt im Gleichgewicht bleibt. Das Ganze ist mehr (oder weniger) als die Summe seiner Teile.

26 *bleibt ein ruhendes Teilchen in diesem Zustand:* Das Trägheitsgesetz (Newtons erstes Bewegungsgesetz). Wird ausführlich in den Kapiteln 3 und 4 behandelt.

27 *das Potenzial, anders zu sein:* Der häufige Gebrauch des Begriffs «Potenzial» beruht nicht auf Zufall, wie sich im Laufe dieses Kapitels und in Kapitel 4 noch herausstellen wird. Für den Physiker klingt in diesem Begriff die «Potenzialenergie» der Wechselwirkung mit, die eine unmissverständlich quantitative Bedeutung hat.

30 *gestaltet sich folgendermaßen:* Das quantitative Konzept des «Potenzials» wird erstmals in dem nachfolgenden Diagramm verdeutlicht. Es wird nicht das letzte sein.

32 *Ohne die Spannung zwischen den Abstoßungen … und Anziehungen:* Ein Stern beispielsweise begegnet der nach innen gerichteten Anziehung der Gravitation (die Anziehung, die Masse auf Masse ausübt) mit einem nach außen gerichteten Schub explosiver Energie (die – wie in einer Wasserstoffbombe – aus den im Inneren des Sterns stattfindenden thermonuklearen Fusionsreaktionen stammt). Wenn der Kernbrennstoff knapp wird und das Feuer allmählich ausgeht, wird die gravitative Anziehungskraft dominierend. Der Stern stürzt in sich selbst zusammen.

35 *Wir erkennen Masse … daran, was sie tut:* Die hier und in Kapitel 4 vorgestellte Ansicht beschreibt die Gravitation als eine Kraft, als anziehenden Einfluss, der aus der Gegenwart von Masse resultiert. Es ist bestenfalls ein phänomenologisches, empirisches Bild, aber keine grundlegende Erklärung, wie die Gravitation oder die mikroskopische Quelle, aus der sie stammt, funktioniert. Dafür warten wir auf eine quantenmechanische Gravitationstheorie, an der augenblicklich mit Hochdruck gearbeitet wird. Siehe auch *Höhere Standards* in Kapitel 12.

Eine besonders aussagestarke Vorstellung über die Gravitation finden wir in Einsteins Allgemeiner Relativitätstheorie, in der die Masse als etwas behandelt wird, was die Konturen von Raum und Zeit krümmt. Siehe auch *Raum-Zeit und Gravitation* in Kapitel 5.

36 *eine Million, eine Milliarde, eine Billion:* Riesige Zahlen wie diese sind hier dem europäischen Gebrauch angepasst. Eine Million ist eine 1, gefolgt von sechs Nullen. Eine Milliarde sind tausend Millionen oder eine 1, gefolgt von neun Nullen. Eine Billion sind tausend Milliarden (eine Million Millionen) oder eine 1, gefolgt von zwölf Nullen.

38 a *Zu einem späteren Zeitpunkt werden wir etwas näher auf dieses Gleichgewicht der Kräfte eingehen:* Nämlich im Schlussabschnitt von Kapitel 4 (*Auch wenn der Himmel herabfällt*).

38 b *den Ansatz einer Möglichkeit, nämlich das Potenzial:* Erneut der absichtliche Gebrauch des Wortes «Potenzial», um darauf hinzuweisen, wie ein Physiker die Alltagsvorstellung mit mathematischer Präzision ausstattet.

41 a *allgemeiner formuliert, die elektromagnetische Wechselwirkung:* Siehe Kapitel 6, wo die elektrische Ladung und die klassische elektromagnetische Wechselwirkung ausführlicher behandelt werden.

41 b *es ist allein unser Standpunkt, der den Unterschied ausmacht:* Eine von vielen (und weit reichenden) Konsequenzen, die das Relativitätsprinzip mit sich bringt.

42 a *Benjamin Franklin:* Amerikanischer Publizist, Diplomat, Wissenschaftler und Erfinder (1706–1790). Obwohl einige der Franklin'schen Vorstellungen über Elektrizität später modifiziert werden mussten, waren seine Beiträge dennoch originell und wichtig.

Dabei prägte er Begriffe wie *positiv, negativ, Leiter* und *Batterie* – den Kern des elektrischen Wortschatzes, der noch heute benutzt wird.

42 b *In einem Lager haben wir die positiven Teilchen, namentlich die Atomkerne:* Der Kern wurde ungefähr 1911 von dem großen Ernest Rutherford (1871–1937) sowie von zwei seiner Kollegen, dem deutschen Physiker Hans Geiger (1882–1945) und dem Studenten Ernest Marsden, entdeckt. In einem der berühmtesten Experimente der Wissenschaftsgeschichte bombardierten sie eine dünne Metallfolie mit einem geschossartigen Strahl geladener Teilchen. Ihre wichtigsten Beobachtungen waren: 1) Die meisten der ankommenden Teilchen gingen glatt, mit nur minimaler Ablenkung, durch die Folie hindurch. 2) Einige der Teilchen prallten in großen Winkeln ab, eine schockierende Entdeckung, die Rutherford verglich mit «einer Vierzig-Zentimeter-Granate, die von einem Seidenpapier abprallt».

Aus Rutherfords Interpretation des Experiments entstand das Sonnensystemmodell des Atoms, das erste passable Bild eines Systems, das später quantenmechanisch beschrieben werden sollte. Das nukleare Atom («Kernatom») nach Rutherfords enthält im Mittelpunkt einen harten, positiv geladenen Kern. Umgeben ist er von einem Meer leichtgewichtiger, negativ geladener Elektronen. Der Kern macht fast die gesamte Masse des Atoms aus, während die Elektronen dem Atom fast das gesamte Volumen verleihen.

Der in Neuseeland geborene Rutherford bekam 1908 den Nobelpreis für Chemie – allerdings nicht für die Entdeckung des Kerns, sondern für seine Arbeiten über Radioaktivität.

42 c *In dem anderen Lager haben wir die negativen Teilchen, das sind die Elektronen außerhalb des Kerns:* Der englische Physiker J. J. Thompson (1856–1940) entdeckte 1897 das Elektron und wurde 1907 mit dem Physiknobelpreis ausgezeichnet. Thompson zeigte, dass ein «Kathodenstrahl» (ein Strahl, der erzeugt wird, wenn ein elektrischer Strom den Atomen eines verdünnten Gases Elektronen raubt) in Wirklichkeit ein Strom negativ geladener Teilchen ist. Thompson maß die Ablenkung des Strahls durch elektrische und magnetische Felder und bestimmte auf diese Weise das Verhältnis von Ladung und Masse für das Elektron.

Absolute Masse und absolute Ladung des Elektrons wurden mehr als ein Jahrzehnt später von Robert A. Millikan festgelegt, der ein elektrisches Feld verwendete, um negativ geladene Öltropfen – einen nach dem anderen – frei schwebend aufzuhängen. Millikan (1868–1953), ein berühmter amerikanischer Physiker, erhielt 1923 den Physiknobelpreis.

46 *Wasserstoffatom:* Zwar sind Atome erstaunlich winzig, dennoch bestehen sie hauptsächlich aus leerem Raum. Erweiterte man das Proton in einem Wasserstoffatom auf die Größe eines Golfballs, fände man das Elektron normalerweise in eineinhalb Kilometern Entfernung.

47 a *nahezu die gesamte sichtbare Materie im Universum lässt sich vollständig von Wasserstoff und Helium ableiten:* Eine Bestandsaufnahme der ausschließlich *sichtbaren* Materie (also Materie mit elektromagnetischen Erkennungszeichen) ergibt eine Zusammensetzung des Universums von 75 Prozent Wasserstoff und 23 Prozent Helium. Allerdings stellt dieser Betrag nur etwa 5 Prozent der Gesamtmasse des Universums dar, deren größter Teil aus «dunkler», nämlich nichtelektromagnetischer, Materie besteht. Siehe auch: *Kräfte der Finsternis* in Kapitel 12.

47 b *Kleine Variationen in der Struktur ... haben große Veränderungen im Verhalten zur Folge:* Die Essenz der Chemie.

47 c *reagiert das Heliumatom überhaupt nicht:* Chemiker stufen das Helium (zusammen mit Neon, Argon, Krypton, Xenon und Radon) als «Edelgas» ein, ein Element, dessen Atome sich von anderen Atomen fern halten. Die Gründe für unterschiedliches Verhalten verschiedener Atome werden in Kapitel 9 erörtert, das mit dem Abschnitt *Materielle Welt* endet.

48 a *Und so geht es immer weiter aufwärts bis zum Uran und darüber hinaus:* Die chemischen Elemente sind systematisch, ihren wiederkehrenden Eigenschaften entsprechend, angeordnet. Sie sind in die senkrechten und waagerechten Reihen des Periodensystems eingeteilt – ein Anblick, der jedem vertraut ist, der jemals einen Kurs in Chemie oder Physik belegt hat.

48 b *nach etwa 120 Elementen:* Es gibt nur 92 – von Wasserstoff bis Uran – natürlich vorkommende Elemente. Der Rest sind in Atomreaktoren oder Teilchenbeschleunigern künstlich erzeugte Elemente, die manchmal in äußerst geringen Mengen auftreten und nur einen Moment lang existieren. Die Liste neuer Elemente ist seit den frühen 1990er Jahren beträchtlich länger geworden.

50 a *fünfzig Pfund:* Ein amerikanisches Pfund entspricht hier 454 Gramm Masse und 4448 Newton (Krafteinheit) bei Erdanziehung. Ein Kilogramm entspricht 2,2 Pfund.

50 b *dass zwischen den Protonen überall Neutronen verteilt sind:* Da das Neutron keine elektrische Ladung hat, lässt sich dieses Teilchen nur schwer nachweisen. Der englische Physiker James Chadwick (1891–1974), ein früherer Student von Ernest Rutherford, entdeckte es 1932 und erhielt 1935 den Physiknobelpreis (siehe auch Kommentar 42 b).

52 *«starke» nukleare Wechselwirkung:* Die Begriffe «Wechselwirkung» und «Kraft» werden trotz der subtilen Bedeutungsunterschiede häufig synonym verwendet. Auch die kürzere Form «starke Wechselwirkung» ist gleichbedeutend mit «starker nuklearer Wechselwirkung». Das Gleiche gilt für die «schwache Wechselwirkung».

55 *Dann setzt der radioaktive Zerfall ein:* Der französische Physiker Antoine-Henri Becquerel (1852–1908) entdeckte 1896 die Radioaktivität durch einen Zufall. Eine fotografische Platte, die mit einem bestimmten Uransalz belichtet worden war, enthüllte ein unerwartetes Bild. Kurze Zeit später entdeckten und isolierten Marie und Pierre Curie die beiden neuen radioaktiven Elemente Polonium und Radium.

Die in Polen geborene Marie Sklodowska Curie (1867–1934) prägte den Ausdruck «Radioaktivität» und teilte sich den Physiknobelpreis von 1903 mit Becquerel und ihrem Ehemann Pierre Curie (1859–1906). 1911 erhielt sie außerdem den Chemienobelpreis und war damit die erste und einzige Wissenschaftlerin, die zwei Nobelpreise gewann.

Unabhängig von Becquerel und den Curies wurde Ernest Rutherford (siehe auch Kommentar 27 c) 1908 für seine Arbeiten über Radioaktivität mit dem Chemienobelpreis geehrt.

57 *die elektromagnetische Kraft, wie wir sie uns ursprünglich vorstellen:* Etwas später werden wir in Kapitel 9 (im Abschnitt *Der Einheit entgegen*) sehen, dass elektromagnetische und schwache Wechselwirkungen einen gemeinsamen Ursprung haben. Wenn hohe Energien v orherrschen, verschmelzen sie ununterscheidbar zur «elektroschwachen» Wechselwirkung.

58 *die Einheitlichkeit des Designs der Natur:* Die folgende kurze Abhandlung wird in Kapitel 9 (*Der Einheit entgegen*) und teilweise in Kapitel 12 erheblich vertieft, wo wir dann besser darauf vorbereitet sein werden, die quantenmechanischen Ursprünge der starken und schwachen Wechselwirkungen zu verstehen. Was historische und andere Anmerkungen betrifft, lesen Sie bitte die entsprechenden Kommentare, die zu diesen späteren Kapiteln gehören.

59 a *Die Quarks sind womöglich nicht die ultimativ einfachen, nicht weiter teilbaren, endgültigen Bausteine:* Dieser Vorbehalt öffnet eine Hintertür für den letztgültigen Reduktionismus, den die Stringtheorie verspricht (Kapitel 12, *Höhere Standards*). Hier werden die Quarks und alle anderen Teilchen als unterschiedliche Erscheinungen einer einzigen, wirklich elementaren Quelle verstanden: ein ungeheuer winziger Energiefaden oder eine Energieoberfläche, die in einem Raum von mehr als drei Dimensionen schwingt.

59 b *schwache Ladung:* Eine andere Bezeichnung lautet: «dritte Komponente des schwachen Isospins».

60 *Farbwechselwirkung:* Wird noch einmal in Kapitel 9 (*Der Einheit entgegen*) im Rahmen der Quantenchromodynamik besprochen.

66 *eine Welt…, in der die Masse dominiert:* Das stimmt zwar, aber bedenken Sie bitte, dass die elektromagnetische, die starke und die schwache Kraft in der astrophysikalischen Welt ebenfalls von Bedeutung sind. Denn Phänomene wie Sonnenlicht und Sonnenflecken, die Magnetpole, Kernsynthese in Sternen, Neutronensterne und Quasare, um nur einige zu nennen, werden nicht durch gravitative Wechselwirkung erzeugt.

Kapitel 3

Offfensichtlich klingt es vernünftig, ja fast schon trivial, von einer physikalischen Theorie zu verlangen, dass die Ergebnisse nicht von den voreingenommenen Wahrnehmungen von Beobachtern in willkürlichen Bezugsrahmen abhängig sein dürfen. Die Lage und Ausrichtung eines Koordinatensystems, der Nullpunkt einer Uhr, die Geschwindigkeit, mit der sich ein Beobachter fortbewegt – nichts davon sollte die zugrunde liegenden Naturgesetze verändern.

Vernünftig ja, trivial nein. Die Natur räumt allen qualifizierten Beobachtern gleiche Rechte ein und lässt bei bestimmten Wahrnehmungen im Auge des Betrachters ein gewisses Maß an Abweichung zu, während sie bei anderen Wahrnehmungen streng auf gleiche Bedingungen für alle achtet. Die Konsequenzen sind tief greifend: die Verschmelzung von Raum und Zeit (im gegenwärtigen Kapitel), die Erhaltung von Energie und Impuls (Kapitel 4), die Äquivalenz von Masse und Energie sowie die Krümmung der Raum-Zeit, aus der die Gravitation hervorgeht (Kapitel 5).

68 *Jeder Beobachter ist voreingenommen:* In diesem Buch wird durchgängig kein Unterschied gemacht zwischen einem passiven Beobachter (der beispielsweise durch ein Teleskop schaut) und einem aktiven Beobachter (etwa einem Experimentalphysiker, der die Natur absichtlich manipuliert und die Ergebnisse festhält). Auch sollte der Begriff Beobachter nicht so verstanden werden, als handele es sich dabei stets um ein bewusstseinsfähiges Wesen. Genauso gut könnte es ein Aufzeichnungsgerät oder ein Messinstrument sein. Sogar die Jahresringe in einem Baumstamm sind als stumme Zeugen historischer Ereignisse denkbar.

70 *irgendein Teilchen – die Art spielt keine Rolle:* Das besagte Teilchen könnte beispielsweise ein Muon sein, eine negativ geladene Existenz, die einem Elektron ähnelt, aber gut 200-mal mehr Masse besitzt. Muonen werden hoch über der Erde erzeugt, wenn die Teilchen in kosmischen Strahlen in die Atmosphäre eintauchen und dort mit Kernen zusammenstoßen.

71 *alles in einem unendlich kleinen Punkt zusammengequetscht:* Diese Vorstellung ist gar nicht so weit hergeholt, wie sie klingt. Die Urknalltheorie, die augenblicklich von den meisten Kosmologen akzeptiert wird, beschreibt den Anfang des Universums auf genau diese Art und Weise: als unendlich kleine, unendlich dichte Energiekonzentration ohne räumliche Ausdehnung. Siehe auch die Abschnitte *Es war einmal* und *Existenz im Nichts* in Kapitel 12.

72 *Augenscheinlich wäre nichts wie in unserem gegenwärtigen Universum:* Siehe Kommentar 71.

74 *Tatsächlich können wir uns alle möglichen Räume vorstellen:* Das Konzept eines vieldimensionalen Raums ist in der Mathematik erstaunlich nützlich. Abstrakte Räume, die eine willkürliche Anzahl von Dimensionen umspannen (die manchmal ins Unendliche gehen), spielen eine große Rolle in den Modellen der theoretischen Physik. Sie sind grundlegende Bestandteile der klassischen Mechanik (Kapitel 4), der klassischen Elektrodynamik (Kapitel 6), der Quantenmechanik (Kapitel 7 bis 9) und der statistischen Mechanik (Kapitel 10).

Physikalische Räume mit mehr als drei Dimensionen – also Orte, an denen wirkliche Objekte existieren – sind augenblicklich von größtem Interesse für die Physiker und Mathematiker, die an der Stringtheorie arbeiten (Kapitel 12, *Strings attached*).

80 *trigonometrische Kenntnisse aus der Schulzeit auffrischen:* Wenn θ den Winkel zwischen den Bezugsrahmen xy und uv darstellt, werden die Koordinaten folgendermaßen umgewandelt:

$$u = x \cos \theta + y \sin \theta$$
$$v = -x \sin \theta + y \cos \theta$$

83 *Angenommen, das Universum dehnte sich aus:* Die Urknalltheorie (Kapitel 12).

84a *ein Abstoßungseffekt, der das Gegenteil der Gravitation darstellt:* Die «dunkle» kosmische Energie (Kapitel 12).

84b *unglaublich winzige, energetische «Superstrings»:* Kapitel 12.

85 *Newtons mechanische Gleichungen:* Kapitel 4. *Maxwells elektromagnetische Gleichungen:* Kapitel 6. *Schrödingers quantenmechanische Gleichungen:* Kapitel 8. *Einsteins Relativitätsgleichungen:* Kapitel 3 und 5.

86 *Beobachtung, die mit Galilei und Newton begann:* Der italienische Wissenschaftler und Mathematiker Galileo Galilei (1564–1642) wird von vielen als der Vater der modernen Naturwissenschaften betrachtet. Zu seinen überragenden Beiträgen gehören das Trägheitsgesetz und das Gesetz der fallenden Körper, Grundlagen der klassischen Mechanik, die später von Newton verfeinert wurden. Außerdem führten Galileis Beobachtungen am Teleskop schließlich zur Anerkennung des kopernikanischen Modells vom Sonnensystem (mit der Sonne und nicht mit der Erde im Mittelpunkt).

Der englische Physiker und Mathematiker Isaac Newton (1642–1727) holte den Himmel auf die Erde, denn er bewies, dass Monde und Äpfel auf genau die gleiche Weise fallen. Mit seinen drei Bewegungsgesetzen entwickelte Newton die klassische Mechanik als quantitatives Werkzeug und schuf das Gesetz der universellen Gravitation. Darüber hinaus leistete er wichtige Beiträge zum Studium der Optik und Akustik. Er war einer der Erfinder der Infinitesimalrechnung.

89 *einen dummen Bezugsrahmen … (wie beispielsweise eine Achterbahn):* Einsteins Wunsch, Beobachtungen in allen möglichen Bezugsrahmen (zu denen auch beschleunigte Systeme wie blöde Achterbahnen gehören) in Einklang zu bringen, führte ihn zur Entwicklung einer radikal neuen Gravitationstheorie. Die allgemeine Relativität wird im letzten Abschnitt von Kapitel 5 erläutert. Sie stellt heute die Grundlage der modernen Kosmologie dar, die sich dem Studium der Struktur und des Ursprungs des Universums als Ganzem widmet. Siehe Kapitel 12.

92 a *eine Zahl, von der in keinem einzigen Bezugsrahmen, der der Trägheit gehorcht, abgewichen wird:* Die Unveränderlichkeit der Lichtgeschwindigkeit wurde 1887 experimentell von den Amerikanern A. A. Michelson und E. W. Morley nachgewiesen. Sie zeigten, dass der hypothetische «lichttragende Äther» – ein alles durchdringendes, unsichtbares Medium, durch das sich die elektromagnetischen Wellen verbreiten sollten – nicht existierte. Ob Einstein von dem Michelson-Morley-Experiment wusste oder nicht, bleibt umstritten, aber die demonstrierte Abwesenheit des Äthers erwies sich als solide experimentelle Grundlage für die Spezielle Relativitätstheorie von 1905. Siehe auch den Kommentar 93 mit zusätzlichen Bemerkungen über den nichtexistenten Äther.

Albert Abraham Michelson (1852–1931) war einer der bedeutendsten Experimentalphysiker aller Zeiten. Bis ans Ende seines Lebens zeigte er sich enttäuscht über das negative Resultat und wollte es einfach nicht wahrhaben. Zu Michelsons weiteren Leistungen zählen die genaue Messung der Lichtgeschwindigkeit sowie die erste Bestimmung des Durchmessers eines Sterns. 1907 erhielt er als erster Amerikaner den Physiknobelpreis.

92 b *wie Einstein richtig erkannte:* Albert Einstein (1879–1955), der gefeierte deutschstämmige theoretische Physiker, revolutionierte die Physik in den ersten beiden Jahrzehnten des zwanzigsten Jahrhunderts von Grund auf. Einsteins Relativitätstheorie (Kapitel 3 und 5) erschütterte grundlegende Konzepte wie Raum, Zeit, Energie und Masse. Außerdem leistete er wichtige Beiträge zur statistischen Mechanik und zur frühen Theorie der Quantenmechanik.

1921 erhielt Einstein den Physiknobelpreis in Anerkennung seiner quantenmechanischen Erklärung des fotoelektrischen Effekts (siehe auch Kommentar 248). Für manche war er der «letzte klassische Physiker».

93 *das elektromagnetische Feld ... benötigt kein spezielles Medium für seine Existenz:* Die Physiker des neunzehnten Jahrhunderts konnten sich nicht vorstellen, dass sich das Licht ohne die Hilfe eines materiellen Mediums durch absolut leeren Raum fortpflanzen kann. Stattdessen nahmen sie an, der Raum sei überall mit einer unsichtbaren Substanz erfüllt, die sie «lichttragenden Äther» nannten, dessen einzige Funktion darin bestünde, als Medium für elektromagnetische Wellen zu dienen. Michelson und Morley widerlegten 1887 experimentell die Existenz des Äthers (siehe Kommentar 92 a).

Hätte es den Äther gegeben, wäre er ein einzigartiger Bezugsrahmen gewesen, der einzige nämlich, in dem sich das Licht mit 300 000 Kilometern pro Sekunde ausgebreitet hätte. Ein im Äther-Bezugsrahmen auf dem Thron des Zeus ruhender Beobachter könnte zu Recht behaupten, im absoluten Ruhezustand zu verweilen, sodass alle anderen Beobachter zustimmen würden.

98 a *Sie verfügen über eine einzigartige Zahl, die Synthese aus einem räumlichen und einem zeitlichen Intervall:* Nehmen wir an, Beobachter 1 misst einen räumlichen Abstand x und einen zeitlichen Abstand t zwischen zwei Ereignissen, während Beobachter 2 Abstände mit den entsprechenden Werten u und t' misst. Trotz ihrer unterschiedlichen Wahrnehmungen von Zeit und Raum protokollieren beide Beobachter das gleiche Raum-Zeit-Intervall, das folgendermaßen definiert wird, wobei das Symbol c die Lichtgeschwindigkeit bedeutet:

$$\text{Invariantes Intervall} = \sqrt{(ct)^2 - x^2} = \sqrt{(ct')^2 - u^2}$$

Dieses Ergebnis, das teilweise aus dem Satz des Pythagoras folgt, wird in der ersten Hälfte von Kapitel 5 zum Einsatz kommen.

Wenn der zeitliche Beitrag gegenüber dem räumlichen Beitrag überwiegt, wird das Raum-Zeit-Intervall als *zeitartig* bezeichnet. Sein quadrierter Wert ist größer als null. Im Gegensatz dazu hat ein *raumartiges* Intervall eine dominierende räumliche Komponente, deren quadrierter Wert weniger als null beträgt. Der Wert des *lichtartigen* Intervalls ist genau gleich null.

98 b *Was uns verbindet:* Der deutsche Mathematiker Hermann Minkowski fasste die Bedeutung der Relativität mit den unvergesslichen Worten zusammen: «Von Stund an sollen Raum für sich und Zeit für sich völlig zu Schatten herabsinken und nur noch eine Union der beiden soll Selbständigkeit bewahren» (aus der Rede zur 80. Jahresversammlung des Vereins deutscher Naturforscher und Ärzte, 1908).

100 *bitten wir Albert Einstein:* Einsteins Anerkennung für die Relativitätstheorie ist wohlverdient, aber er war nicht der Einzige, der sich mit diesen Vorstellungen auseinandersetzte. H. A. Lorentz und G. F. FitzGerald schlugen in einem Erklärungsversuch des Michelson-Morley-Experiments (siehe Kommentar 92 b) vor, dass bewegten Beobachtern Längen gekürzt erscheinen. Daraufhin löste Lorentz die Formeln, die es Beobachtern in Trägheitssystemen gestatten, ihre unterschiedlichen Raum-Zeit-Koordinaten miteinander in Einklang zu bringen, während Hermann Minkowski zusätzlich einen vierdimensionalen Raum ersann, der die drei stofflichen Dimensionen des Raumes mit der Dimension der Zeit verbindet. Henri Poincaré übte ebenfalls einen bedeutenden Einfluss aus, entwickelte unabhängig von seinen Kollegen einen Satz von Raum-Zeit-Transformation und prägte in den Jahren vor Einsteins ersten Veröffentlichungen sogar den Begriff «Relativitätsprinzip». Es war jedoch Einstein, der auf brillante Weise erkannte, dass Zeit, Raum und Gleichzeitigkeit substanziell auf eine Weise miteinander verbunden sind, die über bloße Mathematik hinausgeht. Seine Synthese verwandelte die Relativität in eine naturgesetzliche Grundlage.

Der niederländische Physiker Hendrik Antoon Lorentz (1853–1928) teilte sich den Physiknobelpreis des Jahres 1902 mit seinem Landsmann Pieter Zeeman. Der irische Physiker George Francis FitzGerald (1851–1901) arbeitete unabhängig von Lorentz an einem Effekt, der heute die Lorentz-FitzGerald-Kontraktion genannt wird. Der Deutsche Minkowski (1864–1909) und der Franzose Poincaré (1854–1912) waren beide außergewöhnlich kreative Mathematiker.

Kapitel 4

Das mechanische Ideal: «ein Ding vom Anfang bis zum Ende erklären» – ein Ideal, das in den deterministischen Gleichungen der klassischen Mechanik weitestgehend zum Ausdruck kommt.

102 a *Wir können nahezu genau berechnen:* Wenngleich die Mondbewegung als Fallstudie der klassischen Mechanik angesehen werden kann, ist es schwer, sie mit unbegrenzter Genauigkeit vorherzusagen. Präzise Berechnungen werden durch eine Reihe geringfügiger Einflüsse verkompliziert, die hier genannt sein sollen: 1) der Gravitationseffekt der Sonne – obschon er durch die Entfernung abgeschwächt ist, kann er aufgrund der großen Masse des Himmelskörpers doch nicht ganz unberücksichtigt bleiben; 2) die ziemlich schwache, aber ebenfalls außerordentlich komplizierte Gravitationswirkung der Planeten; 3) geringfügige Unregelmäßigkeiten der Erdrotation; 4) die Gezeiteneffekte zwischen Erde und Mond, die Gravitationsstörungen auslösen, was zur Entwicklung leichter Wölbungen auf beiden Himmelskörpern führt. Der Mond entfernt sich tatsächlich mit dem Tempo von knapp fünf Zentimetern pro Jahr von der Erde, während sich die Erdrotation im Laufe der Zeit äußerst langsam verringert. Die durchschnittliche Periode zwischen zwei Vollmonden beträgt 29,530589 Tage.

102 b *klassische Mechanik des Isaac Newton:* Newtons Beiträge zur Analyse der Bewegung waren so großartig, dass heutzutage der Begriff «Newton'sche Mechanik» synonym mit «klassischer Mechanik» ist. Dennoch spielten vor und nach Isaac Newton (1642–1727) einige andere Physiker, Astronomen und Mathematiker eine entscheidende Rolle. Obwohl die folgende Liste nur eine willkürliche Auswahl ist, sollte sie doch zumindest ein Gefühl für das reiche intellektuelle Erbe vermitteln, das mit der klassischen Mechanik verbunden wird.

Nikolaus Kopernikus (polnischer Astronom, 1473–1543) setzte die Sonne und nicht die Erde ins Zentrum des Sonnensystems und ebnete den Weg für Tycho Brahe (dänischer

Astronom, 1546–1601), dessen Beobachtungen die Grundlage schufen für Johannes Kepler (deutscher Astronom, 1571–1630), der die Gesetze der Planetenbewegung entdeckte, die später von Newton in ein umfassendes mechanisches System eingebunden wurden, das auf der universellen Gravitation beruht.

Galileo Galilei (italienischer Wissenschaftler und Mathematiker, 1564–1642) wird die Entdeckung der einheitlichen Beschleunigung fallender Körper und der parabolischen Flugbahn von Projektilen zugeschrieben. Außerdem formulierte er das Gesetz der Kreisbewegung (was im Laufe des Kapitels noch zur Sprache kommen wird). Siehe auch Kommentar 86.

René Descartes (französischer Mathematiker und Wissenschaftler, 1596–1650) erweiterte Galileis Trägheitskonzept, sodass es die lineare Bewegung berücksichtigte, wobei er Newtons erstes Gesetz vorausahnte.

Pierre-Simon de Laplace (französischer Physiker und Mathematiker, 1749–1827) wandte Newtons System auf eine detaillierte Studie des Sonnensystems an, die geringe Abweichungen der Planetenumlaufbahnen erklärte.

Jean LeRond d'Alembert (französischer Mathematiker, 1717–1783) und Leonard Euler (Schweizer Mathematiker und Physiker, 1707–1783) trugen entscheidend zur analytischen und mathematischen Entwicklung der Mechanik bei, gemeinsam mit Joseph-Louis Lagrange (italienisch-französischer Mathematiker, 1736–1813) und William Rowan Hamilton (irischer Mathematiker und Astronom, 1805–1865), die Newtons Gesetze jeweils auf erfrischend neue Art und Weise formulierten, sodass diese – wenngleich mathematisch mit dem Original übereinstimmend – überraschend neue Einblicke und analytische Kraft vermittelten.

James Prescott Joule (englischer Physiker, 1818–1889), William Thompson (später Lord Kelvin; schottischer Physiker, Ingenieur und Mathematiker, 1824–1907) und Hermann von Helmholtz (deutscher Wissenschaftler, 1821–1894) formulierten und entwickelten, unabhängig voneinander, das Gesetz der Energieerhaltung.

103 a *die winzigen, in kleinen Räumen eingeengten Teilchen:* Für einen Physiker bedeutet der Begriff «Teilchen» ein Körper, in dem er jede innere Bewegung und Struktur ignorieren kann, nicht unbedingt etwas Kleines im üblichen Sinn. So wird beispielsweise auch ein Planet oder ein Stern zum Teilchen, wenn er aus einer Entfernung beobachtet wird, die so groß ist, dass die eigentliche Größe und Form des Körpers keine besondere Bedeutung mehr hat.

103 b *dubioses Regime der Quantenmechanik:* Siehe Kapitel 7 bis 9.

103 c *eine chaotische Welt:* Kapitel 11.

105 *alle drei Maschinen des mechanischen Universums – die klassische, die chaotische und die quantentheoretische Maschine:* Zur klassischen (also zur unzweideutig deterministischen) Welt gehört auch die makroskopische Elektrodynamik, wie sie in Maxwells Gleichungen zusammengefasst ist. Siehe Kapitel 6.

106 a *die unmittelbaren Positionen und Geschwindigkeiten jedes Teilchens:* Die genannten Bedingungen entsprechen der klassischen Mechanik, die im Laufe dieses Kapitels ausführlich behandelt wird.

106 b *Anstieg und Niedergang einer Welle:* Trifft sowohl für die Elektrodynamik (Kapitel 6) als auch für die nichtrelativistische Quantenmechanik zu, die häufig auch Wellenmechanik genannt wird (Kapitel 8).

108 *in einem bestimmten Punkt komprimiert:* Der technische Ausdruck lautet: ein Punkt im «Phasenraum».

113 *vollständig bezahlt:* Ein erdnaher Körper hat die gravitative Potenzialenergie *mgh*, wobei *m* die Masse, *h* die Höhe über der Erdoberfläche und *g* die Beschleunigung aufgrund der Erdanziehungskraft ist. Diese beträgt 9,8 Meter pro Sekunde im Quadrat. Ein Körper, der sich mit der Geschwindigkeit *v* fortbewegt, besitzt die kinetische Energie ½ *mv*².

Gäbe es die Reibung nicht, bliebe die Summe der Bewegungsenergie und der Potenzialenergie strikt konstant. In Wirklichkeit jedoch tritt ein Teil der Bewegungsenergie als Wärme auf. Siehe Kapitel 10 (*Der Erste Satz: Arbeit und Wärme*).

115 *Dringt man in die noch kleineren Welten des Atomkerns und der subatomaren Teilchen selbst vor:* Die infrage kommenden Modelle der elektroschwachen Theorie und der Quantenchromodynamik werden in Kapitel 9 (*Der Einheit entgegen*) und in verschiedenen Abschnitten von Kapitel 12 beschrieben.

123 *dass «Masse» die Quelle der Gravitation schlechthin ist:* Wir müssen dies so stehen lassen ohne einen einzigen Hinweis darauf, wie die Gravitation auf geheimnisvolle Weise aus dieser Eigenschaft entsteht, die wir Masse nennen. Eine klassische makroskopische Theorie wie Newtons Gravitationsgesetz kann nicht mehr leisten, als uns mitzuteilen, *was passiert.* Über die *Ursachen* macht sie keine Angaben. Das Modell beschreibt ganz wunderbar, wie die Gravitationskraft sich mit Masse und Entfernung verändert. Es liefert uns die mathematischen Werkzeuge, um – ebenfalls mit großer Genauigkeit – Flugbahnen zu berechnen. Allerdings kann uns eine klassische Erklärung nichts darüber erzählen, wie sich die Masse mikroskopisch als Gravitationsquelle verhält. Für dieses Verständnisniveau benötigen wir eine Quantentheorie der Gravitation (die augenblicklich nicht verfügbar ist, obwohl sich viele Physiker durch die Erfolge der Stringtheorie ermutigt fühlen; siehe den Abschnitt *Höhere Standards* in Kapitel 12).

124 *wunderbarer Anblick:* Eines der frühesten bekannten Experimente dieser Art geht auf den Bericht des flämischen Mathematikers Simon Stevin aus dem Jahr 1568 zurück. Kurze Zeit später idealisierte Galilei das Ergebnis, als er erklärte, dass ein gleichzeitig vom Schiefen Turm von Pisa fallen gelassenes leichtes und schweres Objekt mit weniger als einer Handbreite Abstand auf dem Erdboden einschlagen. Ob er dieses Experiment tatsächlich durchgeführt hat, bleibt umstritten.

125 a *Einstein und einer völlig neuen Weltsicht:* Die allgemeine Relativität.

125 b *Newtons Bewegungsgleichung verspricht uns, den dritten Wert bereitzustellen:* Nicht alle Versprechen werden eingehalten, jedenfalls nicht das Versprechen einer genauen Lösung. Selbst die Lösung einer Gleichung für nur drei miteinander wechselwirkende Körper (geschweige denn mehr als drei) ist bereits eine mathematische Unmöglichkeit, sodass wir beispielsweise in Systemen mit Erde, Mond und Sonne ausnahmslos auf Vereinfachungen und Annäherungen zurückgreifen müssen. Die Maßnahmen sind oftmals recht vernünftig, stellen aber nichtsdestotrotz Abweichungen vom mathematischen Pfad der Tugend dar.

127 a *Der freie Wille … spielt in einem Uhrwerkuniversum keine Rolle:* Laplace ging so weit, sich einen allwissenden Beobachter vorzustellen, der in der Lage wäre, Vergangenheit und Zukunft eines jeden Ereignisses im Universum zu kennen, vorausgesetzt, die Naturgesetze wären tatsächlich deterministisch. Um dies tun zu können, müsste man Position und Geschwindigkeit für jedes Teilchen angeben und obendrein die auf sie wirkenden Kräfte berücksichtigen – keine leichte Aufgabe, aber dennoch theoretisch und philosophisch möglich in einer Newton'schen Welt.

Natürlich reißt die Quantenmechanik die Hauptfeder aus dem Uhrwerkuniversum heraus, aber Laplace hatte auch aus anderen Gründen Unrecht. Selbst in der klassischen Welt beeinträchtigt die zittrige Hand des deterministischen Chaos (Kapitel 11) jedes Versprechen mechanischer Allwissenheit. (Zu Pierre-Simon Laplace siehe auch Kommentar 102 b)

127 b *in Newtons Welt:* Bezieht man sich auf Newton, hat man es im Allgemeinen mit einem System zu tun, an dem weder Quantenmechanik noch Chaos beteiligt sind. Der Begriff «Newton'sche Physik» schließt auch Einsteins Relativität aus, obwohl relativistische Effekte die deterministische Natur der klassischen Mechanik nicht behindern.

130 *Eine rasche und erhebliche Veränderung des Impulses verlangt eine vergleichsweise stärkere Kraft:* Die Größe (Kraft) × (Zeit) wird *Antrieb* genannt und bestimmt die Veränderung des Impulses, die von einer gleich bleibenden Kraft im Laufe eines gegebenen Intervalls bewirkt wird. Wird die Zeit halbiert, muss die Kraft verdoppelt werden, um die gleiche Veränderung des Impulses zu erzielen.

133 *für das Auftreten jeder Art von Symmetrie:* Dieses Prinzip wird im Noether'schen Satz berücksichtigt, der von der deutschen Mathematikerin Amalie Emmy Noether (1882 bis 1935) formuliert wurde.

134 *Drehimpuls:* Bei einem klassischen Teilchen mit der Masse m, das sich mit der linearen Geschwindigkeit v in einem Kreis mit dem Radius r bewegt, hat der Drehimpuls die Größe mvr. Seine Richtung ist senkrecht zur Bewegungsebene.

136 *Für eine doppelte Geschwindigkeitsveränderung ist eine vierfache Veränderung der kinetischen Energie erforderlich:* Die kinetische (Bewegungs-)Energie ist proportional zur Masse, multipliziert mit dem Quadrat der Geschwindigkeit.

138 *und dennoch hat das Sonnensystem Bestand:* Ungeachtet der vermeintlichen Stabilität von Erde, Sonne, Mond und Planeten verändern sich die Umlaufbahnen tatsächlich langsam im Laufe der Zeit. Vor allem rauben die Reibungskräfte den Körpern Energie und verändern dadurch deren Umlaufbahnen, was mit dem letztendlichen Wiedereintritt aller künstlichen Satelliten in die Erdatmosphäre bewiesen ist. Außerdem erwartet man nach der allgemeinen Relativität, dass eine bewegte Masse durch die Abgabe von Gravitationswellen Energie ausstrahlt. Die Wirkung ist analog zur Abgabe von elektromagnetischen Wellen durch eine bewegte Ladung, nur dass dabei wesentlich geringere Größen im Spiel sind. (Siehe auch Kommentar 332.)

141 *Die Details der Umlaufbahn, zu denen auch die genaue Form gehört:* Der Grad der Elliptizität (Abplattung) weist erhebliche Unterschiede auf. Manche Planetenumlaufbahnen, wie etwa die von Venus und Neptun, sind nahezu kreisrund; andere, wie die von Merkur und Pluto, sind in hohem Maße verformt. Bei der Erde sorgt eine relativ gelinde Abweichung von der Kreisförmigkeit dafür, dass die Umlaufstrecke im Laufe des Jahres lediglich um 3,4 Prozent variiert.

KAPITEL 5

Die Newton'sche Mechanik wird hier im Licht der Einstein'schen Relativität, deren Auswirkungen die Physik bis ins Mark erschüttert haben, neu betrachtet. Die spezielle Relativität stellt alle dem Trägheitsgesetz gehorchenden Beobachter auf die gleiche Stufe, was zur Gleichwertigkeit von Energie und Masse führt: $E = mc^2$. Da die allgemeine Relativität sogar Beobachtern in beschleunigten Bezugsrahmen die gleichen Rechte gewährt, wird sie zu einer revolutionären neuen Gravitationstheorie: eine ohne Kraft auskommende Krümmung der Raum-Zeit in der Gegenwart von Masse.

144 *Im frühen zwanzigsten Jahrhundert:* Die Spezielle Relativitätstheorie wurde 1905 und die Allgemeine Theorie 1916 veröffentlicht.

146 *Materie und Antimaterie:* Siehe Kommentar 370 a.

147 a *Kräuselungen in der Raum-Zeit:* Gravitationswellen werden in einem späteren Abschnitt dieses Kapitels sowie am Ende der Kapitel 9 und 12 behandelt. Mit ihrer Hilfe übt die Masse ihren Einfluss in der gesamten Raum-Zeit aus – vergleichbar mit der Art und Weise, wie die elektrische Ladung mit Hilfe der elektromagnetischen Wellen Einfluss nimmt (Kapitel 6, *Auf der Welle reiten*). Obwohl solche Kräuselungen (bis jetzt) zu schwach waren, um sie direkt nachweisen zu können, sind sie ein Schlüsselelement der allgemeinen Relativität. Man vermutet, dass sich Gravitationswellen wie elektromagnetische Wellen mit Lichtgeschwindigkeit fortpflanzen. Siehe auch Kommentar 299.

147 b *Schwarze Löcher, Wurmlöcher:* Schwarze Löcher werden in den Schlussabsätzen dieses Kapitels sowie im Kommentar 402 kurz besprochen. Die hier nur im Vorübergehen erwähnten Wurmlöcher sind hypothetische «Abkürzungen» in der Landschaft der Raum-Zeit. Ein Wurmloch stellt angeblich einen kurzen Korridor zwischen weit entfernten Punkten im Universum dar, vergleichbar vielleicht mit einem Unterwassertunnel, der eine Verbindung zwischen zwei Küsten schafft, die sonst nur über einen langen Landweg herzustellen ist.

147 c *der Urknall:* Theorie, die den Ursprung des Universums beschreibt (Kapitel 12).

150 a *Die Geometrie eines rechtwinkligen Dreiecks:* Der Satz des Pythagoras, der hier mit $x^2 + y^2 = r^2$ ausgedrückt wird.

150 b *In drei Dimensionen betrachtet, liefe das allgemeine Rezept auf folgende Regeln hinaus:* Der zweidimensionale Fall wird in Kommentar 80 beschrieben, wobei die Anwendung von vier Faktoren gefordert wird, die sich aus einem einzigen Drehwinkel, θ, ableiten lassen. Diese vier Faktoren (die unten durch die Indexzeichen [die tiefgestellten Zeichen] des Symbols a dargestellt werden) entsprechen den vier fixen Winkeln zwischen den Achsen u und x, den Achsen u und y, den Achsen v und x sowie den Achsen v und y:

$$u = x \cos \theta + y \sin \theta = a_{ux} x + a_{uy} y$$
$$v = -x \sin \theta + y \cos \theta = a_{vx} x + a_{vy} y$$

In drei Dimensionen gibt es neun Winkel zu berücksichtigen: zwischen u und x, zwischen u und v, zwischen u und z, zwischen v und x, zwischen v und y, zwischen v und z, zwischen *w* und *x*, zwischen *w* und *y* und zwischen *w* und *z*. Für die Umwandlung sind dann neun trigonometrische Faktoren erforderlich:

$$u = a_{ux}\, x + a_{uy}\, y + a_{uz}\, z$$
$$v = a_{vx}\, x + a_{vy}\, y + a_{vz}\, z$$
$$w = a_{wx}\, x + a_{wy}\, y + a_{wz}\, z$$

151 a *Jeder Beobachter stellt eine unveränderliche Länge fest:* Wie es das verallgemeinerte pythagoreischen Verhältnis, $r^2 = x^2 + y^2 + z^2 = u^2 + v^2 + z^2$, sicherstellt.

151 b *Geschwindigkeit (V):* Hier findet der Großbuchstabe Anwendung, um das *V* vom Kleinbuchstaben *v* zu unterscheiden, der für die Achsen *uv* reserviert ist.

155 a *Hochgeschwindigkeitsteilchen wie einem Muon:* Siehe Kommentar 52.

155 b *«richtige Zeit» – die von einer vor Ort im Ruhezustand befindlichen Uhr aufgezeichnete Zeit:* Entsprechend dazu wird eine «richtige Länge» für einen Bezugsrahmen definiert, in dem zwei Ereignisse gleichzeitig geschehen. Beobachter in relativer Bewegung registrieren statt der «richtigen» Werte eine gedehnte Zeit und eine gekürzte Länge.

158 *Irgendwo in der Vermischung tritt ein «Minus»-Zeichen auf:* Siehe Kommentar 98 a.

159 *Raum-Zeit-Verknüpfungen kooperieren … ohne dabei völlig ihre individuellen Identitäten aufzugeben:* Der Terminus «Raum-Zeit» ist im ganzen Buch mit einem Bindestrich versehen, eine Verwendung, die früheren Übereinkünften entspricht, die aber zunehmend in «Raumzeit» übergeht. Der Bindestrich erinnert an ein Minuszeichen und soll eine heilsame Erinnerung daran sein, dass Raum und Zeit nicht als ununterscheidbare Größen miteinander verschwimmen, wie es manchmal angedeutet wird.

164 *Gamma hängt von der relativen Geschwindigkeit der beiden Bezugsrahmen ab:* Die Formel lautet folgendermaßen, wobei mit *V* die Geschwindigkeit gemeint ist:

$$\gamma = \frac{1}{\sqrt{1 - \dfrac{V^2}{c^2}}}$$

169 *rollt es zum Fuß des Hügels und beginnt, den anderen Hügel hinaufzusteigen:* Das Argument hier ist abstrakt, aber bitte beachten Sie, dass Galilei tatsächlich Experimente durchführte, die dem hier beschriebenen sehr nahe kamen. Er ließ Kugeln eine schiefe Ebene hinabrollen und eine andere Ebene wieder hochrollen, wobei er sorgfältig Zeiten und Entfernungen maß.

170 *Der Kern einer bestimmten Uranart spaltet sich in seine Bestandteile auf:* Das Isotop ist Uran-235, das aus 92 Protonen und 143 Neutronen besteht. Die Kernspaltung wird im Abschnitt *Die schwache Kernkraft* von Kapitel 2 abgehandelt, wo sie dem Betazerfall gegenübergestellt wird

172 *dass Kugel und Ball in der ersten Sekunde 3 Meter 13 schaffen:* Die der Erdanziehungskraft geschuldete Beschleunigung, *g*, beträgt 9,8 Meter pro Sekunde im Quadrat, während die zurückgelegte Entfernung bei einem freien Fall von *t* Sekunden Dauer ½ gt^2 beträgt. Also belaufen sich die beobachteten Werte auf 4,80 Meter, 14,40 Meter und 24 Meter in den ersten drei Sekunden.

Galilei war der Erste, der im frühen siebzehnten Jahrhundert systematische Messungen fallender Körper vornahm und dabei das Verhältnis zwischen Abständen und quadrierter Zeit entdeckte.

174 *haben die unglücklichen Passagiere kein Gefühl mehr für die Gravitation:* Trotz der Masse der nahen Erde empfinden sich die frei fallenden Fahrgäste als schwerelos. Keine Gravitations«kraft» zieht ihre Füße zum Boden hin, weil sowohl der Fahrstuhl als auch die Menschen darin mit dem gleichen Tempo auf den Erdmittelpunkt zufallen.

Es gehört zu den üblichen falschen Vorstellungen, Passagiere in einem Raumschiff fühlten sich deshalb schwerelos, weil es in ihrer Nähe keine schwere Masse gäbe. Genau das Gegenteil trifft zu, denn Raumfahrer befinden sich normalerweise nur geringfügig weiter entfernt von massetragenden Objekten wie Erde, Mond oder Sonne. Eine Kapsel, die sich 160 Kilometer über der Erdoberfläche in der Umlaufbahn befindet, ist gerade einmal einer fünfprozentigen Reduzierung der Erdanziehung ausgesetzt. Das ist der Unterschied zwischen dem umgekehrten Quadrat von 6400 Kilometern (nämlich dem Abstand von der Erdoberfläche zum Erdmittelpunkt) und 6560 Kilometern (der nur geringfügig weiteren Entfernung zwischen Umlaufbahn und Erdmittelpunkt). Was die Astronauten *vor Ort* schwerelos sein lässt, ist die gewöhnliche Beschleunigung, die sie mit Hilfe ihres Raumschiffs erzielen. Es ist der gleiche Effekt, der den freien Fall in einem Fahrstuhl zu einem berauschenden Erlebnis macht, zumindest für kurze Zeit.

175 a *Einstein verlieh dieser Situation den Status eines Grundprinzips:* Dahinter steht die Vorstellung, die Wahrheit eines Sachverhalts zu *postulieren (*in diesem Fall also, dass die Gravitationskraft von beschleunigter Bewegung nicht zu unterscheiden ist) und auf der Grundlage dieser Behauptung dann eine Theorie zu entwickeln. Sollten die experimentellen Ergebnisse mit den theoretischen Voraussagen übereinstimmen, dann ist die ursprüngliche These korrekt. Daraufhin können wir sie selbstsicher anwenden, um andere Vorhersagen zu treffen und andere Behauptungen zu beweisen. Wenn nicht, dann müssen wir eine neue Theorie ersinnen.

Die gleiche, auf einer These beruhende Logik trifft auch auf die spezielle Relativität zu, die einzig und allein auf zwei Annahmen beruht. 1) Die Gesetze der Physik sind in allen Trägheitssystemen dieselben. 2) Die Lichtgeschwindigkeit ist für alle der Trägheit verpflichteten Beobachter, ungeachtet ihres Bewegungszustands, unveränderlich.

175 b *der Eckstein seiner Allgemeinen Relativitätstheorie:* Hätte es Einstein nicht gegeben, wären zweifellos etliche andere Wissenschaftler auf die Spezielle Relativitätstheorie gekommen. Lorentz, Poincaré und Minkowski waren bereits nahe dran (siehe Kommentar 100). Und in der Tat hatten diese drei bereits die Schlüsselgleichungen ausgearbeitet. Die meisten Wissenschaftshistoriker sind sich jedoch darin einig, dass die Allgemeine Relativitätstheorie ein einzigartiger intellektueller Triumph gewesen ist und dass wir – hätte es Einstein nicht gegeben – wohl heute noch auf eine solche Theorie warten müssten. Wenige Entdeckungen in Wissenschaft und Mathematik werden so eng mit einer einzigen Person in Verbindung gebracht wie die allgemeine Relativität mit Einstein.

178 *Die Ablenkung … in der Nähe der Sonne:* 1919, drei Jahre nach der Veröffentlichung der Allgemeinen Relativitätstheorie, stellte der englische Astronom Arthur S. Eddington (1882–1944) die Theorie auf die Probe. Während einer Sonnenfinsternis ermittelte er die Positionen von Sternen und beobachtete dabei Abweichungen, die mit den von Einsteins

Gleichungen vorhergesagten Abweichungen übereinstimmten. Einstein wurde mit einem Schlag weltberühmt und avancierte zum prominentesten Wissenschaftler seiner Zeit.

Objektiv betrachtet, erwiesen sich Eddingtons Messungen als viel zu unsicher, um nicht auf der Hut sein zu müssen, doch die Wissenschaftsgemeinde wollte die Relativitätstheorie unbedingt als Wahrheit akzeptieren, und sei es nur wegen ihrer mathematischen Stichhaltigkeit oder ihrer vollkommenen Schönheit. Diese warmherzige Rezeption unterschied sich dramatisch von den Reaktionen, die Michelson und Morley zuteil wurden, deren technisch ausgezeichnete Messungen zur Unterstützung der speziellen Relativität viel größere Skepsis hervorriefen. Viele Physiker, darunter auch Michelson selbst, gaben den Äther nur widerwillig auf und taten sich schwer damit, das darauf folgende chaotische Umdenken in Bezug auf Raum und Zeit anzunehmen. Auch Wissenschaftler haben ihre Vorurteile.

179 *und Uhren langsamer laufen:* Stellen Sie sich ein rotierendes Karussell vor, das mit zwei Uhren ausgestattet ist, von denen die eine im Mittelpunkt und die andere am äußeren Rand befestigt ist:

Für Beobachter 1, der sich über der Scheibe befindet, scheint die Uhr am Rand in Bewegung zu sein. Im Vergleich mit einer außerhalb des Karussells befindlichen Uhr läuft sie langsamer. Die Uhr im Mittelpunkt liegt auf der Rotationsachse und scheint daher im Ruhezustand zu sein. Sie zeigt die richtige Zeit an.

Nehmen Sie jetzt die Perspektive des Beobachters 2 ein, der im Mittelpunkt des Karussells steht. Aus seiner Sicht scheinen beide Uhren im Ruhezustand zu sein. Die Uhr im Mittelpunkt bleibt eindeutig an ihrem Platz, während die Uhr am Rand auf ähnliche Weise entlang des Radius unbeweglich bleibt, wenn sich das Karussell dreht. Sie scheint sich nicht zu bewegen, da Beobachter 2 sich zusammen mit dem Karussell dreht. Doch wenn das Äquivalenzprinzip gerechtfertigt sein sollte, müssten beide Beobachter denselben Unterschied zwischen den beiden Uhren wahrnehmen.

Und genau das tun sie auch. Beobachter 1, der die Anordnung von außen betrachtet, sieht eine rotierende Scheibe und ordnet die Auswirkungen der beschleunigten Bewegung zu. Beobachter 2, der von innen nach außen schaut, führt dieselbe Ungleichzeitigkeit auf die Zentripetalkraft zurück, die die Uhr am Rand, nicht aber die Uhr in der Mitte erfährt. (Das ähnelt der Zugkraft, die man fühlt, wenn man einen angebundenen Ball über dem Kopf schwingen lässt.) Auf ähnliche Weise erscheinen die Längen entlang der Drehrichtung (die Kreistangenten) kürzer, während die Längen, die man entlang des Radius misst, unberührt bleiben. Der eine Beobachter führt die geometrische Störung auf eine Kraft zurück, die innerhalb eines ruhenden Bezugsrahmens herrscht, während der andere Beobachter die gleiche Störung der allgemeinen Beschleunigung der Scheibe zuordnet. Beide äußern eine gleichermaßen begründete Behauptung.

184 *ein Zugeständnis an unseren dreidimensionalen Verstand:* Selbst professionelle Physiker, die sich auf die Relativität spezialisiert haben, geben zu, dass es unmöglich ist, sich einen *flachen* vierdimensionalen Raum vorzustellen, geschweige denn einen gekrümmten.

188a *Neutronensterne und Schwarze Löcher der Astrophysiker:* Siehe Kommentar 402.

188b *ein paar kleine … Abweichungen, die nur die allgemeine Relativität erklären kann:* Beispielsweise die geringfügige Ablenkung der Umlaufbahn des Merkur, die 43 Bogensekunden pro Jahrhundert ausmacht (knapp mehr als ein hundertstel Grad).

189 *Schließlich haben sie den Menschen auf den Mond und wieder zurückgebracht:* Die Newton'sche Physik kam zum Einsatz, um den Kurs der Apollo-Missionen zu planen. Auch die improvisierte Rettungsaktion für Apollo 13 gehörte dazu.

Kapitel 6

Wir werfen einen Blick auf den anderen großen Bereich der klassischen Physik, nämlich auf die makroskopische und deterministische Welt der elektrischen Ladung. Hier vereinen die vier Maxwell'schen Gleichungen die Elektrizität mit dem Magnetismus und rufen als Frucht der Vereinigung die elektromagnetische Welle hervor. Dies ist die letzte Haltestelle vor der Quantenmechanik.

191a *wenn H_2O-Moleküle … eine große Anzahl von Elektronen emittieren:* Die Gewalt eines Gewitters ist sehr eindrucksvoll. Ein einziger Blitz erzeugt einen elektrischen Strom von 20 000 Ampere.

191b *Betazerfall eines Neutrons:* Dieser von der schwachen Kraft beherrschte Prozess bringt ein Proton, ein Elektron und ein Antineutrino hervor. Siehe auch Kapitel 2 (*Die schwache Kernkraft*) und Kapitel 9 (*Der Einheit entgegen*).

191c *ein Leben lang:* Die relativistische Quantenmechanik gestattet die Erzeugung und Vernichtung von Teilchen, wie im Abschnitt *Halb leer oder halb voll?* von Kapitel 12 beschrieben. Masse und Energie sind laut $E = mc^2$ miteinander verbunden.

Beachten Sie bitte auch, dass die elektrische Ladung selbst im Laufe von Wechselwirkungen, wie etwa dem Betazerfall, erhalten bleibt, wobei Teilchen der einen Art in Teilchen einer anderen Art verwandelt werden.

193 *jede Wechselwirkung trägt zur Gesamtsumme bei:* eine Behauptung des «Überlagerungsprinzips» für klassische Felder.

194a *in vollem Umfang durch das Coulomb'sche Gesetz dargelegt:* Die von den Ladungen q_1 und q_2 ausgeübte elektrostatische Kraft ist proportional zu $q_1 q_2 / r^2$, wobei r der Abstand zwischen den Teilchen ist. Gleiche Ladungen stoßen einander ab (das Vorzeichen der Kraft ist positiv), und ungleiche Ladungen ziehen sich an (das Vorzeichen der Kraft ist negativ).

Das Gesetz der elektrostatischen Kraft wird nach dem französischen Physiker Charles-Augustin de Coulomb (1736–1806) benannt, der es formuliert hat.

194b *Genauso verhält es sich mit Newtons Gravitationskraft:* Die Kraft ist proportional zu $m_1 m_2 / r^2$, wobei m_1 und m_2 die Massen sind und r der Abstand zwischen ihnen.

196 *Abstände zwischen den «Kraftlinien»:* Michael Faraday führte die Kraftlinien ein, um die physikalischen Wirkungen eines Feldes zu veranschaulichen, ohne mathematische

Gleichungen benutzen zu müssen. Das in den 1830er Jahren entwickelte Konzept wird noch heute angewendet. Eine Anmerkung zu Faraday in Kommentar 210 a.

198 *einen magnetischen Dipol kann man nicht in separate Nord- und Südpole trennen:* Die Quantenmechanik verbietet nicht die Existenz magnetischer Monopole, aber aus noch ungeklärten Gründen scheinen sie im Universum nicht vorzukommen oder, anders ausgedrückt: Man hat bisher noch keinen magnetischen Monopol gefunden. Siehe auch Kommentar 412 b.

204 *dass ein atomares Elektron … tatsächlich einen magnetischen Dipol erzeugt:* Das bezieht sich auf den «Spin-Drehimpuls», der in Kapitel 8 vorgestellt (*Die Überbrückung zweier Welten*) und in Kapitel 9 (*Eigendrehung: Fermionen, Bosonen und das Pauli-Prinzip*) detailliert besprochen wird.

208 *James Clerk Maxwell, ein Gigant der Wissenschaft des neunzehnten Jahrhunderts:* Der schottische Physiker und Mathematiker wird wegen der Kreativität und der Wirkung seiner Arbeit auf die gleiche Stufe mit Newton und Einstein gestellt. Zusätzlich zur Schöpfung der klassischen Theorie des Elektromagnetismus leistete Maxwell (1831–1879) wichtige Beiträge zur Thermodynamik und zur statistischen Mechanik (Kapitel 10), vor allem aber zum Verhältnis von Wärme, Temperatur und Bewegung mikroskopischer Teilchen.

209 *Gauß'sches Gesetz der Elektrizität:* Der deutsche Mathematiker Carl Friedrich Gauß (1777–1855), der als einer der herausragendsten Mathematiker aller Zeiten gilt, leistete neben seinem mathematischen Werk wichtige Beiträge zur Physik und Astronomie. Die Zusammenarbeit mit dem deutschen Physiker Wilhelm Eduard Weber (1804–1891) auf dem Gebiet der Elektrizität und des Magnetismus trug auch praktische Früchte und resultierte in der Erfindung des Telegrafen. Gauß' mathematisches Werk spielte ebenfalls eine Rolle bei der Entwicklung des Energieerhaltungsprinzips.

210 a *Faradays Gesetz der elektromagnetischen Induktion:* Als Autodidakt überwand der Physiker und Chemiker Michael Faraday (1791–1867) die Klassenschranken im England des neunzehnten Jahrhunderts und wurde zu einem der bedeutendsten Experimentalwissenschaftler aller Zeiten. Seine sorgfältige Forschung schuf die Grundlagen für die umfassende elektromagnetische Theorie, die später von Maxwell propagiert wurde.

210 b *Das Maxwell-Ampère-Gesetz des Magnetfeldes:* André-Marie Ampère (französischer Physiker und Mathematiker, 1775–1836) formulierte das Ampère'sche Gesetz, nach dem die magnetische Kraft zwischen zwei elektrischen Strömen entsteht.

Vor Ampère war es der dänische Physiker und Chemiker Hans Christian Oersted (1777–1851) gewesen, der durch einen glücklichen Zufall eine Beziehung zwischen Elektrizität und Magnetismus entdeckte. 1820 beobachtete er während einer Vorlesung, dass ein elektrischer Strom, der durch einen Draht floss, eine Kompassnadel in der Nähe ablenkte. Die französischen Physiker Jean-Baptiste Biot (1774–1862) und Felix Savart (1791 bis 1841) bestätigten den Effekt und formulierten eine mathematische Gleichung, um ihn zu beschreiben.

211 *sind Maxwells Gleichungen, so wie die Dinge liegen, in relativistischer Hinsicht korrekt:* Einstein erkannte, dass eine der beiden Gleichungen – entweder die Maxwell'sche Elektrodynamik oder die Newton'sche Mechanik – im Widerspruch zur Relativität standen. Es stellte sich schließlich heraus, dass es Newtons Mechanik war, die bei hohen Geschwindigkeiten und in ihren grundlegenden Vorstellungen von Raum und Zeit abgeändert werden musste. Maxwells Theorie des Elektromagnetismus blieb dagegen unangetastet.

214 *vertrauen wir Maxwells Gleichungen, dass sie die richtige Beschreibung liefern:* Etwa zwei Jahrzehnte nachdem Maxwell die Existenz anderer, vom sichtbaren Licht unterschiedlicher elektromagnetischer Wellen vorhersagte, entdeckte sie der deutsche Physiker Heinrich Hertz (1857–1894). Hertz erzeugte im Labor Radiowellen und bewies, dass sich diese Signale ähnlich verhalten wie gewöhnliches Licht. Mit der Messung der Geschwindigkeit und der Wellenlänge der Schwingungen bestätigte er die Gültigkeit der Maxwell'schen Theorie.

1895 entdeckte ein anderer deutscher Physiker, Wilhelm Conrad Röntgen, elektromagnetische Wellen als X-förmige Strahlen. Es geschah rein zufällig, als er elektrische Effekte an einem Gas untersuchte, das unter geringem Druck stand. Röntgens Arbeit war wichtig in seiner Eigenständigkeit und bereitete den Weg für J. J. Thompsons Entdeckung des Elektrons im Jahr 1897 (siehe Kommentar 42 c). Röntgen (1845–1923) erhielt 1901 den ersten Physiknobelpreis.

215 *in einem Vakuum:* Die Lichtgeschwindigkeit ist etwas geringer als *c* in der Luft, vor allem in manchen anderen Materialien.

KAPITEL 7

Das erste von drei Kapiteln über Quantenmechanik. Eine Diskussion des Heisenberg'schen Unbestimmtheitsprinzips und der Welle-Teilchen-Dualität ebnet den Weg für mehr Details.

232 *und noch viel kleinere Dinge:* Protonen und Neutronen zum Beispiel sowie Quarks als deren Bestandteile.

238 *Dieser Prozess wird Diffraktion oder Beugung genannt:* Damit Beugung und Interferenz von Bedeutung sind, muss eine Welle eine Öffnung mit Dimensionen passieren, die mit der Wellenlänge vergleichbar sind.

240 *Es ist so, als wären 1 + 1 = 4:* Was bedeutet, dass sich die Amplituden der Wellen addieren, nicht aber die Energien.

246 *Sie sind Energieträger und haben sowohl einen Impuls als auch einen Drehimpuls:* Nicht aber Masse. Ein Photon hat die Ruhemasse null und bewegt sich ständig mit Lichtgeschwindigkeit fort. Siehe auch Kommentar 318.

247 a *eine unveränderliche Größe mit dem Namen «Planck'sche Konstante»:* Der deutsche theoretische Physiker Max Planck (1858–1947) bewies als Erster, dass Energie quantisiert ist. 1918 bekam er dafür den Physik-Nobelpreis.

247 b *Ihre Einheiten setzen sich zusammen aus (Energie) × (Zeit) oder entsprechend (Impuls) × (Länge):* Es sind Dimensionen einer Wirkung, eine wichtige Größe in der klassischen Mechanik wie auch in der Quantenmechanik.

248 *die Größe dieses Klumpens hängt allein von der Frequenz ab:* Den ersten Hinweis über die Teilchennatur des Lichts lieferte der photoelektrische Effekt, den Einstein 1905 erklärte. Hier trifft ein Lichtstrahl auf die Oberfläche eines Metalls und erzeugt genügend Energie, um einige der Metallelektronen herauszulösen und dadurch den Fluss eines elektrischen Stroms zu verursachen. Der Beginn des Stromflusses hängt jedoch nicht von der Intensität des Lichtes ab (die proportional zum Quadrat der Amplitude wäre, falls sich das Licht wie eine Welle verhielte), sondern vielmehr von seiner Frequenz. Die elektromagnetische Energie tritt, in separaten Bündeln (Photonen) verpackt, auf. Fehlt einem Photon die erforderliche Energie, kann es kein Elektron abgeben. Unterhalb einer gewissen Schwellenfrequenz wird selbst der intensivste Strahl kein einziges Elektron herauslösen können.

250 a *Elektronen, Protonen und Neutronen … fallen sowohl der wellenähnlichen Interferenz als auch der launischen Wahrscheinlichkeitsregel zum Opfer:* 1924 schlug der französische Physiker L.-V. de Broglie vor, Teilchen könnten zum Teil auch Welleneigenschaften haben, vor allem eine charakteristische Wellenlänge, die umgekehrt proportional zum Impuls ist. Nur drei Jahre später wurde der experimentelle Beweis erbracht, als die amerikanischen Physiker C. J. Davisson und L. H. Germer sowie – unabhängig von ihnen – der englische Physiker G. P. Thompson bewiesen, dass Elektronen tatsächlich der Beugung unterliegen. Dies war eine dramatische Bestätigung für die Stichhaltigkeit der neuen Quantenmechanik.

Louis-Victor der Broglie (1892–1987) vertrat diese These in seiner Dissertation und erhielt 1929 den Physiknobelpreis. Clinton J. Davisson (1881–1958) und George Paget Thompson (1892–1975) bekamen 1937 den Preis zu gleichen Teilen zugesprochen.

250 b *Trotzdem tun sie es:* Richard Feynman, einer der Erfinder der Quantenmechanik, drückt die Gefühle vieler Physiker aus, wenn er die Elektronenbeugung mit folgenden Worten beschreibt: «… ein Phänomen, das auf klassische Art zu erklären *absolut* unmöglich ist und das in sich den Kern der Quantenmechanik birgt. In Wirklichkeit enthält es das *einzige* Geheimnis. Wir können das Geheimnis nicht aufdecken, indem wir ‹erklären›, wie es funktioniert. Wir können nur *berichten*, wie es funktioniert. Und indem wir dies tun, erörtern wir die grundlegenden Eigentümlichkeiten der ganzen Quantenmechanik» (Richard Feynman, R. B. Leighton und M. Sands. *Vorlesungen über Physik. Band III. Quantenmechanik.* München 1999).

253 a *Es ist das Heisenberg'sche Unbestimmtheitsprinzip:* Der deutsche Physiker Werner Heisenberg (1901–1976) schlug das Unbestimmtheitsprinzip 1927, kurz nach seiner Formulierung der Matrizenmechanik, vor (eine bahnbrechende Form der Quantenmechanik, in der beobachtbare Eigenschaften als Zahlenanordnungen dargestellt werden). 1932 erhielt er den Physiknobelpreis.

253 b *eine Zahl, die ungefähr der Planck'schen Konstante entspricht:* Eine genauere Formulierung des Unbestimmtheitsprinzips erklärt, dass das Produkt der Unbestimmtheiten von Position und Impuls ($\Delta x \, \Delta p$) nicht kleiner ist als $\hbar/2$, wobei $\hbar$ (sprich «h-quer») die Planck'sche Konstante ist, dividiert durch 2π.

256 *Die Bezeichnungen ändern sich, aber die Mathematik bleibt die gleiche:* Das mathematische Verfahren wird Fourier-Analyse genannt, nach dem französischen Mathematiker Jean-Baptiste-Joseph Fourier (1768–1830). Die Fourier-Analyse, die in den Ingenieurswissenschaften und in der Physik häufig angewendet wird, zerlegt eine willkürlich komplexe Wellenform in unabhängige Bestandteile. Die ursprünglich zum Studium der Wärme benutzte Technik erwies sich als außerordentlich leistungsfähig und umfassend anwendbar.

KAPITEL 8

Der quantenmechanische Zustand – die Wellenfunktion – nimmt Gestalt an, und die Regeln für ihre Interpretation und zeitliche Entwicklung werden entwickelt.

264a *typische Gleichungen ... die alle diese Störungen gemeinsam haben:* Zwar haben wir diesen Punkt schon geklärt, aber es lohnt sich trotzdem, es noch einmal zu betonen: *Es gibt weit mehr Naturphänomene zu beschreiben, als es Gleichungen gibt, die sie beschreiben.* Bemerkenswerterweise sind die gleichen mathematischen Verfahren (trotz unterschiedlicher Interpretationen der Symbole) oftmals auf eine ganze Schar verschiedener Prozesse anwendbar).

264b *die Mathematik eines Elektrons ist Wellenmathematik:* Diese Behauptung spiegelt die Ansicht wider, die als «Wellenmechanik» bekannt ist, eine Technik, die 1926 von Schrödinger eingeführt wurde und auf de Broglies Welle-Teilchen-Dualität beruht (siehe Kommentar 250a). Die Wellenmechanik ist nicht die einzige Möglichkeit, die Quantentheorie zu formulieren, aber sie wird in der gesamten Physik häufig angewandt. Ihre rechnerische Leichtigkeit und die physikalischen Interpretationsmöglichkeiten machen die Wellenmechanik zu einem besonders geeigneten praktischen Anwendungsverfahren.

Ein alternativer Ansatz, nämlich die abstraktere Matrizenmechanik, wurde fast gleichzeitig von Werner Heisenberg, Max Born und Pascual Jordan entwickelt. Später wurde bewiesen – zunächst durch Schrödinger, später dann auch von Dirac –, dass Matrizenmechanik und Wellenmechanik äquivalent sind. (Dabei verschmolz Dirac die beiden Methoden zu einem besonders eleganten und leistungsfähigen System, das manchmal auch «Transformationstheorie» genannt wird.)

Die theoretischen Physiker Erwin Schrödinger (Österreich, 1887–1961) und Paul Adrien Maurice Dirac (England, 1902–1984) erhielten 1933 gemeinsam den Physiknobelpreis, Heisenberg (Deutschland, 1901–1976) bekam ihn 1932, und Max Born (Deutschland, 1882–1970) war ebenfalls Teilhaber des Physiknobelpreises von 1954.

266 *die Form eines jeden Modus ... und den Anteil, den der Modus zur Gesamtschwingung beiträgt:* Eine Beschreibung der Fourier-Analyse (siehe Kommentar 256).

269 *informiert sie uns über die statistische Wahrscheinlichkeit, das Teilchen ... zu finden:* Die auf Wahrscheinlichkeit beruhende Interpretation einer Wellenfunktion stammt ursprünglich von dem deutschen Physiker Max Born (1882–1970), der außerdem Beiträge zur Entwicklung der Matrizenmechanik leistete (siehe Kommentar 264b). Born erhielt einen verspäteten Anteil am Physiknobelpreis von 1954.

270 *Laut Heisenberg:* Das Unbestimmtheitsprinzip.

281 *müssen auch die Gesetze der Quantenmechanik gegen jede Gesamtdrehung des Bezugs-*

rahmens immun sein: Eine Anspielung auf den Begriff «Eichsymmetrie», eine entscheidende Eigenschaft der relativistischen Quantenmechanik. Siehe auch den letzten Abschnitt von Kapitel 9.

282 a *stellt er alles dar, was man wissen muss:* Es war vor allem Einstein, der diese Behauptung nie akzeptierte, sodass er am Ende seines Lebens die Quantenmechanik eine unvollständige Theorie nannte – dass nämlich deren auf Wahrscheinlichkeiten beruhende Formulierung nur eine scheinbare sei und die darunter liegende, noch zu entdeckende Realität verberge.

Bei der Kernfrage des Problems handelt es sich um die scheinbare Unverbundenheit zwischen Ursache und Wirkung in der Quantenmechanik, wo identische Zustände, die in identischer Weise gemessen werden, zu unterschiedlichen Ergebnissen führen können. Im Gegensatz zu dieser Ansicht stehen die Theorien der «Verborgenen Variablen», die David Bohm und andere entwickelt haben. Sie postulieren, dass vermeintlich identische Zustände in Wirklichkeit überhaupt nicht identisch sind. Sie unterschieden sich nämlich anfangs durch Werte gewisser verborgener Variablen, die – falls wir sie kennen würden – für die nachfolgenden Abweichungen der gemessenen Eigenschaften deterministisch verantwortlich seien.

Die Frage bleibt umstritten, obwohl die seit 1980 durchgeführten Experimente zu diesem Problem den von der Quantenmechanik geforderten unbestimmten Charakter der Mikrowelt zu unterstützen scheinen. Darüber hinaus bringen verborgene Variablen bestimmte Kräfte und Anomalien mit sich, die die meisten Physiker bestenfalls unattraktiv und schlimmstenfalls künstlich und konstruiert finden.

282 b *abstrakter Raum:* «Hilbert-Raum» genannt, nach dem deutschen Mathematiker David Hilbert (1862–1943). Mathematiker bezeichnen ihn als *komplexen* Raum, der aus Zahlen besteht, die zum Teil reell und zum Teil imaginär sind (dazu gehört die so genannte imaginäre Einheit $i = \sqrt{-1}$).

Die hier beschriebene Vektorformulierung beruht auf dem Dirac'schen Ansatz, der Schrödingers Wellenmechanik mit der Matrizenmechanik von Heisenberg, Born und Jordan vereinte. Siehe Kommentar 264 b.

283 *Erst später, wenn ein Beobachter sich mit einem Instrument einmischt, muss sich das System entweder für Komponente 1 oder für Komponente 2 entscheiden:* Diese Behauptung stimmt mit dem orthodoxen Standpunkt der Quantenmechanik überein, der – nach Ansicht des einflussreichen dänischen Physikers Niels Bohr und seiner Kollegen – als «Kopenhagener Interpretation» bekannt ist. Die meisten Experimentalphysiker akzeptieren die Kopenhagener Interpretation und wenden sie in ihrer täglichen Arbeit an; doch nur wenige sind damit sonderlich glücklich.

Bohrs Interpretation ist eine Bestätigung der Philosophie des logischen Positivismus, dass die Wissenschaft sich nämlich nur mit solchen Größen beschäftigen sollte, die experimentell zugänglich sind, und alle anderen aufgeben sollte. Laut Kopenhagener Interpretation ist die einer Wellenfunktion innewohnende Unbestimmtheit ein Teil der Natur, der für bare Münze genommen werden muss. Die Gleichungen sagen uns genau, welche Zahlen wahrscheinlich in den Messungen auftauchen werden, und nichts anderes als diese Information ist von Belang.

Niemand stellt die Genauigkeit der Quantenmechanik oder ihre Voraussagefähigkeit infrage, doch die Vorstellung einer Wellenfunktion, die zwischen Komponente 1 und 2 «auswählt», geht vielen Wissenschaftlern gegen den Strich. Die Kopenhagener Interpretation versteht es, recht wirksam eine Debatte zu verhindern, indem sie darauf besteht: «Wenn wir es nicht messen können, haben wir auch kein Recht, darüber zu diskutieren.» Die Problematik, wie eine Überlagerung von Komponenten kollabiert, sodass schließlich nur eine einzige Komponente übrig bleibt – das so genannte Messproblem der Quantenmechanik –, bleibt also ungelöst.

Zu den Versuchen, das Messproblem zu lösen, gehörten verschiedene Theorien der verborgenen Variablen (siehe Kommentar 282 a) und der «Multiversen». Den Letzteren zufolge wählt das System niemals wirklich nur *eine einzige* Komponente aus, sondern macht sie sich alle gleichzeitig zu Eigen. Neuere Ansätze, von denen manche erst in den 1990er Jahren ausgearbeitet wurden, klingen recht viel versprechend.

287 *dass man bei der Formulierung der Quantenmechanik … auf die klassische Mechanik zurückgreifen musste:* Newtons Gleichungen sorgen jedoch nicht für einen mathematisch bequemen Ausgangspunkt. Die Quantenmechanik beruht auf den alternativen *Langrange'schen* und *Hamilton'schen* Formulierungen der klassischen Mechanik, die beide dem Newton'schen System entsprechen, aber andere, leichter zu manipulierende Gleichungen benutzen.

289 *aber auch das Proton und Neutron:* Ein Neutron enthält, obwohl es insgesamt neutral ist, in seinem Inneren drei elektrisch geladene Quarks und eignet sich deshalb ein magnetisches Moment an.

290 *Niels Bohr, einer der Begründer der Quantenmechanik:* Der berühmte dänische Physiker (1885–1962) war der Erste, der um 1913 eine Methode ersann, um die Energie und den Drehimpuls eines Wasserstoffatoms zu quantisieren. Den Nobelpreis für Physik erhielt er 1922.

Das Bohr'sche Atommodell erwies sich als ein wichtiger Schritt auf dem Weg zu einer umfassenderen Theorie, obwohl es von der Quantenmechanik der 1920er Jahre ersetzt wurde. Bohr selbst sowie viele seiner Kollegen am Institut für Theoretische Physik in Kopenhagen (zu denen auch Heisenberg gehörte) spielten eine bedeutende Rolle für die Entwicklung der Quantenmechanik und ihrer Deutung. Siehe auch Kommentar 282 b.

292 *die Schrödinger-Gleichung für Atome:* Der österreichische Physiker Erwin Schrödinger (1887–1961) teilte sich 1933 den Physiknobelpreis mit Paul Dirac. Siehe auch Kommentar 237 b.

Beachten Sie bitte, dass die Schrödinger-Gleichung eine nichtrelativistische Näherung ist und im Vergleich zur Lichtgeschwindigkeit nur für kleine Geschwindigkeiten gilt. Bei den meisten chemischen Anwendungen führt sie zu ausgezeichneten Ergebnissen.

KAPITEL 9

In der Symmetrie liegt die Kraft. Erstens unterteilt die Ununterscheidbarkeit der quantenmechanischen Teilchen die Welt in Bosonen und Fermionen, Kraft und Materie. Die Austauschsymmetrie übt ihren ausschließenden Einfluss auf die Fermionen aus, die den Atomen ihre Größe und Härte verleiht und dabei die chemischen Unterschiede erzeugt, die das Leben ermöglichen. Zweitens setzt die Symmetrie einer Wellenfunktion in Bezug auf eine Phasenverschiebung – eine lokal und relativistisch in der ganzen Raum-Zeit durchgesetzte Symmetrie – das quantenmechanische Universum zusammen. Wenn zwei in Raum und Zeit voneinander getrennte Beobachter eine rotierte Wellenfunktion so wahrnehmen, als verhalte sie sich im Wesentlichen gleich, dann muss die Natur ein Kraftfeld bereitstellen, das den Phasenunterschied mitteilt. Es entsteht ein quantisiertes Feld von Botschafterteilchen, Bosonen genannt, das die lokale Symmetrie garantiert.

295 a *nur energieerhaltende Prozesse ... Erhaltung des Impulses ... und des Drehimpulses:* Siehe den Abschnitt *Beständigkeit und Wandel* in Kapitel 4.

295 b *dann muss das Raum-Zeit-Intervall unveränderlich bleiben:* Siehe *Relativität und Invarianz* in Kapitel 3 und *Vier Gleiche: Raum-Zeit* in Kapitel 5.

295 c *Aspekt der Natur, der so wunderbar ist:* Natürlich sind ästhetische Urteile rein subjektiv, aber viele theoretische Physiker gestehen, dass sie in der Symmetrie der Naturgesetze einen Reichtum an Schönheit finden.

300 *das herrschende «Pauli-Prinzip»:* Benannt nach dem österreichischen theoretischen Physiker Wolfgang Pauli (1900–1958), der das Austauschprinzip Mitte der 1920er Jahre formulierte. 1945 erhielt er dafür den Physiknobelpreis.

301 a *Physiker Satyendra Nath Bose:* In den Jahren 1924 und 1925 arbeitete der indische Physiker und Mathematiker Satyendra Nath Bose (1894–1974) gemeinsam mit Einstein an einer Quantenstatistik über Teilchen, die heute Bosonen genannt werden. Man sagt, dass Teilchen in dieser Klasse der Bose-Einstein-Statistik gehorchen.

301 b *Spin-Drehimpuls:* Siehe *Die Überbrückung zweier Welten* in Kapitel 8.

301 c *zu Ehren von Enrico Fermi:* Der in Italien geborene Fermi (1901–1954) entwickelte zusammen mit P. A. M. Dirac (siehe Kommentar 264 b) in den Jahren 1926 und 1927 eine Theorie für solche Teilchen. Man sagt, Fermionen gehorchen der Fermi-Dirac-Statistik im Gegensatz zur Bose-Einstein-Statistik (siehe Kommentar 301 a).

Fermi ist bekannt für seine vielen Beiträge zur Kernphysik, zu denen auch die technische Umsetzung der ersten kontrollierten, durch Kernspaltung ausgelösten Kettenreaktion gehört. Er erhielt 1938 den Physiknobelpreis.

302 a *Sie «schließen einander aus», als würden sie von einer Kraft auseinander getrieben:* Es ist genau diese Ausschließungskraft – deren Wurzeln in den Symmetrieeigenschaften austauschbarer Fermionen liegen –, die den Atomen ihre Größe verleiht und Materie inkompressibel (nicht zusammenpressbar) macht. Die fermionischen Bestandteile von Atomen widerstehen dem Versuch, sie in willkürlich kleine Volumen zu quetschen. Erklärt wird dies im folgenden Abschnitt *Materielle Welt*.

Die Ausschließungskraft, die Elektronen in Atomen erleiden, ist letztendlich auf die elektromagnetische Kraft zurückführbar, eine der vier grundlegenden Wechselwirkungen.

302 b *Zwei Fermionen können nicht gleichzeitig denselben Quantenzustand besetzen:* Diese spezielle Behauptung, die nur auf Fermionen zutrifft, wird häufig auch das «Pauli'sche Ausschließungsprinzip» genannt und ist die Konsequenz aus dem zuvor besprochenen, allgemeineren «Pauli-Prinzip». Es sorgt dafür, dass auf den Austausch identischer Teilchen Wellenfunktionen entweder mit 1 oder mit –1 multipliziert werden. Siehe auch den vorangegangenen Kommentar.

306 *Dabei kommt es auf die Anordnung der Elektronen an:* In dieser Behauptung ist die gesamte Chemie enthalten.

310 *Ein amerikanischer Kongressabgeordneter:* Dabei handelt es sich um den verstorbenen Thomas P. («Tip») O'Neill jr., den Sprecher des US-amerikanischen Repräsentantenhauses von 1977 bis 1986.

311 *Einsteins makroskopisches Gravitationskonzept:* Die allgemeine Relativität (Kapitel 5).

316 a *Physiker nennen diese Operation eine Eichtransformation:* Hermann Weyl wählte 1918 das Wort «eichen» aus, das gleichbedeutend ist mit einem Messstandard (wie beispielsweise die genormte Spurweite einer Eisenbahn). Als Weyl die Beziehung zwischen lokaler Symmetrie und dem klassischen elektromagnetischen Feld untersuchte, erinnerte er sich an den genormten Abstand zwischen den Schienen – und obwohl sich die Theorie als fehlerhaft erwies, überlebte der Ausdruck. Er hat keine tiefere Bedeutung außer in seiner Funktion als Bezeichnung und ist völlig ungeeignet für eine bestimmte Art von Phasenumwandlung. Sowohl klassische als auch quantenmechanische elektromagnetische Felder gehorchen einer Form von Eichsymmetrie.

Der in Deutschland geborene Mathematiker und Physiker Hermann Weyl (1885 bis 1955) leistete wichtige Beiträge zur Quantenmechanik und Relativitätstheorie.

316 b *lokale Eichsymmetrie … in Verbindung mit der speziellen Relativität:* Der moderne Ansatz zur Eichinvarianz beginnt mit C. N. Yang (1922 geboren) und Robert L. Mills (1927–1999), die 1954 eine Theorie der starken Wechselwirkung formulierten. Ihre Arbeit über «nicht-abelsche Eichtransformationen» förderte eine enge Verbindung zwischen lokaler Symmetrie und Quantenfeldern zutage. Theorien, die darauf begründet sind, werden auch häufig Yang-Mills-Theorien genannt.

Chen Ning Yang, ein in China geborener amerikanischer Theoretiker, erhielt 1957 den Physiknobelpreis gemeinsam mit Tsung-Dao Lee.

318 *mit der Ruhemasse null kommt ein Photon unaufhörlich und unermüdlich mit Lichtgeschwindigkeit voran:* Ein masseloses Teilchen hat eine verschwindende Ruheenergie, die aus $m = 0$ in der Gleichung $E = mc^2 = 0$ entsteht. Die relativistische Energie liegt ganz und gar im Impulsanteil (p) des vierdimensionalen Energie-Impuls-Vektors. Deshalb muss sich ein masseloses Teilchen ständig mit Lichtgeschwindigkeit fortbewegen, um eine fixe Energie pc beizubehalten. Siehe die Diskussion über relativistische Energie und Impuls im Abschnitt *Die Erhaltung der Impuls-Energie* in Kapitel 5.

320 a *größer als die Planck'sche Konstante h oder ungefähr so groß:* Siehe Kommentar 253 b.

320 b *Solange das Produkt ΔE Δt geringer bleibt als ungefähr h:* Genauer gesagt: $h/2$ (wie in Kommentar 253 b).

321 *Quantenelektrodynamik, die als Modell für den Rest dienen soll:* 1926 war Dirac (siehe Kommentar 264 b) der Erste, der eine relativistische Quantentheorie des Elektrons ersann. Die Quantenelektrodynamik, besser bekannt als QED, wurde in den späten 1940er Jahren durch die unabhängigen Bemühungen dreier theoretischer Physiker verfeinert und vollendet: Richard Feynman (USA, 1918–1988), Julian S. Schwinger (USA, 1918–1994) und Tomonaga Shin'ichiro (Japan (1906–1979).

Dirac bekam den Physiknobelpreis von 1933 zusammen mit Erwin Schrödinger. Feynman, Schwinger und Shin'ichiro teilten sich den Preis im Jahr 1965.

323 a *So gibt beispielsweise ein Down-Quark ein W-Teilchen ab und verwandelt sich in ein Up-Quark, wobei es ein Neutron in ein Proton verwandelt:* Die Erhaltung der elektrischen Ladung verlangt, dass das Boson hier negativ ist (W^- mit einer Ladung von -1). Vor dem Ereignis ist die vom Neutron stammende Gesamtladung gleich null. Anschließend ist die kombinierte Ladung des Protons ($+1$) und des W^--Bosons (-1) weiterhin gleich null. Das kurzlebige W^- weicht als virtuelles Teilchen sofort einem Elektron (-1) und einem Antineutrino (0).

Positive oder negative W-Bosonen werden im Laufe von Prozessen ausgetauscht, in denen die teilnehmenden Fermionen die Ladungen wechseln. Neutrale Z^0-Bosonen werden in Prozessen ausgetauscht, in denen alle fermionischen Ladungen gleich bleiben.

323 b *wie es im damit verbundenen Verfahren mit geladenem Strom zum Ausdruck kommt:* Die Zeichnung ist an ein Feynman-Diagramm angelehnt, eine graphische Darstellung von Teilchenwechselwirkungen, die von Richard Feynman entwickelt wurde (siehe Kommentar 288). Physiker benutzen solche Diagramme, um die bildliche Vorstellung komplizierter Prozesse zu unterstützen, ohne auf Gleichungen zurückgreifen zu müssen.

324 a *Die W- und Z-Bosonen sind tatsächlich schwere Teilchen:* Sie sind annähernd 86 mal, beziehungsweise 97-mal schwerer als ein Proton.

324 b *bleibt ihnen nur eine kurze Zeitspanne, um von Fermion zu Fermion zu hüpfen:* Etwa so wenig wie ein Zehntel eines Billionstels einer billionstel Sekunde (eine Null, ein Komma, 24 Nullen und dann eine 1).

326 a *ihre scheinbare Abweichung kommt ... durch eine gebrochene Symmetrie [zustande]:* Die Vorstellung einer spontanen Symmetriebrechung, insbesondere der Higgs-Mechanismus, wird ausführlich in Kapitel 12 (*Existenz im Nichts*) besprochen.

326 b *«elektroschwache» Wechselwirkung:* Die elektroschwache Theorie wurde unabhängig von den theoretischen Physikern Steven Weinberg (USA, geb. 1933), Abdus Salam (Indien/Pakistan, 1926–1999) und Sheldon L. Glashow (USA, geb. 1932) entwickelt, die sich den Physiknobelpreis von 1979 teilten.

326 c *Quarks:* In den 1960er Jahren versuchten die Physiker allmählich, die Entdeckung immer weiterer «elementarer» Teilchen vernünftig zu erklären und eine innere Struktur für Protonen und Neutronen vorzuschlagen. Dabei erzielte der so genannte Achtfache Pfad die größte Aufmerksamkeit. Der Amerikaner Murray Gell-Mann und der Israeli Yuval Ne'eman entwickelten diese Theorie unabhängig voneinander. Einen ähnlichen Ansatz verfolgte der amerikanische Physiker George Zweig.

Gell-Mann führte später das Quark als fundamentalen Baustein ein. Demnach wurden drei Quarks benötigt, um sowohl ein Proton als auch ein Neutron zu konstruieren. Weiterhin sagte seine Theorie voraus, dass Quarks in drei unterschiedlichen Arten vorkämen, die heute als Flavors bekannt sind, von denen es eigentlich – wie in den Kapiteln 2 und 12 und auch im vorliegenden Kapitel 9 erwähnt – sechs gibt. Gell-Mann (geb. 1929) erhielt den Physiknobelpreis im Jahr 1969.

Der Begriff «Quark» hat eine skurrile Herkunft. Als Gell-Mann das Buch *Finnegans Wake* von James Joyce las, stieß er auf die Zeile «Three quarks for Muster Mark!». Der Achtfache Pfad ist eine Anspielung auf die buddhistische Philosophie.

326 d *die phantasievoll mit «Farbe» bezeichnete Eigenschaft:* Mitte der 1960er Jahre schlugen der Amerikaner Oscar Greenberg und der Japaner Yoichiro Nambu eine neue Eigenschaft vor, die bestimmte Anomalien im theoretischen Verhalten der Quarks beseitigen sollte. Die neue Eigenschaft ließ drei unterschiedliche Zustände zu, die Gell-Mann «Farben» taufte.

326 e *in den nicht wörtlich zu verstehenden Farben Rot, Grün und Blau:* Manchmal werden sie – als ebenfalls nicht wörtlich zu verstehendes – Rot, Gelb und Blau angegeben.

327 a *erzeugen gleiche Mengen roter, grüner und blauer Quarks farblich neutrale (farblose) Protonen und Neutronen:* Quarks sind Fermionen, die mit einer halben Spin-Drehimpuls-Einheit ausgestattet sind. Die Farbeigenschaft hilft bei der Unterscheidung zwischen Quarks mit identischen Flavors, sodass eine Verletzung des Pauli'schen Ausschließungsprinzips verhindert wird. So würden beispielsweise die beiden Up-Quarks in einem Proton dieselben Zustände einnehmen und folglich nicht in der Lage sein, zu koexistieren, gäbe es eben nicht ihre unterschiedlichen Farben. Diese leisten für die Quarks in einem Proton oder Neutron das, was die verschiedenen Spinzustände (auf und ab) für die Elektronen in einem Atom bewirken, was schon an früherer Stelle in diesem Kapitel besprochen wurde.

327 b *Bei elektromagnetischen Wechselwirkungen ruft eine eindimensionale Phasenrotation ein Photonenfeld hervor:* Physiker klassifizieren die zugrunde liegende Symmetrie der elektromagnetischen Wechselwirkung als U(1). Die kompliziertere Symmetrie der Farbwechselwirkung wird als SU(3) bezeichnet.

327 c *ein «Gluonen»feld (von glue = Klebstoff):* Wieder war es Gell-Mann, der den seltsamen Begriff prägte (siehe auch die Kommentare 293 a und 293 b). Die Eichbosonen «kleben» die Quarks in die Protonen, Neutronen und Mesonen hinein.

328 a *Die «Quantenchromodynamik» hingegen, unsere sich gerade entwickelnde Theorie des starken Feldes:* Bei der Entwicklung dieses Modells haben viele Mitwirkende eine Rolle gespielt, aber der erste Durchbruch wurde in den frühen 1970er Jahren erzielt, als David J. Gross, Frank Wilczek und H. David Politzer die asymptotische Freiheit entdeckten (siehe auch Kommentar 297 a).

Gross (geb. 1941), Wilczek (geb. 1951) und Pulitzer (geb. 1949) erhielten 2004 den Nobelpreis für Physik.

328 b *Es ist ein reicheres, komplexeres Quantenfeld, das aus einer komplexeren Symmetrie heraus entsteht:* SU(3), wie schon im Kommentar 327 b erwähnt. Die schwache Wechselwirkung fällt unter das Stichwort SU(2), während die elektromagnetische Wechselwirkung selbst als U(1) klassifiziert wird. Die vereinigte elektroschwache Wechselwirkung verbindet die Symmetrien U(1) und SU(2).

329 *Im Gegensatz zu elektromagnetischen Anziehungen und Abstoßungen nehmen die Quark-Quark-Wechselwirkungen mit der Entfernung an Stärke zu:* Und, umgekehrt, verschwinden sie gänzlich, wenn die Trennung auf den Wert null schrumpft. Der technische Begriff lautet «asymptotische Freiheit».

330 a *sodass die Quarks nicht mehr entkommen können:* Da freie Quarks nicht natürlich auftreten und nicht künstlich erzeugt werden können, muss die experimentelle Bestätigung ihrer Existenz notwendigerweise indirekt sein. Die verfügbaren Beweise deuten jedoch auf die wirkliche Existenz von Quarks und Gluonen hin.

330 b *Bestimmte Mesonenarten ... sorgen für den Klebstoff, der einen Kern zusammenhält:* Der japanische Physiker Hideki Yukawa (1907–1981), Träger des Physiknobelpreises von 1949, sagte die Existenz von Mesonen voraus und beschrieb, wie sie die starken Wechselwirkungen zwischen Protonen und Neutronen in einem Atomkern realisieren könnten.

331 *«Große Vereinigung» der Quantenfelder:* Wird in einem astronomischen Kontext in Kapitel 12 wieder aufgegriffen.

332 *indirekte Beweise ihrer Existenz:* 1974 entdeckten die amerikanischen Astrophysiker Joseph H. Taylor jr. und Russell A. Hulse ein eng miteinander verbundenes Neutronensternenpaar, das Radioimpulse in einem unverwechselbaren Muster aussandte. Dass die Radiosignale regelmäßig schwanken und sich in den Umlaufbahnen allmählich abschwächen, ist mit der Ausstrahlung von Gravitationswellen vereinbar. Das ist zwar nur ein indirekter Beweis, der aber überzeugend klingt.

Taylor (geb. 1941) und Hulse (geb. 1950) erhielten 1993 gemeinsam den Physiknobelpreis. Was Neutronensterne betrifft, siehe Kommentar 402.

333 *in einer Form der Stringtheorie:* Siehe den Schlussabschnitt von Kapitel 12.

KAPITEL 10

Den mikroskopischen Bewegungsgesetzen fehlt das Zeitgefühl, wo doch die Zeit im Allgemeinen vorwärts schreitet. Makroskopische Systeme kommen unwiderruflich von einem Gleichgewichtszustand zum nächsten voran, wobei sie von den statistischen Imperativen der großen Zahlen und riesigen Chancen vorangetrieben werden. Energie wird in zunehmendem Maße zerstreut. Sie zu gewinnen, wird immer schwieriger, selbst wenn die Gesamtmenge konstant bleibt. Die Entropie des Universums wächst unaufhaltsam an.

341 a *Umstände, unter denen alle Gase das gleiche Verhalten zeigen:* Dies bezieht sich auf das theoretisch «ideale» (oder «perfekte») Gas. Gase mit genügend geringer Dichte – üblicherweise bei hoher Temperatur, niedrigem Druck und großem Volumen – neigen zu gleichem Verhalten, ungeachtet der chemischen Zusammensetzung. Die Atome oder Moleküle in einem spärlich besiedelten Gas verhalten sich eher wie nichtwechselwirkende Teilchen, statt wie chemisch unterschiedliche Einheiten. Die makroskopischen Eigenschaften, die sie hervorrufen, werden von einer einzigen gattungsgemäßen Gleichung modelliert.

341 b *Das Modell spricht für sich:* Selbst wenn wir eines Tages entdecken sollten, dass Atome nicht wirklich existieren (eine zugegebenermaßen unwahrscheinliche Aussicht), wäre das thermodynamische System nicht im Geringsten davon betroffen. Die Thermodynamik großer Mengen hängt in keiner Weise von der mikroskopischen Struktur eines Systems ab.

342 *Mikroskopisch verstanden, entsteht der Gasdruck durch den Aufprall einzelner Moleküle:* Die statistische Analyse von Teilchen in einem Gas wurde zuerst von James Clerk Maxwell und Ludwig Boltzmann in der zweiten Hälfte des neunzehnten Jahrhunderts durchgeführt.

Notizen zu Maxwell und Boltzmann siehe Kommentare 208 beziehungsweise 370.

348 *ein besseres Angebot zu akzeptieren und sich auf ein neues Abenteuer einlassen:* In einem betont technischen Buch würde ein solches Gleichgewicht als «metastabiler» und nicht als stabiler Zustand bezeichnet werden. Es existiert lokal in einem hoch gelegenen Potenzialtal, das nur in Bezug auf geringe Störungen stabil ist. Im Gegensatz dazu ist das Tal des geringstmöglichen Potenzials im globalen Sinn einzigartig stabil.

351 *unzählig viele Möglichkeiten:* Streng genommen kann man diese Wege durchaus zählen, indem man kombinatorische Arithmetik anwendet. Die Zahl ist jedoch so riesig, dass man auch gleich mit dem Zählen aufhören kann und den Wert als unendlich akzeptieren sollte.

352 *fester Betrag globaler Energie:* Die Gesamtenergiemenge im Universum könnte, einigen Kosmologen zufolge, genausogut null betragen, nämlich zu gleichen Teilen positiv und negativ. Unter dem kosmischen Ursprungsszenario «Kostenloses Mittagessen» wird der positive Beitrag der Ruheenergie und der Bewegungsenergie exakt durch einen negativen Beitrag ausgeglichen, der sich aus der (immer anziehend wirkenden) Gravitationsenergie ergibt.

355 a *Ein Teil der Energie ... taucht ... in Form von Wärme auf:* Vor dem neunzehnten Jahrhundert hielt man Wärme fälschlicherweise für eine («kalorische») Flüssigkeit, die buchstäblich von einem Körper zum anderen strömte. 1798 begann sich dieses Denken zu verändern, als der Physiker Benjamin Thompson, der als militärischer Berater für den König von Preußen arbeitete, eine Beziehung zwischen der erzeugten Wärme beim Bohren eines Kanonenrohrs und der Menge der dabei verrichteten mechanischen Arbeit erkannte. Etwa vier Jahrzehnte später maß der englische Physiker James Prescott Joule die mechanische Entsprechung der Wärme experimentell und bewies dabei, dass Arbeit und Wärme austauschbare Formen der gleichen grundlegenden Größe sind, nämlich der Energie. Sie waren in gleichen Einheiten messbar.

Benjamin Thompson, Graf Rumford (1753–1814), war ein in den USA geborener englischer Physiker und einer der Gründer der Royal Institution of Great Britain. James Prescott Joule (1818–1889) war ein englischer Physiker, der eine bedeutende Rolle bei der Entwicklung der Thermodynamik spielte. Die Standardeinheit für Energie, das Joule, ist nach ihm benannt.

355 b *der Erste Satz der Thermodynamik, eine Neuformulierung des Energieerhaltungs-*

satzes: Der Satz hat eine lange Geschichte. Viele Mathematiker, Wissenschaftler und Ingenieure haben zu seiner Formulierung Beiträge geleistet. Einige der wichtigsten Namen sind zu finden in den Kommentaren 102 b und 355 a.

356 *Mike sieht, wie mikroskopische Energie in eine geradlinige Verchiebung übergeht:* Im Gegensatz zu den anderen drei aufgelisteten Formen kann die Translationsbewegung über vergleichsweise große (aber immer noch mikroskopische) Entfernungen hinweg normalerweise mit der klassischen Mechanik beschrieben werden. Die Energieebenen haben so kurze Abstände, dass sie kontinuierlich erscheinen.

361 *Der Zweite Satz der Thermodynamik prognostiziert … dass Arbeit ohne weiteres in Wärme übergeht, aber Wärme nicht zwangsläufig wieder zurück in Arbeit umgewandelt wird:* Der Zweite Satz der Thermodynamik wird makroskopisch unterschiedlich formuliert. Dabei sind alle Variationen gleichwertig. Der deutsche Physiker Rudolf Clausius (1822–1888) formulierte den Satz, indem er geltend machte, dass «Wärme nicht aus sich selbst heraus von einem kälteren auf einen wärmeren Körper übergehen kann», oder anders ausgedrückt: «Die Energie im Universum ist konstant; die Entropie des Universums neigt zum Maximum.» In der Formulierung von Kelvin und Planck lautet die Behauptung, eine zyklisch arbeitende Wärmemaschine könne nicht Wärme in Arbeit verwandeln, ohne dabei einige andere Auswirkungen auf ihre Umgebung zu haben. Daraus folgt, dass es unmöglich ist, ein Perpetuum mobile zu bauen, indem man Wärme aus einer Quelle (wie etwa Luft oder Wasser) gewänne und diese dann zu 100 Prozent in mechanische Energie verwandelte.

Der Zweite Satz und das Entropiekonzept haben viel den früheren Studien von Sadi Carnot (1796–1832) zu verdanken, einem französischen Ingenieur und Physiker, der die zyklischen Abläufe von Dampfmaschinen gründlich analysierte. Carnot begriff, dass man Wärme genauso in mechanische Arbeit umwandeln kann (mit einem Wärmespeicher, der von einer hohen auf eine niedrige Temperatur fällt), wie man mechanische Arbeit in Wärme umwandeln kann.

Anmerkungen zu Lord Kelvin (William Thompson) und Max Planck siehe die Kommentare 102 b beziehungsweise 247 a.

363 *eine Größe, die Entropie genannt wird:* Ihre Dimensionen sind Wärme (Energie) geteilt durch die Temperatur.

366 *Es kann nicht wieder nach Hause gehen:* James Clerk Maxwell verglich den Zweiten Satz der Thermodynamik mit der Behauptung «Schütten Sie ein Glas voll Wasser ins Meer, und Sie werden nicht dasselbe Glas Wasser wieder herausbekommen». Natürlich bekommen Sie ein anderes Glas voll Wasser wieder heraus, und es wird sogar Wasser sein, das, oberflächlich und makroskopisch betrachtet, genau wie das ursprüngliche Wasser aussehen wird – aber es wird nicht *das* Glas voll Wasser sein, das Sie hineingeschüttet haben.

369 *Das System verfällt in das Wahrscheinlichkeitsnirvana des Gleichgewichtszustands und bleibt dort stehen:* Wartet man lange genug, entsteht bestimmt letzten Endes ein Mikrozustand im Nichtgleichgewicht – selbst etwas so höchst Unwahrscheinliches wie etwa eine Anordnung, bei der alle Teilchen in einer Ecke zusammengedrängt sind. Der Einwand ist allerdings eher philosophisch als realistisch, denn solche Wartezeiten können tatsächlich außerordentlich lang sein. Auch wenn es sich beispielsweise nur um 100 Teilchen handeln sollte (ein verschwindend kleines System für mikroskopische Kriterien), stellt ein Mikrozustand mit allen Teilchen auf der linken Seite nur eine von rund 1 000 000 000 000 000 000 000 000 000 000 000 Alternativen dar. Selbst wenn jeder Mikrozustand nur eine billionstel Sekunde anhält, würde das System immer noch mehr als 30 Milliarden Jahre benötigen, um das gesamte Programm zu absolvieren.

370 *Der statistische Imperativ lautet, die im Universum vorhandene mikroskopische Unordnung zu erhöhen und folglich die globale Entropie ... zu maximieren:* Die statistische Interpretation der Entropie und des Zweiten Satzes haben wir dem österreichischen Physiker Ludwig Boltzmann (1844–1906) zu verdanken, der eine mathematische Beziehung zwischen makroskopischer Entropie und der Anzahl der Mikrozustände entwickelt hat. Die Gleichung (in ihrer ursprünglichen Form, «S = k log W») ist auf Boltzmanns Grabstein in Wien eingraviert.

Kapitel 11

Wo das Einfache kompliziert wird und zu weit gegangener Determinismus ins Chaos führt.

373 *Chaotische Systeme gehorchen den Spielregeln genauso entschieden wie Sonne und Mond:* In den letzten vierzig Jahren haben viele Menschen auf mancherlei Gebieten zur Erklärung solcher Regeln beigetragen. Die folgende Liste kann nur unvollständig sein: Michael Berry, Mitchell Feigenbaum, Albert Libchaber, Edward Lorenz , Benoît Mandelbrot, Robert May, David Ruelle, Robert Shaw, Stephen Smale, James Yorke. Eine erläuternde Geschichte des Chaos Mitte der 1980er Jahre erzählt James Gleick in seinem Buch *Chaos – die Ordnung des Universums,* München 1988.

378 *Die «logistische Differenzengleichung» wird zum Paradigma:* Es war der Biologe Robert May, der diese seit langem schon bekannte und beklagenswert unterschätzte Gleichung benutzte, um eine breitere Öffentlichkeit zum Studium der Auswirkungen von Chaos und Komplexität zu ermutigen. In einem von ihm selbst als «messianisch» bezeichneten Artikel (eine 1976 im Wissenschaftsmagazin *Nature* erschienene Rezension) legte er Wissenschaftlern aus allen Bereichen eindringlich nahe, die Auswirkungen zu bedenken, die das Chaos auf ihre Weltsicht haben könnte. In überzeugender Manier sprach er sich dafür aus, dass Studenten die Wirklichkeit nichtlinearer Systeme in einem frühen Stadium ihrer Ausbildung entdecken sollten, nicht zuletzt durch die spielerische Beschäftigung mit den Geheimnissen dieser einfachen Formel («Simple Mathematical Models with Very Complicated Dynamics», *Nature,* Band 261 [1976], S. 459–467).

383 *verdoppelt sich die Länge des sich wiederholenden Zyklus von zwei auf vier, dann von vier auf acht:* Periodenverdopplung.

384 *wird das chaotische Resultat ein Missverhältnis aufweisen:* Die Behauptung kann lediglich auf die wertvolle mathematische Struktur hinweisen, die zum scheinbaren Mischmasch eines chaotischen Systems wird. Die Periodenverdopplung, die dem Ausbruch des

Chaos vorausgeht, ist nur eines von vielen Beispielen für die Vielzahl der vorhandenen Regeln und Muster.

Sogar innerhalb eines chaotischen Prozesses gibt es trotz dessen Komplexität häufig Phasen überraschender Gleichmäßigkeit, regelmäßiger Wiederkehr und Stabilität. Einfache Zyklen können plötzlich auftauchen und wieder verschwinden und nur minimale Veränderungen der Kontrollparameter hinterlassen. Das Chaos kann sich auflösen, nur um nach einer weiteren Abfolge der Periodenverdopplung erneut aufzutauchen. Es kann viel passieren, denn chaotisches Verhalten kommt normalerweise in so verschwenderischer Fülle zum Ausdruck, dass der menschliche Verstand nicht alles auf einmal verarbeiten kann. Manchmal lässt sich das Gesamtbild nur anhand einer Computergraphik veranschaulichen.

386   *«Schmetterlingseffekt»:* Der Begriff bezieht sich auf ein Wettervorhersagemodell, das in den frühen 1960er Jahren von Edward Lorenz entwickelt wurde, einem Forschungsmeteorologen am MIT. Zu Lorenz' Computermodell, das eine außerordentliche Empfindlichkeit gegenüber Anfangsbedingungen zeigte und langfristige Vorhersagen erschweren kann, gehörte auch eine zweilappige Graphik, die an eine Möwe oder einen Schmetterling erinnerte. Das ironisch gemeinte Bild eines flügelschlagenden, Chaos bewirkenden, Verwüstungen anrichtenden Schmetterlings kam erst später auf.

387   *freudestrahlende Selbsttäuschung:* Im Gegensatz zu manchen Berichten waren sich Physiker und Mathematiker sehr wohl der Komplexität nichtlinearer Systeme bewusst, lange bevor das Chaos als ein interdisziplinäres Phänomen in den späten 1970er und in den frühen 1980er Jahren seinen Boom erlebte. So beschrieb beispielsweise Henri Poincaré (siehe auch Kommentar 100) schon 1908 ein Kuriosum, das heute als extreme Empfindlichkeit gegenüber Anfangsbedingungen bekannt ist: «Ein kleiner Fehler im Vorangegangenen [in den Anfangsbedingungen] erzeugt einen enorm großen Fehler im weiteren Verlauf. Eine Vorhersage wird unmöglich ...» (*Wissenschaft und Methode* [Stuttgart, Nachdruck 1973 = 1914]). Im dritten Band seiner einflussreichen *Vorlesungen über Physik* beschrieb Richard Feynman (siehe auch Kommentare 250b und 321) den nur dem Namen nach existierenden Determinismus in nichtlinearen klassischen Systemen in ähnlichem Stil: «... wenn eine beliebige Genauigkeit vorgegeben ist, ganz gleich wie genau, dann kann man eine Zeit angeben, die lang genug ist, sodass unsere Vorhersagen für eine so lange Zeit keine Gültigkeit haben. Hierbei ist nun wesentlich, dass diese Zeitspanne nicht sehr groß ist.» Außerdem gab es viele andere Alltagswissenschaftler, die keine Bücher schrieben, sich dieser Vorstellungen allerdings bewusst waren.

Es soll jedoch nicht verschwiegen werden, dass nichtlineare Komplexität lange Zeit zugunsten idealisierter Modelle, für die es eine exakte Lösung gab, übergangen wurde. So wurden nichtlineare Systeme häufig als zu schwierig im Umgang abgetan. Niemand erkannte, dass im Sumpf von Komplexität und Chaos Struktur und Regeln verborgen sein könnten. In diesem Sinne ist das Auftauchen der nichtlinearen Dynamik in den vergangenen Jahrzehnten eine Entwicklung von enormer Bedeutung gewesen, ja sogar eine echte Revolution.

Dennoch gibt es keinen ausreichenden Grund, die Wissenschaft vor 1975 als hoffnungslos unrealistisch abzuschreiben. Der vereinfachte lineare Ansatz hat, ungeachtet seiner Diskreditierung durch manche Wissenschaftler, seine starken Seiten gehabt. Unter anderem wurde dadurch der gesamte Wissensschatz angehäuft, der in den vorangegangenen zehn Kapiteln ausführlich dargestellt wurde.

388 *Prigogine … spricht von dem Unterschied zwischen Sein und Werden:* Ilya Prigogine, *Vom Sein zum Werden* (München 1980). Prigogine (1917–2003), ein in Russland geborener belgischer Physikochemiker, erhielt 1977 den Chemienobelpreis.

390 *So wird der Zufall zu einem wesentlichen Bestandteil des Naturgesetzes:* Prigogine (siehe Kommentar 388) führt Argumente für eine Neuformulierung der Naturgesetze auf nichtdeterministischer Grundlage an. Seine Vorstellungen werden zwar nicht von allen Wissenschaftlern akzeptiert, aber allgemein respektiert.

Ein nichtmathematischer Bericht über Prigogines Ansatz finden Sie in seinem Essay «Zeit, Chaos und Naturgesetze» in *Die Wiederentdeckung der Zeit*, hrsg. von Antje Gimmler, Mike Sandbothe und Walther Ch. Zimmerli (Darmstadt 1997).

KAPITEL 12

Je mehr wir wissen, umso mehr staunen wir. Unser Ausflug ins Reich der Naturgesetze wird mit einem Blick über den Horizont hinaus in das erkennbare Unbekannte beendet. Drei grundsätzlichen Probleme werden erörtert: 1) der Ursprung des Universums, 2) die kosmische dunkle Materie und die kosmische Energie, 3) die grundlegende Struktur der Materie in allerkleinstem Maßstab.

391 *Der Physiknobelpreisträger Isidor Isaac Rabi:* Rabi (USA, 1898–1988) erhielt 1944 den Physiknobelpreis. Seine Worte werden oft zitiert.

393 *gleichbedeutend mit einer Weltformel:* Dieser Begriff geistert in Zusammenhang mit der Stringtheorie durch die Medien. Siehe auch die letzten Abschnitte dieses Kapitels.

396 *Im Gegensatz dazu glaubten die Hebräer:* Genauer gesagt, waren es die Rabbiner der Talmudära (vom dritten bis zum sechsten Jahrhundert) und mittelalterliche jüdische Philosophen wie Maimonides (1135–1204) und Nachmanides (1194–1270). In ihren Kommentaren zum Genesistext beharrten sie auf dem Glaubensgrundsatz der Schöpfung aus dem Nichts.

397 a *Der Dopplereffekt ist eine einfache Welleneigenschaft:* Das Phänomen ist nach seinem ersten Entdecker, dem österreichischen Physiker Christian Doppler (1803–1853), benannt worden.

1848, sechs Jahre nach Dopplers Veröffentlichung, beschrieb der französische Physiker Armand-Hippolyte-Louis Fizeau (1819–1896) denselben Effekt. Das Phänomen wird deshalb, vor allem, wenn es auf Licht angewandt wird, auch Doppler-Fizeau-Effekt genannt.

Sowohl Doppler als auch Fizeau bewiesen, dass sich die Wellenlänge des Sternenlichts aufgrund der Bewegung des Sterns relativ zur Erde verändert. Ihre Erklärung nahm die umfassenderen Beobachtungen von Edwin Hubble (siehe Kommentar 397 b) um gut 80

Jahre vorweg. Außerdem konnten Fizeaus Messungen der Lichtgeschwindigkeit die Existenz des lichttragenden Äthers experimentell nicht bestätigen. Insofern war er auch ein Vorläufer von A. A. Michelson (siehe Kommentar 75 a).

397 b *sein Name sei Hubble:* Hiermit ist Edwin Powell Hubble (1889–1953) gemeint, ein amerikanischer Astronom, der die intergalaktische Rotverschiebung entdeckte, was in den unmittelbar folgenden Absätzen beschrieben wird.

399 *Die allgemeine Relativität verlangt dies:* Kapitel 5. Siehe auch Kommentar 405 a.

400 a *Urknall der Schöpfung:* Eigentlich hatte es nur ein spöttischer Kommentar des englischen Astronomen Fred Hoyle in einem Radiointerview sein sollen. Es war nicht seine Absicht gewesen, einen Begriff zu prägen, der sich durchsetzen sollte. Denn Fred Hoyle (1915–2001) befürwortete eher das «Steady-State-Modell» der Kosmologie, das die fortdauernde Schöpfung von Materie verlangt, während sich das Universum ausdehnt. Eine relativ geringe Menge neuer Materie etwa alle zehn Milliarden Jahre reichten aus, um eine konstante Dichte des weit reichenden Raums zu gewährleisten. Dieser Ansatz zum kosmischen Management wurde von vielen Wissenschaftlern für vernünftig erachtet. Die Steady-State-Theorie stimmt mit der allgemeinen Relativität überein und genoss breite Zustimmung, bis spätere Beweise sie eindeutig widerlegten.

Der Urknall, ebenfalls vereinbar mit der allgemeinen Relativitätstheorie, wurde erstmals in den 1920er Jahren von dem russischen Physiker Alexander Friedmann (1888–1925) und dem belgischen Astronomen Georges Lemaître (1894–1966) vorgeschlagen. Die moderne Fassung wurde zuerst in den 1940er Jahren von dem in Russland geborenen amerikanischen Physiker George Gamow (1904–1968) und seinen Kollegen ausgearbeitet.

400 b *Astrophysiker Arno Penzias und Robert Wilson … Physiknobelpreis 1978:* Arno A. Penzias (Deutschland, geb. 1933) und Robert W. Wilson (geb. 1936) waren junge Forscher bei den Bell Telephone Laboratories in Holmdel, New Jersey, als sie Mitte der 1960er Jahre ihre Entdeckung machten. Sie teilten sich eine Hälfte des Nobelpreises, während die andere Hälfte an den sowjetischen Physiker P. L. Kapitsa für eine Arbeit ging, die mit ihrer nichts zu tun hatte.

400 c *elektromagnetische Wellen, die von einer urzeitlichen Störung riesigen Ausmaßes herrühren:* Penzias und Wilson entdeckten die kosmische Hintergrundstrahlung durch Zufall, als sie über eine unerwünschte Lärmquelle stolperten. Diese störte nämlich ihre Messungen, die sie gerade aus ganz anderen Gründen durchführten. An der nahe gelegenen Princeton University waren allerdings die Physiker Robert H. Dicke (1916–1997) sowie James E. Peebles (geb. 1935) und deren Kollegen gerade dabei, nach der Hintergrundstrahlung als Überbleibsel des Urknalls zu suchen. Die Strahlung selbst entdeckten sie nicht, aber es war die Gruppe aus Princeton, die die Bedeutung der Entdeckung von Penzias und Wilson erklärte. 1965 veröffentlichten beide Teams gleichzeitig ihre Ergebnisse.

401 *ist sie bei 2,7 Grad über dem absoluten Nullpunkt (– 273 Grad Celsius) angelangt und mit Abweichungen von lediglich 0,001 Prozent gleichmäßig im Universum verteilt:* Das zitierte Ergebnis stammt vom Satelliten COBE (Cosmic Background Explorer) und wurde im Januar 1993 aufgezeichnet. Die charakteristische Temperatur wurde mit einer Abweichungstoleranz von einem hunderttausendstel Prozent auf 2,726 Grad (Kelvin) festgelegt.

Der Nachfolgesatellit namens Wilkinson Microwave Anisotropy Probe (WMAP) hat die bereits erstaunlichen Resultate von COBE noch verbessert. WMAP wurde am 30. Juni 2001 ins All geschossen und soll Daten mit der hundertfachen Auflösung und der dreißigfachen Empfindlichkeit von COBE liefern.

402 *in der verheerenden Explosion einer «Supernova»:* Ein Stern strahlt für den größten Teil seiner Existenz als Folge der Kernfusion in seinem Inneren Energie ab: der fortschreitende Aufbau schwererer Kerne durch das Zusammenschmelzen leichter Kerne (wie etwa Wasserstoff und Helium) bei extrem hohen Temperaturen. Der nach außen gerichtete Strahlungsdruck gleicht die nach innen gerichtete Anziehungskraft der Gravitation aus, sodass es dem Stern ermöglicht wird, sein Volumen beizubehalten. Jenseits von Eisen jedoch, mit einem Kern von 26 Protonen, wird die Fusion zum unprofitablen Geschäft. Die verbrauchte Energie übersteigt die erzeugte Energie, und der Stern verliert allmählich seinen inneren Halt. Schwere Elemente sinken in einen inneren Kern ab, der von den leichteren Elementen – wie von Zwiebelschalen – umhüllt ist. Und sobald der verfügbare Kernbrennstoff verbraucht ist, genügt die abgestrahlte Energie nicht mehr, um die Gravitation zu besiegen. Der Eisenkern beginnt zu kollabieren und quetscht dabei die Protonen in ihren Kernen und die Elektronen außerhalb des Kerns zu einem außerordentlich dichten, schnell sich drehenden Neutronenkern zusammen. Die meisten separaten Kerne und Elektronen hören auf zu existieren. Das Ergebnis ist ein «Neutronenstern» mit einer Masse von einer oder zwei Sonnen, komprimiert auf einen Radius von rund 20 Kilometern. Ein Esslöffel Neutronenkernmasse könnte bei Erdanziehungskraft gut und gerne 50 Milliarden Tonnen wiegen.

Ab einer Masse von mindestens acht Sonnenmassen kann ein Neutronenstern später in einer Supernova explodieren: Die leichtere Materie aus seinen äußeren Schichten kann von innen nicht mehr aufgefangen werden, kollabiert und prallt vom inneren Kern ab. Die darauf folgende Schockwelle ist gewaltig. Die vom Kollaps erzeugte Energie strahlt nach außen ab, sprengt einen Teil der äußeren Hülle weg und verschmilzt noch schwerere Elemente in den unglaublich hohen Temperaturen, die dort herrschen. Die Supernova explodiert mit Glanz und Gloria. Für kurze Zeit brennt sie mit außergewöhnlicher Helligkeit, und dann gibt es den Stern nicht mehr. Er hinterlässt ein Erbe schwerer Elemente, zu denen auch all jene gehören, die wir in uns selbst und überall sonst auf der Erde finden.

Ist noch mehr ursprüngliche Masse vorhanden, kann sich der Neutronenkern zu einem Schwarzen Loch entwickeln. Statt vom Kern abzuprallen, wird die von den äußeren Schichten hereinfallende Materie vom Schwarzen Loch gefangen genommen und eingesperrt.

403 a *vor ungefähr 13,5 Milliarden Jahren:* Das berechnete Alter des Universums wird im Licht immer anspruchvollerer Messtechniken zunehmend genauer. Im Oktober 2003 betrug der Wert 13,7 plus/minus 0,2 Milliarden Jahre, drei Monate später waren es 13,5 plus/minus 0,2 Milliarden Jahren.

Veränderungen der gemeldeten Werte werden ständig kleiner. Frühere Schätzungen schwankten zwischen 10 und 20 Milliarden Jahren.

403 b *ein winzig kleiner und unendlich heißer Punkt:* Die normale allgemeine Relativität deutet die Raum-Zeit als mathematisch real (und benutzt dafür gewöhnliche rationale und irrationale Zahlen wie 1, −1,4 oder $\sqrt{3}$). Sie verlangt entweder eine Singularität am

Zeitpunkt null oder aber ein schon ewig vorhandenes Universum. Allerdings gibt es auch weniger konventionelle Alternativen, die ohne eine Singularität auskommen. In seinem Buch *Eine kurze Geschichte der Zeit* (Reinbek, 1988) beschreibt Stephen Hawking eine solche Alternative. Sie macht eine imaginäre Zeit erforderlich, die auf der imaginären Zahl $i = \sqrt{-1}$ beruht, also auf der Quadratwurzel aus -1.

Als ein völlig anderer Ansatz weist die Stringtheorie auf eine besonders faszinierende Lösung hin. Sie verlangt selbst bei allerkleinstem Maßstab eine kleine, aber endliche Größe des Universums. Ist diese Voraussetzung erfüllt, beseitigt eine erfolgreiche Stringtheorie die Singularität und stiehlt der Zeit selbst jeden mutmaßlichen Nullpunkt. (Siehe auch «Die Zeit vor dem Urknall» von Gabriele Veneziano in: *Spektrum der Wissenschaft*, August 2004, S. 30–39).

403 c *«Antimaterie»-Teilchen (wie Positronen), sozusagen «böse Zwillingsteilchen»:* Ein Teilchen und sein Antiteilchen haben die gleiche Masse, aber gegensätzliche elektrische Ladungen, magnetische Momente und andere grundlegende Eigenschaften. Bringt man sie zusammen, vernichten sie sich gegenseitig und erzeugen dabei reine Energie gemäß $E = mc^2$.

Sieht man von ihrer Seltenheit ab, sind Antiteilchen eigentlich keine ungewöhnlichen oder exotischen Materieformen. So ist ein Positron beispielsweise ein einfaches Teilchen mit genau derselben Masse wie ein Elektron, nur mit einer Ladung von $+1$ statt -1. Positronen und andere Antiteilchen werden im Laufe bestimmter radioaktiver Prozesse auf natürliche Weise und Tag für Tag künstlich in Teilchenbeschleunigern erzeugt.

404 a *materialisierten sich gleichzeitig aus einem immateriellen Energievorrat:* Wie $E = mc^2$ es zulässt.

404 b *Hätte es am Anfang nicht diesen leichten Überschuss von Materie gegenüber der Antimaterie gegeben:* Eine der großen unbeantworteten Fragen der Teilchenphysik und der Kosmologie.

405 *fast vierhunderttausend Jahre:* 380 000 Jahre gemäß den Daten, die 2004 zugänglich waren. Die Schätzung dieser Zahl schwankt zwischen 300 000 und 400 000 Jahren, wobei die neuesten Werte eher zur größeren Zahl tendieren. Die in Kommentar 403 a nahe gelegte Vorsicht ist auch hier geboten.

406 *Das Universum wurde durchlässig für elektromagnetische Strahlung:* Ein Ereignis, das die Kosmologen «Entkopplung» nennen.

408 *das Modell der kosmologischen Inflation:* Die Vorstellung, dass die Inflation aus einer Vakuumenergie entsteht (siehe den Abschnitt *Existenz im Nichts*), geht auf Willem de Sitter (1872–1934) zurück, einen niederländischen Mathematiker und Astronomen, der dies 1917 vorschlug. Der theoretische Physiker Alan Guth (geb. 1947) entwickelte in den Jahren 1980 und 1981 ein ausführliches Modell des inflationären Universums, während Andrej Linde (geb. 1948) 1982 die «chaotische Inflation» einführte.

Das inflationäre Universum hat, wie viele andere wissenschaftliche Durchbrüche, zahlreiche Koautoren, sodass jeder Versuch, allen gerecht zu werden, fast unmöglich ist. Die folgende Namensliste soll daher nur einige der bedeutendsten Mitwirkenden an der Inflationstheorie und an anderen, damit zusammenhängenden Gebieten besonders hervorheben. Diese Liste erhebt keinen Anspruch auf Vollständigkeit: Andreas Albrecht,

Erast Gliner, James Hartle, Stephen Hawking, James Peebles, David Schramm, Lee Smolin, Alexej Starobinsky, Paul Steinhardt, Edward Tryon, Michael Turner, Alexander Vilenkin.

411 a *nahm der kosmische Radius zunächst um den Faktor zwei zu, dann um den Faktor vier, acht, sechzehn:* Von König Shirham wird die Geschichte erzählt, wie er seinen Großwesir, Sissa Ben Dahir, für dessen Erfindung des Schachspiels belohnen wollte. Wesir Sissa, der mit Sicherheit die Leistungsfähigkeit exponentiellen Wachstums kannte, antwortete mit einem Vorschlag, der dem König als seltsam bescheiden vorgekommen sein musste: Auf das erste Feld des Schachbretts sollte der König ein einzelnes Weizenkorn legen, zwei Körner auf das zweite Feld, vier auf das dritte, acht auf das vierte und so weiter, sodass nach jedem Feld eine weitere Verdopplung fällig wäre.

So wuchsen die Zahlen schneller an, als sich der König das vorstellen konnte. Beim einundzwanzigsten Feld waren schon mehr ein eine Million Weizenkörner im Spiel, eine Milliarde beim einunddreißigsten, eine Billion beim einundvierzigsten, eine Quadrillion beim einundfünfzigsten und eine Quintillion (eine 1 mit 30 Nullen) beim einundsechzigsten Feld. Insgesamt wären 18 446 744 073 709 551 615 Weizenkörner zusammengekommen – mehr als die gesamte Weizenernte Indiens.

411 b *Der Raum hätte sich ... um einen Faktor von 10^{30} bis 10^{40} ... ausgedehnt:* Oder mehr. Manche Versionen der Inflationstheorie verlangen eine noch größere Expansion.

411 c *Der ursprüngliche, von der Inflation ermöglichte Schwung ist seither unerbittlich von der Gravitation bekämpft worden:* Berücksichtigen sollte man aber die kürzlichen Hinweise auf kosmische Beschleunigung, die unter der Schlagzeile *Dunkle Energie* diskutiert wurden und weiter unten kommentiert werden.

412 a *Demnach löst die Inflation das ärgerliche Horizontproblem:* Als Alternative zur Inflation befürworten manche Physiker (insbesondere João Magueijo) die Theorie einer veränderlichen Lichtgeschwindigkeit. In diesem Szenario wird angenommen, dass die elektromagnetische Strahlung im frühen Universum sich schneller fortbewegt hat als heutzutage – schnell genug jedenfalls, um den Wärmeaustausch unter all den Teilchen in Gang zu bringen, sodass eine exponentielle Ausdehnung des Raumes nicht mehr erforderlich ist. Diese Vorstellung ist umstritten. Siehe João Magueijo, *Schneller als die Lichtgeschwindigkeit* (München, 2003) sowie «Eine Alternative zum Inflationsmodell» in *Spektrum der Wissenschaft*, März 2001.

412 b *Die Inflation ... erklärt außerdem sowohl die großmaßstäbliche Homogenität als auch die lokale Unregelmäßigkeit des beobachtbaren Universums:* Inflationsmodelle können außerdem die Abwesenheit magnetischer Monopole erklären (siehe *Magnetismus: Getrennte Pole* in Kapitel 6 und den Kommentar 198). Darüber hinaus liefert die Inflationshypothese mit dem Postulat eines ursprünglichen Inflatonfeldes (das später in diesem Kapitel erörtert wird, was im Abschnitt *Falsches Vakuum* gipfelt) eine Quelle für die ursprüngliche Expansion, wenn auch nicht für die dunkle Energie.

413 *exakt einem ganz speziellen Wert entspricht, bei dem es so gut wie keinen Spielraum für Fehler gibt:* Das Flachheitsproblem der Kosmologie. Eine Sekunde nach dem Urknall hätte bei Abwesenheit der Inflation der Wert eines «Omega» genannten Parameters ganz zufällig zwischen 0,999 999 999 999 999 und 1,000 000 000 000 001 fallen müssen, damit das

Universum die Eigenschaften angenommen hätte, die es heute aufweist. Mit Inflation gibt es diese Einschränkung nicht.

417   *die Physiker nennen sie «Higgsfelder»:* Nach Peter Higgs (geb. 1929), einem theoretischen Physiker an der Universität Edinburgh, der 1964 die Existenz solcher Felder vorschlug. Andere Physiker äußerten damals ähnliche Ansichten.

423   *Teilchen ... schleppen sich durch ein konstantes Higgsfeld:* Das hypothetische Feld ist nicht nur konstant, sondern auch *skalar* (durch einen Zahlenwert bestimmt). Im Gegensatz zu einem Vektorfeld (einem elektrischen Feld zum Beispiel), dessen drei Hauptrichtungen unabhängige Werte besitzen, liefert ein skalares Higgsfeld nur eine einzige Zahl, nämlich an jedem Punkt die gleiche. Das gleich bleibende skalare Feld sorgt für kein Richtungsgefühl und trägt folglich nichts dazu bei, die dem Raum eigene Isotropie oder Richtungsunabhängigkeit zu behindern.

429   *eine quantenmechanische Route ... um ... zu entkommen:* Was mit «tunneln» bezeichnet wird. Ein klassisches Teilchen, das in einem Tal gefangen ist, muss dort verweilen, wenn es nicht die Energie besitzt, über einen nahe gelegenen Berggipfel zu springen. Seltsamerweise steht einer quantenmechanischen Wellenfunktion immer eine gewisse Möglichkeit offen – auch wenn sie ziemlich gering ist –, durch den Berg hindurchzutunneln und wegzusickern.

430   *die «übernatürliche» Inflation (nicht das, was Sie glauben):* Nicht magisch oder göttlich, sondern vielmehr eine supersymmetrische Variante eines Modells, das «natürliche» Inflation genannt wird.

433a   *glühende Nebel:* Nebel sind diffuse und weit ausgedehnte Wolken von interstellarem Staub und Gas, zum größten Teil Wasserstoff.

433b   *Quasare, die Radiowellen senden:* Ein Quasar ist ein äußerst helles, sehr weit entferntes himmlisches Objekt, das, zusätzlich zum sichtbaren Licht, auch Radiowellen abstrahlt.

434a   *Protonen und Neutronen nicht:* Forscher greifen manchmal auf den Begriff «massive compact halo object» zurück (Massives Kompaktes Halo-Objekt, wobei sich Halo auf den Lichthof bezieht, der die Milchstraße umgibt). Das ungeschickte Akronym MACHO soll Kandidaten für die baryonische dunkle Materie bezeichnen.

434b   *Neutrinos nicht:* Der Ausdruck «schwach wechselwirkende massive Teilchen» lautet im englischen Original «weakly interacting massice particles» und wurde geprägt, um mit WIMP noch so ein fragwürdiges Akronym in die Welt zu setzen (*wimp:* englisch für Schlappschwanz). Damit wird dunkle Materie bezeichnet, die nur bei Gravitation und schwacher Wechselwirkung ihren Einfluss ausübt. Hätten Neutrinos tatsächlich eine Masse, wären sie, dieser Terminologie zufolge, WIMPs.

435a   *«supersymmetrische» Theorien (die Fermionen und Bosonen ineinander umwandeln):* Das wird in einem späteren Abschnitt dieses Kapitels unter der Überschrift *Supersymmetrie* behandelt.

435b   *dann brauchen wir neue Gleichungen und nicht etwa neue Teilchen:* Siehe zum Beispiel den Aufsatz «Gibt es Dunkle Materie?» von Mordehai Milgrom in *Spektrum der Wissenschaft*, Oktober 2002.

437a   *Die schockierende Schlüsselentdeckung wurde erst 1998 gemacht:* Zwei Forschungsteams berichteten unabhängig voneinander ähnliche Resultate. Saul Perlmutter vom Lawrence Berkeley National Laboratory in Kalifornien war der Chef des Supernova Cosmology Project. Brian Schmidt von den Sternwarten Mount Stromlo und Siding Spring Observatories in Australien leitete das High-Z Supernova Search Team.

437 b *Die Beobachtung ferner Supernovae:* Diese Objekte werden als Typ-Ia-Supernovae klassifiziert und gehören nicht zu den Typ-II-Supernovae, die in Kommentar 402 beschrieben werden. Während eine Typ-II-Supernova passiert, wenn ein Stern aufgrund des Mangels an Kernbrennstoff kollabiert, bildet sich eine Supernova vom Typ I, wenn ein kleiner, dichter Stern seinen Gravitationseinfluss dazu benutzt, um Masse aus einem größeren und diffuseren nahen Begleitstern einzufangen. Die den darauf folgenden Zusammenbruch begleitende Supernova ist mit einer Atombombe vergleichbar und brennt mit gleichmäßiger Intensität, sodass Astronomen sie als «Standardkerze» zur Messung von Entfernungen benutzen.

Die Messungen von 1998 bewiesen, dass das Licht einiger Dutzend dieser Typ-Ia-Supernovae schwächer erscheint, als es wäre, wenn sich das Universum entweder mit konstantem Tempo ausdehnte oder verlangsamte. Die nachfolgende Beobachtung noch weiter entfernter Supernovae spricht für eine Beschleunigung der Expansion des Universums.

438 a *ein Effekt, den Einstein mit einer Größe einführte, die er kosmologische Konstante nannte:* Für Einstein, der das Universum für statisch hielt, konnte der räumliche Fluss, den die allgemeine Relativität verlangte, nur eines bedeuten: Es gab ein Problem mit den Gleichungen. Um jeglicher, von der Gravitation verursachten Kontraktion entgegenzuwirken, führte er deshalb – ad hoc – eine Vakuumenergie ein, die es dem Raum gestattete, sich auszudehnen. Bei richtiger Anpassung einer antigravitativ wirkenden «kosmologischen Konstanten» sollte es möglich sein, das theoretische Universum der allgemeinen Relativität zu stabilisieren.

Kurze Zeit später bewiesen Hubbles Messungen, dass das Universum tatsächlich nicht statisch war, sondern sich ausdehnte. Schon bald bedauerte Einstein angesichts der Beobachtungsbeweise für eine dynamische Raum-Zeit die Einführung seiner kosmologischen Konstanten und nannte sie «meine größte Eselei».

Nun könnte sich herausstellen, dass es sein einziger Fehler war, an sich selbst gezweifelt zu haben. Denn inzwischen glauben immer mehr Wissenschaftler aufgrund der Berichte über die Aktivität einer dunklen Energie gewaltigen Ausmaßes, dass die kosmologische Konstante eine sehr reale und äußerst wichtige Kraft im Universum darstellen könnte.

438 b *«Quintessenz»:* Zur Einführung siehe «Die Quintessenz des Universums» von Jeremiah P. Ostriker und Paul J. Steinhardt in *Spektrum der Wissenschaft*, März 2001.

438 c *solange das Rätsel der dunklen Energie ungelöst bleibt:* Zwei Artikel in *Spektrum der Wissenschaft*, Juli 2004, liefern eine zusätzliche Perspektive und weitere Details, was die kosmische Beschleunigung betrifft.

In «Das Tempo der Expansion» diskutieren Adam G. Riess und Michael S. Turner die Hinweise darauf, dass die Beschleunigung seit dem Urknall nicht ständig wirksam gewesen ist – dass sich also am Anfang die Expansion des Raumes, wie erwartet, verlangsamt hat, bevor sie plötzlich zu beschleunigen begann.

Dagegen verweist Georgi Dvali in «Die geheimen Wege der Gravitation» auf die Stringtheorie als mögliche Erklärung für die Beschleunigung. Wie auf den letzten Seiten dieses Kapitels dargestellt, wird vermutet, dass die Superstrings in räumlichen Dimensionen jenseits der üblichen drei (Länge, Breite und Höhe) schwingen. Einige dieser «zusätzlichen» Dimensionen sind vermutlich ziemlich klein und deshalb leicht zu übersehen, während andere vielleicht unendlich groß und daher ebenfalls, wenn auch verständlicherweise aus anderen Gründen, leicht zu übersehen sind. Falls Gravitonen, die hypothetischen Botschafter der Gravitationswechselwirkung, gelegentlich in diese riesigen, aber verborgenen Dimensionen durchsickern sollten, könnten sie eine Krümmung der Raum-Zeit und eine sie begleitende Beschleunigung verursachen. «Gravitationsbedingtes Durchsickern» dieser Art könnte auch die ungewöhnliche Schwäche der Gravitation im Vergleich zu den anderen grundlegenden Kräften erklären.

438 d *Drei Gruppen von Fermionen ... eine Kollektion aus Bosonen:* Leser, die ihre Erinnerungen an Fermionen und Bosonen auffrischen möchten, sollten sich noch einmal den Abschnitt *Eigendrehung: Fermionen, Bosonen und das Pauli-Prinzip* in Kapitel 9 ansehen.

439 *Quarks und ... Leptonen:* Baryonen («schwere Teilchen» wie Protonen und Neutronen) sind Teilchen, die von drei Quarks gebildet werden, während das Elektron und das Neutrino die Prototypen der unterschiedlichen Leptonen (die keine Quarks enthalten) sind. Jede Klasse gehorcht ihren eigenen Erhaltungsgesetzen, die wie folgt angegeben werden: 1) Die Gesamtzahl der Baryonen im Universum ist konstant. Verschwindet ein Baryon (sagen wir, ein Neutron macht einen Betazerfall durch), dann muss ein anderes auftauchen und seinen Platz einnehmen (das Proton, zu dem es wird). 2) Die Gesamtmenge der Leptonen im Universum ist konstant. Taucht ein Lepton aus dem Nichts auf (sagen wir, das in einem Neutronenzerfall erzeugte Elektron), dann muss gleichzeitig ein Antilepton auftauchen, um es zu vernichten (wobei ein Antineutrino erzeugt wird).

445 *eine Idealisierung, die auf die alten Griechen zurückgeht:* Demokrit (ca. 460–ca. 370 v. Chr.) war einer der Ersten, die eine Atomgeschichte der Natur formulierten. Er stellte sich vor, die stoffliche Welt entstehe aus einer unendlichen Zahl unvorstellbar kleiner Atome, die sich in einem unendlich großen leeren Raum bewegten. Die Atome sollten unteilbare, nicht zusammenpressbare und unzerstörbare Punktteilchen sein.

447 *heilloses Durcheinander, das «Quantenschaum» genannt wird:* John Archibald Wheeler (geb. 1911), einer der führenden Wissenschaftler, Lehrer und Mentoren des zwanzigsten Jahrhunderts, prägte diesen Begriff.

449 *in der unsagbar kleinen Welt der Quantengravitation ... allgemeine Relativität versagt ebenfalls:* Die spezielle Relativität könnte ebenfalls versagen, sobald eine gewisse Schwelle von Länge und Energie überschritten ist. Der theoretische Physiker Giovanni Amelino-Camelia und einige seiner Kollegen sprechen sich dafür aus, dass die von Einstein begründete spezielle Relativität (zu der auch $E = mc^2$ gehört) modifiziert werden müsse, um das Phänomen auf der Planck-Skala zu beschreiben. Die in Arbeit befindlichen Theorien sind noch umstritten und werden wegen ihrer Hypothese zweier unüberwindlicher Grenzen als «doppelte spezielle Relativitätstheorie» (DSR) bezeichnet: 1) eine maximale Geschwindigkeit c (wie Einstein sagte) und 2) eine minimale Länge oder maximale Energie (etwas Neues). Die Befürworter legen nahe, dass die DSR die dunkle Energie erklären und außerdem ein besseres Bild des kosmischen Ursprungs liefern könnte als die Inflationstheorie,

Darüber hinaus spiele sie eine Rolle in der Quantengravitation. Manche Wissenschaftler glauben, die DSR werde die moderne Physik revolutionieren. *New Scientist*, 8. Februar 2003, S. 28–32 oder eine Meldung in deutscher Sprache:

http://www.wissenschaft.de/wissen/news/203445.html.

450 a *die, allgemeiner betrachtet, als M-Theorie bezeichnet wird:* Vor Mitte der 1990er Jahre litten die Befürworter der Stringtheorie an einer verwirrenden Überfülle theoretischer Entwürfe. Es gab ganze fünf Variationen über ein Thema, fünf komplette Versionen einer zehndimensionalen Stringtheorie. Dazu gehörten eine Zeitdimension, drei normale Raumdimensionen und sechs zusätzliche «eingerollte», äußert winzige Raumdimensionen. 1995 aber bewies Edward Witten in einem bahnbrechenden Vortrag, dass alle fünf Varianten gleichwertig sind und unter einem umfassenderen Modell subsumiert werden konnten, das jetzt elf Dimensionen (eine zeitliche und eine räumliche) berücksichtigte. Dieser neue Ansatz nennt sich jetzt M-Theorie und benutzt Membranen von zwei oder mehr Dimensionen zusätzlich zu den eindimensionalen Strings früherer Theorien.

Die M-Theorie befindet sich zurzeit noch im Entwicklungsstadium. Ihre vollen Auswirkungen müssen erst noch erarbeitet werden. Die Experten auf diesem Gebiet bleiben vage in ihren Äußerungen über die Bedeutung des «M» und legen nahe, dass es mit Matrix, Membran, Mysterium, Magie oder Mutter unterschiedlich interpretiert werden kann.

Der Physiker und Mathematiker Edward Witten (geb. 1951) ist seit den 1980er Jahren eine der einflussreichsten Persönlichkeiten in der Gemeinde der Stringtheoretiker. 1990 erhielt er die prestigeträchtige Fieldsmedaille, die häufig als das Äquivalent zu einem Nobelpreis für Mathematik betrachtet wird.

450 b *der in einer elfdimensionalen Welt schwingt:* Die Vorstellung räumlicher Dimensionen, die jenseits der normalen drei Dimensionen existieren, geht auf den polnischen Mathematiker Theodor Kaluza zurück, der 1919 eine vereinigte Theorie der Einstein'schen Gravitation (allgemeine Relativität) und des Maxwell'schen Elektromagnetismus in fünfdimensionaler Raum-Zeit formulierte. Sieben Jahre später verfeinerte und erläuterte der schwedische Mathematiker Oskar Klein das Konzept einer eng eingerollten zusätzlichen Raumdimension.

Der moderne Ansatz zur Stringtheorie begann mit Versuchen von Gabriele Veneziano in den späten 1960er Jahren und Yoichiro Nambu in den frühen 1970er Jahren. Michael Duff, Michael Green, Brian Greene, David Gross, Joël Scherk, John Schwarz, Nathan Seiberg, Andrew Strominger, Cumrun Vafa, Edward Witten und viele andere Forscher haben wichtige Beiträge dazu geleistet.

454 *Hyperraum:* Raum mit mehr als drei Dimensionen.

455 a *Eugene Wigner sprach von der «unvernünftigen Wirksamkeit» der Mathematik:* Der in Ungarn geborene amerikanische Physiker Eugene Paul (Jenó Pál) Wigner (1902–1995) erhielt 1963 die Hälfte des Physiknobelpreises. Die andere Hälfte ging an J. Hans D. Jensen und Maria Goeppert Mayer für deren Arbeit auf einem anderen Gebiet.

Zum Thema «unvernünftige Wirksamkeit» siehe *Communications in Pure and Applied Mathematics*, Volume 13 (1960), S. 1–14.

455 b *Dann täte mir der liebe Herrgott Leid:* Zitiert nach Ronald W. Clark, *Einstein: Leben und Werk* (Esslingen, 1974).

Glossar

Dieses Glossar ist so angelegt, dass es weit gehend abgeschlossen ist und nur wenige Querverweise enthält. Die meisten Begriffe, die in einem bestimmten Eintrag auftauchen, sind an anderer Stelle mit eigenen Einträgen zu finden.

absoluter Nullpunkt Die tiefste Temperatur, bei der alle Bewegung, außer der Nullpunktschwingung, zum Stillstand kommt: −273,15 Grad Celsius.

Abstandsgesetz, quadratisches Eine mathematische Beziehung, nach der eine Größe umgekehrt proportional zum Quadrat einer anderen ist, sodass $y = k/x^2$ für eine festgelegte Zahl k ist. Beispiele: Coulombs Gesetz der elektrostatischen Kraft, Newtons Gravitationsgesetz. Die in jedem Fall als $1/r^2$ variierende Kraft vervierfacht sich, wenn die Entfernung zwischen den Teilchen halbiert wird.

allgemeine Relativität (Allgemeine Relativitätstheorie) Einsteins Relativitätstheorie, verallgemeinert auf einen beschleunigten (nicht der Trägheit gehorchenden) Bezugsrahmen, ist notwendigerweise auch eine Gravitationstheorie. Die allgemeine Relativität leitet sich vom Äquivalenzprinzip ab («Die Gravitation lässt sich nicht von der Beschleunigung unterscheiden»). Daraus folgt dann die Gleichsetzung der Gravitation mit der Geometrie. Statt einer Kraft unterworfen zu sein, folgt ein angezogenes Objekt ungehindert den Konturen der Raum-Zeit, die durch die Anwesenheit von Masse gekrümmt wird. Siehe auch *Masse-Energie; Relativität; spezielle Relativität.*

Alphateilchen Ein Helium-4-Kern, der aus zwei Protonen und zwei Neutronen besteht, die durch die starke Wechselwirkung eng aneinander gebunden sind. Alphateilchen werden von bestimmten radioaktiven Kernen abgestrahlt. Siehe auch *Alphazerfall; Betateilchen; Gammastrahl.*

Alphazerfall Ein radioaktiver Kern strahlt ein Alphateilchen ab. Siehe auch *Betazerfall; Gammastrahl; Radioaktivität.*

Amplitude Die maximale Verschiebung, die von einer Welle oder einer anderen Schwingung erreicht wird.

anisotrop Das Vorhandensein unterschiedlicher Eigenschaften entlang verschiedener Achsen und folglich betroffen von Richtung, Winkel oder Orientierung. Das Pendant zu *isotrop.*

Antielektron Das Positron (das Antiteilchen eines Elektrons). Siehe auch *Antimaterie; Positron.*

Antimaterie Materie, die aus Antiteilchen zusammengesetzt ist, wie etwa Antielektronen (Positronen), Antiprotonen, Antineutronen, Antineutrinos, Antimesonen und Antiquarks. Ein Teilchen und sein Antiteilchen haben dieselbe Masse und denselben Spin, aber entgegengesetzte elektrische Ladungen, magnetische Momente und andere innere Eigenschaften. Wenn sie zusammentreffen, vernichten sie sich gegenseitig und verschwinden in einer Energieexplosion.

Antineutrino Das Antiteilchen des Neutrinos, das (gemeinsam mit dem Elektron) während des Betazerfalls eines Neutrons in ein Proton erzeugt wird. Siehe auch *Antimaterie*.

Äquivalenzprinzip Eine der grundlegenden Thesen von Einsteins Allgemeiner Relativitätstheorie. Demnach sind die Auswirkungen der Beschleunigung nicht von der Gravitationskraft zu unterscheiden. Das Äquivalenzprinzip ist in kleinen Raum-Zeit-Regionen gültig und basiert auf der Behauptung, dass sowohl für Beobachter in einem Gravitationsfeld als auch für Beobachter in einem beschleunigten Bezugsrahmen die Naturgesetze die gleichen sind.

Arbeit Die Ausübung einer Kraft über einen gewissen Weg, was zur Verschiebung eines Körpers führt und eine Veränderung des Energiezustands erfordert. Mikroskopisch interpretiert, entsteht Arbeit aus der geordneten, in sich geschlossenen Bewegung großer Teilchenmengen. Vergleiche mit *Wärme*. Siehe auch *Thermodynamik*.

Atom Ein zusammengesetztes, elektrisch neutrales Teilchen, das aus einem positiven Kern (mit der Ladung Z^+) besteht, umgeben von Z Elektronen. Die Atomzahl Z, die der Anzahl der Protonen im Kern entspricht, bestimmt das chemische Verhalten des Atoms. Ist das Atom isoliert, verhält es sich wie die kleinste Einheit eines chemischen Elements, das in der Lage ist, die Eigenschaften dieses Elements zu zeigen. Siehe auch *Molekül*.

Atomzahl Die Anzahl 2 der Protonen im Kern eines Atoms.

Ausschließungsprinzip Siehe *Pauli-Prinzip*.

Axion Ein hypothetisches Teilchen, das wenig Masse und Energie besitzt und von einigen großen Vereinheitlichungstheorien vorhergesagt wird. Falls Axionen existieren sollten, sind sie Kandidaten für die dunkle Materie.

Bahndrehimpuls Drehimpuls, der einem Teilchen zugeschrieben wird, das sich um einen Punkt herum bewegt. Beispiele: 1) Klassisch: die Drehung eines Planeten um die Sonne. 2) Quantenmechanisch: die unbestimmte Bewegung eines Elektrons um einen Atomkern. Vergleiche mit *Spin-Drehimpuls*.

Baryon Ein aus drei Quarks zusammengesetztes Fermion, das allen vier Kräften unterworfen ist, also auch der starken Kraft. Beispiele: Protonen, Neutronen und deren Antiteilchen. Siehe auch *Lepton*; *Meson*.

Beobachter Idealisierter Zeuge oder idealisiertes Messinstrument, das wichtige Details eines Systems oder Ereignisses aufzeichnet. Der Begriff muss sich nicht auf ein konkretes menschliches Wesen beziehen.

Beschleunigung Ein Vektor, der angibt, wie sich Betrag und Größe der Geschwindigkeit verändern.

Betateilchen Ein gewöhnliches Elektron, das im Laufe der Umwandlung eines Neutrons in ein Proton erzeugt wurde. Siehe auch *Alphateilchen*; *Betazerfall*; *Gammastrahl*.

Betazerfall Radioaktive Prozesse, die die gegenseitige Umwandelbarkeit von Protonen und Neutronen herbeiführen, einhergehend mit der Abstrahlung von Elektronen, Positronen, Neutrinos und Antineutrinos. Der Betazerfall wird durch die schwache Wechselwirkung vermittelt, die eine Veränderung im Quark-Flavor bewirkt. Siehe auch *Alphazerfall*; *Betateilchen*; *Gammastrahl*.

Betrag Der skalare Wert einer Menge, die ohne Berücksichtigung ihrer Richtung oder ihres algebraischen Zeichens ausgedrückt wird. Beispiel: die Entfernung zwischen zwei Punkten.

Beugung Die Interferenz von Wellen, wenn sie sich nach der Überwindung eines Hindernisses wiedervereinigen. Der Effekt kommt in einem Muster mit abwechselnd hellen und dunklen Streifen zum Ausdruck.

Bewegungsenergie (kinetische Energie) Energie, die in die Bewegung eines Körpers investiert wird, ist gleich ½ mv^2 für eine Masse m, die sich mit einer Geschwindigkeit der Größe v fortbewegt.

Bewegungsgesetz, erstes Das Trägheitsprinzip, wie Galilei es ursprünglich verstand und wie Newton es später als das erste seiner drei Gesetze annahm: Ein Körper im Ruhezustand neigt dazu, im Ruhezustand zu bleiben, es sei denn, eine äußere Kraft wirkt auf ihn ein. Ein geradlinig mit konstanter Geschwindigkeit sich fortbewegender Körper eilt kontinuierlich in der gleichen Richtung und mit der gleichen Geschwindigkeit davon, bis eine äußere Kraft auf ihn einwirkt. Siehe auch *klassische Mechanik*.

Bewegungsgesetz, zweites Eines der drei Newton'schen Gesetze: Kraft ist gleich Masse mal Beschleunigung. Je größer die Masse ist, desto kleiner fällt die von einer gegebenen Kraft erzeugte Beschleunigung aus. Anders ausgedrückt: Die vermittelte Kraft entspricht dem Tempo, mit dem sich der Impuls im Laufe der Zeit verändert. Siehe auch *klassische Mechanik*.

Bewegungsgesetz, drittes Eines der drei Newton'schen Gesetze, das sich auf die Erhaltung des Impulses bezieht: Für jede Aktion gibt es eine gleichwertige und entgegengesetzte Reaktion. Beispiel: Wenn ein Ball vom Erdboden abprallt, ist die vom Ball auf den Boden übertragene Kraft genauso groß wie die Kraft, die der Boden auf den Ball ausübt, während die Richtungen der beiden Kräfte einander entgegengesetzt sind. Der Ball drückt gegen den Boden, und der Boden drückt zurück. Siehe auch *klassische Mechanik*.

Bewegungsgleichung Eine mathematische Beziehung, die Vergangenheit und Zukunft eines Systems gestaltet, das unter einem bestimmten Einfluss steht. Angaben über den Anfangszustand und den vorherrschenden Einfluss werden benötigt, um eine Bewegungsgleichung aufzuschreiben und einen Lösungsversuch zu unternehmen. Beispiele: Newtons zweites Bewegungsgesetz, die Schrödinger-Gleichung, Maxwells elektromagnetische Wellengleichung.

Bezugsrahmen Ein Beobachtungsrahmen zur Lokalisierung eines Ereignisses in Raum und Zeit, bestehend aus einem Koordinatensystem und einer Reihe von Uhren. Siehe auch *Inertialsystem*.

Boson Ein Elementarteilchen, das entweder den Spin-Drehimpuls null oder eine ganzzahlige Spin-Einheit hat (0, 1, 2 …). Im Gegensatz zu Fermionen unterliegen zwei oder mehr Bosonen nicht dem Pauli-Prinzip und können daher denselben Quantenzustand einnehmen. Bestimmte Bosonenarten, die zwischen Fermionen ausgetauscht werden, vermitteln die vier grundlegenden Kräfte. Beispiele: Photonen, W, Z, Gluonen. Siehe auch *Botenteilchen*.

Botenteilchen Bosonen, die eine Wechselwirkung zwischen geeigneten Fermionen vermitteln: 1) Photonen, die die elektromagnetische Wechselwirkung von einem elektrisch geladenen Teilchen zu einem anderen übermitteln, 2) W- und Z-Bosonen, die die schwache Wechselwirkung tragen, und 3) acht Gluonenarten, die die Farbkraft zwischen Quarks vermitteln und folglich die starke Wechselwirkung herbeiführen. Die hypothetischen Teilchen Graviton und Higgsboson sind ebenfalls Botenteilchen.

Bran Eine ausgedehnte Struktur in der M-Theorie. Ein String ist eine Eins-Bran, eine Membran ist eine Zwei-Bran, und allgemein betrachtet, ist eine *p*-Bran ein Objekt in *p* Dimensionen.

Chaos Unvorhersagbares, anscheinend zufälliges Verhalten in einem System, das eigentlich den deterministischen Gesetzen gehorcht: eine Folge der nichtlinearen Rückkopplung. Wird manchmal auch deterministisches Chaos genannt. Siehe auch *Determinismus*; *Schmetterlingseffekt*; *Periodenverdopplung*.

Coulomb'sches Gesetz Eine Beziehung, die die Abhängigkeit der elektrostatischen Kraft von Ladung und Entfernung beschreibt. Die Kraft zwischen zwei Punktladungen ist 1) entlang der Linie zwischen zwei Teilchen ausgerichtet, 2) abstoßend zwischen gleichen Ladungen und anziehend zwischen ungleichen Ladungen, 3) direkt proportional zum Produkt der Ladungen und 4) umgekehrt proportional zum Quadrat der Entfernung zwischen ihnen. Vergleiche mit *Gravitation, Gesetz der universellen*.

Determinismus Eine Eigenschaft gewisser wissenschaftlicher Theorien, dass nämlich Systeme sich regelmäßig und vorhersagbar im Einklang mit strengen Gesetzen entwickeln und dabei vor allem von der Ursache zur Wirkung voranschreiten. Der Zustand eines Systems zu jedem beliebigen Zeitpunkt dient als unmittelbare Ursache für seinen Zustand im darauf folgenden Augenblick. Es gibt keine Überraschungen. Vergleiche mit *Chaos*.

Deuterium Ein nichtradioaktives Isotop des Wasserstoffs, das ein Proton und ein Neutron in seinem Kern enthält. Der größte Teil des heute im Universum vorhandenen Deuteriums soll sich kurz nach dem Urknall gebildet haben. Wird auch *schwerer Wasserstoff* oder *Wasserstoff-2* genannt. Siehe auch *Tritium*.

Dichte Das Verhältnis einer bestimmten Größe (beispielsweise Masse oder Energie) zum Volumen, in dem sie enthalten ist. Packt man eine große Menge irgendeines Materials in ein kleines Volumen, erzeugt man eine hohe Dichte.

Dimensionen 1) Eng ausgelegt: die drei Koordinaten des Raumes (x, y, z) oder die vier Koordinaten der Raum-Zeit (t, x, y, z), wobei jede Koordinate einer unabhängigen Achse entspricht. 2) Großzügiger interpretiert sind Dimensionen die unabhängigen Komponenten für abstrakte Räume aller Art, aus denen ein willkürliches Objekt aufgebaut werden kann. Beispiele: die drei senkrecht zueinander stehenden Richtungen des gewöhnlichen Raumes (wie in *Definition 1*), die Eigenzustände eines quantenmechanischen Systems und die stehenden Wellen eines schwingenden Strings. Jede unabhängige Komponente ist eine Dimension des Systems. Keine kann durch Kombination mit irgendeiner anderen aufgebaut werden, aber sie alle – gemeinsam – lassen sich miteinander kombinieren, um jedes gewünschte Objekt zu erzeugen. 3) Einheiten, die mit bestimmten Größen in Verbindung gebracht werden, wie Masse, Länge oder Zeit.

Dopplereffekt Wahrgenommene Veränderungen in der Wellenlänge und Frequenz von Strahlung, die von einer bewegten Quelle abgegeben wird. Siehe auch *Rotver-schiebung*.

Drehimpuls Ein mit der Drehung eines Körpers oder seiner Bewegung um einen Punkt in Verbindung gebrachter Vektor. Der Drehimpuls gehorcht als rotierendes Gegenstück des (linearen) Impulses sowohl in der klassischen Mechanik als auch in der Quantenmechanik einem strengen Erhaltungssatz.

Drehmoment Eine Kraft, die die Drehung oder Windung erzeugt.

Druck Das Verhältnis zwischen Kraft und Fläche. Dieselbe Kraft übt auf eine kleinere Fläche mehr Druck aus als auf eine größere Fläche.

dunkle Energie Die noch ungeklärte Antriebskraft, die für die kosmische Beschleunigung verantwortlich sein soll und von der einige glauben, sie sei eine Vakuumenergie unbestimmten Ursprungs. Beweise für die Beschleunigung des Universums (genauer gesagt, eine Beschleunigung der Expansion des Raumes) haben sich seit 1998 gehäuft, sodass man inzwischen glaubt, die dunkle Energie mache mehr als zwei Drittel der kosmischen Gesamtenergie aus. Siehe auch *kosmologische Konstante*.

dunkle Materie Masse unbestimmten Ursprungs, die keine elektromagnetischen Erkennungszeichen hat und folglich auch hauptsächlich über gravitationsbedingte Effekte nachzuweisen ist. Man vermutet, die dunkle Materie mache 95 Prozent der gesamten kosmischen Masse aus.

Eichinvarianz Siehe unter *Symmetrie, lokale*.

Eigenwert Siehe *Eigenzustand*.

Eigenzustand Ein erlaubter Zustand eines quantenmechanischen Systems, der durch einen spezifischen Wert (den *Eigenwert*) einer beobachtbaren Eigenschaft charakterisiert ist.

Einfachstrom Eine von einem Z-Boson vermittelte schwache Wechselwirkung, die eine Veränderung der elektrischen Ladung für jedes teilhabende Fermion bewirkt. Beispiel: ein von einem Neutrino (unversehrt) abprallendes Neutrino. Vergleiche mit *Ladestrom*.

Einstein'sche Relativität Siehe *Relativität*.

elektrische Ladung Die Eigenschaft der Materie, die es einem Teilchen ermöglicht, an der elektromagnetischen Wechselwirkung teilzuhaben. In der klassischen Theorie (Maxwell'scher Elektromagnetismus) erzeugt ein elektrisch geladenes Teilchen kontinuierliche elektrische Felder und Magnetfelder und tritt mit diesen in Wechselwirkung. In der relativistischen Quantenmechanik sendet ein geladenes Teilchen diskrete Photonen aus und absorbiert sie.

Die elektrische Ladung kommt in zwei gegensätzlichen Variationen vor, nämlich als positive und negative Ladung, die beide quantisiert und erhalten werden. Mit Ausnahme der Quarks, bei denen sich Bruchwerte ergeben, ist die Endladung eines Systems ein Vielfaches der grundlegenden Ladung eines Protons oder eines Elektrons.

elektrischer Dipol Ein Paar elektrischer Ladungen, die räumlich getrennt sind. Die beiden Ladungen sind gleich groß, haben aber entgegengesetzte Vorzeichen. Vergleiche mit *magnetischer Dipol*.

elektrischer Strom Ein Fluss elektrischer Ladung, ausgedrückt als das Tempo, mit dem ein festgesetzter Ladungsbetrag an einem gegebenen Punkt vorbeikommt.

elektrisches Feld Der entweder von einer statischen elektrischen Ladung oder von einem variablen magnetischen Feld ausgehende Einfluss, der sich in klassischer Weise als Kraft manifestiert, die auf eine in diese Region gebrachte Ruheladung einwirkt. Als Vektorgröße hat das elektrische Feld an jedem Punkt im Raum sowohl eine Stärke als auch eine Richtung. Seine Stärke wird als die Kraft gemessen, die auf eine Ladungseinheit wirkt. Siehe auch *Feld; Gravitationsfeld*.

elektrisches Potenzial Die Potenzialenergie, die von einer Einheit der elektrischen Ladung an jeder Position innerhalb eines elektrischen Feldes erworben wird. Das elektrische Potenzial ist eine skalare Größe, die vollständig von einer einzigen Zahl an jedem Punkt angegeben wird. Siehe auch *Feld; Gravitationspotenzial*.

elektromagnetische Induktion, Gesetz der Siehe *Maxwell'sche Gleichungen*.

elektromagnetisches Spektrum Umfasst den gesamten Wellenlängen- und Frequenzbereich elektromagnetischer Wellen, angeordnet nach zunehmender Energie: Radiowellen, Mikrowellen, Infrarot, sichtbares Licht, Ultraviolett, Röntgenstrahlen, Gammastrahlen.

elektromagnetische Strahlung Die von einer elektromagnetischen Welle ausgesandte Energie.

elektromagnetische Strahlung, sichtbare Ein vertrauterer Begriff ist Licht: das Spektrum der elektromagnetischen Strahlung, die das menschliche Auge und Gehirn sehen kann, bestehend aus den Farben Rot, Orange, Gelb, Grün, Blau und Violett. Die Energien bewegen sich zwischen infraroter und ultravioletter Strahlung. Die Photonen in diesem Bereich können die entlegenen (und daher sehr locker gebundenen) Elektronen bestimmter Atome und Moleküle erregen. Sie sind für die Farbwahrnehmung verantwortlich. Siehe auch *elektromagnetisches Spektrum; Licht*.

elektromagnetische Welle Eine Störung des elektromagnetischen Feldes, die sich in Raum und Zeit verändert und die von der Bewegung geladener Teilchen erzeugt und auf klassische Weise durch die Maxwell'schen Gleichungen erklärt wird. Eine elektromagnetische Welle besteht aus elektrischen und magnetischen Feldern, die in rechten Winkeln zueinander und zur Bewegungsrichtung schwingen. Energie wird direkt entlang der Bewegungslinie abgegeben.

elektromagnetisches Feld Die miteinander verbundenen elektrischen und magnetischen Felder erzeugen einen bewegten elektrischen Strom, der in klassischer Form von den Maxwell'schen Gleichungen beschrieben wird.

Elektron Ein Elementarteilchen mit einer elektrischen Ladung von -1, einem Spin $\frac{1}{2}$ und einer Masse, die 1836-mal geringer ist als die eines Protons. Als grundlegender Bestandteil aller Atome wird das Elektron als strukturloser Punkt ohne Ausdehnung betrachtet. Ein Kilogramm Elektronen würde mehr als eine Million Billionen Billionen Teilchen enthalten.

Elektrostatik Das Studium der Energie und Kräfte zwischen elektrisch geladenen Teilchen im Ruhezustand. Siehe auch *Coulomb'sches Gesetz; elektrisches Feld; elektrisches Potenzial*.

Element Ein Stoff, eine von mehr als hundert grundlegender chemischer Substanzen, die nur Atome mit derselben Menge von Protonen in ihren Kernen haben. Die verschiedenen Isotope eines Elements haben unterschiedliche Mengen von Neutronen, während die Anzahl der Protonen gleich bleibt.

emergente Phänomene Eigenschaften und Muster, die sich nicht einfach durch Reduzierung eines komplexen Systems auf seine einfachsten Bestandteile erklären lassen; die Antithese zum *Reduktionismus*. Beispiel: Eine Ameisenkolonie verhält sich auf eine Art und Weise, die nicht aus dem Verhalten jeder einzelnen, in Isolation beobachteten Ameise vorhergesagt werden kann.

Energie Die Fähigkeit, Arbeit zu verrichten, um entweder einen Bewegungszustand (kinetische Energie) oder das Potenzial eines Teilchens in einem Feld (Potenzialenergie) zu verändern. Die Energie wird umverteilt und in viele verschiedene Formen umgewandelt, aber sie wird weder erschaffen noch zerstört. Der Gesamtenergiebetrag im Universum oder in jedem isolierten System bleibt streng erhalten. Siehe auch *Entropie; Masse-Energie*.

Entropie Eine thermodynamische Größe, bei der es um das Verhältnis zwischen Wärme und Temperatur geht, was mikroskopisch mit der Zahl der Kanäle in Verbindung gebracht wird, in die sich die Energie verströmt. Je breiter sich die Energie verteilt, desto höher ist die Entropie. Siehe auch *Thermodynamik, Zweiter Satz der.*

Erhaltung (Erhaltungssatz) Die Konstanz einer bestimmten Größe trotz aller Veränderungen, die ein System durchlaufen mag. Wird die Gesamtmenge einer erhaltenen Größe (unter anderem: Energie, Impuls, Drehimpuls, Ladung) in verschiedene Kanäle wieder eingespeist, nimmt sie jedoch nie zu oder ab. Jede Zunahme an einem Ort wird von einer Abnahme irgendwo anders wieder ausgeglichen.

Erhaltung setzt nicht unbedingt Unveränderlichkeit voraus. Soll eine Größe unveränderlich sein wie beispielsweise die Lichtgeschwindigkeit, muss ihr Wert in allen Bezugsrahmen der gleiche sein. Der numerische Wert einer erhaltenen Größe kann jedoch von Bezugssystem zu Bezugssystem unterschiedlich sein, obwohl er, in jedem Rahmen für sich genommen, unverändert bleibt.

euklidische Geometrie Das Studium von Linien, Punkten, Winkeln, Oberflächen und Festkörpern in einem flachen Raum. Sie beruht auf einer Reihe von Axiomen, die der griechische Mathematiker Euklid (um 300 v. Chr.) vorgeschlagen hat. Drei der bekanntesten Merkmale euklidischer Geometrie sind: 1) Parallelen schneiden sich nicht. 2) Die Winkelsumme eines Dreiecks beträgt 180 Grad. 3) Das Verhältnis zwischen dem Umfang und Durchmesser eines Kreises ist gleich π. Siehe auch *nichteuklidische Geometrie.*

exponentielles Wachstum Wiederholte Verdopplung während eines festgelegten Intervalls: 1, 2, 4, 8, 16 …

Farbe 1) In der Quantenchromodynamik ist sie die Eigenschaft der Materie, die es einem Teilchen ermöglicht, an der starken Kraft teilzuhaben. Ausgestattet mit drei unterschiedlichen «Farben», geben Quarks masselose, die starke Kraft vermittelnde Bosonen (Gluonen) ab und absorbieren sie. Die Farbe in der Quantenchromodynamik entspricht der elektrischen Ladung in der Quantenelektrodynamik. 2) Im normalen Sprachgebrauch geht es darum, wie das Gehirn die Energie sichtbarer elektromagnetischer Strahlung subjektiv interpretiert.

Feld Ein Raum und Zeit durchdringender Einfluss oder Effekt, der zwar aus einer bestimmten Quelle entsteht, aber unabhängig von dieser Quelle existiert. So hat beispielsweise ein *Vektorfeld* an jedem Punkt sowohl Stärke als auch Ausrichtung, und die Zahl der Bestandteile, die ihm zum Ausdruck verhelfen, entspricht der Zahl der zur Verfügung stehenden Dimensionen. Ein *Skalarfeld* hat nur seine Größe und wird durch nur eine einzige Zahl ausgedrückt. Beispiele für Vektorfelder: elektrische Kraft, Gravitationskraft. Beispiele für Skalarfelder: elektrisches Potenzial, Gravitationspotenzial, Higgsfeld, Temperatur.

Ein Feld wird mathematisch durch die Werte dargestellt, die ihm an unendlich kleinen Punkten zugewiesen werden. Klassische Felder und Quantenfelder erfordern unterschiedliche Behandlung und Interpretation.

Fermion Jedes Elementarteilchen, das nur eine halbe Einheit des Spin-Drehimpulses oder ein Mehrfaches davon hat ($1/2$, $3/2$, $5/2$ …). Das Pauli-Prinzip verbietet, dass zwei oder mehr Fermionen genau den gleichen Quantenzustand einnehmen. Beispiele: Elektronen, Neutrinos, Quarks, Protonen, Neutronen; im Allgemeinen eher Elementarteilchen der Materie als der Kraft. Vergleiche mit *Boson*.

Festkörper Ein dichter, eng verknüpfter Materiezustand, in dem Atomen und Molekülen die Energie fehlt, großmaßstäbliche Verschiebungen vorzunehmen, und die stattdessen auf Drehungen und Schwingungen auf niedriger Amplitude beschränkt sind. Die Struktur eines Festkörpers ist auf eine festgelegte Form und ein fixes Volumen beschränkt und weist eine beträchtliche mikroskopische Symmetrie und Ordnung auf. Beispiel: Eis. Vergleiche mit *Flüssigkeit; Gas; Plasma*.

Flachheitsproblem Die Unfähigkeit der ursprünglichen Urknalltheorie (ohne Inflation), die Evolution eines flachen Universums zu erklären. Die Bedingungen zum Nullzeitpunkt hätten nahezu unglaublich genau sein müssen, um dieses eine, spezielle Resultat zu erzielen.

Flavor Eine Eigenschaft mit sechs Werten, um verschiedene Arten von Quarks zu kennzeichnen: Up, Down, Charm, Strange, Top, Bottom. Im Laufe einer schwachen Wechselwirkung, wie etwa dem Betazerfall, verändert sich der Flavor eines Quarks (zum Beispiel von Up zu Down).

Fluktuation Ein unkontrollierter und zufälliger, häufig auch plötzlicher Wechsel von einem Zustand zum nächsten.

Flüssigkeit Ein Materiezustand, der ein bestimmtes Volumen einnimmt, aber keine eindeutige Form hat. Die Teilchen in einer Flüssigkeit sind energiegeladener als in einem Festkörper und treten in Wechselwirkung miteinander, um lokale Cluster zu bilden. Allerdings gelingt es ihnen langfristig nicht, Ordnung zu bewahren. Beispiel: Wasser. Vergleiche mit *Festkörper; Gas; Plasma*.

Freiheitsgrad Eine grundlegende Art und Weise aus einer begrenzten Anzahl von Möglichkeiten, wie ein Körper sich bewegen oder ein System sich verändern kann. Das Gesamtergebnis wird von der Zahl und Art der inneren Teile des Systems eingeschränkt. Beispiel: Ein Punktteilchen kann sich unabhängig in drei senkrecht zueinander stehenden Richtungen bewegen, wobei keine den Fortschritt in irgendeiner anderen Richtung beeinflusst. Folglich besitzt das System drei Freiheitsgrade für die Verschiebung.

Frequenz Die Anzahl der von einer Welle oder einer anderen Schwingung vollendeten Zyklen während eines festgelegten Zeitintervalls.

Galilei'sche Relativität Siehe unter *Relativität*.

Gammastrahl Elektromagnetische Strahlung sehr hoher Energie, die entweder durch Radioaktivität oder Vernichtung erzeugt wird. Siehe auch *Alphateilchen; Betateilchen; elektromagnetisches Spektrum*.

Gas Ein äußerst ungeordneter Materiezustand, dem selbst das lokale Ordnungsmerkmal einer Flüssigkeit (Teilchencluster) fehlt. Die energiegeladenen Gasteilchen füllen den Raum eines jeden Behälters aus. Beispiel: Dampf. Vergleiche mit *Festkörper; Flüssigkeit; Plasma*.

Geodäte Die direkteste Linie, die in einem gekrümmten Raum oder in einer gekrümmten Raum-Zeit möglich ist. Beispiel: ein Großkreis auf einer Kugel.

Geschwindigkeit 1) Ein Skalar, der das Tempo darstellt, mit dem die Entfernung sich im Lauf der Zeit verändert. 2) Ein Vektor, der Geschwindigkeit und Richtung miteinander verbindet. Siehe auch *Beschleunigung*.

Gesetz Im wissenschaftlichen Gebrauch bezeichnet der Begriff ein (häufig mathematisch ausgedrücktes) Muster oder eine Beziehung, die unter festgelegten Bedingungen ständig beobachtet werden.

Gitter Ein periodisches Arrangement von Punkten im Raum.

Gleichgewicht Ein selbsterhaltendes Gleichgewicht der Kräfte, dargestellt durch eine bestimmte Reihe unveränderter Eigenschaften. Vergleiche mit *Steady State*. Siehe auch *Makrozustand; Mikrozustand*.

Gleichgewicht, instabiles Ein an einem Punkt zur Ruhe gekommener Zustand, wo sich das, wenngleich flache, Potenzial – wie auf einer Hügelspitze – auf einem lokalen Maximum befindet. Eine leichte Störung veranlasst das System, zu einem Zustand niedrigeren Potenzials «hinunterzurollen» und damit das Gleichgewicht zu zerstören. Im Gegensatz zu *Gleichgewicht, stabiles*.

Gleichgewicht, stabiles Ein Zustand, der an einem Punkt ruht, wo das Potenzial (wie in einem flachen Tal) auf ein Minimum reduziert ist. Nach einer kurzen Störung entspannt sich das System und gelangt zurück ins Gleichgewicht.
Falls das Gleichgewichtstal das niedrigstmögliche ist, dann ist das Gleichgewicht *global stabil*. Hat das System Zugang zu Tälern mit niedrigerem Potenzial, dann ist das Gleichgewicht *lokal stabil* oder *metastabil*. Im Gegensatz zu *Gleichgewicht, instabiles*.

Gleichgewicht, thermisches Ein selbsterhaltender Zustand, in dem die Temperatur eines Systems durchgehend gleich bleibt, intern beibehalten durch Energieaustausch zwischen mikroskopischen Teilchen. Es gibt keinen makroskopischen Wärmefluss zwischen zwei beliebigen Punkten. Siehe auch *Gleichgewicht*.

Gluonen Insgesamt acht Botenteilchen, die die starke Wechselwirkung (vor allem die Farbwechselwirkung) gleichzeitig vermitteln und an ihr teilhaben, was einer quantisierten Anregung des starken Kraftfelds entspricht. Gluonen sind masselose Bosonen, die die Farbladungen Rot, Grün und Blau tragen. Siehe auch *Quantenchromodynamik*.

Gravitation (Gravitationswechselwirkung) Die gegenseitige Anziehung von Massen, die schwächste der vier grundlegenden Wechselwirkungen. Im Newton'schen Weltbild wird die Gravitation als Kraft angesehen, die von einem Gravitationsfeld übertragen wird und dem quadratischen Abstandsgesetz gehorcht. In der Einstein'schen Relativitätstheorie ist die Gravitation ein Trägheitseffekt, der durch die Krümmung der Raum-Zeit in der Gegenwart von Masseenergie und Druck erzeugt wird.

Gravitation, Gesetz der universellen Eine von Isaac Newton entdeckte Beziehung: Die Gravitationskraft zwischen zwei Punktmassen ist 1) entlang der Linie zwischen zwei Teilchen ausgerichtet, 2) immer anziehender Natur, 3) direkt proportional zum Produkt der Massen und 4) umgekehrt proportional zum Quadrat der Entfernung zwischen ihnen. Vergleiche mit *Coulomb'sches Gesetz*.

Gravitationsfeld Der von der Masse eines Objektes ausgehende Einfluss, der in klassischer Form als eine Kraft zum Ausdruck kommt, die auf eine andere, in die Region eingebrachte Masse einwirkt. Als Vektor hat das Gravitationsfeld an jedem Punkt im Raum sowohl eine Stärke als auch eine Richtung. Seine Stärke wird als die Kraft angegeben, die auf eine Masseneinheit ausgeübt wird. Siehe auch *elektrisches Feld; Feld*.

Gravitationspotenzial Die Potenzialenergie, die eine Masseneinheit an jeder Position in einem Gravitationsfeld erwirbt. Das Gravitationspotenzial ist eine skalare Größe, die vollständig durch eine einzige Zahl an jedem Punkt angegeben wird. Siehe auch *elektrisches Potenzial; Feld*.

Gravitationswelle Schwingungen in der Raum-Zeit, die durch Veränderungen in der lokalen Krümmung und durch die Bewegung einer Masse verursacht wird und eine Folge der allgemeinen Relativität ist. Gravitationswellen pflanzen sich mit Lichtgeschwindigkeit fort und übertragen Gravitationseinfluss auf weit entfernte Punkte, was der Art und Weise entspricht, wie elektromagnetische Wellen den elektromagnetischen Einfluss übertragen.

Graviton Ein masseloses Boson mit zwei Spin-Drehimpuls-Einheiten, das aus theoretischen Gründen das Botschafterteilchen eines quantisierten Gravitationsfeldes sein soll.

Große Vereinigung Die erhoffte Hochzeit von elektroschwacher Theorie (die die elektromagnetischen und schwachen Wechselwirkungen erklärt) und Quantenchromodynamik (die die starke Wechselwirkung erklärt). Falls sich die Große Vereinigung als erfolgreich erweisen sollte, dann wird die Auffassung bestätigt, dass drei der vier grundlegenden Kräfte einen gemeinsamen Ursprung haben. Siehe auch *Supervereinigung*.

Harmonische Eine aus einer Reihe stehender Wellen, wie auf einer schwingenden Violinensaite: Die erste Harmonische ist die Schwingung der niedrigsten Energie, der Grundschwingungsmodus. Er hat null Schwingungsknoten zwischen den Endpunkten. Die nächste ist – mit einem Schwingungsknoten – die zweite Harmonische (oder der erste Oberton). Danach kommt – mit zwei Schwingungsknoten – die dritte Harmonische (oder der zweite Oberton); und danach kommt – mit drei Schwingungsknoten – die vierte Harmonische, dann die fünfte, sechste, siebente und so weiter.

Heisenbergs Unbestimmtheitsprinzip Siehe *Unbestimmtheitsprinzip*.

Higgsfeld Jedes skalare Feld unter verschiedensten Skalarfeldern (siehe unter *Feld*), das trotz minimaler Energiedichte hypothetisch einen Vakuumwert ungleich null besitzt.

Es wird vermutet, dass sich die Higgsfelder im abkühlenden frühen Universum für eine zufällige (aber dauerhaft festgelegte) Reihe von Werten entschieden haben, was sie zu einem spontanen Symmetriebruch veranlasste. Die Wechselwirkung mit den eingefrorenen Higgsfeldern verleiht Teilchen unterschiedlichster Art eine charakteristische Masse.

Horizontproblem Die Unfähigkeit der ursprünglichen Urknalltheorie (ohne Inflation), die heutige Homogenität des Kosmos zu erklären. Teilchen im frühen Universum hätten nicht genügend Gelegenheit gehabt, in Wechselwirkung zu treten und das thermische Gleichgewicht zu erreichen.

Hubbel'sches Gesetz Die Beobachtung, die auf Edwin Hubble zurückgeht und besagt, dass sich Galaxien in Blickrichtung des Beobachters mit Geschwindigkeiten entfernen, die proportional zur Entfernung vom Beobachter sind.

Hyperraum Ein Raum, der mehr als drei Dimensionen hat, was eine Veranschaulichung für den menschlichen Geist erschwert.

Impuls (linearer Impuls) Ein Vektor, der mit der linearen Bewegung eines Objektes verbunden ist und einem strengen Erhaltungsgesetz unterliegt. 1) In der klassischen Mechanik ist der Impuls eines Körpers mit der Masse m, der sich mit der Geschwindigkeit v bewegt, gleich mv. Seine Richtung entspricht seiner Bewegungslinie. 2) In der Quantenmechanik ist der Impuls durch einen mathematischen Operator dargestellt, der so konstruiert wurde, dass er mit der klassischen Größe übereinstimmt. Siehe auch *Drehimpuls; Korrespondenzprinzip*.

Inertialsystem Ein nicht beschleunigter Bezugsrahmen, in dem das Trägheitsgesetz gilt. Das Koordinatensystem wird so betrachtet, als befände es sich entweder im Ruhezustand oder als bewege es sich geradlinig und mit konstanter Geschwindigkeit fort. Siehe auch *Bezugsrahmen; Trägheit*.

Inflation Exponentielle Expansion des Universums, mutmaßlich geschehen in den ersten Augenblicken der kosmischen Evolution (was sich wahrscheinlich in gewisser Form bis auf den heutigen Tag fortsetzt). Seit 1980 sind zahlreiche Modelle des inflationären Universums vorgeschlagen worden. Siehe auch *Inflaton; Urknall; Vakuum, falsches*.

Inflaton Postuliertes Quantenfeld, das angeblich für die kosmische Inflation verantwortlich sein soll und aus irgendeiner Art falschem Vakuum entsteht. Siehe auch *Urknall*.

Infrarotstrahlung Elektromagnetische Strahlung, deren Energie sich zwischen Mikrowellen und sichtbarem Licht befindet. Infrarotphotonen stimmen mit den Schwingungsfrequenzen vieler Moleküle überein. Siehe auch *elektromagnetisches Spektrum*.

Interferenz Die Vereinigung zweier Wellen mit derselben Frequenz, die entweder zur Verstärkung oder Verminderung der gemeinsamen Intensität führt. Wellen, die sich mit gleicher Phase verbinden, interferieren konstruktiv, während Wellen, die sich mit einer Phasenverschiebung um einen halben Zyklus (180°) vereinen, destruktiv interferieren.

Invarianz Die Konstanz und Identität einer bestimmten Größe in allen Bezugsrahmen, die jeder Beobachter als die gleiche Zahl wahrnimmt. Beispiele: die Entfernung im normalen Raum; das unveränderliche Raum-Zeit-Intervall. Gegenbeispiel: individuelle Koordinaten von Raum und Zeit. Vergleiche mit *Erhaltung*. Siehe auch *Relativität*.

invariantes Intervall Siehe *Raum-Zeit-Intervall*.

Ion Ein elektrisch geladenes Atom oder Molekül, das durch Hinzufügen oder Entfernen von Elektronen aus der neutralen Struktur gebildet wird. Positive Ionen werden, Elektronen, *Kationen* genannt. Negative Ionen, die ein Übermaß an Elektronen haben, werden *Anionen* genannt.

Isotope Atome desselben Elements, die sich nur durch die Anzahl der Neutronen in ihren Kernen unterscheiden. Beispiel: Wasserstoff (ein Proton), Deuterium (ein Proton und ein Neutron), Tritium (ein Proton und zwei Neutronen). Alle drei Isotope sind Formen des Wasserstoffs. Sie haben ähnliche chemische Eigenschaften, aber unterschiedliche Massen.

isotrop Etwas besitzt die gleichen Eigenschaften entlang verschiedener Achsen und ist daher unveränderlich gegenüber Richtung, Winkel oder Orientierung. Im Gegensatz zu *anisotrop*.

Kern Sehr kleine, äußerst dichte, positiv geladene Struktur, die fast die gesamte Masse des Atoms enthält. Ein gegebener Kern enthält eine festgelegte Zahl von Protonen und Neutronen, zusammengehalten durch die starke Kraft, der in gewissem Maße die elektrostatische Abstoßung zwischen den Protonen entgegengerichtet ist.

Kernfusion Die Bildung eines schwereren Kerns durch die Verschmelzung zweier oder mehr leichterer Kerne. Der in den Sternen natürlich vorkommende Prozess erfordert außerordentlich hohe Temperaturen. Vergleiche mit *Kernspaltung*.
Unkontrollierte Kernfusion dient als Mechanismus für die thermonukleare Bombe, auch Wasserstoffbombe genannt. Kontrollierte Kernfusion ist eine ernsthafte technische Herausforderung und wird als mögliche Quelle für reichlich vorhandene und saubere Energie erachtet.

Kernspaltung Zerfall eines schweren Kerns in zwei leichtere Kerne vergleichbarer Masse, begleitet von der Freisetzung umgewandelter Masseenergie und entsprechender Nebenprodukte wie Neutronen oder Alphateilchen. Vergleiche mit *Kernfusion*.
Unkontrollierte Kernspaltung sorgte für die Explosivkraft der auf Hiroshima und Nagasaki abgeworfenen Atombomben. Kontrollierte Kernspaltung kommt in der kommerziellen Erzeugung von Energie in Kernreaktoren zur Anwendung.

Kernsynthese Die Erzeugung eines Kerns, der schwerer ist als Wasserstoff, normalerweise durch Fusion oder Radioaktivität. Es wird vermutet, dass die Bildung der leichtesten Elemente einige Minuten nach dem Urknall abgeschlossen war. Seitdem hat die Synthese schwerer Elemente in den Sternen ständig stattgefunden.

klassische Mechanik Das Studium der Kraft und Bewegung von Teilchen, die eindeutige Positionen und Impulse haben. Die klassische Mechanik, auch Newton'sche Mechanik genannt, ist ein durch und durch deterministisches Modell, das in Galilei'scher Relativität und in den drei Newton'schen Bewegungsgesetzen wurzelt. Da klassische Größen mit unbegrenzter Genauigkeit gleichzeitig gemessen werden können, folgt das System einer wohldefinierten Positions- und Impulsfolge, nämlich einem Pfad. Im Gegensatz dazu siehe *Quantenmechanik*. Siehe auch *Bewegungsgesetz, erstes, zweites und drittes; Relativität*.

klassische Physik Die Physik mit Ausnahme der Quantenmechanik, häufig synonym mit klassischer Mechanik und Elektrodynamik. Quantenmechanik und Einstein'sche Relativität werden normalerweise als moderne Physik (des zwanzigsten Jahrhunderts) eingeordnet, obwohl die Relativität selbst eine klassische Theorie ist.

Korrespondenzprinzip Ein Leitprinzip der Quantenmechanik, das von Niels Bohr formuliert wurde: Die Gesetze und Gleichungen der Quantenmechanik weichen denen der klassischen Mechanik, wenn Bedingungen herrschen, unter denen die Planck'sche Konstante vernachlässigt werden kann. Das klassische Limit wird erreicht, wenn die Wellenlängen der Teilchen kurz und die Dimensionen des Systems sowie die Anzahl der Quanten groß sind. Siehe auch *Welle-Teilchen-Dualität*.

kosmische Hintergrundstrahlung Die Restwärme des Urknalls, die sich heute als elektromagnetisches Feld auf niedrigem Niveau manifestiert und das ganze Weltall durchdringt. Die Strahlung hat eine Temperatur von lediglich 2,7 Grad (Kelvin) über dem absoluten Nullpunkt und fällt hauptsächlich in die Mikrowellenregion des elektromagnetischen Spektrums. Sie ist gleichförmig bei einer Abweichung von einem hunderttausendstel Prozent.

Kosmologie Das Studium des Ursprungs, der Struktur und der Evolution des Universums.

kosmologische Konstante Ein Parameter, den Einstein ad hoc seinen allgemeinen Relativitätsgleichungen hinzufügte. Sie simuliert eine Kraft, die das Universum in die Lage versetzt, sich auszudehnen und dadurch der Gravitation entgegenzuwirken. Ihr Effekt ähnelt dem falschen Vakuum im Inflationsmodell des Urknalls und wahrscheinlich auch der kosmischen dunklen Energie, die kürzlich entdeckt wurde.

Kraft 1) In der klassischen Physik: ein Vektor, der die Geschwindigkeit eines Körpers verändert; eine gerichtete Anziehung oder Abstoßung. Die Stärke einer Kraft folgt dem Gefälle einer Potenzialänderung. Je steiler die Veränderung, desto stärker ist die Kraft. 2) Im Allgemeinen: häufig synonym mit *Wechselwirkung*.

Kräfte, grundlegende (grundlegende Wechselwirkungen) Vier ursprüngliche Wirkungskräfte, die die Materie beeinflussen. Es sind, mit abnehmender Stärke angeordnet: die starke Kraft, die elektromagnetische Kraft, die schwache Kraft und die Gravitation.

Kristall Ein Festkörper, der eine Verschiebungssymmetrie aufweist. Die Atome eines Kristalls ordnen sich in einer Struktur an, die sich über lange Abstände wiederholt.

Ladung 1) Im Allgemeinen: eine Eigenschaft, die es einem Teilchen erlaubt, an einer der vier grundlegenden Wechselwirkungen teilzunehmen. Beispiele: elektrische Ladung, starke Farbwechselwirkung (Farbladung) Siehe *Farbe, Definition1*. 2) Ohne Qualifikation benutzt: Abkürzung für *elektrische Ladung*.

Ladestrom Eine durch W-Bosonen vermittelte schwache Wechselwirkung, die zu neuen elektrischen Ladungen für die am Prozess teilnehmenden Fermionen führt. Beispiel: der Zusammenstoß eines Neutrinos und Neutrons, um ein Elektron und ein Proton hervorzubringen. Vergleiche mit *Einfachstrom*.

Lepton Ein Fermion, das der Gravitation sowie der schwachen Kraft, allerdings nicht der starken Kraft unterliegt. Leptonen mit elektrischen Ladungen beeinflussen sich gegenseitig elekromagnetisch. Beispiele: Elektronen, Neutrinos und ihre Antiteilchen. Siehe auch *Baryon; Meson*.

Licht Elektromagnetische Strahlung, vor allem (aber nicht beschränkt auf) die für das menschliche Auge sichtbaren Wellenlängen.

linear Beschreibt eine Beziehung, in der eine Größe y direkt proportional zur ersten Potenz einer anderen Größe x ist. Beispiel: $y = mx$, wobei m eine festgelegte Zahl ist. Im Gegensatz zu *nichtlinear*.

MACHO (Massive Compact Halo Objects = Massive kompakte Halo-Objekte) Mutmaßliche dunkle Materie, die aus Baryonen (Neutronen und Protonen) besteht, deren Entdeckung mit elektromagnetischen Mitteln aber schwer oder gar nicht möglich ist. Beispiel: ein Schwarzes Loch. Vergleiche mit *WIMP*.

Magnetfeld Der Einfluss, der entweder durch eine bewegte elektrische Ladung, ein sich veränderndes elektrisches Feld oder einen magnetisierten Körper zum Ausdruck kommt, was nach klassischer Auffassung als eine Kraft verstanden wird, die auf einen anderen Magneten oder elektrischen Strom einwirkt. Als Vektorgröße hat das Magnetfeld an jedem Punkt im Raum eine Stärke und eine Richtung. Vergleiche *elektrisches Feld*.

magnetischer Dipol Die einfachste bekannte Quelle eines magnetischen Feldes, das entweder aus einem elektrischen Stromkreis entsteht oder von den beiden festgelegten Polen eines Stabmagneten ausgeht. Die Stärke des magnetischen Dipols wird magnetisches Dipolmoment oder einfach magnetisches Moment genannt. Vergleiche mit *elektrischer Dipol; magnetischer Monopol*.

magnetischer Monopol Das magnetische Äquivalent der elektrischen Ladung: ein isolierter Nord- oder Südpol eines Magneten, der als unabhängige Einheit existiert. Obwohl ein magnetischer Monopol theoretisch denkbar ist, ist bisher noch keiner beobachtet oder erzeugt worden.

magnetisches Moment Siehe unter *magnetischer Dipol*.

Makrowelt Hinreichend große Bereiche der Natur, die mit bloßem Auge im Kontext der klassischen Physik beobachtet und erklärt werden können. Vergleiche mit *Mikrowelt*.

Makrozustand Die Mindestmenge an Variablen, die benötigt wird, um den Zustand und die Eigenschaften eines makroskopischen Systems zu kennzeichnen. Beispiel: Die Werte von Druck, Volumen und Temperatur reichen aus, um den Makrozustand eines verdünnten Gases darzustellen. Vergleiche mit *Mikrozustand*.

Masse 1) Zwanglos: die Materiemenge, die in einem Körper vorhanden ist. Das doppelte Volumen einer Substanz enthält die doppelte Masse. 2) Trägheitsmasse: ein Maß für den Widerstand, den ein Körper gegen eine Veränderung seiner Bewegung leistet, wie es Newtons zweites Gesetz definiert. Je größer die Masse ist, desto größer ist die Kraft, die erforderlich ist, um eine gegebene Beschleunigung zu erzeugen. 3) Gravitationsmasse: ein Maß für die Empfänglichkeit eines Körpers für die Gravitation, wie es von Newtons Gesetz der universellen Gravitation definiert wird. Die Gravitationsmasse ist, der allgemeinen Relativität zufolge, von der Trägheitsmasse nicht zu unterscheiden. 4) In der speziellen Relativität: die Quelle der Ruheenergie eines Körpers, definiert durch $E = mc^2$. 5) in der allgemeinen Relativität: eine Wirkung, die die Raum-Zeit krümmt.

Masseenergie Eine Folge der speziellen Relativität: dass nämlich Masse erstarrte Energie ist, die angezapft und in andere Formen umgewandelt werden kann. Die Masse-Energie-Gleichung ($E = mc^2$) behauptet, dass sich Masse und Energie im Wesentlichen entsprechen und sich nur durch einen Umwandlungsfaktor unterscheiden. Man könnte diese Beziehung mit dem Verhältnis zwischen Meilen und Kilometern vergleichen, die ja beide das gleiche Maß, nämlich die Entfernung, in unterschiedlichen Einheiten ausdrücken. Siehe auch *Ruheenergie; Schöpfung; Vernichtung*.

masseloses Teilchen Ein Teilchen mit einer verschwindenden Ruheenergie, in der Gleichung $E = mc^2 = 0$ mit der Masse null gekennzeichnet. Wird seine relativistische Energie gänzlich in den Impuls (p) investiert, pflanzt sich das Teilchen stetig mit Lichtgeschwindigkeit fort und hat die Gesamtenergie pc.

Materie der greifbare Stoff des Universums: alles, was Masse hat und Raum einnimmt (obwohl $E = mc^2$ und die Welle-Teilchen-Dualität die Unterscheidung zwischen fühlbarer Materie und ungreifbarer Energie verschwimmen lassen).

Maxwell'sche Gleichungen Vier mathematische Beziehungen, die das klassische elektromagnetische Feld und die elektromagnetische Welle beschreiben: 1) das Gauß'sche Gesetz für Elektrizität, das dem Coulomb'schen Gesetz der Elektrostatik entspricht, 2) das Gauß'sche Gesetz des Magnetismus, eine Behauptung, dass magnetische Monopole nicht existieren, 3) Faradays Gesetz der elektromagnetischen Induktion, das angibt, wie ein sich veränderndes Magnetfeld ein elektrisches Feld hervorbringt. 4) das Maxwell-Ampère-Gesetz des Magnetfeldes, das Ampères Gesetz (die Beziehung zwischen einem elektrischen Strom und einem Magnetfeld) mit Maxwells Verschiebungsstrom (die Herbeiführung eines Magnetfeldes durch ein sich veränderndes elektrisches Feld) verbindet.

Mechanik Studium bewegter Objekte in Beziehung zu Kraft und Energie.

mechanische Variablen (Zustandsvariablen) Eine Reihe von Zahlen, die ausreichen, um den Zustand eines Systems in jedem Augenblick anzugeben. Sind für eine geeignete Bewegungsgleichung alle mechanischen Variablen einer Anfangszeit t_1 zugänglich, wird sie ihre Werte für eine spätere Zeit t_2 vorhersagen können. Beispiele: 1) Position und Impuls eines jeden Teilchens (klassische Mechanik), 2) die Bestandteile einer Wellenfunktion (Quantenmechanik), 3) makroskopische Größen, die im Gleichgewicht konstant bleiben, wie Druck, Volumen und Temperatur (Thermodynamik). Siehe auch *Zustand*.

Membran Eine zweidimensionale Oberfläche in der M-Theorie (wird auch *Zwei-Bran* genannt).

Meson Eines von vielen Bosonen, das aus einem Quark und einem Antiquark gebildet wird. Mesonen reagieren auf die starke Kraft und unterstützen die Wechselwirkung von Protonen und Neutronen in Atomkernen. Siehe auch *Baryon; Lepton*.

Mikrowellen-Hintergrundstrahlung Siehe *kosmische Hintergrundstrahlung*.

Mikrowellenstrahlung Elektromagnetische Strahlung, deren Energie zwischen Radiowellen und Infrarot angesiedelt ist. Mikrowellenphotonen lösen die Drehung von Molekülen aus und passen die Elektronenspins neu an. Siehe auch *elektromagnetisches Spektrum*.

Mikrowelt Bereiche der Natur, bei denen es um kleine Größen und geringe Energieübertragungen geht, die normalerweise im Rahmen der Quantenphysik erklärt werden. Beispiele: Moleküle, Atome, Elektronen, Protonen, Neutronen, Quarks. Vergleiche mit *Makrowelt*.

Mikrozustand Eine mikroskopische Verteilung von Energie und Position, die mit einer gegebenen Menge makroskopischer Eigenschaften übereinstimmt. Normalerweise ist eine von vielen solcher Verteilungen möglich. Vergleiche mit *Makrozustand*.

Molekül Eine stabile, elektrisch neutrale Verbindung zweier oder mehrerer Atome, die in Übereinstimmung mit den Gesetzen der Quantenmechanik elektromagnetisch zusammengehalten werden. Kerne und Elektronen werden vom ganzen Molekül gemeinsam in Anspruch genommen, sodass die Identität der ursprünglichen Atome verloren geht. Moleküle haben chemische Eigenschaften, die sich von jedem seiner atomaren Bestandteile unterscheiden.

Das Molekül ist ein herausragendes Beispiel für die Fähigkeit der Natur, aus wenigem viel zu machen. Millionen unterschiedlicher Moleküle gehen aus nur wenigen Dutzend verschiedener Atome hervor, die chemische Elemente genannt werden.

M-Theorie Vorgeschlagene Supervereinigung, die der Raum-Zeit elf Dimensionen zuordnet und Punktteilchen durch Superstrings und Brane (Membranen in zwei oder mehr Dimensionen) ersetzt. Befürworter erhoffen sich von der M-Theorie ein umfassendes und einheitliches Verständnis aller grundlegenden Kräfte, sodass die Quantenmechanik mit der allgemeinen Relativität in Einklang gebracht werden kann. Obwohl die M-Theorie erst Mitte der 1990er Jahre vorgestellt wurde, hat sie bereits fünf miteinander konkurrierende Stringtheorien unter einen Hut gebracht.

Multiversum Ein «Universum aus Universen», von denen unseres nur einen Teil darstellt. In manchen Kreisen wird diese Idee befürwortet, aber die Existenz des Multiversums ist nicht bewiesen.

Muon Ein Elementarteilchen, das mit dem Elektron fast identisch ist, aber eine Masse hat, die ungefähr 200-mal größer ist. Siehe auch *Standardmodell der Teilchenphysik*.

Muon-Neutrino Siehe unter *Neutrino* und *Standardmodell der Teilchenphysik*.

neutral 1) Die elektrische Ladung oder einige andere grundlegende Eigenschaften der Materie betreffend: Es läuft auf einen Nettowert von null hinaus. 2) In der Chemie: weder sauer noch basisch.

Neutralino Hypothetisches supersymmetrisches Teilchen mit einer elektrischen Ladung null, das von einigen Theoretikern als Kandidat für die dunkle Materie gehandelt wird. Das Neutralino, eine Kombination aus zwei oder mehreren Superpartnern – es gehört zum Photon, zum Z-Boson und womöglich noch zu anderen –, ist angeblich das leichteste supersymmetrische Teilchen, das überhaupt denkbar ist, und unterliegt daher auch nicht dem Zerfall in noch leichtere Teilchen.

Neutrino Ein Elementarteilchen mit einer elektrischen Ladung null, einem Spin ½ und wenig oder gar keiner Masse (wahrscheinlich weniger als ein Hunderttausendstel der Elektronenmasse). Als Lepton spielt das Neutrino eine Rolle beim Betazerfall und bei bestimmten anderen schwachen Wechselwirkungen. Es nimmt weder an der elektromagnetischen noch an der starken Wechselwirkung teil.

Dem Standardmodell der Teilchenphysik zufolge begleitet ein neutrinoähnliches Teilchen ein elektronähnliches Teilchen durch drei mögliche Generationen. Das Elektron-Neutrino (das gängige Neutrino) wird in der ersten Generation mit einem Elektron gepaart. In der zweiten Generation wird das Muon-Neutrino mit dem Muon gepaart. Das Tau-Neutrino wird in der dritten Generation mit dem Tauon gepaart.

Neutron Ein Teilchen mit einer elektrischen Ladung null, einem Spin ½ und einer Masse, die geringfügig größer als die eines Protons ist; einer der Hauptbestandteile eines Atomkerns. Obwohl das Neutron häufig als elementar angesehen wird, ist es in Wirklichkeit ein zusammengesetztes Teilchen, das aus einem Up-Quark und zwei Down-Quarks besteht.

Neutronenstern Spätstadium im Leben eines Sterns, wenn Teile der äußeren Hülle unter dem Einfluss der Gravitation zusammenbrechen und einen dichten inneren Neutronenkern bilden. Der Druck ist so extrem hoch, dass Protonen in den verschiedensten Atomkernen mit äußeren Elektronen verschmelzen und freie Neutronen erzeugen. Unter gewissen Umständen kann sich ein Neutronenstern später in eine Supernova entwickeln.

Newton'sche Mechanik Klassische Mechanik, vor allem in Verbindung mit Newtons Bewegungsgesetz und Galilei'scher Relativität. Im Gegensatz zur *Quantenmechanik*.

Newton'sches Bewegungsgesetz Drei Prinzipien, auf denen die klassische Mechanik beruht. Siehe auch *Bewegungsgesetz, erstes, zweites und drittes*.

nichteuklidische Geometrie Studium von Linien, Punkten, Winkeln, Oberflächen und Festkörpern in einem gekrümmten Raum (wie etwa – neben anderen Möglichkeiten – eine Kugel oder ein Sattel). Vertraute Merkmale euklidischer Geometrie gelten nicht mehr und müssen modifiziert werden, damit sie sich für den besonderen Raum eignen. Zum Beispiel: 1) Parallele Linien können, abhängig von der Raumkrümmung, entweder auseinander streben oder zusammentreffen. 2) Die Winkelsumme in einem Dreieck kann größer oder kleiner als 180° sein. 3) Das Verhältnis zwischen Kreisumfang und Durchmesser kann größer oder kleiner als π sein.

nichtlinear Beschreibt jedes Verhältnis, bei dem eine Größe y nicht direkt proportional zur ersten Potenz einer anderen Größe x ist. Beispiel: $y = mx^2$, wobei m eine festgelegte Zahl ist. Im Gegensatz zu *linear*.

Nukleon Ein Proton oder Neutron in einem Kern.

Nullpunktenergie (Nullpunktschwingung) Eine Konsequenz des Unbestimmtheitsprinzips, dass nämlich ein Teilchen niemals völlig stillstehen kann, damit es nicht Position und Impuls gleichzeitig verrät. Selbst in einem Zustand minimaler Energie – und sogar noch am absoluten Nullpunkt, der kältesten Temperatur, die denkbar ist – führt ein Teilchen noch eine leichte Zitterbewegung aus.

Operator Ein mathematisches Rezept zur Umwandlung eines Objektes in ein anderes, das in der Quantenmechanik angewendet wird, um eine Zustandsveränderung zu bewirken und eine Messung zu simulieren. Beispiel: ein Rotationsoperator, der ein Koordinatensystem durch einen angegebenen Winkel um eine Achse dreht, die in eine festgelegte Richtung gekippt ist. Siehe auch *Operatoren, vertauschbare*.

Operatoren, vertauschbare Operationen, die in willkürlichen Sequenzen (entweder zuerst A und dann B oder erst B und dann A) ohne ein erkennbar unterschiedliches Resultat durchgeführt werden können. Beispiel: Man drehe den Stundenzeiger einer Uhr. Dreht man den Zeiger eine Stunde im Uhrzeigersinn und dann zwei Stunden gegen den Uhrzeigersinn, ergibt das das gleiche Endresultat (eine Stunde gegen den Uhrzeigersinn), als drehte man den Zeiger zuerst zwei Stunden gegen den Uhrzeigersinn und dann eine Stunde im Uhrzeigersinn.

In der Quantenmechanik stellen vertauschbare Operatoren beobachtbare Größen dar, die mit unbegrenzter Genauigkeit gleichzeitig gemessen werden können und nicht dem Unbestimmtheitsprinzip unterliegen. Quantenmechanische Eigenschaften wie Position und Impuls, die nicht gleichzeitig bestimmt werden können, unterliegen dem Unbestimmtheitsprinzip und werden stattdessen von nichtvertauschbaren Operatoren dargestellt. Verschiedene Messfolgen führen zu unterschiedlichen Ergebnissen, weil die erste Operation eine unkontrollierbare Störung hervorruft, die die zweite Operation beeinflusst.

Pauli-Prinzip Ein grundlegendes, von Wolfgang Pauli formuliertes Gesetz der Quantenmechanik: 1) Die Wellenfunktion für ein System identischer Bosonen bleibt gleich (sie ist *symmetrisch*), wenn alle Teilchen vertauscht werden. 2) Die Wellenfunktion für ein System identischer Fermionen kehrt die Vorzeichen um (sie ist *antisymmetrisch*), wenn alle Teilchen ausgetauscht werden.

Das mit mehr Einschränkungen verbundene *Pauli'sche Ausschließungsprinzip* folgt aus der zweiten obigen Behauptung: Identische Fermionen dürfen nicht genau denselben Quantenzustand einnehmen. In einem Atom kann ein einziges Energieniveau nicht mehr als zwei Elektronen beherbergen, und auch das nur, wenn sie zwei entgegengesetzte Spins haben. Das Ausschließungsprinzip bestimmt also die Struktur und die Eigenschaften aller chemischen Elemente. Zusätzlich fordert es, dass Quarks in drei unterschiedlichen «Farben» auftreten, um Arten zu unterscheiden, die den gleichen Flavor und Spin haben.

Periode Die erforderliche Zeit zur Vollendung eines Zyklus einer Welle oder einer anderen Schwingung.

Periodentafel Eine in Reihen und Spalten aufgeteilte tabellarische Anordnung der chemischen Elemente, die wiederkehrende Eigenschaften verdeutlicht.

Periodenverdopplung Ein in bestimmten nichtlinearen Systemen beobachtetes Phänomen, das häufig dem Beginn des Chaos vorausgeht: die aufeinander folgende Verdopplung der Länge eines sich wiederholenden Zyklus, herbeigeführt vom stetigen Wandel in einem Kontrollparameter. Wenn der Parameter erstmals einen Schwellenwert erreicht, schwankt das System zyklisch zwischen zwei Resultaten. Übertritt der Parameter die nächste Schwelle, wächst der Zyklus auf vier Resultate an, dann auf acht, danach auf sechzehn und so weiter.

Phase Ein Maß für den Fortschritt eines sich wiederholenden Zyklus, ausgedrückt als Bruchteil einer vollendeten Schwingung. Ein Zyklus beginnt bei $0°$, erreicht seinen Mittelwert bei $180°$ und endet bei $360°$ (um dort wieder neu zu beginnen). Aggregatzustand einer Materiemenge wie z. B. ein Festkörper, eine Flüssigkeit, ein Gas oder Plasma.

Phasenraum Abstraktes Koordinatensystem, in dem jede mechanische Variable einer unabhängigen Achse zugeordnet ist. Ein klassischer Zustand nimmt einen einzigen, genau definierten Punkt in Anspruch, in dem Position und Impuls jedes einzelnen Teilchens enthalten ist.

Phasenübergang Eine Veränderung im Zustand der Materie, wie etwa das Schmelzen eines Festkörpers oder das Kochen einer Flüssigkeit.

Photon Eine quantisierte Anregung des elektromagnetischen Feldes, die sowohl Wellen- als auch Teilcheneigenschaften aufweist. Ein einzelnes Photon hat eine Wellenlänge und eine Frequenz (wie eine Welle), liefert aber auch Energie und hat einen Impuls sowie einen Drehimpuls (wie ein Teilchen). Als masseloses Botenboson bewegt sich ein Photon unaufhörlich mit Lichtgeschwindigkeit fort und vermittelt die elektromagnetische Wechselwirkung zwischen geladenen Teilchen. Siehe auch *Quantenelektrodynamik*; *Wechselwirkung, elektroschwache*.

Planck'sche Konstante Eine grundlegende Konstante, die mit der Größe eines Quants in Verbindung gebracht wird. Sie hat die Dimensionen (Energie) × (Zeit) oder entsprechend (Impuls) × (Länge). Die klassische Mechanik wird in Systemen, in denen die Planck'sche Konstante unerheblich klein erscheint, zunehmend genauer. Siehe auch *Korrespondenzprinzip*.

Planck-Skala (Energie, Länge, Zeit) Grobe Schätzung der Bedingungen, unter denen die Supervereinigung aller vier grundlegenden Wechselwirkungen stattfindet; ein wesentlicher Parameter in der Stringtheorie, in der Quantengravitation und in den Modellen des frühen Universums. Man erhält die Zahlen, indem man die Planck'sche Konstante mit der Lichtgeschwindigkeit und der Proportionalitätskonstante in Newtons allgemeinem Gravitationsgesetz verbindet.

Die Planck-Länge hat ungefähr die Größe eines Superstrings (etwa ein Milliardstel eines Billionstels eines billionstel Zentimeters) und stellt eine Skala dar, unterhalb deren sich die Quantenschaumturbulenz verheerend auf die Raum-Zeit auswirkt. Die Planck-Energie entspricht 10 Milliarden Milliarden Protonenmassen und steht für die Energie, die erforderlich ist, eine derart kleine Region zu untersuchen. Die Planck-Zeit dauert ein Zehnmillionstel eines Billionstels eines Billionstels einer billionstel Sekunde und stellt das Alter des Universums dar, als der kosmische Radius noch nicht über die Planck-Länge hinausgelangt war.

Plasma Ein Materiezustand, der einem Gas ähnelt, aber aus elektrisch geladenen Teilchen oder Ionen zusammengesetzt ist statt aus neutralen Atomen oder Molekülen. Die gegensätzlich geladenen Teilchen, die in ungefähr gleicher Zahl vorhanden sind, befähigen das Plasma dazu, Elektrizität zu leiten. Der größte Teil der Materie im Universum existiert in dieser Form. Beispiel: die ungebundenen Elektronen und Kerne in einem normalen Stern.

Polarisation Einer Welle: die Richtung, in der die Amplitude verschoben wird.

Positron Das Antiteilchen eines Elektrons, das die gleiche Masse, aber eine positive Ladung gleicher Größe besitzt. Wird auch *Antielektron* genannt.

Potenzial 1) Die in die Position eines Körpers in einem Feld investierte Energie, im Unterschied zu kinetischer Energie (Bewegungsenergie). Siehe auch *elektrisches Poten-*

zial; Gravitationspotenzial. 2) Allgemeiner betrachtet ist ein Potenzial ein Maß für das Ungleichgewicht an zwei Punkten einer beliebigen Größe. Beispiel: Die Temperatur wirkt als ein Potenzial für die Übertragung von Wärme. Wärmeenergie fließt von einem wärmeren Körper zu einem kälteren Körper.

Potenzialenergie Siehe unter *Potenzial.*

Proportionalität, direkte Eine Beziehung zwischen x und y, sodass $y = kx$ für eine festgelegte Zahl k. Wird der Wert von x erhöht, muss y um denselben Prozentsatz angehoben werden, um die Proportionalität zu bewahren.

Proportionalität, umgekehrte Eine Beziehung zwischen x und y, sodass $y = k/x$ für eine festgelegte Zahl k. Wird x vergrößert, muss y wechselseitig vermindert werden, um die Proportionalität beizubehalten. Vergleiche mit *Proportionalität, direkte.*

Proton Ein Teilchen mit einer elektrischen Ladung $+1$, einem Spin ½ und einer Masse, die 1836-mal größer ist als die eines Elektrons; zusammen mit dem Neutron ein Hauptbestandteil eines Atomkerns. Obwohl das Proton häufig als ein Elementarteilchen behandelt wird, ist es eigentlich ein aus zwei Up-Quarks und einem Down-Quark zusammengesetztes Teilchen.

Ein Kilogramm Protonen würde nahezu eintausend Billionen Billionen Teilchen enthalten. Eintausend Billionen davon würden, aneinander gereiht, eine Linie von lediglich zwei Metern ergeben.

Pythagoras, Satz des Das Quadrat der Hypotenuse eines rechtwinkligen Dreiecks mit der Länge c ist gleich der Summe der Quadrate der beiden Seitenlängen a und b: $c^2 = a^2 + b^2$.

Quantenchromodynamik Die Theorie der starken Farbwechselwirkung, die Quantenmechanik und spezielle Relativität zusammenfasst. Das Modell beschreibt, wie die starke Kraft aus einem Austausch farbiger Gluonen (masseloser Botenbosonen) zwischen Farbquarks hervorgeht. Siehe auch *Quantenelektrodynamik; Wechselwirkung, elektroschwache.*

Quantenelektrodynamik Die Theorie der elektromagnetischen Wechselwirkung, die die Quantenmechanik und die spezielle Relativität umfasst. Das Modell beschreibt, wie die elektromagnetische Kraft aus einem Austausch ungeladener Photonen (masseloser Botenbosonen) zwischen elektrisch geladenen Teilchen hervorgeht. Siehe auch *Quantenchromodynamik; Wechselwirkung, elektroschwache.*

Quantenmechanik Das Studium der Energie und Bewegung von Teilchen, die zu klein sind und zu wenig Masse haben, um der klassischen Mechanik zu gehorchen. Statt wohldefinierter Positionen und Impulse verwendet die Quantenmechanik: 1) eine der Wahrscheinlichkeit unterliegende Wellenfunktion, um den Zustand des Systems angeben zu können, und 2) mathematische Operatoren, die den Vorgang der Messung darstellen. Die Entwicklung eines Zustands wird von einer geeigneten Bewegungsgleichung beschrieben, deren Lösung separate Eigenzustände und Eigenwerte hervorbringt. Das Unbestimmtheitsprinzip, das Überlagerungsprinzip, das Pauli-Prinzip, das Korrespondenzprinzip und die Welle-Teilchen-Dualität bilden die Grundlage der Quantenmechanik.

Die Schrödinger-Gleichung liefert als nichtrelativistische Annäherung eine befriedigende Beschreibung der meisten Atome und Moleküle (und somit des größten Teils der Chemie). Außerdem trägt der klassische Umgang mit dem elektromagnetischen Feld zur Vereinfachung der Analyse solcher Systeme bei, ohne dass die Genauigkeit dabei auf der Strecke bleibt. Allerdings bedarf die Analyse der starken und schwachen Wechselwirkungen eines quantisierten Feldes, das den Erfordernissen der speziellen Relativität genügt. Siehe auch *Quantenchromodynamik; Quantenelektrodynamik; Wechselwirkung, elektroschwache.*

Quantenschaum Eine Folge der Anwendung des Unbestimmtheitsprinzips auf Punktteilchen: heftige Fluktuationen in der Struktur der Raum-Zeit in unendlich kleinem Maßstab. Wird auch *Raum-Zeit-Schaum* genannt.

Quark Ein Elementarteilchen, das die quantenmechanischen Eigenschaften von Flavor und Farbe besitzt und folglich an allen vier grundlegenden Wechselwirkungen teilhat. Quarks haben Bruchteile elektrischer Ladungen ($-1/3$ oder $+2/3$), einen Spin ½ und unterschiedliche Massen. Sie kommen nur in eng miteinander verbundenen Zweiergruppen (wie in einem Meson) oder in Dreiergruppen (wie in einem Proton oder Neutron) vor. Darüber hinaus sind sie die einfachsten bekannten Bestandteile aller zusammengesetzten Teilchen, die auf die starke Kraft reagieren. Sie kommen also, außer in Leptonen, in der ganzen Materie vor. Siehe auch *Standardmodell der Teilchenphysik.*

Radioaktivität Die Abgabe von Strahlung oder Energie von einem Atomkern, normalerweise in Form von Alphateilchen, Betateilchen, Gammastrahlen, Protonen, Neutronen und Neutrinos. Wird auch *radioaktiver Zerfall* genannt.

Radiowelle Die schwächste Energiestrahlung des elektromagnetischen Spektrums, von Wellenlängen gekennzeichnet, die größer als ein Meter sind. Manche Radiowellen haben gerade genügend Energie, um den Spin-Drehimpuls eines Atomkerns neu auszurichten.

Raum 1) Ein Koordinatensystem, das die physikalischen Dimensionen der Länge, Breite und Höhe umfasst und folglich eine Bühne für mögliche Orte darstellt, an denen Dinge existieren und Ereignisse geschehen können. Die Angabe von Koordinaten entlang dreier unabhängiger Achsen reicht aus, um beliebige Positionen genau zu lokalisieren. Flache Räume werden praktischerweise von geradlinigen Achsen modelliert, während man gekrümmte Räume besser mit Koordinaten in den Griff bekommt, die der besonderen Geometrie (nämlich Radius, Breitengrad und Längengrad, um die Positionen auf einer Kugel zu kennzeichnen) besser angepasst sind. Siehe auch *Raum-Zeit; Zeit.* 2) Im Allgemeinen, vor allem in der Mathematik: ein Koordinatensystem beliebiger Dimension, konstruiert, um den unabhängigen Bestandteilen eines Objekts zu entsprechen.

Raum-Zeit Ein vierdimensionales Koordinatensystem, definiert in Verbindung mit einem gegebenen Trägheitssystem. Drei räumliche Koordinaten (x, y, z) und eine zeitliche Koordinate (t) lokalisieren ein Ereignis in der Raum-Zeit. Siehe auch *Raum; Raum-Zeit-Intervall; Relativität; Zeit.*

Raum-Zeit-Intervall Ein unveränderliches Maß für den Abstand zwischen Ereignissen in der Raum-Zeit, das in allen Trägheitssystemen den gleichen Wert hat. Als Skalar verbindet das Raum-Zeit-Intervall einen räumlichen mit einem zeitlichen Beitrag und ist eine Entsprechung zur Entfernung im normalen Raum (der trotz der Drehung des Koordinatensystems unverändert bleibt).

Reibung Die Zerstreuung von Energie in Form von Wärme, die normalerweise durch die Reibung eines Objekts an einem anderen Objekt verursacht wird. Es ist schwer, den Energieverlust aufgrund von Reibung in einer Form zurückzuerhalten, mit der sich nützliche Arbeit verrichten ließe.

Relativität Ein theoretisches Gerüst, das auf dem *Relativitätsprinzip* gründet, nach dem die Naturgesetze für alle Beobachter gleich sein müssen. Beobachter erkennen manche Größen als unveränderlich (beispielsweise die Größe eines Vektors) und andere als wandelbar (die einzelnen Bestandteile), sodass sie Koordinatenumwandlungen verwenden, um scheinbare Unterschiede in Einklang zu bringen.

Eine Reihe von Umwandlungen, die die *Galilei'sche Relativität* umfasst, ist eine Annäherung, die für geringe Geschwindigkeiten gilt, wobei die Lichtgeschwindigkeit tatsächlich unendlich erscheint. Innerhalb der Grenzen des Galilei'schen Systems existiert die Zeit unabhängig vom Raum. Eine andere Reihe von Umwandlungen, die die *Einstein'sche Relativität* umfasst, verschmilzt die Zeit mit dem Raum und ist auf alle Geschwindigkeiten anwendbar. Ihre Auswirkungen werden vor allem bei Geschwindigkeiten deutlich, die der Lichtgeschwindigkeit nahe kommen. Siehe auch *allgemeine Relativität; Invarianz; spezielle Relativität*.

Renormalisierung Ein mathematisches Verfahren zur Eliminierung gewisser Anomalitäten (Unendlichkeiten) aus einem quantisierten Feld, ohne die die Theorie sinnlose Ergebnisse hervorbrächte.

Röntgenstrahlung Hochenergetische elektromagnetische Strahlung, die zweitstärkste nach der Gammastrahlung. Photonen im Röntgenbereich haben genügend Energie, die innersten (und daher an stärksten gebundenen) Elektronen vieler Atome zu erregen. Siehe auch *elektromagnetisches Spektrum*.

Rotation Die Drehung eines Objekts um eine Achse oder um einen zentralen Punkt, unabhängig von jeglicher Verschiebung oder Schwingung. Siehe auch *Rotationssymmetrie*.

Rotationssymmetrie Unveränderlichkeit gegenüber der Rotation. Ein Objekt hat eine Rotationssymmetrie, wenn es nach einer Drehung um einen bestimmten Winkel und um eine bestimmte Achse das gleiche Erscheinungsbild und die gleichen Eigenschaften beibehält. Siehe auch *Verschiebungssymmetrie*.

Rotverschiebung Eine Folge des Dopplereffekts: eine scheinbare Dehnung der Wellenlänge, wenn sich eine Wellenquelle vom Beobachter entfernt. Der Ausdruck bezieht sich auf die Eigenschaften des sichtbaren Lichts. Verschiebt sich das Spektrum von Blau über Grün nach Rot, dann nehmen die Wellenlängen zu (und die Frequenzen ab). Eine entsprechende «Blauverschiebung» geschieht, wenn sich die Quelle auf den Beobachter zu- und nicht von ihm fortbewegt.

Rotverschobenes Licht aus entfernten Galaxien sorgte für den ersten Hinweis auf ein expandierendes Universum. Siehe auch *kosmische Hintergrundstrahlung; Urknall*.

Rückkopplung Die Rückführung eines gewissen Anteils des Outputs eines Systems zu seinem Input.

Ruheenergie Potenzialenergie ($E = mc^2$), die als Folge der speziellen Relativität in der Masse eines ruhenden Körpers in einem der Trägheit unterworfenen Bezugsrahmen verborgen ist. Siehe auch *Masseenergie*.

Schmetterlingseffekt Extreme Empfindlichkeit gegenüber Anfangsbedingungen, ein Schlüsselkonzept in der Chaostheorie. Eine winzige Veränderung am Anfangszustand eines Systems übt nach dem Verstreichen einer ausreichend langen Zeitspanne eine unverhältnismäßig große Wirkung auf den Endzustand aus.

Schöpfung Die Materialisierung der Masse aus Energie, wie es $E = mc^2$ gestattet. Im Gegensatz zu *Vernichtung*. Siehe auch *Masseenergie*.

Schrödinger-Gleichung Eine nichtrelativistische quantenmechanische Bewegungsgleichung, die auf Teilchen anwendbar ist, die im Vergleich zur Lichtgeschwindigkeit mit niedrigem Tempo unterwegs sind. Angesichts der Massen und Potenzialenergien der Teilchen bestimmt die Schrödinger-Gleichung die erlaubten Wellenfunktionen und Energien. Sie wird mit großem Erfolg auf das Studium von Atomen und Molekülen angewendet.

Schwarzes Loch Ein Objekt mit einem so starken Gravitationsfeld, dass ihm nichts (nicht einmal das Licht) entkommen kann, Teilchen, die einem Schwarzen Loch zu nahe kommen, werden gefangen genommen und festgehalten.

Schwerer Wasserstoff Deuterium.

Schwingung Die periodische Verschiebung und Wiederkehr eines Körpers zu seinem Ausgangspunkt, unabhängig von irgendeiner Gesamtverschiebung oder Drehung.

Schwingungsknoten Ein Punkt, eine Linie oder die Oberfläche einer stehenden Welle, wo die Störung gleich null ist.

Skalar Eine Größe, die Stärke, aber keine Richtung hat, dargestellt durch eine einzelne Zahl. Skalare haben denselben Wert in allen gedrehten Bezugsrahmen. Beispiele: Entfernung, Geschwindigkeit, Temperatur. Im Gegensatz zu *Vektor*.

spezielle Relativität (Spezielle Relativitätstheorie) Einsteins Relativitätstheorie ist hier beschränkt auf einen Bezugsrahmen, der der Trägheit unterliegt, und ist eine Schlussfolgerung aus zwei Hypothesen: 1) Die Naturgesetze sind für Beobachter in allen Trägheitssystemen gleich. 2) Die Lichtgeschwindigkeit ist dieselbe in allen Trägheitssystemen. Zu den Konsequenzen der speziellen Relativität gehören das Verschmelzen von Raum und Zeit, ein Überdenken des Gleichzeitigkeitskonzepts sowie die Erkenntnis, dass Masse eine Form von Energie ist. Siehe auch *allgemeine Relativität, Masse-Energie; Raum-Zeit; Raum-Zeit-Intervall; Relativität*.

Spin-Drehimpuls (Spin) In der Quantenmechanik: ein Drehimpuls, der dem Teilchen selbst zu Eigen ist und nicht aus irgendeiner offensichtlichen Bewegung entsteht. Der quantenmechanische Spin hat kein unmittelbares klassisches Gegenstück, und Beschreibungen eines «tanzenden» Elektrons als Kreisel sind rein metaphorisch zu verstehen. Vergleiche mit *Bahndrehimpuls*.

Standardmodell der Teilchenphysik Grundstruktur zum Verständnis von drei der vier grundlegenden Wechselwirkungen, eine Synthese von Quantenchromodynamik und der vereinigten elektroschwachen Kraft. Das in den 1970er Jahren entwickelte Modell hat sich als sehr erfogreich erwiesen, allerdings sind sich fast alle Physiker einig, dass es keine endgültige Theorie ist. Zu möglichen Erweiterungen gehören die Einbeziehung der Supersymmetrie und die Ersetzung der Punktteilchen durch Superstrings.

Das Standardmodell klassifiziert Materieteilchen (Fermionen) entweder als Quarks oder als Leptonen und ordnet sie drei Generationen zu. Die erste Generation erklärt die gesamte normale Materie im bekannten Universum. Dazu gehören die Up- und Down-Quarks, das Elektron und das Neutrino. Die zweite Generation deckt die Teilchen ab, die in Hochenergieprozessen entstehen, wozu das Charm- und das Strange-Quark, das Muon und das Muon-Neutrino gehören. Die dritte Generation enthält auf ähnliche Weise das Top- und das Bottom-Quark sowie das Tauon und das Tau-Neutrino. Teilchen der zweiten und dritten Generation entsprechen denen der ersten. Sie unterscheiden sich nur durch ihre größeren Massen. Jede Generation enthält zwei Quarks mit gegensätzlichem Flavor und zwei Leptonen, die die Eigenschaften von Elektron und Neutrino haben.

Kraftteilchen (Bosonen) werden jeder der drei grundlegenden Kräfte zugeordnet, die das Modell erörtert: Das Photon vermittelt die elektromagnetische Wechselwirkung, die W- und Z-Teilchen die schwache Wechselwirkung, während die Gluonen für die starke Wechselwirkung verantwortlich sind. Zusätzlich verleiht das Higgsboson den verschiedenen Teilchen ihre Massen.

statistische Mechanik Die Anwendung statistischer Analyse statt einer Bewegungsgleichung, um eine große Zahl von Teilchen zu studieren. Mit einem ausreichend großen System wird die Wahrscheinlichkeit bestimmter Ereignisse überwältigend hoch und die Statistik zunehmend genauer. Der Ansatz trägt zur Identifizierung des mikroskopischen Ursprungs makroskopischer Eigenschaften bei. Vergleiche mit *Mechanik; Thermodynamik.*

Steady State Ein Zustand, in dem die makroskopischen Eigenschaften eines Systems konstant erscheinen, wenngleich nicht so wie in einer richtigen, selbstgenügsamen Balance, die aus einem internen Gleichgewicht der Kräfte entsteht. Ein Steady State im Ungleichgewicht muss aktiv von außen über eine Verbindung zu einer äußeren Material- und Energiequelle oder einem entsprechenden Abfluss versorgt werden. Beispiel: lebende Systeme.

STeilchen Siehe unter *Superpartner.*

Strahlung Die Abgabe von Teilchen oder Energie. Beispiele: elektromagnetische Strahlung, thermische Strahlung (Wärme).

Stringtheorie Eine Klasse supervereinigter Theorien, in denen Punktteilchen durch Superstrings ersetzt werden, die in einer Raum-Zeit schwingen, die mehr als vier Dimensionen hat. Die Stringtheorie steckt noch im Entwicklungsstadium, aber sie soll einmal die Quantenmechanik mit der allgemeinen Relativität versöhnen und damit ein umfassendes Verständnis aller vier fundamentalen Kräfte erreichen. Siehe auch *M-Theorie.*

Strom Das Strömen einer Flüssigkeit, einer elektrischen Ladung oder anderer Materialien. Siehe auch *elektrischer Strom.*

Supernova Katastrophische Explosion eines sterbenden Sterns, begleitet von der Freisetzung schwerer Elemente, die im Laufe früherer Kernsynthesen gebildet wurden. Eine

Supernova ist so hell, dass sie während ihrer kurzen Brennzeit manchmal eine ganze Galaxie überstrahlen kann. Siehe auch *Neutronenstern.*

Superpartner Eine Folge der Supersymmetrie: ein noch unentdecktes Gegenstück für jedes bekannte Teilchen, das sich in seinem Spin um eine halbe Einheit unterscheidet. Für jedes Fermion mit Spin ½ fordert die Supersymmetrie ein Partner-Boson mit dem Spin 0. Für jedes Boson mit Spin 1 muss es ein Partner-Fermion mit dem Spin – ½ geben.

Die bosonischen Superpartner werden dadurch gekennzeichnet, dass man ein *S* vor den Namen setzt, sodass aus einem Teilchen mit Spin – ½ ein STeilchen mit Spin 0 wird. Bei fermionischen Superpartnern bekannter Bosonen wird normalerweise die Nachsilbe *ino* angehängt oder die Nachsilbe *on* durch *ino* ersetzt. Beispiele: Elektron/ Selektron; Quark/Squark; Proton/Sproton; Neutron/Sneutron; Photon/Photino; W/Wino, Z/Zino; Gluon/Gluino.

Superstring Winzig kleiner Baustein der Stringtheorie: ein Energiefaden auf der Planck-Skala. Ein Superstring ist mit Supersymmetrie ausgestattet und schwingt angeblich in mehr als vier Raum-Zeit-Dimensionen. Siehe auch *M-Theorie.*

Supersymmetrie Vorschlag einer Symmetrie, die unter bestimmten Bedingungen Fermionen in Bosonen (und Bosonen in Fermionen) verwandelt. Siehe auch *Superpartner; Superstring.*

Supervereinigung Erhoffte Hochzeit einer großen vereinigten Theorie (die die elektroschwache und die starke Wechselwirkung zu einer einzigen Kraft verschmelzen würde) und der Quantengravitation (die ein mikroskopisches Verständnis des Gravitationsfeldes ermöglicht). Falls die Supervereinigung verwirklicht wird, werden sich alle vier grundlegenden Wechselwirkungen als Manifestationen eines gemeinsamen Ursprungs verstehen lassen.

Bisher ist weder eine große vereinigte Theorie noch eine Quantengravitationstheorie entwickelt worden. Viele Physiker betrachten die M-Theorie als die größte Chance, beide Ziele zu erreichen.

Symmetrie Die Fähigkeit eines Systems, trotz Durchführung einiger nomineller Umwandlungen unverändert zu erscheinen. Ein Objekt ist unter einer speziellen Operation symmetrisch, wenn ein Beobachter (mit geschlossenen Augen) nicht entscheiden kann, ob die Operation ausgeführt wurde oder nicht. Beispiel: Ein Quadrat, das nach einer Drehung auf einer Ebene um 90°, 180°, 270° oder 360° genauso aussieht wie vor der Drehung, hat eine vierfache Rotationssymmetrie. Siehe auch *Rotationssymmetrie; Verschiebungssymmetrie.*

Symmetrie, lokale Symmetrie setzt voraus, dass ein Objekt nach einer bestimmten Operation unverändert bleibt (beispielsweise bei der Drehung eines Quadrates um 90°). Wird eine Symmetrie nur dann anerkannt, wenn Beobachter an jedem Punkt in der Raum-Zeit die gleiche Operation gleichzeitig durchführen, spricht man von einer *globalen* Symmetrie. Alle müssen kooperieren und die identische Drehung, Verschiebung, Phasenverschiebung (oder was auch immer) verwirklichen, wenn die Symmetrie bewahrt werden soll. Im Gegensatz dazu kann bei einer *lokalen* Symmetrie die Operation zu jeder beliebigen Zeit und an jedem beliebigen Ort ohne Benachteiligung anderer Beobachter ausgeführt werden. Kombiniert man lokale Symmetrie mit spezieller Relativität, führt dies zu Eichinvarianzen und zur Existenz eines quantisierten Feldes.

Symmetriebrechung, spontane Der Unterschied zwischen Chancengleichheit und ungleichen Resultaten: das auf ein zufälliges Ereignis zurückzuführende Scheitern eines Systems, in einem bestimmten Gesetz eine genaue Symmetrie zu erkennen. Beispiel: 1) das Gefrieren einer Flüssigkeit, deren Moleküle in einer bestimmten (aber zufällig erworbenen) Richtung ausgerichtet sind. Das Ergebnis ist nur eines von unendlich vielen, gleich wahrscheinlichen Alternativen. 2) Die zufällige Differenzierung des Elektrons und Neutrinos, die durch Wechselwirkung mit einem Higgsfeld verursacht wird, was zur Aneignung verschiedener Massen führt.

System 1) Im Allgemeinen: jede Struktur oder jeder Prozess, der das Interesse eines Beobachters weckt. 2) In der Thermodynamik: der Anteil des Universums, der unmittelbar untersucht und von seiner Umgebung getrennt erachtet wird.

Tau-Neutrino Siehe unter *Neutrino* und *Standardmodell der Teilchenphysik*.

Tauon Siehe unter *Standardmodell der Teilchenphysik*.

Teilchen 1) Ein Körper, dessen innere Struktur und innere Bewegung ignoriert werden kann. Die Entscheidung, ein Objekt als ein Teilchen zu behandeln, hängt von dem untersuchten Phänomen ab. 2) Zwanglos: ein kleines Stück oder Fragment.

Teilchenbeschleuniger Eine sehr große, komplexe Maschine, die elektromagnetische Felder benutzt, um Teilchen bei extrem hohen Energien zu beschleunigen. Untersuchen die Physiker die bei den hochenergetischen Kollisionen entstehenden Bruchteile, können sie Informationen über das Wesen der Materie und der Wechselwirkungen in Erfahrung bringen.

Temperatur 1) Makroskopisch interpretiert: ein Maß für die Neigung der Wärme, zwischen zwei Punkten zu strömen, nämlich von einem warmen Körper (mit höherer Temperatur) zu einem kalten Körper (mit niedriger Temperatur). 2) Mikroskopisch interpretiert: ein Maß für die Durchschnittsgeschwindigkeit (oder für die Bewegungsenergie) der Teilchen in einem System.

Thermodynamik Makroskopische Behandlung des Einsatzes, der Vertauschbarkeit und Zerstreuung von Energie in ihrer Vielfalt mit Konzentration auf Arbeit (mechanische Energie) und Wärme (thermische Energie). Vergleiche mit *statistischer Mechanik*. Siehe auch *Thermodynamik, Erster Satz der; Zweiter Satz der*.

Thermodynamik, Erster Satz der Eine Behauptung des Energieerhaltungsprinzips, speziell auf makroskopische Systeme angewendet: Die Energieveränderung in einem System entspricht der übertragenen Wärme und der geleisteten Arbeit.

Thermodynamik, Zweiter Satz der Ein Prinzip, das nicht (wie der erste Satz) die Erhaltung der Energie betrifft, sondern vielmehr die Zerstreuung von Energie. Das Universum bewegt sich unaufhaltsam auf größere globale Unordnung zu, wobei es mit jeder spontanen Verwandlung zusätzliche Entropie erzeugt. Wenn sich die Energie in immer mehr Kanäle aufsplittert, wird es zunehmend schwieriger, sie zu gewinnen, obwohl ihre Gesamtmenge erhalten bleibt. Alle isolierten Systeme bauen ab und kommen schließlich ins Gleichgewicht.

Trägheit Die Neigung eines Körpers, in seinem augenblicklichen Bewegungszustand zu bleiben, es sei denn, eine Kraft wirkt auf ihn ein. Ohne Anziehung oder Abstoßung bleibt ein ruhendes Objekt im Ruhezustand. Objekte, die sich geradlinig und mit konstanter Geschwindigkeit fortbewegen, behalten ihre Bewegung bei, ohne zu beschleunigen oder ihre Geschwindigkeit zu verlangsamen. Siehe auch *Bewegungsgesetz, erstes; Inertialsystem.*

Tritium Ein radioaktives Isotop des Wasserstoffs, das ein Proton und zwei Neutronen in seinem Kern enthält.

Turbulenz Das Strömen einer Flüssigkeit, gekennzeichnet durch unberechenbare Änderungen in Geschwindigkeit und Richtung in jedem Punkt.

Überlagerung Verbindung unabhängiger Bestandteile, wie in der Vektoraddition dreier zueinander senkrecht stehender Richtungen im Raum. Im klassischen Elektromagnetismus bezieht sich die Überlagerung auf die Addition von Feldern aus verschiedenen Quellen. In der Quantenmechanik bedeutet Überlagerung die Verbindung unabhängiger Eigenzustände zur Darstellung einer vollständigen Wellenfunktion (oder eines Wellenvektors).

ultraviolette Strahlung Elektromagnetische Strahlung, deren Energie sich zwischen sichtbarem Licht und Röntgenstrahlen befindet. Ultraviolette Photonen sind normalerweise in der Lage, die Elektronen von Atomen und Molekülen zu erregen. Siehe auch *elektromagnetisches Spektrum.*

Umgebung In der Thermodynamik der Anteil des Universums, der mit einem System in Wechselwirkung tritt. Beispiel: Betrachtet ein Beobachter einen Rauminhalt Wasser als das System (den Anteil des unmittelbaren Interesses), dann stellen die umgebende Atmosphäre und das Glas als Wasserbehälter die Umgebung dar.

Umlaufbahn Der Pfad, dem ein Körper unter dem Einfluss eines anderen Körpers folgt.

Unbestimmtheitsprinzip Ein grundlegendes Gesetz der Quantenmechanik, von Werner Heisenberg formuliert: Position und Impuls eines Teilchens können nicht gleichzeitig mit unbegrenzter Genauigkeit gemessen werden. Je genauer man eine Größe kennt, umso ungewisser (oder unbestimmter) ist die andere. Eine ähnliche Beziehung gilt für Energie und Zeit sowie für verschiedene andere Beobachtungsgrößen. Wird auch *Heisenberg'sche Unschärferelation* genannt. Siehe auch *Operator; Operatoren, vertauschbare.*

Universum 1) Allgemein betrachtet, alles: der Kosmos, die Welt, alle bekannten und unbekannten Phänomene. 2) In der Thermodynamik: die Gesamtheit des Systems und seine Umgebung.

Universum, flaches Kosmologisches Modell, in dem die großmaßstäbliche Geometrie der Raum-Zeit euklidisch (flach) ist und auf Messers Schneide zwischen einer offenen Struktur (negative Krümmung) und einer geschlossenen Struktur (positive Krümmung) balanciert. Ein flaches Universum hat das Schicksal, ewig zu expandieren, während es allmählich langsamer wird – eine Entwicklung, die niemals endet –, vorausgesetzt, es gibt keine dunkle Energie. Vergleiche mit *Universum, geschlossenes; offenes.*

Universum, geschlossenes Kosmologisches Modell, in dem die großmaßstäbliche Krümmung der Raum-Zeit positiv ist und in einer nichteuklidischen Geometrie mündet, die der Geometrie einer Kugel entspricht. Es gibt sowohl einen zeitlichen als auch einen räumlichen Aspekt: 1) In einem *zeitlich geschlossenen* Universum, das aus einer genügend großen Massendichte entsteht, lautet die bestimmende Regel: «Was hoch fliegt, muss auch wieder herunterkommen.» Die Gravitationsanziehung hält letzten Endes die Expansion an und kehrt sie um, was schließlich zum Zusammenbruch des Universums zu einem unendlich kleinen Punkt verursacht. Das anschließende «Große Knirschen» bedeutet das Ende der Zeit. 2) Ein *räumlich geschlossenes* Universum existiert als ein endliches Volumen ohne Rand, dessen Raum unter dem Einfluss der Gravitation in sich selbst zurückgekrümmt ist. Ein irgendwo auf seiner Oberfläche ausgesendeter Lichtstrahl kehrt schließlich zu seinem Ausgangspunkt zurück. Vergleiche mit *Universum, flaches; offenes.*

Universum, offenes Kosmologisches Modell, in dem die großmaßstäbliche Krümmung der Raum-Zeit negativ ist, was zu einer nichteuklidischen Geometrie führt, die der eines Sattels (in der Form einer Hyperbel) entspricht. Es gibt sowohl einen zeitlichen als auch einen räumlichen Aspekt: 1) Ein *zeitlich offenes* Universum hat eine Gravitationsmasse, die nicht ausreicht, um die nach außen weisende Expansion aufzuhalten und umzukehren. Raum und Zeit entwickeln sich unaufhaltsam weiter. 2) Ein *räumlich offenes* Universum ist unendlich und ohne Rand. Parallele Lichtstrahlen treffen schließlich zusammen. Vergleiche mit *Universum, flaches; geschlossenes.*

Urknall Modell des kosmischen Ursprungs, in dem das entstehende Universum als eine unendlich kleine und dichte Konzentration von Energie aufgefasst wird, aus der unvermittelt die Raum-Zeit in Erscheinung trat. Als Mechanismus zum Antrieb der Expansion wird normalerweise ein anfänglicher Inflationsschub verantwortlich gemacht.

Vakuum Ein Raum ohne Materie, aber normalerweise von Feldern und Energie durchdrungen.

Vakuum, falsches Ein Vakuum, das vorübergehend in einem Zustand existiert, in dem die Energiedichte größer ist als die niedrigstmögliche, so als sei sie gefangen in einem tiefen Tal oder auf dem Gipfel eines Hügels balancierend. Im Gegensatz zu einem klassischen System hat ein quantenmechanisches falsches Vakuum eine gewisse Wahrscheinlichkeit, in einen niedrigeren, stabileren Zustand zu verfallen und dabei seine überschüssige Energie abzugeben. Solche *metastabilen Zustände* (siehe unter *stabiles Gleichgewicht*) werden als mögliche Mechanismen für die kosmische Inflation betrachtet.

Vektor Eine Größe, die sowohl Stärke als auch Richtung besitzt und durch eine Zahl (einen Bestandteil) entlang jeder Achse in einem Koordinatensystem angegeben wird. Wenn der Bezugsrahmen gedreht wird, nehmen die einzelnen Komponenten unterschiedliche Werte an, aber der Betrug des Vektors (eines Skalars) bleibt gleich. Beispiele: Geschwindigkeit, Impuls, Kraft, Beschleunigung. Im Gegensatz zu *Skalar.*

Vernichtung Die Umwandlung von Masse in reine Energie, die normalerweise geschieht, wenn ein Teilchen auf sein Antiteilchen trifft. Die erzeugte Energiemenge wird von der Gleichung $E = mc^2$ bestimmt. Im Gegensatz zu *Schöpfung.* Siehe auch *Antimaterie; Masseenergie.*

Verschiebung (Translation) Geradlinige Bewegung: die Verschiebung eines Objekts von einem Punkt im Raum zu einem anderen, unabhängig von der Drehung oder Schwingung. Siehe auch *Verschiebungssymmetrie.*

Verschiebungssymmetrie Unveränderlichkeit gegenüber einer räumlichen Verschiebung. Ein Objekt ist verschiebungssymmetrisch, wenn es nach der Verschiebung um eine bestimmte Entfernung in eine bestimmte Richtung das gleiche Aussehen und die gleichen Eigenschaften hat wie vorher. Siehe auch Rotationssymmetrie.

Vierervektor (vierdimensionaler Vektor) In der Relativitätstheorie besteht ein Vektor aus vier Komponenten: Drei entsprechen einem räumlichen Anteil, während die vierte dem zeitlichen Anteil zugeordnet ist. Die vier Bestandteile werden von Beobachtern in relativer Bewegung unterschiedlich wahrgenommen, während der Betrag des vierdimensionalen Vektors unverändert bleibt. Räumliche und zeitliche Beiträge zur Länge des Vektors wirken mit entgegengesetzten Vorzeichen zusammen. Beispiel: der Impuls-Energie-Vektor. Siehe auch *Raum-Zeit-Intervall*.

virtuelles Teilchen Ein kurzlebiges Geschöpf des Vakuums, das sich aus reiner Energie materialisiert und für kurze Zeit existiert, bevor es wieder verschwindet. Die zur Finanzierung der Materialisation «geliehene» Energie ($E = mc^2$) ist vorübergehender Natur und muss zurückgezahlt werden. Die Konditionen des Kredits werden durch das Heisenberg'sche Unbestimmtheitsprinzip für Energie und Zeit festgelegt. Siehe auch *Masse-Energie*.

Volumen Kapazität: Die Raummenge, die von einem Objekt in drei Dimensionen eingenommen wird und sich von einer Fläche (der Raummenge, die in zwei Dimensionen eingenommen wird) und der Länge (der Menge, die in einer Dimension eingenommen wird) unterscheidet.

Wahrscheinlichkeit Die Zahl A der tatsächlich eintretenden Ereignisse geteilt durch die Gesamtzahl T der möglichen Ereignisse: A/T.

Wärme 1) Mikroskopische Betrachtung: die Auflösung von Energie in zufällige, ungeordnete Bewegungen von Atomen und Molekülen. 2) Makroskopische Betrachtung: eine Energieveränderung, die durch eine Temperaturveränderung zum Ausdruck kommt und nicht durch die Massenverschiebung eines Körpers. Vergleiche mit *Arbeit*. Siehe auch *Thermodynamik*.

Wasserstoff Einfachstes und leichtestes der chemischen Elemente, ein Atom mit einem Kern, der aus nur einem einzigen Proton besteht. Der gesamte, heute vorhandene Wasserstoff soll sich innerhalb weniger Minuten nach dem Urknall gebildet haben. Siehe auch *Deuterium; Tritium*.

Wechselwirkung Der von einem Teilchen auf ein anderes ausgeübte Einfluss, der entweder als Kraft oder als Potenzialenergie zum Ausdruck kommt.

Wechselwirkung, elektromagnetische Die Anziehung und Abstoßung elektrisch geladener Teilchen, die zweitstärkste der vier grundlegenden Wechselwirkungen. In der klassischen Physik werden elektromagnetische Kraft und elektromagnetisches Potenzial vollständig durch die vier Maxwell'schen Gleichungen beschrieben. Aus der Sicht der Quantenelektrodynamik wird die elektromagnetische Wechselwirkung durch den Austausch von Photonen vermittelt.

Wechselwirkung, elektroschwache Eine vereinigte Kraft, die entsteht, wenn die elektromagnetischen und schwachen Wechselwirkungen bei ausreichend hohen Energien ununterscheidbar werden. Die elektroschwache Wechselwirkung wird durch vier

Botenbosonen vermittelt: Photon, W^+, W^- und Z^0. Siehe auch *Quantenchromodynamik; Quantenelektrodynamik.*

Wechselwirkung, schwache (nukleare) Eine der vier grundlegenden Wechselwirkungen, die sich hauptsächlich in unterschiedlichen Formen des Betazerfalls zeigt (wie etwa der Umwandlung eines Neutrons in ein Proton). Vermittelt durch die massetragenden W- und Z-Bosonen, wirkt die schwache Kraft über extrem kurze Abstände. Ihre Aktivitäten führen im Allgemeinen eine Veränderung des Quark-Flavors herbei.

Wechselwirkung, starke (nukleare) Die stärkste der grundlegenden Kräfte. Sie ist verantwortlich für die Verbindung der Quarks zu Protonen und Neutronen und in zweiter Linie für die Verbindung von Protonen und Neutronen zu Atomkernen. Die starke Wechselwirkung wirkt über kurze Strecken und ist weder von Masse noch von elektrischer Ladung abhängig. Sie entsteht aus der Farbkraft zwischen Quarks und wird durch den Austausch von Gluonen vermittelt.

Welle Eine periodische Störung in Raum und Zeit, die entweder an Ort und Stelle fixiert ist (eine stehende Welle) oder sich bewegt (eine Wanderwelle). Siehe auch *Amplitude; Frequenz; Periode; Phase; Polarisation; Wellenlänge.*

Wellen, stehende Ein Schwingungsmodus, der sich in einem beengten Raum entwickelt. Die Schwingungen bewegen sich auf und ab, sind aber nicht in der Lage, sich vorwärts zu bewegen. Die Welle «steht» an Ort und Stelle und wird von einem Muster ruhender Schwingungsknoten unterbrochen. Siehe auch *Harmonische.*

Wellenfunktion Mathematische Darstellung eines quantenmechanischen Zustands, erhalten als Lösung für eine geeignete Bewegungsgleichung (wie die Schrödinger-Gleichung). Das Quadrat der Wellenfunktion erweist sich als die Wahrscheinlichkeit der Beobachtung eines Systems in seinen unterschiedlichen Eigenzuständen. Wird manchmal *Wellenvektor* genannt.

Wellenlänge Die Entfernung zwischen gleichwertigen Punkten auf fortlaufenden Zyklen einer Welle (wie etwa aufeinander folgende Wellenberge und Wellentäler).

Welle-Teilchen-Dualität Ein quantenmechanisches Prinzip, das zuerst von Louis de Broglie erkannt wurde, dass nämlich die Eigenschaften von Wellen und Teilchen miteinander verflochten und grundlegend vereinigt sind. Materie kann eine Wellenlänge haben und – wie eine Welle – Interferenzen durchmachen. Ebenso kann Licht – wie ein Teilchen – Energie und Impuls aufweisen.

W-Boson Eines von zwei massetragenden Bosonen, die zur Vermittlung der schwachen Wechselwirkung beitragen (eines mit der Ladung – 1, das andere mit der Ladung + 1). Ein drittes massetragendes Boson, nämlich das neutrale Z^0, vervollständigt die Gruppe. Die drei Teilchen stellen individuelle Quanten des schwachen Kraftfeldes dar und werden gemeinsam *schwache Eichbosonen* oder *intermediäre Vektorbosonen* genannt. Siehe auch *Botenteilchen; Wechselwirkung, elektroschwache.*

WIMP (Weakly Interacting Massive Particles = schwach wechselwirkende massetragende Teilchen) Mutmaßliche dunkle Materie, die nicht aus Protonen und Neutronen zusammengesetzt ist und die nur durch die schwache Kraft und durch die Gravitation wechselwirkt. Beispiel: ein Neutrino mit Masse. Vergleiche mit *MACHO.*

Wurmloch Ein «Korridor» oder «Tunnel» in der Geometrie der Raum-Zeit, der als Abkürzung zwischen weit entfernten Punkten benutzt werden kann. Obwohl Wurmlöcher von der allgemeinen Relativität vorausgesagt werden, ist bisher noch keines entdeckt worden.

Z-Boson Ein massetragendes und elektrisch neutrales Botenboson, einer der Vermittler der schwachen Wechselwirkung; ein Quant des schwachen Kraftfeldes. Wird auch *schwaches Eichboson* und *intermediäres Vektorboson* genannt. Siehe auch *W-Boson*.

Zeit Eine zyklische Folge standardisierter Ereignisse (wie etwa das Ticken einer Uhr), auf die sich andere Folgen beziehen können, demnach eine Möglichkeit, die Vorstellung eines Vorher und Nachher in Zahlen auszudrücken. Die Relativitätstheorie demonstriert, dass zeitliche Wahrnehmungen nicht von räumlichen Wahrnehmungen getrennt werden können, insbesondere wenn Geschwindigkeiten die des Lichts erreichen. Beobachter in relativer Bewegung zueinander unterscheiden sich bei ihrer Einschätzung von Gleichzeitigkeit. Siehe auch *Raum-Zeit*.

Zeit, richtige Die kürzestmögliche Zeit zwischen zwei Ereignissen in der speziellen Relativität: das von einem Beobachter in einem Bezugsrahmen, in dem die Ereignisse am gleichen Ort geschehen, gemessene Raum-Zeit-Intervall. Eine ruhende Uhr liest ihre eigene richtige Zeit.

Zustand 1) Die Beschaffenheit eines Systems, die von einer bestimmten Anzahl mechanischer Variablen vollständig angegeben wird. 2) Ein Materiezustand: eine Anhäufung von Atomen, Molekülen oder Ionen, die von den Kräften zwischen den Teilchen gestaltet wird und häufig makroskopische Ausmaße hat. Beispiel: Festkörper, Flüssigkeit, Gas, Plasma.

Zustandsgleichung Eine mathematische Beziehung, die die makroskopischen Variablen eines Systems miteinander verbindet (wie etwa Druck, Volumen, Temperatur und Menge eines Gases). So könnte eine Zustandsgleichung beispielsweise das Ausmaß der Druckveränderung angeben, wenn das Volumen verdoppelt und die Temperatur um die Hälfte gesenkt werden würde.

Literaturempfehlungen

Die folgende Liste beruht auf einer Auswahl, die eher meinen persönlichen Vorlieben gerecht wird, als einen Überblick über die vielen lesenswerten Bücher zu liefern, die dem wissenschaftlich interessierten Laien angeboten werden. Für die hier angeführten Werke ist kein mathematisches Hintergrundwissen erforderlich. Ausnahmen sind speziell gekennzeichnet.

Suchen Sie auch gezielt nach Artikeln und Nachrichten über die aktuelle Forschung in Quellen wie dem *New Scientist, Scientific American, Spektrum der Wissenschaft, Bild der Wissenschaft*, den Nachrichten der Max-Planck-Gesellschaft (www.mpg.de) und ähnlichen Online-Ressourcen.

Abbott, Edwin A. *Flächenland – ein mehrdimensionaler Roman, verfaßt von einem alten Quadrat*. Stuttgart, 1982. Eine klassische Phantasie über das Leben in einer zweidimensionalen Welt, die nicht nur unterhaltsam, sondern auch nützlich für den Umgang mit der vierdimensionalen Raum-Zeit ... und Schlimmerem ist. Geschrieben von einem Schulleiter aus dem 19. Jahrhundert mit wissenschaftlichem Interesse an Literatur und Theologie.

Aczel, Amir D. *Die göttliche Formel. Von der Ausdehnung des Universums*. Reinbek, 2002. Kosmologie und allgemeine Relativität, betrachtet durch das Prisma des Menschen Einstein.

Adair, Robert K. *The Great Design: Particles, Fields, and Creation*. New York, 1987. Erörtert viele der auch in diesem Buch besprochenen Themen (klassische Physik, Thermodynamik, Relativität, Quantenmechanik, Kosmologie), allerdings mit größerer mathematischer Strenge. Gewinn bringend für Leser mit vorhandenem Abiturwissen in Physik und Mathematik.

Asimov, Isaac. *Understanding Physics. Vol. 1: Motion, Sound, and Heat. Vol. 2: Light, Magnetism, and Electricity. Vol. 3: The Electron, Proton, and Neutron*. New York, 1988. Ein sorgfältig geplanter Physikkurs für Laien, ursprünglich 1966 veröffentlicht und später als drei Bände in einem nachgedruckt. Band 1 und 2 versetzen den interessierten Leser in die Lage, über die klassische Physik hinauszugehen, die in den Kapiteln 3, 4, 5, 6 und 10 des vorliegenden Buches dargestellt wird. Obwohl Band 3 noch immer nützlich ist, kann er natürlich nicht die Fortschritte wiedergeben, die seit 1964 gemacht worden sind. Mathematisches Abiturwissen erforderlich.

Atkins, P. W. *Atoms, Electrons, and Change*. New York: Scientific American Library, 1991. Eine führende Autorität beschreibt die Quantenmechanik von Atomen und Molekülen – mit anderen Worten: die Chemie – mit unerreichter Klarheit. Wie alle Bücher der Scientific American Library ist auch dieser Band eine Augenweide und äußerst lesenswert.

_____. *Galileo's Finger: The Ten Great Ideas of Science*. New York, 2003. Allgemeine Prinzipien wissenschaftlicher Theorien mit ähnlicher Themenauswahl wie im vorliegenden Buch, aber zusätzlich mit Kapiteln über Biologie, Geologie und Mathematik. In einem zwanglosen, nahezu intimen Ton geschrieben.

_____. *Moleküle. Die chemischen Bausteine der Natur.* Heidelberg, 1988. Wunderbar illustrierter Ausflug in eine kleine Welt.

Ball, Philip. *Chemie der Zukunft – Magie oder Design?* Weinheim, 1996. Jüngste Fortschritte in der Chemie und Materialwissenschaft für Leser, die ein Territorium erforschen möchten, das im vorliegenden Buch nur angedeutet werden kann.

Bondi, Hermann. *Einsteins Einmaleins. Einführung in die Relativitätstheorie.* München, 1971. Beharrliche, sorgfältige Einführung in die spezielle Relativität, eine höchst empfehlenswerte, auf den Laien zugeschnittene Abhandlung.

de Duve, Christian. *Aus Staub geboren. Leben als kosmische Zwangsläufigkeit.* Heidelberg, 1995. Die stets faszinierende Welt der Biologie wird im vorliegenden Buch ignoriert. Leser, die mehr über die molekulare Grundlage und den Ursprung des Lebens wissen möchten, sollten unbedingt *Aus Staub geboren* lesen. Ein seriöses Buch für den gebildeten Leser.

_____. *Life Evolving: Molecules, Mind, and Meaning.* New York, 2002. Das Nachfolgebuch von *Aus Staub geboren*, das auf einem allgemeineren Niveau geschrieben ist, angereichert mit einem gewissen Anteil persönlicher Gedanken und Reflexionen.

Davies, P. C. W., und J. Brown. *Superstrings: Eine allumfassende Theorie?* Basel, 1989. Informative Interviews mit prominenten Physikern, pro und contra, mit einer Einführung in die Relativität, Quantenmechanik, Symmetrie und Supersymmetrie. Eine Momentaufnahme eines Mitte bis Ende der 1980er Jahre noch neuen Gebiets. Das wesentliche Material ist auch heute noch gültig, wenngleich die Stringtheorie seit dieser Veröffentlichung enorme Fortschritte gemacht hat.

Dodd, J. E. *The Ideas of Particle Physics: An Introduction for Scientists.* Cambridge, 1984. Wie schon der Untertitel verdeutlicht, ist dies ein Buch für Wissenschaftler mit angemessenem mathematischem Hintergund. Ein vorbereiteter und motivierter Leser wird die im Kapitel 9 des vorliegenden Buches diskutierten Ideen dort, beträchtlich ausgearbeitet, wiederfinden.

Einstein, Albert. *Über die Spezielle und die Allgemeine Relativitätstheorie.* Braunschweig, 1985. Obwohl es zahlreiche populäre Abhandlungen über die Relativität gibt, ziehen es viele Leser vor, auf das Original zurückzugreifen.

Ferris, Timothy. *Report zur Lage des Universums: Eine Reise durch den Kosmos.* München, 2004. Die moderne Kosmologie – der Urknall, Inflation, das Multiversum – einschließlich der erforderlichen Quantenmechanik sowie einer interessanten historischen Perspektive, von einem der besten Wissenschaftsautoren der Gegenwart prägnant und elegant präsentiert.

Feynman, Richard. *Vom Wesen physikalischer Gesetze.* München, 1990. Unentbehrlich. Dieses erstaunliche kleine Buch beruht auf einer Reihe öffentlicher Vorträge an der Cornell University und bietet einen Blick auf die Arbeitsweise eines großartigen Geistes und darauf, was die Physik über die Natur sagt und *nicht sagt*. Wird niemals überholt sein, was die Zukunft auch bringen mag.

_____. *QED. Die seltsame Theorie des Lichts und der Materie.* München, 1988. In ähnlicher Weise inspiriert wie *Vom Wesen physikalischer Gesetze,* obwohl es hier hauptsächlich um die Quantenelektrodynamik geht.

Gamov, George. *Mr Tomkins' seltsame Reisen durch Kosmos und Mikrokosmos.* Braunschweig, 1984. Nicht immer denkt man bei großartigen Physikern im gleichen Atemzug an einen humorvollen Menschen, aber Gamov war so einer. Sein fiktiver Mr. Tomkins begibt sich ins Innere von Atomen, sodass es jeder verstehen kann. Ein Klassiker.

Gardner, Martin. *Relativitätstheorie für alle.* Köln, 2005. Klare Sprache und wohl überlegte Darstellung von einem Meister seines Fachs. Erörtert sowohl die Spezielle als auch die allgemeine Relativitätstheorie.

Gleick, James. *Chaos – die Ordnung des Universums: Vorstoß in Grenzbereiche der modernen Physik.* München, 1987. Beispiellos gut verständliche Einführung in die Wissenschaft des Chaos, ihre begrifflichen Grundlagen und ihre Geschichte.

Greene, Brian. *Das elegante Universum: Superstrings, verborgene Dimensionen und die Suche nach der Weltformel.* Berlin, 2000. Hauptsächlich geht es um die Stringtheorie, aber auch Relativität und Quantenmechanik werden als notwendige Grundlagen ausführlich behandelt. Engagiert geschrieben von einem führenden zeitgenössischen Forscher.

Guth, Alan. *Die Geburt des Kosmos aus dem Nichts. Die Theorie des inflationären Universums.* München, 2002. Zuverlässige Erörterung der modernen Kosmologie durch eine der einflussreichsten Persönlichkeiten auf diesem Gebiet. Da dieses Buch zum Teil auch eine wissenschaftliche Autobiographie ist, liefert es darüber hinaus eine gründliche Beschreibung der Teilchenphysik, die für das Verständnis des Urknalls und der Inflation erforderlich ist.

Hawking, Stephen W. *Eine kurze Geschichte der Zeit. Die Suche nach der Urkraft des Universums.* Reinbek, 1988. Wahrscheinlich erübrigt sich eine Vorstellung. Das Unbestimmtheitsprinzip, die grundlegenden Kräfte und der Zeitpfeil werden besprochen. Und auch kosmologische Objekte wie Schwarze Löcher kommen nicht zu kurz. Umso wirksamer wegen der Kürze des Textes.

Hey, Tony, und Patrick Walters. *Quantenuniversum: Die Welt der Wellen und Teilchen.* Heidelberg, 1990. Eine zugängliche, hübsch illustrierte Einführung in die Quantenmechanik mit der Betonung auf Atomen und Molekülen. Spätere Kapitel setzen sich unter anderem mit relativistischen Quantenfeldern, Feynman-Diagrammen und dem Higgsboson auseinander.

Hoffmann, Banesh. *The Strange Story of the Quantum.* New York, 1947. Vor langer Zeit veröffentlicht, aber noch immer lesenswert.

Lindley, David. *Where Does the Weirdness Go? Why Quantum Mechanics Is Strange, But Not as Strange as You Think.* New York, 1996. Nützliche, moderne Darstellung der Quantenmechanik, vor allem des Messproblems und neuerer Versuche, damit umzugehen.

Morowitz, Harold J. *The Emergence of Everything: How the World Became Complex.* New York, 2002. Abgeschlossene Zusammenfassungen, wie Komplexität aus der Einfachheit hervorgegangen sein könnte, dargestellt in 28 Fallstudien von der Geburt des Universums bis zur Entwicklung menschlicher Gedanken. Philosophische und religiöse Zwischentöne.

Newton, Roger G. *Sternstunden der Physik. Wie die Natur funktioniert.* Basel, 1995. Die allgemeinen Prinzipien der Naturgesetze einschließlich der klassischen Theorie, der Quantenmechanik und des Chaos. Etwas Mathematik, die, wenn nötig, hergeleitet wird.

Pagels, Heinz R. *Cosmic Codes. Quantenphysik als Sprache der Natur.* Berlin, 1983. Keine Superstrings, keine dunkle Energie, keine Entwicklung über 1983 hinaus, aber fast alles Weitere, was mit Quantenmechanik und Relativität zu tun hat. Gut geschrieben und äußerst wertvoll.

Peterson, Ivars. *Mathematische Expeditionen. Ein Streifzug durch die moderne Mathematik.* Heidelberg, 1998. Hyperraum, Chaos, Fraktale und mehr – für den mathematisch Unkundigen. Viele Bilder, aber keine Gleichungen.

Polkinghorne, J. C. *Quantentheorie. Eine Einführung.* Ditzingen, 2006. Seriöse Behandlung der Quantenmechanik für den Laien, konzentriert sich auf Interpretationsprobleme. Gelegentliche (kurze) mathematische Abschweifungen werden ergänzt von einem technischen Anhang, den Leser mit vorhandenem Hintergrundwissen zu schätzen wissen.

Prigogine, Ilya. *The End of Certainty: Time Chaos, and the New Laws of Nature.* New York, 1997. Hier wird eine Lanze gebrochen für die Neuformulierung der Naturgesetze auf einer nichtdeterministischen Grundlage.

Rae, Alastair I. M. *Quantum Physics: Illusion or Reality?* Cambridge, 1986. Schlanker, aber überzeugender Band, der sich mit den Grundlagen der Quantenmechanik, vor allem mit ihrer Interpretation, beschäftigt.

Ruelle, David. *Zufall und Chaos.* Berlin, 1994. Determinismus und die *wirkliche* Welt, ein einfühlsamer Blick in eine der schwierigsten Fragen der Physik: Wie können deterministische Gesetze zu scheinbar zufälligen Ergebnissen führen? Hat umfangreiche Anmerkungen, aber kein Register.

Schwartz, Joseph, und Michael McGuinness. *Einstein für Anfänger.* Reinbek, 1979. Ein Comic, der sich um die spezielle Relativität dreht! Wunderbar genau und kompetent obendrein.

Schwinger, Julian. *Einsteins Erbe: Die Einheit von Raum und Zeit.* Heidelberg 2000. Alle Bände der Scientific American Library sind lesenswert, und dieser gehört zu den besten: spezielle und allgemeine Relativität, mit gebührendem Respekt für die Maxwell'sche Elektrodynamik und die Mechanik von Galilei und Newton.

Taylor, Edwin F., und John Archibald Wheeler. *Physik der Raumzeit. Eine Einführung in die spezielle Relativitätstheorie.* Heidelberg, 1994. Womöglich das beste Standardwerk, das je über Relativität geschrieben wurde, ein Meisterwerk der erläuternden Physik.

Thorne, Kip S. *Gekrümmter Raum und verbogene Zeit. Einsteins Vermächtnis.* München, 1996. Gründliche historische und begriffliche Analyse der allgemeinen Relativität und ihrer Konsequenzen, geschrieben von einem der führenden Experten auf diesem Gebiet.

Weinberg, Steven. *Der Traum von der Einheit des Universums.* München, 1993. Tief greifender Blick auf die Bedeutung der wissenschaftlichen Theorie. Konzentration auf die Quantenmechanik und auf die Rolle, die sie in einem umfassenderen Bild spielen könnte. Bietet eine besonders verständliche Erklärung der Eichinvarianz und des spontanen

Symmetriebrechung im Allgemeinen und der elektroschwachen Wechselwirkung im Besonderen an.

_____. *Die ersten drei Minuten. Der Ursprung des Universums.* München, 1978. Bei der ersten Veröffentlichung ein äußerst populäres Buch, das eine Einführung in die Kosmologie des Urknalls gibt und noch immer eine der besten Arbeiten zu diesem Thema ist.

Zee, A. *Magische Symmetrie. Die Ästhetik in der modernen Physik.* Basel, 1990. Begeisterte, faszinierende Erläuterung der Art und Weise, wie die Symmetrie das quantenmechanische Design diktiert. Eine auf Buchlänge erweiterte Besprechung der Ideen, die in der zweiten Hälfte des neunten Kapitels des vorliegenden Buches vorgestellt werden.

REGISTER

absoluter Nullpunkt 401, 491, 499, 515

Abstandsgesetz, quadratisches 142, 194, 209, 227, 499, 508

Abstoßung 15, 19, 26, 30–32, 40, 43 f., 49–53, 56, 66, 84, 103, 130, 134, 197, 221, 304, 392, 458 f. (→ Gravitation-…)

Allgemeine Relativitätstheorie 14, 146 f., 179, 182, 186, 188 f., 311, 313, 332, 395, 400, 403, 408, 427, 445–447, 450 f., 455, 458 f., 464, 469 f., 472, 474, 482, 491 f., 496 f., 499 f., 511, 513 f. (→ Einstein'sche Relativität)

Allwissenheit, mechanische 104 f., 128

Amplitude 217, 220, 225, 237–239, 246, 280, 283, 476, 499

Anfangsbedingungen 105 f., 122, 209, 373, 384 f., 414, 458, 489, 521

Anfangsgeschwindigkeit 141 (→ Geschwindigkeit)

Anfangszustand 371 f.

Antigravitationsfeld 428 (→ Gravitationsfeld)

Antimaterie 146, 403 f., 440, 493, 499

Antineutrino 57 f., 322, 402, 474, 483, 497, 500 (→ Neutrino)

antisymmetrischer Zustand 300 f. (→ Symmetrie-…)

Anziehung 15, 19, 26, 28, 30–32, 37 f., 40, 44, 49, 51–53, 56, 66, 103, 130, 134, 173, 197, 227, 304, 458 f. (→ Abstoßung; Gravitation-…)

Äquivalenzprinzip 175, 178,182, 313, 320, 473, 499 f.

Arbeit 137, 167, 349, 352, 356, 358, 360–362, 364, 486 f., 505, 524 (→ Energie; Wärme)

– Verschiebung 354, 356

asymptotische Freiheit 484 f.

Äther, lichttragender 464 f., 473, 491

Atome 40 f., 54, 85, 103, 190, 204, 259, 295, 341, 348, 357, 458, 485, 500

– Sonnensystemmodell 460

Atomkern 48–50, 52, 78, 84, 103, 115 f., 132, 190, 193, 232, 259, 295, 305, 357, 371, 448, 460, 468, 485, 515, 518 f., 528

Ausschließungskraft 481 f.

Ausschließungsprinzip → Pauli'sches Ausschließungsprinzip

Austauschprinzip 481

Austauschsymmetrie 303

Bahndrehimpuls 289, 500 (→ Drehimpuls)

Bank für Linearität 377

Baryonen 433 f., 500

Beobachter 20 f., 69–71, 74, 77, 80, 85, 87, 101, 105, 146 f., 151, 155, 161 f., 176 f., 191, 229, 233, 276, 283, 297, 311, 341, 393, 406, 443, 458

– beschleunigter 179, 182, 311 (→ Beschleunigung)

– idealisierter 255, 500

– klassischer 251, 271

– makroskopischer 348, 350, 352 f., 355, 357, 448

– mikroskopischer 348–350, 352, 356–358

– unvoreingenommener 79, 294, 311

– voreingenommener 68, 90, 463

Beobachter, bewegter 87–89, 94, 98, 100, 110, 117, 165, 462, 465, 471, 527

– dem → Trägheitsgesetz gehorchender 89, 95–97, 100, 110 f., 145, 163, 165 f., 205, 213, 470

– im Zug 93, 153, 160

– mit annähernder → Lichtgeschwindigkeit 95

Beobachtungsenergie 290

Beschleunigung 24, 117, 119–126, 129, 139, 154, 162, 172–175, 179, 201, 311, 227, 312, 438, 468, 471, 500

– absolute 179

– drehunabhängige 151

– konstante 172 f., 177

– und Kraft 120 f., 135, 144, 173, 204, 226, 437

Betazerfall 56 f., 132, 191, 322, 325 f., 328, 471, 474, 497, 500, 528 (→ radioaktiver Zerfall)

Beugung 238 f., 241–243, 248 f., 254, 262, 268, 476

Bewegung 114, 121 (→ Beobachter, bewegter)

– absolute 145

– beschleunigte 214, 219, 312, 472 f. (→ Beschleunigung)

– chaotische 358

– geradlinige und mit konstanter Geschwindigkeit 86, 88, 109, 111, 119, 140, 152, 181

– gleichförmige 117, 152, 211

– relative 152, 154

Bewegungsenergie 168–170, 353, 468, 486, 501, 517, 524 (→ Energie, kinetische)